“十二五”江苏省高等学校重点教材

卓越工程师教育培养机械类创新系列规划教材

冲压工艺与模具设计

主　编　陈　炜

副主编　秦永法　王江涛　郭玉琴

石凤健　岳陆游　查长礼

主　审　武兵书

科学出版社

北　京

内 容 简 介

本书介绍了冲压工艺与模具设计的基本概念、冲压成形原理和板料成形性能，结合工程实例讲解典型的冲压工艺和模具设计，并对新技术进行了介绍。

本书共 12 章：第 1 章是冲压加工的基本概述；第 2、3 章介绍冲压成形原理和板料成形性能；第 4～7 章介绍冲裁工艺与模具设计、弯曲工艺与模具设计、拉深工艺与模具设计和其他成形工艺与模具设计；第 8～10 章介绍大尺寸连续成形工艺与模具设计、冲压工艺过程设计和冲模结构设计；第 11 章介绍先进成形技术；第 12 章介绍冲模 CAD/CAE/CAM 一体化技术。每章附有练习题。本书附录中提供了冲压中常见术语的中英文对照。

本书可作为普通高等院校理工科相关专业的教材，也可作为从事冲压工艺和模具设计相关行业的工程技术人员和科研人员的参考书。

图书在版编目(CIP)数据

冲压工艺与模具设计/陈炜主编. —北京：科学出版社，2015.12

“十二五”江苏省高等学校重点教材（编号：2014-2-052）•卓越工程师教育培养机械类创新系列规划教材

ISBN 978-7-03-044929-0

Ⅰ. ①冲…　Ⅱ. ①陈…　Ⅲ. ①冲压—工艺—高等学校—教材　②冲模—设计—高等学校—教材　Ⅳ. ①TG38

中国版本图书馆 CIP 数据核字（2015）第 128536 号

责任编辑：邓　静　张丽花 / 责任校对：桂伟利
责任印制：霍　兵 / 封面设计：迷底书装

科 学 出 版 社 出版
北京东黄城根北街 16 号
邮政编码：100717
http://www.sciencep.com

新科印刷有限公司印刷
科学出版社发行　　各地新华书店经销
*
2015 年 12 月第　一　版　　开本：787×1092　1/16
2016 年 12 月第二次印刷　　印张：21 1/2
字数：509 000

定价：49.00 元

（如有印装质量问题，我社负责调换）

《卓越工程师教育培养机械类创新系列规划教材》

总　序

“卓越工程师教育培养计划”是贯彻落实《国家中长期教育改革和发展规划纲要(2010—2020 年)》和《国家中长期人才发展规划纲要(2010—2020 年)》的重大改革项目，也是促进我国由工程教育大国迈向工程教育强国的重大举措。旨在培养造就一大批创新能力强、适应经济社会发展需要的高质量各类型工程技术人才，为国家走新型工业化发展道路、建设创新型国家和人才强国战略服务，对促进高等教育面向社会需求培养人才，全面提高工程教育、人才培养质量具有十分重要的示范和引导作用。

科学出版社以教育部“卓越工程师教育培养计划”为准则，以面向工业、面向世界、面向未来，培养造就具有工程创新能力强、适应经济社会发展需要的卓越工程技术人才为培养目标，组织有关专家、学者、教授编写了本套《卓越工程师教育培养机械类创新系列规划教材》。

本系列教材力求体现的最大特点是，在每本教材的编写过程中，根据授课内容，引入许多相关工程实践案例，这些工程实践案例具有知识性、典型性、启发性、真实性等特点，它可以弥补传统教材森严乏味的局限性，充分调动学生学习的积极性和创造性，引导学生拓宽视野、重视工程实践、培养解决实际问题的能力。通过编者精心收集组织的实际工程案例让学生明白为什么学习、学成能做什么，从而激发学生学习的内在动力和热情，使学生感到学有所用。

本系列教材除了主教材之外，还配套有多媒体课件，以后还将逐步完善建设配套的学习指导书、教师参考书，最终形成立体化教学资源网，方便教师教学，同时有助于学生更好的学习。

我们相信《卓越工程师教育培养机械类创新系列规划教材》的出版，将对我国普通高等教育的发展起到创新探索的推动作用，对机械工程人才的培养以及机械工业的发展产生积极有效的促进作用。

中国科学院院士、东北大学教授 闻邦椿

2015 年 4 月 28 日

本 书 序

冲压是一种利用安装在压力机上的模具对材料施加压力，使其产生分离或塑性变形，从而获得所需零件和制品的材料成形工艺方法，历史悠久，应用广泛。冲压加工具有生产率高、生产成本低、操作简单、适合大批量生产等优点，在汽车、航空、电子等各个领域得到广泛应用。进入 21 世纪，先进冲压技术吸收了机械、电子、信息、材料等方面的优秀成果，综合应用于冲压产品的设计、制造、检测等全过程，实现优质、高效、低耗、清洁生产。近年来随着计算机辅助分析技术、传感技术及伺服压机的发展，具有感知、分析、推理、决策、控制功能的智能冲压成形技术已成为现代制造技术的一个重要组成部分，对国民经济的发展起着越来越重要的作用。

本书是材料成形及控制工程专业和机械专业模具方向的一门核心专业课，也是机械类其他专业的一门选修课。本书根据板料冲压成形技术和模具技术发展，重构课程结构和知识序列，整合相应的知识和技能，重点阐述基本理论、基本方法，引进大型覆盖件成形、精密连续成形、液压成形、热冲压成形、激光拼焊板冲压成形、超塑性成形等先进成形技术。本书的编写理论联系实际，开拓学生视野，注重学生创新意识和实践能力的培养。该书符合我国卓越工程师教育培养计划的要求，对于提高工程教育人才培养质量、培养创新能力强、适应经济社会发展需要的工程技术人才可以起到积极的作用。

以陈炜教授为首的《冲压工艺与模具设计》的编写团队，20 多年来一直致力于冲压工艺和模具设计的教学研究与实践，取得了一批教学研究成果。本书是该团队科学研究成果的体现、教学研究成果的总结、教学实践成果的结晶。我在第一时间阅读了书稿，感到该书对机械类专业本科生的专业知识学习非常有用。相信这本书的出版会对机械类专业的卓越工程师培养起到积极的推动作用，对于从事冲压工艺与模具设计的专业人才也有很好的帮助和借鉴。有鉴于此，应陈炜教授之邀，欣然命笔作序。

中国工程教育机械类专业认证委员会副主任

上海交通大学教授 **陈关龙**

2015 年 5 月

前　言

冲压成形是一种应用广泛、历史悠久的产品制造工艺，是汽车、飞机、农机、机车、电子产品等的基本制造方法，几乎没有一种现代工业装备上不采用冲压成形零件。近年来，随着新材料的发展，新型冲压技术纷纷涌现，已经成为先进制造领域(净形制造)重要的技术前沿。因此，为材料成形及控制工程专业、机械专业模具方向的本科教学以及工程技术人员，提供一本理论全面、基础扎实、内容丰富、接触前沿、案例新颖的教材，就显得十分必要和迫切。

本书对冲压工艺与模具设计的基本理论、基本方法进行了系统介绍，在叙述传统经典冲压成形理论及工艺的同时，结合行业现状和发展趋势介绍前沿知识和先进技术。因此，本书除了可以作为普通高等教育本科教学使用的专业教材，还可以作为工程技术人员提高专业技能的学习资料，有利于读者开拓专业视野，增加对新技术的了解。

作者承担过多项科研课题和教改项目，本书是作者在科研和教改工作的成果积累和总结基础上，结合冲压成形技术人才的培养需要进行编写的。**本书的主要特色在于：**

(1) **体现卓越工程师的教学理念。**本书采用《卓越工程师教育培养机械类创新系列规划教材》的编写理念和模式，旨在弥补传统教材的局限性，充分激发学生学习的内在动机和热情，使学生感到学有所用，从而提高学生的实践能力和创新能力，培养具有竞争力的工程技术人才。

(2) **注重理论知识和工程实践相结合。**力求在阐述基本理论的同时，注重工程实践案例的介绍，将理论与实践紧密结合；在阐述基础知识的同时，紧随行业发展，介绍专业的前沿知识，开拓学生思维和眼界。做到结合行业现状，将理论应用于实践；紧随行业发展，保证教材的新颖性和时效性。

(3) **加强基础理论知识的介绍。**鉴于板料成形技术是一个材料非线性、工艺非线性、几何非线性的大变形工程力学问题，本书加强了金属塑形变形基础、塑性变形的力学基础、板料成形问题的分析方法、板料成形区域及失效形式等冲压成形原理，以及板料成形性能分类、板料成形性能试验、材料性能参数和工艺参数对成形的影响等板料成形性能的介绍。

(4) **将科研成果与本科教学相结合。**本书结合作者多年的研究和教学工作，将板料冲压工艺设计、典型模具结构设计、先进成形技术、冲模 CAD/CAE/CAM 一体化技术等方面取得的科研成果，作为本书的重要内容，体现了专业知识的价值和活学活用，为开展研究型教学、启发式教学创造了条件。

可为选用本书作为教材的任课教师提供电子教案，同时还将提供冲压工艺与模具设计相关拓展阅读材料的电子版。

本书共 12 章，第 1、2、3、11 章由江苏大学陈炜编写，第 4 章由江苏科技大学石凤健编写，第 5 章由江苏大学查长礼编写，第 6 章由江苏大学郭玉琴编写，第 7 章由江苏大学岳陆游编写，第 8、9 章由扬州大学秦永法编写，第 10、12 章由江苏理工学院王江涛编写，本书中第 8.2、12.3 节由江苏大学陈炜编写。本书由陈炜统稿。

中国模具工业协会副理事长兼秘书长武兵书研究员担任本书主审，上海交通大学陈关龙教授为本书作序，在此表示衷心感谢。同时感谢江苏大学模具技术研究所多位博士生和硕士生为教材绘制插图。

由于作者水平有限，本书难免存在疏漏，敬希各位读者批评指正。

作　者

2015 年 5 月

目　　录

第1章 绪　　论

冲压与人们的生活息息相关，你身边就会有许多冲压件所组成的产品：大到汽车飞机，小到手表相机。模具是工业生产的基础工艺装备，被称为“制造业之母”。75%的粗加工工业产品零件、50%的精加工零件均由模具成形，机电新产品的开发往往取决于模具的研发能力。模具又是“效益放大器”，用模具生产的最终产品的价值，往往是模具自身价值的几十倍、上百倍。一块普通的金属板料如何会在冲压之后成为一件形状复杂、外观漂亮、价值昂贵的产品呢？通过本章的学习，你将会找到答案。

本章知识要点

(1) 掌握冲裁、弯曲、拉深和其他成形的概念。

(2) 掌握冲压加工工序的分类和冲压加工的工艺特点，了解冲压领域的前沿发展现状和趋势。

(3) 掌握曲柄压力机的工作原理、使用方法、技术性能和工作参数的选用，了解其他冲压设备的工作原理。

兴趣实践

找一把剪刀和一块金属薄板，试着用剪刀沿着某一轨迹将薄板剪成一定的形状，并对过程进行观察与分析，体会分离加工原理。

探索思考

寻找日常生活中常用的几件冲压件用品，结合冲压加工的基本知识，尝试分析其冲压加工的工序是什么？冲压特点如何？

预习准备

预习冲压加工的基础知识、冲压领域的发展现状和趋势，预习曲柄连杆机构的工作原理。

1.1 冲压加工概述

冲压是利用模具在压力机上对材料加压，使之分离或变形，以得到一定形状工件的一种加工方法。由于冲压加工经常在材料冷状态下进行，因此也称冷冲压。冲压常用材料为板料，故也称为板料冲压。用冲压方法加工的工件称为冲压件。

在冲压加工中，将材料(金属或非金属)加工成零件(或半成品)的一种特殊工艺装备，称为冲压模具(俗称冲模)。冲模是实现冲压加工必不可少的工艺装备，没有先进的模具技术，先进的冲压工艺就无法实现。

1.1.1 冲压加工工序的分类

由于冲压加工制件的形状、尺寸、精度、批量、原材料等各不相同，冲压方法也就多种多样。但总体来说，可分为分离工序和成形工序两大类。分离工序是将本来为一体的材料相互分开；而成形工序是指坯料在不破坏的条件下产生塑性变形而获得一定形状和尺寸的制件的工序。

对于分离工序和成形工序，按冲压加工方式的不同又可分为很多基本工序，见表 1-1 和表 1-2。

表 1-1 分离工序

序号	工序名称	工序简图	工序特征	模具简图
1	落料	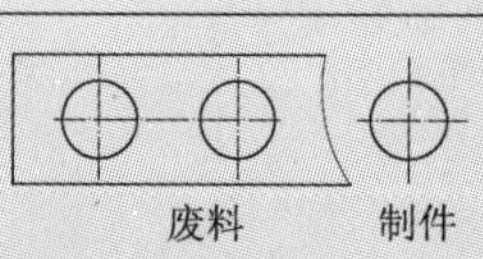 废料 制件	用模具沿封闭线冲切板料，冲下的部分为制件	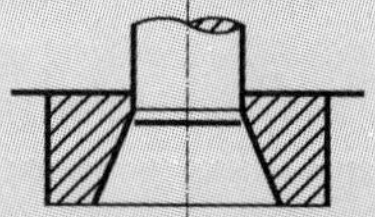
2	冲孔	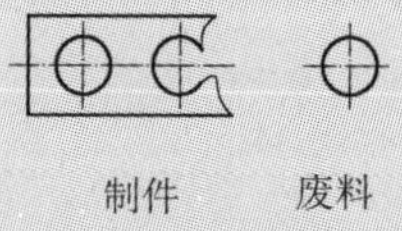 制件 废料	用模具沿封闭线冲切板料，冲下来的部分为废料	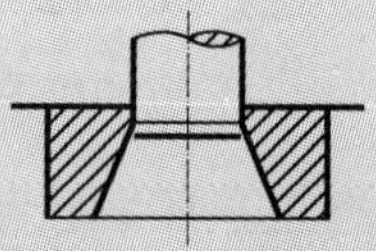
3	切断	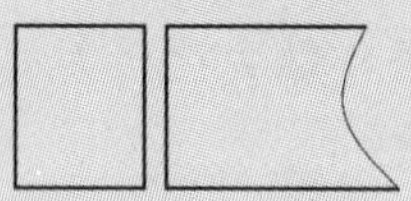	用剪刀或模具切断板料，切断线不是封闭的	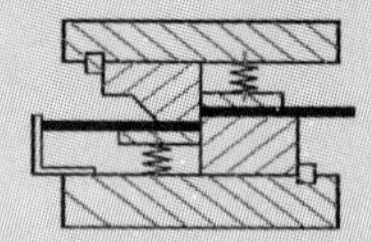
4	切口	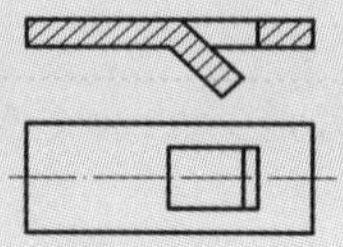	用模具将板料局部切开而不完全分离，切口部分材料发生弯曲	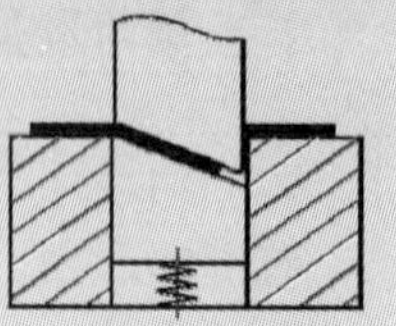
5	切边	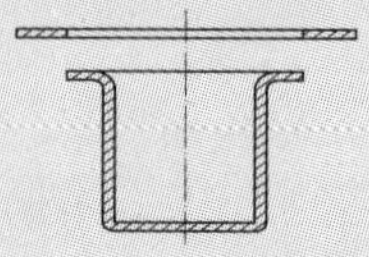	用模具将工件边缘多余的材料冲切下来	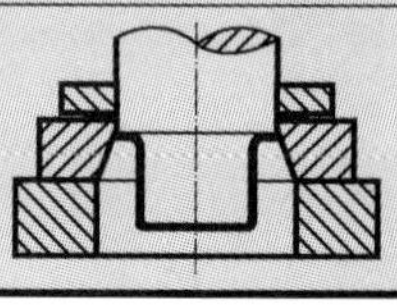

续表

序号	工序名称	工序简图	工序特征	模具简图
6	剖切	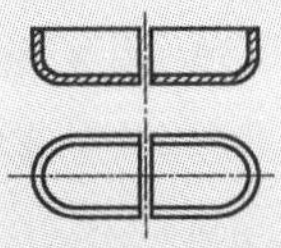	沿不封闭的轮廓将半成品制件切离为两个或数个制件	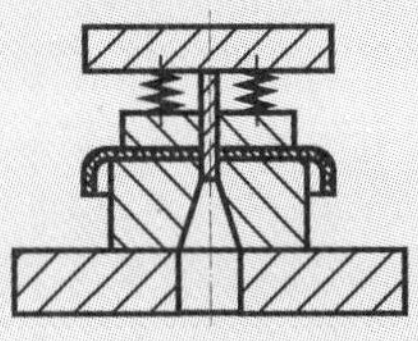

表 1-2 成形工序

序号	工序名称	工序简图	工序特征	模具简图
1	弯曲	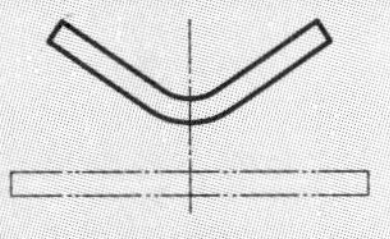	用模具使板料弯成一定角度或一定形状	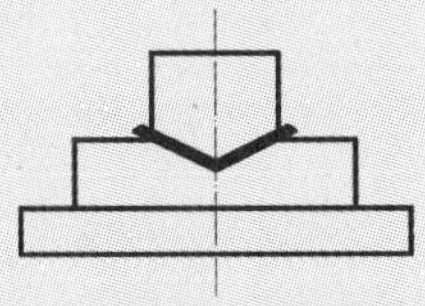
2	拉深	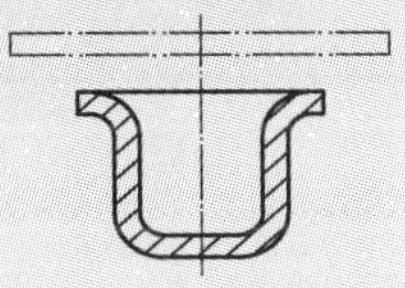	用模具将板料压成任意形状空心件	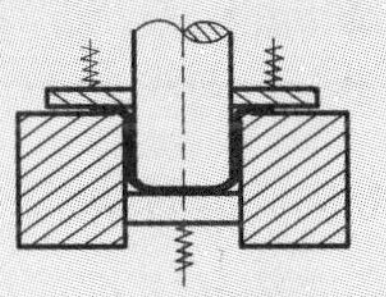
3	卷边	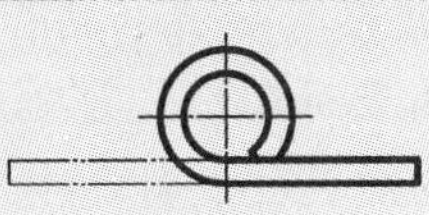	用模具把板料端部弯曲成接近封闭圆形	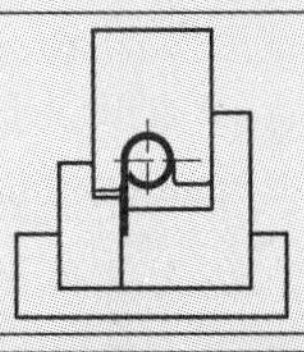
4	扭曲	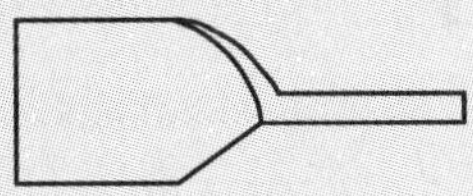	用模具将毛坯扭成一定角度的制件	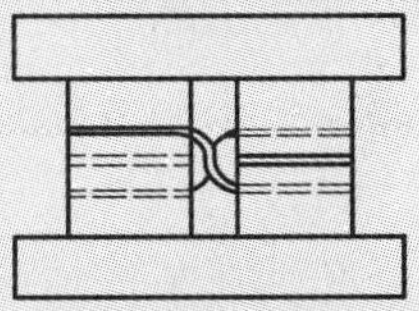
5	胀形	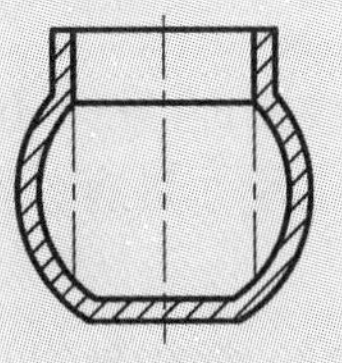	用模具对空心件加一定的径向力，使局部直径扩张	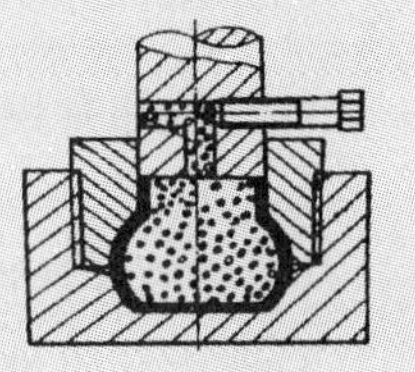
6	翻边	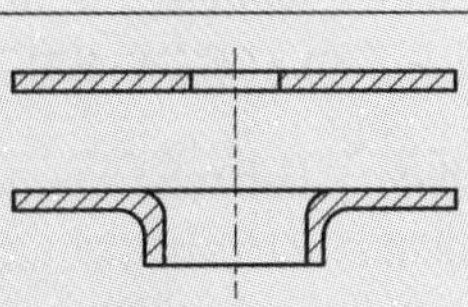	把板料半成品的边缘按曲线和圆弧成形成竖立的边缘	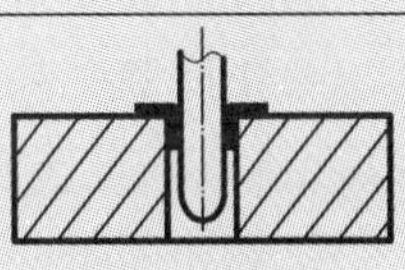
7	缩口		用模具对空心件口部施加由外向内的径向压力，使局部直径缩小	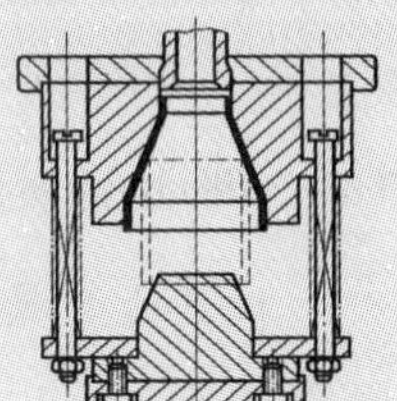

续表

序号	工序名称	工序简图	工序特征	模具简图
8	扩口		将空心件或管状件口部向外扩张，形成口部直径较大的零件	
9	旋压		用旋轮使旋转状态下的坯料逐步成形为各种旋转体空心件	
10	校形		将工件不平的表面压平；将已弯曲或拉深的工件压成正确的形状	

1.1.2　冲压加工的工艺特点

模具被称为“工业之母”，其设计制造水平直接影响着产品的质量、质感、花色、品种和更新换代速度，是一个国家制造业发展水平的重要标志，也是制造业转型升级、提质增效的关键。工业要发展，模具须先行，没有高水平的模具就没有高水平的工业产品。

汽车零部件的95%、家电零部件的90%由模具成形，IT等消费电子、电器、包装品等诸多产业当中的80%的零部件都是由模具生产出来的。模具行业对我国经济发展、国防现代化和高端技术服务起到了十分重要的支撑作用。冲压加工的工艺特点如下。

(1) 节省材料。冲压是少、无切削加工方法之一。不仅能努力做到少废料和无废料生产，而且即使在某些情况下有边角余料，也可以充分利用，制成其他形态下的零件，使之不至于浪费。

(2) 冲压件有较好的互换性。冲压件的尺寸公差由模具保证，具有“一模一样”的特征，且一般无须做进一步机械加工，故同一产品的加工尺寸具有较高的精度和较好的一致性，因而具有较好的互换性。

(3) 冲压件质量好。冲压可以加工壁薄、重量轻、形状复杂、表面质量好、刚性好的零件。

(4) 生产效率高。用普通压力机进行冲压加工，每分钟可达几十件；用高速压力机生产，每分钟可达数百件或成千件以上，适用于较大批量零件的生产。

(5) 操作简单。冲压能用简单的生产技术，通过压力机和模具完成加工过程，其生产率高、操作简便，便于组织生产，易于实现机械化与自动化。

(6) 生产成本低。由于冲压生产效率高、材料利用率高，故生产的制品成本较低。

1.1.3　冲压的发展现状与趋势

1. 模具行业现状

从20世纪80年代后期开始，中国模具工业发展十分迅速。我国冲压模具无论在数量上，还是在质量、技术和能力等方面都已经有了很大发展。目前，我国模具企业超过2万家、规模以上 5000 家、重点骨干企业 133 家、上市公司 13 家。2014 年，我国模具工业实现销售总额 1635 亿元，同比增长 7.6%。海关数据显示，2014 年，我国模具进出口总额达到 75 亿美元，比 2013 年增长 5.73%，其中进口总额为 25.88 亿美元，比 2013 年下降 0.53%，出口总额为 49.19 亿美元，比 2013 年增长 9.35%。

改革开放以来，我国的模具工业经过多年发展，整体实力和综合竞争力显著增强，对汽车、家电等行业的服务能力大大提升。

(1) 精密、大型模具发展良好，模具技术水平及其附加值不断提高。如模具精度可达 0.1μm；已能制造出与 C 级轿车配套的多数覆盖件模具、与 3000 次/min 高速冲床配套的精密多工位级进模、重达近 100t 的超大型塑料模具等。一些先进的模具设计制造技术已得到一定推广，如板料热成形技术、塑料模具中的热流道技术、快速变模温技术等。

(2) 模具设计制造水平及生产方式进步巨大，CAD/CAM 应用得到普及，CAE 应用也得到普遍重视，CAPP、PLM、ERP 等数字化技术已有一部分企业开始采用，高速加工、并行工程、逆向工程、虚拟制造和标准生产已在一些重点企业实施。

(3) 模具集聚区已经形成，形成了一大批颇具规模的模具城，产业聚集效应明显，模具集聚区主要集中在珠三角和长三角区，目前正在向全国范围扩展。

2. 模具工业面临的困境和挑战

近年来，模具行业结构调整和体制改革步伐加快，主要表现为：大型、精密、复杂、长寿命等中高档模具及模具标准件发展速度快于一般模具产品；我国模具年生产总量虽然已位居世界第一位，但设计制造水平在总体上与工业发达国家相比尚有不少差距，主要表现在以下几方面。

(1) 我国模具工业与世界先进水平相比，仍存在一定差距。整个行业产品和产业结构同质化、低价竞争现象严重；同时，随着欧美制造业的重振回归、人民币的升值、原材料和劳动力成本的上升、国际贸易摩擦的加剧以及国内市场内需不振等，我国模具工业面临的困难和挑战越来越大。

(2) 研发及自主创新能力较弱。总体上仍以“替代设计”为主，尚未采用先进科学的设计、分析、试验、验证规范，造成模具设计制造缺乏科学的指导和牵引，以跟踪替代应用为主，自主设计应用能力较弱。

(3) 企业管理落后于技术的进步。由于模具行业的特殊性，其产品生产与其他制造业不同，大多属于定制化生产，而非批量生产，因此，许多模具企业的经营方式变化不大，虽然不少企业完成了从“作坊式”和承包方式生产向专业化、标准化现代生产方式的过渡，但沿用“作坊式”生产的中、小企业还有不少，导致管理水平低下，生产效率低。

(4) 数字化信息化水平较低。多数企业数字化信息化大都停留在 CAD/CAM 的应用上，CAE、CAPP 尚未普及，企业软件应用水平普遍不高，既懂专业又熟悉 CAD/CAE/CAM 应用软件技术的复合型人才缺乏。同时，国内各模具生产厂家之间没有形成一致的设计、制造规范，标准件库也不完善，造成现有的模具 CAD/CAE/CAM 系统的集成化程度和智能化程度都比较低。

(5) 模具人才发展滞后于行业发展。人才发展的速度跟不上行业发展速度，尤其是行业领军人才与高端人才更加匮乏。

(6) 国产模具自给率近 88%，不足之处主要反映在以大型、精密、高性能为主的高技术含量模具，高水平模具仍然依赖进口。

(7) 随着美国“再工业化”，德国“工业 4.0”，法国“汽车产业振兴计划”等战略，加上国内“人口红利”消退，劳动力成本的提高，给我国模具企业发展提出了巨大挑战。

3. 技术发展重点

我国国民经济长期持续高速发展，机械行业在信息社会和经济全球化进程中也在不断发展，模具行业发展趋势是模具产品向着更大型、更精密、更复杂及更经济快速方向发展；向着信息化、数字化、无图化、精细化、自动化方向发展；向着技术集成化、设备精良化、产品品牌化、管理信息化、经营国际化方向发展。模具技术的发展趋势主要如下。

(1) CAD/CAE/CAM 的广泛应用及其软件的不断改进，CAD/CAE/CAM 技术的进一步集成化、一体化、智能化。

(2) PDM (产品数据管理)、CAPP (计算机辅助工艺设计管理)、KBE (基于知识工程)、ERP (企业资源管理)、MIS (模具制造管理信息系统) 及 Internet 平台等信息网络技术的不断发展和应用。

(3) 智能成形技术、超高强钢板热成形、液压成形、激光拼焊板成形、不等厚板成形、模内多工艺集成、热流道技术、快速变模温技术等新技术的发展和应用。

(4) 高速、高精加工技术的发展与应用。

(5) 超精加工、复合加工、先进表面加工和处理技术的发展与应用。

(6) 快速成形与快速制模 (RP/RT) 技术的发展与应用。

(7) 精密测量及高速扫描技术、逆向工程及并行工程的发展与应用。

(8) 模具标准化及模具标准件的发展及进一步推广应用。

(9) 高性能模具材料的研制、系列化及其正确选用。

(10) 模具自动加工系统的研制与应用。

(11) 虚拟技术和纳米技术等的逐步应用。

4. 产品开发重点

(1) 汽车覆盖件模：主要为汽车配套，也包括为农用车、工程机械和农机配套，它的冲压模具有很大的代表性，大都是大中型，结构复杂，技术要求高。尤其是为轿车配套的覆盖件模具，要求更高，代表冲压模的水平。

(2) 精密冲压模具：多工位级进模和精冲压模具代表了冲压模具的发展方向，精度要求和寿命要求高，主要为电子信息产业、汽车、仪器仪表、电机电器等配套。

(3) 大型精密注塑模：在汽车工业中，大中型内外饰件注塑模具有很大的需求量。发展科技含量高的大型精密汽车内外饰件注塑模具是今后我国汽车模具的重要工作。

(4) 主要模具标准件：目前国内较大产量的模具标准件主要是模架、导向件、推杆推管、弹性元件等，但质量尚需提升，品种规模需要增加。

模具的生产过程集精密制造、计算机技术、智能控制和绿色制造为一体，既是高新技术载体，又是高新技术产品。没有高水平的模具，也就没有高水平的工业产品，因此模具技术成为衡量一个国家产品制造水平的重要标志之一。

1.2 冲压加工设备

在冲压生产中，对于不同的冲压工艺，应采用相应的冲压设备，也称为压力机。压力机的种类很多，按传动方式分类，主要有机械压力机和液压压力机。机械压力机在冲压生产中广泛应用。

机械压力机又可分为曲柄压力机和摩擦压力机，其中曲柄压力机应用较广。

1.2.1 曲柄压力机的组成及应用

图 1-1 所示为一种曲柄压力机实物图，图 1-2 所示为此种曲柄压力机结构简图。

图 1-1 曲柄压力机实物图

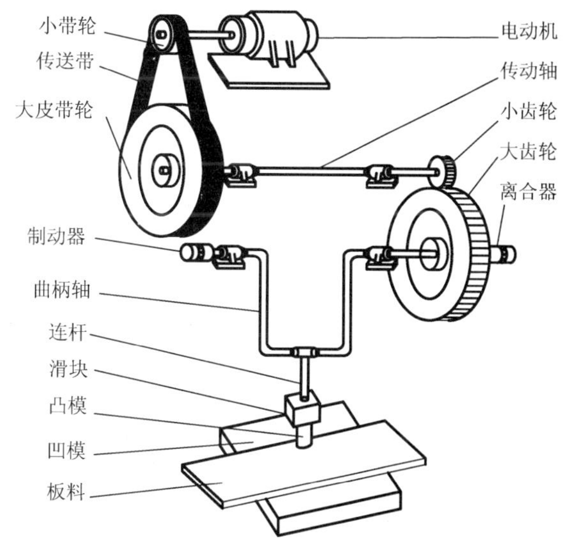

图 1-2 曲柄压力机结构图

曲柄压力机由下列几部分组成。

(1)床身：床身是压力机的机架。在床身上直接或间接地安装着压力机上的所有其他零部件，它是这些零部件的安装基础。在工作中，床身承受冲压载荷，并提供和保持所有零部件的相对位置精度。因此，除了应有足够精度外，床身还应有足够的强度和刚度。如图 1-1 所示。

(2)运动系统：运动系统的作用是将电动机的转动变成滑块连接的模具的往复冲压运动。运动的传递路线为：电动机→小带轮→传送带→大皮带轮→传动轴→小齿轮→大齿轮→离合器→曲柄轴→连杆→滑块。大齿轮转动惯量较大，滑块惯性也较大，在运动中具有储存和释放能量、并且使压力机工作平稳的作用，如图 1-3 所示。

(3)离合器：离合器是用来接通或断开大齿轮→曲柄轴的运动传递的机构，即控制滑块是否产生冲压动作，由操作者操纵，如图 1-4 所示。

离合器的工作原理是，大齿轮空套在曲柄轴上，可以自由转动。离合器壳体和曲柄轴通过抽键刚性连接。在离合器壳体中，抽键随着离合器壳体同步转动。通过抽键插入大齿轮中的弧形键槽或从键槽中抽出来，实现传动接通或断开。由操作者将闸叉下拉使抽键在弹簧作用下插入大齿轮中的弧形键槽，从而接通传动。当操作者松开时，复位弹簧将闸叉送回原位，闸叉的楔形和抽键的楔形相互作用，使抽键从弧形键槽中抽出，从而断开传动。

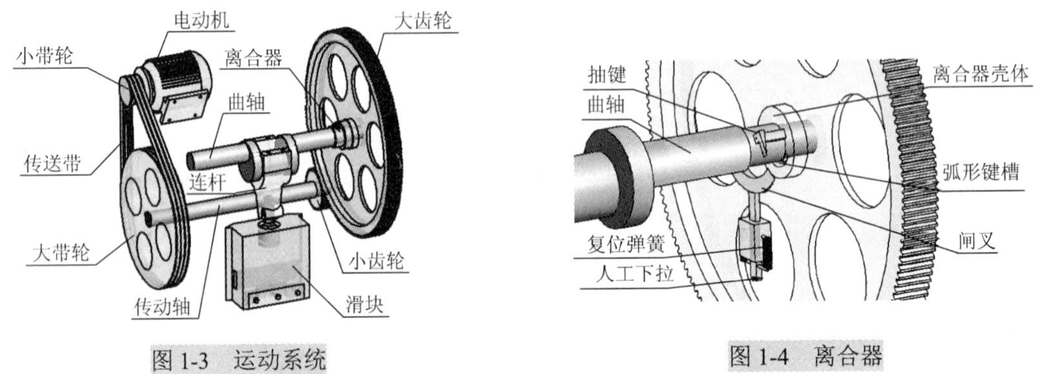

图 1-3 运动系统

图 1-4 离合器

(4) 制动器：制动器是确保离合器脱开时，滑块比较准确地停止在曲柄轴转动的上死点位置。

制动器的工作原理是，利用制动轮对旋转中心的偏心，使制动带对制动轮的摩擦力随转动而变化来实现制动。当曲柄轴转到上死点时，制动轮中心和固定销中心之间的中心距达到最大。此时，制动带的张紧力就最大，从而在此处产生制动作用。转过此位置后，制动带放松，制动器则不制动。制动力的大小可通过调节拉紧弹簧来实现，如图 1-5 所示。

(5) 上模紧固装置：模具的上模部分固定在滑块上，由压块、紧固螺钉压住模柄来进行固定，如图 1-6 所示。

(6) 滑块位置调节装置：为适应不同的模具高度，滑块底面相对于工作台面的距离必须能够调整。由于连杆的一端与曲轴连接，另一端与滑块连接，所以拧动调节螺杆，就相当于改变连杆的长度，即可调整滑块行程下死点到工作台面的距离。

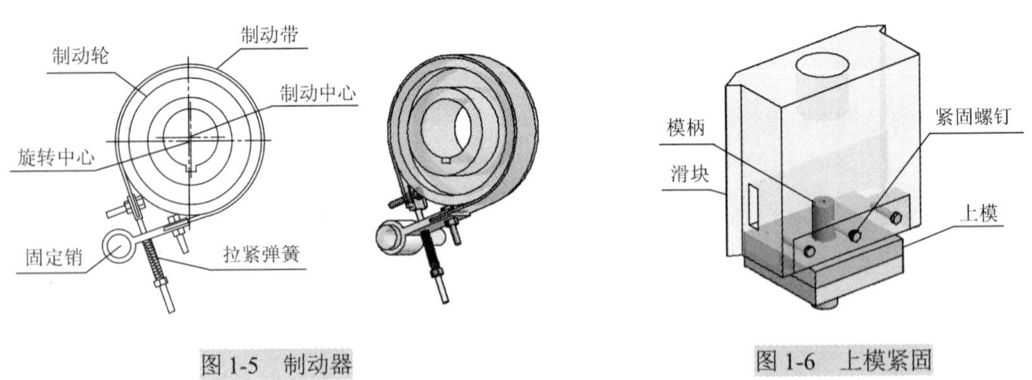

图 1-5 制动器

图 1-6 上模紧固

(7) 打料装置：在有些模具的工作中，需要将制件从上模中排出。这要通过模具打料装置与曲柄压力机上的相应机构的配合来实现。打料装置的工作原理是，当冲裁结束以后，制件紧紧地卡在模具孔里面，并且托着打料杆下端。而打料杆上端顶着横杆，三者一起随滑块向上移动。当滑块移动到接近上死点时，横杆受到两端的限位螺钉的阻挡，便停止移动，迫使打料杆和与其紧密接触的制件也停止移动。而模具和滑块仍然向上移动若干毫米，于是，打料杆、制件就产生了相对于滑块的运动，就将制件从模具中推下来，如图 1-7 所示。

(8) 曲柄压力机其他部分。

①导轨：导轨装在床身上，为滑块导向，但导向精度有限。因此，模具往往自带导向装置。

②安全块：安全块的作用是当压力机超载时，将其沿一周面积较小的剪切面切断，起到保护重要零件免遭破坏的作用，如图 1-7 所示。

③漏料孔：压力机工作台中设有落料孔(又称漏料孔)，以便冲下的制件或废料从孔中漏下，如图 1-8 所示。

床身倾斜是通过对紧固螺杆的操作，使床身后倾，以便落料向后滑落排出，如图 1-8 所示。

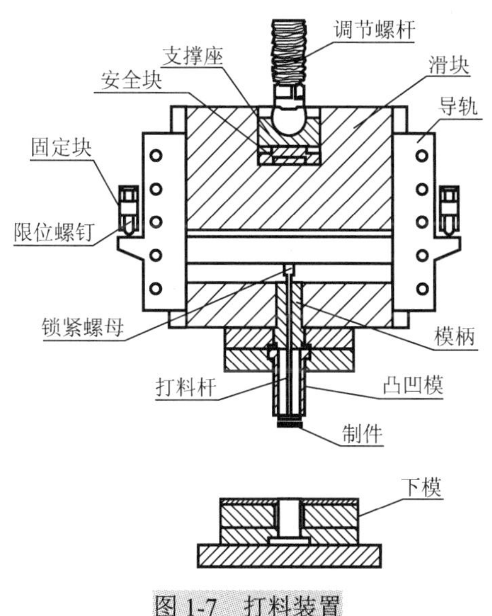

图 1-7 打料装置

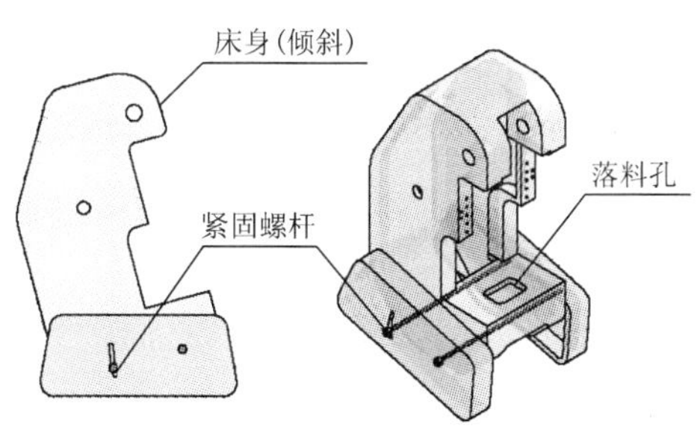

图 1-8 落料孔

1.2.2 曲柄压力机的主要类型

可以按照不同的分类方式对曲柄压力机进行分类。

(1) 按照床身结构分为开式压力机和闭式压力机两种。图 1-1 所示为开式单点压力机，图 1-9 为闭式双点压力机。

开式压力机床身的前、左、右三个方向完全敞开，具有安装模具和操作方便的特点；床身呈现 C 形，刚性较差。闭式压力机床身的两侧封闭，只能在前后方向操作，刚性好，适用于一般要求的大中型压力机和精度要求较高的轻型压力机的场合。

(2) 按照连杆数目分为单点、双点和四点压力机。单点压力机只有一个连杆，而双点和四点压力机分别有两个和四个连杆。

(3) 按照滑块数目分为单动压力机、双动压力机和三动压力机。双动和三动压力机主要用于复杂工件的拉深。

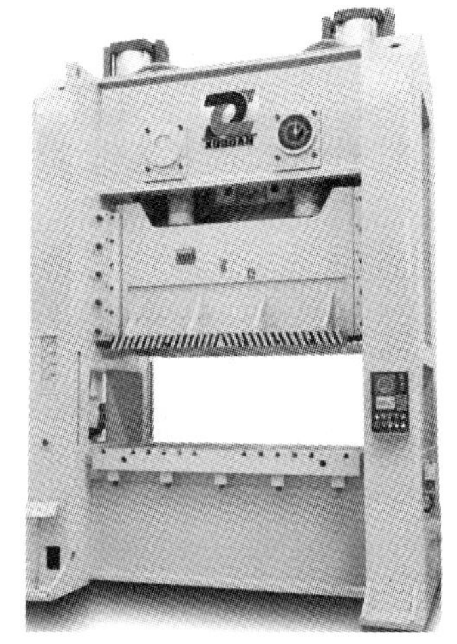

图 1-9 闭式双点压力机

图 1-10 所示为闭式双动压力机模型。其工作过程为：凸模固定在拉深滑块上，凹模固定在工作台上，压边圈固定在压边滑块上。工作开始，压边滑块在凸轮作用下下降，压紧坯料

并在该位置停留。同时，固定在拉深滑块上的凸模对坯料进行拉深，一直到拉深滑块下降到最低位置；拉深结束后，拉深滑块先上升，然后压边滑块再上升，完成一次冲压行程。

(4) 按传动方式分为上传动和下传动两种。图 1-10 所示为上传动方式。

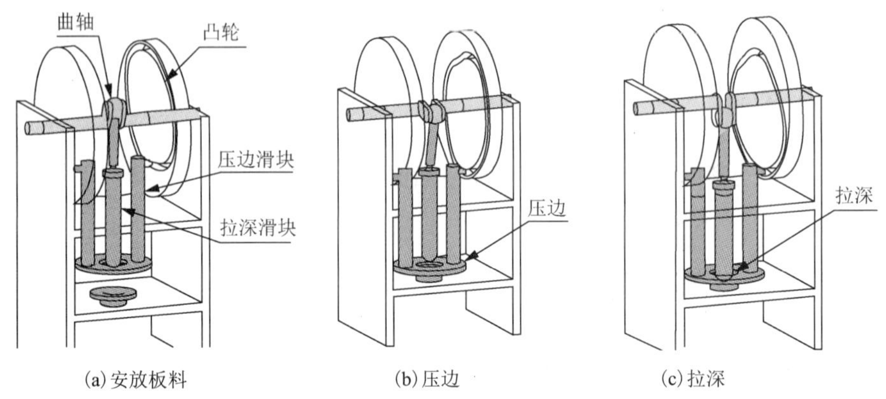

(a) 安放板料　(b) 压边　(c) 拉深

图 1-10　闭式双动压力机模型

(5) 按照工作台结构分为固定式、可倾式和升降台式三种，可倾式和升降台式压力机分别如图 1-11 和图 1-12 所示。

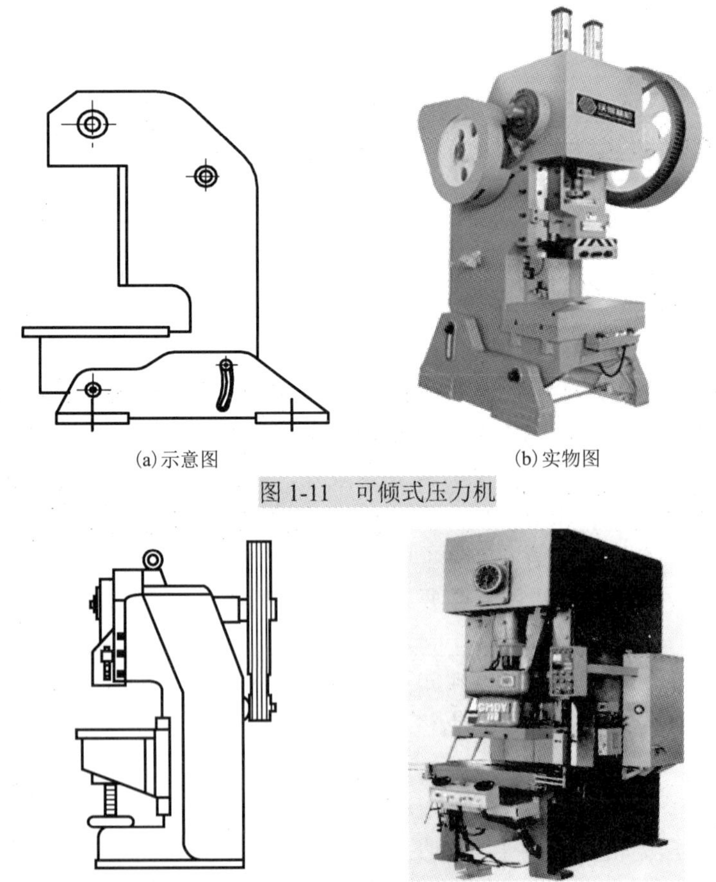

(a) 示意图　(b) 实物图

图 1-11　可倾式压力机

(a) 示意图　(b) 实物图

图 1-12　升降台式压力机

(6)按滑块行程是否可调分为曲柄压力机和偏心压力机。

偏心压力机也称偏心冲床，偏心压力机和曲柄压力机的原理基本相同，主要区别在于主轴的结构不同。其特点是滑块行程不大，但可以适当调节，偏心压力机如图 1-13 所示。偏心压力机的工作原理是由电动机，通过皮带轮、离合器带动主轴旋转；利用主轴前段的偏心套使连杆带动滑块作往复冲压运动；制动器和操纵杆控制离合器的脱开或闭合。适用于做冲裁及浅拉深工作，生产效率高。

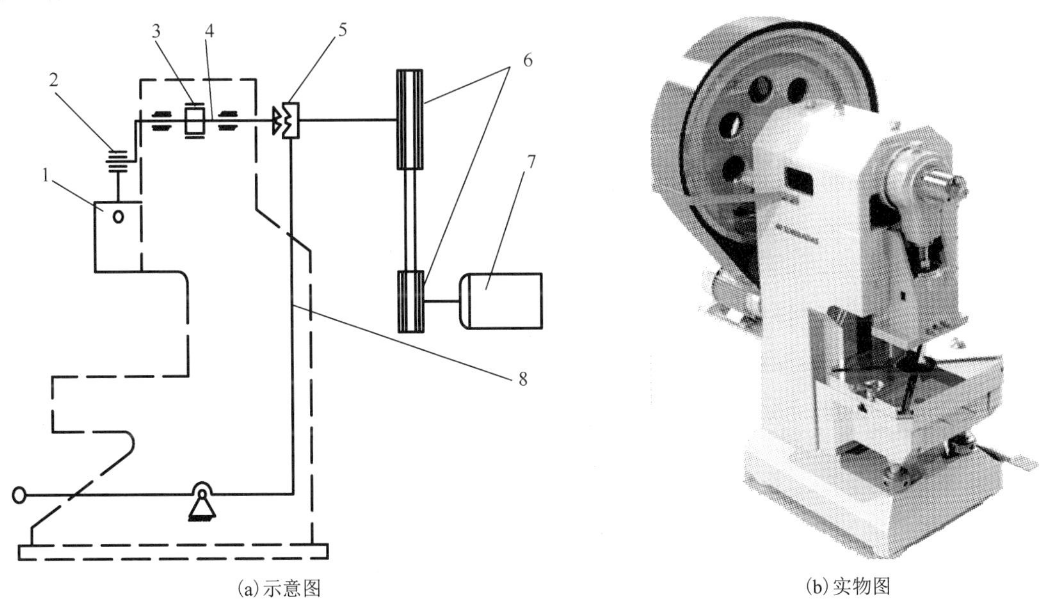

(a)示意图　　(b)实物图

图 1-13　偏心压力机

1-滑块；2-偏心套；3-制动器；4-主轴；5-离合器；6-皮带轮；7-电动机；8-操纵杆

1.2.3　曲柄压力机的型号和技术参数

1. 曲柄压力机的型号

按照 JGQ2003-84 型谱，曲柄压力机的型号用汉语拼音字母、英文字母和数字表示。如 JA31-160A 型号的意义如下。

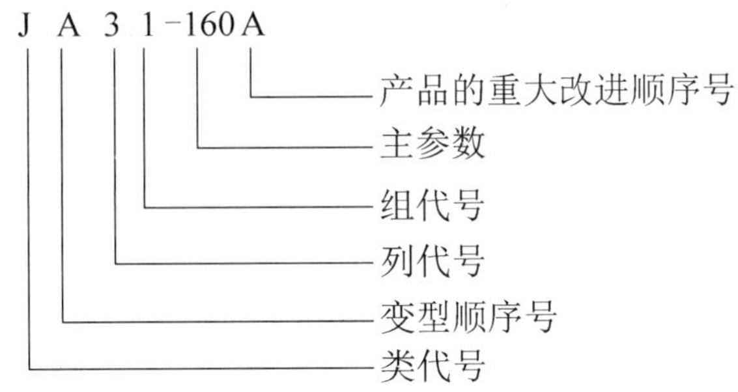

型号的表示方法叙述如下。

第一个字母为类代号，“J”表示是机械压力机。

第二个字母代表同一型号的变型顺序号，凡主参数与基本型号相同，但其他某些次要参数与基本型号不同的称为变型。“A”表示第一种变型产品。

第三、四个数字为列、组代号，“3”代表闭式压力机，“1”代表单点式，即单点闭式压力机。

横线后的数字代表主参数，一般用压力机的公称压力作为主参数，单位为“吨”。例中160表示此型号的压力机公称压力为160吨。

最后一个字母代表产品的重大改进顺序号，“A”表示第一次重大改进。

2. 通用曲柄压力机的技术参数

压力机的主要技术参数反映压力机的工艺能力，包括制件的大小及生产率等。同时，也是作为在模具设计中，选择所使用的冲压设备、确定模具结构尺寸的重要依据。

(1) 公称压力 F：公称压力是压力机的主要参数，又称为额定压力或名义压力。公称压力 F 是指滑块离下死点前某一特定距离(即公称压力行程或额定压力行程)或曲柄旋转到离下死点前某一特定角度(公称压力角或额定压力角)时，滑块所容许承受的最大作用力。

(2) 公称压力行程 S_F：公称压力行程是压力机的基本参数之一。S_F 是指发生公称压力时滑块离下死点的距离。

(3) 滑块行程 S：滑块行程指滑块从上死点到下死点所经过的距离。它的大小反映了压力机的工作范围，是压力机选型的重要参数之一。

(4) 滑块行程次数 n：滑块行程次数指滑块每分钟从上死点到下死点，然后再回到上死点所往复的次数。行程次数越大，则生产效率越高。

(5) 最大装模高度 H_{max} 及装模高度调节量 ΔH：装模高度指滑块在下死点时，滑块下表面到工作台垫板上表面的距离。当利用装模高度调节装置将滑块调整到最上位置时，装模高度达到最大值，该值称为最大装模高度。模具的闭合高度应小于压力机的最大装模高度。装模高度调节装置所能调节的距离，称为装模高度调节量，如图1-14所示。

需要满足：

$$H_{max} - 5mm \geqslant H_0 \geqslant H_{min} + 10mm$$

式中，H_0 为模具闭合高度；H_{max} 为压力机最大装模高度；H_{min} 为压力机最小装模高度。

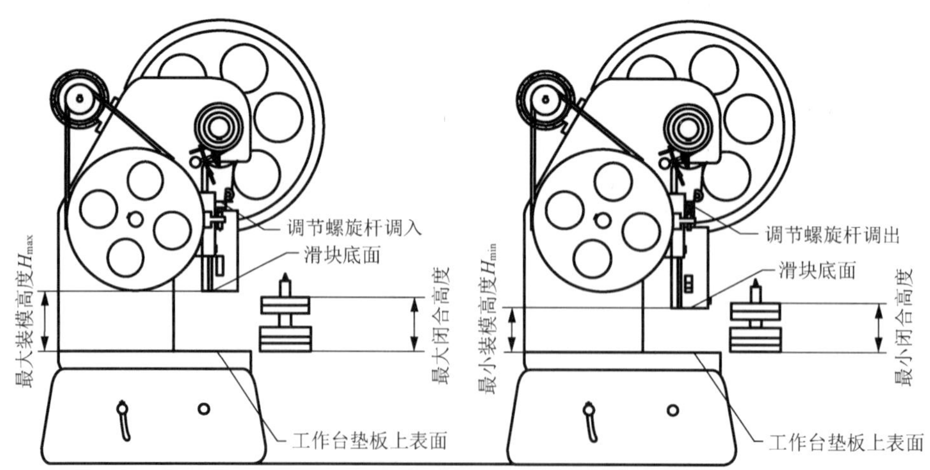

图1-14 模具闭合高度和压力机装模高度的关系

(6) 工作台板及滑块底面尺寸：是指压力机工作空间的平面尺寸。它给出了压力机所能够安装的模具平面尺寸大小以及压力机本身平面轮廓的大小。

(7) 喉深 C：它是指滑块中心至机身的距离，是开式压力机的特有参数。

(8) 模柄孔尺寸：在滑块底平面中心位置设有模具安装孔(即模柄孔)，其直径和深度是一定值，模柄以此值为依据进行设计。对于大型压力机，在滑块底面还设有 T 形槽，用于压紧模具。开式压力机的技术参数见表 1-3。

表 1-3　开式压力机的技术参数

名称			符号	单位	量值														
公称压力			F	kN	40	63	100	160	250	400	630	800	1000	1250	1600	2000	2500	3150	4000
公称压力行程			S_F	mm	3	3.5	4	5	6	7	8	9	10	10	12	12	13	13	15
滑块行程	固定行程		S	mm	40	50	60	70	80	100	120	130	140	140	160	160	200	200	250
	调节行程		S_1	mm	40	50	60	70	80	100	120	130	140	140	160	—	—	—	—
			S_2	mm	6	6	8	8	10	10	12	12	16	16	20	—	—	—	—
标准行程次数(不小于)			n	次/min	200	160	135	115	100	80	70	60	60	50	40	40	30	30	25
最大封闭高度	固定台和可倾		H_{max}	mm	160	170	180	220	250	300	360	380	400	430	450	450	500	500	550
	活动台位置	最低	H_2	mm	—	—	—	300	360	400	460	480	500	—	—	—	—	—	—
		最高	H_1	mm	—	—	—	160	180	200	220	240	260	—	—	—	—	—	—
封闭高度调节量			ΔH	mm	35	40	50	60	70	80	90	100	110	120	130	130	150	150	170
喉深			C	mm	100	110	130	160	190	220	260	290	320	350	380	380	425	425	480
工作台尺寸	左右		L	mm	280	315	360	450	560	630	710	800	900	970	1120	1120	1250	1250	1400
	前后		B	mm	180	200	240	300	360	420	480	540	600	650	710	710	800	800	900
工作台孔尺寸	左右		L_1	mm	130	150	180	220	260	300	340	380	420	460	530	530	650	650	700
	前后		B_1	mm	60	70	90	110	130	150	180	210	230	250	300	300	350	350	400
	直径		D	mm	100	110	130	160	180	200	230	260	300	340	400	400	460	460	530
立柱间距(不小于)			A	mm	130	150	180	220	260	300	340	380	420	460	530	530	650	650	700
模柄孔尺寸(直径×深度)			$d \times l$	mm×mm	$\phi 30\times50$				$\phi 50\times70$			$\phi 60\times75$			$\phi 70\times80$		T 形槽		
工作台板厚度			t	mm	35	40	50	60	70	80	90	100	110	120	130	130	150	150	170

1.2.4　其他冲压设备

1. 伺服压力机

数控塑性成形设备是先进机械装备的重要组成部分，其主要发展方向是采用先进的驱动与传动方式。采用伺服电动机驱动和数字化控制的伺服压力机，代表了先进塑性成形设备的发展方向。

伺服压力机主要有伺服机械压力机、伺服液压机、伺服螺旋压力机、伺服旋压机等类型。

1) 伺服机械压力机

传统的曲柄压力机采用交流异步电动机作为动力源，由于交流异步电动机输出转速一般不可调节，所以滑块每分钟的行程次数不变，并且滑块在整个行程中的速度位移曲线往往是正弦曲线，在上、下死点处速度为零，在行程中点处速度最大，一般在滑块运动至下死点前发挥最大公称力。

伺服机械压力机用交流伺服电动机作为原动机，并取消了离合器、制动器及飞轮。由于交流伺服电动机具有良好的调速性能、低速大转矩输出特性、快速启停特性和正反转特性，使得伺服机械压力机可通过电动机进行控制，实现滑块的不同运动曲线。通过预先编程，将机械压力机和液压机的优点结合起来。可根据冲压工艺的需要，任意地调节曲柄滑块机构的运动速度和冲压力，使压力机的工作曲线与各种不同的应用要求相匹配。

按交流伺服电动机的运动方式，伺服机械压力机有直线式电动机驱动和旋转式电动机驱动两类。目前，交流旋转式伺服电动机驱动的机械压力机为主要类型，其传动方式有连续旋转式和螺旋摆动式两种。

连续旋转式伺服压力机与传统压力机相比改动不大，仅取消了离合器与制动器，还保留着飞轮及齿轮减速系统，故所需交流伺服电动机的功率和转矩改变不太大。由于该传动方式在滑块连续往复运动时，伺服电动机不必起动、停止以及改变转向，因此对电网的冲击较小。连续旋转式伺服压力机如图 1-15 所示。

螺旋摆动式伺服压力机采用“丝杠＋肘杆”的传动方式，与传统机械压力机的传动方式明显不同。丝杠传动是将旋转运动变为直线运动的一种简单方式，但滑动丝杠的摩擦损失大，滚动丝杠大径规格的成本高。这种丝杠传动方式在滑块连续往复运动时，需要电动机频繁换向，对电网冲击较大，电动机的驱动器与控制器需承受较重的热负荷。螺旋摆动式伺服压力机如图 1-16 所示。

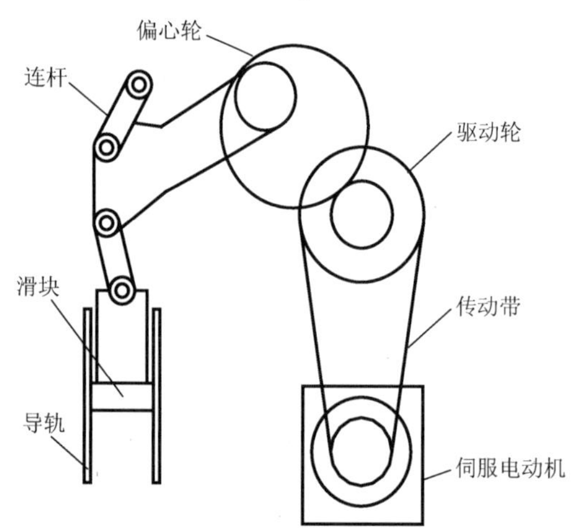

图 1-15　连续旋转式伺服压力机示意图

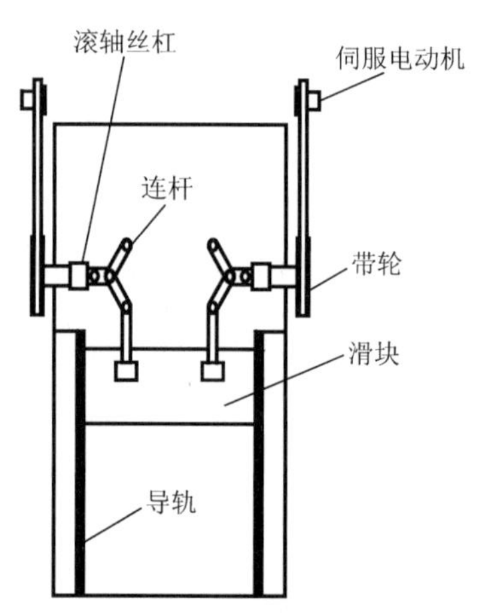

图 1-16　螺旋摆动式伺服压力机示意图

伺服机械压力机的优势及特点如下。

(1) 高柔性：滑块运动实现数字化控制，滑块运动曲线可根据不同生产工艺和模具要求进行数字优化设置，通过程序编制实现滑块“自由运动”，提高了压力机的智能化程度和适用范围，可以进行高难度、高精度加工。

(2) 高生产率：滑块行程可根据生产工艺需要调整，可以根据工况和自动化生产线的需要，在较大范围内数字设定滑块行程次数，以提高生产率。

(3) 高精度：由线性传感器组成的全闭环控制系统能实现高精度的位置控制。可提高下死点的精度，补偿机身的变形和其他影响加工精度的间隙。

(4) 低噪声：由于没有飞轮、离合器等零件，简化了机械传动，因此可大大降低噪声。

(5) 节能降耗：由于简化了机械传动机构，润滑量减少了 60%左右，避免了离合器的接合能耗和滑块停止后的系统空运行能耗。

(6)适应新材料的工艺要求：伺服压力机的滑块运动曲线能很好地满足一些新材料的成形工艺要求。如在传统压力机上难以实现恒温压力成形，而采用伺服压力机成形时，滑块可适应慢速下移的同时工件持续升温的工艺要求。

鉴于开式压力机曲轴纵置、闭式传动和固定台机身的优点，国内外企业生产的开式伺服压力机均采用这种结构方式。图1-17所示为金丰公司开发的CM1系列开式伺服压力机。

闭式机身结构刚性好，常用于中大型机械压力机。图1-18所示为日本小松公司生产的H2W系列伺服压力机，具有下死点修正、平行度修正以及压力控制等功能。自由运动可适用各种成形要求，且设计巧妙，可自由使用，能满足较大拉深加工的要求。与机械冲压不同的是，即使放慢成形速度也不会导致公称压力下降，因此可在缓慢的拉深运动下提高成形性能。

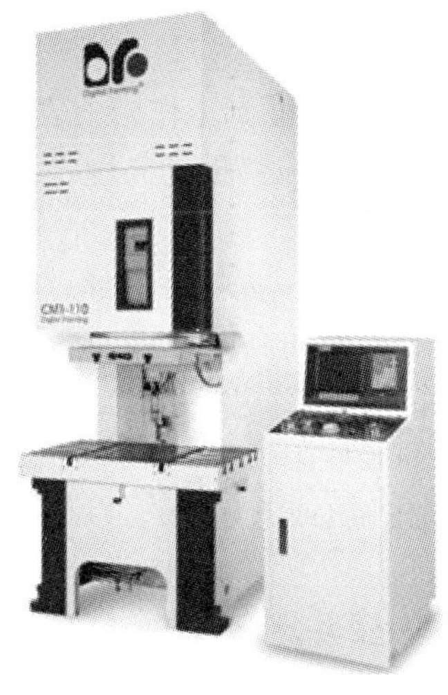

图1-17　CM1系列开式伺服压力机

图1-18　H2W 200伺服压力机

2)伺服液压机

伺服液压机主要分为定量液压缸式和螺杆增压式两种。

定量液压缸式是利用伺服电动机驱动主传动定量液压缸。利用交流伺服电动机良好的调速特性、频繁起停与正反转特性，以及额定转速下恒转矩、过额定转速下恒功率的输出特性，可使这类电动机液压泵组实现流体传动的流量、方向和压力的任意调节，而无须流量控制阀、方向控制阀和压力控制阀，使复杂的节流控制系统简化为容积控制系统，在液压机不工作时，电动机和液压泵还可停止运转。

螺杆增压式是利用伺服电动机驱动螺杆为液压缸增压，交流电动机的调速、恒转矩和恒功率特性，可使液压缸的运动速度、位置和输出力与工艺要求相匹配。如日本网野公司研发的伺服液压机，其公称力为12000kN，采用“交流伺服电动机 + 减速器 + 螺杆 + 液压缸”的驱动和传动方式。传动油仅为液压机的1/10，消耗电力约为液压机的1/3，发热量少，噪声在75dB以下，振动也很小。我国目前仅有少数企业开展此类产品的研究。

2. 液压机

液压机是根据静态下液体压力等值传递的帕斯卡原理制成的，是一种利用液体的压力势能通过液压缸来驱动滑块运动，完成工件加工的机器。

液压机是锻压机械的一大类，在锻压机械中占有重要地位。液压机具有一系列特点：易于获得很大的作用力；可以长时间保压；容易得到较大行程；滑块能在全行程的任意位置上发挥出全部力，并且能够停留或返回；力、速度和行程可在一定范围内进行任意调节，传动平稳，安全可靠等。因此，它能适应各工业部门对工件成形的不同工艺要求。

1）液压机的主要技术参数

液压机的主要技术参数是根据液压机的工艺用途和结构类型来确定的，反映了液压机的工作能力及特点，同时也基本确定了液压机的轮廓尺寸、装机功率和总体质量。

液压机应通过系列化、通用化和标准化，以尽可能少的吨位规格和台面尺寸来满足多种冲压工艺的使用要求，同时也有利于简化设计制造、提高质量、降低成本和便于修配等。因此，应尽可能制订出各种液压机的标准系列参数。

(1) 公称力：公称力是液压机的主参数，为液压机的最大工作能力，在数值上等于液体最大工作压力和工作活塞面积的乘积。

(2) 开口高度：开口高度是指滑块停在上限位置时，滑块下表面到工作台上表面的距离。它反映了液压机在高度方向上工作空间的大小，应根据模具及相应垫板的高度、工作行程，以及放入坯料、取出工件所需的空间等因素来确定。

(3) 最大行程：最大行程为滑块移动的最大距离。最大行程应根据工件成形过程所要求的最大工作行程来确定，它直接影响工作缸的行程长度及整个机架的高度。

(4) 回程力：回程力是滑块回程所需的力，它取决于活塞杆、滑块和上模的自重，以及回程时的拔模力、工作缸排液阻力和各缸密封处、各导向处的摩擦阻力等。

(5) 顶出力(或液压垫力)：在液压机下横梁底部装有顶出缸(或液压缸)，以顶出工件或拉深时进行压边。

(6) 最大允许偏心距：最大允许偏心距是指工件变形阻力接近公称力时所能允许的偏载力中心的最大偏心量。

(7) 滑块速度：液压机的滑块速度分为空程下行、工作和回程三种速度，工作速度一般根据工艺要求来定。

(8) 工作台尺寸：液压机在实际使用时，允许安装模具的最大平面尺寸 $L\times B$ 称为液压机的工作台尺寸。

2）液压机的结构形式与工作方式

(1) 结构形式：液压机按照机身结构形式可分为梁柱式、框架式、单柱式等，如图 1-19 所示。

梁柱式机身结构是一种典型形式，通过双柱或四柱将上下横梁用螺母连接起来，双柱或四柱兼作滑块导向。梁柱式结构可适应很大范围的公称力规格，有一定抗偏载能力，能满足多种冲压生产工艺需要，比较容易制造，造价相对比较低。由于采用螺母连接，导致机器的精度和精度保持性弱化。

框架式结构是液压机机身结构中常用的一种结构形式，可分为组合框架式和整体框架式两大类。组合框架式机身是由上横梁、下横梁和两个立柱所组成的，靠拉紧螺栓连接和紧固，在横梁和立柱的接合面上用销或键定位，活动横梁靠安装在立柱内侧的导向装置进行导向，其横梁或立柱可以是铸钢件，也可以是钢板焊接件；整体框架式机身则是将上、下横梁及两个立柱做成一个整体，其截面一般做成空心箱形结构，保持较高的抗弯刚度，立柱部分多做成矩形截面，便于安装导向装置。该结构液压机制造、运输、安装等存在一定的难度。

单柱式即开式机身结构多用于小型液压机，可三面接近工作台，使用非常方便。由于机身呈开式，影响了机身的结构刚性，在较大载荷下会出现线应变和角应变，将影响冲压件质量和模具寿命，因此多用于较小公称力规格的冲压液压机。

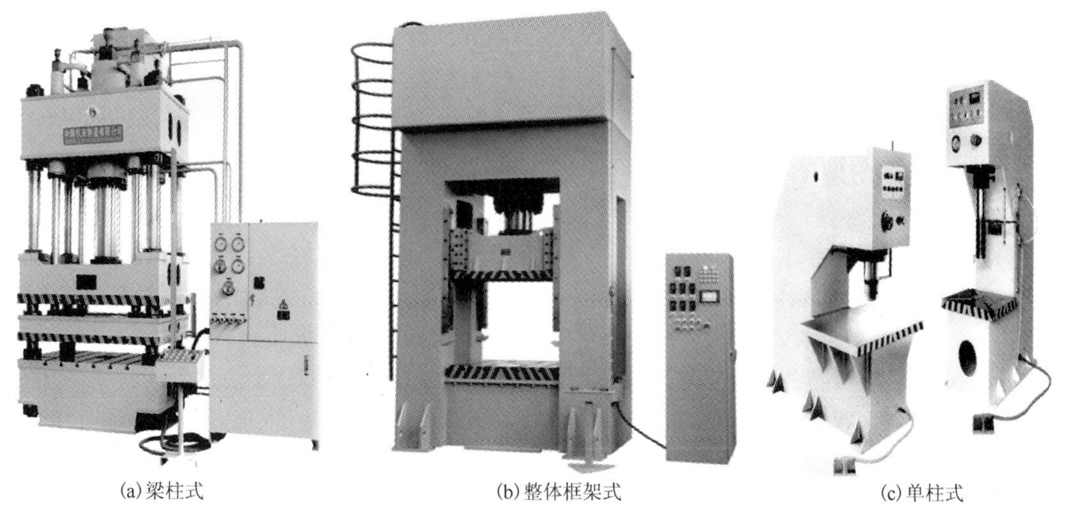

(a)梁柱式　(b)整体框架式　(c)单柱式

图 1-19　液压机的结构形式

(2)工作方式：液压机有单动、双动、三动三种基本形式的工作方式。

在单动方式中，滑块作为运动部件单向运动完成压制过程，这种工作方式没有压边装置。单动式液压机主要用于薄板工件成形，适用于剁料和卷料。双动式液压机有两个运动部件：滑块和液压垫。其工作过程是：滑块自上而下拉深板料，液压垫通过压边杆作用于压边圈，在拉深成形后，液压垫将制件顶出，可根据材料和工件的特征参数来调整液压垫力。在三动式液压机中，压边外滑块和拉深内滑块自上而下运动，由于是外滑块压边，此时液压垫仅是将制件顶出；然而，将这种三动式液压机的内滑块和外滑块相连，将液压垫通过压边杆作用于压边圈，也可以作双动式液压机使用；因此其拉深力和压边力合成为整台机器的公称力。

3. 数控剪、折机床

1)数控折弯机

数控折弯机是一种完成板料折弯成形的通用设备，采用较简单的通用模具，即可折弯多种形状的工件，具有较高的劳动生产率。当配置特殊的模具时，可把金属板料压制成一定的几何形状，如配备相应的工艺装备，还可以用于冲槽、冲孔、压波纹、浅拉深等。因此，数控折弯机广泛应用于船舶、车辆、集装箱、电子、压力容器、金属结构、仪器仪表、日用五金、建筑材料等工业部门。

数控折弯机一般由机身、滑块、液压系统、后挡料、模具、前托料、电气系统等部件组成。折弯机通过伺服比例阀同步驱动左右液压缸的活塞，带动滑块运动；控制系统可根据程序施加不同吨位的压力并保压，滑块往复运动一次，完成一次折弯。

数控折弯机在加工过程中工件的运动是空间的，简单的两轴送料装置不能满足要求。因此，为了实现折弯加工自动化，数控折弯机配用机器人来完成工件的夹持和取放。数控折弯机和机器人之间联合动作，无须人工干预，自动完成折弯加工，形成折弯中心。数控折弯机的局限性在于模具不能随时组合或更换，有时不能连续完成一个工件多道折弯。目前，机器人的价格较高，限制了这种折弯机的普及和发展，但是折弯自动化既是市场的需求也是技术发展的趋势。

国外主要的折弯机厂家如瑞士 Bystronic 公司、德国 Trumpf 公司、荷兰 Wila 公司、日本 Amada 公司；国内的数控折弯机主要制造厂有湖北三环锻压设备有限公司、上海冲剪机床厂、江苏亚威机床股份有限公司、天水锻压机床有限公司、江苏金方圆数控机床有限公司、江苏扬力集团有限公司、济南铸造锻压机械研究所有限公司等。

2）数控剪板机

数控剪板机是金属加工行业中，用来切割金属材料的常用锻压设备。在产品的加工过程中，为了满足后续工艺以及产品规格，必须对板材进行剪切加工，数控剪板机是通过切头、切边、切尾等方式来使板材达到规定尺寸的设备。由于数控剪板机有着能剪切各种规格长度的板材，也能切割板材局部缺陷等优点，因而广泛应用于冶金、轻工、建筑等领域。数控剪板机一般由机身、传动装置、刀架、压料器、挡料架、托料装置、数字控制装置等部分组成，主传动系统主要有液压传动、气动和机械传动，一般液压传动用得比较多。

随着数控技术广泛应用于机床工业领域，中国的数控剪板机有了长足的发展。自 1986 年第一台数控折弯机 W67Y-160 K / 3200 由天水锻压机床有限公司研发成功以来，我国的锻压剪切技术有了长足的发展，我国在数控剪断技术发展代表性的单位有济南锻压铸造机械研究所、上海冲剪机床厂和黄石锻压机床厂。国外的锻压剪切技术发展比较早，也较为成熟，越来越趋向于数控技术（CNC）、分布式数控技术（DNC）和柔性自动化（FMS）。此项技术发展比较成熟的国家有德国、瑞士、意大利以及日本等。早在 20 世纪 90 年代，意大利 Salvgini 公司的 C2 型直角剪板机，自动通过编程并优化排料，将大型毛坯剪成矩形板状，或者与冲模回转压力机配套，将冲剪完的大张板材分割成小工件。该公司的 S4+P4 型大型板材成形、冲孔、剪切及四边折弯，更是集冲孔、剪切机、四边折弯机加上自动送料装置组成板材焊接柔性制造、四边折弯、剪切、冲孔系统于一体。

近年来，美国的维德曼公司和日本的天田公司相继开发了一种新型剪板机，该剪板机是数控装置，应用于板料成形柔性制造系统。这种数控剪板机与现有的剪板机的区别是有两个互相垂直的刀刃。因此可以对板料进行直角剪切，这对排样后从大张板料上套裁矩形板件十分有用，如在普通剪板机上，必须先要把板料送到剪板机刀刃进行横切，然后再将板料旋转 90° 送进去，进行竖向剪切工作，耗时耗力，不易于提高劳动生产率。

4. 冲压机械手与机器人

机器人自 20 世纪 60 年代问世以来，经过多年的发展，已经广泛应用于各行各业。如军用机器人、仿人形机器人、农业机器人、焊接机器人、搬运机器人等，已成为现代生活特别是制造业中不可分割的一部分。

机器人技术是力学、机构学、机械设计学、自动控制、传感技术、电液气驱动技术、计算机、人工智能、仿生学等多学科知识的综合与交叉所形成的一门跨学科的综合性高新技术。机械手的研究作为机器人研究中的一个重要分支，在现代制造业中具有极大的使用价值和战略意义。

冲压机械手主要由执行机构、驱动机构和控制系统三大部分组成。执行机构是机器人完成其功能的机械实体，具有与人的手臂相类似的功能，一般可以分为末端执行器、腕部、手臂、机座四个部分；驱动机构为机械手提供动力和运动，由动力源、传动装置、检测元件等组成，常用的驱动方式有电动机、液压和气动装置三种类型；控制系统主要包括传感器电路、控制器及控制电路，能对识别的设备进行操作，同时又能控制机器人按规定的要求动作，常采用开环和闭环控制方式。

关节式机器人具有通用性和灵活性，广泛应用于焊接、装配、喷涂等制造工艺中。关节式机器人的结构形式类似于人的手臂，能够有效地确定三维空间中机器人的姿态。数学控制模型经处理器计算后生成机器人运动的控制信号，利用驱动机构实现机器人的目标轨迹曲线。关节式机器人按照关节的分布方式可分为串联和并联机械手，串联式机械手如图1-20所示。

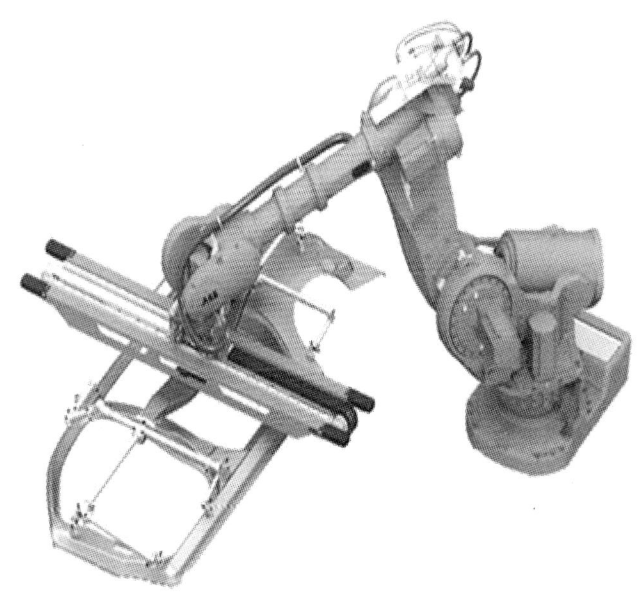

图1-20 串联式机械手

练 习 题

1-1 冲压有哪些基本工序，各是什么？

1-2 与其他加工方式相比，冲压有哪些优点、哪些缺点？

1-3 压力机的技术参数有哪些？

1-4 简述闭式双动压力机的工作过程。

1-5 曲柄压力机是由哪几部分组成的，各有什么功能？

1-6 何谓曲柄压力机的装模高度？什么是压力机的最大装模高度、最小装模高度？

1-7 模具的闭合高度和最大装模高度、最小装模高度有何关系？

1-8 曲柄压力机的主要类型有哪些？

1-9 试述偏心压力机的工作原理。

1-10 伺服压力机有哪些类型？伺服机械压力机的优势及特点是什么？

1-11 液压机的主要技术参数及工作方式是什么？

1-12 试述数控剪板、折弯机床的主要组成及特点。

1-13 常用的冲压机械手驱动方式有哪些？控制系统的作用是什么？

第 2 章　冲压成形原理

冲压成形过程包括弹性变形过程和塑性变形过程，可近似于平面应变。通过分析板料力学特性与应力应变状态可以把握冲压过程的变形特点及规律，从而为后续的学习以及实践活动打下理论基础。

本章知识要点

(1) 了解金属塑性变形的基本形式和基本原理。

(2) 掌握塑性变形力学基础，了解屈服准则及其应用。

(3) 理解板料平面问题的应力应变的分析方法，了解板料冲压成形中的应力应变状态，掌握简单加载条件下的成形极限曲线。

(4) 了解吉田成形区域的划分，了解冲压成形中的起皱和破坏。

兴趣实践

选一个生活中常见的可塑性较高的冲压件，如易拉罐，对其施加很小的力并渐渐加大，观察其变形过程及变形后的形状特征，结合本章内容进行合理的分析。

探索思考

(1) 金属塑性变形基本形式的特点有哪些？

(2) 塑性变形时应力应变的关系如何表示？

(3) 如何从成形极限曲线中判断板料成形是安全的或是破裂的？

预习准备

(1) 回顾《材料力学》、《工程材料及其成形基础》中金属塑性变形的相关知识。

(2) 重点了解板料冲压的成形原理。

2.1　金属塑形变形

在外力作用下，金属产生形状与尺寸的变化称为变形。金属变形分为弹性变形与塑性变形。

2.1.1　弹性变形与塑性变形

固体金属一般情况下均是晶体，金属原子在晶体所占的空间内是有序排列的。在没有外力作用时，金属中原子处于稳定的平衡状态，金属物体具有自己的形状与尺寸，施加外力，会破坏原子间原来的平衡状态，造成原子排列畸变(图 2-1)，引起金属形状与尺寸的变化。

若除去外力，金属中原子立即恢复到原来稳定平衡的位置，原子排列畸变消失，金属完全恢复为自己的原始形状和尺寸，则这样的变形称为弹性变形。弹性变形时，原子离开平衡位置的位移与外力作用的大小有关，但位移的距离总是不超过相邻两原子间的距离(图 2-1(b))。

继续增加外力，原子排列的畸变程度增加，移动距离有可能大于受力前的原子间距离，这时晶粒中一部分原子相对于另一部分产生较大的错动(图 2-1(c))。外力除去以后，原子间的距离虽然仍可恢复原状，但错动的原子并不能再回到其原始位置(图 2-1(d))，金属的形状和尺寸发生永久变化。这种在外力作用下产生不可恢复的永久变形称为塑性变形。

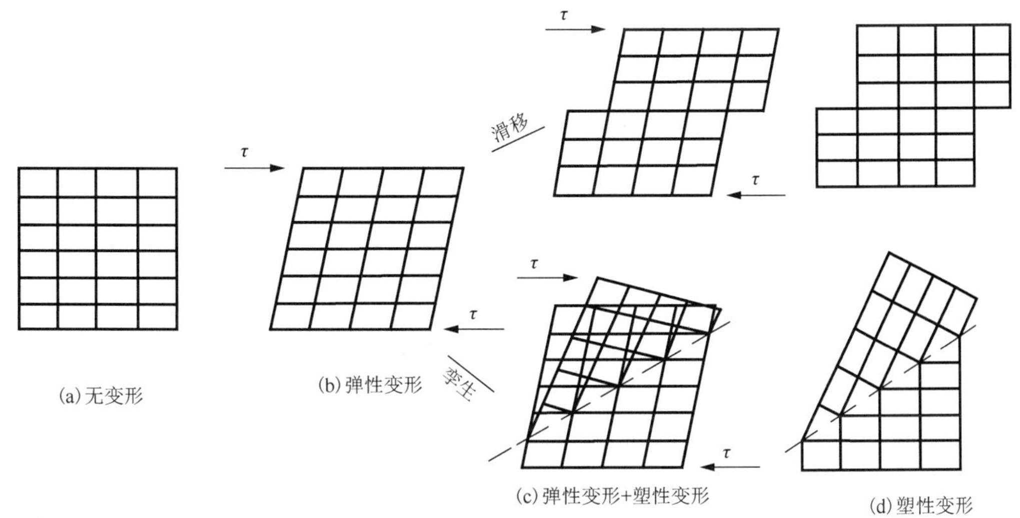

图 2-1　弹性变形与塑性变形

受外力作用时，原子总是离开平衡位置而移动。因此，在塑性变形条件下，总变形既包括塑性变形，也包括除去外力后消失的弹性变形。

2.1.2 塑性变形的两种基本形式

当金属处于一定的应力状态下会发生剪切塑性变形，剪切塑性变形的机理主要包括滑移和孪生，如图 2-2 所示。滑移和孪生只是在结晶体中发生，而不取决于温度条件，故这类使物体产生塑性变形的机理也称为非热塑性变形机理。

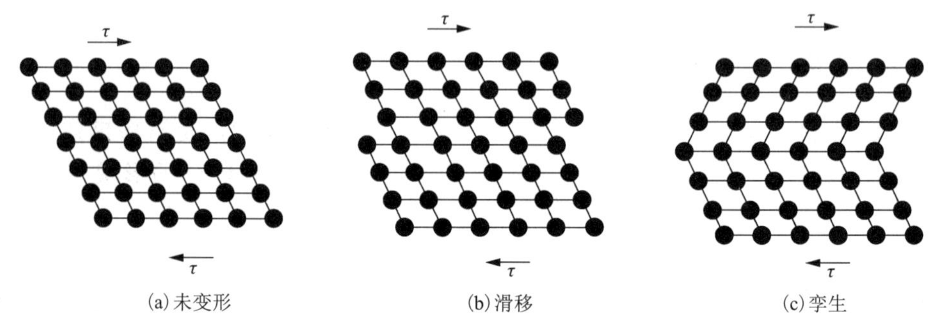

图 2-2 剪切变形的基本形式

1. 滑移

1) 滑移面和滑移方向

滑移是指在剪应力的作用下，晶体(单晶体或构成多晶体的晶粒)的一部分相对于另一部分沿着一定的晶面和晶向产生的移动。产生滑移的晶面和晶向，分别称为滑移面和滑移方向。通过滑移，晶体内的原子逐步从一个稳定位置移到另一个稳定的位置，在宏观上即晶体产生了塑性变形。

所谓的滑移面，即原子排列密度最大、包含原子最多的晶面(密排面)。滑移方向为滑移面上原子排列线密度最大的晶向(密排方向)。因为密排面和密排方向上原子的结合力最强，同时其相邻密排面和密排方向间的间距最大，结合力最弱，因此滑移往往沿晶体的密排面和该面的密排方向进行。

对于图 2-3 中的晶格，其中 *A—A* 面的原子排列最紧密，原子间距离最小，原子间结合力最强；但由于其晶面间的距离较大，所以晶面与晶面之间的结合力较弱，滑移阻力较小，故 *A—A* 面最容易成为滑移面。而 *B—B* 面原子间距大，结合力弱，晶面与晶面间距离小，结合力强，故难于产生滑移。同理可以解释，沿原子排列最紧密的晶向滑移阻力最小，容易成为滑移方向。

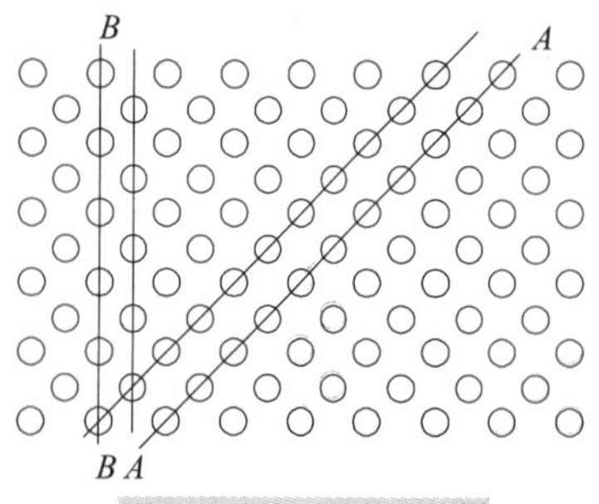

图 2-3 滑移面示意图

2) 滑移系

通常每一种晶格同时存在几个滑移面，而每个滑移面同时存在几个滑移方向。其中每个滑移面和其面上的一个滑移方向就构成一个滑移系。而晶格中晶胞上的滑移面数和该面上滑移方向数的乘积为滑移系总数。每个滑移系表示金属晶体在进行滑移时可能采取的一个空间取向。

三种典型晶格的滑移系如表 2-1 所示，图中阴影部位为滑移面，箭头表示滑移方向。由表可知，体心立方晶格的金属如锂、钠、钾、钒、铬、α-铁、钨等，有 6 个滑移面{110}，2 个滑移方向<111>，滑移系总数为 12 个。面心立方晶格的金属如铝、铜、银、白金、黄金、γ-铁等，有 4 个滑移面{111}，3 个滑移方向<110>，滑移系总数为 12 个。密排六方晶格的金属如铍、镁、铁、锌、锆等，仅有 1 个滑移面为基底面{0001}，3 个滑移方向<1120>，滑移系总数仅为 3 个。其中一个滑移系表示金属晶体在滑移时可能选择的空间位向。在其他条件相同时，金属晶体中的滑移系越多，滑移时选择的空间位向越多，金属发生滑移的可能性越大，塑性就越好。滑移时，滑移方向对滑移所起的作用大于滑移面，因此在滑移系相同的情况下，面心立方晶格的金属比体心立方晶格的金属的滑移方向多 1 个，因此面心立方晶格金属比体心立方晶格金属塑性好，而密排六方晶格金属由于滑移系数目少，塑性较差。滑移面对温度具有敏感性。温度升高时，原子热振动的振幅加大，促使原子密度次大的晶面也参与滑移。例如，体心立方晶格的金属在高温变形时，除{110}滑移面外，还可能会增加新的滑移面{112}和{123}。面心立方晶格的金属在高温变形时，除{111}滑移面外，还可能会增加{001}滑移面。正因为高温条件下出现新的滑移系，所以金属的塑性也相应地提高。

表 2-1　三种典型晶格的滑移系

晶格	体心立方晶格	面心立方晶格	密排六方晶格
滑移面	{110}×6	{111}×4	{0001}×1
滑移方向	<111>×2	<110>×3	<1120>×3
滑移系	6×2=12	4×3=12	1×3=3

2. 孪生

孪晶的形成方式有两种，一种是晶体自然生长时形成的，称为自然孪晶，另一种是通过变形形成的，称为形变孪晶或机械孪晶。产生孪晶的过程称为孪生(图 2-4)。孪生是塑性变形基本机理之一。这里只讨论机械孪晶。

孪生是晶体的一部分相对另一部分，对应于一定的晶面(孪晶面)沿一定方向发生转动的结果。已变形部分的晶体位向发生改变，与未变形部分以孪晶面互为对称。发生孪生时，晶体变形部分中所有与孪晶面平行的原子平面均向同一个方向移动，移动距离与该原子面距孪晶面的距离成正比。虽然每个相邻原子间的位移只有一个原子间距的百分之几，但许多层晶面积累起来的位移便可形成比原子间距大许多倍的变形。

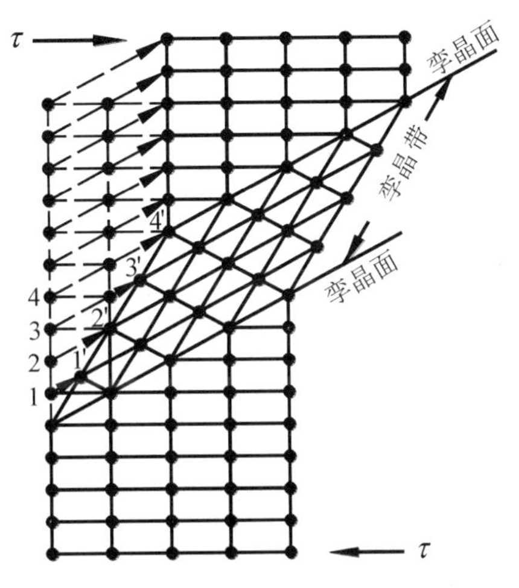

图 2-4　孪生示意图

孪生与滑移的主要差别是：①滑移是一个渐进的过程，而孪生是突然发生的，如体心立方结构的金属变形一般采取滑移方式，但在低温或冲击载荷下易于产生孪生；②孪生所要求的临界切应力比滑移要求的临界切应力大得多，只有在滑移过程很困难时，晶体才发生孪生；③孪生时原子位置不能产生较大的错动，金属获得较大塑性变形的主要形式是滑移。

2.1.3 多晶体塑性变形

1. 晶界和晶粒位向的影响

为了便于理解多晶体中晶界对于变形的影响，采用如图 2-5 所示的两个晶粒组成的试样进行拉伸试验。试样经过拉伸变形后，出现明显的所谓“竹节”现象，即试样在远离夹头和晶界的晶粒中间部分出现明显的缩颈，而在晶界附近的截面几乎不变。这足以说明金属的晶界比晶粒本身具有更高的变形抗力。其原因是由于晶界附近是相邻晶粒位向的过渡区，原子排列紊乱，并存在较多的杂质，造成晶格畸变，因而在该处滑移时，位错运动受到较大阻力，难以发生变形。

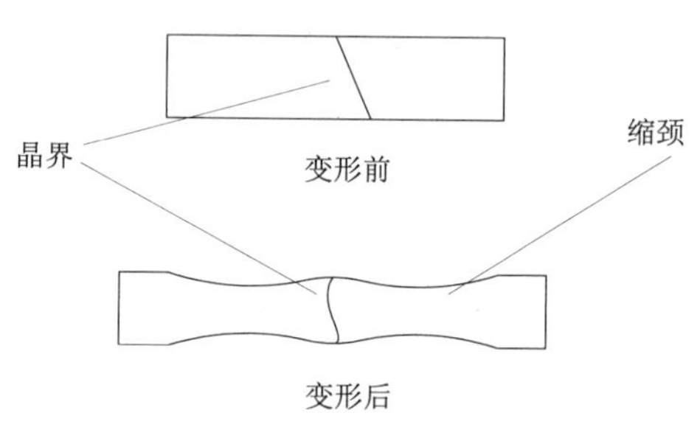

图 2-5 两个晶粒的试样拉伸时的变形

除晶界对滑移变形有影响外，由于多晶体中晶粒位向不同，当任一晶粒滑移时，都将受到周围不同位向的晶粒阻碍，从而也使变形抗力增大。因此，多晶体的变形抗力总是高于单晶体，如图 2-6 所示。

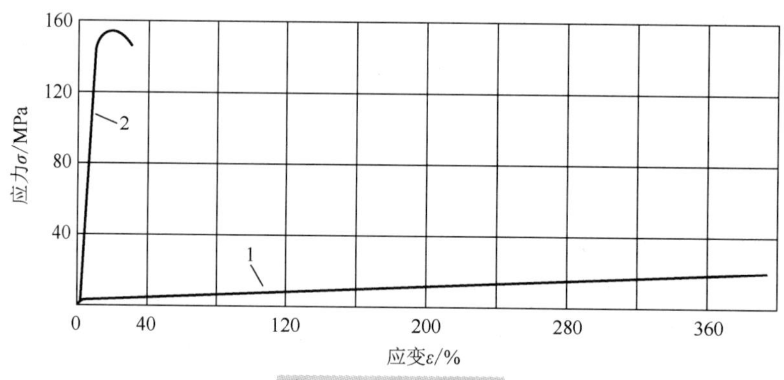

图 2-6 锌的拉伸曲线

1-单晶体；2-多晶体

由此可见，金属材料的晶粒大小对力学性能有很大的影响，晶粒越细的金属强度就越高。因为晶界的总面积多，每个晶粒周围的不同位向的晶粒数也多，因而对塑性变形抗力也就越大。

金属材料的晶粒越细，不仅强度高，而且塑性和韧性也越好。因为晶粒越细，在单位体积内的晶粒越多，金属的总变形量可分散到更多的晶粒中，使变形越均匀。另外，晶粒越细，晶界曲折越多，可阻碍裂纹的扩展。所以细晶粒的金属材料具有良好的韧性和塑性。

2. 多晶体塑性变形过程

多晶体中由于晶界的存在及各晶粒位向不同，则各晶粒都处于不同的应力状态。即使受到单向均匀拉伸力的作用，有的晶粒受到拉力或压力，有的受到弯曲力或扭转力，受力大小也不一样，有的晶粒变形大，有的变形小，有的已开始塑性变形，有的还处于弹性变形阶段。多晶体的塑性变形就是这样不均匀地、有先有后地进行着，最先产生滑移的将是那些滑移面和滑移方向与外力成 45°（也称软位向）的一些晶粒。但它们的滑移会受到晶界及周围不同位向的晶粒阻碍，使其在变形达到一定程度时，在晶界附近造成足够大的应力集中，使滑移停止。同时，激发邻近处于次软位向的晶粒中的滑移系移动，产生塑性变形，使塑性变形过程不断继续下去。此外，由于晶粒滑移时发生的位向转动，使已变形晶粒中原来的“软位向”逐渐转到“硬位向”。所以，多晶体塑性变形实质上是晶粒一批批地进行塑性变形，直至所有晶粒都发生变形。晶粒越细，变形的不均匀性就越小。

2.1.4 塑性变形原理

早在 20 世纪 20 年代，就有人提出晶体中存在位错的假设，即认为晶体中存在一种线缺陷，它在切应力作用下容易滑移，并引起塑性变形。

1. 位错类型与柏氏矢量

位错的主要类型有刃型位错和螺型位错。如果有一原子平面中断在晶体内部，这样使滑移面一侧的原子平面的数量多于另一侧，此为刃型位错(图 2-7(a))；另一种晶体错排是：晶体一部分沿滑移面被剪断，被分开的两部分彼此相对错动了一个原子间距，并引起与滑移面垂直的原子平面弯曲，此为螺型位错(图 2-7(b))。

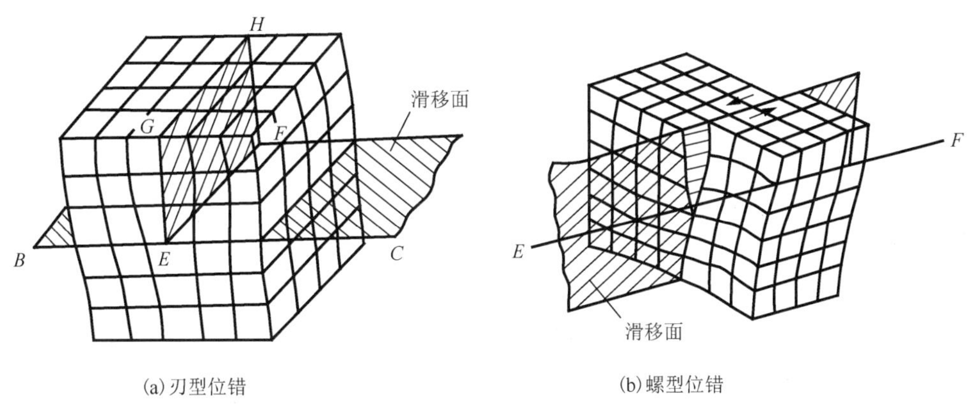

图 2-7 刃型和螺型位错示意图

描述位错的结构和类型及位错的运动，可用柏氏矢量 ***b***。围绕位错线每边移动相同的晶格作柏氏回路，自终点引向起点的矢量为柏氏矢量 ***b***(图 2-8)。柏氏矢量有以下重要特性。

(1)柏氏矢量 ***b*** 的方向就是位错扫过整个滑移面产生相对滑移的方向，***b*** 的大小表征该位错运动后产生滑移量的大小，如图 2-8 所示。

(2)柏氏矢量 ***b*** 与刃型位错线垂直，而与螺型位错线平行(图 2-8)。

(3)位错线在运动过程中其柏氏矢量保持不变。

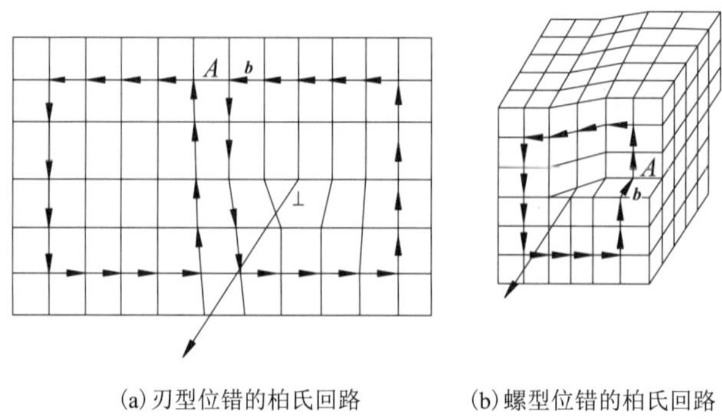

(a) 刃型位错的柏氏回路　　(b) 螺型位错的柏氏回路

图 2-8　柏氏回路和柏氏矢量

2. 位错运动

晶体中的位错是一种结构形式，金属塑性变形是通过位错运动来实现的。位错运动除有位错线沿滑移面“运动-滑移”这种形式外，还有位错线从一个滑移面过渡到另一个滑移面的运动，即刃型位错的攀移和螺型位错的交滑移。

如图 2-9 所示，真正的滑移过程并不是滑移面上的所有原子同时移动，而是滑移面上原子群按先后顺序相继移动。在切应力作用下，位错线周围畸变区域的原子沿滑移方向做微小的剪位移，即可使位错的结构位置沿滑移面及滑移方向发生变化，也就是使位错的畸变中心位置(即位错线的位置)发生改变。刃型位错的运动方向与塑性滑移的方向平行，螺型位错的运动方向则与塑性滑移的方向垂直。

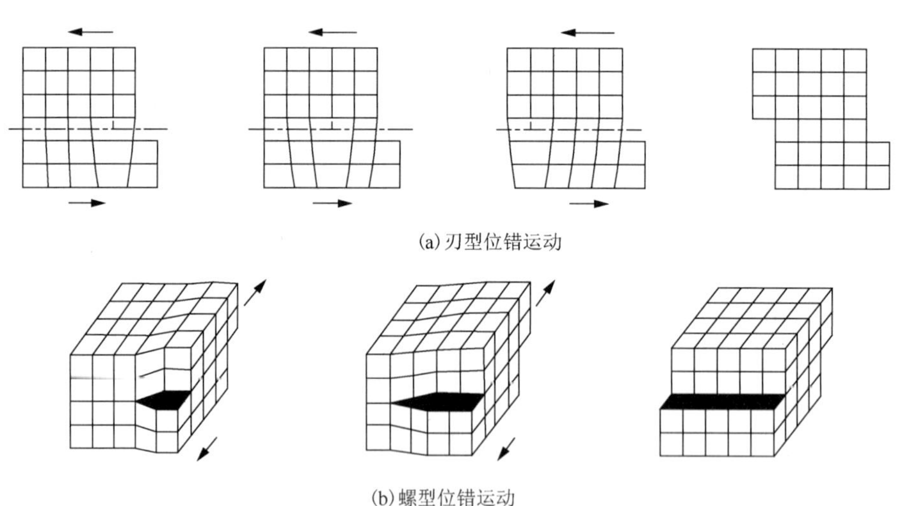
(a) 刃型位错运动

(b) 螺型位错运动

图 2-9　位错运动引起的滑移

刃型位错垂直于滑移面的运动，称为位错的攀移。如图 2-10 所示，刃型位错攀移的实质是多余半原子面(在晶体一端)的扩展或收缩。半原子面扩展，是间隙原子或晶格上的原子移入半原子面的下端，使位错向半原子面下方移动，此为负攀移;半原子面收缩，是半原子面下端的原子迁入空位或移出形成间隙原子，使位错向半原子面上方移动，此为正攀移。由于位错攀移是由空位扩散离开位错或空位扩散到位错而引起的，必然需要热激活，因此攀移比位错滑移需要更大的能量，也就是说攀移比较困难。

螺型位错没有附加的半原子面，从一个滑移面过渡到另一个滑移面并不困难。螺型位错可以在与位错线垂直的方向为滑移方向的任一滑移面内运动，这种运动称为螺型位错的交滑移。交滑移通常是由于螺型位错在滑移面上运动遇到障碍时不能继续滑移，在应力作用下移到相交滑移面上继续滑移。如果螺型位错发生交滑移后，又回到与原滑移面平行的滑移面上滑移，即双交滑移(图 2-11)。

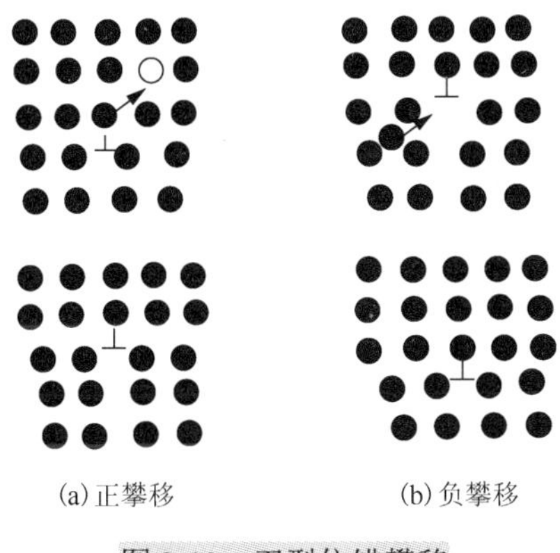

(a) 正攀移　(b) 负攀移

图 2-10　刃型位错攀移

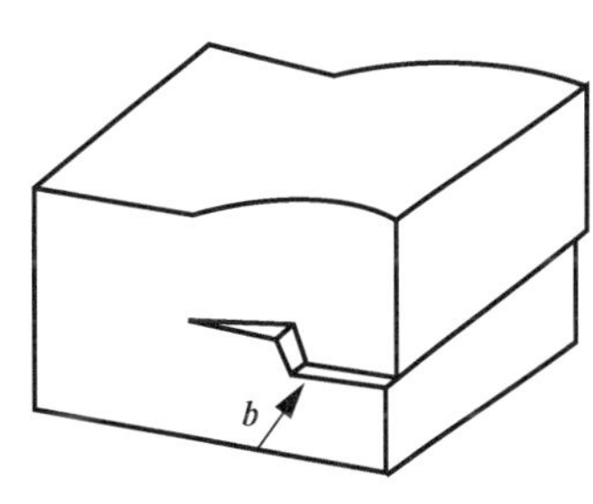

图 2-11　螺型位错交滑移

攀移是对刃型位错而言的，螺型位错无所谓攀移；交滑移是对螺型位错而言的，刃型位错无所谓交滑移。因此，位错从一个滑移面过渡到另一个滑移面的运动，必须区分刃型位错的攀移和螺型位错的交滑移。

2.2　塑性变形的力学基础

2.2.1　一点的应力与应变状态

物体受外力(面力或体力)作用后，其内各质点之间就产生相互作用的内力，单位面积上的内力称为应力；另一方面，应力作用必然引起物体质点间的相对位移，即使物体产生应变。

1. 一点的应力状态

假使从受力物体内任一点 Q 处，取出一个正六面体为单元体，显然在该单元的六个平面上作用有大小和方向均不完全相同的全应力 σ_{sx}、σ_{sy}、σ_{sz}（取直角坐标系的三个坐标轴平行于正六面单元体的棱边，下标 x、y、z 表示应力作用的平面法线方向)，其中应力 σ_{si} 又可分解为平行于坐标轴的三个分量 σ_{ij}（i、$j = x$，y，z），如图 2-12(a)、(b)所示。

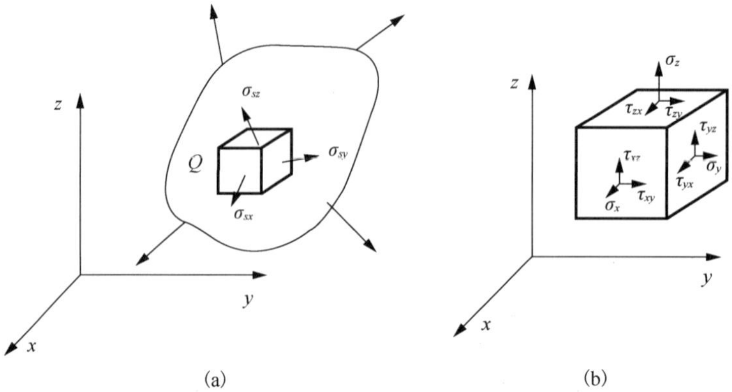

图 2-12 单元体坐标面上的应力分量

因此，物体内一点的应力状态可以用九个应力分量表示，写成矩阵形式为

$$\boldsymbol{\sigma}_{ij}=\begin{bmatrix}\sigma_x & \tau_{xy} & \tau_{xz}\\ \tau_{yx} & \sigma_y & \tau_{yz}\\ \tau_{zx} & \tau_{zy} & \sigma_z\end{bmatrix}\begin{array}{l}\text{—— 作用在 } x \text{ 面上}\\ \text{—— 作用在 } y \text{ 面上}\\ \text{—— 作用在 } z \text{ 面上}\end{array}$$

$$\begin{array}{l}\text{作用方向为 } z\\ \text{作用方向为 } y\\ \text{作用方向为 } x\end{array}$$

这里，σ_x、σ_y、σ_z 为正应力分量，τ_{xy}、τ_{xz}、τ_{yx}、τ_{yz}、τ_{zx}、τ_{zy} 为切应力分量。习惯上规定：若单元体平面上的外法线方向与坐标轴相同，则令作用其上的应力分量方向与坐标轴相同者为正，反之为负。

由于单元体处于静力平衡状态，绕其各轴的合力矩等于零，因此切应力互等

$$\tau_{xy}=\tau_{yx}\;;\quad \tau_{yz}=\tau_{zy}\;;\quad \tau_{zx}=\tau_{xz} \tag{2-1}$$

式(2-1)表明，为保持单元体的平衡，切应力总是成对出现的。实质上，变形体内任一点的应力状态，只有六个独立的应力分量。

对于板料成形，经常忽略板厚方向(常用 z 方向表示)的应力分量(板材弯曲成形除外)，即有 $\sigma_z=\tau_{xz}=\tau_{yz}=0$，此时应力状态为

$$\boldsymbol{\sigma}_{ij}=\begin{bmatrix}\sigma_x & \tau_{xy}\\ \tau_{yx} & \sigma_y\end{bmatrix}$$

这是平面应力状态，只需要三个应力分量，此时，利用应力莫尔圆进行研究是很方便的。

如图 2-13 所示，设单元体的应力分量为 σ_x、σ_y 和 $\tau_{xy}=\tau_{yx}$。有任一平面 AB，其法线方向 N 与 x 轴的夹角为 α，作用有正应力 σ 及切应力 τ。在单元体 AQB 上，沿 N 方向的合力为

$$\sigma AB-\sigma_x QB\cos\alpha-\tau_{xy}QB\sin\alpha-\sigma_y AQ\sin\alpha-\tau_{yx}AQ\cos\alpha=0$$

因为

$$AQ=AB\sin\alpha\,,\qquad QB=AB\cos\alpha$$

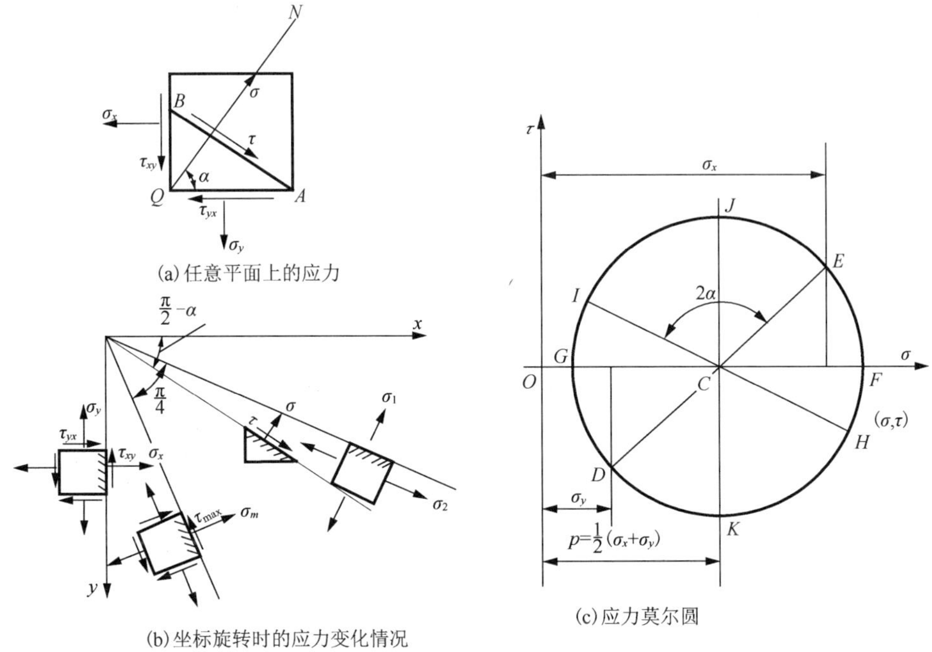

(a) 任意平面上的应力

(b) 坐标旋转时的应力变化情况

(c) 应力莫尔圆

图 2-13　平面应力状态下的应力莫尔圆

故有

$$\sigma = \sigma_x \cos^2 \alpha + \sigma_y \sin^2 \alpha + 2\tau_{xy} \sin\alpha\cos\alpha$$
$$= \frac{1}{2}\sigma_x(1+\cos 2\alpha) + \frac{1}{2}\sigma_y(1-\cos 2\alpha) + \tau_{xy}\sin 2\alpha$$

即

$$\sigma = \frac{1}{2}(\sigma_x + \sigma_y) + \frac{1}{2}(\sigma_x - \sigma_y)\cos 2\alpha + \tau_{xy}\sin 2\alpha \tag{2-2}$$

单元体上垂直于 N 方向的合力为

$$\tau AB + \tau_{xy} QB\cos\alpha - \sigma_x QB\sin\alpha - \tau_{xy} AQ\sin\alpha + \sigma_y AQ\cos\alpha = 0$$

得

$$\tau = \frac{1}{2}(\sigma_x - \sigma_y)\sin 2\alpha - \tau_{xy}\cos 2\alpha \tag{2-3}$$

比较式(2-2)和式(2-3)，不难得出

$$\left[\sigma - \frac{1}{2}(\sigma_x + \sigma_y)\right]^2 + \tau^2 = \left[\frac{1}{2}(\sigma_x - \sigma_y)\right]^2 + \tau_{xy}^2 \tag{2-4}$$

式(2-4)为 σ - τ 坐标系中圆的方程，圆心坐标为 $\left(\frac{\sigma_x + \sigma_y}{2},\ 0\right)$，半径为

$$R = \sqrt{\left(\frac{\sigma_x - \sigma_y}{2}\right)^2 + \tau_{xy}^2} \tag{2-5}$$

该圆可以描述单元体任意一个物理平面上的应力 σ 、 τ 的变化规律，常称应力莫尔圆。圆周上每一个点，对应于单元体一个物理平面上的应力。

不难发现：单元体存在这样的物理平面，在此面上只有正应力而无切应力的作用，如图 2-13(c)上点 F、G 所代表的平面，称此平面为主平面。主平面上的正应力称为主应力，记作 σ_1 和 σ_2。显然，有

$$\left.\begin{matrix}\sigma_1\\ \sigma_2\end{matrix}\right\}=\frac{1}{2}(\sigma_x+\sigma_y)\pm\sqrt{\left(\frac{\sigma_x-\sigma_y}{2}\right)^2+\tau_{xy}^2} \tag{2-6}$$

对于一点的应力状态而言，无论坐标如何选择，主应力的数值不变。换言之，一个应力状态只有一组主应力。用应力主轴(即和主应力方向一致的坐标轴)作为坐标轴时，点的应力状态可表示为

$$\boldsymbol{\sigma}_{ij}=\begin{bmatrix}\sigma_1 & 0\\ 0 & \sigma_2\end{bmatrix}$$

实际上，主应力就是正应力取极值。同样，切应力也随斜切平面的方向而变，一般把切应力有极值的平面称为主切平面，如图 2-13(c)上点 J、K 所代表的平面。主切平面上作用的切应力称为主切应力，其值为

$$\left.\begin{matrix}\tau_{12}\\ \tau_{21}\end{matrix}\right\}=\pm\frac{1}{2}(\sigma_1-\sigma_2) \tag{2-7}$$

在塑性加工中还常用等效应力的概念。它是一种假想的应力，表示一点的应力强度，其值为(假设 $\sigma_z=\sigma_3=0$)

$$\bar{\sigma}=\sqrt{\sigma_1^2-\sigma_1\sigma_2+\sigma_2^2} \tag{2-8}$$

在物体的塑性变形过程中，可以根据等效应力来判断是加载还是卸载。$\bar{\sigma}$ 增加，为加载过程;反之，为卸载过程。$\bar{\sigma}$ 不变时，对理想塑性材料而言，变形仍在增加，是加载过程；对有硬化的材料而言，则是中性变载。

2. 一点的应变状态

塑性变形的大小可以用相对应变(又称工程应变)或真实应变(又称对数应变)来表示。相对应变是以线尺寸增量与初始线尺寸之比来表示的，即

$$e=\frac{\Delta l}{l_0}=\frac{l_1-l_0}{l_0}\times100\% \tag{2-9}$$

式中，l_0 为初始长度尺寸；l_1 为变形后长度尺寸。

真实应变是变形后的线尺寸与变形前的线尺寸之比的自然对数值，即

$$\varepsilon=\ln\frac{l}{l_0} \tag{2-10}$$

相对应变的主要缺陷是忽略了变化的基长对应变的影响，从而造成变形过程的总应变不等于各个阶段应变之和。例如，将 50cm 长的板试件拉伸至总长为 80cm 时，总应变 $e=\dfrac{80-50}{50}\times100\%=60\%$；若将此变形过程视为两个阶段，即由 50cm 拉长到 70cm，再由 70cm 拉长到 80cm，则相应的应变量为 $e_1=\dfrac{70-50}{50}\times100\%=40\%$，$e_2=\dfrac{80-70}{70}\times100\%=14.3\%$，显然 $e_1+e_2\neq e$。对数应变是无穷多个微小相对应变连续积累的结果，即

$$\varepsilon=\lim_{\Delta l\to0}\sum_{i=0}^{n}\frac{\Delta l_i}{l_i}=\int_{l_0}^{l_1}\frac{\mathrm{d}l}{l}$$

因而真实应变具有可加性，更能够反映物体的实际应变程度。当然，若物体的变形很小时，相对应变值和真实应变值是非常接近的。

物体变形时，体内质点在所有方向上都会有应变。自变形体内取出一单元体(图 2-14)，变形后的单元体沿 x、y、z 三个方向线尺寸伸长或缩短(此为正应变或称线应变)，分别是

$$\varepsilon_x = \frac{\delta r_x}{r_x}, \quad \varepsilon_y = \frac{\delta r_y}{r_y}, \quad \varepsilon_z = \frac{\delta r_z}{r_z}$$

此外，单元体发生畸变而引起切应变，有

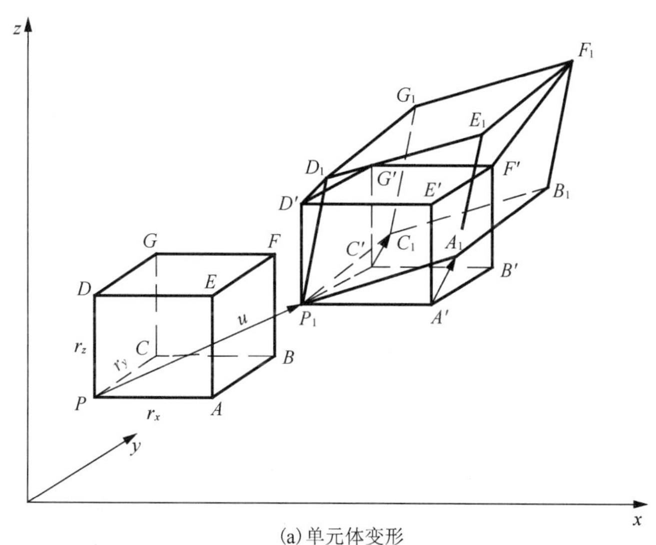

(a)单元体变形

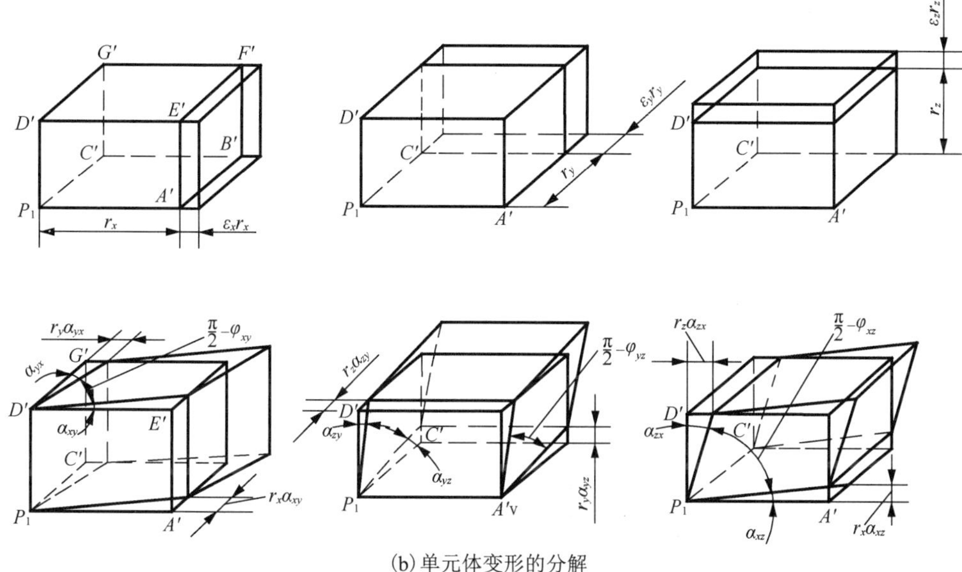

(b)单元体变形的分解

图 2-14　单元体变形及其分解

$$\gamma_{xy}=\gamma_{yx}=\frac{1}{2}(\alpha_{xy}+\alpha_{yx})$$

$$\gamma_{yz}=\gamma_{zy}=\frac{1}{2}(\alpha_{yz}+\alpha_{zy})$$

$$\gamma_{zx}=\gamma_{xz}=\frac{1}{2}(\alpha_{zx}+\alpha_{xz})$$

可见，单元体的应变也有九个分量，写成矩阵形式为

$$\boldsymbol{\varepsilon}_{ij}=\begin{bmatrix}\varepsilon_x & \gamma_{xy} & \gamma_{xz}\\ \gamma_{yx} & \varepsilon_y & \gamma_{yz}\\ \gamma_{zx} & \gamma_{zy} & \varepsilon_z\end{bmatrix}$$

上述中，对正应变分量ε_x、ε_y、ε_z，线尺寸伸长为正，缩短为负；对切应变分量γ_{xy}、γ_{yx}、γ_{yz}、γ_{zy}、γ_{zx}、γ_{xz}，其角标意义为：γ_{xy}表示x方向的线元向y方向偏转的角度，其余类推。

与应力状态分析相仿，从应变的角度看，没有切应变的平面是主平面，主平面法线方向(应变主轴)上的线元没有角度的偏转，只有线应变，即主应变，一般用ε_1、ε_2、ε_3表示。

一定的应变状态，只有唯一的一组主应变(ε_1、ε_2、ε_3)。可以证明，这三个主应变的方向恰好相互垂直，与主应力的结论完全一样。以应变主轴作为坐标轴时，一点的应变状态可以表示为

$$\boldsymbol{\varepsilon}_{ij}=\begin{bmatrix}\varepsilon_1 & 0 & 0\\ 0 & \varepsilon_2 & 0\\ 0 & 0 & \varepsilon_3\end{bmatrix}$$

在与应变主轴成±45°的方向上，存在三对各自相互垂直的线元，其切应变有极值，称为主切应变，其大小为

$$\left.\begin{matrix}\gamma_{12}\\ \gamma_{21}\end{matrix}\right\}=\pm\frac{1}{2}(\varepsilon_1-\varepsilon_2)$$

$$\left.\begin{matrix}\gamma_{23}\\ \gamma_{32}\end{matrix}\right\}=\pm\frac{1}{2}(\varepsilon_2-\varepsilon_3)$$

$$\left.\begin{matrix}\gamma_{31}\\ \gamma_{13}\end{matrix}\right\}=\pm\frac{1}{2}(\varepsilon_3-\varepsilon_1)$$

若$\varepsilon_1\geqslant\varepsilon_2\geqslant\varepsilon_3$，则最大与最小切应变为

$$\left.\begin{matrix}\gamma_{\max}\\ \gamma_{\min}\end{matrix}\right\}=\pm\frac{1}{2}(\varepsilon_1-\varepsilon_3)$$

塑性变形时的等效应变为

$$\bar{\varepsilon}=\frac{\sqrt{2}}{3}\sqrt{(\varepsilon_1-\varepsilon_2)^2+(\varepsilon_2-\varepsilon_3)^2+(\varepsilon_3-\varepsilon_1)^2}$$

它是作为衡量各个应变分量总的作用效果的一个可比指标，通常也称应变强度。

2.2.2 应力和应变关系

1. 应力-应变曲线

金属的弹性变形主要用胡克定律来表示和定义(图 2-15)。

塑性变形所研究的范围主要限于弹性极限到局部缩颈点之间的塑性区。对象局限于 3mm 以内的薄板料。

物体由于受力而变形，如果将力去掉以后能立即恢复到原来的形状，这个变形就称为弹性变形。在弹性变形的范围内，应力应变曲线往返的路径是一致的。但当应力超过某一个限度以后，即使将力去掉也不能恢复原形，其中有一部分变形被保留下来，如图 2-16 所示。外力去掉以后能立即消失的这部分变形（*CE*）是弹性变形，*OC* 部分是非弹性变形。在非弹性变形中，*DC* 会随时间而慢慢消失，这种现象称为弹性后效。最后不能消失的部分（*OD*）称为永久变形，即塑性变形。

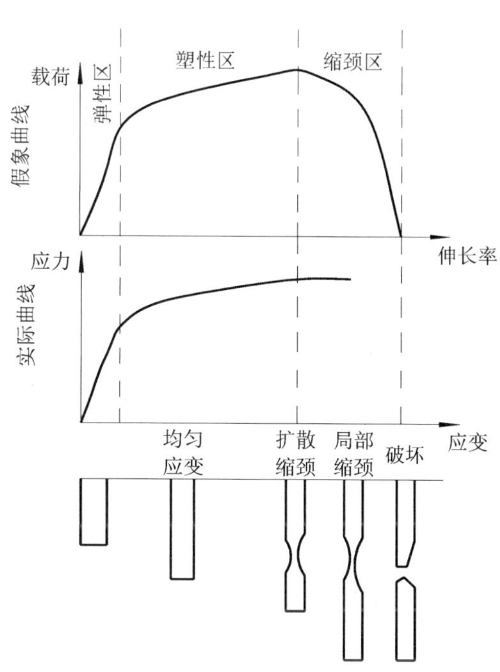

图 2-15　金属的单向拉伸曲线

2. 加载准则

屈服以后，塑性变形开始，应力与应变关系的规律由线性变为非线性，由可逆变为不可逆，即加载、卸载沿着不同的路线：加载沿着曲线，卸载沿着与弹性变形相平行的直线，如图 2-17 所示。卸载后重新加载，应力与应变之间的关系仍然是沿着同一直线，先经过弹性变形，然后屈服，继续塑性变形，而重新加载时的屈服点，即卸载时的应力。

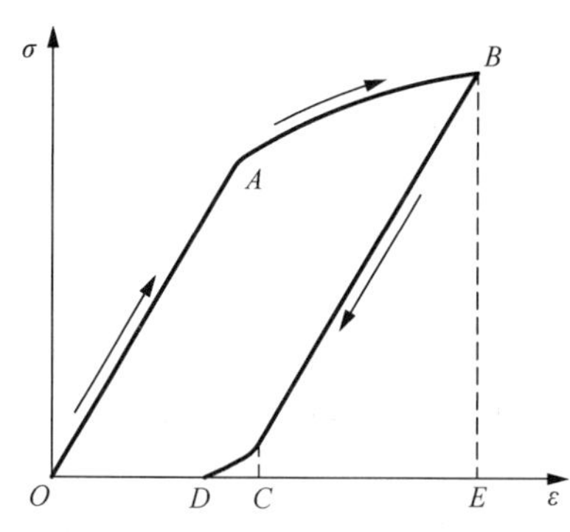

图 2-16　材料塑性变形应力-应变曲线

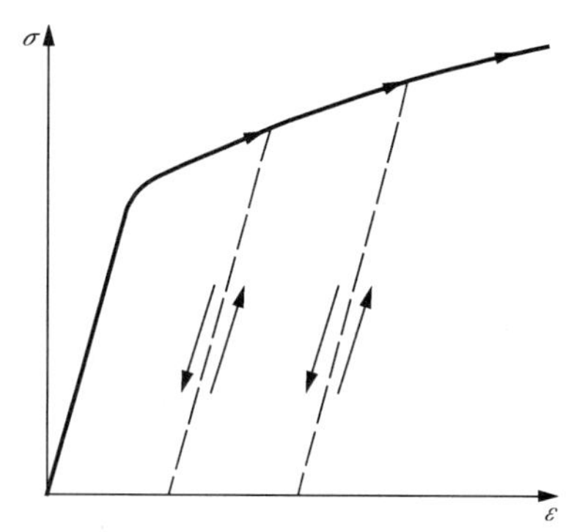

图 2-17　塑性变形的不可逆性

3. 增量理论

弹性变形时应力与应变之间的关系是线性的。复杂应力状态下，这种关系就是广义胡克定律。但是在塑性变形时，虽然最终应力状态相同，如果加载途径不一样，最终的应变状态也不相同。若分析每一加载瞬间，应变增量主轴与应力主轴重合，该瞬间的应变增量由当时的应力状态唯一确定，这就是增量理论（又称流动理论），在板料成形问题分析中，运用最多的是列维-米塞斯（Levy-Mises）理论。这一理论略去了大塑性变形中弹性变形的影响，其方程为

$$\frac{d\varepsilon_1}{\sigma_1-\sigma_m}=\frac{d\varepsilon_2}{\sigma_2-\sigma_m}=\frac{d\varepsilon_3}{\sigma_3-\sigma_m}=d\lambda \tag{2-11}$$

式中，σ_m为平均应力，$\sigma_m=\frac{1}{3}(\sigma_1+\sigma_2+\sigma_3)$，瞬时比例常数$d\lambda=\frac{3d\bar{\varepsilon}}{2\bar{\sigma}}$。

由列维-米塞斯方程，并考虑板料成形时板厚方向应力为零(如设$\sigma_3=0$)，得

$$\begin{cases} d\varepsilon_1=\frac{d\bar{\varepsilon}}{\bar{\sigma}}\left(\sigma_1-\frac{1}{2}\sigma_2\right) \\ d\varepsilon_2=\frac{d\bar{\varepsilon}}{\bar{\sigma}}\left(\sigma_2-\frac{1}{2}\sigma_1\right) \\ d\varepsilon_3=-\frac{1}{2}\frac{d\bar{\varepsilon}}{\bar{\sigma}}(\sigma_1+\sigma_2) \end{cases} \tag{2-12}$$

式中，$d\bar{\varepsilon}$为等效应变增量；$d\varepsilon_1$、$d\varepsilon_2$、$d\varepsilon_3$为主应变分量增量。

4. 全量理论

在加载过程中，如果各应力分量按同一比例增加，且应力主轴的方向始终不变，这种加载方式称为比例加载。在比例加载的条件下，对增量理论的方程积分就可得到应力和应变全量之间的关系，这称为全量理论。方程为

$$\frac{\varepsilon_1-\varepsilon_m}{\sigma_1-\sigma_m}=\frac{\varepsilon_2-\varepsilon_m}{\sigma_2-\sigma_m}=\frac{\varepsilon_3-\varepsilon_m}{\sigma_3-\sigma_m}=\lambda \tag{2-13}$$

式中，ε_m为平均应变，$\varepsilon_m=\frac{1}{3}(\varepsilon_1+\varepsilon_2+\varepsilon_3)$；材料不可压缩时，$\varepsilon_m$=0。

与增量理论的处理方法相同，可得

$$\begin{cases} \varepsilon_1=\frac{\bar{\varepsilon}}{\bar{\sigma}}\left(\sigma_1-\frac{1}{2}\sigma_2\right) \\ \varepsilon_2=\frac{\bar{\varepsilon}}{\bar{\sigma}}\left(\sigma_2-\frac{1}{2}\sigma_1\right) \\ \varepsilon_3=-\frac{1}{2}\frac{\bar{\varepsilon}}{\bar{\sigma}}(\sigma_1+\sigma_2) \end{cases} \tag{2-14}$$

由于全量理论比增量理论运算方便，实际应用过程中可并不严格限于比例加载而略可偏离。例如，波波夫在缩口、翻边分析时，曾运用全量理论得出了与试验符合的结果，这就是一个成功的范例。

冲压变形中，大多数情况下在板料毛坯的表面上无法向的外力作用，或者作用在板面上的外力数值很小。因此，可以认为所有的冲压成形中，毛坯变形区都是属平面应力状态。如果板面内绝对值较大的主应力记为σ_{ma}，绝对值较小的主应力记为σ_{mi}，则比值$\alpha=\sigma_{mi}/\sigma_{ma}$可表示板材变形时的应力状态特点，$\alpha$的变化范围是$-1\leqslant\alpha\leqslant1$。若以$\varepsilon_{ma}$、$\varepsilon_{mi}$分别表示板面内绝对值较大与较小的主应变，比值$\beta=\varepsilon_{mi}/\varepsilon_{ma}$可用来表示板材变形时的应变状态特点，其变化范围是$-1\leqslant\beta\leqslant1$。

由塑性变形时应力和应变关系的增量理论(式(2-11)和式(2-12))或全量理论(式(2-13)和式(2-14))知，应变$d\varepsilon_{ma}$或ε_{ma}必与应力σ_{ma}同号。也就是说，σ_{ma}为拉应力时，$d\varepsilon_{ma}$或ε_{ma}必为伸长应变，即$\varepsilon_{ma}>0$，称此种变形为伸长类变形；σ_{ma}为压应力时，$d\varepsilon_{ma}$或ε_{ma}必为压缩应

变，即 $\varepsilon_{ma}<0$，称此种变形为压缩类变形。

2.2.3　屈服准则

屈服准则是板料受外力后从弹性状态进入塑性状态的力学条件，所以其表达式又称为塑性条件或屈服条件。对于一定的材料，在一定的变形温度与变形速度下，屈服完全取决于金属所处的应力状态，当应力分量的组合满足某一函数关系：

$$f\left(\sigma_1,\sigma_2,\sigma_3\right)=C \tag{2-15}$$

时，应力状态所构成的外部条件，与金属屈服时的内在因素恰好相符，金属即从弹性变形转变为塑性变形。方程式(2-15)称为屈服条件或屈服准则，而其所代表的空间表面称为屈服表面，式中 C 是与材料力学性能有关的常数。

1．屈雷斯加(Tresca)屈服准则

1864 年，法国工程师 Tresca 提出：当最大切应力达到材料所固有的某一数值时，板料开始进入塑性状态，即开始屈服。或者说，板料处于塑性状态时，其最大切应力 τ_{max} 是一个不变的定值，该定值只取决于材料在变形条件下的性质，而与应力状态无关，所以又称最称大切应力不变条件。

屈雷斯加屈服准则的数学表达式：

$$\tau_{max}=\left|\frac{\sigma_{max}-\sigma_{min}}{2}\right|=C \tag{2-16}$$

或

$$\left|\sigma_{max}-\sigma_{min}\right|=\sigma_s=2K \tag{2-17}$$

式中，σ_s 为材料的屈服强度，K 为材料屈服时的最大切应力值，也称剪切屈服强度。

假定主应力的大小次序不定，在平面应力状态下(设 $\sigma_3=0$)，屈雷斯加屈服准则可以表达为

$$\left.\begin{aligned}&\left|\sigma_1-\sigma_2\right|=\sigma_s\\&\left|\sigma_2\right|=\sigma_s\\&\left|\sigma_1\right|=\sigma_s\end{aligned}\right\} \tag{2-18}$$

左边为主应力之差，故又称主应力差不变条件，三个式子只要满足一个，该点即进入塑性状态。

2．米塞斯(Mises)屈服准则

米塞斯于 1913 年提出了另一个屈服准则：当等效应力达到某个定值时，材料即进行屈服，该定值与应力状态无关。或者说，材料处于塑性状态时，其等效应力 $\bar{\sigma}$ 是一个不变的定值，该定值只取决于材料在变形时的性质，而与应力状态无关。

根据米塞斯屈服准则的理论描述，有

$$\begin{aligned}\bar{\sigma}&=\sqrt{\frac{1}{2}\left[\left(\sigma_1-\sigma_2\right)^2+\left(\sigma_2-\sigma_3\right)^2+\left(\sigma_3-\sigma_1\right)^2\right]}\\&=\sqrt{\frac{1}{2}\left[\left(\sigma_x-\sigma_y\right)^2+\left(\sigma_y-\sigma_z\right)^2+\left(\sigma_z-\sigma_x\right)^2+6\left(\tau_{xy}^2+\tau_{yz}^2+\tau_{zx}^2\right)\right]}\\&=C\end{aligned} \tag{2-19}$$

由于常数 C 与应力状态无关，因此它可以由单向拉伸试验确定。单向拉伸时

$$\sigma_2=\sigma_3=0\,; \qquad \bar{\sigma}=\sigma_1=\sigma_s$$

所以有

$$C=\sigma_s$$

对于平面应力状态，如果假设 $\sigma_z=\tau_{yz}=\tau_{xz}=0$，或者 $\sigma_3=0$，则米塞斯屈服准则：

在任意坐标系下

$$\sigma_x^2+\sigma_y^2-\sigma_x\sigma_y+3\tau_{xy}^2=\sigma_s^2 \tag{2-20}$$

在应力主轴坐标系下

$$\sigma_1^{\ 2}-\sigma_1\sigma_2+\sigma_2^{\ 2}=\sigma_s^2 \tag{2-21}$$

3. Hill 屈服准则

Hill'48 首次描述了金属塑性变形的各向异性特点。Hill'48 对塑性各向异性进行了定量描述，针对薄板试样，引入各向异性指数 r（宽向和厚向应变比），r 跟板料轧制方向有关，其均值通常可写成

$$r=\frac{r_0+2r_{45}+r_{90}}{4} \tag{2-22}$$

式中 r_0、r_{45} 和 r_{90} 分别表示轧制方向与试样切割线的夹角成 0°、45° 和 90° 的各向异性指数。平面应力状态下，应力主轴与材料的各向异性主轴一致的情况是绝无仅有的，因此很难直接应用正交各向异性屈服准则，往往进一步假定板料板面内各向同性，只有厚向异性。在平面应力载荷下，Hill'48 屈服准则表达式如下：

$$\sigma_1^2-\frac{2r}{1+r}\sigma_1\sigma_2+\sigma_2^2=\sigma_s^2 \tag{2-23}$$

4. Barlat 屈服准则

虽然 Hill 屈服准则也能考虑板料的面内各向异性，但是应力的计算要考虑材料的各向异性主轴，处理较为复杂。而板料在成形时或多或少表现出一定的面内异性，可用面内异性系数 Δr 来表示，它的大小决定了拉深时凸缘制耳形成的程度，影响材料在面内的塑性流动规律。一般来说，Δr 过大，对冲压成形是不利的。

能较好描述板料成形面内各向异性的屈服准则是 1989 年 Barlat 和 Lian 提出的，能够合理描述具有较强织构各向异性金属板材的屈服行为，并且和由多晶塑性模型得到的平面应力体心立方和面心立方金属薄板的屈服面是一致的。公式如下：

$$f=a|k_1+k_2|^M+b|k_1-k_2|^M+c|2k_2|^M=2\bar{\sigma}^M \tag{2-24}$$

式中，M 为整数指数；k_1、k_2 为应力张量的不变量；a、b、c 取决于各向异性系数。

2.3 板料成形问题的分析方法

2.3.1 平面应力问题

平面应力状态的基本特征为：①所有应力分量与某一坐标轴无关；②在与此坐标轴垂直的平面上所有应力分量为零。例如，在冲压加工中，几乎所有的板料成形工序都可以不计板厚方向的应力（即 $\sigma_t=0$），而且认为应力沿板厚分布均匀（弯曲工序除外）。所以，板料成形可作为平面应力问题来处理。

解决工程实际问题，往往并不片面强调方法的严谨和追求过高的精度，重要的是简单便

利、符合实际，并应建立在科学的基础上。在分析求解板材成形问题的众多方法中，主应力法运用得比较广泛，实际效果也很好。

主应力法也称切块法。其要点是：切取包括接触面在内的典型单元体，认为仅在接触面上有正应力和切应力(摩擦力)，而在其他截面上仅有均布的正应力(忽略切应力作用)。列单元体的平衡微分方程，与塑性条件联解，可求得变形区各主应力的分布情况。根据问题的需要，还可进一步求出主应变分布、成形力等。为使计算过程简化，通常还合理引进一些简化假设，如对板料成形问题，认为板料各向同性，或在板平面内各向同性，只有厚向异性；变形过程近似为比例加载，采用应变全量理论；忽略摩擦力对应力、应变主轴方向的影响等。

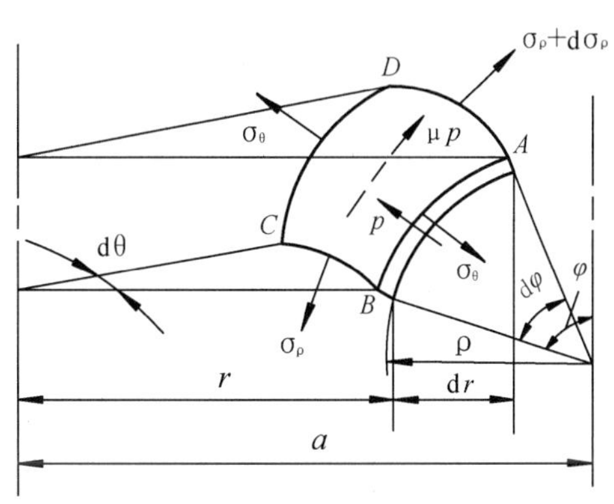

图 2-18　轴对称壳体的应力分析

如图 2-18 所示，对具有轴对称变形的成形工序，当有接触摩擦力时，单元体 ABCD 上作用的力有

法向力：①在断面 AD 上

$$(\sigma_\rho + \mathrm{d}\sigma_\rho)t(r+\mathrm{d}r)\mathrm{d}\theta$$

②在断面 BC 上

$$\sigma_\rho tr\mathrm{d}\theta$$

③在断面 AB 和 CD 上

$$\sigma_\theta t\rho(-\mathrm{d}\varphi)$$

④在接触面 ABCD 上

$$pr\mathrm{d}\theta\rho(-\mathrm{d}\varphi)$$

此外，作用在接触面 ABCD 上的摩擦力：

$$\mu pr\mathrm{d}\theta\rho(-\mathrm{d}\phi)$$

式中，p 是作用于接触面上的垂直压力，μ 为摩擦系数。静力平衡微分方程为

沿板厚方向

$$(\sigma_\rho + \mathrm{d}\sigma_\rho)t(r+\mathrm{d}r)\mathrm{d}\theta\sin\frac{-\mathrm{d}\varphi}{2} + \sigma_\rho tr\mathrm{d}\theta\sin\frac{-\mathrm{d}\varphi}{2} - 2\sigma_\theta t\rho(-d\varphi)\sin\frac{\mathrm{d}\theta}{2}\sin\varphi - pr\mathrm{d}\theta\rho(-\mathrm{d}\varphi) = 0$$

化简后，得

$$\sigma_\rho tr - \sigma_\theta t\rho\sin\phi - pr\rho = 0 \tag{2-25}$$

沿径线方向

$$(\sigma_\rho + \mathrm{d}\sigma_\rho)t(r+\mathrm{d}r)\mathrm{d}\theta\cos\frac{-\mathrm{d}\varphi}{2} - \sigma_\rho tr\mathrm{d}\theta\cos\frac{-\mathrm{d}\varphi}{2} - 2\sigma_\theta t\rho(-d\varphi)\sin\frac{\mathrm{d}\theta}{2}\cos\varphi + \mu pr\mathrm{d}\theta\rho(-\mathrm{d}\varphi) = 0$$

化简后，得

$$\mathrm{d}(\sigma_\rho r) + \sigma_\theta\rho\cos\varphi\mathrm{d}\varphi - \mu p\frac{r}{t}\rho\mathrm{d}\varphi = 0 \tag{2-26}$$

将式(2-25)代入式(2-26)，消去 p 后成为

$$r\mathrm{d}\sigma_\rho + \sigma_\rho\mathrm{d}r + \sigma_\theta\rho\cos\varphi\mathrm{d}\varphi - \mu(\sigma_\rho r - \sigma_\theta\rho\sin\varphi)\mathrm{d}\varphi = 0 \tag{2-27}$$

由图 2-18 中的几何关系知

$$r = a - \rho \sin\varphi$$

故

$$\mathrm{d}r = -\rho \cos\varphi \mathrm{d}\varphi$$

于是有

$$r\frac{\mathrm{d}\sigma_\rho}{\mathrm{d}r} + \sigma_\rho - \sigma_\theta - \frac{\mu r}{\cos\varphi}\left(\frac{\sigma_\rho}{\rho} - \frac{\sigma_\theta \sin\varphi}{r}\right) = 0 \tag{2-28}$$

式(2-28)即轴对称板材冲压变形区平衡微分方程式的一般形式。对特定的工序，均可利用此式导出。举例如下。

(1)平板毛坯成形，如圆板毛坯拉深(图 2-19(a))和圆孔翻边(图 2-19(b))。

因是平板，$\varphi = 0°, \rho = \infty$，故有

$$r\frac{\mathrm{d}\sigma_\rho}{\mathrm{d}r} + \sigma_\rho - \sigma_\theta = 0 \tag{2-29}$$

(2)圆管毛坯成形，如扩口(图 2-19(c))和缩口(图 2-19(d))。因变形区为圆锥形，$\varphi = 90° - \alpha, \rho = \infty$，此时为

$$r\frac{\mathrm{d}\sigma_\rho}{\mathrm{d}r} + \sigma_\rho - \sigma_\theta(1 - \mu\cot\alpha) = 0 \tag{2-30}$$

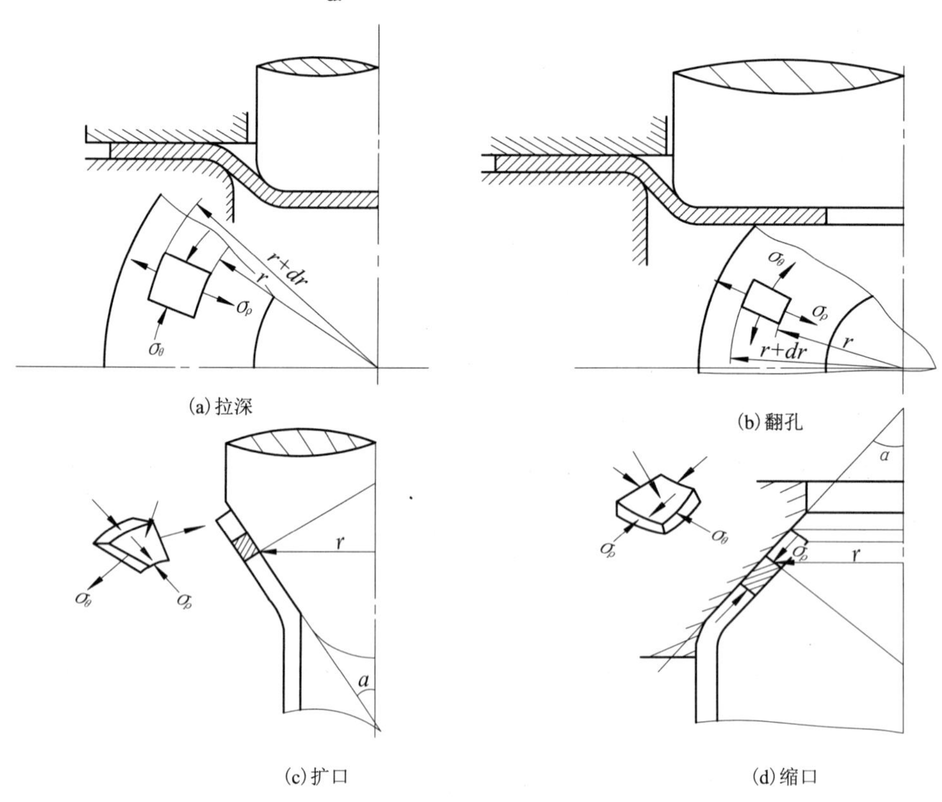

图 2-19 几种典型工序的简图

2.3.2　平面应变问题

若物体内所有质点都只在同一个坐标平面内发生塑性变形，而在该平面的法线方向没有应变，则这种变形称为平面应变。平面应变问题是塑性加工中最常见的问题之一，例如，板料成形时厚度方向上的应变较板面内两个主应变的数值小得多，有时可忽略板厚在变形过程中的变化，近似看作平面应变问题处理。

求解平面应变塑性成形问题，可用滑移线法。严格地说，这种方法仅适用于处理理想刚塑性体的平面应变问题。但对于主应力为异号的平面应力状态问题，简单的轴对称问题以及有硬化的材料，也可推广应用。

1. 滑移线的基本理论

设 z 方向应变 $\mathrm{d}\varepsilon_z$ 为零，其他两个主方向在 x-y 平面内，主应变以 $\mathrm{d}\varepsilon_1$，$\mathrm{d}\varepsilon_2$ 表示，有

$$\mathrm{d}\varepsilon_2 = -\mathrm{d}\varepsilon_1, \qquad \mathrm{d}\varepsilon_3 = \mathrm{d}\varepsilon_z = 0$$

由增量理论知：

$$\sigma_z = \sigma_3 = \frac{1}{2}(\sigma_1 + \sigma_2)$$

因而

$$\sigma_m = \sigma_z = \frac{1}{3}(\sigma_1 + \sigma_2 + \sigma_3) = \frac{1}{2}(\sigma_1 + \sigma_2) \tag{2-31}$$

所以，平面塑性流动时任一点的应力状态的莫尔圆是：大圆中心（σ_m，0），半径为定值 K（材料的最大切应力），两个小圆的直径相等为 K。如图 2-20 所示，应力分量可利用 σ_m，K，ω 表达为

$$\begin{cases} \sigma_x = \sigma_m - K\sin 2\omega \\ \sigma_y = \sigma_m + K\sin 2\omega \\ \tau_{xy} = K\cos 2\omega \end{cases} \tag{2-32}$$

由于变形体（或变形区）内每一点都有一对正交的最大切应力方向，将无限接近的最大切应力方向连接起来，得到两族曲线，即滑移线。滑移线是塑性变形体内各点最大切应力的轨迹。两族曲线分别用 α 与 β 表示，确定的规则是：若 α 与 β 线形成一右手坐标系的轴，则代数值最大的主应力 σ_1 的作用线位于第一与第三象限（图 2-21）。此时，α 线两旁的最大切应力组成顺时针方向，而 β 线两旁的最大切应力组成逆时针方向。

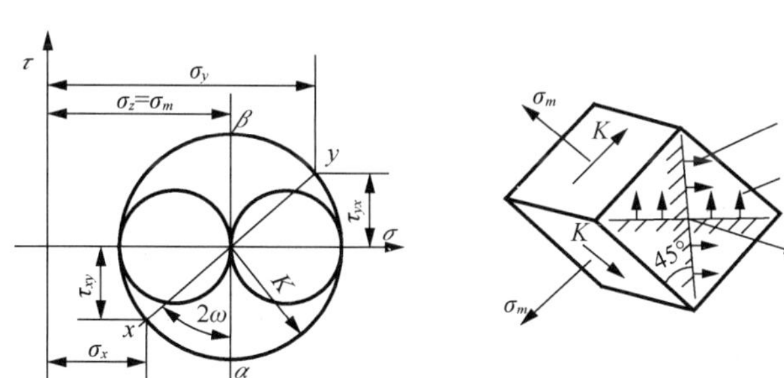

图 2-20　平面塑性流动时的应力莫尔圆

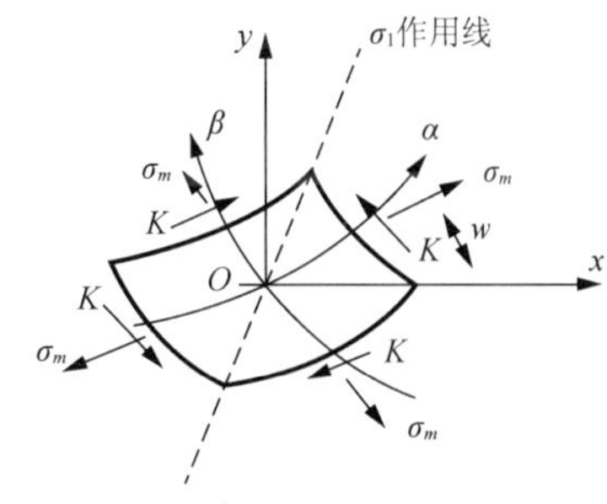

图 2-21　滑移线 α 和 β 的确定

将式(2-32)代入平衡微分方程式

$$\begin{cases}\dfrac{\partial\sigma_x}{\partial x}+\dfrac{\partial\tau_{xy}}{\partial y}=0\\ \dfrac{\partial\tau_{xy}}{\partial x}+\dfrac{\partial\sigma_y}{\partial y}=0\end{cases} \tag{2-33}$$

得

$$\begin{cases}\dfrac{\partial\sigma_m}{\partial x}-2K\left(\cos 2\omega\dfrac{\partial\omega}{\partial x}+\sin 2\omega\dfrac{\partial\omega}{\partial y}\right)=0\\ \dfrac{\partial\sigma_m}{\partial y}-2K\left(\sin 2\omega\dfrac{\partial\omega}{\partial x}-\cos 2\omega\dfrac{\partial\omega}{\partial y}\right)=0\end{cases} \tag{2-34}$$

上述第一式乘以$\cos\omega$、第二式乘以$\sin\omega$，然后对应相加，化简后得

$$\cos\omega\frac{\partial\sigma_m}{\partial x}+\sin\omega\frac{\partial\sigma_m}{\partial y}-2K\left(\cos\omega\frac{\partial\omega}{\partial x}+\sin\omega\frac{\partial\omega}{\partial y}\right)=0$$

由坐标轴旋转，沿α方向的微分可用沿x，y方向的微分表示，即

$$\frac{\partial}{\partial\alpha}=\frac{\partial x}{\partial\alpha}\frac{\partial}{\partial x}+\frac{\partial y}{\partial\alpha}\frac{\partial}{\partial y}=\cos\omega\frac{\partial}{\partial x}+\sin\omega\frac{\partial}{\partial y} \tag{2-35}$$

于是，有

$$\frac{\partial\sigma_m}{\partial\alpha}-2K\frac{\partial\omega}{\partial\alpha}=0$$

因K为常数，故又可写作

沿α线 $\quad\sigma_m-2K\omega=\xi$

同样，沿β线 $\quad\sigma_m+2K\omega=\eta$ （2-36）

式(2-36)称为汉基(Hencky)方程。它表明：当沿α族(或β族)中同一滑移线移动时，任意函数ξ(或η)为常数，只有从一条滑移线转到另一条时，ξ(或η)值才改变。

由汉基方程可以推出，沿同一滑移线上平均应力的变化，与滑移线的转角成正比，比例常数为$2K$。证明如下。

设一滑移线上有a，b两点，若该线为α线，由式(2-36)中的第一式，得

$$\sigma_{ma}-2K\omega_a=\sigma_{mb}-2K\omega_b$$

即

$$\sigma_{ma}-\sigma_{mb}=2K(\omega_a-\omega_b)$$

若该滑移线为β线，则由式(2-36)中的第二式得

$$\sigma_{ma}+2K\omega_a=\sigma_{mb}+2K\omega_b$$

即

$$\sigma_{ma}-\sigma_{mb}=-2K(\omega_a-\omega_b)$$

综上，有

$$\sigma_{ma}-\sigma_{mb}=\pm 2K(\omega_a-\omega_b) \tag{2-37}$$

式(2-37)具有重要的意义，它指出了滑移线上平均应力的变化规律。当滑移线的转角越大时，平均应力的变化也越大。若滑移线为直线，即转角为零，则各点的平均应力相等。如果已知滑移线上任意一点的平均应力，即可根据转角的变化，求出该滑移线上其他点的平均应力，进而利用式(2-32)确定应力分量σ_x、σ_y和τ_{xy}。依此，整个滑移线场内各点的σ_m、σ_x、σ_y和τ_{xy}等也就可全部确定。

2. **滑移线应用实例**

运用滑移线法可以确定拉深成形的合理毛坯形状和尺寸，现以长盒形拉深件图 2-22(a)为例说明其过程。该拉深件的轮廓包括两个半圆和两个直边。通过分析拉深件板坯的变形情况可知，半圆部分附近板坯的滑移线场为对数螺旋线场(图 2-22(b)中的 I 区)，而直边附近板坯的滑移线场为与直边成$\pm\dfrac{\pi}{4}$交角的正交直线族(II 区)，在 I 区和 II 区之间的过渡区，滑移线场可近似地认为是由一族直线与另一族平行的对数螺旋线组成(III区)，在边远区，也可近似地认为是正交直线族(IV区)。于是，由拉深件轮廓出发所绘制的滑移线场如图 2-22(b)所示(图中仅给出半个滑移线场)。

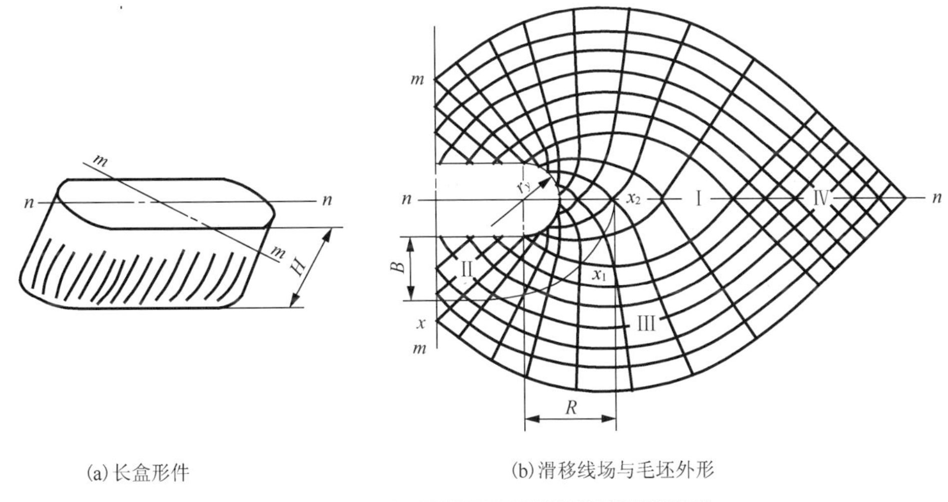

(a) 长盒形件　　(b) 滑移线场与毛坯外形

图 2-22　长盒形拉深件毛坯合理外形的确定

由于拉深时板坯周边上的切应力为零，即板坯周边代表着切向主应力的轨迹。因此，只要在滑移线场中根据拉深件的几何尺寸确定一点(如图 2-22(b)中的 x 点)，从该点出发作一曲线，使该曲线每一处与滑移线都成$\pm\dfrac{\pi}{4}$交角，该曲线就是拉深件板坯的合理周边。至于需预先确定的 x 点，可选在直边部分的中垂线 mm 上，亦可选在圆弧部分圆心角的平分线 nn 上。第一种情况下，该点与直边的距离 B 可按弯曲件的展开公式计算，第二种情况下，该点与半圆圆心的距离 R，可按圆筒件拉深的展开公式计算。

图 2-22(b)中的曲线 xx_1x_2 就是该长盒形拉深件板坯的合理周边(仅给出四分之一)。对于轮廓更为复杂的拉深件，绘制滑移线场时，可将轮廓分解成直线和各种不同半径的圆弧段，然后分别绘制滑移线场，过渡区的滑移线场可在分析的基础上用假设的曲线来代替，其余步骤与上例相同。

2.3.3　板料冲压成形中的应力应变状态

板料成形大都认为是在一种平面应力状态下进行的，沿着厚度方向应力为零，或者数值较小，可以忽略不计，而板料所处的应力状态可以概括为“拉-拉”、“拉-压”、“压-拉”和“压-压”四种类型。

1．板料冲压中的应力状态

板料冲压主要是在平面应力状态下成形的，其应力状态不外是正负号有变化时σ_1和σ_2的各种组合。对于各向同性材料，按照Keeler所建议的，可用图2-23来表示冲压过程中各种可能的变形情况。

在垂直坐标轴上，$\sigma_2=0$相当于单轴向拉伸；在$\sigma_1>0$且$\sigma_2>0$区域内，是双向拉伸，相当于胀形，其中$\sigma_1=2\sigma_2$是平面应变，$\sigma_1=\sigma_2$是双向等拉或称均匀胀形；在左侧$\sigma_1>0$且$\sigma_2<0$的部分，是拉压变形区，即具有压延性质，其中$\sigma_1=-\sigma_2$是纯剪切状态。

2．板料冲压中的应变状态

相应地，对于冲压过程中的应变状态，也可划分为与应力图相同的几个状态，如图2-24所示。直线$\varepsilon_1=-\varepsilon_2/2(\varepsilon_1>0)$相当于单轴向压缩，在此直线以下，是双轴向压缩，这是在实际冲压中不可能存在的情况；压延变形区介于直线$\varepsilon_1=-\varepsilon_2/2$和$\varepsilon_1=-2\varepsilon_2$之间，相当于一个轴向压缩和另一个轴向拉伸的情况，在该区域内，直线$\varepsilon_1=-\varepsilon_2$相当于$\varepsilon_3=0$的情况，即厚度没有变化的纯剪切状态；胀形变形区介于轴向拉伸$\varepsilon_1=-2\varepsilon_2$和均匀胀形$\varepsilon_1=\varepsilon_2$之间，可以看到，存在$\varepsilon_2<0$的胀形；在胀形区内，直线$\varepsilon_2=0$相当于无限宽的板料单轴向拉伸，可称为“宽板拉伸”状态，这在应力图中相当于$\sigma_1=2\sigma_2$的情况。

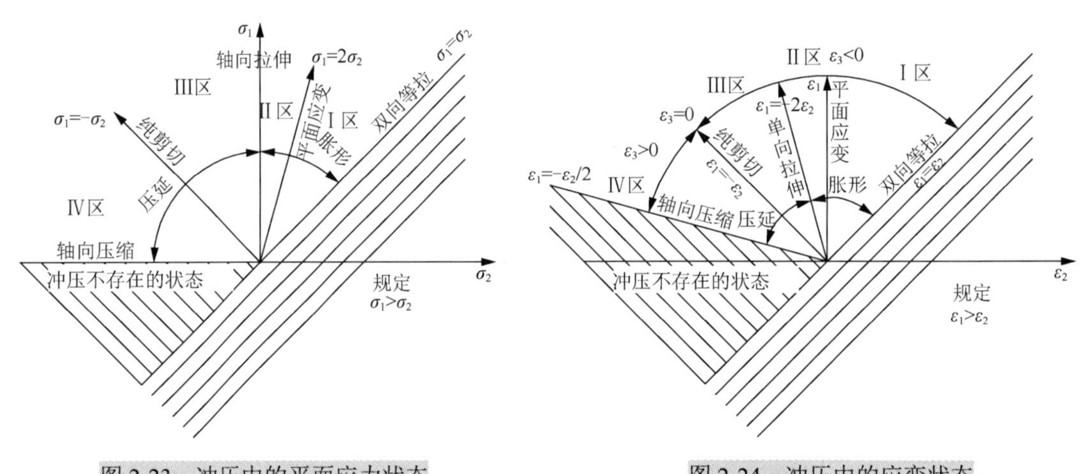

图2-23　冲压中的平面应力状态

图2-24　冲压中的应变状态

综合上面的分析，可将应力应变图划分为四个区域：双向等拉-平面应变区、平面应变-单向拉伸区、单向拉伸-纯剪切区、纯剪切-轴向压缩区，相应地，在这几个区域内的变形分别为双拉胀形、拉胀成形、拉延成形和压延成形。

由以上所述，板料成形不外乎胀形与压延两种形式，而这两种形式都存在失稳问题。压延变形有受压失稳起皱的问题，胀形变形有受拉失稳破裂的问题。

2.3.4　简单加载条件下的成形极限曲线

1．成形极限曲线定义

变形物体中的某一点的应变状态，需用9个应变分量(3个法向应变，6个切向应变)来描述。但若采用主轴，可减少为只要3个主应变分量(因切应变都为零)ε_1、ε_2、ε_3。一般规定把板面内数值较大的那个主应变称为ε_1，较小的称为ε_2，板厚方向的主应变称为ε_3。

一般把板料在拉伸或压缩失稳前能承受的最大变形程度称为成形极限。通过试验，求得一种材料在各种应力应变状态下的成形极限点，把这些点标注到以对数应变 ε_1 和 ε_2（或工程应变 e_1，e_2）为坐标轴的直角坐标系中并连成线，就是该材料的成形极限曲线 FLC（Forming Limit Curve）或 FLD（Forming Limit Diagram）（图 2-25 和图 2-26）。

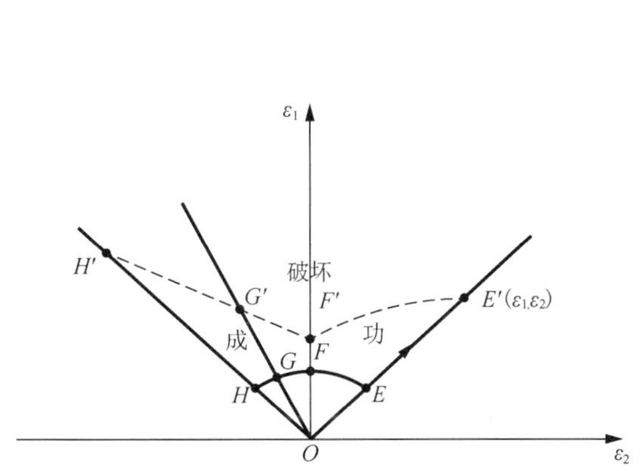

图 2-25 成形极限点及成形极限曲线

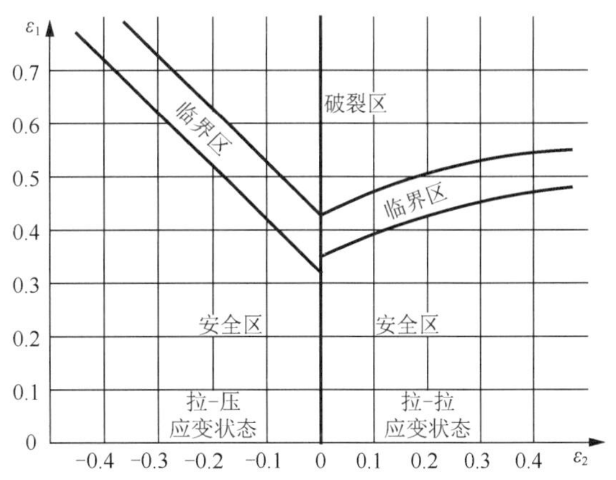

图 2-26 成形极限图

2. 成形极限图应用

板料成形时，其成形极限主要受到以下两方面的限制。

(1) 拉伸失稳（缩颈）或破裂限制：板料成形中，坯料上某一局部的应力或应变超过某一定值时，就会在该处发生失稳和破裂。

(2) 压缩失稳或起皱限制：板料成形中，坯料上局部出现过大的压应力或剪应力时就会产生压缩失稳，其发展结果就是出现皱纹。

大多数的冲压工序的成形极限一般只单一地受破裂或起皱的限制。如胀形、伸长类翻边、扩口等伸长类成形的成形极限主要受破裂的限制。而缩口、压缩类翻边等压缩类成形的成形极限主要受起皱的限制。复杂形状零件的成形过程比较复杂，如图 2-27 所示。

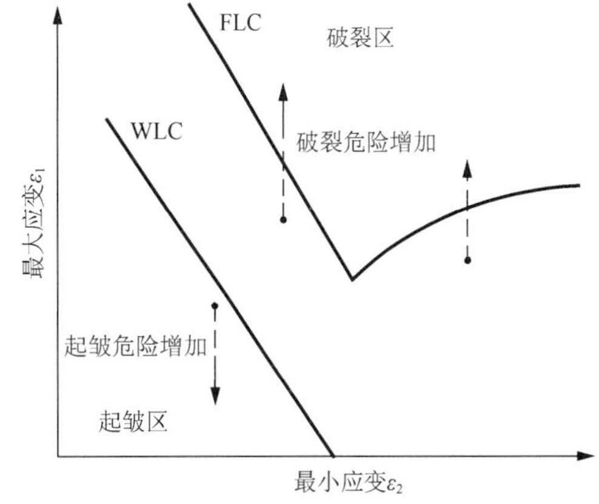

图 2-27 破裂和起皱的判断标准

2.3.5 成形技术分析方法介绍

1. 用基本冲压工序的计算方法进行类比分析

冲压件形状不论多么复杂，都可以将它分割成若干部分，然后将每一部分的成形单独与冲压的基本工序进行类比。

基本的冲压工序有圆筒件拉深、盒形件拉深、局部成形、弯曲成形、翻边成形、胀形等。它们都可以作为分析覆盖件相似部位的基础，用各种不同的方法进行近似的估算。由于复杂形状冲压件上的各部位是连在一起的，相互牵连和制约，故不要把变形性质不同的部分孤立地看待，要考虑不同部位的相互影响，才不会造成失误。

2. 根据变形特点分析

板料冲压成形是在一种平面应力状态下进行的，垂直板料方向上的应力一般为零，或者数值很小，可以忽略不计。因此板料的变形方式，基本上可以分为以下两大类。

1）以拉伸为主的变形方式

在以拉伸为主的变形方式下，板料的成形主要依靠板料纤维的伸长和厚度的变薄来实现。在这种变形方式下，板料过度变薄甚至拉断，成为变形的主要障碍。

2）以压缩为主的变形方式

在以压缩为主的变形方式下，板料的成形主要依靠板料纤维的缩短和厚度的增加来实现。在这种变形方式下，板料的失稳起皱成为变形的主要障碍。

任何零件的冲压成形，都不外是拉伸和压缩两种变形方式的组合，或以拉伸为主，或以压缩为主。

3. 成形度α值判断法

如图 2-28 所示，成形度

$$\alpha = \left(\frac{L}{L_0} - 1\right) \times 100\%$$

式中，L_0为成形前毛坯长度；L为成形后工件长度。

成形度α常常被用来确定成形方式（如“纯胀形”成形或“胀形+拉深”成形），并指导拉深模工艺补充面和压料面大小设计（压料面大小与坯料流入量有关），具体见表 2-2。

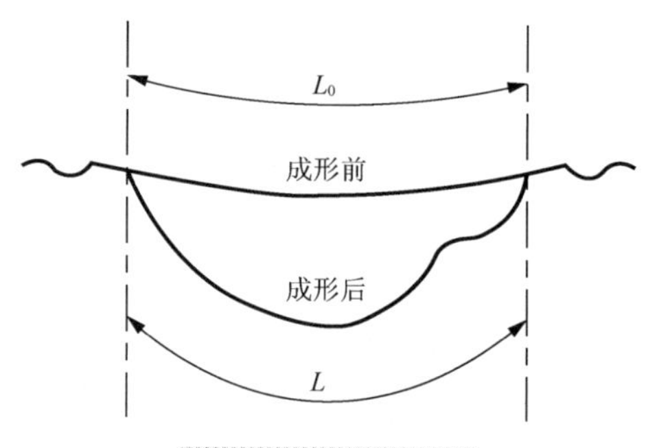

图 2-28　成形性研究

表 2-2　成形度数值与成形方法关系

成形度α判断值	判断内容
2%	α的全部平均值<2%时难以获得良好的固定形状
5%	α的全部平均值>5%时只用胀形不行，必须采用拉深法（增加工艺补充部分）
5%	在 50～100mm 间距上相邻向断面的成形度梯度>5%时易产生起皱
10%	α的最大值>10%时只用胀形是困难的，必须使用拉深法
30%	如以破裂为限度，α的平均值>30%成形属于危险
40%	如以破裂为限度，α的最大值>40%成形属于危险

4. 坐标网格应变分析法

坐标网格的基本形式主要有圆形网格、组合网格和正方形网格等，如图 2-29 所示。不同形式的网格具有不同的优点，可根据变形分析的目的选择合适的网格形式。

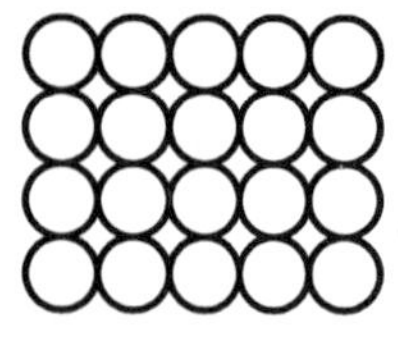

(a)

(b)

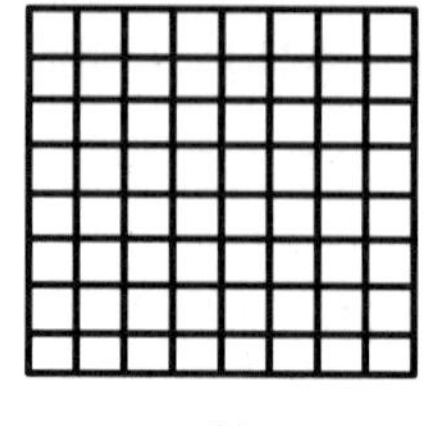

(c)

图 2-29　坐标网格基本形式

将图形网格系统制作在研究零件所用坯料的表面或变形危险区域，坯料成形为零件后，测量零件的表面或零件上危险区域的网格大小，计算出相应的应变值。将测得的应变值标注在所用材料的成形极限图上，如图 2-30 所示。通过测定整个零件表面成形时的应变分布，确定零件成形的安全情况。

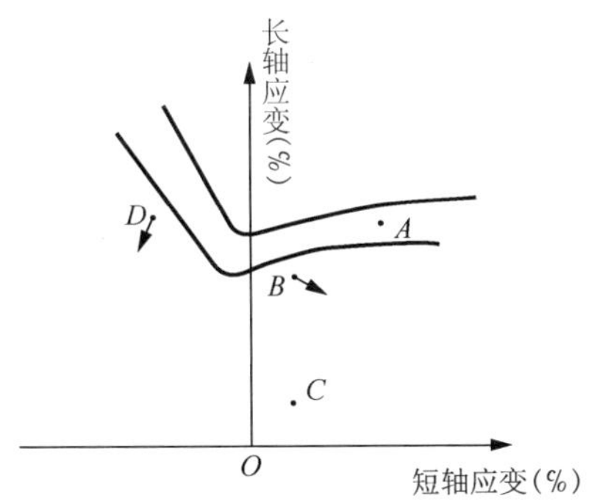

图 2-30　成形极限图上的成形零件危险点

2.4　板料成形区域及失效形式

2.4.1　吉田成形区域

按照吉田清太对冲压成形区域的划分，冲压成形工艺大体上可以划分为拉深、胀形、翻边、弯曲四类(图 2-31)。

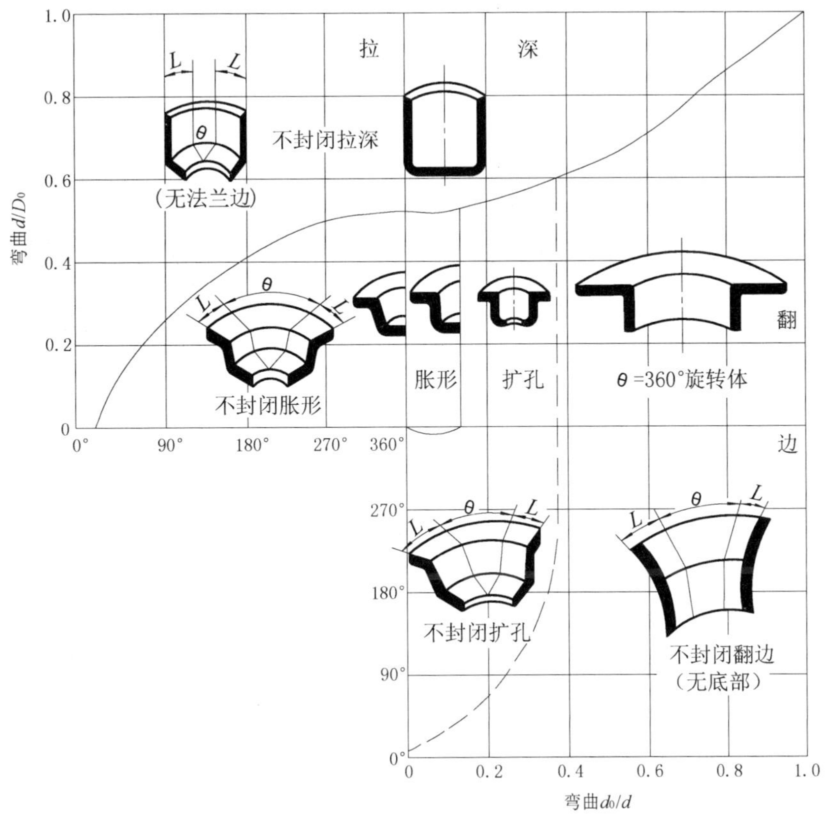

图 2-31　成形区域划分图(吉田清太)

划分冲压工艺成形区域的基本参数有三个，即拉深系数 d/D_0（纵坐标）；翻边系数 d_0/d（横坐标）；轴对称冲压件的旋转角 θ，当 $\theta<360°$ 时属于不封闭冲压成形。

从图 2-31 中可以看出当拉深系数 d/D_0 从 0 增加到 1.0 时，胀形、翻边和扩孔工艺均转变为拉深，而当翻边系数 d_0/d 从 0 增加到 1.0 时，成形工艺由胀形转变为扩孔，而后又变为翻边。当冲压件旋转角 θ 从 360° 逐渐减到 0° 时，则胀形、拉深工艺或胀形、扩孔和翻边工艺从封闭成形转变为不封闭成形，最后均转变为弯曲工艺。

2.4.2 冲压成形中的破坏

为了便于分析各种工艺参数与成形条件对破坏的影响规律，达到正确确定成形极限、提高成形极限、防止破坏的目的，可以从应力或应变角度来分析产生破坏的原因。

1. 变形区破坏

变形区破坏是伸长类冲压成形中常见的破坏形式，可发生于伸长类平面翻边、伸长类曲面翻边、胀形、扩口、拉深或压弯等冲压成形的毛坯变形区中，图 2-32(a)所示为球面胀形时的变形区破坏现象。一般是因为变形区内的应力超过毛坯材料的强度极限(变形程度也达到或超过材料的成形极限)，因此，减小变形内应力、提高成形极限的措施均有助于减轻或避免变形区破坏现象的发生。

2. 传力区破坏

传力区破坏是冲压成形中另一种常见的形式。在冲压成形时，传力区的功能是把模具的作用力传递到变形区。如果变形区产生塑性变形所需要的力超过传力区的承载能力，传力区就会发生破坏。传力区破坏多发生在传力区内应力最大的危险断面，如图 2-32(b)所示的拉深件侧壁靠近底部在凸模圆角部位的破坏。

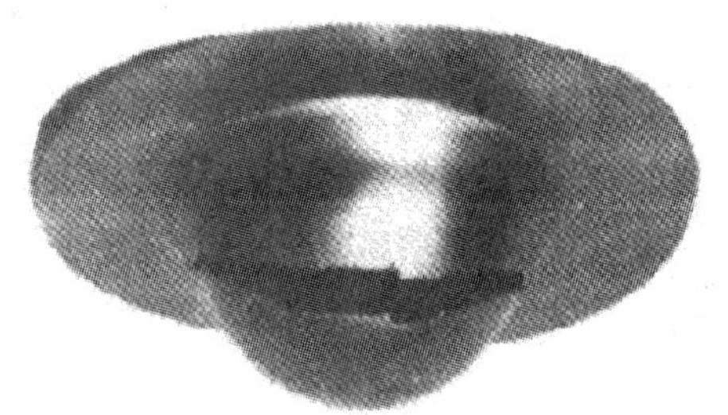

(a)变形区破坏

(b)传力区破坏

图 2-32 冲压破坏

3. 局部破坏

局部破坏是冲压成形中破坏的一种特殊形式。这种破坏多发生在非轴对称形状零件的冲压成形过程。图 2-33(a)是发生在盒形件拉深时的局部破坏(壁裂)。图 2-33(b)是发生在不连续的拉深筋出口处的局部破坏(拉深筋处开裂)。这两种破坏具有非常明显的局部特点，它可能发生在变形区，也可能发生在传力区，也可能发生在兼有变形区和传力区功能的部位，但不发生在通常所认为的危险断面处。

4. 残余应力破坏

残余应力引起的破坏有时发生在冲压成形完成后的脱模过程中，有时发生在冲压成形后放置一段时间，甚至发生在冲压件的安装和使用过程中，因此又称时效破坏。图 2-34 就是圆筒形拉深件由残余应力引起的时效破坏。可以通过提高毛坯材料的质量与性能、减小或消除残余应力等方法来避免破坏。例如，在圆筒形零件拉深时，适当减小拉深凸模、凹模的间隙就可以降低外表面圆周方向的拉深残余应力。

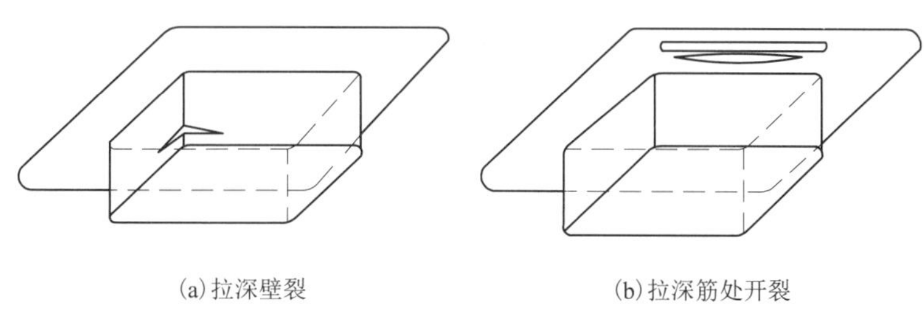

(a) 拉深壁裂　(b) 拉深筋处开裂

图 2-33　局部破坏

图 2-34　残余应力引起纵向开裂

2.4.3　冲压成形中的起皱

由于板料毛坯的相对厚度很小，抗失稳能力差，若无适当的抗失稳措施，变形过程中在毛坯内部压应力、不均匀拉力或剪力作用下容易产生失稳，表现为冲压件表面起皱。起皱对冲压成形过程是有害的，轻微的起皱将降低冲压件的形状精度和冲压件表面的光滑程度，严重的起皱可能妨碍和阻止冲压成形过程的正常进行。不同应力状态下起皱方式也不相同。

1. 压应力下起皱

在冲压成形时，冲压件形状与模具表面形状密切相关。为使毛坯的形状逐渐变形成为冲压件的形状，毛坯的某些部分一定要产生逐渐靠近模具表面的位移运动。而这种位移常常要求毛坯本身产生一定大小的伸长变形或压缩变形。若部分毛坯的位移要求其本身产生压缩变形，而这部分毛坯中的内应力条件又不足以使其产生足够大的压缩变形，于是这部分毛坯就可能产生起皱现象。

在轴对称零件的拉深过程中，毛坯的外缘周边部分是主要的变形区，通常称作法兰区。在拉深时，法兰区受直壁部分的拉力作用产生变形，其结果使法兰上各点的金属都产生向凸模靠近的位移(即法兰区直径逐渐减小)，这种位移要求毛坯要有一定大小的圆周方向上的压缩应变。冲压力形成变形区内的拉应力和法兰内的径向拉应力，若此径向拉应力不足以使法兰区产生足够的周向压缩应变，将引起法兰区产生周向压应力，法兰部分发生起皱，如图 2-35 所示。

在锥面、球面或其他曲面零件成形时，位于凹模口以内的毛坯部分，在成形过程中也要产生趋向于凸模表面的位移。这个位移也要求毛坯在圆周方向产生一定大小的周向压缩应变。如果产生的周向压缩变形不够大，就会在毛坯的变形过程中产生周向压应力，并引起如图 2-36 所示的起皱，这种发生在凹模口内的起皱常称为内皱。

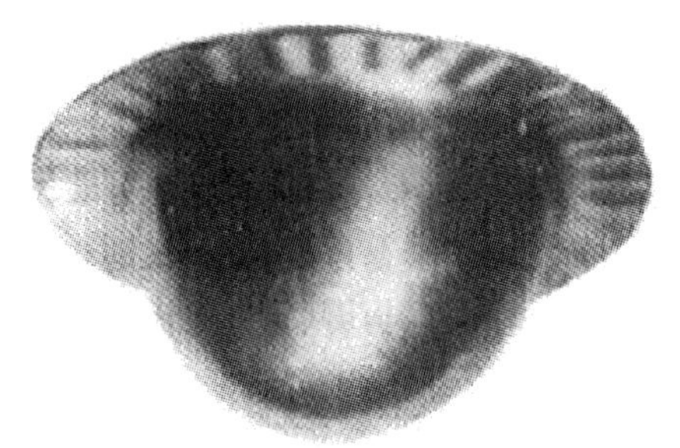

图 2-35　拉深球面时法兰边起皱

图 2-36　拉深锥面时的内皱

在生产中防止和消除压应力下起皱的措施如下。

(1) 采用防起皱的压料装置(如压边圈等)增强毛坯的抗起皱能力。

(2) 加大径向拉应力使毛坯的靠模位移部位产生足够的径向伸长，由体积不变条件，在与之垂直的圆周方向必然产生压缩变形，从而使靠模位移运动可以顺利进行，达到防止起皱的目的。这种方法是曲面形状零件冲压成形时防止内皱的主要措施之一。

2. 不均匀拉力下起皱

板料在不均匀拉力作用下也会发生起皱。如图 2-37 所示为方形板料毛坯沿对角线方向施加拉力时，在板料中央发生起皱。作用在方形毛坯对角线上的拉力，对毛坯总体来说是不均匀的：在角部的作用比较集中，即毛坯角部的拉应力最大，它所引起的伸长变形及与之垂直方向上的压缩变形也大。随着与拉力作用点距离的增大，这个拉力的作用逐渐趋于均匀分布，拉应力的数值也逐渐减小，结果使由其引起的伸长变形和横向压缩变形相应减小。

拉力的大小、不均匀的程度、拉力作用点的距离与板料的厚度等因素影响起皱形成的波纹高度、宽度与长度。板料的硬化性能影响拉应力不均匀分布的程度，而板材的各向异性影响横向压缩变形的大小，都影响起皱过程与结果。

3. 剪力下起皱

如果作用在冲压毛坯某个部位上有两个方向相反的拉力，而且这两个拉力又不处在同一条直线上时，这两个拉力就构成了一对剪力。板料毛坯在剪力的作用下，如果条件具备也会出现起皱现象。图 2-38 所示就是伸长类曲面翻边时，在冲压毛坯的侧壁上出现剪力作用下的起皱。

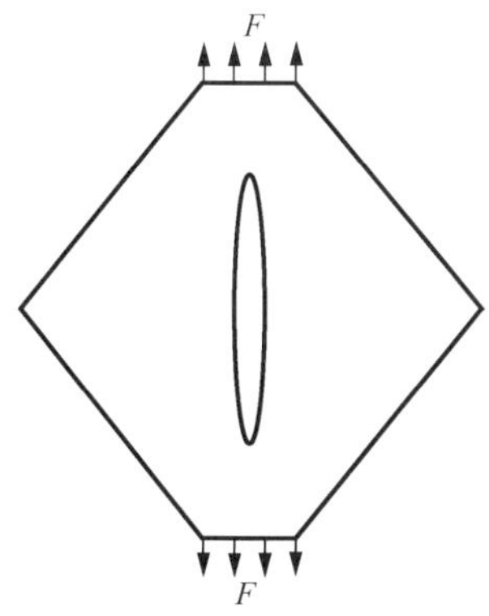

图 2-37　方形板料对角拉深时起皱

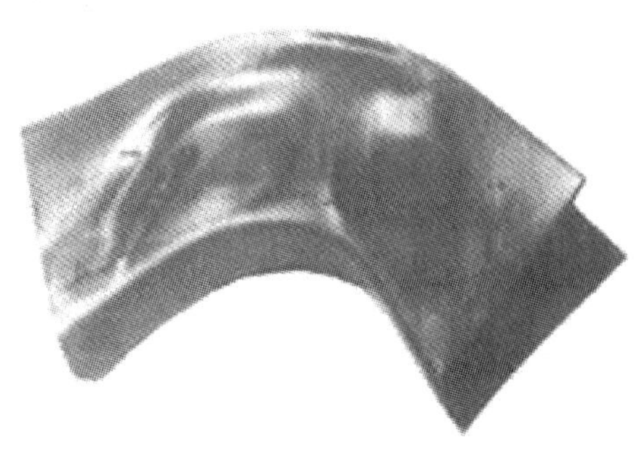

图 2-38　伸长类曲面翻边时起皱

剪力作用下的起皱主要发生在薄板大型非轴对称曲面类零件(如汽车覆盖件等)的冲压成形过程。在这类零件冲压时，由于凸模是三维曲面形状，凹模口部、凹模工作面和压料面多样而复杂，以及拉深筋的配置等原因，使凹模口内的板料随位置不同而受到不同大小的拉力，产生剪力并引起冲压件起皱。

在生产中，常通过改变毛坯形状、冲压方向、压料面的形状、拉深筋的布置等，改变拉力的作用形式，防止剪力的产生，消除起皱现象。

练　习　题

2-1　位错的类型有哪些？试分别简述其运动过程。

2-2　为什么拉深成形既可能属于伸长类变形，也可能属于压缩类变形？如何区分？

2-3　从受力状态、材料厚度变化、破坏形式等方面比较伸长类变形和压缩类变形的特点。

2-4　冲压过程中的破坏(即破裂)有哪几种形式？如何防止破坏的产生？

2-5　起皱对冲压过程有什么影响？如何减轻或消除冲压过程中的起皱现象？

2-6　解释成形极限曲线定义，并阐述成形极限图的作用和使用方法。

2-7　什么是各向异性指数？在什么情况下要考虑各向异性指数？

2-8　判断板料受外力后从弹性状态进入塑性状态的屈服准则有哪些？这些屈服准则各有什么特点？

2-9　什么是增量理论和全量理论？简述其在板料成形过程中的应用。

2-10　为什么在板料的成形过程分析中可以将其近似为平面应力状态？

2-11　当 $\sigma_1 > \sigma_2 > \sigma_3$ 时，利用全量理论和体积不变定律分析：

(1) 当 σ_1 是拉应力时，ε_1 是否是拉应变？

(2) 当 σ_1 是压应力时，ε_1 是否是压应变？

(3) 每个主应力方向与所对应的主应变方向是否一定一致？

第 3 章　板料成形性能

冲压加工的板料可以是金属材料(如钢、铝合金、钛合金等)；也可以是非金属材料(如塑料、皮革、纸板等)，但主要还是经过冷轧或热轧的各种金属合金板料。了解板料的冲压成形性能及不同因素对其成形性能的影响，对板料冲压工序的设计及提高冲压件的质量具有非常重要的意义。

本章知识要点

(1)掌握研究板料成形性能的意义和重要性。

(2)掌握鉴定板料成形性能常用试验及其评价标准。

(3)掌握材料性能参数及工艺参数对板料成形性能的影响。

兴趣实践

找几块尺寸、厚度均相同的铝板和钢板，对其进行相同程度的变形，比较两者变形情况。思考铝板与钢板变形后的相同点与不同点，体会两种板料实际应用的不同场合。

探索思考

板料成形性能鉴定试验的结果与试验条件设置有什么关系？如何将板料成形性能鉴定试验的试验结果应用到实际的工程生产中？

预习准备

请先预习以前学习过的工程材料及材料力学方面的知识，尤其是对金属材料性能有关概念的理解、金属材料力学基本知识以及金属本身因素、环境因素对金属材料性能的影响。

3.1 板料成形性能研究的重要性

3.1.1 板料成形性能分类

板料成形性能研究的困难，是当前用来鉴定一种板料的好坏的指数和取得这些指数的试验方法形式繁多，具体如表 3-1 和表 3-2 所示。

表 3-1 成形性能、成形性能试验及成形性能指数归类表(一)

<table>
<tr><td rowspan="6">基本成形性能指数及试验</td><td rowspan="3">单向拉伸(Uniaxial tensile)试验</td><td colspan="2">成形性能相关指数：$E,\sigma_s,\sigma_B,e_{Y.P.},\delta_u,w_f,$ $\psi_p,\frac{\sigma_s}{\sigma_b},\sigma_b,e_p,\frac{\sigma_s}{E},G$</td></tr>
<tr><td colspan="2">成形性能特定指数：r 值，Δr 值，n 值，m 值</td></tr>
<tr><td colspan="2">χ 值</td></tr>
<tr><td rowspan="2">液压胀形(Hydraulic bulging)试验</td><td colspan="2">χ 值</td></tr>
<tr><td colspan="2">n_2 值，K 值，ε_{tf} 值</td></tr>
<tr><td>硬度(Hardness)试验</td><td colspan="2">HV，HBW，HR 值</td></tr>
<tr><td rowspan="9">模拟成形性能指数及试验</td><td>弯曲成形性能</td><td>最小弯曲半径(Minimum bending radius)试验</td><td>R_{min}/t</td></tr>
<tr><td>扩孔成形性能</td><td>扩孔(Hole expansion)试验</td><td>KWI 值</td></tr>
<tr><td rowspan="3">拉胀成形性能</td><td>埃里克森(Erichson)试验</td><td rowspan="3">IE 值</td></tr>
<tr><td>奥尔森(Olsen)试验</td></tr>
<tr><td>瑞典纯拉胀(Sweden pure stretching)试验</td></tr>
<tr><td rowspan="3">压延成形性能</td><td>拉楔板(Drawing wedge)试验</td><td>B_{max}/b</td></tr>
<tr><td>斯威弗特(Swift)试验</td><td>LDR 值，G 值</td></tr>
<tr><td>恩格哈梯(Engelhardt)试验</td><td>T 值</td></tr>
<tr><td>复合成形性能</td><td>福井锥杯(Fukui conical cup)试验</td><td>CCV 值</td></tr>
<tr><td>成形极限曲线及试验</td><td>局部极限变形能力</td><td>高妻(Nakazima)试验</td><td>FLC</td></tr>
<tr><td rowspan="2">金属学成形性能指数及试验</td><td>晶粒大小</td><td>晶粒度(Grain size)试验</td><td>N 值</td></tr>
<tr><td>表面粗糙度</td><td>表面粗糙度(Surface roughness)试验</td><td>R 值</td></tr>
<tr><td rowspan="2">特定成形性能试验</td><td>凸耳(Earing)试验</td><td colspan="2">Z_e 值</td></tr>
<tr><td>下陷成形(Joggle)试验</td><td colspan="2">$(h/l)_{max}$ 值</td></tr>
</table>

任何一种板料要投入工业使用，都必须通过基本力学试验，获得一些使用性能数据。最常用的基本力学试验为单向拉伸试验和硬度试验，获得的使用性能数据有弹性模量 E、屈服强度 σ_s、抗拉强度 σ_b、均匀伸长率 δ_u、极限伸长率 e_p、硬度值 HV 等。通过单向拉伸试验，还能获得反映板料的等效应力 $\bar{\sigma}$ 和等效应变 $\bar{\varepsilon}$ 之间的对应关系，即一般性实际应力应变曲线 $\bar{\sigma}=f(\bar{\varepsilon})$。这种曲线是对材料进行任何塑性力学计算所必须有的已知条件。使用另外一种基本力学性能试验—双向拉伸试验则可获得一些更好的评判板料成形性能的指数。这些通过基本力学试验获得的成形性能指数，称为基本成形性能指数。

表 3-2 成形性能、成形性能试验及成形性能指数归类表(二)

成形性能	试验方法	成形性能指数
拉胀成形性能	单向拉伸试验	应变强化指数 n 值
		均匀伸长率 δ_u
		极限伸长率 e_p
	液压胀形试验	应变强化指数 n_2 数
		破裂处的厚向应变 ε_{tf}
		胀形系数 K
		最大胀形高度 h_{max}(mm)
	纯拉胀试验	极限胀形高度(mm)
	埃里克森试验	埃里克森值 IE(mm)
压延性能	单向拉伸试验	厚向异性指数 r 值
		宽度收缩应变 ψ_k 值
	液压胀形试验	加工硬化各向异性指数 a 值
	压延试验	极限拉深比 LDR(用平底凸模),G 值
	恩格哈梯试验	Engelhardt T 值
拉深胀形复合成形性能	单向拉伸试验	$n \times r$ 值
		n 值
	锥杯试验	锥杯值 CCV(mm)
	压延试验	LDR(用球底凸模)
		极限成形高度 h_{max}(mm)
扩孔性能	单向拉伸试验	极限变形能 W_f
		n 值
		均匀伸长率 δ_u ,G 值
		极限伸长率 e_p
	液压胀形试验	应变强化指数 n_2 数
		破裂处的厚向应变 ε_{tf}
	扩孔试验	KWI 值
弯曲性能	弯曲试验	R_{min}/t
板面内各向异性	单向拉伸试验	Δr 值
	凸耳试验	平均耳高 $\overline{h}_e$ 值
	锥杯试验	外径的比较
表面恶化性	单向拉伸试验	屈服现象,拉伸滑移,表面粗糙
	埃里克森试验	表面粗糙,拉伸滑移
	液压胀形试验	表面粗糙
定形性	单向拉伸试验	弹性模量 E,σ_s/E
		屈强比 σ_s/σ_b ,r 值
	实物试验	成形尺寸差等
抗起皱性	单向拉伸试验、方板对角拉伸试验	r 值,n 值,h_b 值
二次成形性	多道次拉深试验	极限再拉深比

由于在大多数成形方法中，板料的变形方式都不是单向拉伸或双向等拉这样简单典型的情况，想要更好地评判板料对某种成形方法的适应能力，就需要在模拟该成形方法特有变形方式的条件下进行试验。通过这类模拟试验来获得的成形性能指数，称为模拟成形性能指数。

此外，板料的表面质量、微观组织和这些微观组织在板料成形过程中的变化，也都从另外一个方面决定着板料的成形性能，从这个角度提出和获得的成形性能指数，称为金属学的成形性能指数。

3.1.2 板料成形性能研究的内容和问题

1. 材料的加工性能和板料的成形性能

绝大多数的材料都要经过加工，才能制成零件或产品。因而，材料除需具备必要的使用性能(如强度、耐腐蚀能力)外，还需具有良好的加工性能(如可焊性、可切削性、可成形性)。加工性能和使用性能一样，都是对材料最基本最重要的要求。实践证明，改善材料的加工性能，常比改进加工方法本身能收到更大的经济效益。

板料加工阶段所需要的加工性能，也可称为板料冲压性，一般包括冲剪性、成形性、定形性和贴模性四个方面。

冲剪性是指板料适应冲裁与剪裁加工的能力。实际生产中，有 80%～90%冲压件的毛坯是经冲剪而获得的。

成形性是指板料适应各种成形加工的能力。大多数钣金零件都需经成形工序，使平板毛坯变成具有一定形状的零件。

定形性是指在成形外力卸去后，板料保持其已得形状的能力。由于塑性变形中总包含弹性分量，外力卸除时，已成形的板料会产生一定的回弹。由于回弹的互相牵制，还会出现残余应力。零件在储存和使用期间，这些残余应力还可能引起零件变形和开裂。

贴模性是指板料在其冲压成形工艺过程中贴靠模具型面、获取模具尺寸和形状时抵抗各种弹塑性皱曲行为的能力；更广泛地讲，还可以包含板料贴靠模具型面的成形过程中抵抗塑性各向异性引发塑性变形分布不均匀(如拉深凸耳现象等)的能力。

上述前三个方面是国内外研究得最早、最多，也最有实际效果，其中贴模性则是以高强钢为代表轻质高强度材料在汽车行业的广泛应用而新增的一个研究热点，但目前关于这一方面的研究并不成熟。这里，首先抓住前三方面冲压性的研究。

冲压件的形状繁多，所以成形加工的方法也很多。要确定板料对每一种成形加工方法的适应能力，太烦琐也不必要。因此，可把繁多的成形方法进行恰当的分类，研究板料对某一类成形方法的适应能力。最常用的分类方法，是按板料在成形过程中所承受的变形方式来分类，一般可分为如下几种。

(1) 弯曲成形(包括拉弯)。

(2) 压延成形。

(3) 胀形(还包括拉形、局部成形)。

(4) 拉伸成形(包括单向拉伸、翻孔、内凹外缘翻边等)。

(5) 收缩成形(包括收边、管子缩径、缩口、外凸外缘翻边等)。

(6) 体积成形(包括旋薄、变薄压延、喷丸成形、压印等)。

当前所谓板料的成形性，一般是指板料对前四类成形方法的适应能力。据统计，形状复杂、成形难度较大的冲压件，绝大多数属于压延或胀形，或这两者不同比例的复合成形。

成形性中最为重要的是成形极限的大小。板料在成形过程中存在两种成形极限，一种是起皱，另一种是破裂。成形极限可以用“发生起皱或破裂之前，板料能承受的最大变形程度”来表示。薄板金属很容易失稳起皱，对应于不起皱的允许变形程度常常很小。但实际生产中，起皱可用压边圈(或类似的机械夹持)等方法来预防，故起主导作用的极限经常是破裂。板料的破裂是在受拉的情况下，经过弹性变形—均匀塑性变形—分散性失稳—集中性失稳几个阶段才发生的。故在成形性研究中，板料抵抗拉伸失稳的能力，是一个重要的内容。

对于一个具体零件，有两种指数来说明其变形程度的大小。一种是整体的变形程度，一般用压延系数、翻边系数、相对弯曲半径等来表示。另一种是局部的变形程度，可用坐标网格法求得。对于变形分布均匀的零件，这两种指数是一致的。对于变形分布不均匀的零件，两者就有差别。某一局部的变形程度已濒于破裂(达到极限)，而其他部位的变形程度可能还很小，这时从整体变形量来说可能不是很大。因此在成形性研究中，板料局部变形的能力和整体变形的能力，应摆在同一重要的地位。

先进工业国家对板料成形性能的研究结果，已广泛应用于国民经济各部门之中。日本 37 家冶金公司对他们出产的几百种钢、铝、铜等薄板，已提供如下 6 方面共 15 项成形性能方面的数据，供订货者选择。

(1) 板厚。

(2) 单向拉伸试验的数据：① 抗拉强度 σ_b；② 屈服强度 σ_s；③ 屈强比 σ_s/σ_b；④ 极限伸长率 e_p；⑤ 均匀伸长率 δ_u；⑥ 应变强化指数 n 值；⑦ 厚向异性系数 r 值；⑧ 平面异性系数 Δr 值。

(3) 弯曲试验的数据：R/t(弯曲内半径与厚度比，弯角 180°)。

(4) 硬度试验的数据—硬度值。

(5) 成形试验的数据：① 埃里克森值—IE(A)，IE(B)；② 斯威弗特压延比值—LDR(或 β_k)；③ 福井试验值—CCV。

(6) 显微组织试验的数据—晶粒度。

材料的加工性能是和使用性能一样重要的性能，但目前我国还普遍存在忽视加工性能的倾向。最明显的表现，就是鉴定材料的使用性能没有较详细、明确的国标、部标或厂标，而鉴定材料的加工性能的标准也不全、不严。至于板料的成形性能，对如何评价其好坏的指标，目前都还没有统一规定。

板料的成形性能需由供应(冶金部门)和使用(冲压部门)两方面，共同制定出评定其好坏的指标、标准和试验鉴定的方法。

2. 成形性能研究的问题

一种板料，是否存在一个能表明其成形性能好坏(等级)的特性指数？这是研究成形性能时首先想到的一个问题。但是长期研究和实践的结论是：没有任何一个指数，能够说明板料在所有成形方法下的成形性能；经验证明，想找到一个能够全面评定一种板料成形性能的指数是白白浪费时间。

成形性能中最为重要的是成形极限的大小。成形极限可理解为板料在发生破裂前能够达到的变形程度，也就是普通所谓的“塑性”。似乎应该存在一个能表明某种金属塑性大小的指数，但 20 世纪 40 年代以来的研究表明：“塑性不是金属的本性，而是金属的一种状态”。一种金属塑性的大小，不仅与其成分、组织有关，还与下列因素有关。

(1) 变形方式—板料在变形过程中所受的应力应变状态。

(2) 变形条件—变形温度、速度、外摩擦等条件。

(3) 变形经历(变形历史)。

(4) 附近材料的应变梯度。

不同的成形方法，其变形方式、变形条件、变形经历、应变梯度是不同的。故同一种牌号的板料对不同的成形方法，可能有不同的适应能力，即不同的成形性能。

3.2　鉴定板料成形性能的指数与试验

3.2.1　基本成形性能指数与试验

基本成形性能通常指从标准单向拉伸试验、硬度测试试验中取得的参数，其中又包括基本性能参数与基本成形参数。板料基本性能参数有弹性模量、屈服强度、抗拉强度、颈缩伸长率、最大断面收缩率等，以上各参数都能在一定程度上反映板料成形性能的优劣。

1. 拉伸试验及其相关的成形性能参数

1) 单向拉伸试验

板料的单向拉伸试验，用图 3-1 所示形状的标准试样，在万能材料试验机上进行。根据试验结果或利用自动记录装置，可以得到图 3-1 所示的应力与伸长率之间的关系曲线，即拉伸曲线。拉伸试样的规格采用国标 GB/T 228.1—2010 的规定。其标距 l_0 一般应大于 20mm，此时标距长度对测试的 r 值无显著影响。试样圆角半径 R≥13～20mm，此时对测试数据影响不大。拉伸试验的应变速率可采用 0.025～0.5min^{-1}，这时对 r 值和 n 值也均无显著影响。通过拉伸试验可测得强度指标如下。

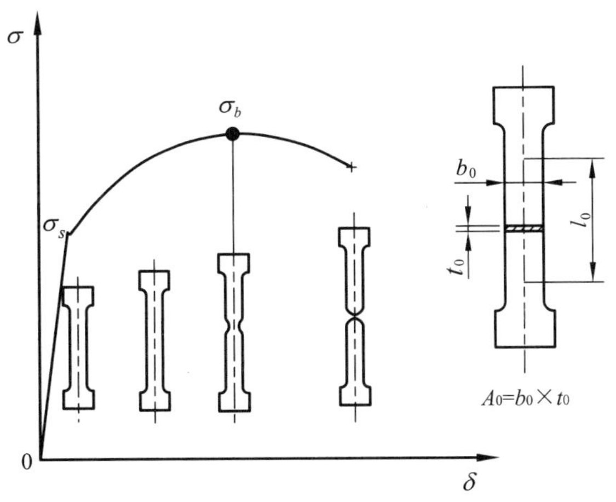

图 3-1　板料拉伸试验的应力与伸长率的关系

(1) 伸长率

单向拉伸试验测得的有关伸长率的指数分为如下三类。

① 总伸长率 δ。

$$\delta=\frac{l-l_0}{l_0}\times 100\%$$

式中，l_0 为拉伸试样初始标距长度；l 为拉伸试样拉伸后标距的长度。

② 均匀伸长率 δ_u。

试样开始产生局部集中变形时(颈缩时)的伸长率称为均匀伸长率。

③ 局部伸长率 δ_l。

$$\delta_l = \delta - \delta_u$$

δ_u 表示板料产生均匀的或稳定的塑性变形的能力，它直接决定材料在伸长类变形中的冲压成形性能。从试验中得到验证，大多数材料的翻边变形程度都与均匀伸长率成正比，由此可以得出结论：伸长率(或均匀伸长率)是影响翻边或扩孔成形性能的主要参数。

(2) 断面收缩率

$$\psi = \frac{A_0 - A}{A_0} \times 100\%$$

式中，A_0 为试样初始断面面积；A 为试样拉断后断面面积。

(3) 真实应变

缩颈点的面积真实应变：

$$\varepsilon_j = \ln(A_0 / A_j)$$

断裂点的面积真实应变：

$$\varepsilon_f = \ln(A_0 / A_f)$$

断裂点宽度真实应变：

$$\varepsilon_b = \ln(b_0 / b_f)$$

断裂点长度真实应变：

$$\varepsilon_l = \ln(l_f / l_0)$$

式中，A_0、b_0、l_0 为试样初始断面面积、宽度及试样标距长度；A_f、b_f、l_f 为试样拉断时的断面面积、宽度及长度；A_j 为试样受最大拉伸力时的断面面积。

2) 双向拉伸试验

双向拉伸试验是研究复杂加载路径下板料塑性变形行为的试验方法，同时也是目前用于试验验证各向异性屈服准则理论研究的一种重要试验方法。但由于各种原因，双向拉伸试验至今还没形成统一标准。目前研究应用较为广泛的双向拉伸试验分为机械双向拉伸试验和液压双向拉伸试验。

(1) 机械双向拉伸试验

机械双向拉伸试验(即十字双向拉伸试验)方法早在 20 世纪 60 年代就已提出，并应用于板料成形理论的研究。但由于受制于十字双向拉伸试验试样的设计与制备、面内双向拉伸加载方式与过程控制及应力、应变的测量与计算方法等因素，十字双向拉伸试验方法并未形成统一标准，日本于 2010 年制定了处于研究发展状态下十字双向拉伸试验国家标准草案 ISO16842。十字双向拉伸试验的优势是能在十字拉伸试样臂(如图 3-2)的边缘施加不同比例的位移边界条件以获得不同应变路径下的应力状态，以获得不同双向加载条件下的应力应变曲线。

(2) 液压双向拉伸试验

德国为液压双向拉伸试验制定了试验标准草案 ISO16808。这种液压双向拉伸试验采用液压胀形试验来模拟板料处于双向等拉状态下的试验(图 3-3)，因此忽略摩擦的影响。试验采用液压成形技术与光学应变测量技术来获得板料处于等双向加载条件的应力应变曲线。

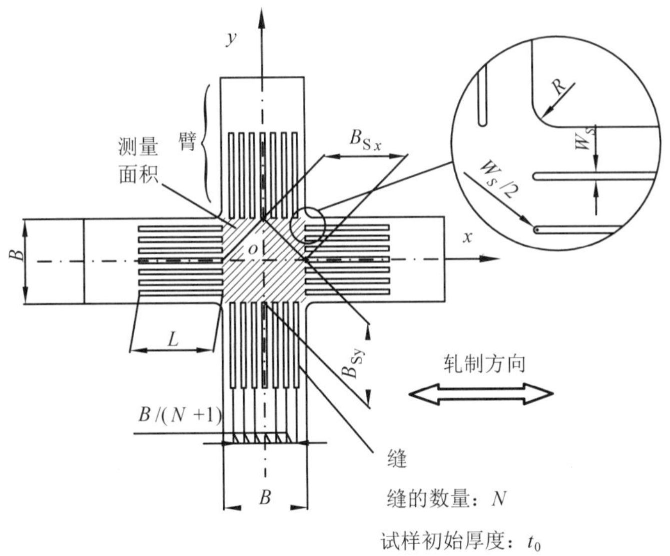

图 3-2　十字拉伸试样

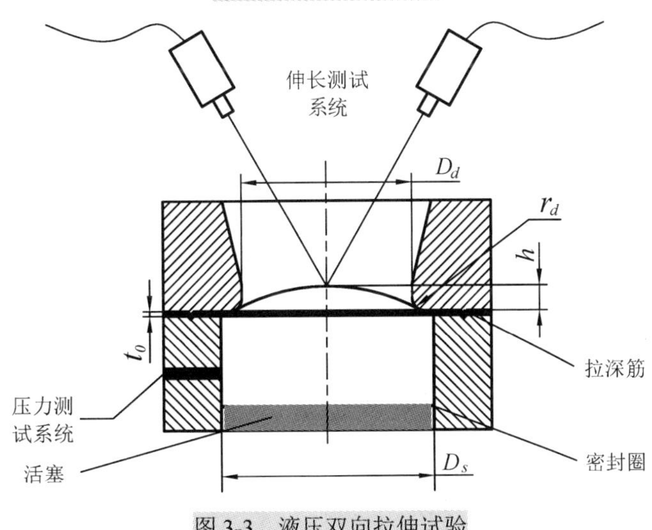

图 3-3　液压双向拉伸试验

2. 硬度测试试验

一般来说，板料的硬度越大，其成形性能越差，但并没有什么定量的联系，而且还有很多例外。故硬度只能用在同种类的板料之间，进行成形性能相对好坏的比较，而不能用在不同种类的板料之间进行比较。但由于硬度试验简便、快速、不破坏试样、能在车间现场进行，所以至今仍是最常用的、大致鉴别材料性能的试验方法；尤其是用来鉴别材料的不同热处理状态。硬度是板料订货合同中必有的指数。近年来，由于使用传统硬度试验较难评定镀层材料的硬度而发展了一种新评定硬度的试验，即超微压痕硬度试验。

硬度是用压痕试验法来确定的，常用的方法如下。

(1) 维氏硬度 HV

$$\mathrm{HV} = 0.1891\frac{P}{d^2}$$

式中，P 为所加载荷，N；d 为两压痕对角线长度 d_1 和 d_2 的算术平均值，mm。

(2)布氏硬度 HBW

$$\mathrm{HBW}=\frac{2P}{\pi D\left(D-\sqrt{D^2-d^2}\right)}\times 0.102$$

式中，P 为所加载荷，N；D 为硬质合金钢球直径，mm；d 为压痕的平均直径，mm。

(3)洛氏硬度 HR

它是通过测定小载荷压下时的压痕深度和大载荷压下时的压痕深度之差，来表示硬度。较软的材料用 B 标度称为 HRB，较硬的材料用 C 标度称为 HRC。

$$\mathrm{HRB}=130-\frac{h}{0.002},\qquad \mathrm{HRC}=100-\frac{h}{0.002}$$

式中，h 为残余压痕深度，mm。

3.2.2 模拟成形性能指数与试验

模拟成形试验是指用统一规定的试样、模具、判据和变形条件，来模拟典型的成形方式的试验。通常以成形极限作为参数。常用的模拟试验有以下几种。

1. 胀形试验

模拟冲压性能的胀形试验可分为埃里克森试验、刚模胀形试验和液压胀形试验等。

1)埃里克森(Erichsen)试验

A. M. Erichsen 建议，埃里克森试验采用板料胀形深度 h 值作为衡量胀形工艺的性能指标。试验时材料向凹模孔口中有一定的流入，略带一点拉深工艺的特点，因此不属于纯胀形试验。但是，正是由于这种试验方法略带某些拉深工艺的特点，比较接近于实际生产的胀形工艺，因此试验数据比较反映实际，再加上操作简单，所以应用广泛。埃里克森试验示意图如图 3-4 所示。

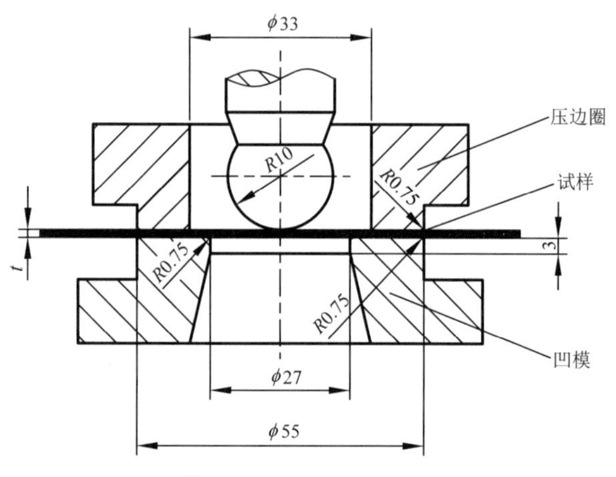

图 3-4 埃里克森试验示意图

2)刚模胀形(Sweden)试验

刚模胀形试验同样也是用胀形深度 h 值作为衡量胀形工艺性能的指标。与埃里克森试验不同之处仅在于试样的外圈模具上采用拉深筋压边(图 3-5)，使胀形时材料不流入凹模，以反映纯胀形的工艺性能。

3)液压胀形试验

埃里克森试验和 Sweden 试验的试验结果都受材料流入和润滑效果的影响，故经常产生波动。液压胀形法，试验装置简图如图 3-6 所示，利用液体压力代替刚性凸模，可不受摩擦条件的影响。另外，用拉深筋将材料四周完全压住，避免了变形区外材料的流入。所以用液压胀形法评定板料的纯胀形性是比较好的，但是实际冲压生产时常用刚性凸模，因此用液压胀形试验得出的数据也有不贴切反映生产实际的缺陷。

液压胀形试验测得胀形工艺性能用极限胀形系数 K 或 ε_{tf} 表示，即

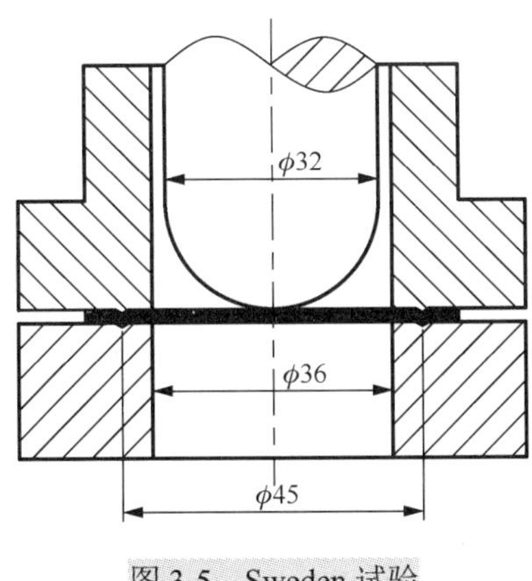

图 3-5　Sweden 试验

图 3-6　液压胀形试验

$$K=\left(\frac{h_{\max}}{a}\right)^2 \text{或} \varepsilon_{tf}=\ln\frac{t_0}{t_f}$$

式中，$h_{\max}$ 为试件开始产生裂纹时的胀形高度，mm；a 为模口半径，mm；t_0 为试样的原始厚度，mm；t_f 为试样开始破裂时的断裂部分的厚度，mm。

2. 扩孔试验(Erichsen 扩孔试验)

Erichsen 扩孔试验方法由德国 KWI(Kaiser Wihelm Institute)的 Siebel 和 Pomp 建议提出，因此也称 KWI 扩孔试验(图 3-7(a))。扩孔试验的性能参数为扩孔率 λ，即

$$\lambda=\frac{\overline{d}_f-d_0}{d_0}\times 100\%$$

式中，$\overline{d}_f$ 为开裂时的平均直径，mm；d_0 为预制孔初始直径，mm。

试验时，将中心带有预制圆孔的试样置于凹模与压边圈之间压紧，启动凸模运动并将其下方的试样材料压入凹模，迫使预制圆孔直径不断胀大(图 3-7(b))，直至孔缘局部发生开裂，停止凸模运动测量试样孔径的最大值和最小值，用它们计算的极限扩孔率，又称板料的扩孔性能指标。

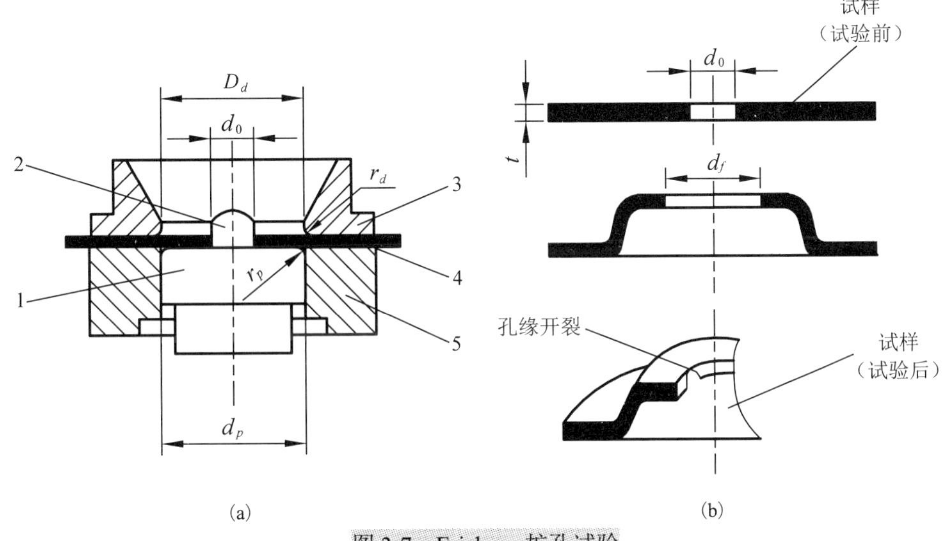

图 3-7　Erichsen 扩孔试验

1-凸模；2-导销；3-凹模；4-试样；5-压边圈

3. 拉深试验

1) Swift 拉深试验

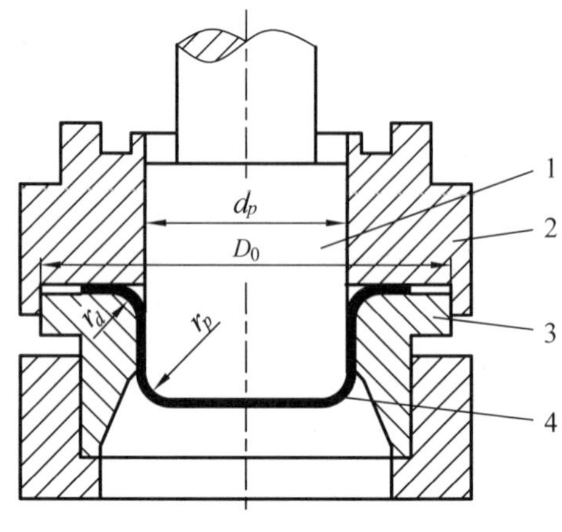

图 3-8 Swift 拉深试验示意图

1-凸模；2-压板；3-凹模；4-试样

Swift 拉深试验也称 A-S(Anglo-Swedish)拉深试验。该试验是以求得极限拉深比 LDR 作为评定板料拉深性能的试验方法。试验模具简图如图 3-8 所示。

试验时，用不同直径的平板毛坯(以拉深比 0.025 为单位改变毛坯直径)，置于图 3-8 所示的试验模具中，按国标 GB/T 15825.3—2008 规定的条件进行拉深试验。确定出不发生破裂所能拉深成杯形件的最大试样直径 D_{max} 与凸模直径 d_p 之比，即极限拉深比 LDR。

$$\mathrm{LDR}=\frac{D_{max}}{d_p}$$

Swift 拉深试验方法由于接近实际拉深工艺，因此能较好地反映板料在拉深成形时的工艺性能，但是本方法所需试样数量较多，耗时长，成本高，而且当各次试验时的压边力和润滑状况不稳定时，试验结果的可靠性不是很高。

2) TZP 试验(拉深力对比试验)

TZP 试验(Tief Ziehen Prüfung)也称 Engelhardt 试验。其原理(图 3-9)是用在一定拉深变形程度(通常取拉深试样毛坯直径 D_0 与冲头直径 d_p 的比值为 52/30)下的最大拉深力与在试验中已经成形的试样侧壁的拉断力之间的关系作为判断拉深性能的依据。试验时，当拉深力越过最大拉深力 F_{max} 后，加大压边力，使试样外圈完全压死，然后再往下拉深，这时拉深力急剧上升，直至破裂，测得破裂点的拉深力 F_f 。TZP 试验采用指标 T 来评定板料的拉深工艺性能，即

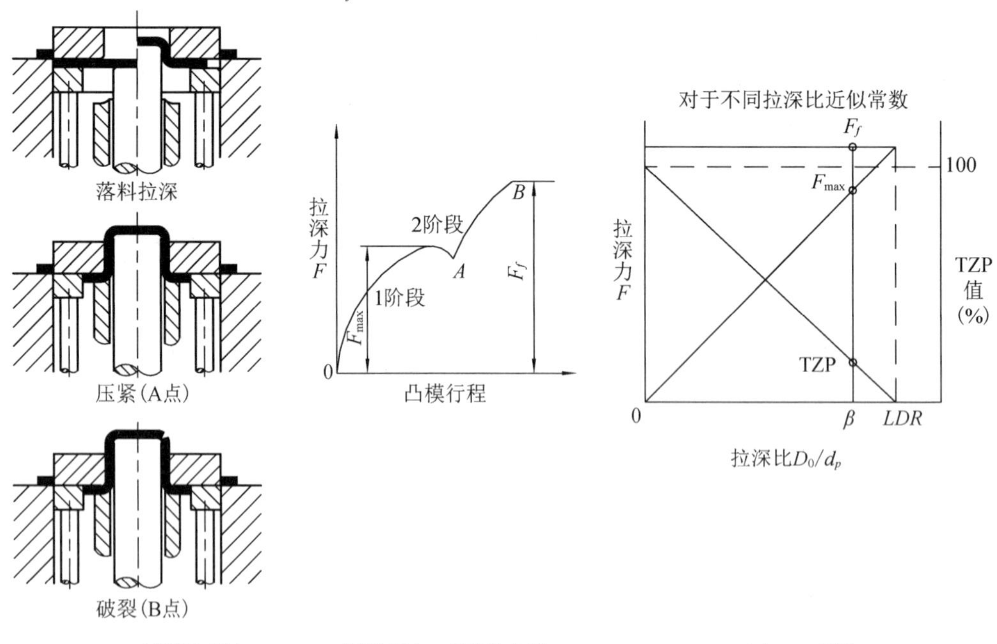

(a) 试验方法　(b) 拉深力—行程的关系　(c) TZP 试验

图 3-9 TZP 试验示意图

$$T = \frac{F_f - F_{max}}{F_f} \times 100\%$$

4. **复合成形试验(福井锥杯成形试验)**

福井锥杯成形试验是同时确定板料的拉深成形性能和胀形成形性能的复合成形试验。其试验结果可以作为评定板料冲压性能的一项重要指标。试验装置如图 3-10(a)所示，福井锥杯成形试验用球形凸模和 60° 的锥形凹模，在不用压边的条件下进行圆形毛坯的拉深试验。一般取凸模直径 d_p 与试件毛坯直径 D_0 的比值为 $d_p / D_0 = 0.35$。试验后测量锥形件于底部发生破裂时的上口直径，用以表示板料的成形性能。由于板料各向异性的影响，锥形件上口的直径会在不同方向上存在差别(图 3-10(b))，所以通常采用其平均值，即 CCV 值。

$$\text{CCV} = \frac{D_{max} + D_{min}}{2}$$

或

$$\text{CCV} = \frac{D_0 + 2D_{45} + D_{90}}{4}$$

式中，D_{max}、D_{min} 分别是锥形拉深试样破裂时上口的最大直径和最小直径，mm；D_0、D_{45}、D_{90} 分别是沿板料轧制方向、与板料轧制方向成 45° 、与板料轧制方向成 90° 方向上锥形拉深试样上口的直径，mm。

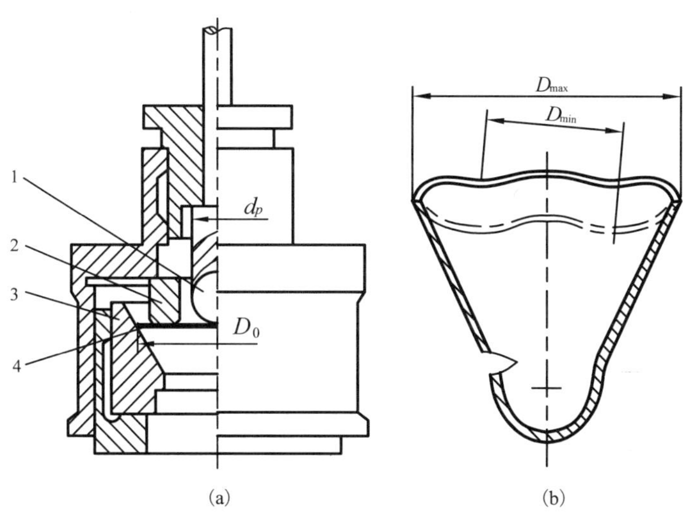

图 3-10 锥形件拉深试验法

1-球形冲头；2-支撑圈；3-凹模；4-试样

板料的 CCV 值越小，板料的复合成形性能越好。此种方法由于采用锥形凹模，所以能进行无压边成形，因此可消除压边力的影响。但是对易起皱的材料则难于求得试验值。

CCV 值与硬化指数 n 值和板厚方向性系数 r 值有很强的相关关系。由于与 n 值相比，r 值可能选择的数值范围更宽，因此，CCV 值也常被用作 r 值的简易评价法。

5. **方板对角拉伸试验**

方板对角拉伸试验(Yoshida Buckling Test，简称 YBT)是由日本吉田清太(Yoshida)提出的，并在 1980 年 ASTM 会议上被建议用来作为研究面形状缺陷与变形方式、材料力学性能之间关系的一种模拟试验。方板对角拉伸试验是通过测定板料的皱曲高度，来描述冲压板料中局部不均匀拉应力场可能引发的弹塑性皱曲缺陷及其可能的回弹数值。

方板对角拉伸试验有单向对角拉伸（YBT-I）和双向对角拉伸（YBT-II）两种基本方法。

单向对角拉伸（YBT-I）的试样如图 3-11（a）所示。在普通拉伸试验机上进行试验时，试样的边长和夹持宽度W_y的标准尺寸分别为：$L = 100$ mm，$W_y = 40$ mm。试样只在y轴方向加载拉伸，拉伸至试样的拉伸标距（GL）内发生一定量的伸长变形时，利用千分表测量方板中部的起皱高度h_b或者卸载后测量该处残留的皱纹高度h_b'（测量时两支点间距离即测量标距l的标准值：l=25mm 或l=50mm）。

双向对角拉伸 YBT-II 与 YBT-I 使用相同尺寸的试样，在两个对角线方向上施加拉伸载荷F_x、F_y（$F_x \leqslant F_y$），其示意图如图 3-11（b）所示。

YBT-I 试验简单方便，所得到的皱纹高度h_b可以表示板料抗不均匀拉应力起皱的能力，h_b越小，板料的抗不均匀拉应力起皱的能力越强。YBT-II 主要用来研究加载方式、加载路径对板料起皱的影响，但需要专用的试验设备。

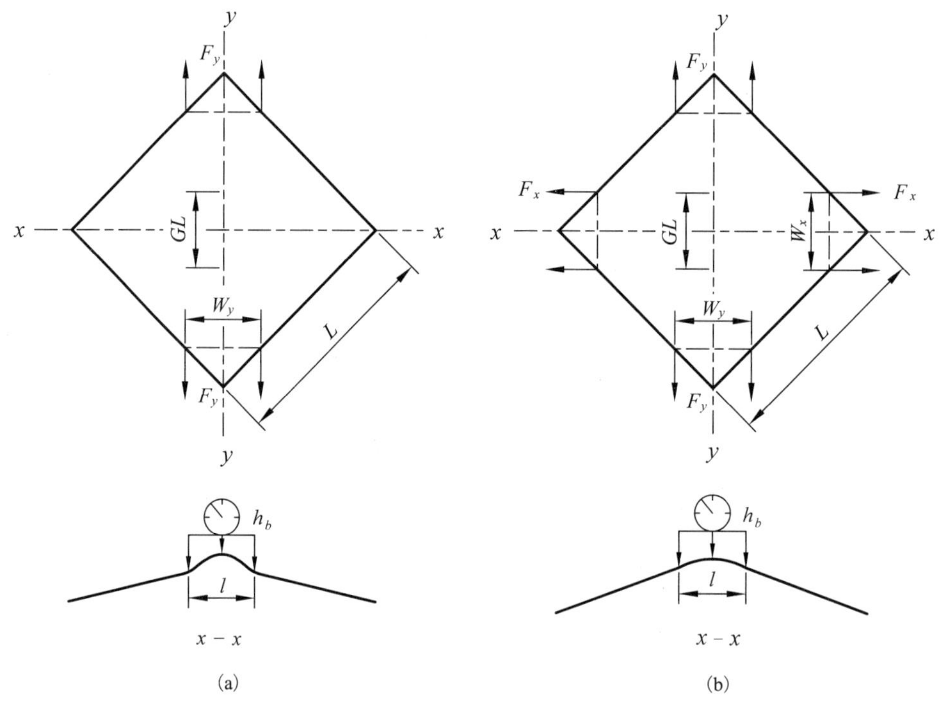

图 3-11　方板对角拉伸试验（YBT）试样

6. 成形极限曲线试验

成形极限曲线（Forming Limit Curve 或 FLC）或称成形极限图（Forming Limit Diagram 或 FLD）是 20 世纪 60 年代中期由 Keeler 和 Goodwin 等提出，如图 3-12 所示。在此之前板料的各种成形性能指标或成形极限大多以试样的某些总体尺寸变化到某种程度（如发生破裂）而确定。这些总体成形性能指标或成形极限不能反映板料上某一局部危险区的变形情况。FLD 是板料在不同应变路径下的局部失稳极限应变e_1和e_2（工程应变）或ε_1和ε_2（真实应变）构成的条带形区域或曲线，它全面反映板料在单向和双向拉应力作用下的局部成形极限。FLD 的提出，为定性和定量研究板料的局部成形性能建立了基础。

成形极限图既可在实际冲压生产中积累数据确定，也可用规定的模具试验确定(GB/T 15825.8—2008 金属薄板成形性能与成形极限图(FLD)试验方法)。试验时，首先在试样表面印制网格圆图案，然后放入标准试验模具(图 3-13)内冲压直到破裂，并测量破裂部位或其附近的网格圆变形后的长、短轴尺寸，如图 3-14 所示，并按照下面公式计算失稳极限应变。

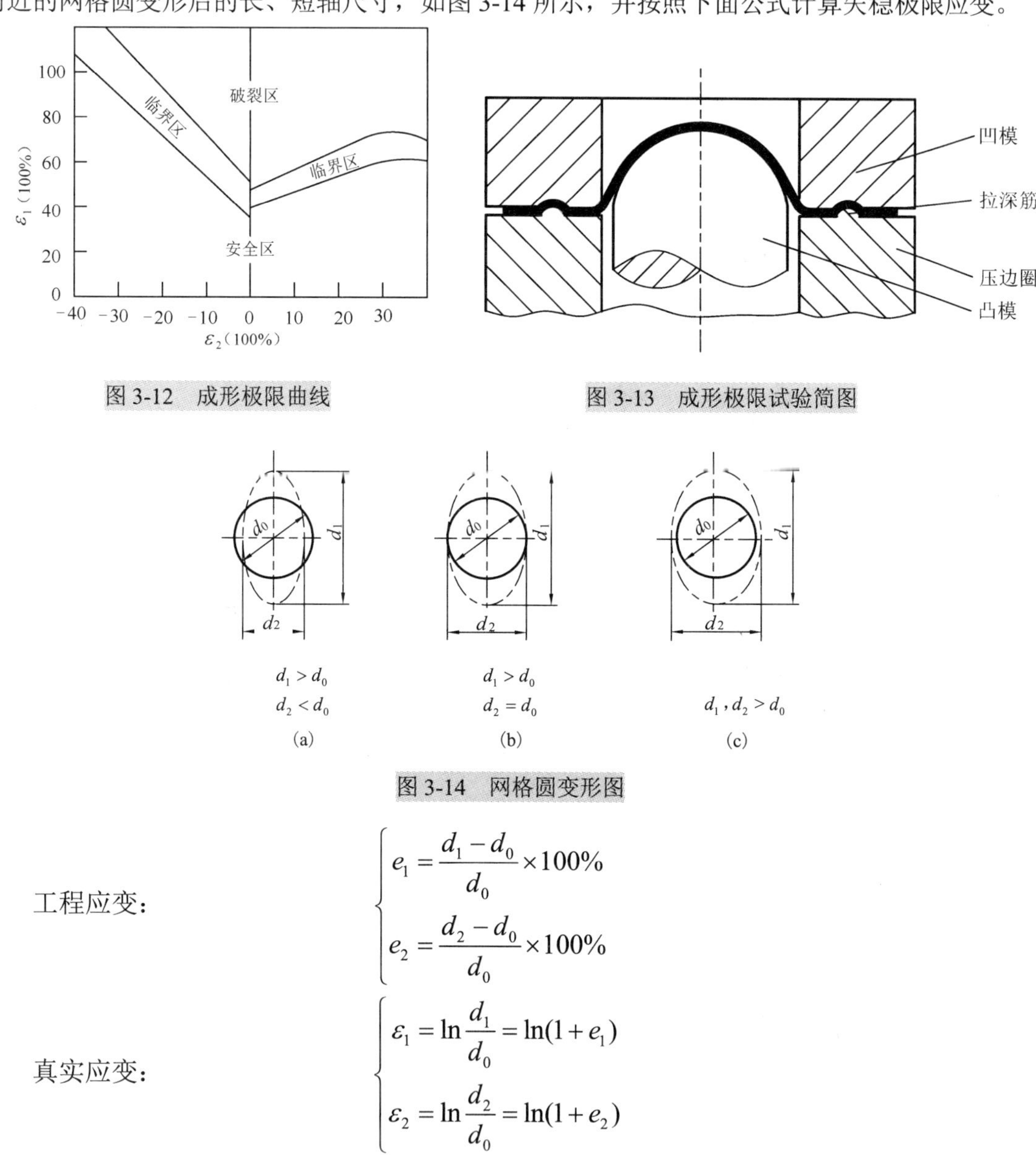

图 3-12　成形极限曲线

图 3-13　成形极限试验简图

图 3-14　网格圆变形图

工程应变：
$$\begin{cases} e_1 = \dfrac{d_1 - d_0}{d_0} \times 100\% \\ e_2 = \dfrac{d_2 - d_0}{d_0} \times 100\% \end{cases}$$

真实应变：
$$\begin{cases} \varepsilon_1 = \ln\dfrac{d_1}{d_0} = \ln(1 + e_1) \\ \varepsilon_2 = \ln\dfrac{d_2}{d_0} = \ln(1 + e_2) \end{cases}$$

式中，d_0 为网格圆初始直径，mm；d_1 为网格圆畸变后的长轴尺寸，mm；d_2 为网格圆畸变后的短轴尺寸，mm。

上述应变测定方法称为应变分析的网格法，当凸模直径为 100mm 时，网格圆直径 d_0 一般取 2.0～2.5mm 比较合适。网格圆图案可用照相制版法、光刻法或电化学腐蚀法印制在试件表面。测量网格圆直径时，可用测量显微镜、投影仪或专用检测仪、ARGUS 应变测量系统等，也可用软胶片制作的应变比例尺。应变分析网格法不仅可用来测定成形极限图，而且在实际生产中常常用来测定零件的各种应变量，并绘制成应变分布图或应变状态图，以分析解决生产中出现的成形问题。

成形极限图可以用来评定板料的局部成形性能。成形极限图的应变水平越高，板料的局部成形性能越好。将成形极限图与应变分析的网格法结合起来，可用来分析解决许多现场生产问题。成形极限图还可以在冲压成形工艺的计算机辅助设计中应用，用它判别工艺制定是否合理，使冲压技术向更高水平发展。

3.2.3 金属学的成形性能指数与试验

板料的成形性能，虽然受到宏观的变形方式和变形条件的重大影响，但板料本身的微观组织在变形过程中的变化，则能更本质地决定板料的成形性能。近年来，已重视从微观角度来研究板料的成形性能，并取得了很大的进展。波兰学者 Marciniak 和 Kuczyoski 解释“拉—拉”应力状态下也会出现集中性失稳的 M-K 理论。

目前已提出的评判板料成形性能好坏的金属学方面的指数有晶粒的方位、晶粒的大小、表面粗糙度、晶界杂质和均质性等。研究发现，晶粒的方位和大小对板料压延性能(r 值)的影响有三种不同的情况：①晶粒大小的影响大，而方位的影响很小，如 α 黄铜、1Cr18Ni9Ti 不锈钢；②晶粒大小的影响小，而方位的影响大，如铝、18 铬钢；③晶粒和方位的影响都大，如低碳钢、面心晶格的铜。不过最常用的还是晶粒大小和表面粗糙度。

1. 晶粒大小

晶粒大小可用 ASTM 的晶粒度级别 N 表示，如 1mm^2 截面积上的晶粒数为 n，则

$$n = 2^{N+3}$$

即 N 值越大，表示晶粒越细。$N>5$ 的钢(即 1mm^2 内有 256 个以上的晶粒)称为细晶粒钢。

对于冷轧钢板，晶粒度 N 应适当小(晶粒适当粗大)，成形性能才好，这和“想当然”的概念恰好相反。

2. 表面粗糙度

工程上常用下述三种参数之一，来表示材料表面粗糙度的大小。

(1) 中线平均高度。

$$R_{\mathrm{CLA}} = \frac{1}{n}\sum_{i=1}^{n}|Z_i|$$

(2) 均方根高度。

$$R_{\mathrm{RMS}} = \left[\frac{1}{n}\sum_{i=1}^{n}(Z_i)^2\right]^{\frac{1}{2}}$$

测 Z_i 值的宽度，包括两个完整的波峰和一个波谷，如图 3-15(a)所示。

(3) Kobayashi R 值。

如图 3-15(b)所示，沿板面内较大主应变 e_1 的方向连续测 8mm 宽最高和最低线间的最大距离称为 R 值，以 μm 计。

实践表明，过分粗糙的表面，摩擦力大，并容易产生应力集中，对成形不利。但过分光滑的表面，使润滑剂容易被模具挤走，也使摩擦力增大，并易于发生金属间的粘贴，对成形不利。适当粗糙的表面，可使润滑剂储存在表面的微谷之中；这些微谷还可把断屑或杂物收

存起来，从而减少对零件表面的刮伤。

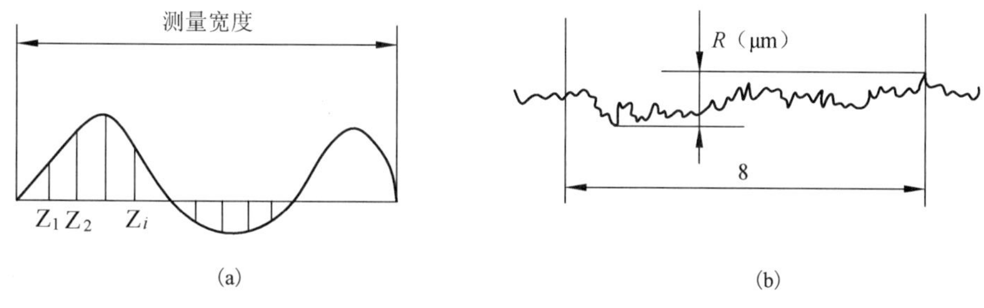

图 3-15　表面粗糙度的表示法

板料的其他表面质量，如划伤、擦伤、分层、气泡等，都会使板料在成形时，提前发生破裂，因而都会降低板料的成形性能。

3.2.4　特定成形性能指数与试验

特定成形性能指数，是指那些因用户有某种特殊需要而提出的，要与板料供应部门协商，由其提供和保证的指数。这类指数名目繁多，其中有普遍意义的指数和试验如下。

1. 凸耳试验(Earing Test)及其指数

用圆形试样压延平底杯形件时，由于金属薄板平面材料有各向异性，故在无凸缘杯形压延成形后，杯口会带有几个凸耳，如图 3-16 所示。凸耳反映板平面材料各向异性(即Δr 值)的灵敏度很高，而且试验方法也比较简便。试验时，只需将圆形试样压置于凹模与压边圈之间。通过凸模对试样进行拉深，将其成形为一个空心圆形杯体。试验结束后，测定杯口处凸耳的各项特性指标，并计算凸耳率作为评定金属薄板塑性平面各向异性程度的指标。根据国家标准 GB/T 15825.7—2008，凸耳试验的指数有凸耳方位、平均凸耳峰高$\overline{h_t}$及谷高$\overline{h_v}$、平均凸耳高度$\overline{h_e}$、最大凸耳高度$h_{e\max}$、凸耳率Z_e。

平均凸耳峰高$\overline{h_t}$为

$$\overline{h_t} = \frac{h_{t1} + h_{t2} + \cdots + h_{tn}}{n}$$

平均凸耳谷高$\overline{h_v}$为

$$\overline{h_v} = \frac{h_{v1} + h_{v2} + \cdots + h_{vn}}{n}$$

平均凸耳高度$\overline{h_e}$为

$$\overline{h_e} = \overline{h_t} - \overline{h_v}$$

最大凸耳高度$h_{e\max}$为

$$h_{e\max} = h_{t\max} - h_{v\min}$$

凸耳率 Z_e 为

$$Z_e = \frac{\overline{h_e}}{\overline{h_v}} \times 100\%$$

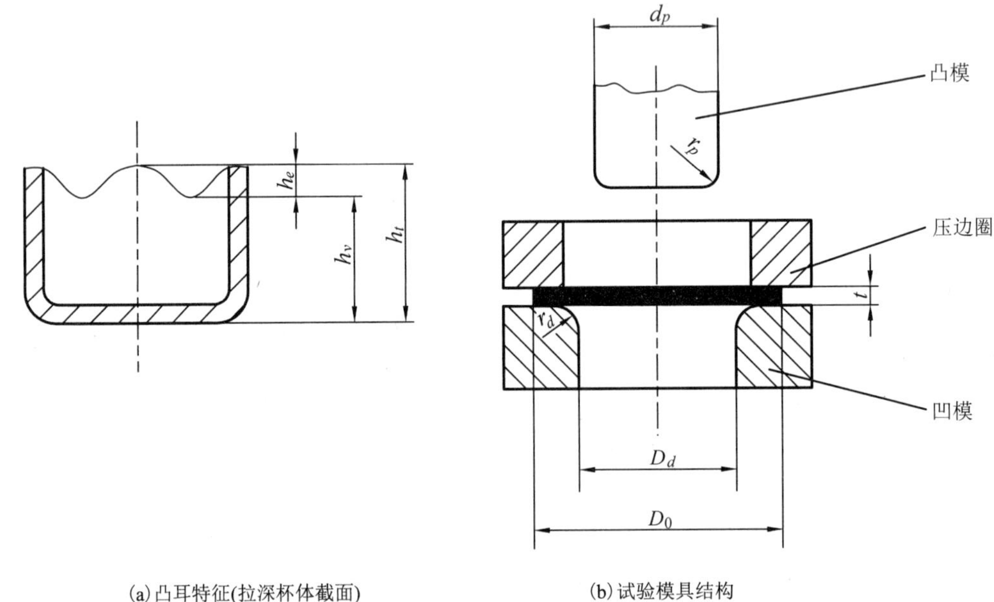

(a) 凸耳特征(拉深杯体截面)

(b) 试验模具结构

图 3-16 凸耳试验

2. 下陷成形试验(Joggle Test)及其指数

将角材或薄壁挤压型材，在某局部突然下折一定的距离，谓之下陷成形，如图 3-17 所示。这种成形在飞机制造中经常遇到。试验以不出现破裂和起皱的 $(h/l)_{max}$ 值作为成形性能指数。其中 h 和 l 是下陷的深度和长度。下陷成形试验的具体试验方法可参考航空行业标准 HB 0-22-2008。

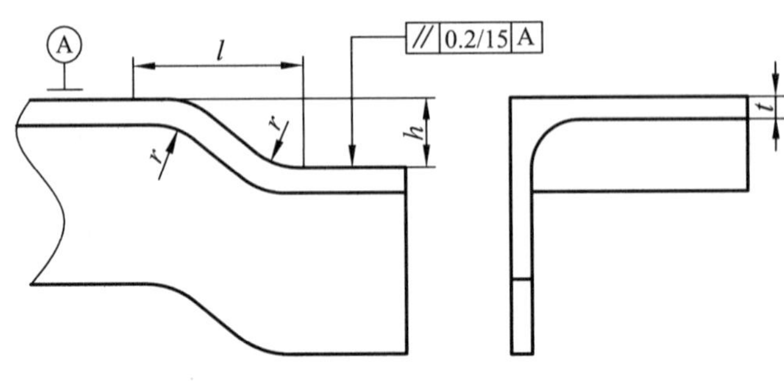

图 3-17 下陷成形试验

3.3 材料性能参数和工艺参数对成形的影响

3.3.1 材料性能参数对成形的影响

板料成形的过程包括成形材料选择、成形件坯料制备、成形工序制定、模具设计、模具制造、成形操作、后续处理等部分，其中，成形工序的制定是关键。板料成形的基本工序主要包括弯曲、胀形、拉深和翻边，其中，拉深成形所占的比例最大，由拉深引起的工艺缺陷也最多。

研究拉深成形首先要找到表示板料的冲压性能的指标，与板料拉深成形关系较大的几个材料性能参数是屈服极限σ_s，屈强比σ_s/σ_b，应变硬化指数n，板厚方向性系数r，板平面方向性，伸长率δ，应变速率敏感性指数m等。

1) 屈服强度σ_s

屈服强度σ_s大，板料成形时开始产生塑性变形所需要的变形力也越大，σ_s对板料的成形性能影响较大。在板料拉深时，如果屈服点低，则变形区的切向压应力小，失稳起皱的趋势也小。

2) 抗拉强度σ_b

抗拉强度σ_b越大，板料冲压成形时危险断面的承载能力越高，其变形程度越大，在与板料成形性能有关的其他性能大致相同时，板料的综合成形性能越好。

3) 均匀伸长率

均匀伸长率的大小反映了板料变形开始发生颈缩时的变形量，此时变形发生在颈缩区局部，最初为分散颈缩，其后发展为集中颈缩，直到断裂。因此，均匀伸长率越大，板料变形时发生颈缩变形越迟，综合成形性能越好。

4) 屈强比σ_s/σ_b

板料的屈强比越小，其综合成形性能越好，成形后零件的形状定形性越好。

5) 应变强化指数(应变硬化指数)n

冷冲压时，板料的强化曲线可以采用幂指数方程$\sigma = K\varepsilon^n$来表述，式中K为常数，n为应变强化指数，简称强化指数。板料的n值大，可以提高板料 FLC 的几何位置，有利于成形。

6) 板厚方向性系数r值

板厚方向性系数r，也称r值。它是板料拉伸试验中宽度应变与厚度应变之比，反映了板料在板平面内承受拉力或压力时抵抗变薄或变厚的能力。

板厚方向性系数r对 FLC 几何位置的影响很小，而对成形极限图中的压延变形区有较大影响。r值大的材料，有利于成形。

7) 板平面方向性

当在板料平面内不同方向上截取拉伸试样时，拉伸试验所测得的各种机械性能、物理性能等也不一样。这说明在板料平面内的机械性能与方向有关，所以称为板平面方向性。

板平面方向性对拉深变形和拉深件的质量都是不利的。

8) 应变速率敏感性指数 *m*

应变速率敏感性指数 *m* 值，原为超塑性成形材料的一个重要性能参数。*m* 值的提高使成形极限图的水平提高(外移)。

9) 化学成分和金相组织

板料的化学成分与冲压性能有密切关系。一般来说，钢中的碳、硅、磷、硫的含量增加，都会使材料的塑性降低，脆性增加，导致冲压性能变差，其中含碳量对材料的塑性影响最大。含碳量不超过 0.05%～0.15%的低碳钢板具有良好的塑性，车身覆盖件多采用这种塑性较好的低碳优质钢板(如最近，为减轻汽车整车重量的高强钢和超高强钢)。含硅量在 0.37%以下的钢，硅对塑性影响不大，但超过这一数值，即使含碳量很低也会使钢板变得又硬又脆。硫在钢中与锰或铁相结合后，以硫化物的形态出现，严重影响钢板的热轧性能，促使条状组织产生，也使塑性降低。

板料的晶粒大小也直接影响冲压性能。晶粒大小不均最易引起裂纹口。粗大的晶粒在冲压成形时，会在制件表面留下粗糙的“桔皮”，影响制件表面质量。过小的晶粒会使板料的塑性降低。变形中的硬化作用，也使板料的硬度、强度增加，容易造成冲压件开裂、回弹、扭曲或起皱等。

3.3.2 工艺参数对成形的影响

合理的工艺参数，可以提高变形的均匀性，降低对材料性能的过高要求，从而降低成形件的生产成本。在板料和模具已经确定的生产过程中，也可能发生拉深产品质量下降、废品率升高的现象，这时要重新设计、制造模具的成本显然比较大。如果通过优化坯料形状、设置拉深筋、控制压边力、改变摩擦和润滑条件等改变工艺参数的方法来解决问题，自然能带来巨大的效益。

1) 摩擦和润滑

由于在成形过程中，板料与模具的表面直接接触，而且相互作用的压力很大，使板料在凹模表面滑动时产生很大的摩擦，摩擦力增加了成形所需要的力和工件侧壁内的拉应力，易使工件破裂，因此拉深能否成功，润滑也起着很大作用。

2) 压边力

压边力过小，无法有效地控制材料的流动，板料很容易起皱；而压边力过大，虽然可以避免起皱，但拉破趋势会明显增加。

3) 拉深筋

拉深筋可以加强压料面对材料流动的控制能力，增加进料阻力，使拉深毛坯产生足够的拉应力，提高拉深件的刚度和减少由于回弹而产生的扭曲、松弛、波纹及收缩等缺陷，扩大压边力的调节范围。

4) 凸、凹模圆角半径

凸、凹模圆角半径的大小对于能否获得理想的拉深起着很大的作用。当凸模圆角半径过小时，拉深毛坯的直壁部分与底部的过渡区的弯曲变形加大，使危险断面的强度受到削弱，而当凹模圆角半径过小时，毛坯侧壁传力区的拉应力相应增大，这两种情况都会使拉深系数增大，板料的变形阻力增加，从而引起总拉深力的增大和模具寿命的降低。若凸模或凹模圆角半径过大，则板料变形阻力小，金属流动性好，但也会相应减小压边的有效面积，使制件容易起皱，因此确定凸凹模圆角半径时必须结合工件变形特点、拉深筋等因素综合考虑。

5) 坯料的大小

对于一些结构不对称的覆盖件，由于拉深时各处变形不均匀，因而工件型腔周围各处进料阻力不同，除了采用拉深筋、压边力等参数进行控制，还需根据各处变形特点，在拉深前对板料进行适当的剪切。因为过大的法兰边会使该处的拉应力增大，但同时又会使邻近处型腔易于破裂。反之，当法兰边较小时，拉应力减小，使该法兰边处进料阻力小，材料易于流动，但也易使型腔内邻近处起皱，因此法兰边大小合适与否直接影响拉深件的质量。

6) 模具间隙

凸、凹模间隙的可靠与否直接影响拉深件的质量，若调整不当，在间隙大的一侧，拉深件的侧壁上容易起皱，甚至在周边会出现波浪形。在间隙小的一侧，则会增大摩擦力和拉深力，从而使模具表面易擦伤、材料内应力增大，甚至在拉深时可能会发生破裂。凸、凹模间隙值的减少虽在一定程度上能提高拉深件的成形质量，但同时也减少了模具的使用寿命。

7) 变形速度

变形速度对于板料塑性变形的影响是相当复杂的。一方面，变形速度增高(特别是高速冲压)，板料变形易产生孪动，滑移层变细，滑移线分布更密集，这就增加了滑移和孪动的临界剪应力及晶内和晶间破坏的极限应力，使板料的变形抵抗力增加，并有可能出现晶间脆裂。而这些现象又与金属晶格类型、晶粒成分和结构及其他因素有关。另一方面，由于高速变形产生热效应使板料的塑性又得到改善。另外，变形速度的改变还会引起摩擦系数的改变。

8) 变形温度

在冲压工艺中，有时也采用加热成形的方法。尤其是对于以高强度钢板、超高强钢板、激光拼焊板、铝镁合金板为代表的轻质高强度新材料的广泛应用，加热成形方法可有效消除或减轻此类材料在冷成形中的成形缺陷。通常给板料加热的目的是：提高塑性，降低变形抵抗力，改善材料的流动性，提高工件的成形准确性。一般来说，温度增加，金属软化。但在冲压工艺中，温度因素的应用，必须根据材料的温度-机械性能曲线及加热可能对板料产生的不利影响(如晶间腐蚀、氢脆、氧化、脱碳等)，进行合理选用。

9) 变形程度

冷变形时，变形程度越大，加工硬化越显著，所以板料塑性降低；热变形时，随着变形程度的增加，晶粒细化且分散均匀，使板料塑性提高。减小变形的不均匀程度，则能使变形趋向均匀，提高伸长类成形极限。

10) 应力状态

在主应力图中，压应力的个数越多，数值越大，即静水压力越大，则板料的塑性越高；反之，拉应力个数越多，数值越大，即静水压力越小，则板料的塑性越低。例如，在弯曲冲压成形时，可以通过改善弯曲模结构来改变板料的应力状态，从而提高板料的成形质量。

练　习　题

3-1　研究板料成形性能的意义和重要性有哪些？请详细说明。

3-2　评价板料基本成形性能指数有哪些？可以通过什么试验获得？

3-3　拉伸试验能够获得板料的哪些参数？这些参数是怎么计算得到的？

3-4　板料模拟成形性能试验有哪些？这些试验的评价标准是什么？

3-5 杯突试验的试验原理是什么？该试验对压边力的要求是什么？

3-6 详述锥杯试验和扩孔试验属于哪一类板料成形性能试验？其试验原理是什么？

3-7 凸耳试验中，凸耳率怎么计算？凸耳率与材料的哪些参数有关？请详述。

3-8 分析板料杯突成形和锥杯成形过程中材料的受力情况，请画图回答。

3-9 获得板料成形极限曲线的试验有哪些？其区别是什么？

3-10 在获得板料的成形极限曲线过程中，成形极限曲线左半部分的极限应变主要通过什么方法获得？单向拉伸的极限应变是怎样的？

3-11 成形极限曲线中，极限应变是通过什么仪器测得的？网格的选取需注意些什么？

3-12 详述材料性能参数对拉深成形的影响。

3-13 实际生产中，哪些工艺参数对板料成形性能有影响？其中摩擦对拉深成形过程有哪些影响？

第 4 章 冲裁工艺与模具设计

冲裁是利用模具使板料沿一定的轮廓形状产生分离的冲压工序。冲裁包括冲孔、落料、切边、切口、剖切、整修等工序，其中冲孔和落料应用最广泛。冲裁时所使用的模具称为冲裁模。冲裁工艺是冲压生产的主要工艺方法之一，既可以直接冲出成品零件，也可以为弯曲、拉深、成形等其他工序提供毛坯，还可以对已成形工件进行再加工(如切边、弯曲件和拉深件上冲孔等)。

本章知识要点

(1) 了解冲裁变形过程，掌握冲裁时板料受力状况。

(2) 掌握冲裁件的质量分析及其控制。

(3) 掌握如何确定合理冲裁间隙。

(4) 掌握冲裁工艺设计原则，掌握冲裁工艺分析、冲裁制件排样、冲裁力计算。

(5) 掌握冲裁模工作部分的计算，并能设计冲裁模。

(6) 了解精密冲裁。

兴趣实践

找一个空的金属瓶子和一块泡沫板，将瓶子沿垂直轴线的方向剪开制作成一端开口的工具，然后使其开口端与泡沫板接触，在制作后的工具正上方施加一垂直泡沫板的力，直到工具完全贯穿泡沫板，取出工具，观察现象，体会冲裁加工原理及方法。

探索思考

冲裁件的质量如何进行控制？如何分析冲裁加工工艺？冲裁加工需要计算哪些力？如何设计冲裁模?

预习准备

预习《材料力学》、《机械原理及设计》、《工程材料及其成形基础》等方面的知识，重点理解应力应变、公差、工艺学等相关知识。

4.1 冲裁工艺设计基础

4.1.1 冲裁变形原理

1. 冲裁变形过程

图 4-1 是冲裁工艺示意图。冲裁时，板料 1 置于凹模 3 上，凸模 2 由压力机滑块带动向下运动。当凸模下降至与板料接触时，板料受到凸、凹模的作用力，凸模继续下行，板料受力变形直至分离。冲裁过程是在瞬间完成的，在正常间隙情况下，冲裁过程大致可分为三个阶段，如图 4-2 所示。

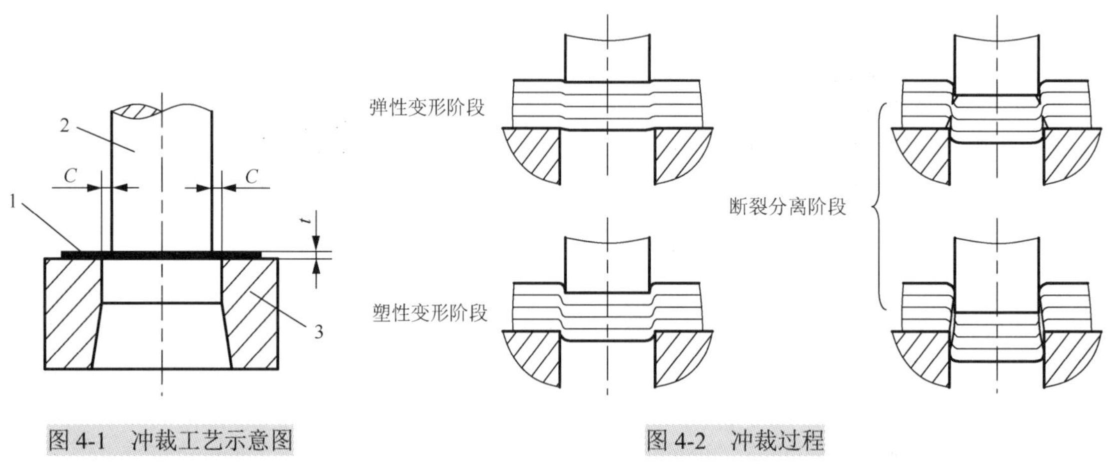

图 4-1 冲裁工艺示意图

1-板料；2-凸模；3-凹模

图 4-2 冲裁过程

1) 弹性变形阶段

冲裁开始时，凸模下压接触板料，在凸模压力的作用下，板料产生弹性压缩和弯曲。凸模继续下压，板料底面相应部分材料开始挤入凹模孔口内，在凸、凹模与板料接触处出现很小的圆角。由于凸、凹模之间存在间隙，使板料同时受到弯曲和拉伸作用。凸模下的板料产生弯曲，位于凹模上的板料略微上翘。随着凸模继续压入，直到材料内的应力达到弹性极限。

2) 塑性变形阶段

由于冲裁凸、凹模刃口非常锋利，凸、凹模刃口附近的板料中存在应力集中。凸模继续下压，板料内的应力达到屈服极限，板料进入塑性变形阶段。此时，凸模刃口切入板料上部，同时板料下部挤入凹模孔口。板料在凸、凹模刃口附近通过塑性剪切形成一段光亮的剪切断面。在剪切断面的边缘，由于弯曲、拉伸等作用形成圆角。随着凸模挤入材料深度的增大，塑性变形沿板料厚度方向扩大，变形区材料硬化加剧，应力随之增加。最后在凸模和凹模的刃口附近达到极限应变与应力值时，板料在拉应力的作用下出现微裂纹，塑性变形阶段结束。

3) 断裂分离阶段

随着凸模继续下压，凸、凹模刃口附近生成的微裂纹逐渐向板料内扩展。当间隙合理时，凸、凹模处产生的裂纹相遇重合，板料被拉断分离。由于裂纹扩展，在断面上形成一个粗糙的区域。最后，凸模将冲落部分推入凹模洞口，冲裁过程结束。

冲裁变形过程很复杂，除剪切变形外，还有拉伸、弯曲及横向挤压等。所以冲裁件及废料常有翘曲现象(穹弯)，不是很平整。

冲裁时，以凸、凹模刃口连线为中心形成的纺锤形区域为主要变形区，如图 4-3(a)所示，当凸模挤入材料后，新形成的纺锤形变形区被以前已经变形并冷作硬化了的区域所包围，如图 4-3(b)所示。

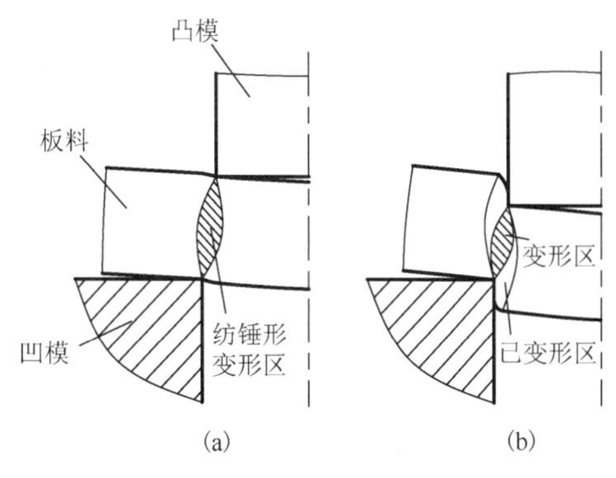

图 4-3　冲裁变形区

2. 板料受力状况

无压紧装置冲裁时板料受力状况如图 4-4 所示。其中，F_p、F_d 为凸、凹模对板料的垂直作用力；F_1、F_2 为凸、凹模对板料的侧压力；μF_p、μF_d 为凸、凹模端面与板料间的摩擦力，其方向与间隙大小有关，但一般指向模具刃口，μ 为摩擦系数；μF_1、μF_2 为凸、凹模侧面与板料间的摩擦力。

冲裁时，当凸模压入板料后，由于凸、凹模之间存在间隙，板料在受到塑性剪切的同时还存在弯矩的作用，板料略微弯曲上翘。因此，凸、凹模对板料的作用力 F_p、F_d 并不均匀，随着向刃口靠近而急剧增大；同时，材料压向凸模侧面，凸模端面下的材料被压进凹模，所以，材料受凸、凹模的横向侧压力 F_1、F_2 作用，产生横向挤压变形，F_1、F_2 的分布也不均匀；此外，板料还受到凸模和凹模孔口侧面的摩擦力 μF_1、μF_2 的作用。摩擦力 μF_p、μF_d 的方向与间隙大小有关，间隙很小时，与模具接触的材料均向远离刃口的方向移动，摩擦力的方向指向刃口。当间隙较大或刃口磨钝后，材料被拉入凹模，摩擦力的方向均背向刃口。

冲裁时冲裁力-凸模行程曲线如图 4-5 所示。可以看出，冲裁力是不断变化的。图 4-5 中 AB 段为弹性变形阶段，当凸模接触材料后，冲裁力迅速上升，一旦刃口附近材料进入塑性变形阶段后，载荷上升变缓(图 4-5 中 BC 段)，但只要材料加工硬化引起的载荷增加超过被剪切材

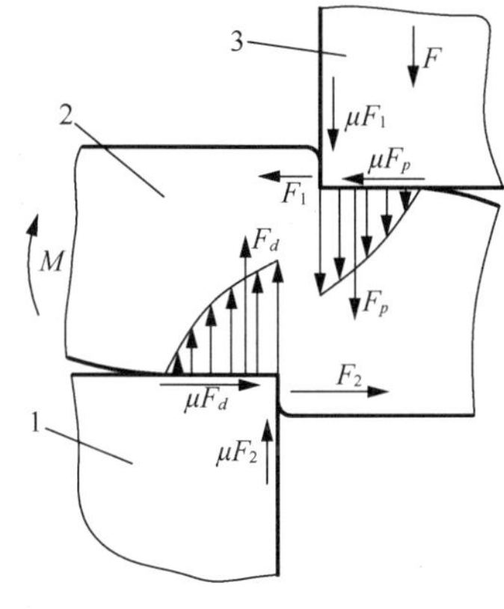

图 4-4　冲裁时作用于板料上的力

1-凹模；2-板料；3-凸模

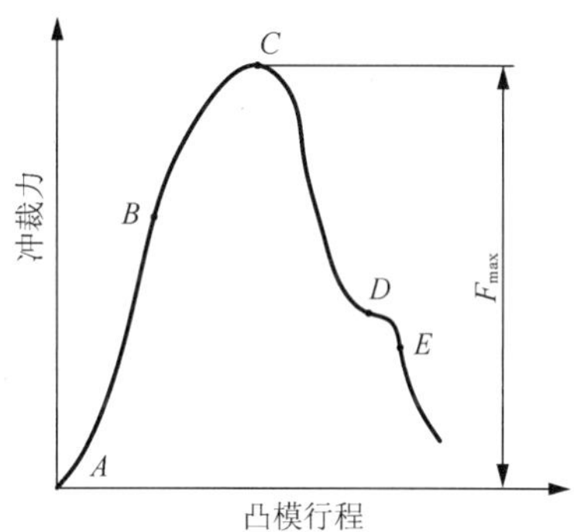

图 4-5　冲裁力-凸模行程曲线

料面积减小引起的载荷下降，冲裁力就继续上升直至达到最大值(图 4-5 中 C 点)。此后，受剪面积的减小超过加工硬化的影响，冲裁力不断下降。当刃口附近材料的应力状态满足材料的断裂条件时产生裂纹，随凸模不断下压，裂纹不断扩展，冲裁力急剧下降，直至从凸、凹模刃口附近产生的裂纹重合(图 4-5 中 CD 段)。此后所需的力仅用于克服推出已分离材料的摩擦阻力(图 4-5 中 DE 段)。

3. 冲裁件断面特征

冲裁后的断面由圆角带、光亮带、断裂带和毛刺 4 个特征区构成，如图 4-6 所示。

(1) 圆角(塌角)带：圆角带是凸模刃口压入材料后，凸、凹模刃口周围的材料产生弯曲和伸长变形而形成的光滑圆弧，在被分离的材料上各有一段。

(2) 光亮带：光亮带是材料发生塑性剪切变形时，材料被模具侧面挤压而形成的一段较为光亮垂直的断面。光亮带占整个断面宽度的 1/3～1/2，通常作为测量部位，影响制件的尺寸精度。一般希望该区域越宽越好。

(3) 断裂带：断裂带是裂纹产生后在拉应力作用下不断扩展、连接而形成的撕裂面，断面较粗糙，并有 4°～6°的斜角。

(4) 毛刺：毛刺的产生及高度与裂纹产生的位置有关，而裂纹的产生与刃口周围区域的应力状态有关。在塑性剪切后段，凸、凹模刃口切入材料一定深度，刃口正面材料被压缩，刃口部分处于高静水压力状态，不利于裂纹的产生。而在模具侧面距离刃口不远的地方，由于存在较高的拉应力，容易在此处产生裂纹，从而产生毛刺，毛刺的高度为裂纹产生点与刃口的距离。在普通冲裁中，毛刺是不可避免的。

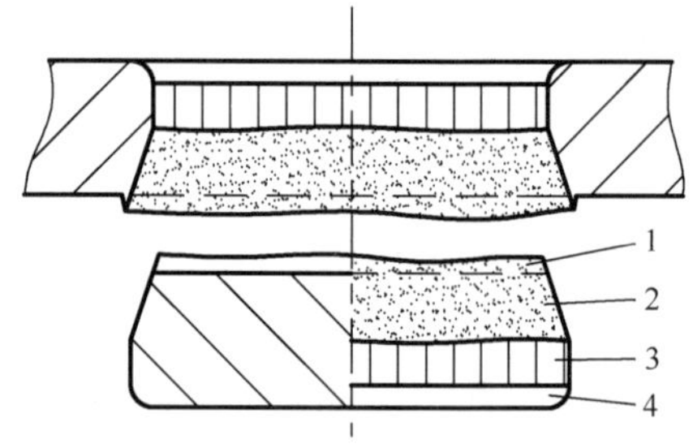

图 4-6 冲裁件的断面状况

1-毛刺；2-断裂带；3-光亮带；4-圆角带

上述四个区域在冲裁断面上所占的比例与材料本身的力学性能、厚度、冲裁间隙、刃口锐钝等有关。塑性好的材料，塑性变形阶段长，光亮带、圆角带所占比例较大，断裂带较窄；塑性差的正好相反。对同一种材料，材料越厚，断裂带所占比例明显增加。

4. 冲裁件的尺寸大小

由图 4-6 可以看出，无论是冲出的孔还是落下的料，其尺寸都包括大、小两部分。对于孔，小的部分是有用的；对于落料件，大的部分是有用的。在冲裁间隙合理以及不考虑回弹时，可认为冲孔尺寸等于凸模刃口尺寸，落料件的尺寸等于凹模刃口尺寸，这是确定刃口尺寸的基础。

4.1.2 冲裁间隙

冲裁间隙是指冲裁模具中凸模与凹模刃口侧壁之间的距离，如图 4-1 所示。冲裁间隙分为单面间隙和双面间隙，单面间隙用 C（或 $Z/2$）表示，双面间隙用 Z 表示。

冲裁间隙值影响冲裁时弯曲、拉伸、挤压等附加变形的大小，因此对冲裁件质量、冲裁力、卸料力、推件力以及模具寿命等有很大影响，是冲裁模设计中的一个重要工艺参数。

1. 间隙对冲裁的影响

1) 间隙对冲裁质量的影响

间隙是影响冲裁质量的重要因素，它不仅影响冲裁件的尺寸精度，也影响冲裁断面质量。前已述及，冲裁时，由凸、凹模刃口附近产生的裂纹在扩展过程中相遇使被冲材料与板料分离。间隙影响裂纹走向，而裂纹走向影响断面质量，如图 4-7 所示。当间隙合适时，上、下裂纹刚好重合，此时，虽然断面有微小斜度，但还是较为平直、光滑，毛刺也较小，无裂纹分层，断面质量较好，如图 4-7(b)所示。

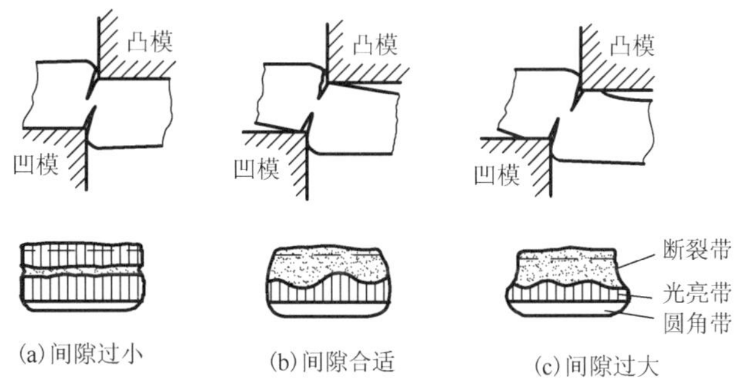

图 4-7　间隙大小对冲裁件断面质量的影响

当间隙过小时，由于弯曲、拉伸作用小，拉应力下降，塑性变形阶段延长，裂纹产生得晚，光亮带变宽。裂纹产生后，上、下裂纹扩展路径并不重合，从凸模刃口附近产生的裂纹进入凹模上端面的压应力区，而从凹模刃口附近产生的裂纹进入凸模下端面的压应力区而停止扩展。随凸模继续下行，材料将产生二次剪切，出现二次光亮带，在两个光亮带之间存在断裂带或断续状小光斑，只要中间撕裂不是很深，仍可使用。在冲裁件端面上有挤长的毛刺，但容易去除。此时，零件平整度较好，断面斜度和圆角均较小，如图 4-7(a)所示。

当间隙过大时，板料的弯曲与拉伸作用大，拉应力大，塑性变形阶段变短，光亮带较窄。凸、凹模刃口处产生的裂纹也不重合，产生二次拉裂，断裂面存在两个较大斜度，且圆角与毛刺也较大，穹弯厉害，如图 4-7(c)所示。

间隙除了影响断面质量还影响冲裁件的尺寸精度，将在下面讨论。

2) 间隙对冲裁工艺力的影响

间隙的大小影响板料(尤其是凸、凹模刃口附近材料)的应力状态。当间隙减小时，凸模压入板料的情况接近于挤压状态，材料所受的压应力增大，拉应力减小，裂纹产生得晚，塑性剪切变形过程增加，由于应力状态和加工硬化的影响，最大冲裁力增大。当间隙增大时，材料所受拉应力增大，利于裂纹产生，因此，最大冲裁力下降。当继续增大间隙时，由于凸、凹模刃口产生的裂纹不重合，发生二次断裂，最大冲裁力下降变缓。在间隙合理的情况下，冲裁力最小。

间隙对卸料力、推件力和顶件力的影响比较明显，间隙增大后，拉应力大，由于冲裁后材料弹性恢复，使得从凸模上卸料或从凹模孔中推料或顶件都省力。一般当单面间隙为料厚的 15%～25%时，卸料力几乎为零。当间隙继续增大时，由于制件毛刺增大，卸料力、顶件力迅速增大，所以间隙增大应适当。

3）间隙对模具寿命的影响

冲裁过程中凸、凹模受到板料的反作用力，模具常见的失效形式有磨损、崩刃、胀裂、变形、断裂等。间隙主要对刃口的磨损和胀裂有影响。间隙较小时，冲裁力、侧压力、摩擦力、推件力或顶件力、卸料力均增大，甚至会使材料粘连刃口，加剧了刃口的磨损；若出现二次剪切，金属碎屑也会使磨损加大。同时，当间隙小时，梗塞在凹模孔口中的制件或废料可能会导致凹模胀裂。因此，间隙过小对模具寿命是极为不利的。当间隙增大时，可使上述摩擦效应减弱，减少刃口磨损。但间隙过大时，毛刺增加，卸料力增大，使刃口磨损加大，所以间隙增大应适当。适当大的间隙还可补偿因刃口制造精度不够及动态间隙不匀所造成的不足，不至于啃伤刃口，起到延长模具寿命的作用。

2. 合理间隙值的确定与选择

从模具设计的角度，希望选择的间隙能使冲裁件断面质量好、冲裁工艺力小、模具寿命长。但根据上述方面各自确定的合理间隙值并不完全相同，在实际生产中，冲裁间隙的选择主要考虑冲裁断面的质量和模具寿命这两个方面。同时考虑到模具制造中的偏差和使用时的磨损，通常是选择一个范围作为合理间隙，这个范围中的最小值称为最小合理间隙，用 Z_{min} 表示，最大值称为最大合理间隙，用 Z_{max} 表示。只要间隙在该范围内，模具就能制造出合格的产品和具有较长的寿命。鉴于模具使用过程中磨损使间隙增大，设计、制造模具时应采用最小合理间隙值。

合理间隙值的选取主要与冲压制件材料的力学性能、板料厚度、制件使用要求等因素有关。目前，确定合理冲裁间隙值的方法有理论确定法和查表确定法。

1）理论确定法

理论确定法的主要依据是保证上、下裂纹扩展时正好重合，以获得良好的冲裁断面。图 4-8 所示为冲裁开始产生裂纹的瞬时状态，根据几何关系可求得合理间隙 Z，即

$$Z = 2(t - h_0)\tan\alpha = 2t(1 - h_0/t)\tan\alpha \qquad (4\text{-}1)$$

式中，t 为板料厚度，mm；h_0 为产生裂纹时凸模压入材料的深度，mm；α 为裂纹方向与垂线间的夹角，(°)。

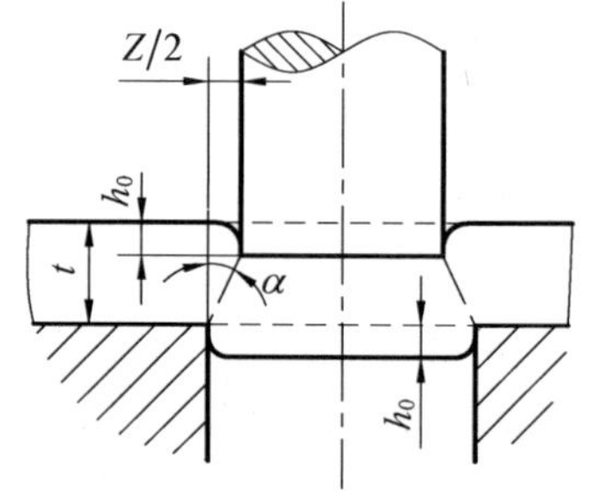

图 4-8　理论冲裁间隙计算图

由式(4-1)可以看出，间隙 Z 与板料厚度 t、相对压入深度 h_0/t 以及裂纹夹角 α 有关，即主要受材料的性质和厚度影响。材料越厚越硬，所需合理间隙值越大；材料越薄、塑性越好，所需合理间隙值越小。

由于理论计算法在生产中使用不便，故目前常用的是查表确定法。

2）查表确定法

合理间隙值的选取主要与材料性质和厚度有关，表 4-1 所示为落料、冲孔模初始间隙的经验数据，可用于一般条件下的冲裁，表中初始间隙的最大值 Z_{max} 是考虑凸、凹模制造公差，在 Z_{min} 的基础上所增加的数值。使用时，由于模具工作部分的磨损，间隙将有所增加，因而间隙的使用最大数值(即最大合理间隙)要超过表列数值。

表 4-1　落料、冲孔模刃口初始间隙

材料名称	45 钢 T7、T8(退火) 65Mn(退火) 磷青铜(硬) 铍青铜(硬)		10、15、20 冷轧钢带 30 钢板 H62、H68(硬) 2A12(硬铝) 硅钢片		Q215、Q235、08、 10、15 钢板、H62、 H68(半硬) 纯铜(硬) 磷青铜(软) 铍青铜(软)		H62、H68(软) 纯铜(软) 3A21、5A02 1060、1050A、 1035、1200、8A06、 2A12(退火) 铜母线 铝母线		酚醛环氧层压玻璃布板、酚醛层压纸板、酚醛层压烯板		钢纸板 (反白板) 绝缘纸板 云母板 橡胶板	
力学性能	硬度≥190HBW σ_b ≥600MPa		硬度 =140~190HBW σ_b =400~600MPa		硬度=70~140HBW σ_b =300~400MPa		硬度≤70HBW σ_b ≤300MPa		—		—	
厚度 t/mm	初始双面间隙 Z /mm											
	Z_{min}	Z_{max}	Z_{min}	Z_{max}	Z_{min}	Z_{max}	Z_{min}	Z_{max}	Z_{min}	Z_{max}	Z_{min}	Z_{max}
0.1	0.015	0.035	0.01	0.03	*	—	*	—	*	—	*	—
0.2	0.025	0.045	0.015	0.035	0.01	0.03	*	—	*	—		
0.3	0.04	0.06	0.03	0.05	0.02	0.04	0.01	0.03	*	—		
0.5	0.08	0.10	0.06	0.08	0.04	0.06	0.025	0.045	0.01	0.02		
0.8	0.13	0.16	0.10	0.13	0.07	0.10	0.045	0.075	0.015	0.03		
1.0	0.17	0.20	0.13	0.16	0.10	0.13	0.065	0.095	0.025	0.04	0.01~0.03	0.015~0.045
1.2	0.21	0.24	0.16	0.19	0.13	0.16	0.075	0.105	0.035	0.05		
1.5	0.27	0.31	0.21	0.25	0.15	0.19	0.10	0.14	0.04	0.06		
1.8	0.34	0.38	0.27	0.31	0.20	0.24	0.13	0.17	0.05	0.07		
2.0	0.38	0.42	0.30	0.34	0.22	0.26	0.14	0.18	0.06	0.08		
2.5	0.49	0.55	0.39	0.45	0.29	0.35	0.18	0.24	0.07	0.10		
3.0	0.62	0.68	0.49	0.55	0.36	0.42	0.23	0.29	0.10	0.13	0.04	0.06
3.5	0.73	0.81	0.58	0.66	0.43	0.51	0.27	0.35	0.12	0.16		
4.0	0.86	0.94	0.68	0.76	0.50	0.58	0.32	0.40	0.14	0.18		
4.5	1.00	1.08	0.78	0.86	0.58	0.66	0.37	0.45	0.16	0.20	—	—
5.0	1.13	1.23	0.90	1.00	0.65	0.75	0.42	0.52	0.18	0.23	0.05	0.07
6.0	1.40	1.50	1.10	1.20	0.82	0.92	0.53	0.63	0.24	0.29		
8.0	2.00	2.12	1.60	1.72	1.17	1.29	0.76	0.88	—	—	—	—
10	2.60	2.72	2.10	2.22	1.56	1.68	1.02	1.14	—	—		
12	3.30	3.42	2.60	2.72	1.97	2.09	1.30	1.42	—	—		

注：有*号处均是无间隙。

由于对冲裁件使用要求的不同以及生产条件的差异，间隙值并非完全统一，有时各种资料中所提供的间隙值差异较大。表 4-2 和表 4-3 给出了 GB/T 16743—2010 规定的冲裁间隙的确定方法。按冲裁件尺寸精度、剪切面质量、模具寿命和力能消耗等主要因素，将金属板料冲裁间隙分成表 4-2 所示的五类：I 类(小间隙)、II 类(较小间隙)、III 类(中等间隙)、IV 类(较大间隙)和 V 类(大间隙)。I 类冲裁间隙适用于冲裁件剪切面、尺寸精度要求高的场合；II 类冲裁间隙适用于冲裁件剪切面、尺寸精度要求较高的场合；III 类冲裁间隙适用于冲裁件剪切面、尺寸精度要求一般的场合。因残余应力小，能减少破裂现象，适用于继续塑性变形的场合；IV 类冲裁间隙适用于冲裁件剪切面、尺寸精度要求不高时，应优先采用较大间隙，以利于提高冲模寿命的场合；V 类冲裁间隙适用于冲裁件剪切面、尺寸精度要求较低的场合。按金属板料的种类、供应状态、抗剪强度不同，表 4-3 给出了对应于表 4-2 的 5 类冲裁间隙值。

选用时，应针对冲裁件技术要求、使用特点和特定的生产条件等因素，首先按表 4-2 确定采用的间隙类别，然后按表 4-3 选取相应的间隙值。其他金属板料的冲裁间隙值可参照表 4-3 中抗剪强度相近的材料选取。

选取冲裁间隙时，应在保证冲裁件尺寸精度和满足剪切面质量要求前提下，考虑模具寿命、模具结构、冲裁件尺寸和形状、生产条件等因素综合分析确定。在下列情况下，应酌情增减冲裁间隙值。

(1) 同样条件下，非圆形比圆形的间隙大，冲孔间隙比落料略大。

(2) 冲小孔而凸模导向又较差时，凸模易折断，间隙应取大些。

(3) 硬质合金冲裁模应比钢模间隙大 30%左右。

(4) 凹模刃口为斜壁时，间隙应比直壁小。

(5) 高速冲压时，模具易发热，间隙应增大，如每分钟行程超过 200 次，间隙值可增大 10%左右。

(6) 热冲时材料强度低，间隙应比冷冲时小。

(7) 用电火花加工的凹模，间隙可比磨削加工小 0.5%～2%。

(8) 对需攻丝的孔，间隙应取小些。

(9) 采用弹性压料装置时，间隙可大些，放大间隙量可根据不同弹压装置实际应用中测定。

(10) 复合模中凸凹模壁厚较薄时，为防止胀裂，根据产品质量要求不同，可适当放大冲孔凹模间隙。

表 4-2　金属板料冲裁间隙分类

项目 名称		间隙类型				
		Ⅰ类	Ⅱ类	Ⅲ类	Ⅳ类	Ⅴ类
剪切面特征		毛刺细长 α很小 光亮带很大 塌角很小	毛刺中等 α小 光亮带大 塌角小	毛刺一般 α中等 光亮带中等 塌角中等	毛刺较大 α大 光亮带小 塌角大	毛刺大 α大 光亮带最小 塌角大
塌角高度 R		(2~5)%t	(4~7)%t	(6~8)%t	(8~10)%t	(10~20)%t
光亮带高度 B		(50~70)%t	(35~55)%t	(25~40)%t	(15~25)%t	(10~20)%t
断裂带高度 F		(25~45)%t	(35~50)%t	(50~60)%t	(60~75)%t	(70~80)%t
毛刺高度 h		细长	中等	一般	较高	高
断裂角 α		—	4°~7°	7°~8°	8°~11°	14°~16°
平面度 f		好	较好	一般	较差	差
尺寸精度	落料件	非常接近凹模尺寸	接近凹模尺寸	稍小于凹模尺寸	小于凹模尺寸	小于凹模尺寸
	冲孔件	非常接近凸模尺寸	接近凸模尺寸	稍大于凸模尺寸	大于凸模尺寸	大于凸模尺寸
冲裁力		大	较大	一般	较小	小
卸、推料力		大	较大	最小	较小	小
冲裁力		大	较大	一般	较小	小
模具寿命		低	较低	较高	高	最高

表 4-3　金属板料冲裁间隙值

材料	抗剪强度 τ /MPa	初始单面间隙比值（C/t）×100				
		I 类	II 类	III 类	IV 类	V 类
低碳钢 08F、10F、10、20、Q235-A	≥210~400	1.0~2.0	3.0~7.0	7.0~10.0	10.0~12.5	21.0
中碳钢 45、不锈钢 1Cr18Ni9Ti、4Cr13、膨胀合金（可伐合金）4J29	≥420~560	1.0~2.0	3.5~8.0	8.0~11.0	11.0~15.0	23.0
高碳钢 T8A、T10A、65Mn	≥590~930	2.5~5.0	8.0~12.0	12.0~15.0	15.0~18.0	25.0
纯铝 1060、1050A、1035、1200、铝合金（软态）3A21、黄铜（软态）H62、纯铜（软态）T1、T2、T3	≥65~255	0.5~1.0	2.0~4.0	4.5~6.0	6.5~9.0	17.0
黄铜（硬态）H62、铅黄铜 HPb59-1、纯铜（硬态）T1、T2、T3	≥290~420	0.5~2.0	3.0~5.0	5.0~8.0	8.5~11.0	25.0
铝合金（硬态）2A12、锡磷青铜 QSn4-4-2.5、铝青铜 QA17、铍青铜 QBe2	≥225~550	0.5~1.0	3.5~6.0	7.0~10.0	11.0~13.5	20.0
镁合金 MB1、MB8	≥120~180	0.5~1.0	1.5~2.5	3.5~4.5	5.0~7.0	16.0
电工硅钢	190	—	2.5~5.0	5.0~9.0	—	—

注：表中所列冲裁间隙值适用于厚度在 10mm 以下的金属板料，考虑到料厚对间隙的影响，实际选用时可将料厚分成≤1.0mm；＞1.0～2.5mm；＞2.5～4.5mm；＞4.5～7.0mm；＞7.0～10.0mm 五档。当料厚≤1.0mm 时，各类间隙取其下限值，并以此为基数，随着料厚的增加，逐档递增；对于双金属复层板料，应以抗剪强度高的金属层厚度为主来选取冲裁间隙。

4.1.3　冲裁件的质量分析

冲裁件的质量指标包括断面质量、尺寸精度和形状误差等。剪切断面应垂直光滑，尺寸及制件外形应满足图纸要求，表面尽可能平整。

1. **断面质量**

一般认为，冲裁断面的光亮带越宽，断裂带越窄、圆角及毛刺越小，断面质量越好。断面质量主要受材料性质、冲裁间隙、模具刃口状态、设备和模具导向精度的影响。

1）材料性能

冲裁塑性较好的材料时，裂纹出现得晚，塑性变形阶段长，光亮带占整个断面的比例大，但毛刺和穹弯也较大，断裂带较窄。塑性差的材料则刚好相反。

2）冲裁间隙

冲裁间隙对冲裁断面质量的影响已在前面描述，此处不再赘述。

3）模具刃口状态

新制造的冲裁模具刃口都是锋利的，但在使用过程中，刃口会逐渐磨损变钝，导致刃口附近应力集中效应减弱，挤压作用大，推迟了裂纹的产生，使得圆角变大，光亮带变宽，毛刺高度变大。凹模磨钝，冲孔件毛刺变大，如图 4-9(a)所示；凸模磨钝，落料件毛刺变大，如图 4-9(b)所示；凸、凹模均磨钝，冲裁件上下端毛刺都变大，如图 4-9(c)所示。

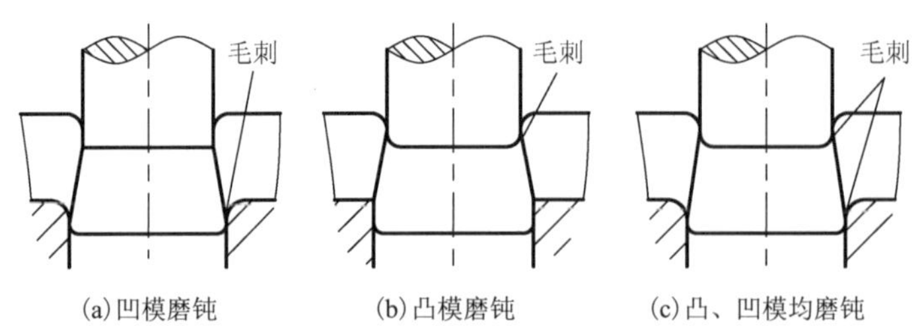

图 4-9　凸、凹模刃口状况对毛刺形成的影响

4) 设备和模具导向精度

良好的设备和模具导向精度有利于保障冲裁间隙分布更为均匀，从而得到高质量的冲裁断面。

2. 尺寸精度

冲裁件的尺寸精度是指冲裁件的实际尺寸与图纸上公称尺寸之差(用 δ 表示)。差值越小，精度越高。这个差值包括两方面的偏差：一是模具本身的制造偏差；二是冲裁件相对于凸模或凹模尺寸的偏差。

影响冲裁件尺寸精度的因素主要有模具制造精度、冲裁间隙、材料性质和冲裁件的形状等，其中主要因素是冲裁间隙。

1) 模具制造精度

由于落料件的尺寸与凹模刃口尺寸、冲孔件的尺寸与凸模刃口尺寸紧密相关，所以模具的制造精度对冲裁件尺寸精度有直接影响。其他条件相同时，模具制造精度越高，冲裁件的精度也越高。一般情况下，模具的制造精度比冲裁件的精度高 2~3 个等级。当冲裁模间隙合理且刃口锋利时，模具制造精度与冲裁件精度的关系见表 4-4。

表 4-4　模具制造精度与冲裁件精度之间的关系

模具制造精度	冲裁件精度											
	板料厚度 t/mm											
	0.5	0.8	1.0	1.5	2	3	4	5	6	8	10	12
IT7~IT6	IT8	IT8	IT9	IT10	IT10							
IT8~IT7		IT9	IT10	IT10	IT12	IT12	IT12					
IT9				IT12	IT12	IT12	IT12	IT12	IT14	IT14	IT14	IT14

此外，冲裁时模具的磨损和弹性变形也影响零件的尺寸精度，在确定凸、凹模刃口尺寸时应予以考虑。

2) 冲裁间隙

由于冲裁过程并非简单的剪切变形过程，还有弯曲、拉伸、挤压等作用，应力状态复杂。冲裁后，由于这些因素引起的弹性变形要恢复，引起冲裁件尺寸的变化，使得落料件的尺寸与凹模刃口尺寸并不完全相等，冲出的孔与凸模刃口尺寸也不完全相等。冲裁间隙是影响尺寸变化的主要因素，其对零件尺寸精度影响规律如图 4-10 所示。

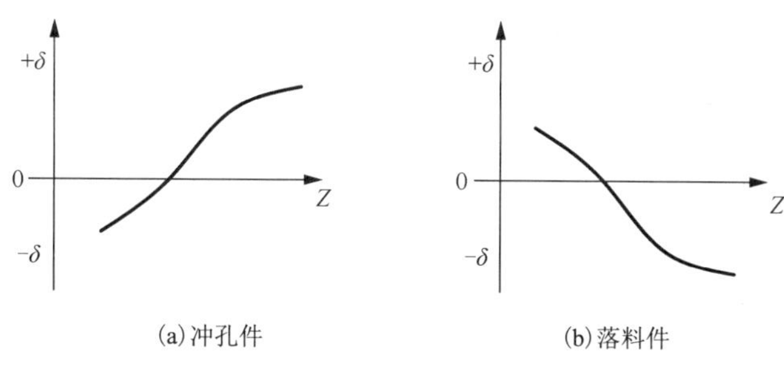

图 4-10　间隙对冲裁精度的影响

当间隙较大时，材料所受的拉伸作用大，冲裁后冲裁件的尺寸向实体方向收缩，即冲孔件尺寸变大，落料件尺寸变小。当间隙较小时，材料所受横向压应力大，冲裁后落料件尺寸变大，冲孔件尺寸变小。

3) 材料性质

材料性质影响冲裁过程中的弹性变形量，软钢变形抗力低，引起的弹性变形量较小，冲裁后的弹性恢复也小，所以零件精度高。硬钢情况与此相反。

4) 零件形状尺寸

零件尺寸大时，绝对误差大，相对误差小，易于保证精度；零件尺寸小时，绝对误差小，但相对误差大，精度难保证。零件形状简单，误差大；零件形状复杂时，因各部分相互制约，误差相对较小。

3. 冲裁件的形状误差

冲裁件的形状误差是指翘曲、扭曲、变形等缺陷。翘曲是指冲裁件呈曲面不平现象；扭曲是指冲裁件呈扭歪现象。

影响冲裁件形状误差的主要因素是冲裁间隙。间隙过大容易引起翘曲；材料不平、间隙不均匀、凹模后角对材料摩擦不均匀会产生扭曲缺陷；板料的边缘冲孔或孔距太小等会因胀形而产生变形。

研究表明，间隙对冲裁件穹弯影响的一般规律为：小间隙时，穹弯较大；间隙为板料厚度的 5%～15%时，穹弯较小；随着间隙的增大，穹弯又增大，使冲裁件的平直度降低。

4.2　冲裁工艺力的计算

4.2.1　冲裁力的计算

冲裁力是冲裁时凸模作用在板料上的力。如前所述，在冲裁过程中，冲裁力随凸模行程不断变化，通常所说的冲裁力是指冲裁力的最大值，它是选用压力机和设计模具的主要依据之一。

采用普通平刃冲裁时，冲裁力 $F_{冲}$ 可按式(4-2)计算:

$$F_{冲}=KLt\tau \tag{4-2}$$

式中，$F_{冲}$ 为冲裁力，N；L 为冲裁周长，mm；t 为板料厚度，mm；τ 为材料抗剪强度，MPa；K 为系数，K 是考虑模具刃口磨损、模具间隙的波动和不均匀、材料力学性能和板料厚度偏差等因素的影响而给出的修正系数，一般取 $K=1.3$ 。

一般情况下，材料的抗拉强度 $\sigma_b \approx 1.3\tau$ ，为计算方便，冲裁力也可按式(4-3)计算:

$$F_{冲}=Lt\sigma_b \tag{4-3}$$

式中， σ_b 为材料抗拉强度，MPa 。其他符号意义同前。

4.2.2 降低冲裁力的措施

当冲裁高强度材料或周边长、厚度大的工件时，需要较大的冲裁力；某些情况下，现有设备不能满足冲裁力的需要时，也需要降低冲裁力。从公式(4-2)可以看出，降低冲裁力可分别从降低冲裁的面积及被冲压材料的强度着手，常用的降低冲裁力的方法如下。

1. 阶梯凸模冲裁

在多凸模冲裁模具中，可根据凸模的尺寸大小，将凸模做成不同的高度，这样工作端面呈阶梯形分布，如图 4-11 所示。由于凸模高度不同，冲裁过程不是同时进行的，冲裁力峰值不是同时发生的，因此，可以降低总的冲裁力。其冲裁力的计算一般只按产生最大冲裁力的那一组阶梯进行计算。

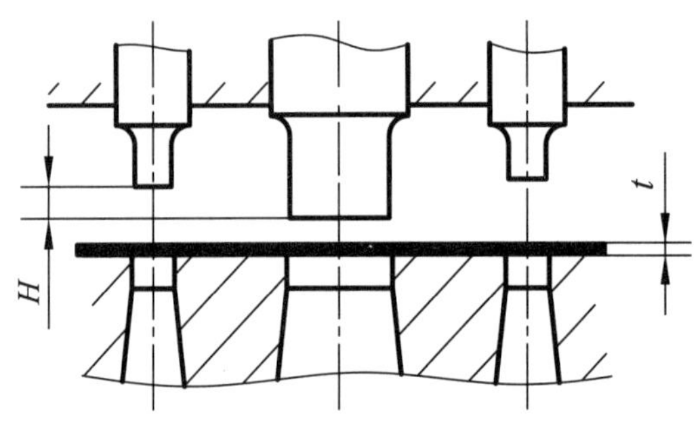

图 4-11 阶梯凸模冲裁

采用阶梯凸模冲裁时，细凸模尽量做短些，一方面，降低其高径比，有利于提高其稳定性；另一方面，可防止大凸模冲裁时引起的板料变形导致小凸模变形或折断，从而有效地保护小凸模。设计时，阶梯凸模尽量对称布置，使模具受力平衡，减少对导向零件或设备导轨的磨损。

凸模间的高度差 H 与板料厚度有关。当 $t<3$mm 时， $H=t$ ；当 $t>3$mm 时， $H=0.5t$ 。

该方法的不足是长凸模进入凹模较深，容易磨损，刃口修磨较麻烦，多用于有多个凸模且其位置又较对称的模具。

2. 斜刃冲裁

平刃冲裁时，刃口沿整个周边同时冲切材料，因此冲裁力较大。斜刃冲裁是将凸模(或凹模)刃口平面做成不垂直于运动方向的斜面，冲裁时刃口不是同时冲切材料，而是逐步地将材料切离，因此，能显著降低冲裁力。

采用斜刃冲裁时，为了得到平整的零件，落料时凸模应做成平刃，将凹模做成斜刃，如图 4-12(a)、(b)所示；冲孔时则凹模做成平刃，凸模做成斜刃，如图 4-12(c)、(d)、(e)所示。斜刃应当对称布置，以免模具承受侧向力或损伤刃口。单边斜刃冲裁，只适用于切口折弯，如图 4-12(f)所示。斜刃主要参数斜刃角 φ、斜刃高度 H 和板料厚度有关，可根据表 4-5 选用，平刃部分宽度取 0.5～3mm，如图 4-12 所示。

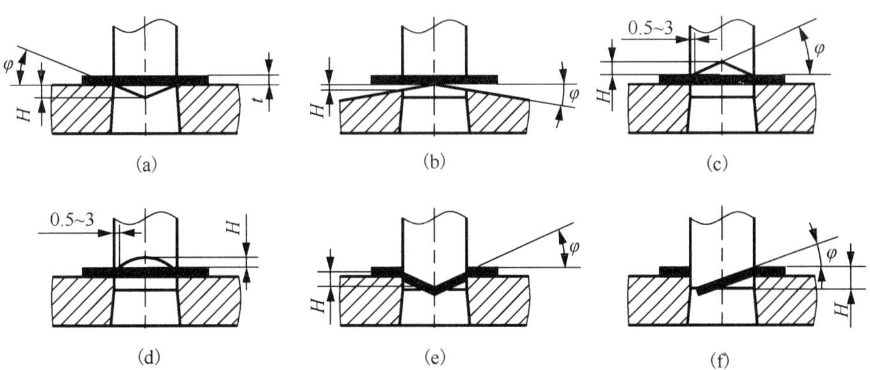

图 4-12　各种斜刃的形式

(a)、(b)落料用；(c)、(d)、(e)冲孔用；(f)切口用

表 4-5　斜刃参数

板料厚度 t/mm	斜刃高度 H/mm	斜刃角 φ /(°)
<3	$2t$	<5
3~10	t	<8

斜刃冲模的冲裁力可用斜刃剪切公式近似计算：

$$F_{斜}=K\frac{0.5t^2\tau}{\tan\varphi}\approx\frac{0.5t^2\sigma_b}{\tan\varphi} \tag{4-4}$$

式中，$F_{斜}$ 为斜刃冲裁力，N；K 为系数，一般取 1.3；t 为板料厚度，mm；τ 为材料抗剪强度，MPa；σ_b 为材料抗拉强度，MPa；φ 为斜刃角度，(°)。

斜刃冲裁力也可按下列简化公式计算：

$$F_{斜}=K_{斜}Lt\tau \tag{4-5}$$

式中，$K_{斜}$ 为降力系数，其值和斜刃高度 H 有关。当 $H=t$ 时，$K_{斜}=0.4\sim0.6$；当 $H=2t$ 时，$K_{斜}=0.2\sim0.4$。其他符号意义同前。

斜刃冲裁的优点是压力机可以在柔和条件下工作，冲裁件尺寸较大时，冲裁力的降低比较显著。缺点是模具制造复杂，刃口容易磨损，修磨困难，冲裁件不够平整，不适于冲裁外形复杂的工件，一般只用于大型工件或厚板的冲裁。采用斜刃冲裁或阶梯凸模冲裁时，虽然降低了冲裁力，但凸模进入凹模较深，冲裁行程增加，因此这些模具省力而不省功。

3. 加热冲裁

当将金属加热到一定温度后，材料的抗剪强度明显下降，从而降低了冲裁力。加热冲裁的不足是易产生氧化皮，影响工件表面质量，劳动条件较差。一般用于厚料冲裁及公差等级要求不高的工件冲裁。热冲时，条料不宜过长，搭边值应适当增大，拟定合理的加热、冷却规范，谨防氧化、脱碳及零件冷却时的变形。设计模具时，刃口尺寸应考虑零件的冷缩量，冲裁间隙可适当减小，凸、凹模应选用热冲模具材料等。

4.2.3 卸料力、推件力和顶件力

由于冲裁时材料中存在弹性变形以及材料离开模具时存在摩擦作用，冲裁后材料会发生弹性恢复，导致冲孔废料或者落料件梗塞在凹模内，而板料紧箍在凸模上。为了不影响后续冲裁，需将箍在凸模上的板料卸下，将卡在凹模内的制件或废料向下推出或者向上顶出。将箍在凸模上的板料卸下所需的力称为卸料力 $F_{卸}$；从凹模内将工件或废料顺着冲裁方向推出的力称为推件力 $F_{推}$；从凹模内将工件或废料逆着冲裁方向顶出所需要的力称为顶件力 $F_{顶}$。

卸料力、推件力和顶件力与材料的力学性能、板料厚度、冲件轮廓的形状、冲裁间隙、润滑情况、凹模孔口形状等因素有关。要准确地计算这些力是困难的，生产中常用简单的经验公式计算：

$$F_{卸}=K_{卸}F_{冲} \tag{4-6}$$

$$F_{推}=nK_{推}F_{冲} \tag{4-7}$$

$$F_{顶}=K_{顶}F_{冲} \tag{4-8}$$

式中，$F_{冲}$ 为冲裁力，N；$F_{卸}$、$F_{推}$、$F_{顶}$ 分别为卸料力、推件力、顶件力，N；$K_{卸}$、$K_{推}$、$K_{顶}$ 分别为卸料力、推件力、顶件力系数，其数值见表 4-6；n 为同时卡在凹模内的冲裁件(或废料)数量。$n=h/t$，h 为凹模刃口直壁高度，mm；t 为板料厚度，mm。

表 4-6　卸料力、推件力、顶件力系数

板料厚度 t/mm		$K_{卸}$	$K_{推}$	$K_{顶}$
钢	≤0.1	0.065~0.075	0.1	0.14
	>0.1~0.5	0.045~0.055	0.063	0.08
	>0.5~2.5	0.04~0.05	0.055	0.06
	>2.5~6.5	0.03~0.04	0.045	0.05
	>6.5	0.02~0.03	0.025	0.03
铝、铝合金		0.025~0.08	0.03~0.07	
纯铜、黄铜		0.02~0.06	0.03~0.09	

注：卸料力系数 $K_{卸}$ 在冲多孔、大搭边和轮廓复杂时取上限值。

4.2.4 冲裁工艺力的计算

冲裁时，卸料力、推件力和顶件力也是由压力机或模具卸料装置、顶件装置提供的。模具结构不同，卸料力、推件力和顶件力未必同时存在。所以，在计算冲裁工艺力 $F_{总}$ 时应根据不同的模具结构区别对待。

模具采用弹性卸料装置和下出料方式时，因冲裁板料的同时需压缩卸料装置中的弹性元件以及向下推出梗塞在凹模中的制件或废料，冲裁工艺力 $F_{总}$ 按式(4-9)计算：

$$F_{总}=F_{冲}+F_{卸}+F_{推} \tag{4-9}$$

模具采用弹性卸料装置和上出料方式时，因冲裁板料的同时需压缩卸料装置以及顶件装置中的弹性元件或液压装置，冲裁工艺力 $F_{总}$ 按式(4-10)计算：

$$F_{总}=F_{冲}+F_{卸}+F_{顶} \tag{4-10}$$

模具采用刚性卸料装置和下出料方式时，卸料力是在滑块回程时发生的，不需计算在内，仅需计算推件力，冲裁工艺力 $F_{总}$ 按式(4-11)计算：

$$F_{总}=F_{冲}+F_{推} \tag{4-11}$$

式中符号意义同前。

例 4-1　计算冲裁图 4-13 所示零件所需的冲压工艺力。材料为 Q235 钢，板料厚度 $t=1.5\text{mm}$，采用弹性卸料装置和下出料方式，凹模刃口直壁高度 $h=6\text{mm}$。

【解】　(1)计算冲裁力。

由表 10-2 查得 $\tau=304\sim373\text{MPa}$，取 $\tau=345\text{MPa}$。

该零件周长为 $L=103.4\text{mm}$（图中未注小圆角按尖角计算），根据公式(4-2)计算冲裁力：

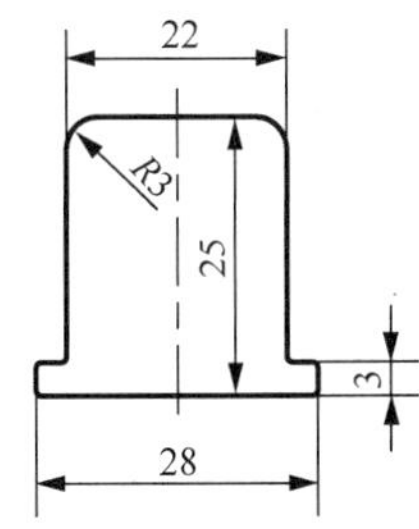

图 4-13　零件图

$$F_{冲}=KLt\tau=1.3\times103.4\times1.5\times345\text{N}=69562\text{N}$$

(2)计算卸料力。

由表 4-6 查得 $K_{卸}=0.04$。根据公式(4-6)计算卸料力：

$$F_{卸}=K_{卸}F_{冲}=0.04\times69562\text{N}=2782\text{N}$$

(3)计算推件力。

由表 4-6 查得 $K_{推}=0.055$，$n=h/t=6/1.5=4$。根据公式(4-7)计算推件力：

$$F_{推}=nK_{推}F_{冲}=4\times0.055\times69562\text{N}=15304\text{N}$$

(4)计算总冲裁工艺力。

根据公式(4-9)计算冲裁工艺力：

$$F_{总}=F_{冲}+F_{卸}+F_{推}=(69562+2782+15304)\text{N}=87648\text{N}=8.76\times10^{4}\text{N}$$

4.3　冲裁模工作部分的设计计算

冲裁模刃口尺寸及公差确定得是否合理，不仅影响冲裁件的尺寸精度，也关系到合理冲裁间隙值的保证及模具的加工成本和寿命。因此，正确确定凸、凹模刃口尺寸和公差是冲裁模设计中的一项关键工作。

4.3.1　计算原则

前已述及，冲裁后的断面包括四个区，但冲裁件的尺寸测量和使用均是以光亮带尺寸为基准的。冲孔件的光亮带是由凸模刃口切入材料产生的，孔的小端尺寸是有用的；落料件的光亮带是由凹模刃口切入材料产生的，落料件的大端尺寸是有用的。所以，冲孔和落料凸、凹模刃口尺寸计算应分别进行。

凸、凹模刃口尺寸计算时应考虑冲裁变形规律、冲裁时模具的磨损规律、零件的尺寸精度及模具加工制造方法等内容，遵循下述几个原则。

1)保证冲出合格的零件

根据冲裁时材料的变形规律，落料件的尺寸取决于凹模尺寸，冲孔时孔的尺寸取决于凸模尺寸。故落料时，应以凹模为基准件，间隙取在凸模上；冲孔时，以凸模为基准件，间隙取在凹模上。基准件的尺寸应在零件的公差范围内。

2）保证模具有一定的使用寿命

考虑到冲裁时凸、凹模的磨损，在设计凸、凹模刃口尺寸时，对基准件刃口尺寸在磨损后增大的，其刃口的公称尺寸应取工件尺寸公差范围内较小的数值；对基准件刃口尺寸在磨损后减小的，其刃口的公称尺寸应取工件尺寸公差范围内较大的数值。这样，在凸、凹模磨损到一定程度的情况下，仍能冲出合格的零件。在设计新模具时，凸、凹模间隙常取最小合理间隙值。

3）考虑冲模制造修理方便、降低成本

确定凸、凹模制造公差时，应考虑制件本身的精度要求。如果凸、凹模刃口精度定得过高，可能会使模具制造困难，或增加不必要的成本，延长生产周期；如果定得过低，可能生产不出合格的零件或者模具寿命低。模具制造精度与冲裁件精度的关系见表 4-4。若零件没有标注公差，则对于非圆形件按国家标准非配合尺寸的公差数值 IT14 精度来处理，冲模则可按 IT11 精度制造；对于圆形件，一般可按 IT10 级来处理，按 IT6~IT7 精度制造模具。

4）公差标注遵循“入体”原则

工件尺寸公差与冲模刃口尺寸的制造公差原则上都应按“入体”原则标注为单向公差，所谓“入体”原则是指标注工件尺寸公差时应向材料实体方向单向标注，落料件正偏差为零，只标注负偏差；冲孔件负偏差为零，只标注正偏差。但对于磨损后无变化的尺寸，一般标注双向偏差。一般凹模公差标注成$+\delta_d$，凸模公差标注成$-\delta_p$，这样可保证新模具的间隙值不小于最小合理间隙。

4.3.2 刃口尺寸计算方法

凸、凹模刃口尺寸和公差的确定与模具加工方法有关，基本可分为两类。

1. 凸、凹模分别加工

凸、凹模分别加工是指凸、凹模分别根据图样加工到尺寸。设计时，需要分别在图纸上标注凸模和凹模的刃口尺寸和制造公差。主要适用于圆形或形状简单的工件。

模具刃口与工件尺寸及公差分布如图 4-14 所示。冲孔和落料凸、凹模刃口尺寸及公差的计算方法如下。

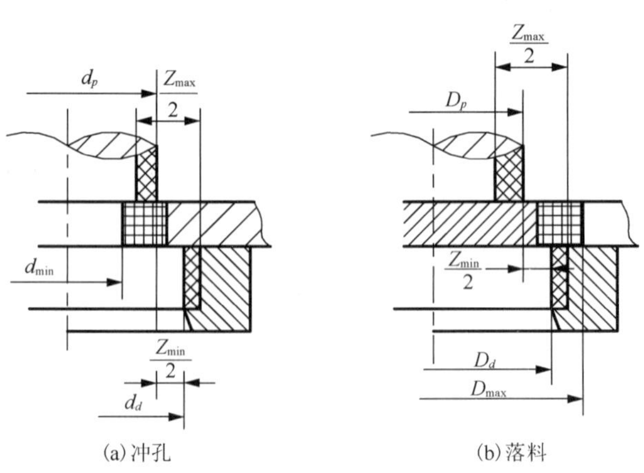

(a) 冲孔　　(b) 落料

图 4-14　冲裁模刃口尺寸与公差分布

1) 冲孔

设冲孔的尺寸为$d^{+\Delta}_{0}$，根据前述刃口尺寸计算原则，应先确定基准件凸模的刃口尺寸，再加上$Z_{\min}$便可得到凹模刃口尺寸，并按“入体”原则标注公差，计算公式如下。

凸模：

$$d_p = (d + x\Delta)^{\ 0}_{-\delta_p} \tag{4-12}$$

凹模：

$$d_d = (d_p + Z_{\min})^{+\delta_d}_{\ 0} = (d + x\Delta + Z_{\min})^{+\delta_d}_{\ 0} \tag{4-13}$$

2) 落料

设落料件的尺寸为$D^{\ 0}_{-\Delta}$，根据前述刃口尺寸计算原则，应先确定基准件凹模的刃口尺寸，再减去$Z_{\min}$便可得到凸模刃口尺寸，并按“入体”原则标注公差，计算公式如下。

凹模：

$$D_d = (D - x\Delta)^{+\delta_d}_{\ 0} \tag{4-14}$$

凸模：

$$D_p = (D_d - Z_{\min})^{\ 0}_{-\delta_p} = (D - x\Delta - Z_{\min})^{\ 0}_{-\delta_p} \tag{4-15}$$

3) 中心距

中心距属于磨损后基本不变的尺寸。在同一工步中，在工件上冲出孔距，其凹模型孔中心距可按式(4-16)确定：

$$L_d = L \pm \frac{1}{8}\Delta \tag{4-16}$$

式(4-12)～式(4-16)中，d、D分别为冲孔、落料工件公称尺寸，mm；d_p、d_d分别为冲孔凸、凹模刃口尺寸，mm；D_p、D_d分别为落料凸、凹模刃口尺寸，mm；$Z_{\min}$为最小合理冲裁间隙，mm；L_d为凹模孔中心距，mm；L为工件孔中心距的公称尺寸，mm；Δ为工件公差，mm；δ_p、δ_d分别为凸、凹模制造公差，mm，可查表 4-7，或取$\delta_p = (1/4 \sim 1/5)\Delta$，$\delta_d = \Delta/4$；$x$为磨损系数，是为了使冲裁件的实际尺寸尽量接近冲裁件公差带的中间尺寸。其值为 0.5～1，与工件精度有关，可查表 4-8 或根据工件的精度等级选取。

工件精度 IT10 以上，$x = 1$。

工件精度 IT11~IT13，$x = 0.75$。

工件精度 IT14，$x = 0.5$。

表 4-7　规则形状(圆形或方形件)冲裁时凸、凹模的制造公差　(mm)

公称尺寸	凸模偏差 δ_p	凹模偏差 δ_d	公称尺寸	凸模偏差 δ_p	凹模偏差 δ_d
≤18	0.020	0.020	＞180~260	0.030	0.045
＞18~30	0.020	0.025	＞260~360	0.035	0.050
＞30~80	0.020	0.030	＞360~500	0.040	0.060
＞80~120	0.025	0.035	＞500	0.050	0.070
＞120~180	0.030	0.040			

注：本表适用于汽车拖拉机行业。

表 4-8　系数 x

板料厚度 t/mm	非圆形			圆形	
	1	0.75	0.5	0.75	0.5
	工件公差 Δ/mm				
≤1	≤0.16	0.17~0.35	≥0.36	<0.16	≥0.16
>1~2	≤0.20	0.21~0.41	≥0.42	<0.20	≥0.20
>2~4	≤0.24	0.25~0.49	≥0.50	<0.24	≥0.24
>4	≤0.30	0.31~0.59	≥0.60	<0.30	≥0.30

采用凸、凹模分别加工时，为保证凸、凹模间初始间隙在合理间隙范围内，应满足下列条件：

$$\delta_p + \delta_d \leqslant Z_{\max} - Z_{\min} \tag{4-17}$$

当 $\delta_p + \delta_d > Z_{\max} - Z_{\min}$ 时，如果大得不多，凸、凹模公差可按 $\delta_p \leqslant 0.4(Z_{\max} - Z_{\min})$ 和 $\delta_d \leqslant 0.6(Z_{\max} - Z_{\min})$ 进行适当调整，即采用小的模具制造公差。如果 $\delta_p + \delta_d >> Z_{\max} - Z_{\min}$，应采用凸、凹模配合加工。

凸、凹模分别加工的优点是凸、凹模具有互换性，模具制造周期短。其不足是为保证合理间隙，需提高模具制造精度要求，增加制造难度，提高了制造成本。

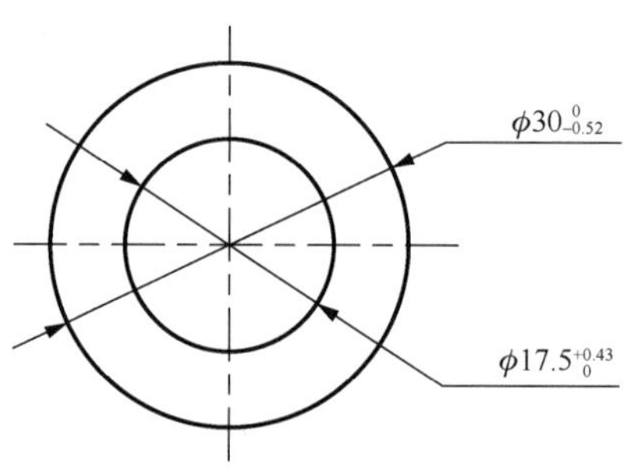

图 4-15　常见的平垫圈

例 4-2　图 4-15 所示为常见的平垫圈，材料为 Q235 钢，板料厚度 $t = 3\text{mm}$，分别计算冲孔和落料凸、凹模刃口尺寸及公差。

【解】　(1) 由表 4-1 查得，$Z_{\min} = 0.36$ mm，$Z_{\max} = 0.42$ mm，则

$$Z_{\max} - Z_{\min} = (0.42 - 0.36)\text{mm} = 0.06\text{mm}$$

由表 4-7 查得凸、凹模制造公差为

冲孔部分：$\delta_p = 0.020\text{mm}$，$\delta_d = 0.020\text{mm}$，则

$$\delta_p + \delta_d = (0.020 + 0.020)\text{mm} = 0.040\text{mm}$$

$$\delta_p + \delta_d < Z_{\max} - Z_{\min}$$

落料部分：$\delta_p = 0.020\text{mm}$，$\delta_d = 0.025\text{mm}$，则

$$\delta_p + \delta_d = (0.020 + 0.025)\text{mm} = 0.045\text{mm}$$

$$\delta_p + \delta_d < Z_{\max} - Z_{\min}$$

所以，冲孔和落料部分都可以采用凸、凹模分别加工方法。

(2) 冲孔部分。

由表 4-8 查得 $x = 0.5$。

冲孔 $\phi 17.5_{0}^{+0.43}$ mm 的凸、凹模刃口尺寸及公差为

凸模：　$d_p = (d + x\Delta)_{-\delta_p}^{0} = (17.5 + 0.5 \times 0.43)_{-0.02}^{0}\text{mm} = 17.715_{-0.02}^{0}\text{mm}$

凹模：　$d_d = (d_p + Z_{\min})_{0}^{+\delta_d} = (17.715 + 0.36)_{0}^{+0.02}\text{mm} = 18.075_{0}^{+0.02}\text{mm}$

(3) 落料部分。

由表 4-8 查得 $x = 0.5$。

落料 $\phi30_{-0.52}^{\ 0}$ mm 的凸、凹模刃口尺寸及公差分别为

凹模：　　$D_d=(D-x\Delta)_{\ 0}^{+\delta_d}=(30-0.5\times0.52)_{\ 0}^{+0.025}$ mm=$29.74_{\ 0}^{+0.025}$ mm

凸模：　　$D_p=(D_d-Z_{\min})_{-\delta_p}^{\ 0}=(29.74-0.36)_{-0.020}^{\ 0}$ mm $=29.38_{-0.020}^{\ 0}$ mm

2. 凸模与凹模配合加工

凸、凹模配合加工是指先加工好凸模(或凹模)作为基准件，然后根据此基准件的实际尺寸，配作凹模(或凸模)，使它们保持一定的间隙。所以，只需在基准件上标注尺寸及公差，另一件上只标注公称尺寸，不标注公差，仅需在图纸上注明“××尺寸按凸模(或凹模)配作，保证双面间隙××”。该方法适用于制造冲裁形状复杂或者薄板制件的模具。其优点是放大了基准件的制造公差，公差不再受凸、凹模间隙大小的限制，降低了制造难度，易于保证凸、凹模间隙。目前，一般工厂大多采用此种加工方法。

鉴于形状复杂的冲裁件各部分尺寸性质的不同，凸、凹模磨损后尺寸变化的趋势也不同，因此，同一基准件上不同部位的刃口尺寸计算方法也并不完全相同，应先对相关尺寸具体分析，然后按前述刃口尺寸计算原则分别进行计算。

1) 冲孔

图 4-16(a) 为一冲孔件，冲孔时应以凸模为基准件，然后配作凹模。图 4-16(b) 所示为凸模磨损前后刃口的尺寸变化(双点画线为磨损后的情况)，可分为变大、变小以及不变三种情况，应分别进行计算。

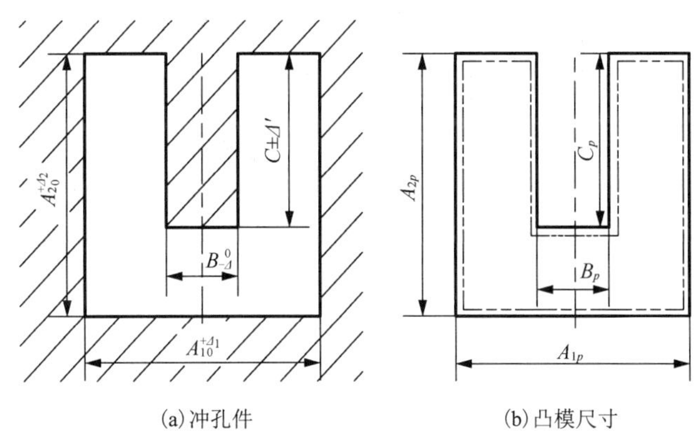

图 4-16　冲孔件和凸模尺寸

(1) 凸模磨损后变小的尺寸(A 类)。计算这类尺寸，应先把工件相应尺寸化为 $A_{\ 0}^{+\Delta}$，再按式(4-18)进行计算：

$$A_p=(A+x\Delta)_{-\delta_p}^{\ 0} \tag{4-18}$$

(2) 凸模磨损后变大的尺寸(B 类)。计算这类尺寸，应先把工件相应尺寸化为 $B_{-\Delta}^{\ 0}$，再按式(4-19)进行计算：

$$B_p=(B-x\Delta)_{\ 0}^{+\delta_p} \tag{4-19}$$

(3) 凸模磨损后基本不变的尺寸(C 类)。计算这类尺寸，按下列三种情况进行计算：

工件尺寸为$C^{+\Delta}_{\ 0}$时，有

$$C_p=\left(C+0.5\Delta\right)\pm\delta_p/2 \tag{4-20}$$

工件尺寸为$C^{\ 0}_{-\Delta}$时，有

$$C_p=\left(C-0.5\Delta\right)\pm\delta_p/2 \tag{4-21}$$

工件尺寸为$C\pm\Delta'$时，有

$$C_p=C\pm\delta_p/2 \tag{4-22}$$

式(4-18)～式(4-22)中，A_p、B_p、C_p分别为凸模刃口尺寸，mm；A、B、C分别为工件公称尺寸，mm；x为磨损系数，可查表4-8；Δ为工件公差，mm；Δ'为工件偏差，mm，对称偏差时，$\Delta'=\Delta/2$；δ_p为凸模制造公差，mm，$\delta_p=\Delta/4$。

2)落料

图4-17(a)为一落料件，冲裁时应以凹模为基准件，先作凹模，配作凸模。图4-17(b)所示为凹模磨损前后刃口尺寸的变化情况(双点画线为磨损后的情况)，同样可分为变大、变小和不变三类，应分别进行计算。

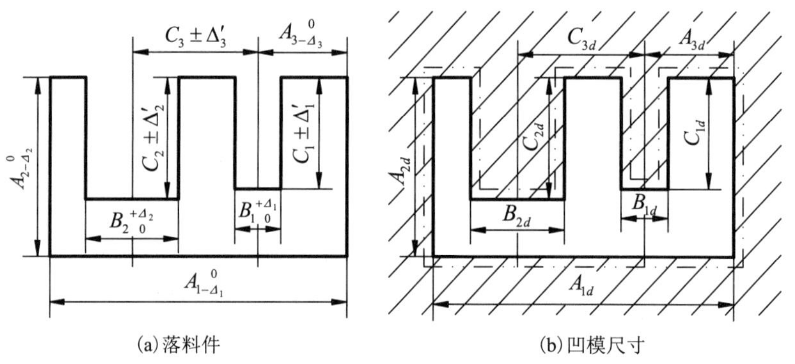

图4-17 落料件和凹模尺寸

(1)凹模磨损后变大的尺寸(A类)。计算这类尺寸，应先把工件相应尺寸化为$A^{\ 0}_{-\Delta}$，再按式(4-23)进行计算：

$$A_d=(A-x\Delta)^{+\delta_d}_{\ 0} \tag{4-23}$$

(2)凹模磨损后变小的尺寸(B类)。计算这类尺寸，应先把工件相应尺寸化为$B^{+\Delta}_{\ 0}$，再按式(4-24)进行计算：

$$B_d=(B+x\Delta)^{\ 0}_{-\delta_d} \tag{4-24}$$

(3)凹模磨损后基本不变的尺寸(C类)。计算这类尺寸，按下列三种情况进行计算：

工件尺寸为$C^{+\Delta}_{\ 0}$时，有

$$C_d=\left(C+0.5\Delta\right)\pm\delta_d/2 \tag{4-25}$$

工件尺寸为$C_{-\Delta}^{\ 0}$时，有

$$C_d = (C - 0.5\Delta) \pm \delta_d/2 \tag{4-26}$$

工件尺寸为$C \pm \Delta'$时，有

$$C_d = C \pm \delta_d/2 \tag{4-27}$$

式(4-23)～式(4-27)中，A_d、B_d、C_d分别为凹模刃口尺寸，mm；A、B、C分别为工件公称尺寸，mm；δ_d为凹模制造公差，mm，$\delta_d = \Delta/4$。其他符号意义同前。

凸、凹模尺寸的确定与制造方法有关，用电火花加工凹模时，一般是用专用电极(或直接用凸模做电极)加工出来的，属于配合加工法。无论冲孔还是落料，均在凸模上标注尺寸及公差。

若采用成形磨削加工冲裁凸、凹模，无论冲孔还是落料，一般也是先做凸模，凹模按凸模配合加工，保证间隙。

对于先做凸模，冲孔时，凸模尺寸及公差可按前述配合加工法公式计算；落料时，凸模尺寸及公差可按下列各式计算。

凹模磨损后尺寸增大：
$$D_p = (D - x\Delta - Z_{\min})_{-\delta_p}^{\ 0} \tag{4-28}$$

凹模磨损后尺寸减小：
$$d_p = (d + x\Delta + Z_{\min})_{\ 0}^{+\delta_p} \tag{4-29}$$

凹模磨损后尺寸不变：
$$L_p = L \pm \delta_p/2 \tag{4-30}$$

不管是采用分别加工还是配合加工，计算凸、凹模刃口尺寸时，都要特别注意零件上尺寸及公差标注是否符合“入体”原则，若不符，则应先转换后再进行计算。

例 4-3　图 4-18 所示为一落料件，材料 H62(半硬态)，板料厚度$t = 0.8\text{mm}$，计算落料凹、凸模刃口尺寸与制造公差。

【解】　考虑到零件较薄，并结合零件形状，采用凸、凹模配合加工法，凹模为基准件。根据凹模刃口磨损后尺寸变化情况不同，分别计算如下。

(1) $50_{-0.25}^{\ 0}$、$70_{\ 0}^{+0.3}$属于A类尺寸，即凹模磨损后相应部位尺寸变大。

按要求将尺寸$70_{\ 0}^{+0.3}$化为$70.3_{-0.3}^{\ 0}$。

由表 4-8 查得：$x_{50} = 0.75$，$x_{70} = 0.75$。

由公式(4-23)得

$$A_{50d} = (50 - 0.75 \times 0.25)_{\ 0}^{+(1/4)\times 0.25}\ \text{mm} = 49.813_{\ 0}^{+0.063}\ \text{mm}$$

$$A_{70d} = (70.3 - 0.75 \times 0.3)_{\ 0}^{+(1/4)\times 0.3}\ \text{mm} = 70.075_{\ 0}^{+0.075}\ \text{mm}$$

(2)尺寸$30_{\ 0}^{+0.21}$属于B类尺寸，即凹模磨损后相应部位尺寸变小。

由表 4-8 查得：$x = 0.75$。

由公式(4-24)得

$$B_{30d} = (30 + 0.75 \times 0.21)_{-(1/4)\times 0.21}^{\ 0}\ \text{mm} = 30.158_{-0.053}^{\ 0}\ \text{mm}$$

(3)尺寸30 ± 0.12属于C类尺寸，即凹模磨损后相应部位尺寸不变。

由公式(4-27)得

$$C_{30d} = [30 \pm (1/2) \times (1/4) \times 0.24]\text{mm} = (30 \pm 0.03)\text{mm}$$

由表 4-1 查得 $Z_{min}=0.07\text{mm}$，$Z_{max}=0.10\text{mm}$。该零件凸模刃口各部分尺寸按上述凹模的相应部分尺寸配制，保证双面间隙值 $Z_{min}\sim Z_{max}$=0.07~0.10mm。凹模尺寸标注如图 4-19 所示。

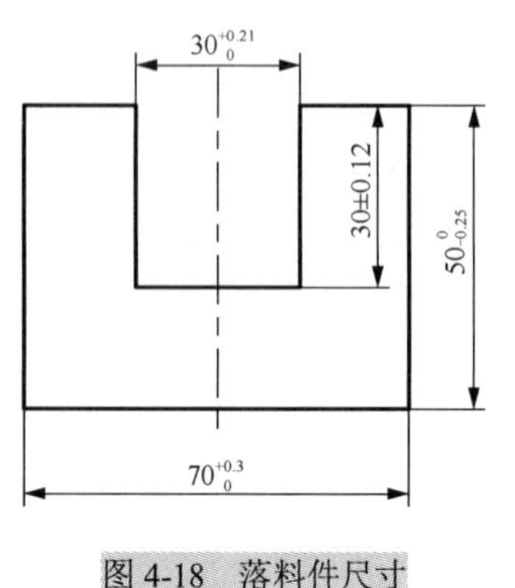

图 4-18 落料件尺寸

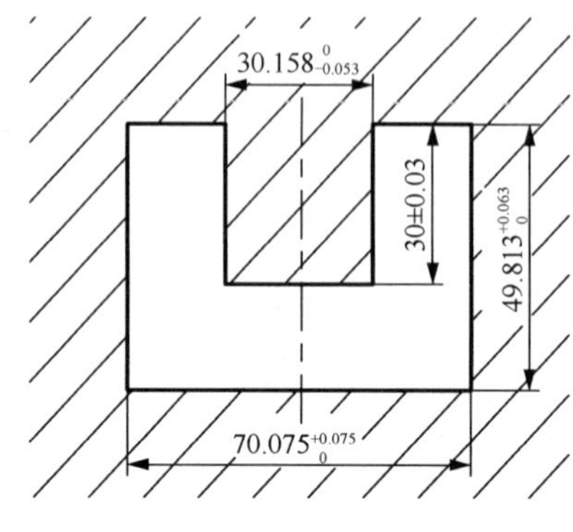

图 4-19 落料凹模尺寸

4.4 冲裁件的排样

所谓排样是指冲裁件在条料、带料或板料上的布置方法。在大批量生产中，材料费用占冲压零件成本的 60%以上，因此，提高材料利用率非常重要。合理排样不仅影响材料利用率，也影响冲裁件质量、生产效率、模具寿命、生产操作方便及安全性等，是冲裁工艺及模具设计的一项重要内容。

排样设计的工作内容包括选择排样方法、确定搭边的数值、计算条料宽度、进距以及计算材料利用率等。

4.4.1 材料利用率

1. 冲裁废料

冲裁过程中的废料如图 4-20 所示，包括结构废料与工艺废料。

(1) 结构废料：结构废料是指由于工件形状结构的需要而产生的废料，如垫圈中的孔。

(2) 工艺废料：工艺废料是指为了保障冲裁工艺的顺利进行以及获得所需断面质量和精度而产生的废料，包括料头、料尾、搭边等。

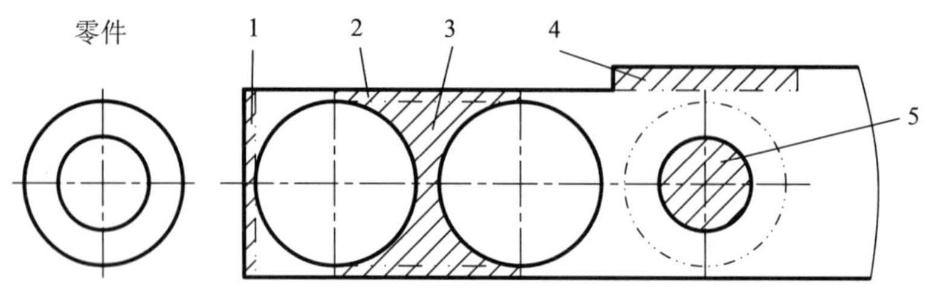

图 4-20 废料的种类

1-料头(搭边)；2-侧搭边；3-搭边；4-定距侧刃废料；5-结构废料

2. 材料利用率的计算

1）一个进距内的材料利用率

进距是指条料在模具上每次送进的距离，也称送料步距。一个进距内的材料利用率 η_1 按式(4-31)计算：

$$\eta_1 = \frac{n_1 A}{bh} \times 100\% \tag{4-31}$$

式中，b 为条料宽度，mm；h 为进距，mm；n_1 为一个进距内的冲裁件数目；A 为冲裁件面积(包括冲出的小孔)，mm^2。

2）条料的材料利用率

一条条料的材料利用率 η_2 按式(4-32)计算：

$$\eta_2 = \frac{n_2 A}{bl} \times 100\% \tag{4-32}$$

式中，l 为条料长度，mm；n_2 为一条条料上的冲裁件数目。其他符号意义同前。

3）板料的材料利用率

一张板料的材料利用率 η_3 按式(4-33)计算：

$$\eta_3 = \frac{n_3 A}{BL} \times 100\% \tag{4-33}$$

式中，B 为板料宽度，mm；L 为板料长度，mm；n_3 为一张板料上的冲裁件数目。其他符号意义同前。

条料和板料材料利用率还和板料的剪裁方法有关。由板料裁成条料的裁板方法可分为纵裁、横裁和组合裁，如图 4-21 所示。纵裁是沿板料长度 L 方向剪裁；横裁是沿板料宽度 B 方向剪裁；组合裁则是既沿 L 方向，又沿 B 方向剪裁，使余料最少。

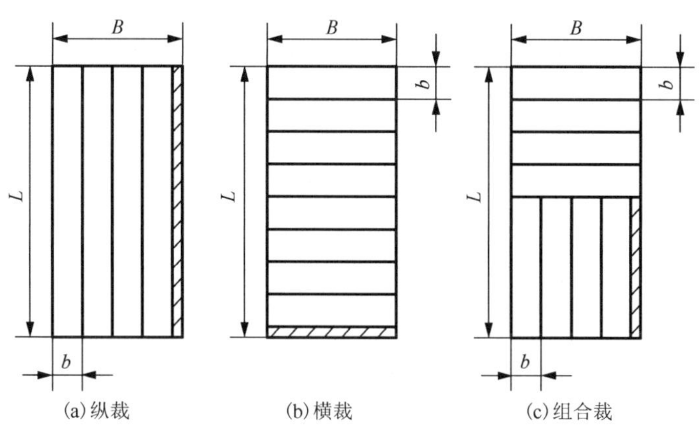

图 4-21　裁板方法

通过合理设计排样方案、合理选择板料规格及裁料方法、采用套料冲裁以及满足设计要求的情况下改进零件结构形状，可提高材料利用率。

4.4.2 排样方法及选择

1. 排样方法

根据材料利用情况，排样方法可分为三种。

(1)有废料排样：如图4-22(a)所示，沿工件全部外形冲裁，工件之间、工件与条料侧边之间都存在工艺余料(称为搭边)。

(2)少废料排样：如图4-22(b)所示，沿工件部分外形切断或冲裁，只在工件之间或工件与条料侧边之间留有搭边。该排样方法材料利用率可达70%～90%。

(3)无废料排样：如图4-22(c)所示，工件之间、工件与条料侧边之间均无搭边存在，工件直接由切断条料得到。该排样方法材料利用率可高达85%～95%。

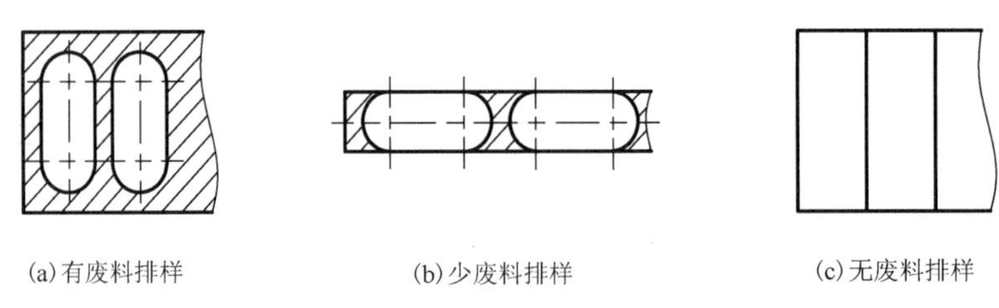

图4-22　排样方法

以上三种排样方法，根据零件在条料上的排列形式不同，又分为直排、斜排、直对排、斜对排、多排、混合排以及冲裁搭边等多种，见表4-9。

2. 排样方式的选择

排样时，不能仅考虑材料利用率，而应结合工件形状、断面质量与尺寸精度、模具寿命、操作方便与安全、板料纤维方向等因素综合考虑。

(1)工件形状：工件形状对排样方式有较大影响，如圆形件无法实现无废料排样。某些情况下，可通过改善工件结构形状改进排样。

(2)工件的断面质量、精度：工件断面质量和尺寸精度要求高时，即使工件的形状可以采用少、无废料排样，也应采用有废料排样。因为有废料排样冲裁时，工件周围都有材料，工件断面质量和尺寸精度易于得到保证。而少、无废料排样时，仅沿工件部分轮廓冲裁，工件部分外形由条料外形或上次冲裁零件外形获得，受剪裁条料质量与定位误差的影响，工件断面质量和尺寸精度稍差。

(3)模具寿命：有废料排样时，模具刃口全部参与冲切，受力较均匀，模具寿命高。少、无废料冲裁时，模具刃口局部受力，易受偏载，加快模具磨损与损坏，降低了模具寿命。

(4)操作方便与安全：有废料排样时模具的零件较为齐全，操作安全、方便。而少、无废料排样的模具结构较简单，操作方便与安全性稍差。

(5)纤维方向：对于弯曲件的落料，在排样时还应考虑板料的纤维方向。

对于形状较简单的工件，可通过计算确定排样方式，而对于形状复杂的工件很难直接作出判断，通常可采用放样方法，即用厚纸板制作几个样件，排出各种排样方案，择优选取；或者借助现有的计算机软件进行排样，既快速又精确。

表 4-9　有废料和少、无废料排样主要形式的分类

排样形式	有废料排样		少、无废料排样	
	简图	应用	简图	应用
直排	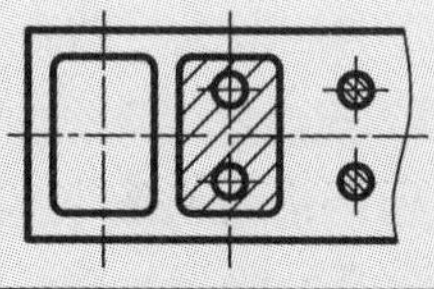	用于简单几何形状(方形、圆形、矩形)的冲件	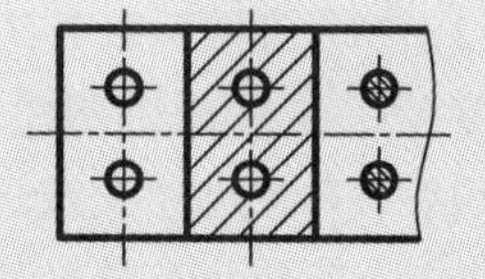	用于矩形或方形冲件
斜排		用于 T 形、L 形、S 形、十字形、椭圆形冲件	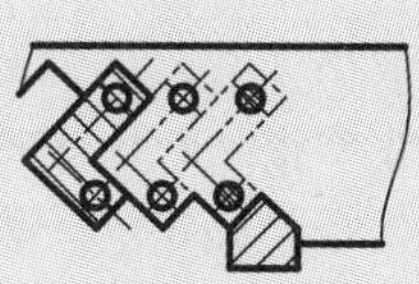	用于 L 形或其他形状的冲件，在外形上允许有少量的缺陷
直对排	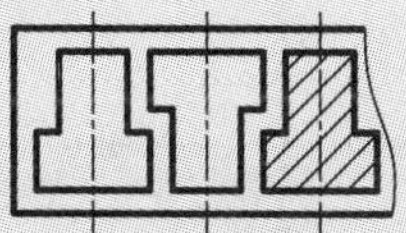	用于 T 形、π 形、山形、梯形、三角形、半圆形的冲件	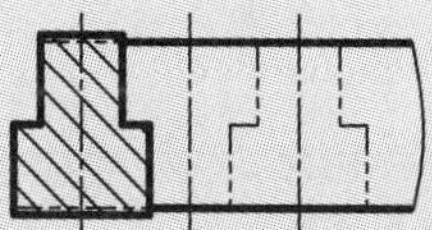	用于 T 形、π 形、山形、梯形、三角形冲件，在外形上允许有少量的缺陷
斜对排		用于材料利用率比直对排高时的情况	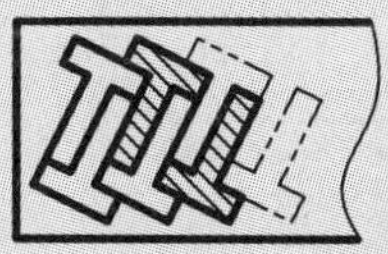	多用于 T 形冲件
混合排	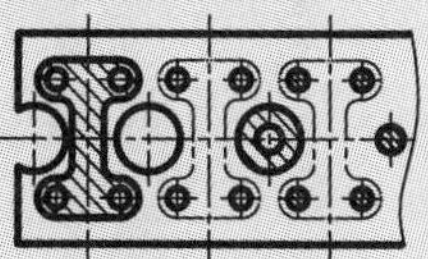	用于材料和厚度都相同的两种以上的冲件	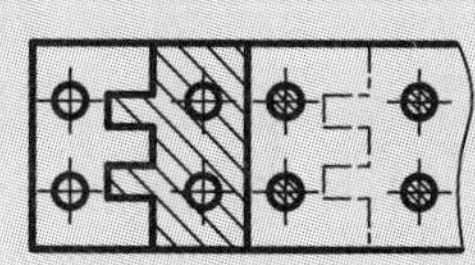	用于两个外形互相嵌入的不同冲件(铰链等)
多排	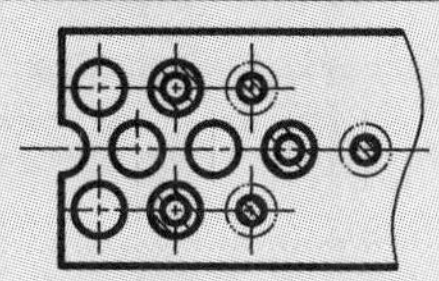	用于大批量生产中尺寸不大的圆形、六角形、方形、矩形冲件	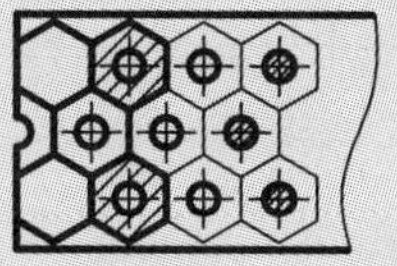	用于大批量生产中尺寸不大的方形、矩形或六角形冲件
冲裁搭边	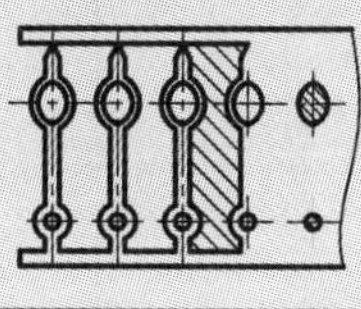	大批量生产中用于小的窄冲件(表针及类似的冲件)或带料的连续拉深	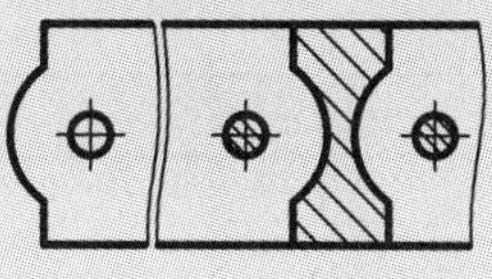	用于以宽度均匀的条料或带料冲裁长形件

4.4.3　搭边

搭边是指排样时工件之间以及工件和条料侧边之间留下的余料。其作用是：①补偿定位误差，避免因送料误差发生零件缺角、缺边或尺寸超差，确保冲出合格的工件；②使条料定位，保证零件的精度和断面质量；③保持条料刚度，实现模具自动送料；④使模具刃口受力均衡，提高模具使用寿命。

搭边值确定要合理，搭边值过大，浪费材料；搭边值过小，则起不到搭边应有的作用，还可能将板料拉进凸、凹模间隙，使零件产生毛刺，加剧模具磨损，甚至损坏模具刃口，降

低模具寿命。搭边的最小宽度应大于塑性变形区的宽度，而塑性变形区与材料性质和厚度有关，一般约为 $0.5t$，所以，搭边的最小宽度可取大约等于毛坯的厚度。搭边值的大小与下列因素有关。

(1) 材料力学性能：硬材料的搭边值可取小些，软材料、脆性材料的搭边值要取大一些。

(2) 板料厚度：冲裁较厚的材料时，考虑到其侧压力较大，搭边值应取大一些；而冲裁较薄的材料时，因其刚度差，易被拉进凹模，搭边值也应该取大一些。

(3) 工件尺寸与形状：工件尺寸大或过渡圆角半径小，形状复杂，搭边值应取大一些。

(4) 送料及挡料方式：采用手工送料且有侧压装置导向时，搭边值可取小一些。用侧刃定距比用挡料销定距搭边值小一些；弹性卸料比刚性卸料的搭边值要小一些。

据生产统计，采用正常搭边值比无搭边冲裁时的模具寿命高 50%以上，所以搭边值的选取很重要。搭边值是根据经验确定的，表 4-10 列出了低碳钢冲裁时常用的最小搭边值(适于中、小件)，表 4-11 列出了较大零件冲裁时的搭边值。

表 4-10　最小搭边值　(mm)

板料厚度 t	圆件及 $r>2t$ 的圆角		矩形件边长 $L<50$		矩形件边长 $L>50$ 或圆角 $r<2t$	
	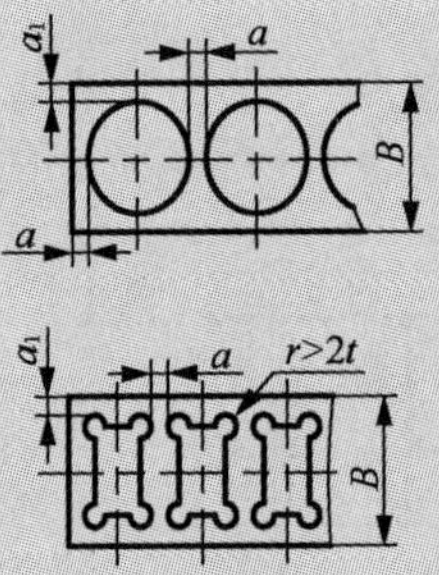		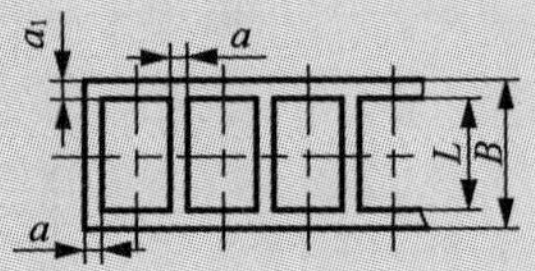		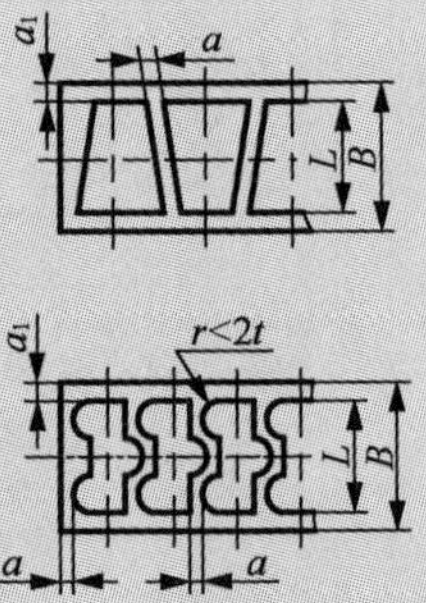	
	工件间 a	侧面 a_1	工件间 a	侧面 a_1	工件间 a	侧面 a_1
0.25 以下	1.8	2.0	2.2	2.5	2.8	3.0
0.25~0.5	1.2	1.5	1.8	2.0	2.2	2.5
0.5~0.8	1.0	1.2	1.5	1.8	1.8	2.0
0.8~1.2	0.8	1.0	1.2	1.5	1.5	1.8
1.2~1.6	1.0	1.2	1.5	1.8	1.8	2.0
1.6~2.0	1.2	1.5	1.8	2.0	2.0	2.2
2.0~2.5	1.5	1.8	2.0	2.2	2.2	2.5
2.5~3.0	1.8	2.2	2.2	2.5	2.5	2.8
3.0~3.5	2.2	2.5	2.5	2.8	2.8	3.2
3.5~4.0	2.5	2.8	2.8	3.2	3.2	3.5
4.0~5.0	3.0	3.5	3.5	4.0	4.0	4.5
5.0~12	$0.6t$	$0.7t$	$0.7t$	$0.8t$	$0.8t$	$0.9t$

注：本表适用于低碳钢，对于其他材料，应将表中数值乘以下列系数：中等硬度钢 0.9，硬钢 0.8，硬黄铜 1~1.1，硬铝 1~1.2，软黄铜、纯铜 1.2，铝 1.3~1.4，非金属 1.5~2。

表 4-11　冲裁金属材料的搭边值　(mm)

板料厚度 t	手工送料						自动送料	
	圆形		非圆形		往复送料			
	a	a_1	a	a_1	a	a_1	a	a_1
≤1	1.5	1.5	1.5	2	2	3		
>1~2	1.5	2	2	2.5	2.5	3.5	2	3
>2~3	2	2.5	2.5	3	3.5	4		
>3~4	2.5	3	3	3.5	4	5	3	4
>4~5	3	4	4	5	5	6	4	5
>5~6	4	5	5	6	6	7	5	6
>6~8	5	6	6	7	7	8	6	7
>8	6	7	7	8	8	9	7	8

注：①冲非金属材料(皮革、纸板、石棉板等)时，搭边值应乘 1.5~2；
②有侧刃的搭边 $a_1' = 0.75a_1$ 。

4.4.4　进距、条料宽度与导料板间距离的计算

排样方式和搭边值确定后，就可以确定条料或带料的进距、宽度以及导料板之间的距离。

1. 进距 h

进距的确定与排样方式有关，其大小为条料上两个对应冲裁件的对应点间的距离，如图 4-23(a)、(b)所示。进距是确定挡料销位置的依据。

每次只冲一个零件时，进距 h 的计算公式为

$$h = D + a \tag{4-34}$$

式中，D 为沿送料方向工件的宽度，mm；a 为冲裁件之间的搭边值，mm。

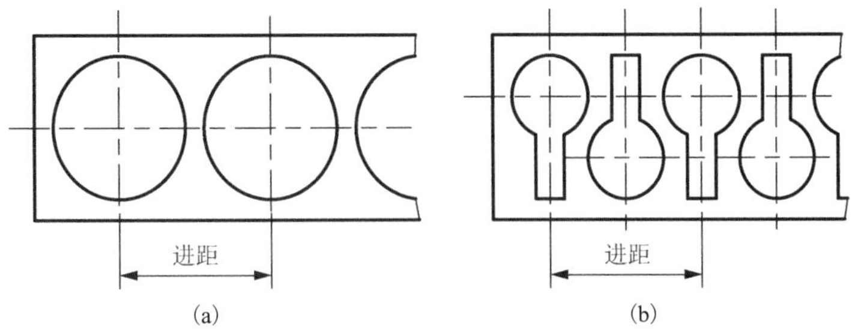

图 4-23　进距

2. 条料宽度与导料板间距离的确定

确定条料宽度的原则是：最小条料宽度要确保冲裁工件周围有足够的搭边值，最大条料宽度要保证条料与导料板之间有一定间隙，以便在导料板间顺利送进。条料宽度的确定还与条料的定位方式有关，应视具体模具结构分别确定。条料是经板料裁剪而得，为保证送料顺利，裁剪时的公差带分布规定为上极限偏差是 0，下极限偏差为负值($-\Delta$)。

1) 采用侧压装置时条料宽度和导料板间距的确定

采用侧压装置时，条料在侧压装置的作用下始终沿着导料板一侧送进，只需在条料和另一侧导料板之间留间隙，如图 4-24 所示。此时条料宽度和导料板间距按下式计算：

条料宽度：$$b_{-\varDelta}^{\ 0} = (D + 2a_1 + \varDelta)_{-\varDelta}^{\ 0} \tag{4-35}$$

导料板间距离：$$S = b + c_1 = D + 2a_1 + \varDelta + c_1 \tag{4-36}$$

手工送料时，若条料紧贴导料板或导料销送进，条料宽度和导料板间距确定方法同上。

2) 无侧压装置时条料宽度和导料板间距的确定

无侧压装置时，条料理想的送进基准是零件的中心线，考虑到送料过程中因条料的摆动而使侧搭边减小。因此，为保证侧边有足够的搭边值，条料宽度应增加一个条料的摆动量，如图 4-25 所示，条料宽度和导料板间距按下式计算：

条料宽度：$$b_{-\varDelta}^{\ 0} = [D + 2(a_1 + \varDelta) + c_1]_{-\varDelta}^{\ 0} \tag{4-37}$$

导料板间距离：$$S = b + c_1 = D + 2(a_1 + \varDelta + c_1) \tag{4-38}$$

式中，b 为条料的宽度，mm；S 为导料板间距离，mm；D 为冲裁件垂直于送料方向的最大尺寸，mm；a_1 为侧搭边值，mm；$\varDelta$ 为条料宽度的单向(负向)偏差，mm，见表 4-12；c_1 为导料板与最宽条料之间的单面最小间隙，mm，见表 4-13。

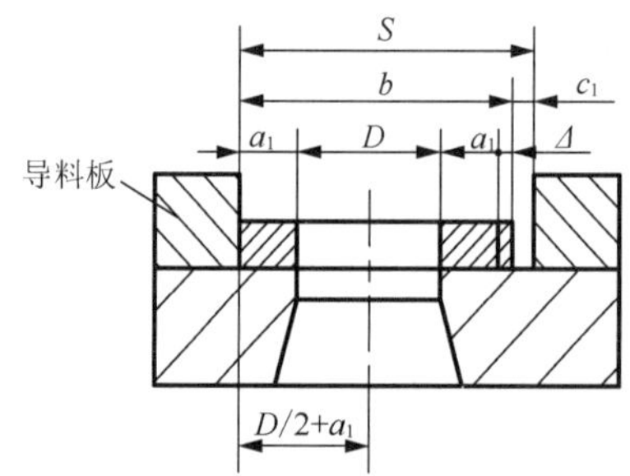

图 4-24　有侧压装置冲裁

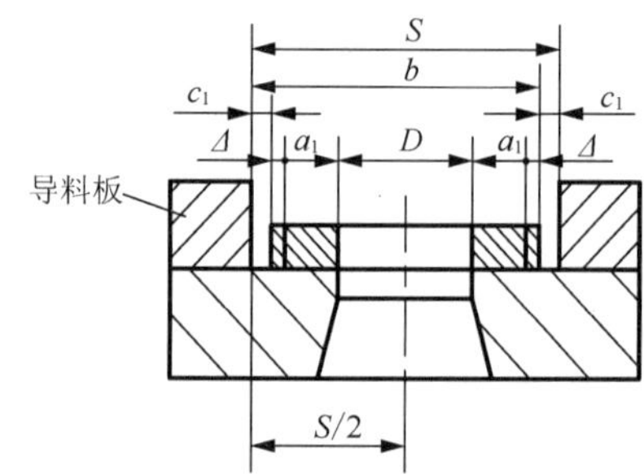

图 4-25　无侧压装置冲裁

表 4-12　条料宽度偏差 $\varDelta$　(mm)

条料宽度 b	板料厚度 t			
	≤1	1~2	2~3	3~5
≤50	0.4	0.5	0.7	0.9
>50~100	0.5	0.6	0.8	1.0
>100~150	0.6	0.7	0.9	1.1
>150~220	0.7	0.8	1.0	1.2
>220~300	0.8	0.9	1.1	1.3

注：表中数值系用龙门剪床下料。

表 4-13　条料与导料板之间的间隙 c_1　(mm)

条料厚度 t	无侧压装置			有侧压装置	
	条料宽度 b				
	≤100	>100~200	>200~300	≤100	>100
≤1	0.5	0.5	1	5	8
>1~5	0.5	1	1	5	8

3）采用侧刃定距时条料宽度和导料板间距的确定

采用侧刃定距时，条料宽度需增加侧刃切去的部分，如图 4-26 所示，故按式(4-39)和式(4-41)计算。

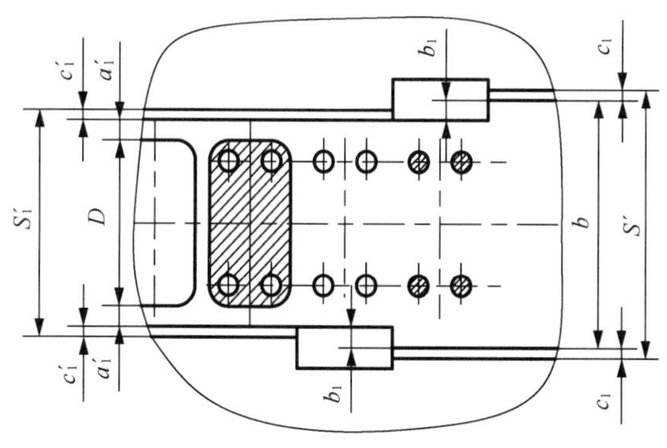

图 4-26　有侧刃冲裁

条料宽度：

$$b_{-\Delta}^{\ 0} = (D + 2a_1' + nb_1)_{-\Delta}^{\ 0} = (D + 1.5a_1 + nb_1)_{-\Delta}^{\ 0} \tag{4-39}$$

导料板间距：

$$S' = D + 1.5a_1 + nb_1 + 2c_1 \tag{4-40}$$

$$S_1' = D + 1.5a_1 + 2c_1' \tag{4-41}$$

式(4-39)～式(4-41)中，n 为侧刃数；b_1 为侧刃冲切的料边宽度，mm，见表 4-14；c_1' 为冲切后的条料宽度与导料板间的单面间隙，mm，见表 4-14；a_1' 为采用侧刃冲裁时的侧搭边值，mm，$a_1' = 0.75a_1$。其他符号意义同前。

表 4-14　b_1、c_1' 值　(mm)

条料厚度 t	b_1		c_1'
	金属材料	非金属材料	
≤1.5	1.5	2	0.1
>1.5~2.5	2.0	3	0.15
>2.5~3	2.5	4	0.2

4.5　冲裁工艺设计

冲裁工艺设计主要包括冲裁件的工艺分析和冲裁工艺方案确定。良好的工艺性和合理的工艺方案，可以用最少的材料消耗，最少的工序数和工时，获得符合要求的产品，并使模具结构简单，模具寿命长，降低加工成本，减少劳动量。

4.5.1 冲裁件的工艺性

冲裁件的工艺性是指冲裁件对冲裁工艺的适应性。工艺性是否合理影响冲裁件的质量、模具寿命、材料消耗、生产率等，对冲裁件工艺性影响最大的是零件的结构形状、精度要求、形位公差等。设计中应尽量提高零件的工艺性。

影响冲裁件工艺性的因素很多，但从技术和经济方面考虑，冲裁件的工艺性主要有以下要求。

1. **冲裁件的结构工艺性**

1)外形与圆角半径

冲裁件的形状应尽量简单、对称，尽可能避免形状复杂的曲线。外形和内孔应避免尖角，除少、无废料排样或模具采用镶拼结构时，应采用适当圆角过渡，如图 4-27 所示，以便于模具加工，减少热处理或冲压时模具在尖角处开裂、崩刃及过快磨损，提高模具寿命。最小圆角半径见表 4-15。

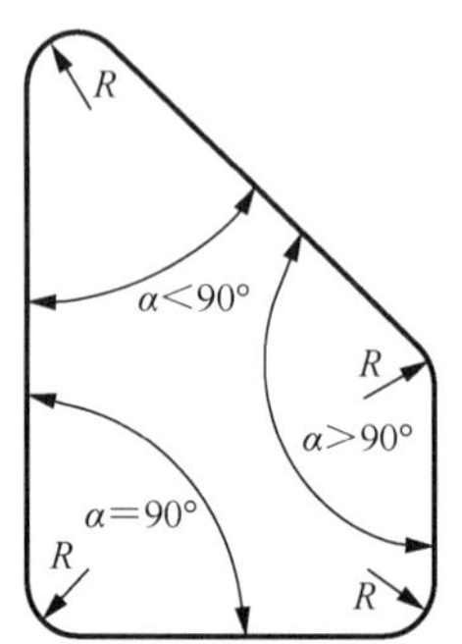

图 4-27 冲裁件的圆角

表 4-15 最小圆角半径

工序	圆弧角度	最小圆角半径			备注
		黄铜、紫铜、铝	低碳钢	合金钢	
落料	$\alpha \geqslant 90°$	0.18t	0.25t	0.35t	0.25mm
	$\alpha < 90°$	0.35t	0.50t	0.70t	0.5mm
冲孔	$\alpha \geqslant 90°$	0.20t	0.30t	0.45t	0.3mm
	$\alpha < 90°$	0.40t	0.60t	0.90t	0.6mm

2)孔形与冲孔尺寸

孔形应优先选用圆形孔。冲孔的最小尺寸与孔的形状、材料性质、板料厚度、模具结构有关。冲孔尺寸过小，凸模易折断或弯曲。采用自由凸模和有保护套凸模所能冲孔的最小尺寸分别见表 4-16 和表 4-17。

表 4-16 自由凸模冲孔的最小尺寸

材料	圆形孔（直径 d）	方形孔（孔宽 b）	矩形孔（孔宽 b）	长圆形孔（孔宽 b）
钢 τ>700MPa	$d \geqslant 1.5t$	$b \geqslant 1.35t$	$b \geqslant 1.2t$	$b \geqslant 1.1t$
钢 τ = 400 ~ 700MPa	$d \geqslant 1.3t$	$b \geqslant 1.2t$	$b \geqslant 1.0t$	$b \geqslant 0.9t$
钢 τ<400MPa	$d \geqslant 1.0t$	$b \geqslant 0.9t$	$b \geqslant 0.8t$	$b \geqslant 0.7t$
黄铜、铜	$d \geqslant 0.9t$	$b \geqslant 0.8t$	$b \geqslant 0.7t$	$b \geqslant 0.6t$
铝、锌	$d \geqslant 0.8t$	$b \geqslant 0.7t$	$b \geqslant 0.6t$	$b \geqslant 0.5t$

注：t 为板料厚度，τ 为材料的抗剪强度。

表 4-17 有保护套凸模冲孔的最小尺寸

材料	矩形（孔宽 b）	圆形（直径 d）
软钢及黄铜	$b \geqslant 0.3t$	$d \geqslant 0.35t$
硬钢	$b \geqslant 0.4t$	$d \geqslant 0.5t$
铝、锌	$b \geqslant 0.28t$	$d \geqslant 0.3t$

注：t 为板料厚度。

3) 孔边距与孔间距

为防止工件变形以及材料被拉进凹模影响模具寿命，避免模壁过薄，冲裁件上孔与孔、孔与边缘的间距不应过小。一般最小孔边距取：圆孔为 $a=(1\sim1.5)t$ ，矩形孔为 $b=(1.5\sim2)t$ ，如图 4-28 所示。最小孔间距见表 4-18。

表 4-18　最小孔间距

孔型	圆孔		方孔	
板料厚度 t/mm	＜1.55	＞1.55	＜2.3	＞2.3
最小孔距/mm	$3.1t$	$2t$	$4.6t$	$2t$

4) 凸出的悬臂与凹槽

冲裁件上应尽量避免过于狭长的凸出悬臂与凹槽，如图 4-29 所示。悬臂或凹槽的最小宽度 B 一般不小于 $1.5t$（t 为板料厚度）。高碳钢、合金钢等较硬材料允许值应增加 30%～50%，黄铜、铝等软材料应减少 20%～25%。当板料厚度 $t<1\text{mm}$ 时，按 $t=1\text{mm}$ 计算。悬臂长度或凹槽深度应满足 $L_{\max}\leqslant 5B$ 。

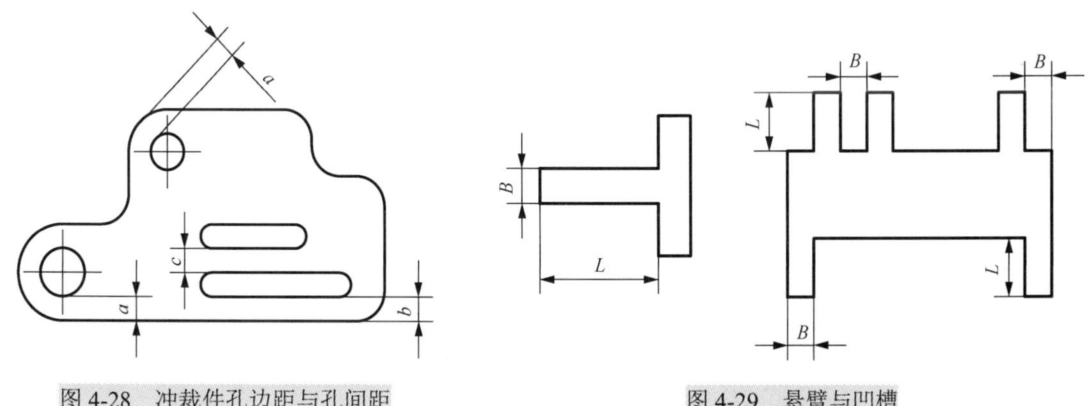

图 4-28　冲裁件孔边距与孔间距

图 4-29　悬臂与凹槽

5) 成形件上冲孔

在弯曲件或拉深件上冲孔时，为防止凸模受水平推力而折断，孔壁与成形件直壁间应保持一定距离，一般 $L\geqslant R+0.5t$ ，如图 4-30 所示。

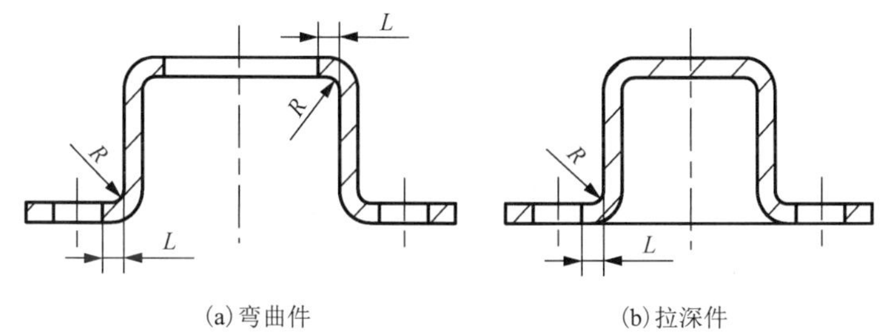

(a) 弯曲件　(b) 拉深件

图 4-30　成形件上冲孔边距

2. 冲裁件的尺寸精度和表面粗糙度

冲裁件的精度等级可分为经济级和精密级。满足使用要求的情况下，应尽量采用经济精度。冲裁件经济公差等级不高于 IT11 级，冲孔件比落料件高一级。冲裁件外形与内孔尺寸公差见表 4-19。若工件精度高于上述要求，可在冲裁后整修或采用精密冲裁。冲裁件两孔中心距所能达到的公差见表 4-20。

表 4-19　冲裁件外形与内孔尺寸公差　(mm)

板料厚度 t	冲裁件尺寸							
	一般精度的冲裁件				较高精度的冲裁件			
	<10	10~50	50~150	150~300	<10	10~50	50~150	150~300
0.2~0.5	$\frac{0.08}{0.05}$	$\frac{0.10}{0.08}$	$\frac{0.14}{0.12}$	0.20	$\frac{0.025}{0.02}$	$\frac{0.03}{0.04}$	$\frac{0.05}{0.08}$	0.08
0.5~1	$\frac{0.12}{0.05}$	$\frac{0.16}{0.08}$	$\frac{0.22}{0.12}$	0.30	$\frac{0.03}{0.02}$	$\frac{0.04}{0.04}$	$\frac{0.06}{0.08}$	0.10
1~2	$\frac{0.18}{0.06}$	$\frac{0.22}{0.10}$	$\frac{0.30}{0.16}$	0.50	$\frac{0.04}{0.03}$	$\frac{0.06}{0.06}$	$\frac{0.08}{0.10}$	0.12
2~4	$\frac{0.24}{0.08}$	$\frac{0.28}{0.12}$	$\frac{0.40}{0.20}$	0.70	$\frac{0.06}{0.04}$	$\frac{0.08}{0.08}$	$\frac{0.10}{0.12}$	0.15
4~6	$\frac{0.30}{0.10}$	$\frac{0.35}{0.15}$	$\frac{0.50}{0.25}$	1.00	$\frac{0.10}{0.06}$	$\frac{0.12}{0.10}$	$\frac{0.15}{0.15}$	0.20

注：①表中分子为外形尺寸公差，分母为内孔尺寸公差；

②一般精度的冲裁件采用 IT8~IT7 级精度的普通冲裁模；较高精度的冲裁件采用 IT7~IT6 级精度的高级冲裁模。

表 4-20　冲裁件孔中心距公差　(mm)

板料厚度 t	普通冲裁模			高级冲裁模		
	孔中心距公称尺寸					
	≤50	50~150	150~300	≤50	50~150	150~300
≤1	±0.10	±0.15	±0.20	±0.03	±0.05	±0.08
1~2	±0.12	±0.20	±0.30	±0.04	±0.06	±0.10
2~4	±0.15	±0.25	±0.35	±0.06	±0.08	±0.12
4~6	±0.20	±0.30	±0.40	±0.08	±0.10	±0.15

注：表中所列孔中心距公差适用于两孔同时冲出的情况。

冲裁件断面表面粗糙度和允许的毛刺高度见表 4-21 和表 4-22。

表 4-21　冲裁件断面的表面粗糙度

板料厚度/mm	≤1	>1~2	>2~3	>3~4	>4~5
表面粗糙度 Ra /μm	3.2	6.3	12.5	25	50

表 4-22　冲裁件断面允许的毛刺高度　(mm)

板料厚度	≤0.3	>0.3~0.5	>0.5~1.0	>1.0~1.5	>1.5~2.0
新模试冲时允许毛刺高度	≤0.015	≤0.02	≤0.03	≤0.04	≤0.05
生产时允许毛刺高度	≤0.05	≤0.08	≤0.10	≤0.13	≤0.15

3. 冲裁件的尺寸基准

冲裁件的尺寸基准应尽量与制模时的定位基准重合，尽量选择在冲裁时不参与变形的线或面上，以免造成基准不重合误差。图 4-31(a)所示的尺寸标注，对冲裁图样是不合理的，因为考虑到模具的磨损，尺寸 L_1、L_2 要给以较宽的公差，引起孔中心距尺寸波动较大，改为图 4-31(b)所示的标注较为合理。

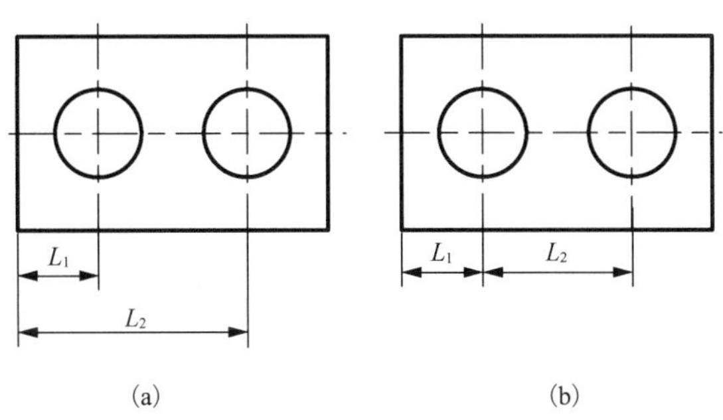

图 4-31　冲裁件尺寸标注

4.5.2　冲裁工艺方案确定

工艺方案的内容是确定冲裁件的工艺路线，主要包括确定工序数量、工序的组合以及工序顺序等。工艺方案的制订影响到产品质量、生产效率、生产成本、劳动强度等环节，是冲裁工艺设计的重要部分。应在工艺分析的基础上提出几种可行的方案，再结合生产批量、工件尺寸、形状复杂程度、精度要求、现有设备条件等因素进行技术、经济上的综合分析，选择一个比较合理的方案。

1. 冲裁工序的组合

冲裁按工序的组合程度可分为单工序冲裁、复合冲裁和级进冲裁三种。单工序冲裁是指在压力机一次行程中，在一副模具中只完成一种工序，相应的模具称为单工序模，如冲孔模、落料模等；复合冲裁是指在压力机的一次行程中，在模具中的同一工位同时完成两个或两个以上的工序，相应的模具称为复合模，如冲孔落料复合模；级进冲裁是指在压力机的一次行程中，在模具不同工位同时完成两个或两个以上的工序，相应的模具称为级进模，即将完成一个冲裁件的多个工序按一定顺序排列，冲裁时条料不断送进，在不同的工位上按顺序完成所需工序，获得所需工件。

冲裁工序的组合应根据下列因素综合考虑。

1) 生产批量

冲裁件生产批量对冲裁工序的组合，即所采用的模具结构有较大影响。生产批量与模具类型的关系见表 4-23。新品试制或小批生产时，为降低成本，应力求模具结构简单、制造快，宜采用单工序模；大批量生产时，宜采用复合模或级进模，模具结构完善，效率高，寿命长。

表 4-23 生产批量与模具类型的关系 （千件）

项目	生产批量				
	单件	小批	中批	大批	大量
大型件 中型件 小型件	＜1	1~2 1~5 1~10	＞2~20 ＞5~50 ＞10~100	＞20~300 ＞50~1000 ＞100~5000	＞300 ＞1000 ＞5000
模具类型	单工序模、组合模、简易模	单工序模、组合模、简易模	单工序模 级进模、复合模、半自动模	单工序模、级进模、复合模、自动模	硬质合金级进模、复合模、自动模

2）冲裁件尺寸精度

复合冲裁因避免了多次冲裁和条料送进时的误差累积，并且在冲裁过程中可以压料，工件较平整，工件公差等级较高，内、外形同轴度一般可达±0.02～±0.04mm。级进冲裁工件尺寸公差等级比复合冲裁低，工件不够平整、有拱弯。单工序冲裁的精度最低。

3）工件尺寸和形状

当冲裁件尺寸较小时，因采用单工序冲裁送料不方便和生产效率低，宜采用复合冲裁或级进冲裁。当冲裁件尺寸较大时，考虑到压力机工作台面尺寸及工序数的限制，不宜采用级进冲裁，而应采用单工序冲裁或复合冲裁。当工件上孔间距或孔边距较小时，因这些部位模具的强度得不到保障，容易胀裂，不宜采用复合冲裁；同时，由于落料后冲孔时这些部位易发生外胀或歪扭，影响产品质量，也不宜采用单工序冲裁，适宜采用级进冲裁。对于一些形状比较复杂、尺寸小的零件也适于采用级进冲裁。尤其是一些高速冲压设备的推广应用，级进冲裁的应用越来越广泛。

4）模具制造、安装调整和成本

对于形状复杂的工件，采用复合冲裁比级进冲裁成本低，模具制造、安装调整容易。对于尺寸中等的工件，考虑到制造多副单工序模具的费用比复合模高，也适宜采用复合冲裁。对于形状简单、精度不高的工件，级进模结构较复合模简单，容易制造。

5）操作方便与安全

采用复合冲裁时，工件出件或冲裁废料排除较麻烦，容易留在冲模工作面上，工作安全性较差，采用级进冲裁较安全。

总之，对于一个冲裁件，可以得出多种工艺方案。必须对这些方案进行比较，选择满足冲裁件质量与生产率要求、模具制造成本较低、模具寿命较高、操作较方便及安全的最优的工艺方案。

2. 冲裁顺序的安排

多工序冲裁和级进冲裁时的工序顺序安排可参考以下原则。

1）多工序工件用单工序冲裁时的顺序安排

（1）先落料，使毛坯和条料分离，再以落料件的外轮廓为定位基准进行其他冲裁，在多步加工中，定位基准要保持一致，避免定位误差累积和尺寸链换算。

（2）冲裁大小不同、相距较近的孔时，为减少孔的变形和防止折断细小凸模，应先冲大孔，再冲小孔。

2) 级进冲裁时的顺序安排

(1) 级进冲裁是不断切除废料最后得到所需工件的过程，冲裁时应先冲孔，最后落料或切断以分离工件。考虑到冲裁时条料的定位，首先冲出的孔一般可用作后续工序的定位。如果定位要求较高，则应冲出专门用于定位的工艺孔，一般为两个，如图 4-32 所示。

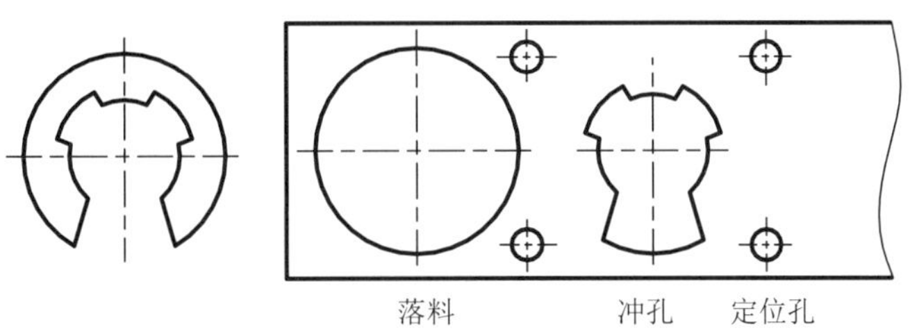

图 4-32　级进冲裁

(2) 采用侧刃定距时，侧刃切边工序一般安排在前，和首次冲孔同时进行，以控制送料进距。采用两个侧刃时，可安排成一前一后(图 4-26)，也可以并排布置，如图 4-33 所示。

(3) 套料级进冲裁按由里向外的顺序，先冲内轮廓，后冲外轮廓，如图 4-34 所示。

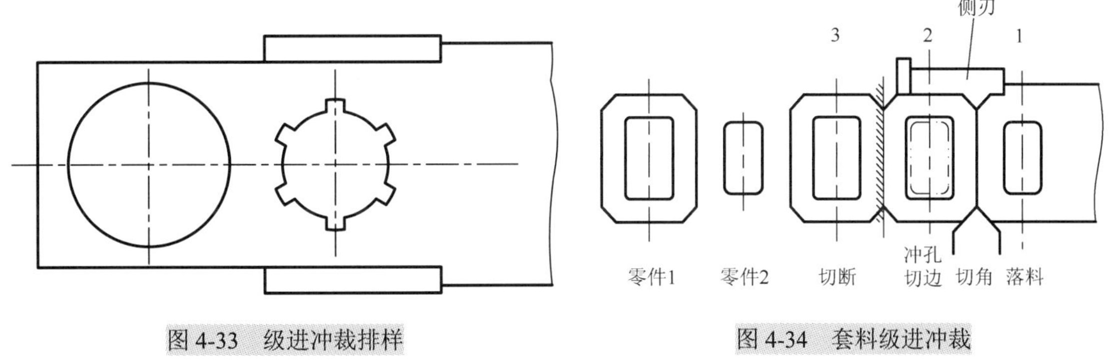

图 4-33　级进冲裁排样　　图 4-34　套料级进冲裁

4.6　冲裁模具简介

冲裁模是冲裁工序所用的模具。冲裁模的结构类型较多，可按不同的特征进行分类。

(1) 按工序性质可分为落料模、冲孔模、切断模、切口模、切边模、剖切模等。

(2) 按工序组合方式可分为单工序模、复合模和级进模。

(3) 按上下模的导向方式可分为无导向的开式模和有导向的导板模、导柱模、导筒模等。

(4) 按凸、凹模的材料可分为硬质合金冲模、钢皮冲模、锌基合金冲模、聚氨酯冲模等。

(5) 按凸、凹模的结构和布置方法可分为整体模和镶拼模，正装模和倒装模。

(6) 按自动化程度可分为手工操作模、半自动模、自动模。

上述的各种分类方法从不同的角度反映了模具结构的不同特点。下面以上下模的导向方式为例，分别分析各类冲模的结构及其特点。

4.6.1 无导向开式简单冲裁模

无导向开式简单冲裁模结构如图 4-35 所示。模具的上模部分由模柄、上模座、垫板、凸模固定板、凸模组成。下模部分由刚性卸料板、导料板、凹模、下模座和挡料销组成。下模通过下模座用螺钉、压板固定在压力机工作台上。两块导料板控制条料的送料方向，挡料销通过对条料搭边定位来控制送料进距，冲下来的工件经由凹模落料孔中落下。当上模上行时，卡在凸模上的条料由卸料板卸下。模具靠压力机本身导向。导料板、挡料销及卸料板可调节。开式简单模结构简单，重量轻，尺寸小，制造容易，成本低。但这类模具安装时调整麻烦，寿命低，冲裁件精度差，操作也不够安全。无导向的简单模主要适用于精度要求不高、形状简单、批量小的冲裁件。

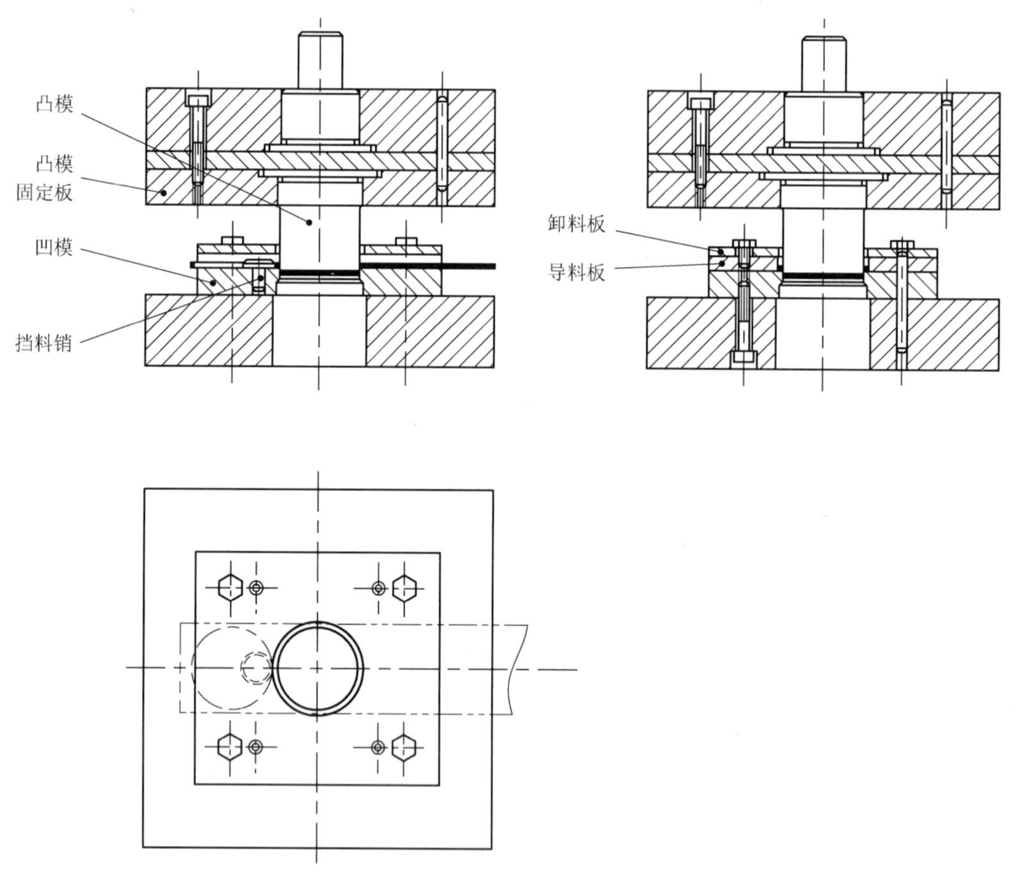

图 4-35 无导向开式简单冲裁模总图

4.6.2 导板导向式落料冲裁模

带固定挡料销的导板式落料冲裁模结构如图 4-36 所示。模具的上模部分由模柄、上模座、垫板、凸模固定板和凸模组成。上模座、垫板、凸模固定板由销钉定位、螺钉固定。凸模和凸模固定板采用过盈配合，凸模尾部铆接在固定板上，随后一起磨平。垫板由高硬度钢材制成，用以承受和分散凸模压力，以免上模座被压出凹坑而使凸模上下松动。模具的下模部分由导板、导料板、挡料销、凹模、下模座组成，由销钉定位、螺钉紧固。导板主要是为凸模起导向作用，同时也起卸料作用。一般凸模与导板采用间隙配合 H7/h6。对于典型的导板模，其凸模应始终不能脱离导板，以保证导向精确，因此要求导板模所用压力机行程要短(一般不大于 20mm)。

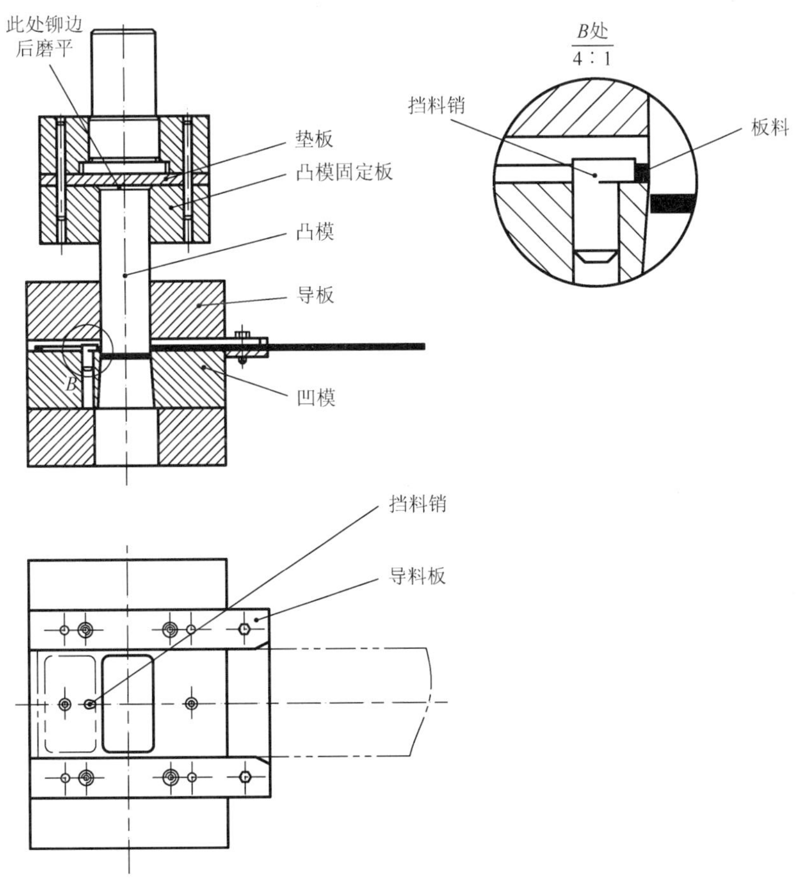

图 4-36　导板导向式冲裁模总图

4.6.3　导柱导套式落料冲裁模

对于精度要求较高、生产批量较大的冲裁件，多采用导柱冲裁模。导柱冲裁模的凸、凹模刃口由导柱、导套进行精确导向定位。导柱导套式落料冲裁模的结构如图 4-37 所示。导套与上模座过盈配合，导柱与下模座过盈配合。导柱与导套之间为间隙配合，配合公差通常采用 H6/h5 或 H7/h6。此模具采用后置式导向方式，优点是有较大的操作空间。该模具采用了弹性卸料装置，由卸料板、弹簧与卸料螺钉组成。同时也采用了弹性顶件装置，安装在下模座下，由橡胶、顶杆与顶件块组成。弹性卸料、顶件装置对条料和冲裁件均有良好的压平作用，冲出的工件比较平整。尤其对于较薄、较软材质效果更为显著。为了避免干涉，在卸料板对应于安装固定挡料销及导料销的位置上开有沉孔。采用导柱、导套进行导向比一般导板导向更可靠，精度较高。大量生产中广泛采用导柱导套式冲裁模。

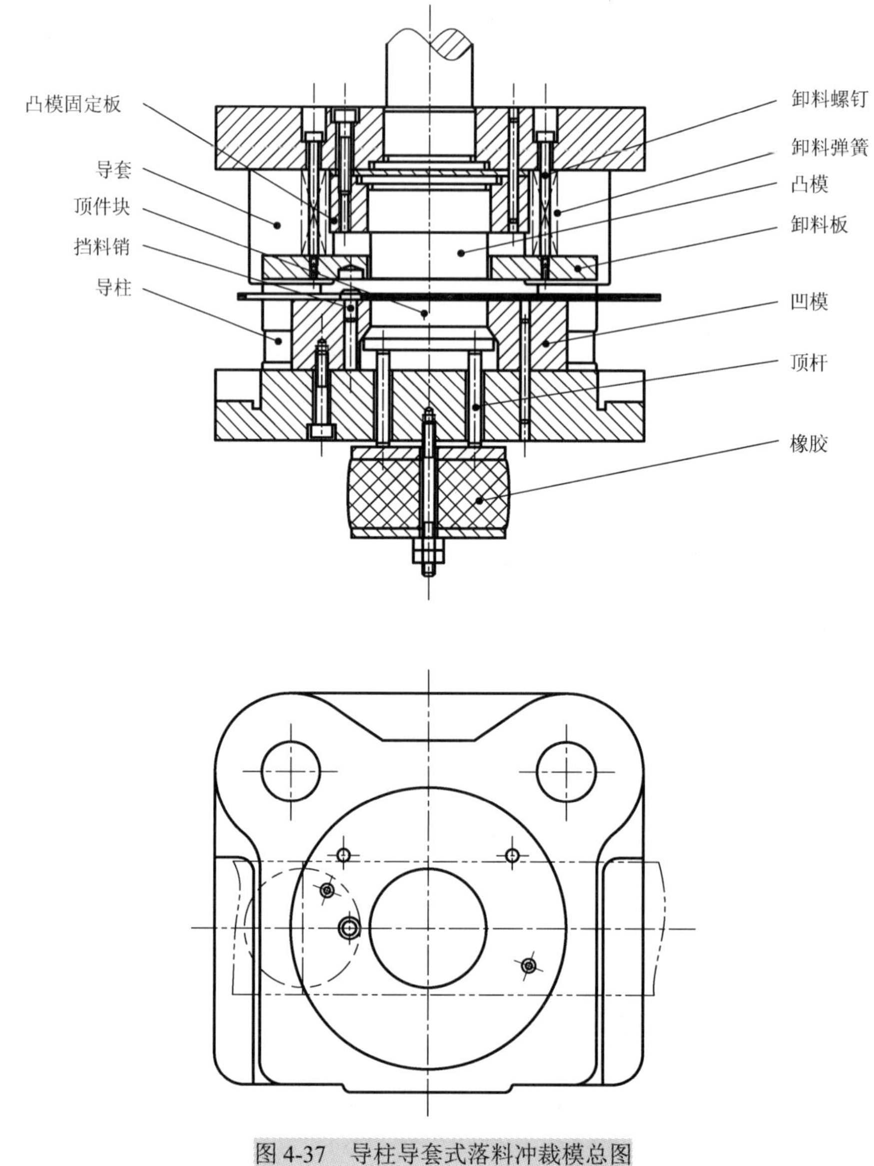

图 4-37　导柱导套式落料冲裁模总图

4.7　精密冲裁工艺与模具设计

普通冲裁工件尺寸精度一般在 IT11 以下，断面粗糙，表面粗糙度 *Ra* 12.5~6.3μm，断裂带占有一定比例且带有锥度，无法满足一些要求光洁、尺寸精度高或要求剪切断面与工件表面垂直的零件的冲裁。此时，应采用精密冲裁(精冲)或整修等工艺方法提高零件质量。

精冲工艺主要有带齿圈压板精冲、光洁冲裁、负间隙冲裁、对向凹模精冲、往复冲裁以及整修等，本节简单介绍一下带齿圈压板精冲和整修工艺及模具。

4.7.1　带齿圈压板精冲

1. 精冲工艺过程及机理

带齿圈压板精冲模具结构简图如图 4-38 所示。与普通冲裁不同的是，精冲模具结构中多一个齿圈压板和顶出器，凹模刃口带有圆角，且冲裁间隙极小。其工艺过程如图 4-39 所示：①将板料送进模具(图 4-39(a))；②上模下行，齿圈压板上的 V 形齿压入板料表面，凸模与顶出器夹紧板料(图 4-39(b))；③凸模压入板料，齿圈压板和顶出器保持对板料的压力(图 4-39(c))，完成板料的剪切分离；④开启模具(图 4-39(d))；⑤先卸料，后顶出制件，以避免将制件顶回到废料孔内(图 4-39(e))；⑥取出制件和废料，进行下一次冲裁过程(图 4-39(f))。

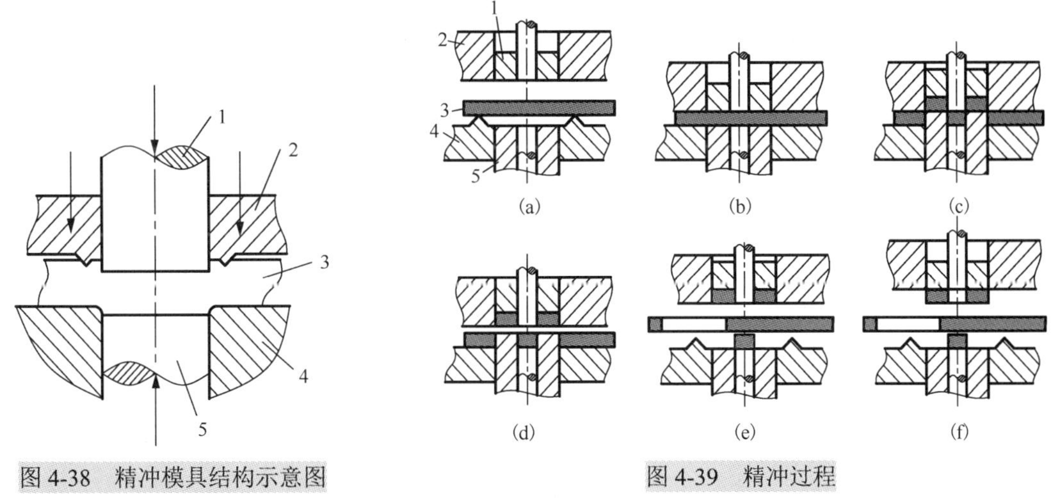

图 4-38　精冲模具结构示意图

1-凸模；2-齿圈压板；3-板料；4-凹模；5-顶出器

图 4-39　精冲过程

1-顶出器；2-凹模；3-板料；4-齿圈压板；5-凸模

精冲时，齿圈压板上的 V 形齿压入板料产生横向侧压力，顶出器对板料作用较大的反压力，采用极小间隙和圆角凹模刃口降低了变形区的应力集中，防止了普通冲裁时出现的弯曲、拉伸、撕裂现象，使材料处于三向压应力状态，提高了材料的塑性变形能力，抑制了裂纹的产生，使材料几乎以纯剪切方式完成冲裁过程，从而得到了几乎贯穿板厚的光洁、平整、垂直的断面。精冲时，压紧力、冲裁间隙及凹模刃口圆角三者相辅相成，缺一不可。

2. 精冲件工艺性

精冲件工艺性是指该零件精冲时的难易程度，一般情况下，影响精冲件工艺性的因素包括零件的几何形状、尺寸和公差、剪切面质量、材质、料厚以及热处理状态等。其中零件几何形状是主要影响因素。在满足技术要求的基础上，精冲件形状应力求简单、规则，避免狭长形状及尖角。精冲件内、外轮廓的拐角处需采用圆角过渡，以保证零件质量与模具寿命，圆角半径尽量取大些。此外，应尽量增大凹槽及悬臂的宽度，减小其长度。JB/T 9175.1—2013 标准中给出了圆角半径、槽宽、悬臂、孔径、孔边距、环宽及齿轮模数等的极限范围图表，将各种几何形状零件实现精冲的难易程度分为三级：S_1 表示容易的；S_2 表示中等的；S_3 表示困难的，在 S_3 范围以下进行精冲存在一定困难。

精冲主要适于具有较好塑性的材料，如含碳量≤0.35%的钢、纯铜、纯铝及软状态的铝合金、黄铜(含铜量>63%)、铝青铜(含铝量<10%)，对于一些含碳量高的碳钢及铬、镍、钼含量低的合金钢，经球化退火处理后也可进行精冲。

3. 精冲力计算

精冲是在三向受压状态下进行冲裁的，所以必须对各个压力分别进行计算，再求出精冲所需的总压力，从而选用合适的精冲设备。

1) 精冲冲裁力 F_1

精冲冲裁力 F_1(N) 可按经验公式(4-42)计算：

$$F_1 = Lt\sigma_b f_1 \tag{4-42}$$

式中，L 为内外剪切线的总长，mm；t 为板料厚度，mm；σ_b 为材料抗拉强度，MPa；f_1 为系数，其值为 0.6~0.9，常取 0.9。

2) 压边力 $F_{压}$

压边力 $F_{压}$ (N) 按式(4-43)计算：

$$F_{压} = Lh\sigma_b f_{压} \tag{4-43}$$

式中，h 为齿圈齿高，mm；$f_{压}$ 为系数，一般取 4。其他符号意义同前。

3) 反推压力

顶出器的反推压力过小会影响工件精度、平面度、断面质量，过大会增加作用在凸模上的载荷，降低凸模的寿命。一般按经验公式(4-44)计算：

$$F_{顶} = 0.2F_1 \tag{4-44}$$

齿圈压力和反推压力的大小主要靠试冲时调整。

4) 精冲时的总压力

$$F_{冲} = F_1 + F_{压} + F_{顶} \tag{4-45}$$

选用压力机时，若采用专用精冲压力机，以冲裁力 F_1 为依据；若为普通压力机，则以 $F_{冲}$ 为依据。

4. 精冲模设计要点

1) 凸、凹模间隙

精冲间隙值大小应合理，分布均匀。间隙过小会降低模具寿命，间隙过大导致工件断面产生撕裂。精冲间隙主要与板料厚度、材质、工件形状等有关，软材料取略大的值，硬材料取略小的值。具体取值见表 4-24。

表 4-24　凸模和凹模的双面间隙（$Z/t\times100\%$）

板料厚度 t/mm	外形间隙/%	内形间隙/%		
		$d<t$	$d=t\sim5t$	$d>5t$
0.5	1	2.5	2	1
1		2.5	2	1
2		2.5	1	0.5
3		2	1	0.5
4		1.7	0.75	0.5
6		1.7	0.5	0.5

2) 凸、凹模刃口尺寸

精冲模刃口尺寸计算与普通冲裁基本相同。冲孔件以凸模为基准，落料件以凹模为基准，采用配合加工。但精冲件的内孔和外形一般有 0.005～0.01mm 的收缩量。所以，在理想情况下，冲孔凸模和落料凹模应比工件要求尺寸大 0.005～0.01mm。刃口尺寸的计算公式如下。

冲孔时，若工件尺寸为 $d^{+\Delta}_{0}$，则凸模刃口尺寸为

$$d_p = \left(d + \frac{3}{4}\varDelta \right)_{-\frac{1}{4}\varDelta}^{0} \tag{4-46}$$

凹模根据凸模实际尺寸配作，保证双面间隙值 Z 。

落料时，若工件尺寸为 $D_{-\varDelta}^{0}$，则凹模刃口尺寸为

$$D_d = \left(D - \frac{3}{4}\varDelta \right)_{0}^{+\frac{1}{4}\varDelta} \tag{4-47}$$

凸模根据凹模实际尺寸配作，保证双面间隙值 Z 。

若工件孔中心距为 $C \pm \frac{\varDelta}{2}$，则模具孔中心距为

$$C_d = C \pm \frac{1}{8}\varDelta \tag{4-48}$$

式中，d_p 、D_d 分别为凸、凹模尺寸，mm；C_d 为凹模孔中心距，mm；$\varDelta$ 为工件公差，mm。

精冲时，为改善材料流动，凹模刃口一般做成 R0.05～0.1mm 的小圆角，试模时采用最小值，若不能获得光洁断面，可适当增大 R 值。

3) 齿圈压板

齿圈是精冲的重要组成部分，常用的形式是 V 形圈，V 形圈分为对称角度齿形与非对称角度齿形两类，如图 4-40 所示，其具体尺寸见表 4-25。当板料厚度 t>4mm 或韧性较好时，通常在压边圈和凹模上各使用一个齿圈。

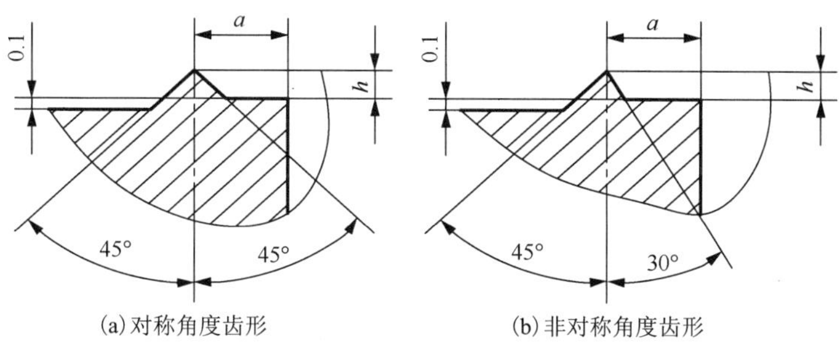

图 4-40　齿圈的齿形

表 4-25　单面齿圈齿形尺寸　(mm)

板料厚度 t	抗拉强度 σ_b /MPa					
	$\sigma_b \leqslant 450$		$450 < \sigma_b \leqslant 600$		$600 < \sigma_b \leqslant 700$	
	a	h	a	h	a	h
1	0.75	0.25	0.60	0.20	0.50	0.15
2	1.5	0.50	1.20	0.40	1.00	0.30
3	2.3	0.75	1.80	0.60	1.50	0.45
3.5	2.6	0.90	2.10	0.70	1.70	0.55

齿圈的分布与工件的形状和要求有关，对于形状简单的工件，可将齿圈做成与工件外形相似；对于形状复杂的工件，在有特殊要求的部位，可将齿圈做成与工件外形类似，其他部位可以简化或做成近似形状，如图 4-41 所示。

4) 排样与搭边

精冲件的排样原则基本上与普通冲裁相同。但如果零件外形两侧复杂程度、剪切断面质量要求不同，排样时将形状复杂或质量要求高的一侧置于进料一侧，以使这部分断面从没有

精冲过的材料中剪切下来，保证断面质量，如图 4-42 所示。由于精冲时齿圈压板需要压入板料，故搭边值比普通冲裁要大些，具体数值见表 4-26。

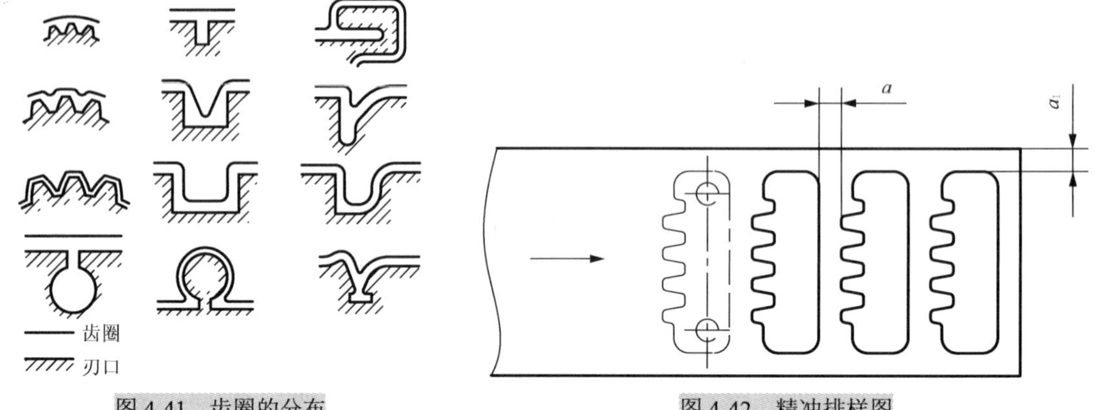

图 4-41　齿圈的分布

图 4-42　精冲排样图

表 4-26　精冲搭边值　　(mm)

板料厚度t		0.5	1.0	1.25	1.5	2.0	2.5	3.0	3.5	4.0	5	6	8	10	12	15
搭边	a	1.5	2	2	2.5	3	4	4.5	5	5.5	6	7	8	10	12	15
	a_1	2	3	3.5	4	4.5	5	5.5	6	6.5	7	8	10	12	15	18

5. 精冲模具结构

专用精冲压力机使用的模具，按其结构特点可分为活动凸模式与固定凸模式两种。由于通用模架能实现模芯快速更换，大大缩短制造周期和降低成本，所以通用模架被广泛采用。

(1) 活动凸模式结构：活动凸模式结构是凹模与齿圈压板均固定在模板内，而凸模活动，并靠下模座上的内孔及齿圈压板的型腔导向，凸模移动量稍大于料厚，此种结构适用于冲裁力不大的中、小零件的精冲，如图 4-43 所示。

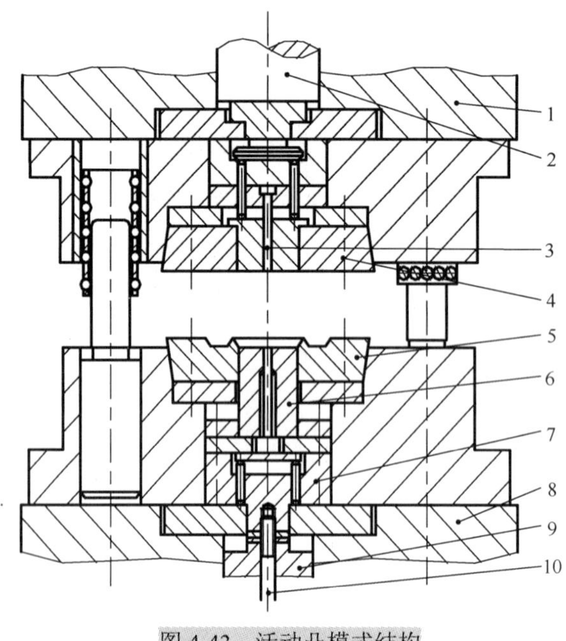

图 4-43　活动凸模式结构

1-上工作台；2-上柱塞；3、6-凸模；4-凹模；5-齿圈压板；7-凸模座；8-下工作台；9-滑块；10-凸模拉杆

(2) 固定凸模式结构：固定凸模式结构是凸模与凹模固定在模板内，而齿圈压板活动。此种模具刚性较好，受力平稳，适用于冲裁大的形状复杂的或材料厚的工件以及内孔很多的工件，如图 4-44 所示。

(3) 简易精冲模：靠一组强力弹性元件来获得辅助压力(即剪切时的齿圈压板压力和顶件器的反推压力)，达到精冲效果，如图 4-45 所示。模架可采用专用模架，也可采用通用模架。通用模架特别适用于小批量、多品种、中小尺寸系列的零件生产。

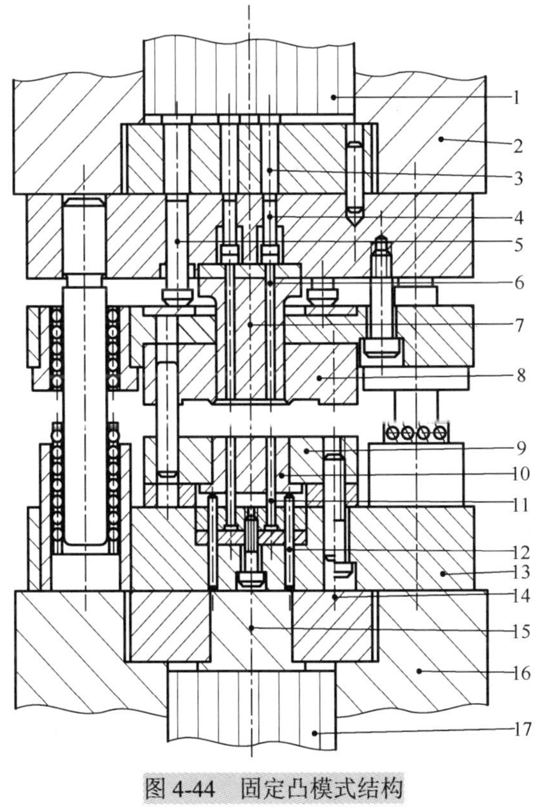

图 4-44　固定凸模式结构

1-上柱塞；2-上工作台；3、4、5-顶杆；6-顶料杆；7-凸模；8-齿圈压板；9-凹模；10-推板；11-凸模；12-顶杆；13-下模座；14-下顶板；15-顶块；16-下工作台；17-下柱塞

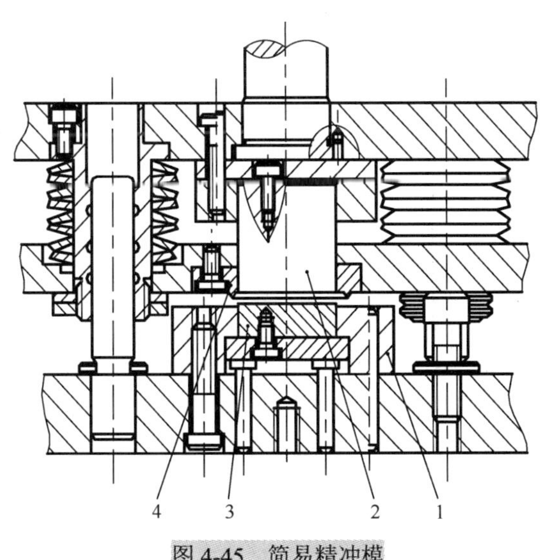

图 4-45　简易精冲模

1-凹模；2-凸模；3-顶板；4-齿圈压板

4.7.2　整修

1. 整修原理

整修是利用整修模具对普通冲裁件的外缘或内孔进行一次或多次加工，以去除圆角、粗糙不平断面以及毛刺，得到具有光滑且垂直断面和更高尺寸精度制件的工艺，如图 4-46 所示。整修后，零件尺寸精度可达到 IT6～IT7 级，表面粗糙度 Ra 值可达到 0.8～0.4μm。常见的整修方法有内孔整修、外缘整修、叠料整修、振动整修等。

整修的原理与冲裁完全不同，而类似于切削加工，图 4-47 所示为外缘整修过程示意图。整修时，毛坯置于凹模上，在凸模的作用下将其压入凹模，毛坯外缘金属纤维被凹模切断，形成环状切屑 n_1、n_2、n_3。随凸模的下行，外层金属逐渐被切去、断裂，直至最后切断分离。除最后很少的粗糙面外，工件断面垂直光洁。内孔整修的过程与外缘整修类似。

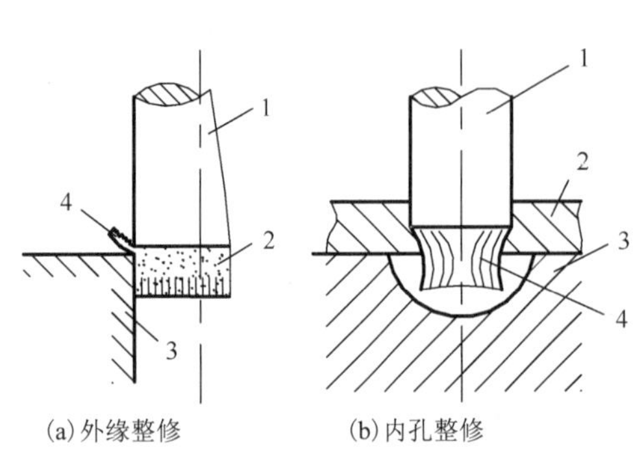

图 4-46 整修原理示意图

1-凸模；2-工件；3-凹模；4-切屑

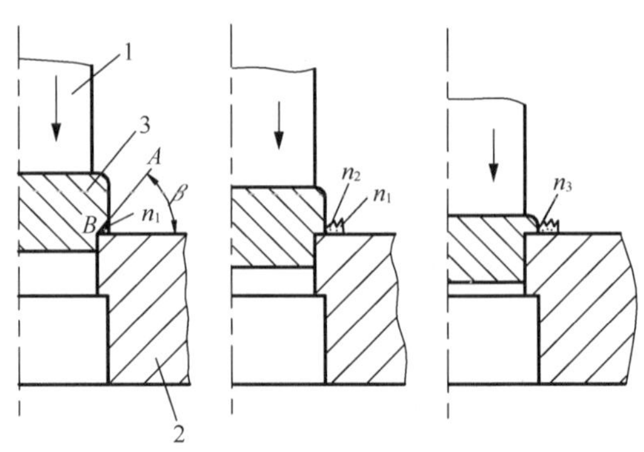

图 4-47 外缘整修过程

1-凸模；2-凹模；3-工件

2. 整修余量及次数的确定

整修质量与整修余量、整修次数及模具结构等有关。整修余量要合理，余量过小达不到整修的目的，余量过大降低模具寿命、断面光洁程度及工件尺寸精度等。总的整修余量与冲裁件材料、厚度、外形以及整修前凸、凹模间隙等有关。

外缘整修的双边余量见表 4-27。

表 4-27 外缘整修的双边余量 (mm)

板料厚度	黄铜、软钢		中等硬度的钢		硬钢	
	最小	最大	最小	最大	最小	最大
0.5~1.6	0.10	0.15	0.15	0.20	0.15	0.25
>1.6~3.0	0.15	0.20	0.20	0.25	0.20	0.30
>3.0~4.0	0.20	0.25	0.25	0.30	0.25	0.35
>4.0~5.2	0.25	0.30	0.30	0.35	0.30	0.40
>5.2~7.0	0.30	0.40	0.40	0.45	0.45	0.50
>7.0~10	0.35	0.45	0.45	0.50	0.55	0.60

注：①最小的余量用于整修形状简单的工件，最大的余量用于整修形状复杂或有尖角的工件。
②在多次整修中，第二次以后的整修采用表中最小数值。
③钛合金的整修余量为(0.2~0.3) t。

内孔整修的整修余量按式(4-49)计算(如图 4-48 所示，图中 D 为工件所要求的孔径(mm)，d 为预先应加工出的毛坯孔径(mm))：

$$\Delta D = 2s + c = 2\sqrt{\Delta x^2 + \Delta y^2} + c \approx 2.82x + c \quad (4\text{-}49)$$

式中，ΔD 为双边修孔余量，mm；s 为修正前孔具有的最大偏心距，mm；x 为修正前孔的中心坐标对于公称位置的最大错位，mm，见表 4-28；c 为补偿定位误差，见表 4-29；Δx、Δy 为修正前孔可能具有的最高坐标误差。

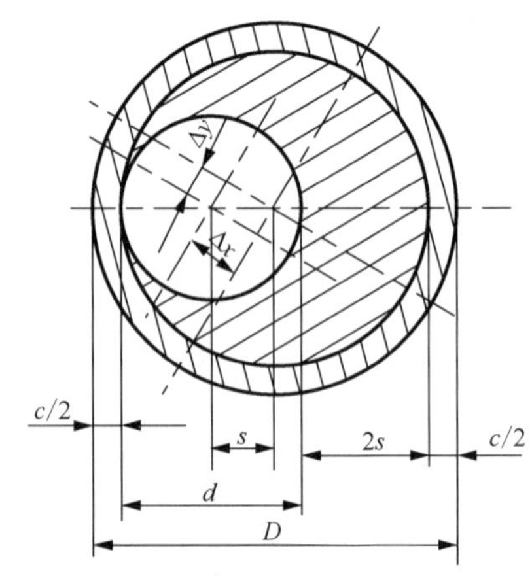

图 4-48 内孔整修余量的计算示意图

表 4-28　x 值的确定　(mm)

板料厚度 t	x 值	
	预先用模具冲孔	预先按中心钻孔
0.5~1.5	0.02	0.04
1.5~2.0	0.03	0.05
2.0~3.5	0.04	0.06

表 4-29　补偿定位误差 c 值　(mm)

作为定位基准的孔和整修孔中心的距离或整修孔中心与作为定位基准的外形轮廓间的距离	c	
	以孔为定位基准	以外形为定位基准
＜10	0.02	0.04
10~20	0.03	0.06
20~40	0.04	0.08
40~100	0.06	0.12

整修次数与板料厚度、形状有关。板料厚度小于 3mm，外形圆滑、简单的工件，一般只需一次整修即可。厚度大于 3mm 或工件有尖角时，需要多次整修，以避免撕裂。一次整修余量沿毛坯工件周围均匀分布，二次整修余量分布如图 4-49 所示。

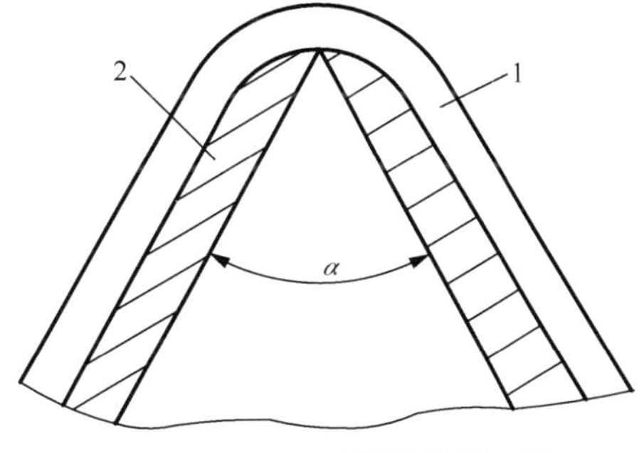

图 4-49　多次整修的余量分布

1-第一次整修；2-第二次整修

3. 模具工作部分尺寸的确定

外缘整修前落料模、内孔整修前冲孔模及整修模工作部分尺寸计算方法归纳于表 4-30，确定方法与普通冲裁相似。内孔整修时，由于整修零件材料的厚度一般比孔径大，整修凹模只起支持坯料和容纳切屑的作用，不要求有刃口，只要凹模孔比凸模直径稍大即可，甚至可以只在凹模上挖出半球形凹坑(图 4-46(b))，其直径 $D_d > 1.5d_p$。此外，内孔整修孔径回弹量大于外缘整修回弹量，在计算公式中予以考虑。外缘整修时，工件增大量较小，一般小于 0.005mm，计算时可不计入。

表 4-30　整修前落料(冲孔)模及整修模工作部分尺寸计算

工作部分尺寸 \ 工序名称	外缘整修($D_{-\Delta}^{0}$)	内孔整修($D_{0}^{+\Delta}$)
整修前落料(冲孔)凸模尺寸	$D_p=(D+\Delta D)_{-\delta_p}^{0}$	$d_p=(D-\Delta D-Z_{\min})_{-\delta_p}^{0}$
整修前落料(冲孔)凹模尺寸	$D_d=(D+\Delta D+Z_{\min})_{0}^{+\delta_d}$	$d_d=(D-\Delta D)_{0}^{+\delta_d}$
整修凹模尺寸	$D_d=(D-0.75\Delta)_{0}^{+\delta_d'}$ $\delta_d'=0.25\Delta$	凹模主要起支撑毛坯作用，其形状和尺寸可以不作严格规定
整修凸模尺寸	$D_p=(D-0.75\Delta-Z')_{-\delta_p'}^{0}$ $\delta_p'=0.25\Delta$	$d_p=(D+0.75\Delta+A)_{-\delta_p'}^{0}$ $\delta_p'=0.2\Delta$

注：D-外缘或内孔整修件的公称尺寸；Δ-整修件的公差；δ_p、δ_d-凸、凹模制造公差，按普通冲裁确定；$Z_{\min}$-最小合理冲裁间隙，按普通冲裁确定；δ_p'、δ_d'-整修凸、凹模制造公差；Z'-整修凸、凹模双面间隙，一般取 0.006～0.01mm，最大不超过 0.025mm；A-整修后孔的收缩量，铝：0.005～0.010mm，黄铜：0.007～0.012mm，软钢：0.008～0.015mm。

练 习 题

4-1 冲裁工序的概念是什么？它包括哪几种基本工序？

4-2 冲裁间隙对冲裁质量、冲裁力、模具寿命有哪些影响？

4-3 冲裁变形一般分为哪几个阶段？

4-4 冲孔件的断面形状如何？落料件外形的断面形状如何？各由哪几个部分组成？

4-5 简述影响冲裁件断面质量的主要因素及影响规律。

4-6 试比较单工序模、复合模与级进模的特点。

4-7 如图 4-50 所示零件，材料为 45 钢，板料厚度为 2mm，试确定冲裁凸模与凹模刃口部分尺寸及冲裁力。

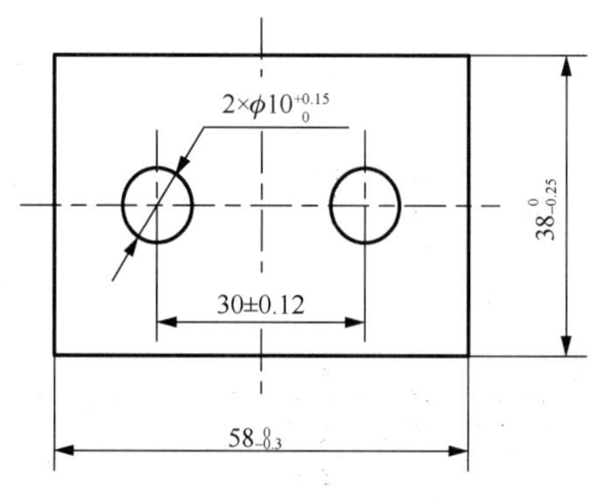

图 4-50 题 4-7 图

4-8 如图 4-51 所示零件，材料为 08 钢，板料厚度为 1mm，试按配合加工法确定凹模刃口尺寸及公差。

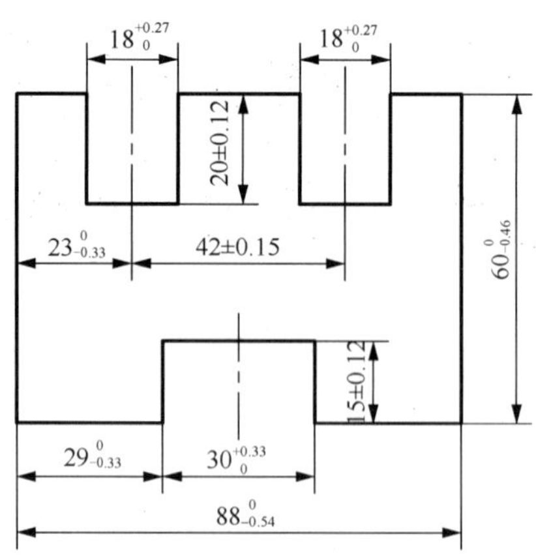

图 4-51 题 4-8 图

第 5 章　弯曲工艺与模具设计

弯曲是将板料、棒料、管料和型材等弯曲成一定形状及角度的零件的成形方法。它的应用相当广泛。所加工的零件种类很多，如 V 形件、U 形件以及其他形式的零件。生产中弯曲成形所用的模具和设备不同，形成各种不同的弯曲方法，如有在压力机上用模具进行的压弯，有在专用弯曲机上进行的折弯或滚弯，以及在拉弯设备上的拉弯等。

本章知识要点

(1) 掌握弯曲变形与质量分析方法。

(2) 掌握弯曲时可能出现的质量问题及控制方法。

(3) 掌握弯曲件的毛坯尺寸及弯曲力计算方法，了解弯曲件的工艺设计基本知识与提高弯曲件精度的工艺措施。

兴趣实践

找一根粗细、强度适中的钢丝，将其沿着钢管的外表面进行弯曲，随着钢丝与钢管接触包角的增加，观察钢丝弯曲的效果，体会弯曲工艺的工作原理与质量问题。

探索思考

弯曲件的质量问题以及如何进行控制？如何分析弯曲件的工艺性？弯曲模经典结构有哪些？如何设计弯曲模？

预习准备

本章将学习弯曲变形与质量分析方法，弯曲件的质量问题及控制方法，弯曲件的毛坯尺寸、弯曲力计算以及提高精度的工艺措施，经典弯曲模的结构与设计要点。

5.1　弯曲变形分析

5.1.1　弯曲变形过程分析

1. 弯曲变形过程

在板料的弯曲变形中，最基本的是 V 形和 U 形弯曲变形。两种弯曲的受力情况如图 5-1 所示。

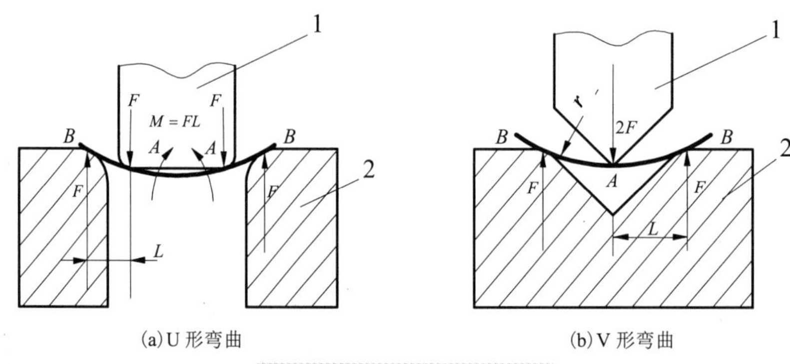

图 5-1　弯曲中板料受力情况

1-凸模；2-凹模

弯曲开始时，凸、凹模与板料在 *A*、*B* 处相接触，凸模在 *A* 处所施加的外力为 *F*(V 形弯曲为 2*F*)，凹模面上的 *B* 点处产生反力，与此外力构成弯曲力矩，在此弯曲力矩的作用下，板料产生塑性变形。

板料弯曲变形过程如图 5-2 所示。凸模逐渐进入凹模，板料在凹模上的支承点 *B* 将逐渐向模具中心移动，即力臂逐渐变小，由 l_0 变为 l_1，同时弯曲件的弯曲圆角半径也逐渐减小，由 r_0 变为 r_1。随着凸模的继续下行，板料弯曲的变形区逐渐减小，直到板料与凸模三点接触。这时，力臂由 l_1 变为 l_2，弯曲圆角半径也由 r_1 变为 r_2。此后，在行程快结束时，板料的直边部分在凸模的作用下，向与以前相反的方向压向凹模。当凸模在最低位置时，模具对弯曲件进行校正，使其直边和圆角部分与模具完全贴合完成弯曲过程。

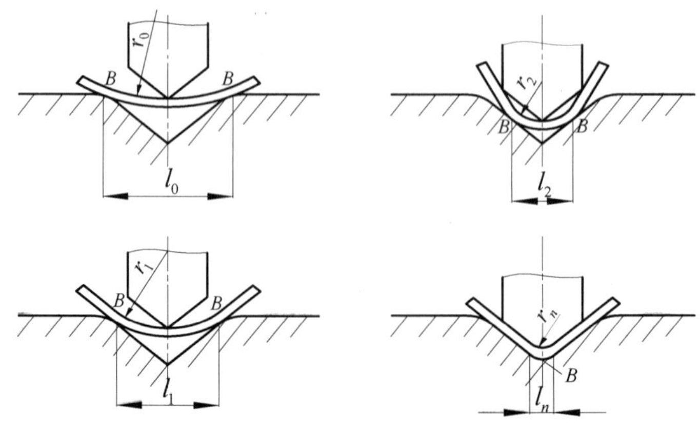

图 5-2　弯曲变形过程

2. 弯曲变形特点

为了便于理解弯曲变形的特点，在板料的厚度方向绘制均匀的网格，如图 5-3 所示。观察弯曲前后的网格变化和工件横断面的变化，可以发现弯曲变形有如下特点。

(1) 弯曲圆角部分是弯曲变形的主要变形区。通过对网格的观察，工件分成了直边和圆角两部分，圆角处的网格变成了扇形，直边部分网格没有变化，在圆角与直边的结合处网格有少许变化。由此可见，弯曲的变形区主要在弯曲件的圆角部分。

(2) 变形区横断面的变形。在弯曲变形时的变形区内，板料横断面的变化有两种情况(图 5-4)：一般将板宽与板厚之比 $b/t>3$ 的板料称为宽板，观察发现其横断面几乎不变，仍保持原来的矩形；而 $b/t \leqslant 3$ 的为窄板，断面产生了畸变，由矩形变成了扇形。实际生产中大多属于宽板弯曲，即认为板材弯曲前后横断面不变化。

(3) 变形区材料厚度变薄的现象。在弯曲变形时的变形区内，板料变形后产生厚度变薄现象。板料弯曲半径与板厚之比 r/t 称为相对弯曲半径。由图 5-3 可以看出，r/t 越小，变形程度越大。变形程度越大，变薄越严重。材料厚度由 t 变薄至 t_1，其比值 $\eta = t_1/t$ 称为变薄系数。由于 $t_1<t$，故 $\eta<1$，可查表 5-1。

表 5-1　变薄系数 η 的数值

r/t	0.1	0.5	1	2	5	>10
η	0.8	0.93	0.97	0.99	0.998	1

(4) 弯曲变形区的应变中性层。弯曲变形区内，板料外层的切向纤维伸长，越靠近外层越长，表明外层纤维受拉伸；板料内层的切向纤维缩短，越靠近内层越短，表明内层纤维受压缩。由内、外层表面至板料中心，纤维的缩短和伸长的程度逐渐减小。由材料的连续性可知，在伸长和缩短两个变形区域之间，存在着一层既不伸长也不压缩的纤维层，此纤维层称为应变中性层(图 5-3 中的 OO 层)。

3. 弯曲变形区的应力应变分析

板料弯曲时变形区的应力分布如图 5-5 所示。弯曲开始时，弯曲力矩较小，变形区断面上的切向应力小于屈服强度 σ_s，板料发生弹性弯曲，变形区圆角部分的切向应力分布如图 5-5(a) 所示。

随着凸模下行，弯矩不断增大，r/t 值不断减小，板料表面切向应力首先达到屈服强度，产生塑性变形，变形逐步向板料中心扩散。大约在 $r/t>200$ 时，板料便处于线性弹塑性状态(图 5-5(b))，即板料中心及附近区域为弹性变形，其他部分为塑性变形，它们各自的应力应变之间的关系可视为线性的。

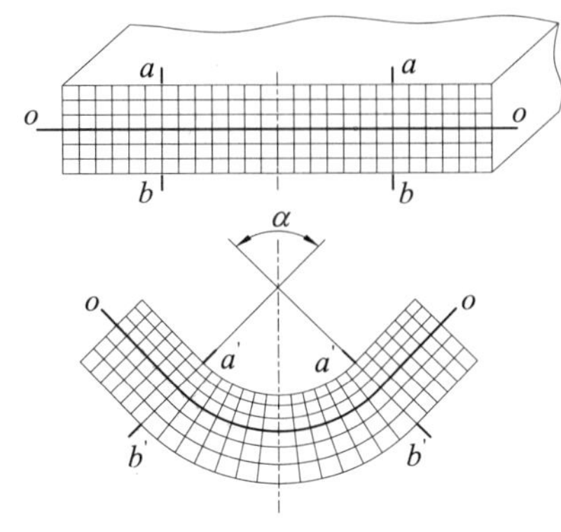

图 5-3　板料弯曲前后网格图

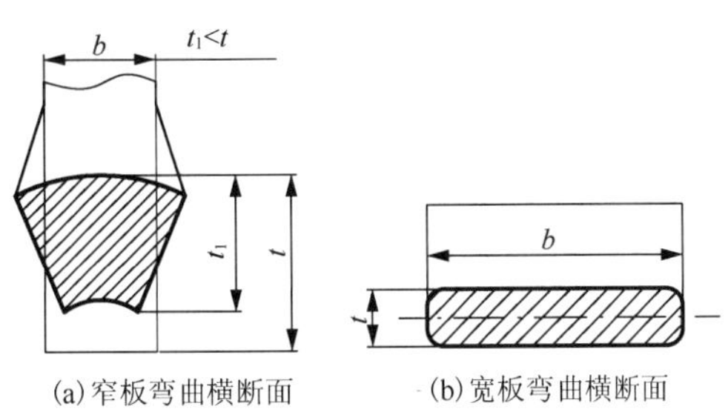

图 5-4　板料弯曲横断面的变化

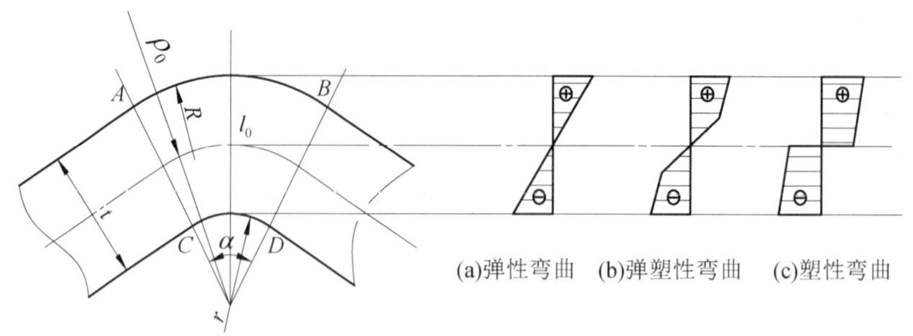

图 5-5 板料弯曲内部的应力状态

凸模继续下行，r/t 值也继续减小，大致在 $200>r/t>5$ 时，板料表层及中心的切应力全部超过屈服强度进入线性全塑性弯曲(图 5-5(c))。当相对弯曲半径再进一步减小，如 $r/t\leqslant 3\sim 5$ 时，则为立体塑性弯曲，这是模具弯曲的最终状态。

由图 5-5 可知，板料在弯矩的作用下，外层纤维受拉，切向受拉应力；内层纤维受压，切向受压应力。由于板料是连续的，在从内到外的层中必有一层纤维既不受压也不受拉，该层称为应力中性层。板料内外表面的应力值(绝对值)最大，板料中心应力值为零。

在弹性弯曲或弯曲变形程度较小时，应力中性层与应变中性层重合，位于板厚的中央(几何中性层)。当弯曲变形程度较大时，应力中性层与应变中性层从几何中性层向内偏移，其中应变中性层的偏移量小于应力中性层的偏移量。

根据图 5-4，下面分析窄板弯曲($b/t\leqslant 3$)和宽板弯曲($b/t>3$)的应力应变情况，设板料弯曲区的主应力 σ 和主应变 ε 的三个方向为切向(σ_1、ε_1)、径向(σ_2、ε_2)、宽度方向(σ_3、ε_3)。

1)应变状态

(1)长度方向(切向)。外侧伸长应变，内侧压缩应变。其应变 ε_1 为绝对值最大的主应变。

(2)厚度方向(径向)。根据塑性变形体积不变条件可知，沿着板料的宽度和厚度方向，必然产生与 ε_1 符号相反的应变。在板料的外侧，径向的 ε_2 为压缩应变；在板料的内侧，径向的应变 ε_2 为伸长应变。

(3)宽度方向(轴向)。分两种情况：窄板弯曲($b/t\leqslant 3$)时，材料在宽度方向可以自由变形，故外侧应为压缩应变，内侧为伸长应变；宽板弯曲($b/t>3$)时，沿宽度方向，板料的变形受到材料彼此的限制，故外侧和内侧方向的应变 ε_3 近似为零。

2)应力状态

(1)长度方向(切向)。外侧受拉应力，内侧受压应力，其应力 σ_1 为绝对值最大的主应力。

(2)厚度方向(径向)。在弯曲过程中，材料有挤向曲率中心的倾向。越靠近板料外表面，其切向拉应力 σ_1 越大，材料向内挤的倾向越大。这使板料在厚度方向产生了压应力 σ_2。在板料的内侧，也产生了压应力 σ_2。

(3)宽度方向(轴向)。分两种情况：窄板弯曲($b/t\leqslant 3$)时，由于材料在横向的变形不受限制，因此，其内侧和外侧的应力均可忽略为零；宽板弯曲($b/t>3$)时，外侧材料在横向的收缩受阻，产生拉应力 σ_3，内侧横向拉伸受阻，产生压应力 σ_3。

板料在弯曲过程中的应力、应变状态，如图 5-6 所示。从图中可以看出，宽板弯曲是三维应力状态，窄板弯曲则是平面应力状态；窄板弯曲是三维应变状态，宽板弯曲则是平面应变状态。

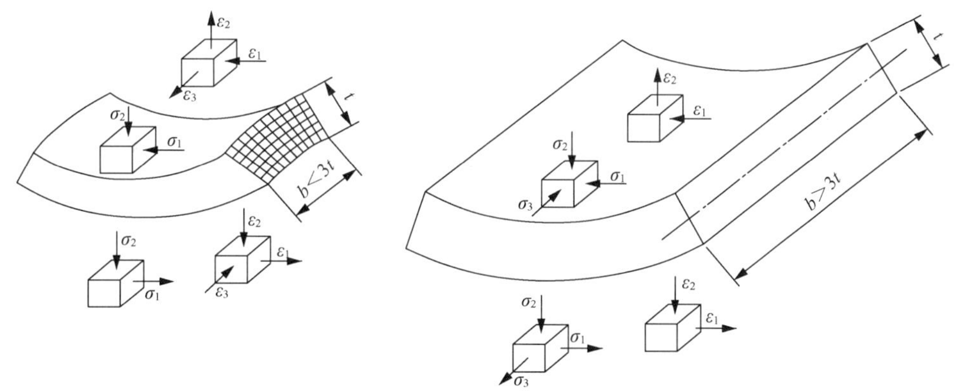

图 5-6　弯曲变形的应力与应变状态

4. 弯曲变形程度

弯曲变形程度是指弯曲过程中变形量的大小。由图 5-7 可知，在弯曲时板料变形区中切向应变 ε_1 与其在板厚上的位置有关。切向应变 ε_1 线性规律变化，其值为

$$\varepsilon_1=\frac{(\rho_0+y)\alpha-\rho_0\alpha}{\rho_0\alpha}=\frac{y}{\rho_0} \tag{5-1}$$

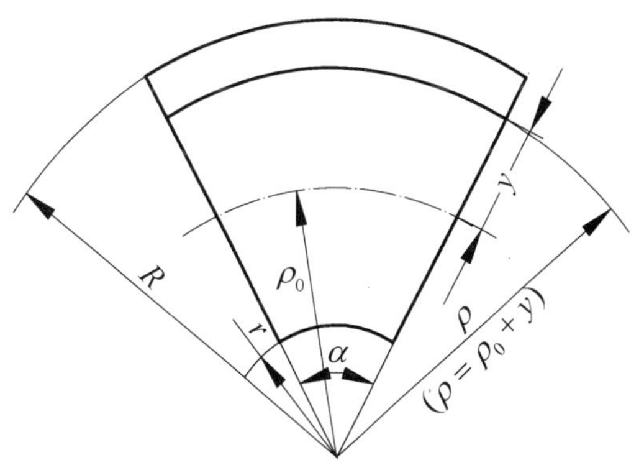

图 5-7　弯曲变形程度

当变形不大时，可认为材料不变薄，且中性层仍在板料的中间，板料内表面和外表面的切向应变绝对值相等，即当 $y=t/2$ 时，其值最大。

$$\varepsilon_{1\max}=\frac{\frac{t}{2}}{\rho_0}=\frac{t}{2\rho_0} \tag{5-2}$$

$\rho_0=r+t/2$，代入式(5-2)得

$$\varepsilon_{1\max}=\frac{1}{2r/t+1} \tag{5-3}$$

由式(5-3)可见，弯曲件表面上的应变量(即断面上切向应变的最大值)与相对弯曲半径 r/t 近似呈反比关系，而外表面的最大拉应变受材料性能的限制。为获得良好的弯曲工件，r/t 存在一个极值，故常用相对弯曲半径 r/t 来表示弯曲的变形量，即弯曲变形程度。当 r/t 值小时，表示弯曲变形程度大。

5.1.2　弯曲质量分析

1. 最小相对弯曲半径

1) 最小相对弯曲半径的概念

由弯曲变形区的应力应变分析可知，相对弯曲半径 r/t 越小，弯曲变形程度越大，弯曲变形区外表面材料所受的拉应力和拉伸应变越大。当相对弯曲半径减小到某一数值时，弯曲件

外表面纤维的拉伸应变超过材料塑性变形的极限时就会产生裂纹。因此，为了防止外表面纤维拉裂和保证弯曲件质量，相对弯曲半径 r/t 应有一定限制。防止外表面纤维拉裂的极限弯曲半径称为最小相对弯曲半径，用 r_{min}/t 表示。

式(5-3)给出了弯曲件表面上的应变量与相对弯曲半径 r/t 的关系式，将式中的 ε_{1max} 用材料的最大伸长率 δ_{max} 来替代，考虑到断面收缩率 ψ 与 δ 间的关系 $\psi=\delta/(1+\delta)$，可以得到最小相对弯曲半径 r_{min}/t 与材料塑性极限指标 δ_{max} 和 ψ_{max} 的关系式，即

$$\frac{r_{min}}{t}=\frac{1-\delta_{max}}{2\delta_{max}}=\frac{1}{2\delta_{max}}-\frac{1}{2} \tag{5-4}$$

或

$$\frac{r_{min}}{t}=\frac{1}{2\psi_{max}}-1 \tag{5-5}$$

显然，材料的 δ_{max} 和 ψ_{max} 值越大，则最小相对弯曲半径 r_{min}/t 越小。生产实践表明，按上述公式计算得到的最小相对弯曲半径的数值大于生产中允许的数值，因为最小相对弯曲半径还受其他因素的影响。

此外，在弯曲工艺设计中不仅要求了解材料的最小相对弯曲半径，为了保证弯曲件的质量，还应考虑材料的最大相对弯曲半径 r_{max}/t，因此，弯曲件生产中要求工件的相对弯曲半径 r/t 符合式(5-6)，即

$$\frac{r_{min}}{t}<\frac{r}{t}<\frac{r_{max}}{t} \tag{5-6}$$

2) 影响最小相对弯曲半径 r_{min}/t 的因素

(1) 材料的力学性能。材料的塑性指标(如伸长率 δ 和断面收缩率 ψ)值越高，其弯曲时塑性变形的稳定性越好，允许采用的最小相对弯曲半径越小。

(2) 弯曲中心角 α 的大小。板料弯曲变形时，一般认为变形仅局限在弯曲圆角部分，直边部分不参与变形，因此，弯曲变形程度与弯曲中心角 α 无关。但在实际弯曲过程中，由于材料的连续性，板料纤维之间相互牵制，圆角附近直边部分的材料也参与了变形，分散了圆角部分的弯曲应变，有利于降低圆角部分外表面纤维的拉伸应变，从而有利于防止材料外表面的拉裂。弯曲中心角 α 越小，直边部分参与变形的分散效应越显著，允许采用的最小相对弯曲半径就越小；且 $\alpha>70°$，其变化产生的影响较小，如图 5-8 所示。

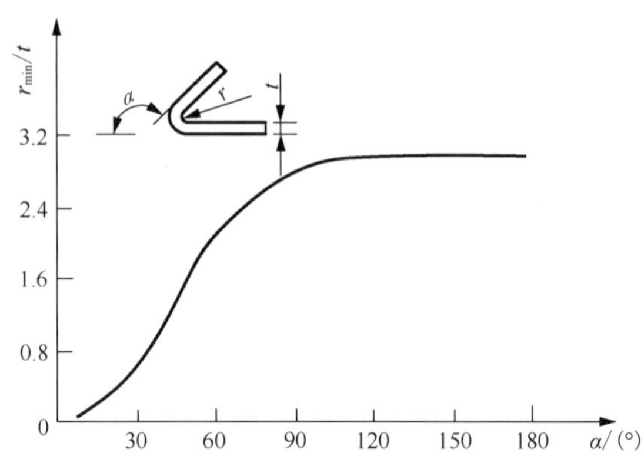

图 5-8　弯曲中心角对 r_{min}/t 的影响

(3) 弯曲线与板料纤维方向的关系。板料经过多次轧制后，其力学性能具有方向性(即各

向异性)。顺着纤维方向的塑性指标大于垂直于纤维方向的塑性指标，如图 5-9 所示，弯曲件的弯曲线与板料的纤维方向垂直时，r_{min}/t 最小；弯曲件的弯曲线与板料的纤维方向平行时，r_{min}/t 最大。因此，对于 r/t 较小或塑性较差的弯曲件，弯曲线应尽可能与纤维方向垂直。当弯曲件具有两个以上相互垂直的弯曲线，且 r/t 又较小时，排样时应设法使弯曲线与板料的纤维方向成一定角度(一般可采用 45° 左右)。

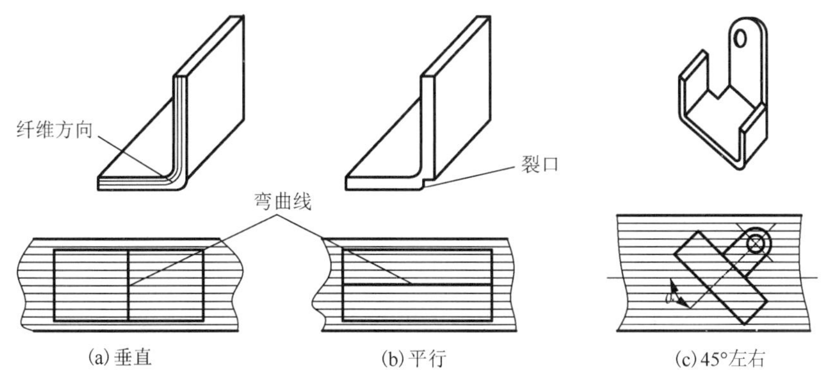

图 5-9 弯曲线与板料纤维方向的关系

(4) 板料的冲裁断面质量和表面质量。板料弯曲用的毛坯一般由冲裁或剪裁获得，切断面上的飞边、裂口、冷作硬化、板料表面的划伤与裂纹等缺陷的存在，会造成应力集中，在弯曲过程中易在弯曲外表面处产生裂纹。因此，在生产中需要较小的 r_{min}/t 时，弯曲前应将飞边去除并将有小飞边的一面置于弯曲内侧，见图 5-10(a)；表面质量和断面质量差的板料弯曲时的 r_{min}/t 较大，见图 5-10(b)。

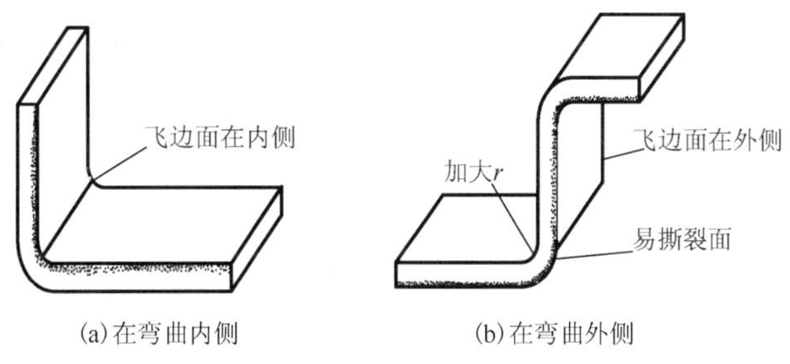

图 5-10 冲裁断面质量和表面质量

(5) 弯曲件的宽度和板料厚度。窄板弯曲和宽板弯曲时的应力应变状态不同。弯曲件的相对宽度 b/t 越大，材料沿宽度方向流动的阻碍越大；b/t 越小，材料沿宽度方向的流动越容易，从而改善圆角变形区外侧的应力应变状态。因此，b/t 较小的窄板，r_{min}/t 较小。

弯曲变形区切向应变在厚度方向按线性规律变化，外表面上最大，中性层处为零。当板料较薄时，在整个板料厚度方向上切向应变的梯度大。当板料较厚时，与切向应变最大值相邻的金属可以阻碍表面金属产生局部不稳定塑性变形，使总变形程度提高，故最小相对弯曲半径 r_{min}/t 较小。

3) 最小相对弯曲半径 r_{min}/t 的经验取值

综上分析，影响弯曲件最小相对弯曲半径的因素较多，因此，生产实际中考虑部分工艺因素的影响，经试验得到的 r_{min}/t 数值见表 5-2。从表 5-2 中可以明显看出，最小相对弯曲半径值随着被弯曲材料种类的不同、弯曲材料供货状态的不同以及弯曲线方向的不同而有较大区别。

表 5-2 最小相对弯曲半径 r_{min}/t 的数值

材料	正火或退火		硬化	
	弯曲线方向			
	与轧纹垂直	与轧纹平行	与轧纹垂直	与轧纹平行
铝	0	0.3	0.3	0.8
退火纯铜			1.0	2.0
黄铜 H68			0.4	0.8
05、08F			0.2	0.5
08、10、Q215	0	0.4	0.4	0.8
15、20、Q235	0.1	0.5	0.5	1.0
25、30、Q255	0.2	0.6	0.6	1.2
35、40	0.3	0.8	0.8	1.5
45、50	0.5	1.0	1.0	1.7
55、60	0.7	1.3	1.3	2.0
硬铝(软)	1.0	1.5	1.5	2.5
硬铝(硬)	2.0	3.0	3.0	4.0
镁合金	300℃热弯		冷弯	
MA1-M	2.0	3.0	6.0	8.0
MA8-M	1.5	2.0	5.0	6.0
钛合金	300～400℃热弯		冷弯	
BT1	1.5	2.0	3.0	4.0
BT5	3.0	4.0	5.0	6.0
钼合金	400～500℃热弯		冷弯	
BM1、BM2	2.0	3.0	4.0	5.0

2. 弯曲回弹

1) 弯曲回弹的概念

弯曲变形和所有的塑性成形工艺一样，均伴有弹性变形。弯曲卸载后，由于中性层附近的弹性变形以及内、外层总变形中弹性变形部分的回复，使弯曲件的弯曲角和弯曲半径与模具相应尺寸不一致，这种现象称为弯曲回弹。

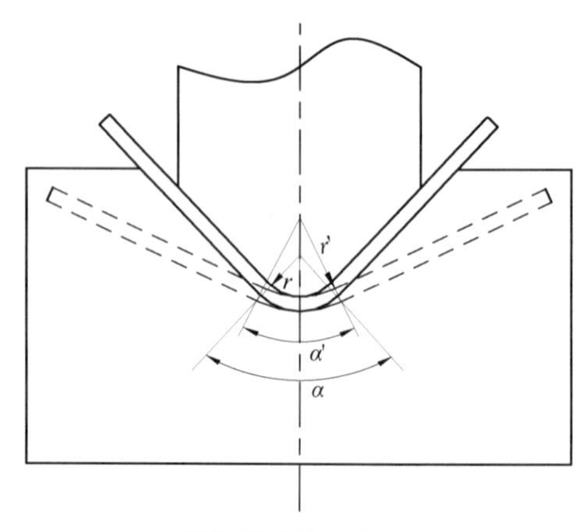

图 5-11 弯曲回弹

如能计算出回弹角，预先修正模具工作部分的尺寸，便可以使弯曲件的精度更符合预期的要求。工件经弯曲后卸载时，弯曲中心角由 α 变为 α'，内弯半径由 r 变为 r'，如图 5-11 所示。则弯曲中心角变化量为$\Delta\alpha=\alpha-\alpha'$，弯曲半径变化量为$\Delta r=r-r'$。

弯曲中心角变化量$\Delta\alpha>0$时，称为正回弹；反之，称为负回弹，此时工件的角度大于模具的角度。当零件的相对弯曲半径r/t较小时，可以忽略半径回弹而只考虑角度回弹。

2)回弹值的确定

回弹直接影响工件的尺寸和形状，因而在模具设计和制造时，必须预先将材料的回弹值考虑进去，修正模具工作部分的尺寸和形状。

回弹值的确定方法有理论公式计算与经验值两种。理论计算比较烦琐，且实际弯曲时影响回弹的因素较多，导致理论计算结果精度不准确，因此，在生产实践中常采用经验值。90°单角自由弯曲时的平均回弹角变化量$\Delta\alpha$值，见表 5-3。

表 5-3　90°单角自由弯曲时的平均回弹角变化量$\Delta\alpha$值

材料	r/t	材料厚度 t/mm		
		<0.8	0.8～2	>2
软钢 σ_b=350MPa 软黄铜、铝和锌 $\sigma_b\leqslant$350MPa	<1	4°	2°	0°
	1～5	5°	3°	1°
	>5	6°	4°	2°
中等硬度的钢 σ_b=(400～500)MPa 硬黄铜、硬青铜 σ_b=(350～400)MPa	<1	5°	2°	0°
	1～5	6°	3°	1°
	>5	8°	5°	3°
硬钢 σ_b>550MPa	<1	7°	4°	2°
	1～5	9°	5°	3°
	>5	12°	7°	6°
硬铝 2A12	<2	2°	3°	4°30′
	2～5	4°	6°	8°30′
	>5	6°30′	10°	14°
超硬铝 7A04	<2	2°30′	5°	8°
	2～5	4°	8°	11°30′
	>5	7°	12°	19°

3)回弹的影响因素

(1)材料的力学性能。

回弹量与材料的屈服强度σ_s成正比，与弹性模量E成反比。即σ_s/E的比值越大，材料的回弹越大。

图 5-12(a)中，1、2 两种材料的屈服强度σ_s基本相同，但弹性模量$E_1>E_2$。当弯曲件的变形程度相同时，外表面的切向应变值均为ε_1，卸载后，两种材料的回弹量不一样，弹性模量大的材料 1 的回弹量ε_1'小于弹性模量小的材料 2 的回弹量ε_2'。

而图 5-12(b)所示的两种材料，其弹性模量基本相同，而屈服强度不同。在弯曲变形程度相同的条件下，经冷作硬化而屈服强度较高的材料 3 卸载后的回弹量ε_3'大于屈服强度较低的材料 4 的回弹量ε_4'。

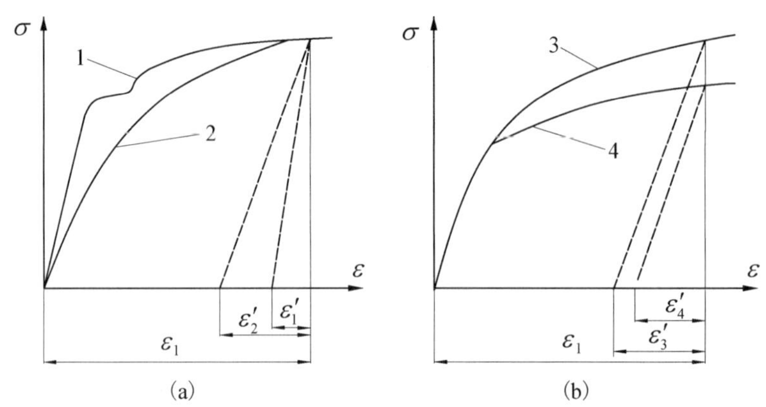

图 5-12 材料的力学性能对回弹值的影响

(2) 相对弯曲半径。

相对弯曲半径 r/t 越小，弯曲回弹越小。r/t 减小时，弯曲变形程度增大，弯曲变形区的塑性变形比例增大，而弹性变形比例减小，故回弹值也就随之减小。r/t 越大，弯曲变形区的弹性变形比例增大，而塑性变形比例减小，故回弹值增大。

(3) 弯曲中心角。

弯曲中心角 α 越大，则弯曲变形区的长度越大，回弹积累值也越大，弯曲角变化量 $\Delta\alpha$ 越大，但对弯曲半径的回弹影响不大。

(4) 弯曲方式。

自由弯曲的回弹要比校正弯曲大，这是因为校正弯曲时，材料受到凸、凹模的压缩作用，弯曲变形区内外侧沿切向均发生伸长变形，随着校正力的不断增加，整个弯曲变形区都沿切向发生伸长变形。卸载时，内、外层纤维同时沿切向收缩，回弹方向取得一致，从而使回弹量比自由弯曲时大为减少。因此校正力越大，回弹值越小。

(5) 弯曲件形状。

U 形件的回弹小于 V 形件。复杂形状弯曲件，若一次弯曲成形，由于在弯曲时各部位的材料互相牵制，因而改变了弯曲件弯曲时各部分材料的应力状态，这样使回弹困难，回弹角减小。

(6) 模具间隙。

在弯曲 U 形件时，模具凸、凹模间隙对弯曲件的回弹有直接的影响。间隙小，回弹减小。相反，当间隙较大时，材料处于松动状态，工件的回弹就大。在弯曲 V 形件时，增大凹模 V 形工作面开口尺寸能够减小回弹。

(7) 其他影响因素。

板料与模具表面的摩擦。摩擦在大多数弯曲情况下，可以增大变形区的拉应力，使板料内外区应力趋于一致，所以，回弹值小。但摩擦形成的拉应力有可能使板料外侧表面拉裂或使工件表面擦伤。此外，板料厚度偏差的波动对工件的回弹也有一定的影响。

5.2　弯曲力计算

弯曲力大小是设计弯曲模和选择压力机吨位的重要依据，受到材料力学性能、弯曲件形状、板厚、毛坯尺寸大小、弯曲半径、模具间隙、弯曲结构等多种因素的影响。理论上精确计算弯曲力是比较困难的，在冲压生产中常用经验公式或通过简化的理论公式来进行计算。

1. 自由弯曲时弯曲力计算

自由弯曲力计算公式如下。

V 形件弯曲，如图 5-13(a)所示，有

$$F_{自} = \frac{0.6kbt^2\sigma_b}{r+t} \tag{5-7}$$

U 形件弯曲，如图 5-13(b)所示。有

$$F_{自} = \frac{0.7kbt^2\sigma_b}{r+t} \tag{5-8}$$

式中，$F_{自}$ 为自由弯曲力，N；b 为弯曲件宽度，mm；r 为弯曲件内弯曲半径，mm；σ_b 为材料抗拉强度，MPa；t 为材料厚度，mm；k 为系数，一般取 k=1～1.3。

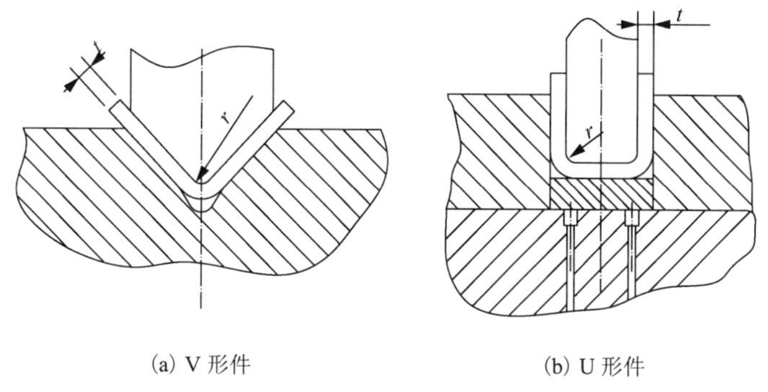

(a) V 形件　　(b) U 形件

图 5-13　自由弯曲示意图

2. 校正弯曲时弯曲力计算

校正弯曲如图 5-14 所示。校正弯曲力按式(5-9)计算：

$$F_{校} = qA \tag{5-9}$$

式中，$F_{校}$ 为校正弯曲力，N；A 为校正部分投影面积，mm^2；q 为单位面积上的校正力，MPa；q 值可按表 5-4 选取。

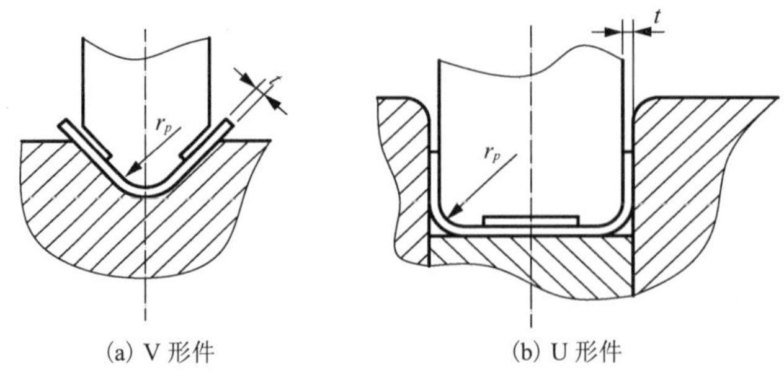

(a) V 形件　　(b) U 形件

图 5-14　校正弯曲示意图

表 5-4　单位校正力 q 值

(MPa)

材料	板料厚度 t/mm			
	<1	1～3	3～6	6～10
铝	15～20	20～30	30～40	40～50
黄铜	20～30	30～40	40～60	60～80
10～20 钢	30～40	40～60	60～80	80～100
25～30 钢	40～50	50～70	70～100	100～120

3. **顶件力或压料力计算**

对于设有顶件装置或压料装置的弯曲模，顶件力或压料力 Q 可近似取自由弯曲力 $F_{自}$ 的 30%～80%，即

$$Q=(0.3\sim0.8)F_{自}$$

4. **压力机公称压力的确定**

对于自由弯曲，有

$$F_{压力机}\geqslant F_{自}+Q \tag{5-10}$$

对于校正弯曲，由于校正力 $F_{校}$ 是发生在接近压力机下死点的位置，校正力与弯曲力并不重叠，而且校正力的数值比压料力 Q 也大得多，故 Q 数值可忽略不计，因此，选择压力机时，以校正弯曲为依据，即

$$F_{压力机}\geqslant F_{校} \tag{5-11}$$

5.3　弯曲件的毛坯尺寸计算

弯曲成形时首先要根据弯曲件的形状、尺寸确定所需毛坯尺寸，然后根据毛坯尺寸确定可能达到的最大弯曲变形程度(最小相对弯曲半径)，最后还要确定完成弯曲成形所需的工序次数。

弯曲件毛坯展开长度与弯曲件的形状、弯曲半径大小以及弯曲方法等有关，因此，其计算方法应按不同的情况分别对待。

1. **有圆角半径的弯曲**（$r>0.5t$）

宽板弯曲时，可以认为弯曲前后的宽度和厚度保持不变。因此弯曲毛坯尺寸的确定是指展开长度尺寸的确定。根据应变中性层的意义，板料长度应等于中性层的长度。因此弯曲件

的展开长度等于各直边部分与各弯曲部分中性层长度之和，图 5-15 为弯一个大于 90° 弯曲件，其毛坯长度计算公式为

$$L=l_1+l_2+l_0=l_1+l_2+\frac{\pi\alpha}{180}(r+kt) \tag{5-12}$$

式中，α 为弯曲中心角，°；l_1、l_2 为工件直边长度，mm；l_0 为工件弯曲部分中性层长度，mm；r 为弯曲件内表面的圆角半径，mm；k 为中性层因子，可查表 5-5；t 为板料厚度，mm。

表 5-5　应变中性层因子 k

r/t	0.1	0.2	0.3	0.4	0.5	0.6	0.7	0.8	1	1.2
k	0.21	0.22	0.23	0.24	0.25	0.26	0.28	0.3	0.32	0.33
r/t	1.3	1.5	2	2.5	3	4	5	6	7	≥8
k	0.34	0.36	0.38	0.39	0.4	0.42	0.44	0.46	0.48	0.5

2. 有圆角半径的弯曲（$r<0.5t$）

当弯曲件中的 $r<0.5t$ 时，变形区材料变薄严重，且断面畸变较大，就要采用弯曲前后体积不变来计算毛坯长度。如图 5-16 所示为一个无圆角的直角弯曲件，设宽度为 b，则

弯曲前毛坯体积：V_0-Lbt

弯曲后体积：$V=(l_1+l_2)bt+\dfrac{\pi t^2}{4}b$

由 $V_0=V$，可得 $L=l_1+l_2+0.785t$。弯曲变形时，不仅在毛坯的圆角变形区产生变薄，而且与其相邻的直边部分也产生一定程度的变薄，所以上式求得的结果往往偏大，还必须作如下修正：

$$L=l_1+l_2+k't \tag{5-13}$$

式中，k' 为修正系数，一般取 $k'=0.4\sim0.6$。

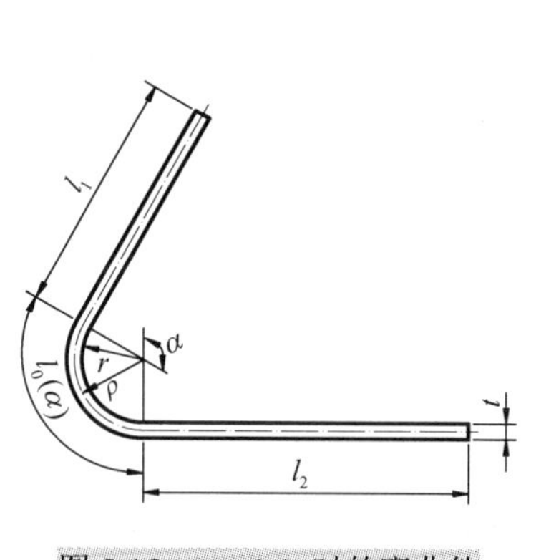

图 5-15　$r>0.5t$ 时的弯曲件

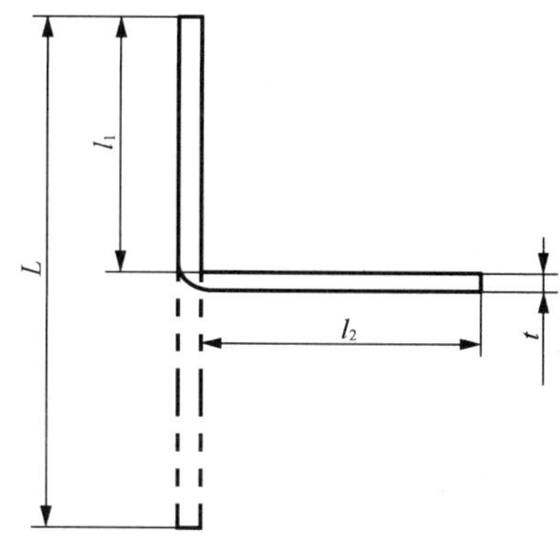

图 5-16　无圆角的直角弯曲件

3. 铰链式弯曲件

对于 $r=(0.6\sim3.5)t$ 的铰链件，如图 5-17 所示，通常采用推卷的方法成形，在卷圆过程中板料增厚，中性层外移，其坯料长度 L 可按式(5-14)近似计算。

$$L=l+1.5\pi(r+k_t t)+r\approx l+5.7r+4.7k_t t \tag{5-14}$$

式中，l 为直边长度，mm；r 为铰链内半径，mm；k_t 为卷圆时中性层因子，见表 5-6。

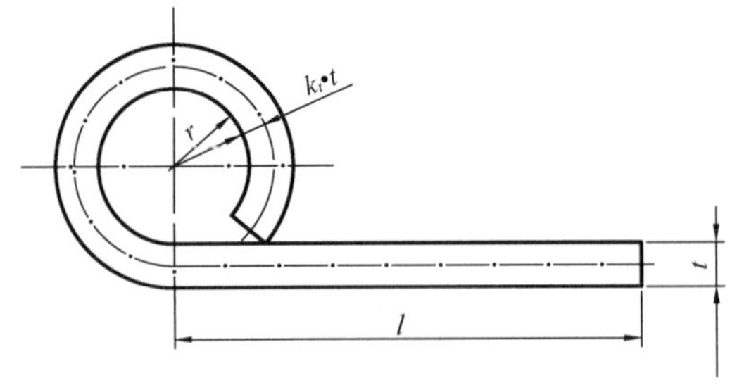

图 5-17　铰链式弯曲件

表 5-6　卷圆时中性层因子 k_t

r/t	>0.5～0.6	>0.6～0.8	>0.8～1	>1～1.2	>1.2～1.5	>1.5～1.8	>1.8～2	>2～2.2	>2.2
k_t	0.76	0.73	0.7	0.67	0.64	0.61	0.58	0.54	0.5

用上述各式计算时，很多因素(如材料性能、模具情况及弯曲方式等)没有考虑，因而可能产生较大的误差。所以只适用于形状简单、弯角个数少和公差等级要求不高的弯曲件。对于形状复杂、多角及精度要求高的弯曲件，应先用上述公式进行初步的计算，经过试压后才能最后确定合适的毛坯形状和尺寸。工程上往往是先制造弯曲模，经过试弯，确定板料尺寸后再设计与制造落料模。

5.4　弯曲件的工艺设计

弯曲件的工艺性，是指弯曲制件的形状、尺寸、精度要求、材料选用及技术要求等是否符合弯曲变形规律的要求。良好工艺性可简化弯曲工艺过程和提高弯曲件精度。

5.4.1　弯曲件的工艺性

对弯曲件的工艺分析应遵循弯曲过程变形规律，通常主要考虑如下几个方面。

1. 弯曲件的结构

1)弯曲半径

弯曲件的弯曲半径不宜小于最小弯曲半径，否则要多次弯曲，增加工序数；也不宜过大，因为过大时受到回弹的影响，弯曲角度与弯曲半径的精度都不易保证。

2)弯曲件的形状

弯曲件的形状应尽可能简单并左右对称，以保证弯曲时毛坯不产生滑动，造成偏移，从而影响弯曲件的精度。图 5-18(a)所示为防毛坯弯曲时产生滑动，设计时添加工艺孔定位。图 5-18(b)所示的小型非对称弯曲件采用成对弯曲再切断的工艺。

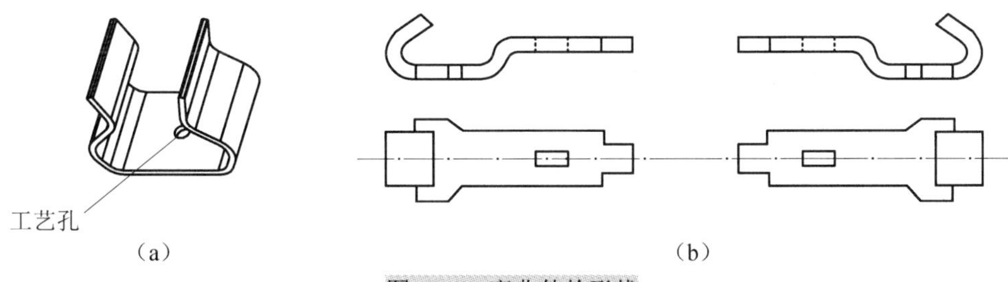

图 5-18　弯曲件的形状

带有缺口的弯曲件，若先冲缺口再弯曲，会出现叉口现象，严重时甚至无法成形。因此，应先留下缺口部分作为连接带，弯曲成形后再切除，如图 5-19(a)所示。

带有切口弯曲的工件，弯曲部分一般应做成梯形以便于出模。也可以先冲出周边槽孔，然后弯曲成形，如图 5-19(b)所示。

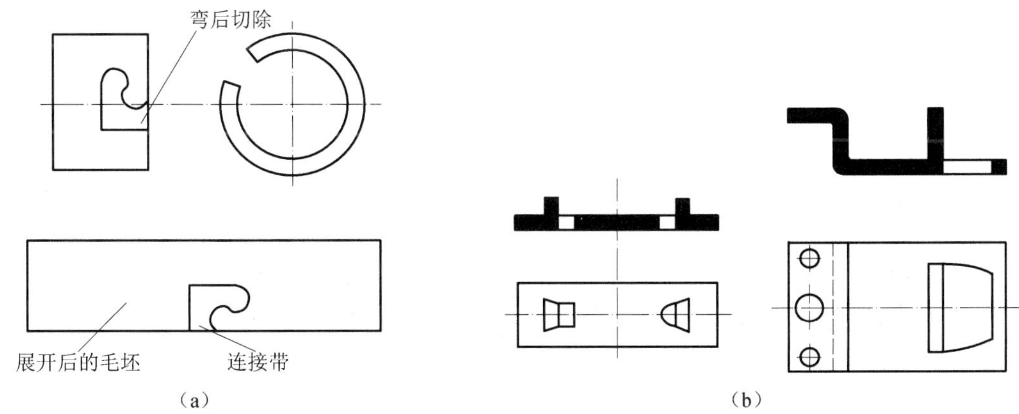

图 5-19　带有缺口、切口的弯曲件

3) 弯曲件直边高度

在进行直角弯曲时，弯曲件的直边高度不宜过小。若弯曲件的直边高度过小，则直边在模具上支持的长度过短，弯曲过程中不能产生足够的弯矩，将无法保证弯曲件的直边平直，所以必须使弯曲件的直边高度 $h > r + 2t$，如图 5-20(a)所示。若 $h < r + 2t$，则需先压槽再弯曲或者先增加直边高度，弯曲后再切除多余的部分，如图 5-20(b)所示。当弯曲侧边带有斜角的弯曲件时，则在斜边高度小于 $r + 2t$ 的区域中不可能弯曲到要求的角度，并且该处还易开裂，如图 5-20(c)所示，因此必须改变工件的形状，加高直边高度，如图 5-20(d)所示。

4) 弯曲件孔边距

当弯曲带孔的工件时，如果孔位于弯曲区附近，则弯曲后孔的形状会发生变形。为了避免这种缺陷的出现，必须使孔处于变形区之外，如图 5-21(a)所示。孔边到弯曲半径 r 中心的距离 l 为：当 $t < 2\text{mm}$ 时，$l \geqslant t$；当 $t \geqslant 2\text{mm}$ 时，$l \geqslant 2t$。

如果孔边至弯曲半径 r 中心的距离过小而不能满足上述条件，需弯曲成形后再冲孔。若工件结构允许，可在弯曲处预先冲出工艺孔，如图 5-21(b)所示，或留出工艺槽，如图 5-21(c)所示，由工艺孔或槽来吸收弯曲变形应力，防止孔在弯曲时变形。

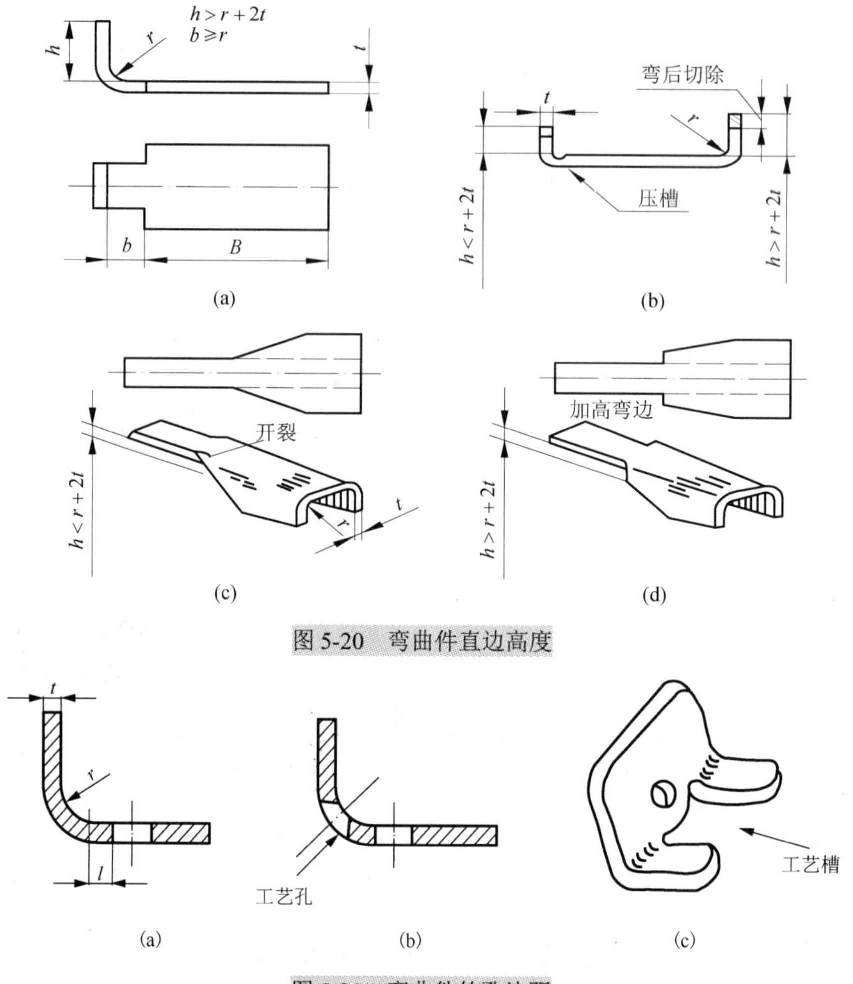

图 5-20　弯曲件直边高度

图 5-21　弯曲件的孔边距

5）避免弯曲根部产生裂纹的工件结构

在局部弯曲某一段边缘时，为避免弯曲根部撕裂，应减小不弯曲部分的长度 B，使其退出弯曲线之外，即 $b \geqslant r$，如图 5-22(a)所示。若条件 $b \geqslant r$ 不能满足，则应在弯曲部分与不弯曲部分之间切槽，如图 5-22(b)所示，或在弯曲前冲出工艺孔，如图 5-22(c)所示。

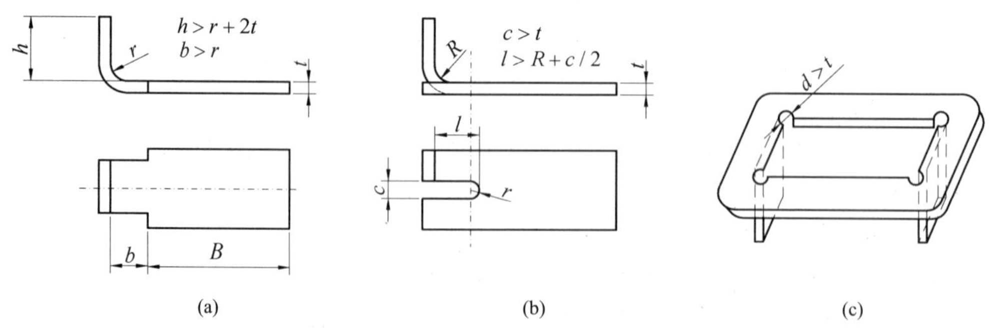

图 5-22　避免弯曲根部产生裂纹的工件结构

6)增加工艺缺口、槽和工艺孔

对于弯曲时圆角变形区侧面产生畸变的弯曲件，为提高弯曲件的尺寸精度，可预先在折弯线的两端切出工艺缺口或槽，以避免畸变对弯曲件宽度尺寸的影响，如图 5-23 所示。

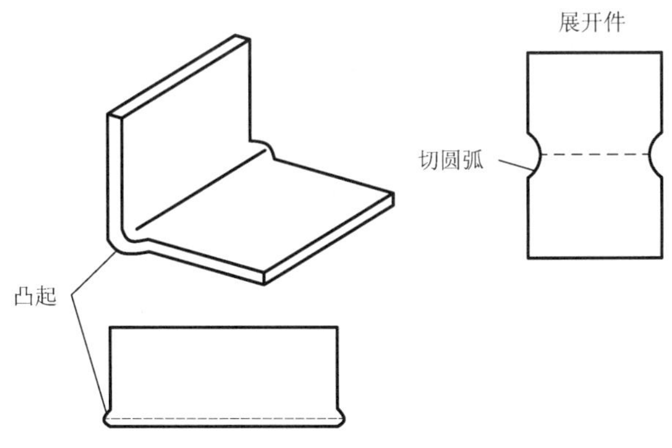

图 5-23　弯曲畸变消除方法

为防止弯曲角部受力不均而产生变形和裂纹，应预先切槽或冲工艺孔，如图 5-24 所示。其中，工艺槽深度 $L \geqslant r+t+K/2$，工艺槽宽度 $K \geqslant t$，工艺孔直径 $d \geqslant t$。

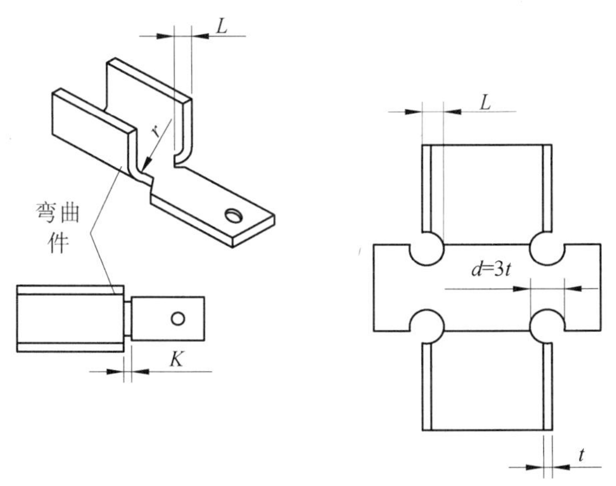

图 5-24　预冲工艺槽、孔的弯曲件

7)弯曲件尺寸标注

弯曲件尺寸标注的不同会导致加工方案不同，如图 5-25 所示的弯曲件有 3 种尺寸标注方法。如图 5-25(a)所示的尺寸可以采用先落料冲孔，然后弯曲成形，工艺比较简单。而如图 5-25(b)、(c)所示的尺寸标注方法，冲孔只能在弯曲成形后进行，增加了工序。因此当孔无装配要求时，应采用如图 5-25(a)所示的标注方法，以减少加工工序。

2. 弯曲件材料

如果弯曲件的材料具有足够的塑性，屈强比(σ_s/σ_b)小，屈服强度与弹性模量的比值(σ_s/E)小，则有利于弯曲成形和工件质量的提高。如软钢、黄铜和铝等材料的弯曲成形性能好。而脆性较大的材料，如磷青铜、铍青铜等，则最小相对弯曲半径要大，回弹大，不利于成形。

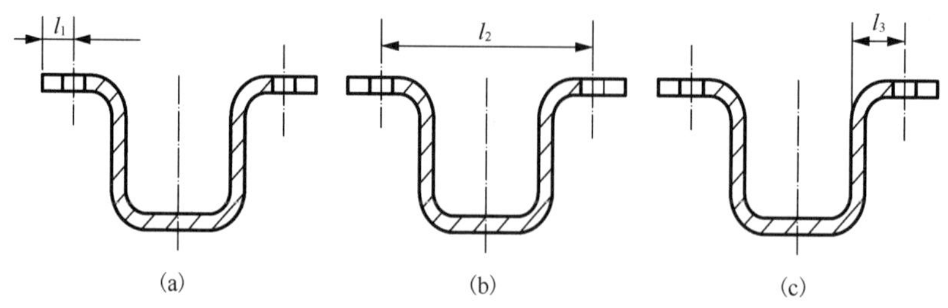

图 5-25　尺寸标注对弯曲工艺的影响

3. 弯曲件的精度

弯曲件的精度受坯料定位、偏移、翘曲和回弹等因素的影响，弯曲的工序数目越多，精度也越低。一般弯曲件的经济公差等级在 IT13 级以下，角度公差大于 15′。

5.4.2　弯曲件的工序安排

弯曲件的弯曲次数和工序安排必须根据工件形状的复杂程度、材料的性能、精度要求的高低以及生产批量的大小等因素综合进行考虑。弯曲工序安排合理，可以减少弯曲次数，简化模具结构、提高工件的质量和劳动生产率；若安排不当，将会导致工件质量低劣和废品率高。

1. 弯曲件工序安排的原则

(1) 对于形状简单的弯曲件，如 V 形、U 形、Z 形工件等，可以采用一次弯曲成形。对于形状复杂的弯曲件，一般需要采用二次或多次弯曲成形。

(2) 对于批量大而尺寸较小的弯曲件，为使人工操作方便、安全，保证弯曲件的准确性和提高生产率，应尽可能采用级进模或复合模。

(3) 需多次弯曲时，弯曲次序一般是先弯两端，后弯中间部分，前次弯曲应考虑后次弯曲有可靠的定位，后次弯曲不能影响前次已弯成的形状。

(4) 当弯曲件几何形状不对称时，为避免压弯时坯料偏移，应尽量采用成对弯曲，然后再切成两件的工艺，如图 5-18(b) 所示。

2. 典型弯曲件的工序安排

图 5-26～图 5-29 所示分别为一次弯曲、二次弯曲、三次弯曲以及多次弯曲成形工件的例子。对于某些尺寸小且薄、形状较复杂的弹性接触件，应采用一次复合弯曲成形，使之定位准确。

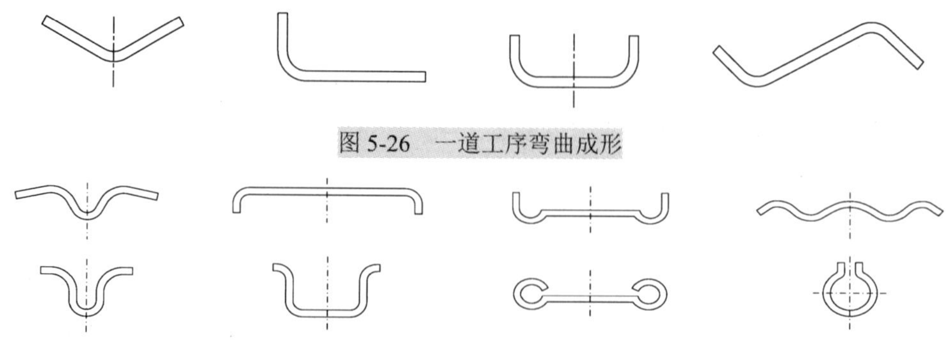

图 5-26　一道工序弯曲成形

图 5-27　两道工序弯曲成形

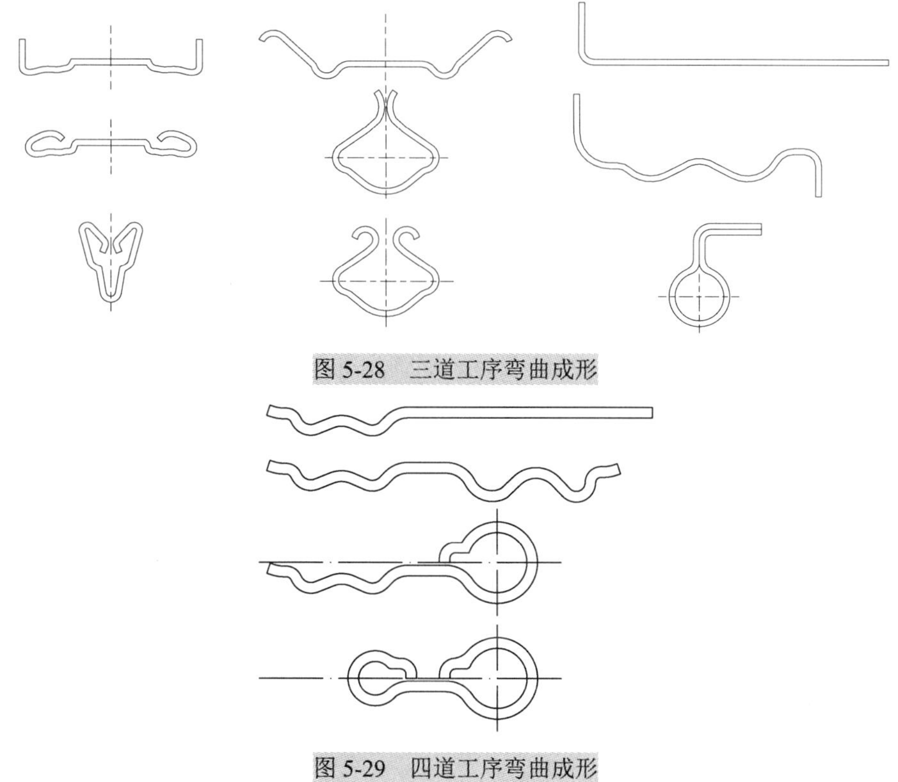

图 5-28　三道工序弯曲成形

图 5-29　四道工序弯曲成形

5.5　提高弯曲件精度的工艺措施

在实际生产中，弯曲件出现的质量问题有回弹、弯裂和偏移等。为了提高弯曲件的精度，应采取以下具体措施。

5.5.1　减少回弹的主要措施

在实际生产中，由于材料的力学性能和厚度的波动等，要完全消除弯曲件的回弹是不可能的。但可以采取一些措施来减小或补偿回弹所产生的误差，以提高弯曲件的精度。

1. 改进弯曲件的设计

尽量避免选用过大的相对弯曲半径 r/t 。如有可能，在弯曲区压制加强筋，以提高零件的刚度，抑制回弹，如图 5-30 所示。

尽量选用 σ_s/E 小、力学性能稳定和板料厚度波动小的材料。

2. 采用适当的弯曲工艺

采用校正弯曲代替自由弯曲；对冷作硬化的材料必须先退火，使其屈服点 σ_s 降低；对回弹较大的材料，必要时可采用加热弯曲。

弯曲相对弯曲半径很大的弯曲件时，由于变形程度很小，变形区横截面大部分或全部处于弹性变形状态，回弹很大，甚至根本无法成形，这时可采用拉弯工艺。拉弯法如图 5-31 所示。

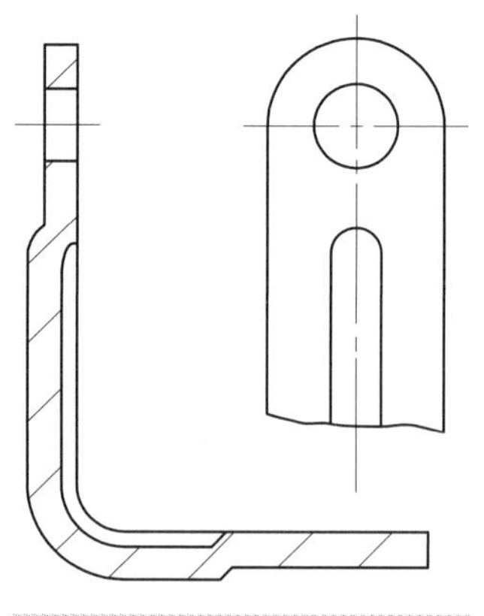

图 5-30　在弯曲区压制加强筋

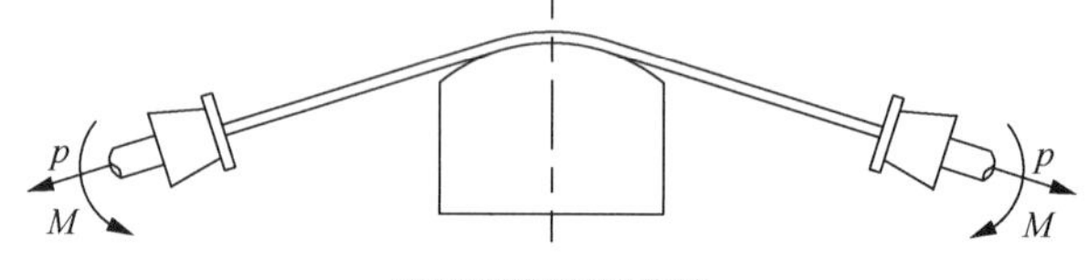

图 5-31　拉弯法

拉弯特点是在弯曲之前先使毛坯承受一定的拉伸应力，其数值要保证毛坯截面内的应力稍大于材料的屈服强度，随后在拉力作用的同时进行弯曲。图 5-32 所示为工件在拉弯中沿截面高度的应变分布：图 5-32(a)为拉伸时的应变；图 5-32(b)为普通弯曲时的应变；图 5-32(c)为拉弯总的合成应变；图 5-32(d)为卸载时的应变；图 5-32(e)为最后永久变形。从图 5-32(d)可看出，拉弯卸载时毛坯内、外区弹复方向一致，故大大减小了工件的回弹，所以拉弯主要用于长度和曲率半径都比较大的零件。

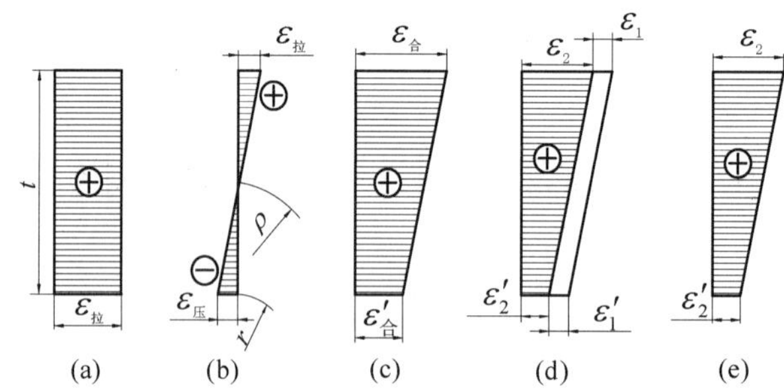

图 5-32　拉弯时断面内切向应变的分析

3. 合理设计弯曲模

对于较硬材料，可根据回弹值对模具工作部分的形状和尺寸进行修正。

对于软材料，其回弹角小于 5° 时，可在模具上作出补偿角并取较小的凸、凹模间隙，如图 5-33 所示。

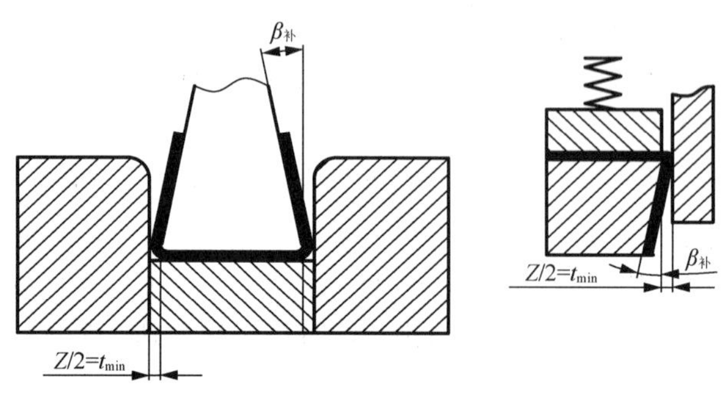

图 5-33　补偿角方式减少回弹的措施

对于厚度在 0.8mm 以上的软材料，相对弯曲半径又不大时，可把凸模做成如图 5-34(a)、(b)所示局部突起的结构，使凸模的作用力集中在变形区，以改变应力状态达到减小回弹的目的，但易于产生压痕。也可采用凸模角减小 2°～5° 的方法来减小接触面积，以减小回弹并使压痕减轻，如图 5-34(c)所示。还可将凹模角度减小 2°，以此减小回弹，又能减小弯曲件纵向翘曲度，如图 5-34(d)所示。

对于 U 形件弯曲，减小回弹常用的方法还有：当相对弯曲半径较小时可采取增加背压的方法，如图 5-34(b)所示。

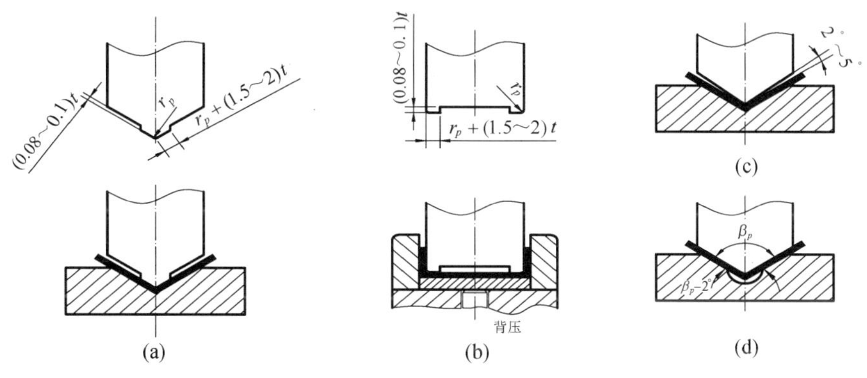

图 5-34　改变凸模结构及角度减小回弹的措施

在弯曲件直边端部纵向加压，使弯曲变形的内、外区都成为压应力而减少回弹，可得到精确的弯边高度，如图 5-35 所示。

用橡胶或聚氨酯代替刚性金属凹模能减少回弹。通过调节凸模压入橡胶或聚氨酯凹模的深度，控制弯曲力的大小，以获得满足精度要求的弯曲件，如图 5-36 所示。

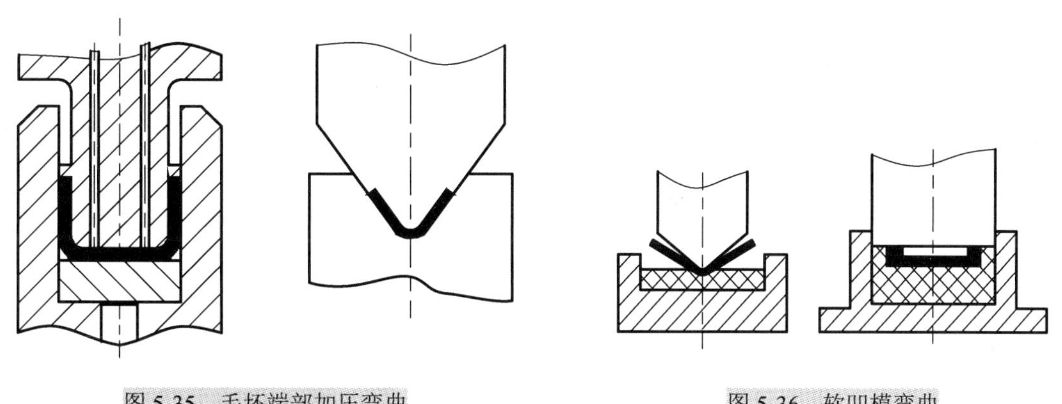

图 5-35　毛坯端部加压弯曲　　　图 5-36　软凹模弯曲

5.5.2　防止弯裂的措施

(1)要选用表面质量好，无缺陷的材料做弯曲件的毛坯。如果毛坯有缺陷，应在弯曲前清除掉，否则弯曲时会在缺陷处开裂。

(2)在设计弯曲件时，应使工件的弯曲半径大于其最小弯曲半径($r_{件} > r_{\min}$)，以防弯曲时由于变形程度大而产生裂纹。若需要 $r_{件} < r_{min}$，应两次弯曲，最后一次以校正工序达到工件圆角半径的要求。

(3) 弯曲时，应尽可能使弯曲线与材料的纤维方向垂直(图 5-9(a))。对于需要双向弯曲的工件，应尽可能使弯曲线与材料纤维方向成 45°（图 5-9(c)）。

(4) 弯曲时毛刺会引起应力集中而使工件开裂，应把有毛刺的一边放在弯曲内侧(图 5-10)。

5.5.3 克服偏移的措施

(1) 在模具结构上采用压料装置，使毛坯在压紧的状态下逐渐弯曲成形，这样不仅能防止毛坯的滑动，而且能够得到底部较平的工件，如图 5-37 所示。

(2) 采用定位板或定位销，以保证毛坯在模具中定位可靠。

(3) 将不对称的弯曲件组合成对称的形状，弯曲后再切开，如图 5-38 所示。这样，坯料在压弯时受力均匀，有利于防止产生偏移。

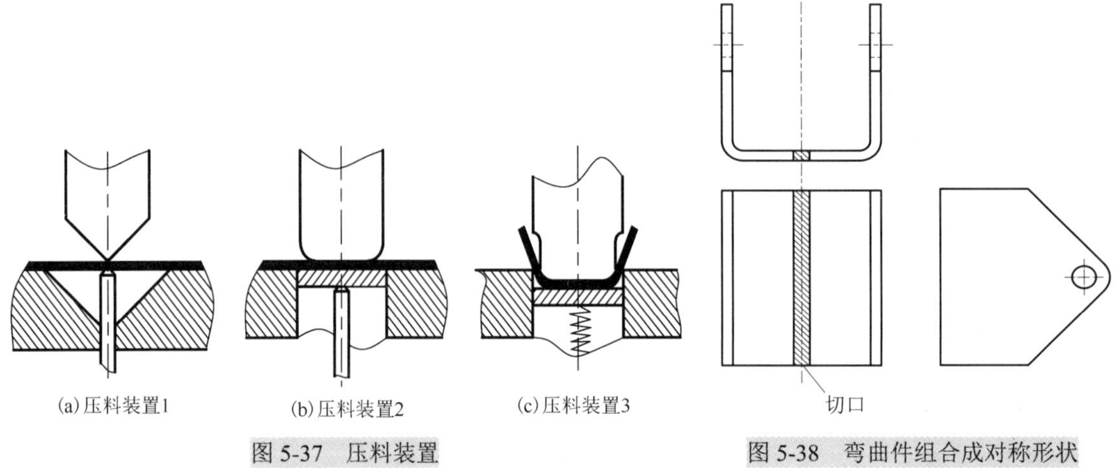

图 5-37 压料装置

图 5-38 弯曲件组合成对称形状

5.6 弯曲模工作部分的设计

5.6.1 弯曲模工作部分的尺寸设计

1. 凸模和凹模圆角半径

当弯曲件的弯曲圆角半径大于最小弯曲半径，并且没有特殊要求时，则凸模圆角半径 r_p 就等于工件的弯曲半径 r 。

凹模圆角半径 r_d 的大小对弯曲力和工件质量均有影响。过小的圆角半径会使工件表面擦伤，甚至出现压痕。凹模两边的圆角半径应一致，以免弯曲工件时，使毛坯发生偏移。工程上，凹模圆角半径通常根据板料的厚度选取。即

当 $t \leqslant 2\text{mm}$ 时， $r_d = (3\sim6)t$ ；

当 $t = 2\sim4\text{mm}$ 时， $r_d = (2\sim3)t$ ；

当 $t > 4\text{mm}$ 时， $r_d = 2t$ 。

对于 V 形件的凹模，其底部可开退刀槽或取圆角半径 $r_{底} = (0.6\sim0.8)(r_p + t)$ 。若弯曲件的

公差等级要求较高，或相对弯曲半径 r/t 较大，应考虑回弹的影响。

2. 凹模深度

凹模深度 h_d 要适当，如图 5-39 所示。过小则工件两端的自由部分长，弯曲工件回弹大，且不平直；过大则模具钢材消耗多，且要求较大行程的压力机。对于如图 5-39(a)所示 V 形弯曲件，凹模尺寸可参考表 5-7；对于 U 形弯曲件，尽可能使直边部分进入凹模型腔内，当采用如图 5-39(b)所示结构时，$h_d' \geqslant L + r_d$，当采用如图 5-39(c)所示结构时，凹模工作深度 h_d'' 参考表 5-7。

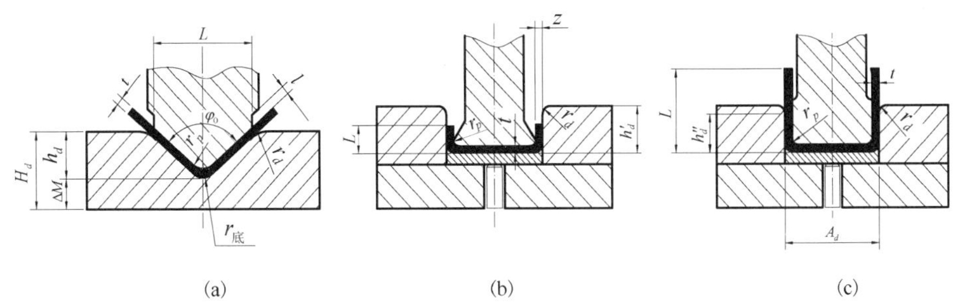

图 5-39　弯曲模尺寸

表 5-7　弯曲模工作零件的尺寸

模具尺寸	弯曲件直边的长度	板料厚度 t /mm								
		<1	1～2	2～3	3～4	4～5	5～6	6～7	7～8	8～10
凹模圆角半径 r_d /mm		3	5	7	9	10	11	12	13	15
凹模工作深度 h_d /mm		4	7	11	15	18	22	25	28	32～36
凹模工作深度 h_d'' /mm	25～50	15	20	25	25	—	—	—	—	—
	50～75	20	25	30	30	35	—	—	—	—
	75～100	25	30	35	35	40	40	40	40	—
	100～150	30	35	40	40	50	50	50	50	60
	150 以上	40	45	55	55	60	65	65	65	80
确定间隙的因数 C	<25	0.10	0.08	0.08	0.07	0.07	0.06	0.06	0.05	0.05
	25～50	0.15	0.10	0.10	0.08	0.08	0.07	0.07	0.06	0.06
	50～100	0.18	0.15	0.15	0.10	0.10	0.09	0.09	0.08	0.08
	100 以上	0.20	0.18	0.18	0.12	0.12	0.11	0.11	0.10	0.10

3. 凸模与凹模间隙

弯曲 V 形件时，凸模与凹模间隙是靠调节压力机的闭合高度来控制的，不需要在设计与制造模具时确定。对于 U 形弯曲件，则必须选择适当的间隙。间隙的大小对工件质量和弯曲力有很大影响。间隙越小，弯曲力越大；间隙过小，会使工件边部壁厚减薄，降低凹模寿命。间隙过大，则回弹大，降低工件的公差等级。因此，间隙值与板料厚度、材料力学性能、工件弯曲回弹、直边长度等有关。

弯曲有色金属时：

$$z=t_{\min}+Ct \tag{5-15}$$

弯曲黑色金属时：

$$z=t_{\max}+Ct \tag{5-16}$$

式中，z 为单面间隙，mm；$t_{\max}$、$t_{\min}$ 为板料最大厚度和最小厚度，mm；C 为因数，见表 5-7。

4. 凸模与凹模工作部分尺寸与公差

(1) 对于尺寸标注在外形上的弯曲件，其凸模和凹模尺寸如下。

弯曲件为单向公差 $A_{-\Delta}^{\ 0}$ 时，凹模尺寸为

$$A_d=\left(A-\frac{3}{4}\Delta\right)_{0}^{+\delta_d} \tag{5-17}$$

弯曲件为双向公差 $A\pm\dfrac{\Delta}{2}$ 时，凹模尺寸为

$$A_d=\left(A-\frac{1}{2}\Delta\right)_{0}^{+\delta_d} \tag{5-18}$$

凸模尺寸 A_p 按凹模配制，保证单面间隙值 z 。

(2) 对于尺寸标注在内形上的弯曲件，其凸模和凹模尺寸如下。

弯曲件为单向公差 $A_{\ 0}^{+\Delta}$ 时，凸模尺寸为

$$A_p=\left(A+\frac{3}{4}\Delta\right)_{-\delta_p}^{0} \tag{5-19}$$

弯曲件为双向公差 $A\pm\dfrac{\Delta}{2}$ 时，凸模尺寸为

$$A_p=\left(A+\frac{1}{2}\Delta\right)_{-\delta_p}^{0} \tag{5-20}$$

凹模尺寸 A_d 按凸模配制，保证单面间隙值 z 。式中，A_d 为凹模尺寸，mm；A_p 为凸模尺寸，mm；A 为弯曲件公称尺寸，mm；Δ 为弯曲件公差，mm；δ_p、δ_d 为凸模与凹模的制造公差，mm，按 IT6～IT8 级公差等级选取。

凸模和凹模工作部分的粗糙度应为 $Ra0.8$ ～0.4。凸模和凹模材料，一般用碳素工具钢。加热弯曲时，可选用 5CrNiMo 或 5CrNiTi，并进行淬火热处理。

5.6.2　弯曲模的典型结构

1. V 形件弯曲模

V 形件形状简单，能一次弯曲成形。最简单的模具结构为敞开式，如图 5-40 所示。此模具制造方便，通用性强。但这种模具在弯曲时板料易滑动，弯曲件边长不易控制，影响工件精度。

为了防止板料滑动，可采用图 5-41 所示的带有压料装置的模具结构。图 5-42 为另一种结构形式的 V 形弯曲模，由于有顶板及定料销，可以防止弯曲时毛坯的滑移。

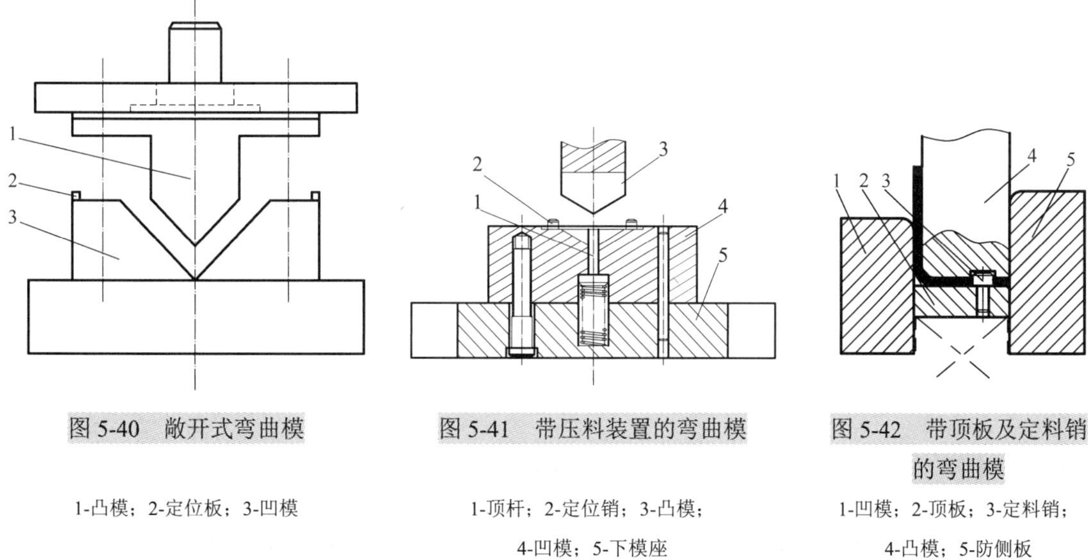

图 5-40　敞开式弯曲模

1-凸模；2-定位板；3-凹模

图 5-41　带压料装置的弯曲模

1-顶杆；2-定位销；3-凸模；4-凹模；5-下模座

图 5-42　带顶板及定料销的弯曲模

1-凹模；2-顶板；3-定料销；4-凸模；5-防侧板

2. U 形件弯曲模

图 5-43 所示为 U 形件弯曲模。对于弯曲角小于 90° 的 U 形件可以采用图 5-44 所示的模具成形。图 5-44 利用活动凹模镶块的回转来成形小于 90° 的 U 形件，凸模回程后弹簧使活动凹模镶块复位。

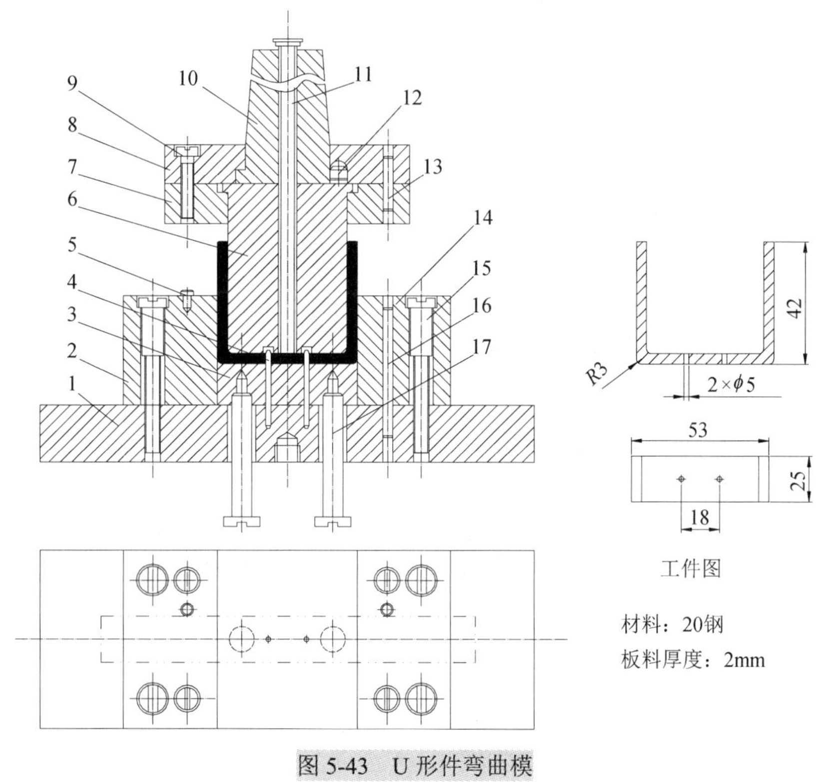

图 5-43　U 形件弯曲模

1-下模座；2、14-凹模；3-顶件块；4-定位销；5-导料销；6-凸模；7-凸模固定板；8-上模座；9、15-螺钉；10-模柄；11-打料杆；12、13、16-圆柱销；17-卸料螺钉

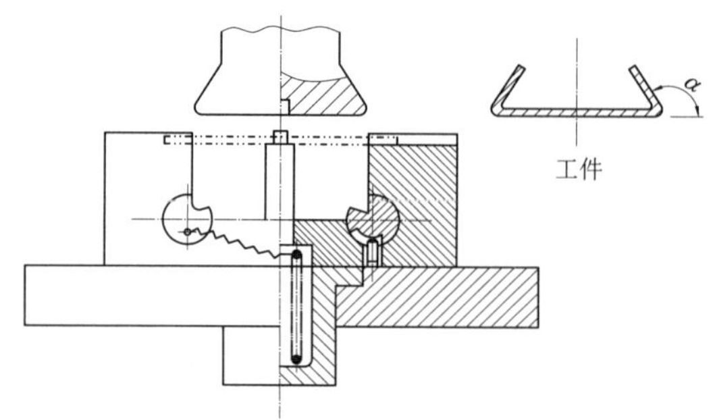

图 5-44　弯曲角小于 90° 的 U 形件弯曲模

练　习　题

5-1　弯曲变形有哪些特点？宽板与窄板弯曲时的应力应变状态有何不同？

5-2　弯曲变形程度用什么来表示？极限变形程度受到哪些因素的影响？

5-3　什么是弯曲回弹？试述减小弯曲回弹的主要措施。

5-4　什么是弯曲应变中性层？分析产生应变中性层偏移的原因？

5-5　弯曲件工序安排的原则是什么？

5-6　简述弯曲件结构的工艺性。

5-7　防止弯曲拉裂的主要措施有哪些？

5-8　弯曲回弹值的算法有几种？试述各自的特点是什么？

5-9　试计算图 5-45 所示弯曲制件坯料的长度。

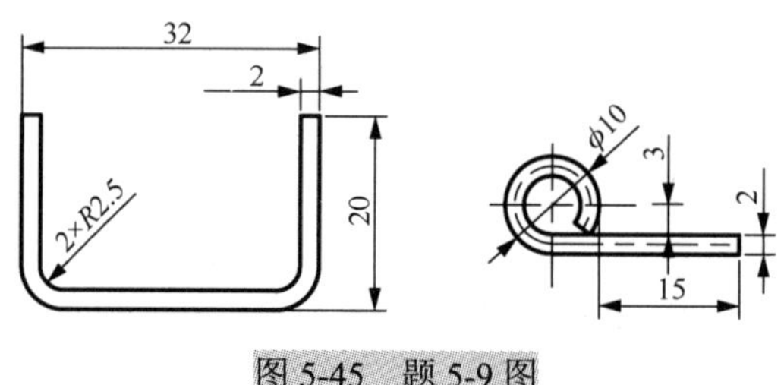

图 5-45　题 5-9 图

5-10　试计算图 5-46 所示制件的坯料展开尺寸，计算弯曲模的工作部分尺寸并画出示意图。

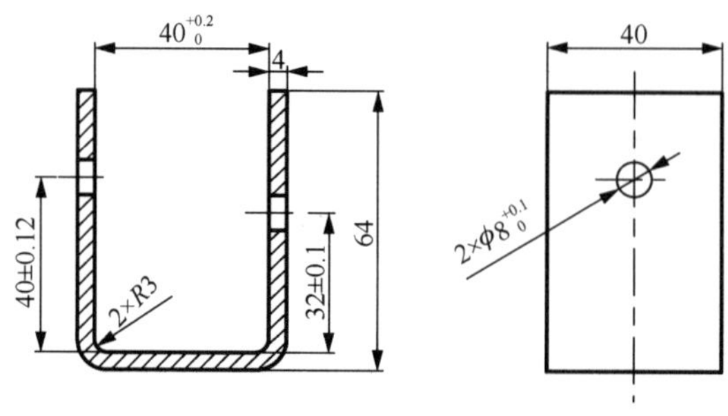

图 5-46　题 5-10 图

第 6 章　拉深工艺与模具设计

日常生活中，用不锈钢、搪瓷、铝等金属材料制成的各种厨具、餐具、帽、盖、桶、盒、箱类制品随处可见。它们的用途不同、形态结构各异，所采用的制作工艺及加工方法也各不相同，如保温杯内胆、易拉罐瓶身、封头、工具箱、饭盒等。那么，这些零件具有什么特点及共同之处？又是如何制造出来的呢？

本章知识要点

(1) 了解拉深的作用、拉深变形过程，掌握拉深变形特点及毛坯各部分厚度变化。

(2) 掌握拉深件的工艺分析、拉深常见质量问题与防止措施。

(3) 掌握拉深件毛坯尺寸计算原则，能够运用计算公式计算旋转体拉深件毛坯的尺寸。

(4) 掌握拉深系数的性质和确定方法，掌握无凸缘件拉深次数和中间各工序尺寸的确定方法，熟悉有凸缘拉深件的多次拉深工艺。

(5) 掌握拉深模具凸模、凹模和压边装置及结构，理解拉深模间隙的取值方法和工作零件尺寸确定方法。

(6) 能根据实际拉深件分析其工艺性。

兴趣实践

观察并指出生活中通过拉深成形的金属制品，有条件的可以组织去学校附近工厂参观拉深生产线。

探索思考

在本章的学习过程中，比较并思考不同拉深件工艺方法的异同。

预习准备

预先复习以前学过的《机械制图》、《公差与检测技术》、《材料力学》、《机械原理及设计》等方面的知识。

拉深是利用拉深模具将冲裁好的平板毛坯压制成各种开口的空心件，或将已制成的开口空心件通过拉深进一步改变其形状和尺寸的一种冷冲压加工方法，是冲压生产中应用最广泛的工艺之一。

拉深可分为不变薄拉深和变薄拉深。前者拉深成形后的零件，其各部分的壁厚与拉深前的毛坯相比基本不变；后者拉深成形后的零件，其壁厚与拉深前的毛坯相比有明显的变薄，这种变薄是产品要求的，零件呈现底厚、壁薄的特点。在实际生产中，应用较多的是不变薄拉深。用拉深工艺制造的冲压零件很多，为便于讨论，可大致将其分为以下三大类。

(1) 旋转体零件：如搪瓷杯、车灯壳、喇叭等。

(2) 盒形件：如饭盒、汽车燃油箱、电器外壳等。

(3) 形状复杂件：如汽车门内外板、引擎盖、车顶、翼子板、立柱、大梁等汽车覆盖件及结构件等。

6.1 拉深变形过程的分析

在拉深制造中，旋转体拉深件最为常见，本节将以圆筒形件的拉深为代表，分析拉深变形过程及拉深时的应力应变状态。

6.1.1 拉深的变形过程

如图 6-1 所示，直径为 D 、厚度为 t 的圆形毛坯，经过拉深模拉深，可得直径为 d 、高度为 H 的圆筒形工件。

圆形的平板毛坯究竟是怎样变成筒形件的呢？如果我们将平板毛坯(见图 6-2)的三角形阴影部分 $b_1, b_2, b_3, \cdots$ 切去，将留下部分的狭条 $a_1, a_2, a_3, \cdots$ 沿直径为 d 的圆周弯折过来，再把它们加以焊接，就可以成为一个圆筒形工件，这个圆筒形工件的高度为 $H=0.5(D-d)$ 。但是在实际拉深过程中，我们并没有把三角形材料切掉，这部分材料是在拉深过程中由于产生塑性流动而转移了。其结果是：工件壁厚出现增大和减薄，更主要的是工件高度增加了 ΔH ，使所得的工件实际高度为： $H > 0.5(D-d)$ 。图 6-3 所示为经过拉深产生塑性流动后工件上壁厚和硬度发生的变化。

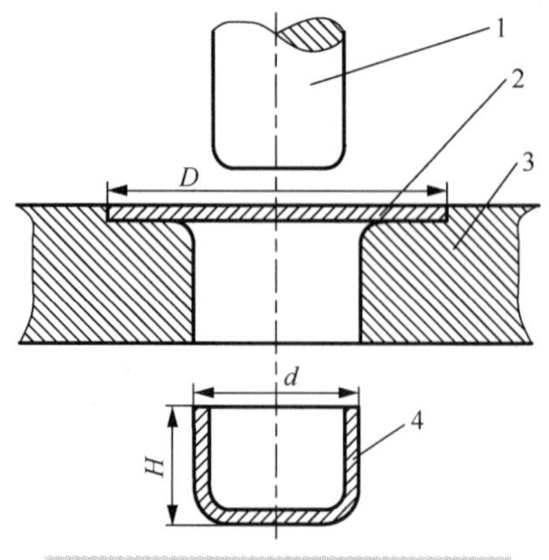

图 6-1　无凸缘圆筒形零件的拉深

1-凸模；2-毛坯；3-凹模；4-工件

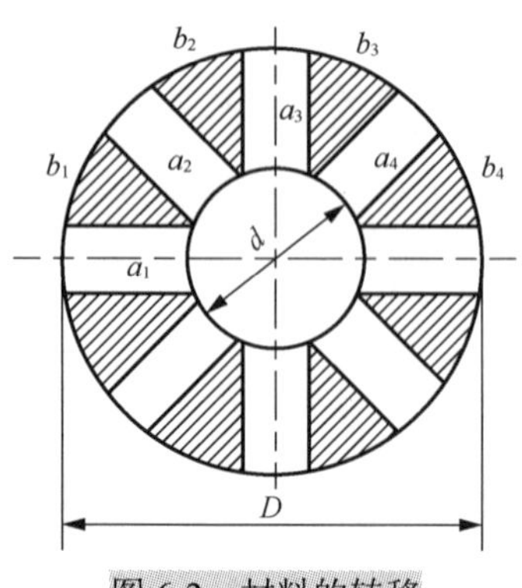

图 6-2　材料的转移

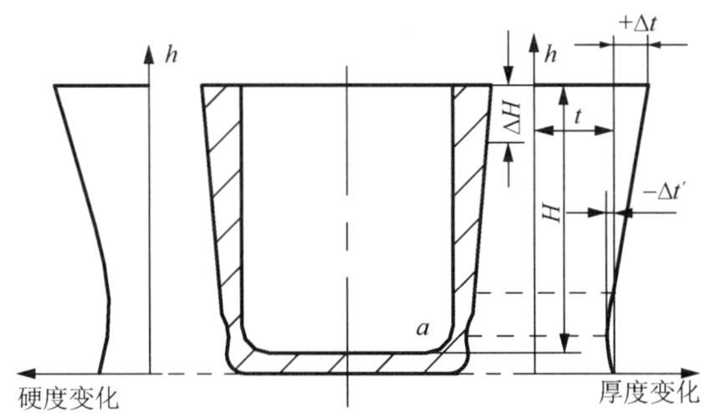

图 6-3 拉深件沿高度方向硬度和厚度的变化

为更进一步了解金属的流动状态，可在圆形毛坯上画出许多等间距 a 的同心圆和等分度的辐射线(图 6-4)，由这些同心圆和辐射线所组成的网格，经拉深后发现：在筒形件底部的网格基本上保持原来的形状，而在筒壁部分，网格则发生了很大的变化。原来的同心圆变为筒壁上的水平圆筒线，而且其间距 a 越靠近筒的上部增大越多，即

$$a_1 > a_2 > a_3 > \cdots > a$$

另外，原来等分的辐射线变成了筒壁上的垂直平行线，其间距完全相等，即：变形前 b_1，b_2，b_3，b_4，b_5 长度不等，变形后 $b_1' = b_2' = b_3' = \cdots = b$。

如图 6-4 所示自筒壁取下网格中的一个小单元体来看，拉深前为扇形的 dA_1 在拉深后变成了矩形 dA_2，假如忽略很少的厚度变化，则小单元体的面积不变，即 $dA_1 = dA_2$。扇形小单元体的变形是切向受压缩、径向受拉伸的结果。多余材料则向上转移形成零件筒壁，因此拉深后的高度 $H > 0.5(D-d)$。

综上所述，拉深变形过程可以归纳如下。

(1) 在拉深过程中，其底部区域几乎不发生变化。

(2) 由于金属材料塑性变形，使金属各单元体之间产生了内应力，在径向产生拉伸应力 σ_1，在切向产生压缩应力 σ_3，在 σ_1 和 σ_3 的共同作用下，凸缘区的材料在发生塑性变形的条件下不断地被拉入凹模内成为筒形零件的直壁。

(3) 拉深时，凸缘变形区内各部分的变形是不均匀的，外缘的厚度、硬度最大，变形亦最大。

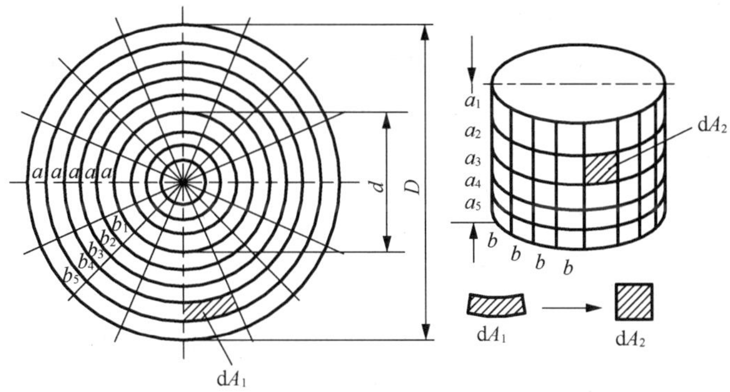

图 6-4 拉深前后的网格变化

6.1.2　拉深过程中板料的应力应变状态

前面已经提到，拉深件各部分的厚度是不一样的，而且硬度也不一致，这说明，在拉深过程不同时刻，毛坯内各部分由于所处的位置不同，变化情况也是不一样的。

假设在拉深过程中的某一时刻，毛坯处于图 6-5 所示的情况，图中，σ_1、ε_1 为毛坯的径向应力与应变；σ_2、ε_2 为毛坯厚度方向的应力与应变；σ_3、ε_3 为毛坯切向的应力与应变。

根据毛坯各部分的应力与应变状态，可将其分为以下五个区域。

1) 平面凸缘部分(主要变形区)

由于模具的作用，该处的材料径向受拉应力 σ_1 的作用，切向受压应力 σ_3 的作用，此应力的最大值在毛坯边缘。若有压边圈，由于压边圈的作用而产生压应力 σ_2。这一应力状态使制件边缘的厚度最大。

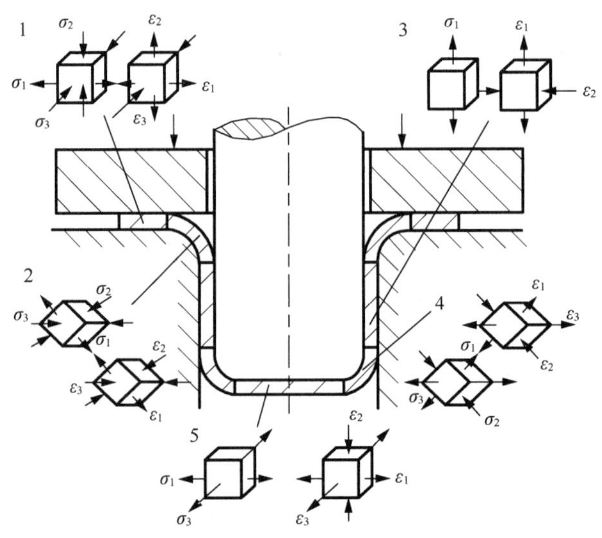

图 6-5　拉深过程中毛坯的应力和应变

2) 凸缘圆角部分(过渡区)

指位于凹模圆角部分的材料，材料除切向受压应力 σ_3 作用、径向受拉应力 σ_1 作用外，还承受由于凹模圆角的弯曲作用而产生的压应力 σ_2。其变形情况是：经过凹模圆角时材料受到弯曲和拉直的作用而产生拉长和变薄，切向产生少量的压缩变形。

3) 筒壁部分(传力区)

该部分的作用是将凸模的拉深力传递到凸缘，承受单向拉应力 σ_1 作用，发生少量的纵向伸长变形。

4) 底部圆角部分(过渡区)

该部分承受径向拉应力 σ_1 和切向拉应力 σ_3 的作用。同时，在厚度方向由于凸模的压力和弯曲作用而受到压应力 σ_2 的作用。使这部分材料的变薄最为严重，也最容易出现破裂。一般而言，变薄最严重的地方发生在筒壁直段与凸模圆角相切的部位，称为危险断面。

5)圆筒件底部(小变形区)

这部分材料与凸模底面接触，受凸模施加的拉深力并传给筒壁，由于凸模圆角处的摩擦制约了底部材料的向外流动，故圆筒底部变形不大，只有 1%～3%，一般可忽略不计。但由于作用于底部圆角部分的拉深力，使材料承受双向拉应力，厚度略有变薄。

6.1.3　拉深过程中的力学分析

1. 凸缘变形区的应力分析

1)拉深过程中某时刻凸缘变形区的应力分析

如图 6-6 所示，将半径为 R_0 的板料毛坯拉深成半径为 r 的圆筒形零件，采用有压边圈拉深时，在凸模拉深力的作用下，变形区材料径向受拉应力 σ_1 的作用，切向受压应力 σ_3 的作用，厚度方向在压边力的作用下产生厚向压应力 σ_2。若 σ_2 忽略不计则只需求 σ_1 和 σ_3 的值，即可知变形区的应力分布。

σ_1 和 σ_3 的数值可根据金属单元体塑性变形时的平衡方程和屈服条件来求解。为此从变形区任意半径 R 处截取宽度为 dR、夹角为 dφ 的微元体，其受力情况如图 6-7 所示，建立微元

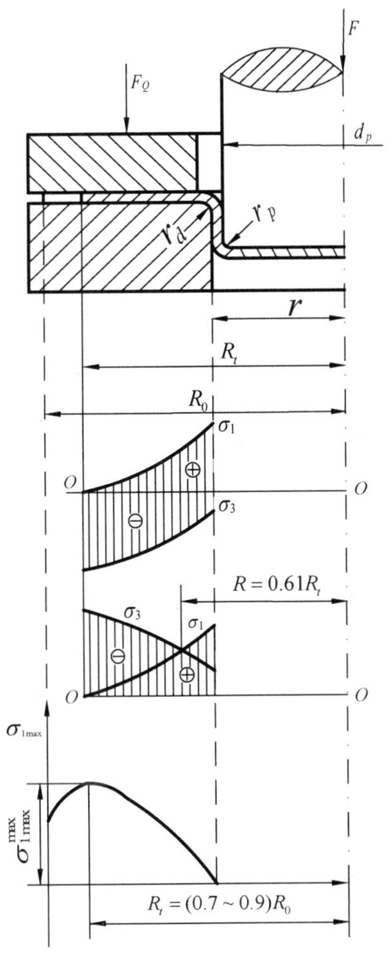

图 6-6　圆筒形件拉深时的应力分布

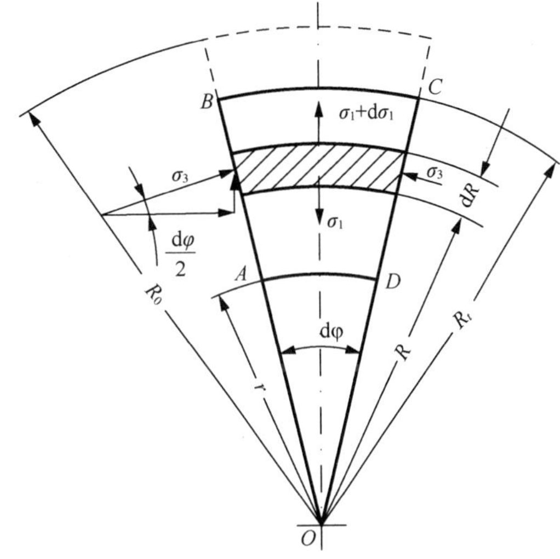

图 6-7　首次拉深某瞬间毛坯微元体的受力情况

体的受力平衡方程得

$$(\sigma_1+\mathrm{d}\sigma_1)(R+\mathrm{d}R)\mathrm{d}\varphi t-\sigma_1 R\mathrm{d}\varphi t+2|\sigma_3|\mathrm{d}R\sin(\mathrm{d}\varphi/2)t=0$$

因为，$|\sigma_3|=-\sigma_3$，取$\sin(\mathrm{d}\varphi/2)\approx\mathrm{d}\varphi/2$，并略去高阶无穷小，得

$$R\mathrm{d}\sigma_1+(\sigma_1-\sigma_3)\mathrm{d}R=0$$

塑性变形时需满足的塑性方程为$\sigma_1-\sigma_3=\beta\bar{\sigma}_{\mathrm{m}}$，式中$\beta$值与应力状态有关，其变化范围为1～1.155，一般取$\beta=1.1$得

$$\sigma_1-\sigma_3=1.1\bar{\sigma}_{\mathrm{m}}$$

由以上两式，并考虑边界条件(当$R=R_t$时，$\sigma_1=0$)，可推导径向拉应力σ_1和切向压应力σ_3的大小为

$$\sigma_1=1.1\bar{\sigma}_{\mathrm{m}}\ln\frac{R_t}{R} \tag{6-1}$$

$$\sigma_3=-1.1\bar{\sigma}_{\mathrm{m}}\left(1-\ln\frac{R_t}{R}\right) \tag{6-2}$$

式中，$\bar{\sigma}_{\mathrm{m}}$为凸缘变形区材料的平均抗力，MPa；$R_t$为拉深中某时刻的凸缘半径，mm；$R$为凸缘区内任意点的半径，mm。

拉深毛坯凸缘变形区各点的应力分布如图6-6所示，在变形区的内边缘(即$R=r$处)，径向拉应力σ_1取最大值：

$$\sigma_{1\max}=1.1\bar{\sigma}_{\mathrm{m}}\ln\frac{R_t}{r} \tag{6-3}$$

在变形区外边缘(即$R=R_t$处)，切向压应力$|\sigma_3|$取最大值：

$$|\sigma_3|_{\max}=1.1\bar{\sigma}_{\mathrm{m}} \tag{6-4}$$

从凸缘外边向内σ_1由低到高变化，压应力$|\sigma_3|$则由高到低变化，在凸缘中间必有一交点存在，在此点处有$|\sigma_1|=|\sigma_3|$，所以

$$1.1\bar{\sigma}_{\mathrm{m}}\ln(R_t/R)=1.1\bar{\sigma}_{\mathrm{m}}[1-\ln(R_t/R)]$$

求解得$R=0.61R_t$，即交点在$R=0.61R_t$处。用该R所作出的圆将凸缘变形区分成两部分，由此圆向凹模洞口方向的部分拉应力占优势$(|\sigma_1|>|\sigma_3|)$，拉应变ε_1为绝对值最大的主应变，厚度方向的变形ε_2是压缩应变(减薄)；由此圆向外到毛坯边缘的部分，压应力占优势$(|\sigma_1|<|\sigma_3|)$，压应变ε_3为绝对值最大的主应变，厚度方向上的变形ε_2是伸长应变(增厚)。而交点处就是变形区在厚度方向发生增厚和减薄变形的分界点。

2) 拉深过程中$\sigma_{1\max}$的变化规律

由式(6-3)可知，$\sigma_{1\max}$与凸缘变形区材料的平均抗力$\bar{\sigma}_m$及表示变形区大小的R_t/r有关。随着拉深的进行，因加工硬化使$\bar{\sigma}_m$逐渐增大，而R_t/r逐渐减小，但此时$\bar{\sigma}_m$的增大占主导地位，所以$\sigma_{1\max}$逐渐增加，在拉深进行到$R_t=(0.7～0.9)R_0$时，$\sigma_{1\max}$出现最大值$\sigma_{1\max}^{\max}$。以后随着拉深的进行，由于R_t/r的减小占主导地位，$\sigma_{1\max}$也逐渐减少，直到拉深结束($R_t=r$)时，$\sigma_{1\max}$减少为零。

3) 拉深过程中$|\sigma_3|_{\max}$的变化规律

由式(6-4)可知，$|\sigma_3|_{\max}$仅取决于$\bar{\sigma}_m$，即随着拉深的进行，变形程度增加，$\bar{\sigma}_m$增加，故$|\sigma_3|_{\max}$也增加，会使毛坯有起皱的危险。

2. **筒壁传力区的受力分析**

凸模的压力 F 通过筒壁传递至凸缘的内边缘（凹模入口处），将变形区的材料拉入凹模（图 6-8）。显然，筒壁所受的拉应力主要是由凸缘材料的变形抗力 $\sigma_{1\max}$ 引起的，此外还有以下几种应力。

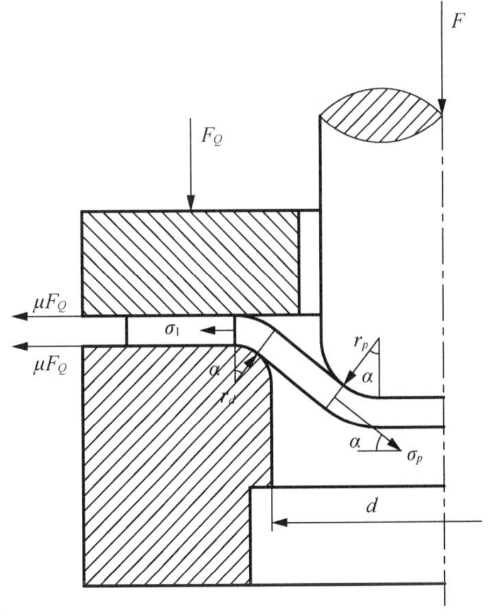

图 6-8　筒壁传力区的受力分析

(1) 由于压边力 F_Q 在凸缘表面所产生的摩擦力，引起的摩擦阻力应力 σ_M：

$$\sigma_M = \frac{2\mu F_Q}{\pi d t} \tag{6-5}$$

式中，μ 为板料与模具间的摩擦系数；F_Q 为压边力，N；d 为凹模内径，mm；t 为板料厚度，mm。

(2) 凸缘材料流过凹模圆角时，产生弯曲变形所引起的拉应力 σ_W：

$$\sigma_W = \frac{\sigma_b t}{2r_d + t} \tag{6-6}$$

式中，r_d 为凹模圆角半径，mm；σ_b 为材料的抗拉强度，MPa。

(3) 材料流过凹模圆角时的摩擦阻力为 $(\sigma_{1\max} + \sigma_M)\,e^{\mu\alpha}$，式中 α 为包角（板料与凹模圆角处相接触的角度）。

因此，筒壁的拉应力总和为

$$\sigma_p = (\sigma_{1\max} + \sigma_M)e^{\mu\alpha} + \sigma_W \tag{6-7}$$

由式(6-7)知，σ_p 在拉深中是随 $\sigma_{1\max}$ 和包角 α 的变化而变化的，当拉深中板料凸缘的外缘半径 $R_t = (0.7\sim0.9)R_0$ 时，$\sigma_{1\max}$ 达最大值，此时包角 α 接近于 $\pi/2$，则摩擦阻力系数为 $e^{\mu\pi/2}$。

6.1.4　拉深件的主要质量问题

在拉深过程中，影响冲压件质量的因素有很多，严重时甚至影响拉深工艺能否顺利完成。常见的拉深工艺问题包括平面凸缘部分的起皱、筒壁危险断面的拉裂、口部或凸缘边缘不整齐、筒壁表面拉伤、拉深件存在较大的尺寸和形状误差等。其中，起皱和拉裂是拉深成形的两个主要质量问题。

1. **起皱**

起皱是指拉深过程中，凸缘平面部分的板料沿切向产生波浪形的拱起，是板料受切向压应力的作用而失去稳定性的结果。

1）起皱产生的原因

凸缘平面部分是拉深过程中的主要变形区，受最大切向压应力作用，主要变形是切向压缩变形。当切向压应力较大而板料的相对厚度 t/D 又较小时，凸缘部分的料厚与切向压应力之间失去了应有的比例关系，从而在整个凸缘部分产生波浪形的连续弯曲，如图 6-9(a)所示，即发生起皱。

起皱现象轻微时，板料在流入凸、凹模间隙时能被凸、凹模挤平，如图 6-9(b)所示。起皱现象严重时，起皱的板料无法被凸、凹模挤平，继续拉深时将因为拉深力的急剧增大而导致危险断面破裂，如图 6-9(c) 所示，即使被强行拉入凸、凹模间隙，也会在拉深件的筒壁上留下折皱纹或沟痕，影响拉深件的外观质量，如图 6-9(c) 上部所示。

2) 影响起皱的主要因素

(1) 板料的相对厚度 t/D：相对厚度越小，板料的抗失稳性能越差，越容易起皱；相反，板料的相对厚度越大，越不容易起皱。

(2) 拉深系数 m：根据拉深系数的定义 ($m=d/D$) 可知，拉深系数越小，拉深变形程度越大，切向应力也越大。同时，拉深系数越小，凸缘部分的宽度越大，抗失稳起皱能力越差。所以拉深系数越小，越容易起皱。

(3) 模具工作部分的几何形状与参数：凸模和凹模圆角及凸、凹模之间的间隙过大时，板料容易起皱。与普通的平端面凹模相比，锥形凹模可以使板料预变形，且锥形凹模对板料造成的摩擦阻力和弯曲变形的阻力都降到了最低限度，所以起皱趋向小。

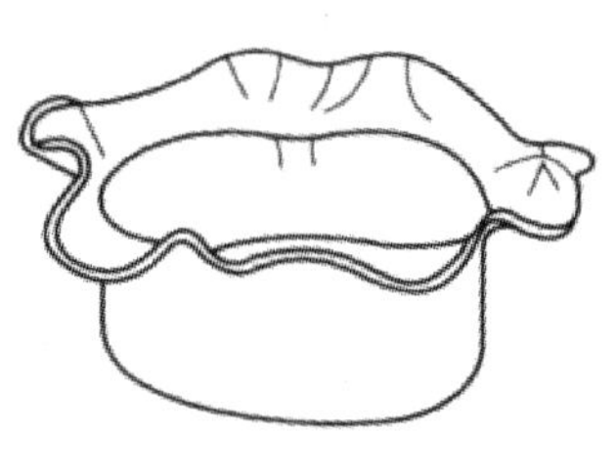

(a) 起皱现象

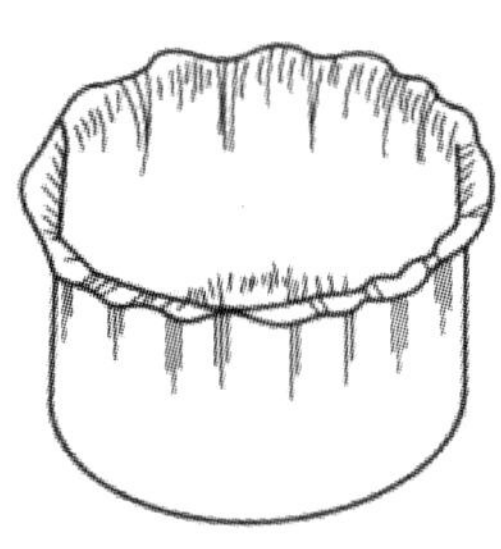

(b) 轻微起皱影响拉深件质量

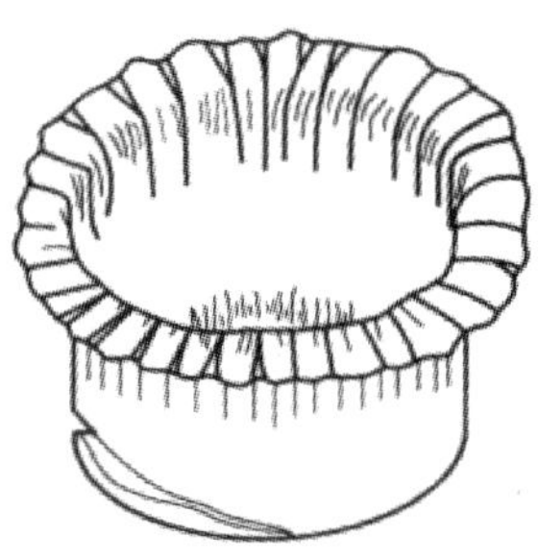

(c) 严重起皱导致破裂

图 6-9　拉深件的起皱破坏

3) 控制起皱的措施

(1) 采用压料装置。在拉深模具上设置压料装置，使板料凸缘区在凹模平面与压边圈之间通过，如图 6-10 所示。但并不是任何情况下都会发生起皱现象，在变形程度较小、板料相对厚度较大时，一般不会起皱，此时就可不必采用压料装置，可按表 6-1 判断是否采用压料装置。

表 6-1　采用或不采用压边圈的条件

拉深方法	首次拉深		以后各次拉深	
	$(t/D)\times100$	m_1	$(t/d_{n-1})\times100$	m_n
用压边圈	<1.5	<0.6	<1	<0.8
可用，可不用	1.5～2.0	0.6	1～1.5	0.8
不用压边圈	>2.0	>0.6	>1.5	>0.8

注：t/D 、t/d_{n-1} 为板料的相对厚度。

(2) 采用锥形凹模。如图 6-11 所示，采用锥形凹模有助于板料的切向压缩变形，同时锥面拉深与平面拉深相比，具有更强的抗失稳能力，故不易起皱。采用锥形凹模时，凸缘板料流经凸模圆角时所产生的摩擦阻力和弯曲变形阻力明显减小，因此拉深力比平端面凹模小得多，相应的允许变形量也较大，即可采用较小的拉深系数成形。

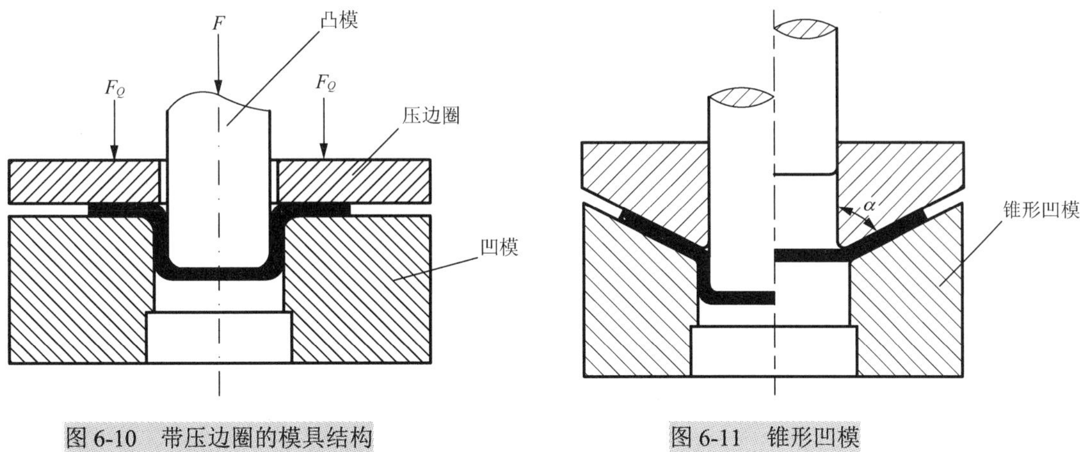

图 6-10　带压边圈的模具结构　　图 6-11　锥形凹模

2. 拉裂

1）拉裂产生的原因

根据拉深过程中板料内的应力与应变状态分析，筒壁部分在拉深过程中起传递拉深力的作用，承受单向拉应力。当拉深力过大、筒壁材料的应力达到抗拉强度时，筒壁将被拉裂。由图 6-3 可以看到，筒壁部分与底部圆角部分交界面附近材料的厚度最薄，硬度最低，此处是发生拉裂的危险断面。拉深件的拉裂破坏如图 6-12 所示。

2）控制拉裂的措施

筒壁危险断面是否被拉裂，取决于拉深力的大小和筒壁材料的强度。在实际生产中，常用适当加大凸、凹模圆角半径、降低拉深力、增加拉深次数、在压边圈底部和凹模上涂润滑剂等方法来避免拉裂的产生。

3. 凸耳

筒形件拉深时，在拉深件端部出现有规律的高低不平现象称为凸耳，如图 6-13 所示。一般有四个凸耳，有时是两个或六个，甚至八个凸耳。凸耳是因板材的各向异性引起的，需用后续修边工序去除掉，这样增加了工序。

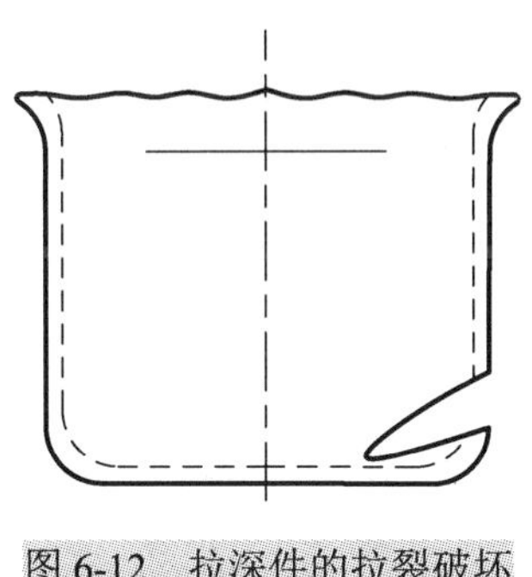

图 6-12　拉深件的拉裂破坏

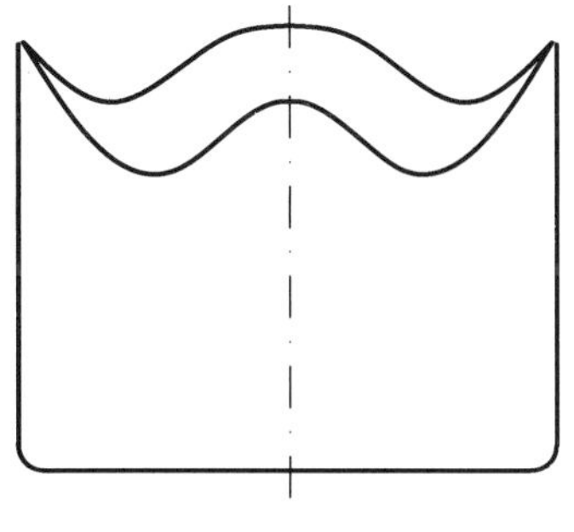

图 6-13　凸耳形状

6.2 直壁旋转零件的拉深工艺计算

6.2.1 毛坯尺寸计算

由于拉深过程中材料要发生重新分配，如何确定板料的形状和尺寸以使板料流入凹模的阻力和所用的材料最小就成了工艺计算的首要问题。

1. 计算方法

板料的形状和尺寸必须满足金属流动的要求。一般确定的原则是：板料形状和冲件形状相似；拉深件表面积与板料表面积相等；考虑修边余量，这主要是因为板料力学性能、模具工作条件差异等因素影响，使拉深后制件的口部或凸缘周边不平齐，达不到制件的形状、尺寸要求，必须对边缘进行再加工。因此，在计算板料尺寸时，要在拉深件的高度方向或带凸缘制件的凸缘半径上加一修边余量δ，如图 6-14 所示，δ值的确定如表 6-2 和表 6-3 所示。

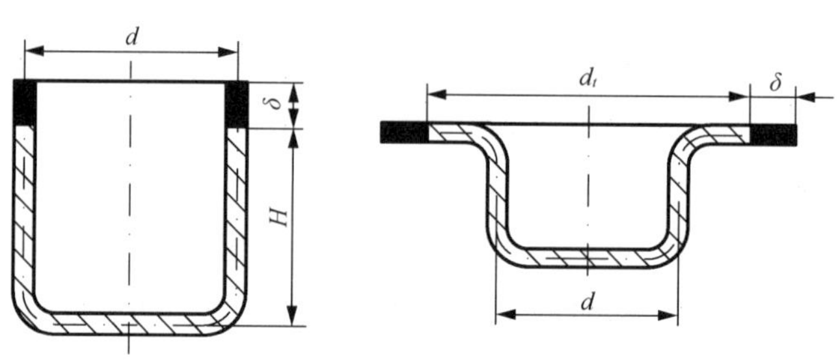

图 6-14 拉深件的修边余量

表 6-2 无凸缘零件的修边余量

拉深件相对高度 H/d / 修边余量 δ/mm / 拉深件高度 H/mm	>0.5～0.8	>0.8～1.6	>1.6～2.5	>2.5～4
≤10	1.0	1.2	1.5	2
>10～20	1.2	1.6	2	2.5
>20～50	2	2.5	3.3	4
>50～100	3	3.8	5	6
>100～150	4	5	6.5	8
>150～200	5	6.3	8	10
>200～250	6	7.5	9	11
>250	7	8.5	10	12

表 6-3　有凸缘零件的修边余量

凸缘直径 d_t/mm ＼ 修边余量 δ/mm ＼ 相对凸缘直径 d_t/d	<1.5	1.5～2	2～2.5	2.5～3
≤25	1.8	1.6	1.4	1.2
>25～50	2.5	2.0	1.8	1.6
>50～100	3.5	3.0	2.5	2.2
>100～150	4.3	3.6	3.0	2.5
>150～200	5.0	4.2	3.5	2.7
>200～250	5.5	4.6	3.8	2.8
>250	6.0	5.0	4.0	3.0

2. 简单回转体拉深件的板料尺寸计算

1)相加法

对于回转体形状拉深件，板料采用圆形。可将其分成若干基本几何形体，按表 6-4 中的公式算出各部分的表面积，然后相加便得到工件总表面积。最后计算出板料直径为

$$D=\sqrt{\frac{4}{\pi}F}=\sqrt{\frac{4}{\pi}\Sigma f} \tag{6-8}$$

式中，D 为板料直径，mm；F 为包括修边余量在内的拉深件表面积，mm^2；$\sum f$ 为拉深件分解成基本几何形体的表面积代数和，mm^2。

表 6-4　多种形式的几何体面积计算公式

序号	表面形状	简　图	面积 F 计算公式
1	圆形	d	$F=\frac{\pi d^2}{4}$
2	环形	d_1, d_2	$F=\frac{\pi}{4}(d_2^2-d_1^2)$
3	圆筒形	h, d	$F=\pi dh$
4	圆锥形	d, h, l	$F=\frac{\pi}{2}dl$ 式中，$l=\sqrt{h^2+\frac{d^2}{4}}$

续表

序号	表面形状	简　图	面积 F 计算公式
5	截头锥形	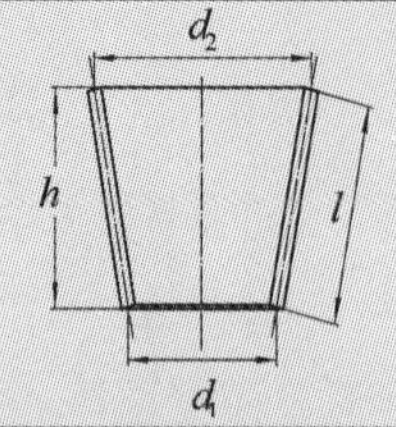 d_2 h l d_1	$F=\frac{\pi l}{2}(d_2+d_1)$ 式中，$l=\sqrt{h^2+\left(\frac{d_2-d_1}{2}\right)^2}$
6	半球面	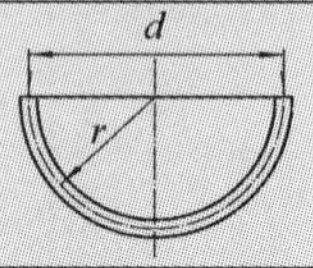 d r	$F=2\pi r^2=\frac{\pi}{2}d^2$
7	小半球面	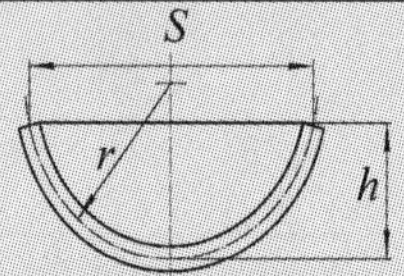 S r h	$F=2\pi rh=\frac{\pi}{4}(s^2+4h^2)$
8	球带	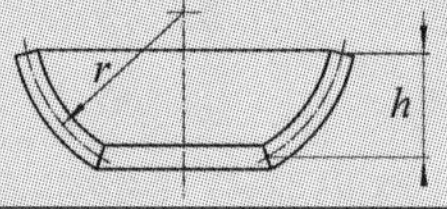 r h	$F=2\pi rh$
9	1/4 的凸形球环	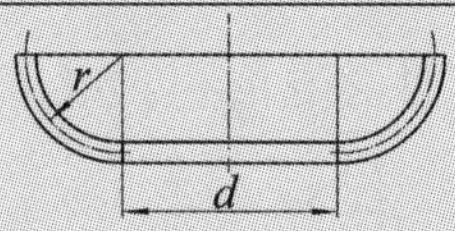 r d	$F=\frac{\pi r}{2}(\pi d+4r)$
10	1/4 的凹形球环	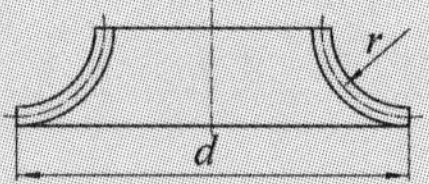 r d	$F=\frac{\pi r}{2}(\pi d-4r)$
11	凸形球环	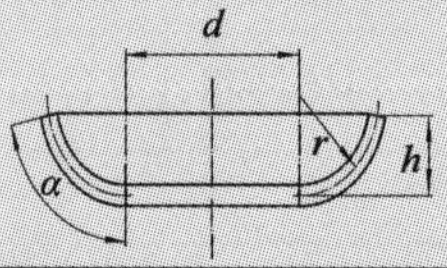 d r h α	$F=\pi(dl+2rh)$ 式中，$h=r(1-\cos\alpha)$，$l=\frac{\pi r\alpha}{180^\circ}$
12	凹形球环	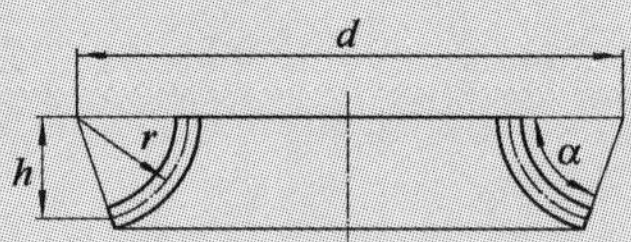 d r h α	$F=\pi(dl-2rh)$ 式中，$h=\sin\alpha$，$l=\frac{\pi r\alpha}{180^\circ}$
13	半圆截面环	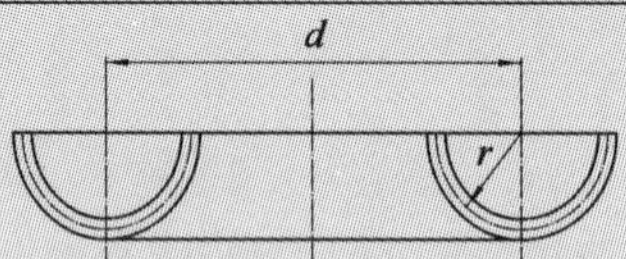 d r	$F=\pi^2 dr$
14	截头锥体	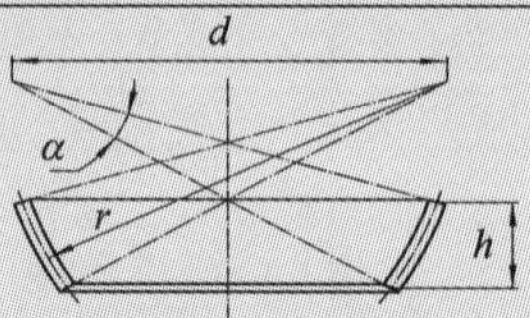 d α r h	$F=2\pi r(h-d\frac{\pi\alpha}{360^\circ})$
15	旋转抛物面	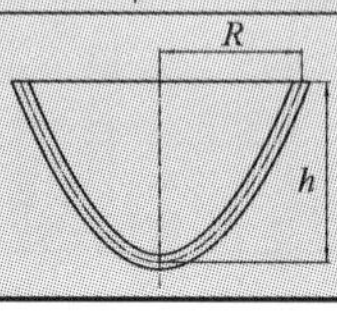 R h	$F=\frac{2\pi}{3p}\left[\sqrt{(p^2+R^2)^3}-p^3\right]$ 式中，$p=\frac{R^2}{2h}$

续表

序号	表面形状	简　图	面积 F 计算公式
16	截头旋转抛物面		$F=\frac{2\pi}{3p}\left[\sqrt{(p^2+R^2)^3}-\sqrt{(p^2+r^2)^3}\right]$ 式中，$p=\frac{R^2-r^2}{2h}$

2) 公式法

对于常用的回转体拉深件，可查阅相关冲压手册得到板料直径 D 。

3. 复杂形状回转体拉深件板料直径的计算

复杂形状回转体拉深件板料直径计算的关键是确定回转体拉深件的表面积。任何回转体表面积可用形心法(久里金法则)求得，如图 6-15 所示，回转体表面积 F 等于外形曲线(母线)长度 L 与其重心绕轴旋转所得周长 $2\pi x$ 的乘积(x 为该母线重心到轴线的距离)，即

$$F=2\pi xL \tag{6-9}$$

复杂形状回转体拉深件板料直径的计算有以下三种方法。

1) 解析法

将复杂形状回转体的表面积看作由多个简单回转体的表面积相加构成，即

$$F=\sum_{i=1}^{n}f_i=\sum_{i=1}^{n}2\pi L_i x_i=2\pi\sum_{i=1}^{n}L_i x_i \tag{6-10}$$

式中，F 为复杂形状回转体的总表面积，mm^2； f_i 为第 i 个简单回转体的表面积，mm^2； L_i 为第 i 个简单回转体外形曲线的长度，mm； x_i 为第 i 个简单回转体外形曲线形心到旋转轴的距离，mm。

2) 作图累加法

如果回转体的母线为光滑曲线，如图 6-16 所示，将其分成许多折线代替曲线，从图中量取每条折线的长度和形心到旋转轴的距离，将其值代入式(6-10)，即可求得板料的表面积 F，从而得到板料直径 D。

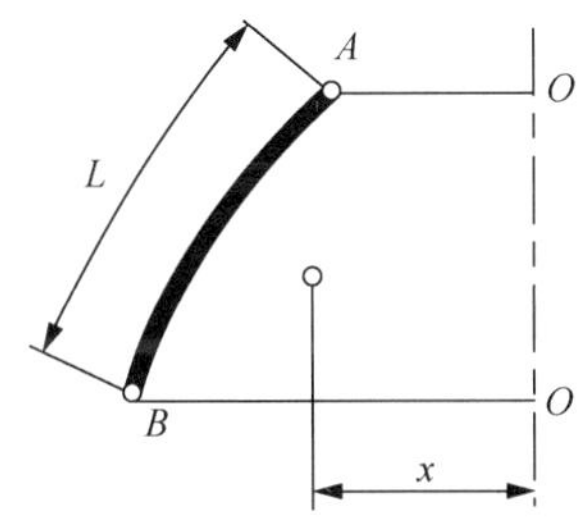

图 6-15　形心法求面积

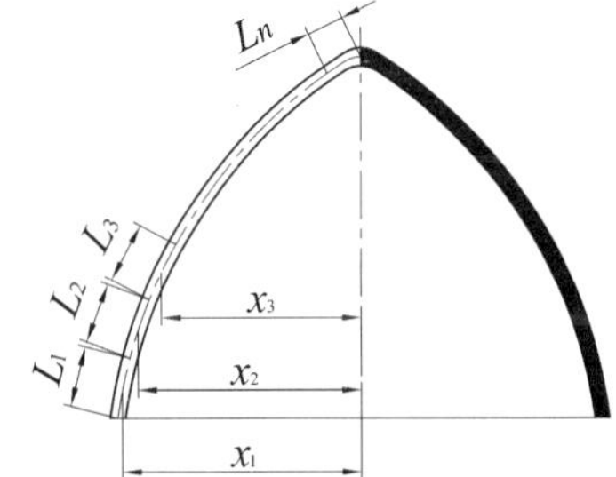

图 6-16　作图累加法求板料直径

3) 利用 **CAD** 软件求表面积

利用 AutoCAD 的作图及查询功能可快速、精确地求得任意形状的实体表面面积。

6.2.2 无凸缘圆筒形件的拉深

1. 拉深系数和极限拉深系数

圆筒形件拉深的变形程度用拉深系数来表示，故拉深系数是拉深工艺的基本参数。拉深系数是指每次拉深后圆筒形零件的直径与拉深前板料(或前道工序件)的直径之比，用 m 表示，即

第一次拉深系数：$m_1=\dfrac{d_1}{D}$；

第二次拉深系数：$m_2=\dfrac{d_2}{d_1}$；

⋮

第 n 次拉深系数：$m_n=\dfrac{d_n}{d_{n-1}}$。

式中，D 为板料直径；d_n 为圆筒形工件的直径；d_1、d_2、…、d_{n-1} 为各次拉深后工序件的直径。

由拉深系数的表达式可看出拉深系数 m 的数值总小于 1，而且 m 值越小，拉深时变形程度越大。作为一个重要的工艺参数，拉深系数 m 可用于计算各工序的尺寸和板料尺寸。一种材料在一定拉深条件下所允许的拉深变形程度，即拉深系数是一定的。把材料既能拉深成形又不被拉断时的最小拉深系数称为极限拉深系数。

适用于不同材料及不同压边条件下圆筒形件的极限拉深系数如表 6-5～表 6-7 所示。

表 6-5 圆筒形件带压边圈的极限拉深系数(08、10 及 15Mn)

拉深系数	板料相对厚度 $(t/D)\times100$					
	2.0～1.5	1.5～1.0	1.0～0.6	0.6～0.3	0.3～0.15	0.15～0.08
m_1	0.48～0.50	0.50～0.53	0.53～0.55	0.55～0.58	0.58～0.60	0.60～0.63
m_2	0.73～0.75	0.75～0.76	0.76～0.78	0.78～0.79	0.79～0.80	0.80～0.82
m_3	0.76～0.78	0.78～0.79	0.79～0.80	0.80～0.81	0.81～0.82	0.82～0.84
m_4	0.78～0.80	0.80～0.81	0.81～0.82	0.82～0.83	0.83～0.85	0.85～0.86
m_5	0.80～0.82	0.82～0.84	0.84～0.85	0.85～0.86	0.86～0.87	0.87～0.88

表 6-6 圆筒形件不用压边圈的极限拉深系数(08、10 及 15Mn)

板料相对厚度 $t/D\times100$	各次的拉深系数					
	m_1	m_2	m_3	m_4	m_5	m_6
1.5	0.65	0.80	0.84	0.87	0.90	—
2.0	0.60	0.75	0.80	0.84	0.87	0.90
2.5	0.55	0.75	0.80	0.84	0.87	0.90
3.0	0.53	0.75	0.80	0.84	0.87	0.90
>3	0.50	0.70	0.75	0.78	0.82	0.85

表 6-7　其他金属板料的极限拉深系数

材料名称	牌号	首次拉深 m_1	以后逐次拉深 m_n
铝和铝合金	L6M、L4M、LF21M	0.52～0.55	0.70～0.75
杜拉铝	LY12M、LY11M	0.56～0.58	0.75～0.80
黄铜	H62	0.52～0.54	0.70～0.72
	H68	0.50～0.52	0.68～0.72
纯铜	T2、T3、T4	0.50～0.55	0.72～0.80
无氧铜		0.50～0.58	0.75～0.82
镍、镁镍、硅镍		0.48～0.53	0.70～0.75
康铜(铜镍合金)		0.50～0.56	0.74～0.84
白铁皮		0.58～0.65	0.80～0.85
酸洗钢板		0.54～0.58	0.75～0.78
镍铬合金	Cr20Ni80Ti	0.54～0.59	0.78～0.84
合金结构钢	30CrMnSiA	0.62～0.70	0.80～0.84
不锈钢	Cr13	0.52～0.56	0.75～0.78
	Cr18Ni	0.50～0.52	0.70～0.75
	Cr18Ni11Nb	0.52～0.55	0.78～0.80
	Cr23Ni18	0.52～0.55	0.78～0.80
	1Cr18Ni9Ti	0.52～0.55	0.78～0.81
可伐合金		0.65～0.67	0.85～0.90
钼铱合金		0.72～0.82	0.91～0.97
钛合金	BT1	0.58～0.60	0.80～0.85
	BT4	0.60～0.70	0.80～0.85
	BT5	0.60～0.65	0.80～0.85

2. 影响拉深系数的因素

影响拉深系数的因素很多，其中主要有：板料的内部组织和力学性能、板料的相对厚度 t/D、模具工作部分的圆角半径及间隙、拉深模的结构、拉深速度和润滑状况等。

1）材料力学性能的影响

塑性好的材料，其塑性指标中伸长率 δ 和断面收缩率 ψ 大，那么该材料的拉深系数可取得小些。材料的屈强比 σ_s/σ_b 小，即拉深时凸缘变形区的塑性好，变形抗力低，材料的抗拉强度高，则拉深系数也可以取小值。

2）板料相对厚度的影响

相对厚度 t/D 大，拉深时材料的抗失稳起皱能力强，拉深系数可以取小些，反之拉深系数应取大些。

3）拉深次数的影响

需要多次拉深成形的零件，因材料在拉深变形过程会出现加工硬化现象，故首次拉深系数最小，以后逐次增大。但是，前道拉深后经过热处理退火的，后道的拉深系数同样可以取较小值。

4) 压边力的影响

使用压边圈拉深时不易起皱，拉深系数可以取小些；反之，拉深系数应取大些。需要注意的是，压边圈产生的压边力过大，会增加拉深阻力；压边力过小在拉深时会起皱，这样使拉入凹模的阻力剧增，甚至拉裂，所以压边力大小应适当。

5) 模具工作部分圆角半径及间隙的影响

凸模的圆角半径过小，使危险断面的强度进一步削弱，拉深系数应取得大些；凹模的圆角半径过小，板料沿凹模圆角滑动使板料侧壁内的拉应力增大，容易被拉裂，故拉深系数不能取得过小。凸模和凹模的间隙过大，拉入间隙的板料易起皱；间隙过小，板料进入间隙的阻力增大，筒壁内的拉应力变大，容易拉裂。只有间隙合理时，才能使拉深系数取得小些。另外，锥形凹模的抗失稳性能优于平端面凹模，拉深系数可取得相对小些；板料与凹模的润滑条件好时，拉深系数也可取得小些。

3. 拉深次数的确定

如前所述，拉深件往往必须经过多次拉深才能达到最终尺寸形状，那么，能否一次拉深成形？到底需要几次拉深才能成形？每次拉深变形程度是多少？都是制定拉深工艺和设计拉深模必须考虑的问题。

一般来说，当总拉深系数 $m = d/D$ 大于表 6-5～表 6-7 中所列的 m_1 时，制件可一次拉深成形。否则，需多次拉深，拉深次数可通过以下几种方法确定。

1) 推算法

根据拉深件的相对厚度 t/D，由表 6-5～表 6-7 查出相对应的各次拉深系数 m_1，m_2，m_3，m_4，…，m_n。通过试算，$m_1 = d_1/D, d_1 = m_1D$；$m_2 = d_2/d_1$，$d_2 = m_2d_1 = m_2m_1D$；依此类推，第 n 次拉深时，工件直径 $d_n = m_nd_{n-1} = m_nm_{n-1}\cdots m_1D$；当刚满足 $d_n \leqslant d$ 时的 n 值，即拉深次数。

2) 计算法

如果要将一个直径为 D 的板料最后拉深成直径为 d_n 的工件，假设除首次拉深系数为 m_1 外，其余各次拉深系数 $m_2 = m_3 = m_4 = \cdots = m_n$，则：$d_1 = m_1D$，$d_2 = m_nd_1 = m_nm_1D$，$d_3 = m_nd_2 = m_n^2m_1D$，…，$d_n = m_nd_{n-1} = m_n^{n-1}m_1D$。

两边取对数可得

$$\lg d_n = (n-1)\lg m_n + \lg(m_1D)$$

即

$$n = 1 + \frac{\lg d_n - \lg(m_1D)}{\lg m_n}$$

计算所得 n 值即所需拉深次数。由于表中的拉深系数是极限值，因此对计算出有小数部分的 n 值，为保证拉深可靠性，应取较大整数值。

3) 查表法

根据拉深件的相对高度 h/d 和板料的相对厚度 t/D，直接查表 6-8，可得拉深次数。

表 6-8　拉深件相对高度 h/d 与拉深次数的关系(无凸缘圆筒形件)

拉深次数	板料的相对厚度 $(t/D)\times100$					
	2～1.5	1.5～1.0	1.0～0.6	0.6～0.3	0.3～0.15	0.15～0.08
1	0.94～0.77	0.84～0.65	0.71～0.57	0.62～0.5	0.52～0.45	0.46～0.38
2	1.8～1.54	1.60～1.32	1.36～1.1	1.13～0.94	0.96～0.83	0.9～0.7
3	3.5～2.7	2.8～2.2	2.3～1.8	1.9～1.5	1.6～1.3	1.3～1.1
4	5.6～4.3	4.3～3.5	3.6～2.9	2.9～2.4	2.4～2.0	2.0～1.5
5	8.9～6.6	6.6～5.1	5.2～4.1	4.1～3.3	3.3～2.7	2.7～2.0

注：表中拉深次数适用于 08 及 10 号钢的拉深件。

4. 无凸缘圆筒形件拉深工序尺寸计算

确定了圆筒形件的拉深次数后，各工序件直径可由各工序的拉深系数和前道工序的直径求得。拉深工序件的高度尺寸可按下面的式子计算。

(1)底部无圆角圆筒形件

第一次拉深：

$$h_1 = 0.25\,(Dk_1 - d_1)$$

第二次拉深：

$$h_2 = h_1k_2 + 0.25\,(d_1k_2 - d_2)$$

…　　…

(2)底部有圆角圆筒形件

第一次拉深:

$$h_1 = 0.25\,(Dk_1 - d_1) + 0.43\frac{r_1}{d_1}(d_1 + 0.32r_1)$$

第二次拉深:

$$h_2 = 0.25\,(Dk_1k_2 - d_2) + 0.43\frac{r_2}{d_2}(d_2 + 0.32r_2)$$

…　　…

式中，D 为毛坯直径；d_1、d_2 为第一、第二工序拉深的工序件直径；k_1、k_2 为第一、第二道工序拉深的拉深比(拉深比 $K_n=\frac{d_{n-1}}{d_n}$，即等于拉深系数的倒数)；r_1、r_2 为第一、第二工序拉深的工序件底部圆角半径；h_1、h_2 为第一、第二工序拉深的工序件高度。

6.2.3　带凸缘圆筒形件的拉深

带凸缘的零件，其板料不是全部拉入凹模，而是只拉深到板料外缘直径等于零件凸缘外径加修边余量为止，故其变形区的应力和应变状态及变形特点与无凸缘圆筒形件相同，但是有凸缘圆筒形件的拉深过程和工艺计算方法与无凸缘圆筒形件有一定的差别。

1. 带凸缘圆筒形件的拉深系数与拉深次数

图 6-17 所示为带凸缘圆筒形件，其拉深系数可用下式表示:

$$m_t = \frac{d}{D}$$

式中，d 为带凸缘圆筒件筒形部分直径；D 为毛坯直径。

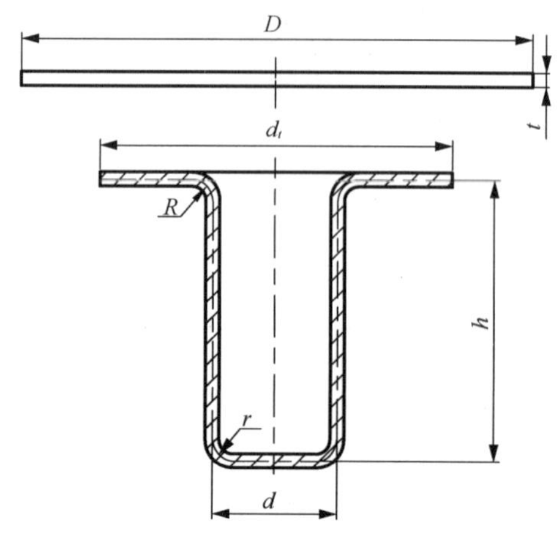

图 6-17　带凸缘圆筒形件

当零件的底部圆角半径 r 与凸缘根部圆角半径 R 相等，且均为 r 时，根据变形前后面积相等的原则，毛坯直径为

$$D=\sqrt{d_t^2+4dh-3.44dr}$$

则拉深系数

$$m_t=\frac{d}{D}=\frac{1}{\sqrt{\left(\frac{d_t}{d}\right)^2+4\frac{h}{d}-3.44\frac{r}{d}}} \tag{6-11}$$

式中，d_t/d 为凸缘的相对直径；h/d 为零件的相对高度；r/d 为零件的相对圆角半径。

从式(6-11)中可知，凸缘的相对直径 d_t/d、零件的相对高度 h/d 和相对圆角半径 r/d 对拉深系数 m_t 都有影响，其中凸缘相对直径 d_t/d 对拉深系数 m_t 的影响最大，而相对圆角半径 r/d 的影响最小。可见凸缘的相对直径 d_t/d 和零件的相对高度 h/d 越大，凸缘变形区的宽度也越大，拉深的难度也越大。当凸缘的相对直径 d_t/d 和零件的相对高度 h/d 超过一定数值时，只进行一次拉深是不可能的，就应该采用多次拉深。

带凸缘圆筒形件能否一次拉深成形，可用极限拉深系数来判断。带凸缘圆筒形件的极限拉深系数与无凸缘圆筒形件有较大的区别，可按表 6-9 确定。

表 6-9　带凸缘圆筒形件的极限拉深系数(适用于 08、10 钢)

凸缘相对直径 d_t/d	板料相对厚度 $(t/D)\times100$				
	>0.06～0.2	>0.2～0.5	>0.5～1.0	>1.0～1.5	>1.5
≤1.1	0.59	0.57	0.55	0.53	0.50
>1.1～1.3	0.55	0.54	0.53	0.51	0.49
>1.3～1.5	0.52	0.51	0.50	0.49	0.47
>1.5～1.8	0.48	0.48	0.47	0.46	0.45
>1.8～2.0	0.45	0.45	0.44	0.43	0.42
>2.0～2.2	0.42	0.42	0.42	0.41	0.40
>2.2～2.5	0.38	0.38	0.38	0.38	0.37
>2.5～2.8	0.35	0.35	0.34	0.34	0.33
>2.8～3.0	0.33	0.33	0.32	0.32	0.31

由表 6-9 可见：当 $d_t/d \leqslant 1.1$ 时，带凸缘圆筒形件的极限拉深系数与无凸缘圆筒形件基本相同。当 d_t/d 逐渐增大时，其极限拉深系数逐渐减小，但这并非意味着变形程度的增大。当 $d_t/d=3$ 时，带凸缘圆筒形件的极限拉深系数很小，$m_t=0.33$，这并不意味其变形程度很大，相反此时的变形程度为零。因为此时 $d_t/d=3$，$d_t=3d$ 。

$$m_t = d/D = 0.33$$

故

$$D = d/0.33 \approx 3d = d_t$$

由此可见，板料的直径等于带凸缘圆筒形件的凸缘直径，变形程度为零。

由式(6-11)可见：有凸缘圆筒形件的拉深系数取决于凸缘的相对直径 d_t/d 、零件的相对高度 h/d 、相对圆角半径 r/d ，因为相对圆角半径 r/d 很小，因此当 m_t 一定时，凸缘的相对直径 d_t/d 和零件的相对高度 h/d 的关系也就基本定了。故也可以用零件的相对高度 h/d 来表示有凸缘圆筒形件的变形程度，首次拉深的极限相对高度如表 6-10 所示。

表 6-10　带凸缘圆筒形件首次拉深极限相对高度 h_1/d_1 (适用于 08、10 钢)

凸缘相对直径 d_t/d	板料相对厚度 $(t/D)\times100$				
	>0.06～0.2	>0.2～0.5	>0.5～1.0	>1.0～1.5	>1.5
≤1.1	0.45～0.52	0.50～0.62	0.57～0.70	0.60～0.80	0.75～0.90
>1.1～1.3	0.40～0.47	0.45～0.53	0.50～0.60	0.56～0.72	0.65～0.80
>1.3～1.5	0.35～0.42	0.40～0.48	0.45～0.53	0.50～0.63	0.58～0.70
>1.5～1.8	0.29～0.35	0.34～0.39	0.37～0.44	0.42～0.53	0.48～0.58
>1.8～2.0	0.25～0.30	0.29～0.34	0.32～0.38	0.36～0.46	0.42～0.51
>2.0～2.2	0.22～0.26	0.25～0.29	0.27～0.33	0.31～0.40	0.35～0.45
>2.2～2.5	0.17～0.21	0.20～0.23	0.22～0.27	0.25～0.32	0.28～0.35
>2.5～2.8	0.13～0.16	0.15～0.18	0.17～0.21	0.19～0.24	0.22～0.27
>2.8～3.0	0.10～0.13	0.12～0.15	0.14～0.17	0.16～0.20	0.18～0.22

2. 带凸缘圆筒形件的拉深方法及工序件尺寸确定

带凸缘圆筒形件多次拉深的步骤如下：第一次拉深时，将板料拉深成带凸缘的工序件，其凸缘直径等于零件外缘直径加上修边余量；在以后的各次拉深中，只是筒体部分参加变形，逐步地减小其直径，并增加高度。为了使已成形的凸缘尺寸在以后的拉深过程中不再发生变化，以免引起中间圆筒的过大拉应力而被拉破，应在第一次拉深时将拉入凹模的板料面积加大 3%～5%，即使第一次拉深的筒体高度增加，在以后各次拉深时，逐步减少这个额外多拉入凹模的面积，最后这部分多拉入凹模的面积转移到零件口部附近的凸缘上，使该处板料增厚，这样可以补偿计算上的误差，便于试模时的调整工作，尤其对薄板拉深有利，而且对零件质量不会产生明显影响。

为了减少拉深次数，第一次拉深的圆筒形直径应尽可能小。可先假定一个 d_1 ，并按表 6-9 查出首次拉深的极限拉深系数 m_1 ，由 m_1 计算出第一次拉深的相对高度 h_1/d_1 ，如果此值小于表 6-10 中对应的许可相对拉深高度(h_1/d_1)，可将此值作为首次拉深的工序件直径尺寸；否则，必须重新选择第一次拉深的圆筒形直径 d_1 ，直至满足要求。

以后各次的圆筒直径，可按筒形件多次拉深计算，各工序的直径为

$$d_i = m_i \times d_{i-1},\ \ i = 2,3,\cdots,\ n$$

有凸缘圆筒形件拉深工序件的高度按下式计算:

$$h_1 = \frac{0.25}{d_1}(D^2 - d_t^2) + 0.43(r_1 + R_1) + \frac{0.14}{d_1}(r_1^2 - R_1^2)$$

$$h_i = \frac{0.25}{d_i}(D^2 - d_t^2) + 0.43(r_i + R_i) + \frac{0.14}{d_i}(r_i^2 - R_i^2),\ \ i = 2,\ 3,\ \cdots,\ n$$

式中，h_1、…、h_n 为各次拉深后工序件高度；d_1、…、d_n 为各次拉深后工序件筒底部直径；r_1、…、r_n 为各次拉深后工序件底部圆角半径；R_1、…、R_n 为各次拉深后工序件凸缘处圆角半径。

1) 窄凸缘圆筒形件($d_t/d \leqslant 1.4$)的拉深方法

如图 6-18 所示，当窄凸缘圆筒形件的凸缘边很小，可视作无凸缘圆筒形件拉深，只是在倒数第二道工序时，才拉深成凸缘边或锥形凸缘边，再经整形、修边得到零件的凸缘。如果带凸缘圆筒形件的相对高度很小，即 $h/d \leqslant 1$，在第一道拉深时就可拉深成带锥形凸缘边的圆筒形件，最后整形成零件的凸缘边。

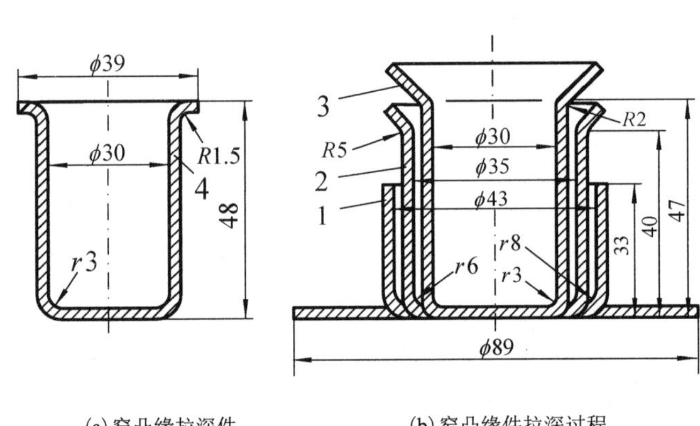

(a) 窄凸缘拉深件　　(b) 窄凸缘件拉深过程

图 6-18　窄凸缘圆筒形件拉深

2) 宽凸缘圆筒形件($d_t/d > 1.4$)的拉深方法

宽凸缘圆筒形件拉深有以下两种成形方法。

对于中小型制件($d_t \leqslant 200$mm)，通常采用逐步减小筒体直径和增加高度方法，在拉深过程中保持凸模和凹模的圆角半径不变，如图 6-19 所示。此方法会在拉深过程中零件的筒壁和凸缘上留有中间工序中弯曲和厚度局部变化的痕迹，应在最后增加一道整形工序，以提高零件的表面质量。

对于大型制件(d_t>200mm)，第一次即拉成零件高度，且在以后的拉深中保持不变，只是在各道拉深中减小筒体直径和圆角半径，如图 6-20 所示。采用这种方法制成的零件表面光滑平整，厚度均匀。由于在第一次拉深成大圆角的曲面形工序件时容易起皱，故此方法限于相对厚度较大的板料。

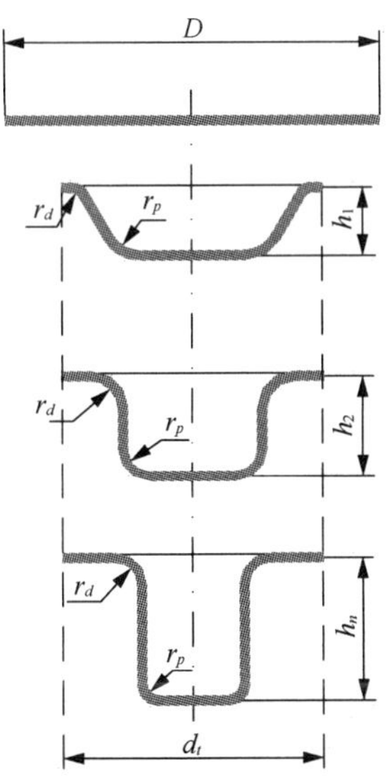

图 6-19　宽凸缘圆筒形件第一种拉深方法

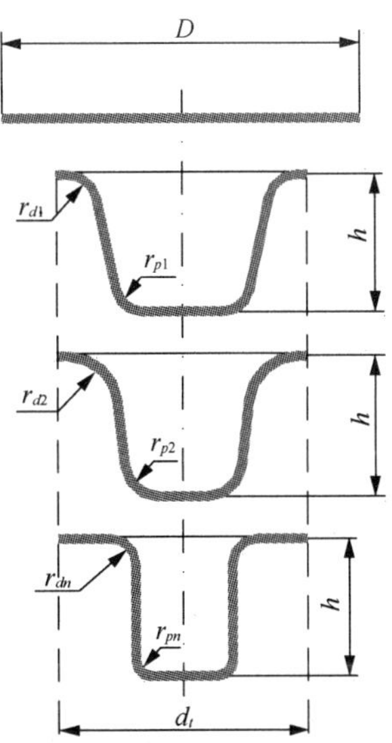

图 6-20　宽凸缘圆筒形件第二种拉深方法

6.2.4　阶梯形零件的拉深

阶梯形件拉深相当于圆筒形件多次拉深的过渡状态，如图 6-21 所示，其变形特点和应力、应变状态与圆筒形件拉深基本相同。

1. 拉深次数的判断

阶梯形件能否一次拉深成形，可用下述方法近似判断。

(1) 可通过求出工件的总高与最小直径之比 H/d_n，即相对高度，若不超过不带凸缘圆筒形件第一次拉深的相对高度值，则可一次拉深成形，否则多次拉深。

(2) 对于高度较大、阶梯数较多的工件，可用下列经验公式来判断。

$$m=\frac{\dfrac{h_1}{h_2}\times\dfrac{d_1}{D}+\cdots+\dfrac{h_{n-1}}{h_n}\times\dfrac{d_{n-1}}{D}+\dfrac{d_n}{D}}{\dfrac{h_1}{h_2}+\cdots+\dfrac{h_{n-1}}{h_n}+1}$$

若求出的 m 值大于按板料相对厚度 t/D 查得的圆筒形件的极限拉深系数，则可一次拉深成形。否则，需要多次拉深。

2. 阶梯形零件多次拉深的方法

当相邻阶梯的直径比 d_2/d_1、d_3/d_2、…、d_n/d_{n-1} 均大于圆筒形件极限拉深系数时，则由大到小每次拉深一个阶梯，如图 6-22(a) 所示；当大、小阶梯的直径差别大时（d_n/d_{n-1} 小于相应极限拉深系数），应按带凸缘圆筒形件的拉深方法，如图 6-22(b) 所示。当 d_n/d_{n-1} 过小，最小阶梯高度 h_n 又不大时，最小阶梯可用胀形获得。

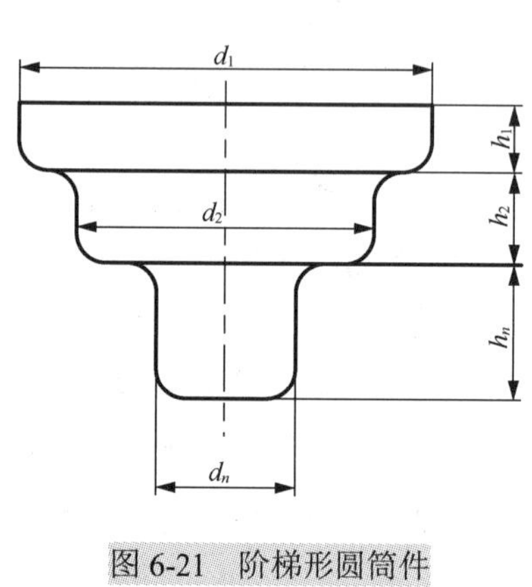

图 6-21 阶梯形圆筒件

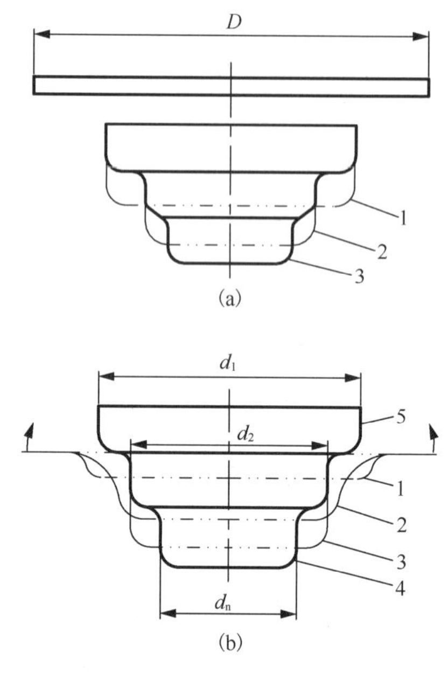

图 6-22 阶梯形件拉深方法

6.3 盒形件的拉深

盒形零件的拉深，在变形性质上与圆筒形零件相同，拉深时板料凸缘变形区也受到径向拉应力和切向压应力的作用，但是，盒形件在拉深时受直边的影响，其周边变形是不均匀的，因此在拉深工艺和模具设计上与圆筒形件相比有较大的差别。

6.3.1 矩形盒的成形特点

盒形件是由圆角和直边两部分组成的，如图 6-23 所示，可以将其划分为四个长度为 $A-2r$ 、$B-2r$ 的直边部分和四个半径为 r 的圆角部分；圆角部分是四分之一圆柱表面，如果把直边和圆角部分分开变形，则盒形件成形可看作由直边的弯曲和圆角部分的拉深组成。但是，盒形件的直边和圆角两个部分是连在一起的整体，在拉深过程中必然会产生相互作用和影响，因此，在盒形件的拉深过程中直边和圆角部分的变形绝不是简单的弯曲和拉深。

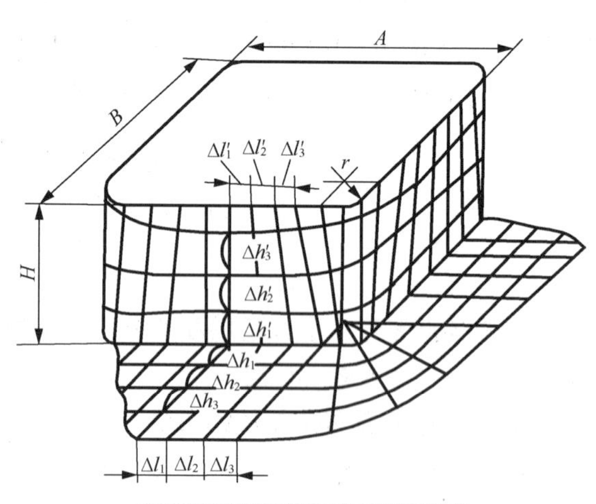

图 6-23 盒形件拉深变形特点

图 6-23 表示毛坯表面在变形前划分的网格(圆角由同心圆和半径组成，直边为矩形网格)，拉深后直边网格发生横向压缩和纵向伸长。变形前横向尺寸为 $\Delta l_1=\Delta l_2=\Delta l_3$，经变形后成为

$\Delta l_3' < \Delta l_2' < \Delta l_1'$；变形前纵向尺寸为$\Delta h_1 = \Delta h_2 = \Delta h_3$，变形后成为$\Delta h_1' < \Delta h_2' < \Delta h_3'$。由此可见，直边中间变形最小，接近弯曲变形，靠近圆角的变形最大。变形沿高度方向的分布也是不均匀的，靠近底部最小，靠近口部最大。而圆角变形与圆筒形件拉深相似，但其变形程度要比相应圆筒形件小，即变形后的网格不是与底面垂直的平行线，而是变为上部间距大，下部间距小的斜线。

这说明盒形件拉深时圆角处的金属向直边流动，使直边产生横向压缩，减轻了圆角的变形程度，对圆角部分在拉深过程中产生的切向压应力起分散减弱作用。因此，与几何参数相同的圆筒形件相比，盒形件拉深时圆角部分受到的径向平均拉应力和切向压应力都要小得多。所以在拉深过程中，圆角部分危险断面的拉裂可能性和凸缘起皱的趋势都较相应的圆筒形件小。因此，对于相同材料，拉深盒形件时，选用的拉深系数可以小一些。

盒形件直边部分对圆角部分的影响程度，取决于盒形件的圆角半径r与宽度的比值r/B和相对高度H/B。r/B越小，直边部分对圆角部分的变形影响越显著，即圆角部分的拉深变形与相应圆筒形件的变形差别也就越大，当$r/B=0.5$且$A=B$时，盒形件就成为圆筒形件，变形差别也就不存在了，H/B越大，直边和圆角变形相互影响也越显著。

6.3.2　毛坯尺寸计算与形状设计

盒形件拉深时毛坯的变形情况比较复杂，目前还不能准确确定毛坯的尺寸和形状，需要经过试拉深修正。在确定毛坯的形状和尺寸之前先确定盒形件的拉深高度H，如图 6-24 所示。其拉深高度为$H=h+\Delta h$，式中Δh是盒形件的修边余量，其值按表 6-11 确定。

表 6-11　盒形件的修边余量 Δh

所需拉深工序数目	1	2	3	4
修边余量 Δh	(0.03～0.05) H	(0.04～0.06) H	(0.05～0.08) H	(0.06～0.1) H

盒形件毛坯的形状和尺寸与零件的相对圆角半径r/B和相对高度H/B有关。这两个参数对圆角部分的材料向直边部分的转移程度和直边高度的增加量影响较大。因此，按这两个参数将盒形件分为：一次拉深的低盒形件；一次拉深的高盒形件；多次拉深的小圆角低盒形件及多次拉深的高盒形件等几类，其毛坯形状和尺寸确定及拉深方法是不同的。

在确定一次拉深成形的低盒形件的毛坯尺寸时，将直边按弯曲变形计算，圆角部分按 1/4 圆筒拉深计算，得到如图 6-25 所示的毛坯外形$ABCDEF$，这样的毛坯不具有圆滑过渡的轮廓，而且没有考虑到拉深时材料由圆角部分向直边部分的转移，所以还要进行如下的修正：由BC和DE的中点G和H作圆弧R的切线，并用圆弧将切线和直边展开线连接起来，便得到修正后的毛坯外形。

其中弯曲部分的展开长度为

$$l = H + 0.57r_p$$

式中，H为盒形件高度(包括修边余量)；r_p为盒形件底部圆角半径。

圆角拉深部分展开后的毛坯半径为

$$R = \sqrt{r^2 + 2rH - 0.86r_p\left(r + 0.16r_p\right)}$$

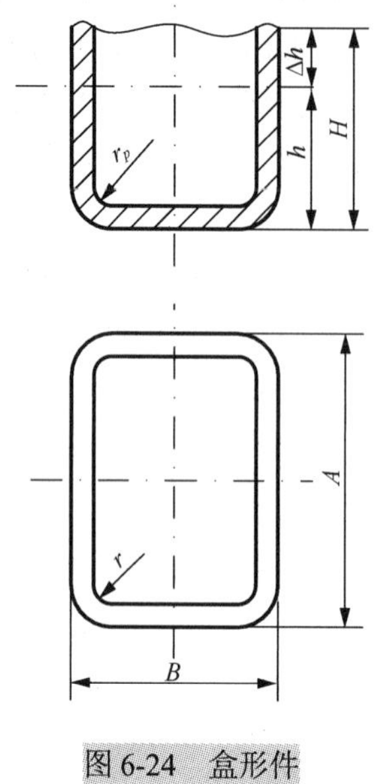

图 6-24　盒形件

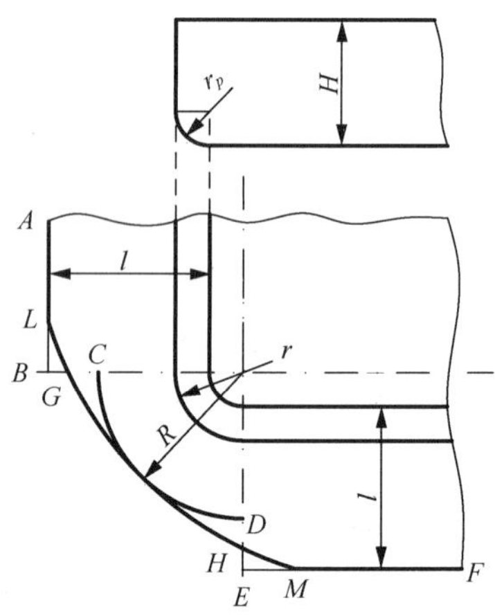

图 6-25　盒形件毛坯的初步作图法

相对高度 H/B>0.6～0.7 的盒形件，一般需要多次拉深。拉深这类盒形件时，由于圆角部分有较多的材料向直边转移，因此毛坯的形状与工件的平面形状有显著的差别。多次拉深成形的高正方形盒，如图 6-26 所示，其毛坯形状为圆形，毛坯直径可按下式计算：

当 $r=r_p$ 时，有

$$D=1.13\sqrt{B^2+4B\left(H-0.43r\right)-1.72r\left(H+0.33r\right)} \tag{6-12}$$

当 $r>r_p$ 时，有

$$D=1.13\sqrt{B^2+4B\left(H-0.43r_p\right)-1.72r\left(H+0.5r\right)-4r_p\left(0.11r_p-0.18r\right)} \tag{6-13}$$

多次拉深成形的高矩形盒，如图 6-27 所示，其形状可以看成由宽度为 B 的两个半正方形和中间宽度为 B、长度为 $(A-B)$ 的槽形组合而成。毛坯外形有两种确定方法：一种是椭圆形外形图（图 6-27(b)），长 L_z、宽 B_z、长轴半径 R_b、短轴半径 R_l；另一种是长圆形外形图（图 6-27(c)），长为 L_z、宽为 B_z、$R=\dfrac{B_z}{2}$。

椭圆形毛坯的尺寸为

$$L_z=D+\left(A-B\right) \tag{6-14}$$

$$B_z=\frac{D\left(B-2r\right)+\left[B+2\left(H-0.43r_p\right)\right]\left(A-B\right)}{A-2r} \tag{6-15}$$

$$R_b=\frac{D}{2} \tag{6-16}$$

$$R_l=\frac{0.25\left(L_z^2+B_z^2\right)-L_zR_b}{B_z-2R_b} \tag{6-17}$$

式中，D 为边长为 B 的高方盒件的毛坯直径，按式(6-12)或式(6-13)求得。

长圆形毛坯尺寸按上式求出 L_z 和 B_z，$R=0.5B_z$。当矩形件的长度 A 和宽度 B 相差不大，计算出的 L_z 和 B_z 相差也不大时，可以简化为圆形毛坯，以便于落料模的制造。

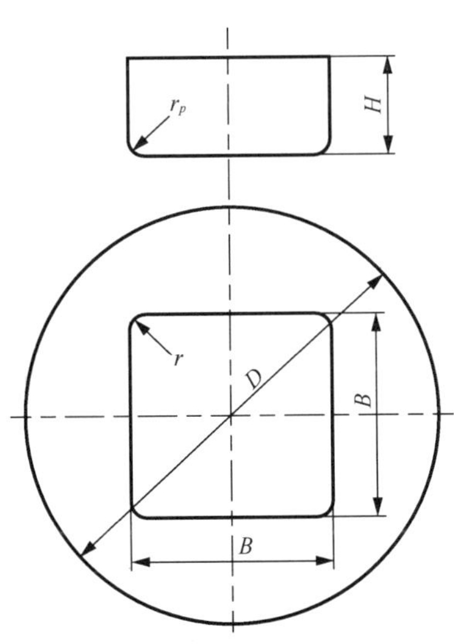

图 6-26　正方形盒多次拉深毛坯

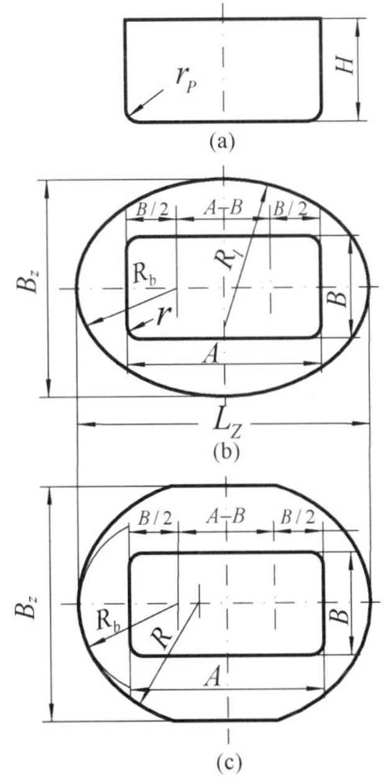

图 6-27　矩形件多次拉深毛坯形状和尺寸

6.3.3　盒形件的拉深变形程度

盒形件拉深的变形程度不仅与相对厚度 $\dfrac{t}{D}$ 有关，还与相对圆角半径 $\dfrac{r}{B}$ 有关。盒形件的变形程度有两种表示方法：拉深系数和相对高度。

盒形件圆角部分的拉深系数为

$$m = \frac{r}{R_y} \tag{6-18}$$

式中，R_y 为毛坯圆角的假想半径，$R_y = R_b - 0.7(B - 2r)$，对于图 6-25 所示的低盒件，$R_y = R$；r 为拉深件口部的圆角半径；m 为首次拉深系数。

盒形件首次拉深的极限拉深系数见表 6-12。

表 6-12　盒形件角部首次拉深的极限拉深系数(08 钢、10 钢)

$\frac{r}{B}$	板料的相对厚度 $(t/D)\times 100$							
	0.3～0.6		0.6～1.0		1.0～1.5		1.5～2.0	
	矩形	方形	矩形	方形	矩形	方形	矩形	方形
0.025	0.31		0.30		0.29		0.28	
0.05	0.32		0.31		0.30		0.29	
0.10	0.33		0.32		0.31		0.30	
0.15	0.35		0.34		0.33		0.32	
0.20	0.36	0.38	0.35	0.36	0.34	0.35	0.33	0.34
0.30	0.40	0.42	0.38	0.40	0.37	0.39	0.36	0.38
0.40	0.44	0.48	0.42	0.45	0.41	0.43	0.40	0.42

注：① D 对于正方形盒是指毛坯直径，对于矩形盒是指毛坯宽度；

② 对于塑性比 08 钢、10 钢差的材料，首次拉深系数 m_1 比表值适当增大；塑性比 08 钢、10 钢好的材料，首次拉深系数 m_1 比表值适当减小。

盒形件的变形程度也可用相对高度$\frac{H}{r}$表示。由平板毛坯一次拉深可能成形的最大相对高度值与相对圆角半径$\frac{r}{B}$和板料性能等有关，其值可查表6-13。当$\frac{t}{B}$<0.01，且$\frac{A}{B}\approx 1$时，取较小值；当$\frac{t}{B}$>0.015，且$\frac{A}{B}\geqslant 2$时，取较大值，表中数据适用于深拉深的软钢板。

如果盒形件的相对高度$\frac{H}{r}$不超过表6-13中所列的极限值，则盒形件可以用一道拉深工序成形，不然应采用多道工序拉深成形。

表6-13　盒形件首次拉深的最大相对高度 H/r

相对圆角半径 r/B	0.4	0.3	0.2	0.1	0.05
相对高度 H/r	2～3	2.8～4	4～6	8～12	10～15

盒形件多次拉深时以后各次拉深系数按式(6-19)计算：

$$m_i=\frac{r_i}{r_{i-1}}，\ i=2，3，\cdots，n \tag{6-19}$$

式中，r_i、r_{i-1}为以后各次拉深工序口部的圆角半径；m_i为以后各次拉深工序圆角处的拉深系数，可查表6-14确定。

表6-14　盒形件以后各次的极限拉深系数(08钢、10钢)

r/B	板料的相对厚度 $(t/D)\times 100$			
	0.3～0.6	0.6～1	1～1.5	1.5～2
0.025	0.52	0.50	0.48	0.45
0.05	0.56	0.53	0.50	0.48
0.10	0.60	0.56	0.53	0.50

注：同表6-12“注②”

6.3.4　盒形件的多工序拉深方法及工序尺寸确定

盒形件多次拉深的变形特点，不仅与圆筒形零件多次拉深不同，而且与盒形件的首次拉深也有很大的差别。盒形件多次拉深时的变形是直壁进一步收缩，高度进一步增大的过程，如图6-28所示。冲模底部和已进入凹模深度为h_2的直壁部分是传力区，高度为h_1的直壁部分是待变形区。在拉深过程中，随着凸模向下运动，成形高度h_2不断增加，h_1则逐渐减少，直至全部进入凹模而形成零件的侧壁。

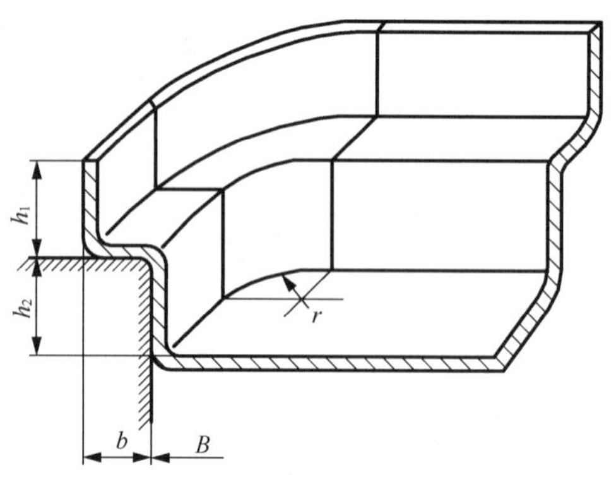

图6-28　盒形件多次拉深过程

在确定多次拉深工序件的形状和尺寸之前，应确定盒形件的拉深次数，可根据表6-15确定。

表 6-15　盒形件多次拉深能达到的最大相对高度 H/B

拉深次数	板料的相对厚度 $(t/D)\times100$			
	0.3～0.5	0.5～0.8	0.8～1.3	1.3～2.0
1	0.5	0.58	0.65	0.75
2	0.7	0.80	1.0	1.2
3	1.2	1.30	1.6	2.0
4	2.0	2.2	2.6	3.5

1. 方形盒多工序拉深方法

图 6-29 所示为方盒形多工序拉深的过渡形状和尺寸的确定方法。采用直径 D 的圆形毛坯，各中间工序为圆筒形，最后一道拉成方盒形。如果方盒形件需要用 n 道工序拉深成形，计算过渡形状和尺寸应从 $n-1$ 道工序开始，其直径为

$$d_{n-1}=1.41B-0.82r+2\delta \tag{6-20}$$

式中，d_{n-1} 为第 $n-1$ 次拉深工序件内径；B 为方盒形件边长(内形尺寸)；r 为方盒形件角部内圆角半径；δ 为 $n-1$ 次拉深工序件内表面到零件角部内表面的距离，即角部壁间距 δ 值，其大小直接影响拉深变形程度及变形均匀性，当采用图 6-29 所示的成形方法时，δ 值按表 6-16 确定，或按式(6-21)确定：

$$\delta=(0.2\sim0.25)r \tag{6-21}$$

其他各道工序的计算，参照圆筒形零件的拉深方法，相当于由直径为 D 的圆形平板毛坯拉成直径为 d_{n-1}、高度为 h_{n-1} 的圆筒形件。

表 6-16　角部壁间距 δ 值

角部相对圆角半径 r/B	0.025	0.05	0.1	0.2	0.3	0.4
相对壁间距离 δ/r	0.12	0.13	0.135	0.16	0.17	0.2

2. 矩形盒多工序拉深方法

矩形件过渡工序件为椭圆形，最后再拉深成矩形零件，如图 6-30 所示。

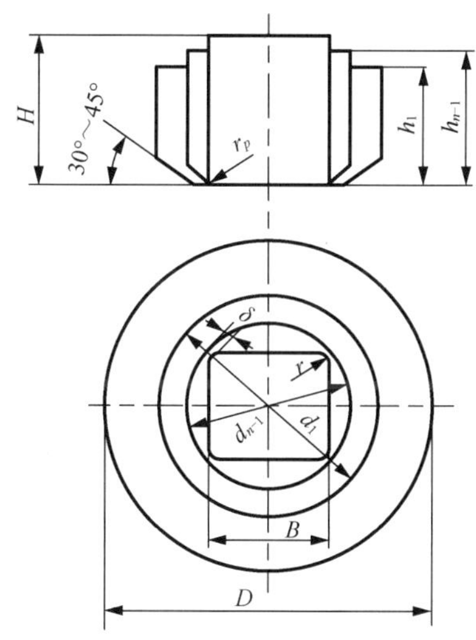

图 6-29　方盒形件多工序拉深的工序件形状与尺寸

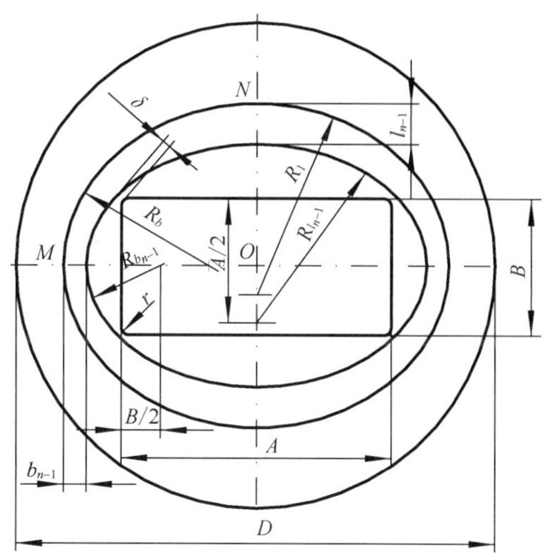

图 6-30　矩形件多工序拉深半成品的形状与尺寸

矩形件由$n-1$道工序开始计算，第$n-1$道拉深成椭圆形，其长、短轴半径分别为：

$$R_{b_{n-1}} = 0.707B - 0.41r + \delta \tag{6-22}$$

$$R_{l_{n-1}} = 0.707A - 0.41r + \delta \tag{6-23}$$

式中，$R_{b_{n-1}}$、$R_{l_{n-1}}$分别为第$n-1$道拉深后，椭圆形工件长、短轴半径；A、B分别为矩形件的长度和宽度；δ为角部壁间距；r为矩形件角部内圆角半径。

$R_{l_{n-1}}$和$R_{b_{n-1}}$的圆心可按图 6-30 的尺寸关系确定，圆弧连接处应光滑过渡。若确定多次拉深，则按盒形件首次拉深计算方法，核算从平板毛坯直接拉成$n-1$道工序的可能性。如果不行，再进行$n-2$道工序的计算。而$n-2$道工序是从椭圆形拉深成椭圆形的工序件，此时两道工序的壁间距离关系为

$$\frac{R_{l_{n-1}}}{R_{l_{n-1}} + l_{n-1}} = \frac{R_{b_{n-1}}}{R_{b_{n-1}} + b_{n-1}} = 0.75 \sim 0.85 \tag{6-24}$$

式中，l_{n-1}、b_{n-1}分别为第$n-2$道与$n-1$道工序件间在短轴和长轴上的壁间距离。

按下式可求出l_{n-1}和b_{n-1}：

$$l_{n-1} = (0.18 \sim 0.33)R_{l_{n-1}} \tag{6-25}$$

$$b_{n-1} = (0.18 \sim 0.33)R_{b_{n-1}} \tag{6-26}$$

求出l_{n-1}、b_{n-1}后，在对称轴上找到N和M点，然后选定半径R_l与R_b作圆弧分别通过N与M点，并光滑连接，得第$n-2$道工序件。再检查是否可能由平板毛坯冲压成第$n-2$道工序件，如果不能，应增加拉深工序，继续进行计算。为使最后一道工序能顺利拉深成盒形件，应将第$n-1$道工序件拉深成具有和零件相同的平底形状，并以 30°～45°斜角和大圆角半径将其与侧壁连接起来，如图 6-29 所示。

6.4 压边力、拉深力和拉深功的计算

压边力是为了防止起皱保证拉深过程顺利进行而施加的力，其大小直接关系到拉深能否顺利进行。拉深力从广义上包括拉深力与拉深功两部分。

6.4.1 压边装置与压边力的确定

1. 压边力计算

压边力必须适当，如果压边力过大，会增大拉入凹模的拉力，使危险断面拉裂；如果压边力不足，则不能防止凸缘起皱。实际压边力的大小要根据既不起皱也不被拉裂这个原则，在试模中加以调整。设计压边装置时应考虑便于调节压边力。

在生产中单位压边力p可按表 6-17 选取，压边力为压边面积乘单位压边力，即

$$F_Q = Ap \tag{6-27}$$

式中，F_Q为压边力，N；A为在压边圈下毛坯的投影面积，mm^2；p为单位压边力，MPa，可按表 6-17 确定。

表 6-17　单位压边力 p

材料名称		单位压边力 p /MPa
铝		0.8～1.2
紫铜、硬铝(退火)		1.2～1.8
黄铜		1.5～2.0
软钢	t<0.5mm	2.5～3.0
	t>0.5mm	2.0～2.5
镀锌钢板		2.5～3.0
耐热钢(软化状态)		2.8～3.5
高合金钢、高锰钢、不锈钢		3.0～4.5

2. 压边装置设计

生产中常用的压边装置有两大类，即弹性压边装置和刚性压边装置。

1) 弹性压边装置

该类压边装置多用于普通冲床，如图 6-31 所示，通常有以下三种形式，橡皮压边装置(图 6-31(a))、弹簧压边装置(图 6-31(b))、气垫式压边装置(图 6-31(c))，这三种压边装置压边力与行程的变化曲线如图 6-32 所示。

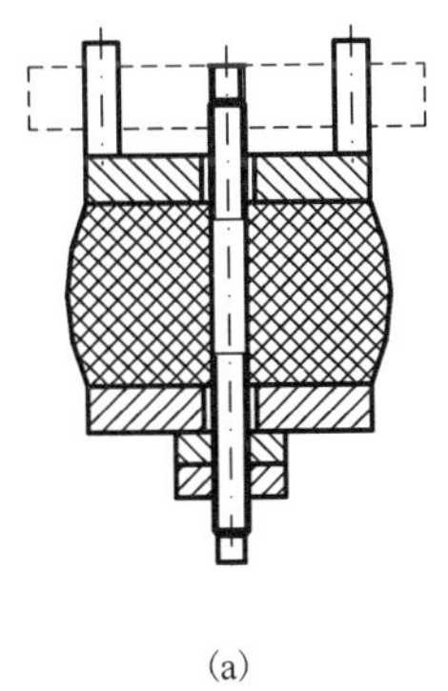

(a)

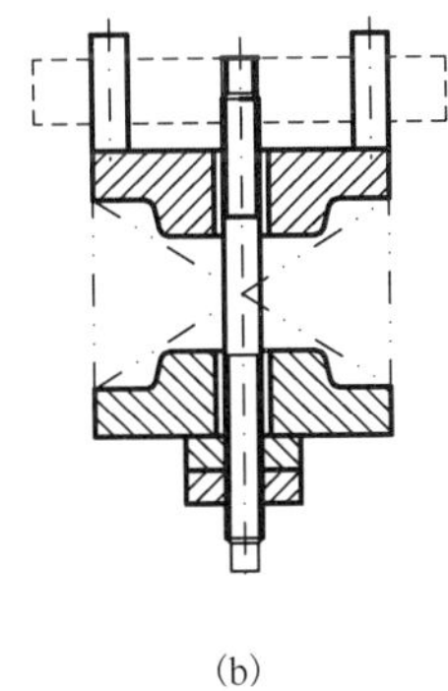

(b)

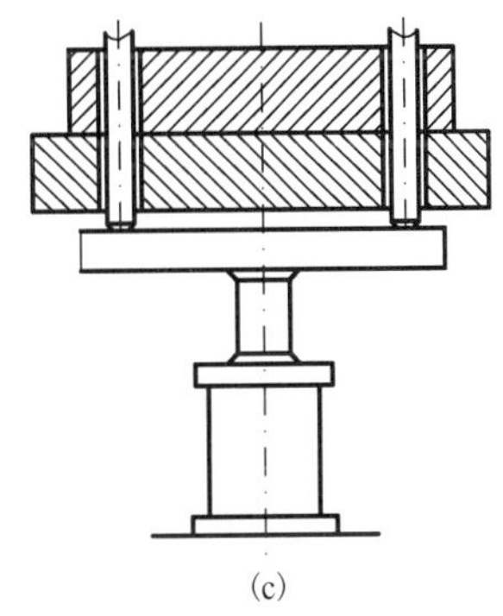

(c)

图 6-31　弹性压边装置

随着拉深高度的增加，需要压边的凸缘部分不断减少，故需要的压边力也就逐渐减少。由图 6-32 可知，橡皮及弹簧压边力随行程的增加而增加，与所需压边力相反，因此橡皮压边装置及弹簧压边装置通常只适用于浅拉深。

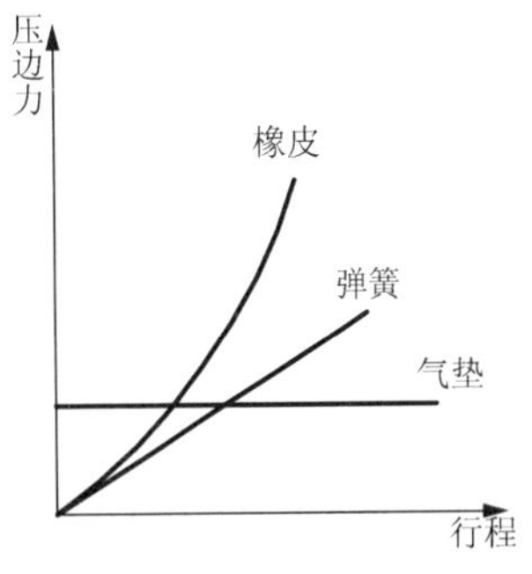

图 6-32　压边力与行程的变化曲线

气垫压边装置的压边效果较好，但气垫结构复杂，制造、维修困难，而且需要压缩空气，故限制了其应用范围。

在拉深宽凸缘件时，可采用如图 6-33 所示的有限位装置(定位销、柱销或螺栓)的压边圈，使压边圈和凹模间始终保持一定的距离 S 。这样在某种程度上既限制了压边力无限增大，又保证有足够的压边力。

当拉深钢件时，$S=1.2t$ ；当拉深有凸缘制件时，$S=t+(0.05\sim0.1)$ mm；当拉深铝合金制件时，$S=1.1t$ 。

2) 刚性压边装置

这种装置的特点是压边力不随行程变化，拉深效果较好，且模具结构简单。这种结构用于双动压力机，凸模装在压力机的内滑块上，压边装置装在外滑块上。图 6-34 所示为带刚性压边圈的拉深模。

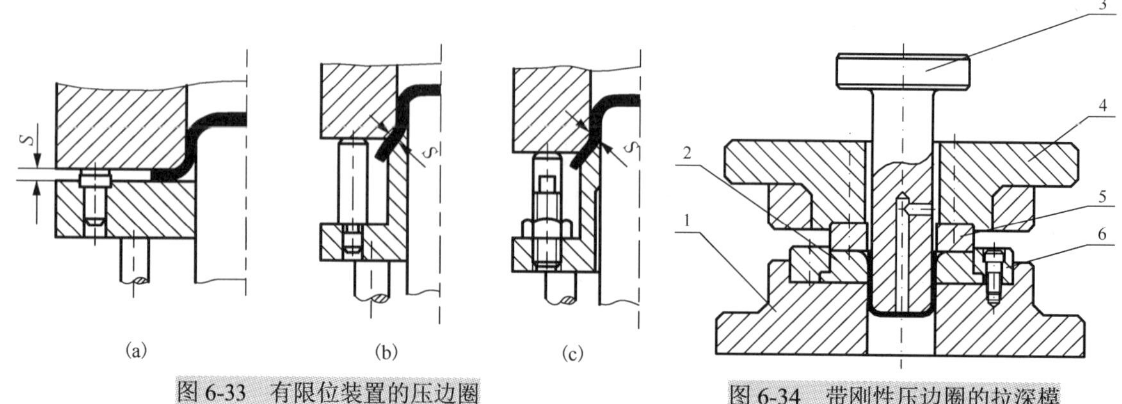

图 6-33　有限位装置的压边圈

图 6-34　带刚性压边圈的拉深模

1-下模座；2-凹模；3-凸模；4-压边圈座；5-压边圈；6-凹模固定板

6.4.2　拉深力的确定

生产中常用经验公式计算拉深力，对于圆筒形件，采用压边装置时拉深力可按下式计算：

第一次拉深

$$F_1 = \pi d_1 t \sigma_b k_1 \tag{6-28}$$

以后各次拉深

$$F_i = \pi d_i t \sigma_b k_2, \quad i = 2, 3, \cdots, n \tag{6-29}$$

式中，σ_b 为材料的抗拉强度；k_1、k_2 为修正系数，与拉深系数有关，拉深系数越小，k_1、k_2 越大，其值可查表 6-18 确定。首次拉深时用 k_1 计算，以后各次拉深时用 k_2 计算；d_1、d_i 为各次拉深后工序件直径，mm；t 为板料厚度，mm。

表 6-18　修正系数 k_1、k_2

拉深系数 m_1	0.55	0.57	0.60	0.62	0.65	0.67	0.70	0.72	0.75	0.77	0.80	—	—	—
系数 k_1	1.00	0.93	0.86	0.79	0.72	0.66	0.60	0.55	0.50	0.45	0.40	—	—	—
拉深系数 m_2	—	—	—	—	—	—	0.70	0.72	0.75	0.77	0.80	0.85	0.90	0.95
系数 k_2	—	—	—	—	—	—	1.00	0.95	0.90	0.85	0.80	0.70	0.60	0.50

对横截面为矩形、椭圆形等拉深件，拉深力可按式(6-30)计算，得

$$F = (0.5 \sim 0.8) L t \sigma_b \tag{6-30}$$

式中，L 为横截面周边长度。

6.4.3　压力机的选取

压力机的总压力应根据拉深力和压边力的总和来选择，即

$$\sum F = F + F_Q \tag{6-31}$$

当拉深行程较大，特别是采用落料拉深复合模时，不能简单地将落料力与拉深力叠加来选择压力机，因为压力机的标称压力是指在接近下死点时的压力机压力。因此，如果不注意压力机的压力曲线，很可能会由于过早地出现最大冲压力而使压力机超载损坏(图 6-35)。一般可按下式做概略计算。

浅拉深时：

$$\sum F \leqslant (0.7\sim0.8)F_0$$

深拉深时：

$$\sum F \leqslant (0.5\sim0.6)F_0$$

式中，$\sum F$ 为拉深力、压边力以及其他变形力的总和；F_0 为压力机的公称压力。

拉深功 A (J) 按式(6-32)计算：

$$A = CF_{max}h \times 10^{-3} \tag{6-32}$$

式中，F_{max} 为最大拉深力，N；h 为拉深深度(凸模工作行程)，mm；C 为系数，其值等于 $F_m / F_{max} \approx 0.6\sim0.8$，这里 F_m 为拉深行程中的平均拉深力，如图 6-36 所示。

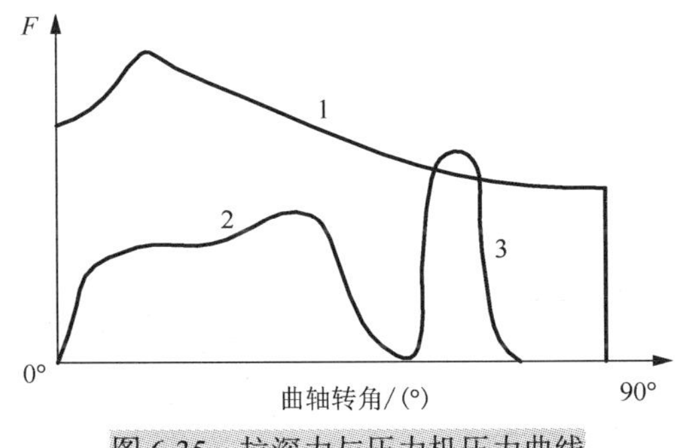

图 6-35　拉深力与压力机压力曲线

1-压力机压力曲线；2-拉深力；3-落料力

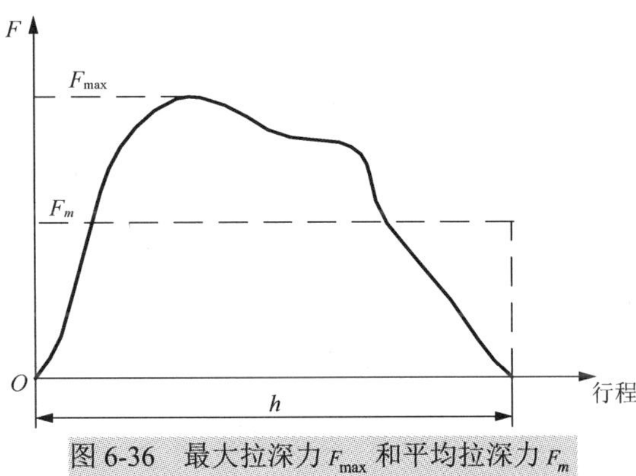

图 6-36　最大拉深力 F_{max} 和平均拉深力 F_m

压力机的电动机功率 P (kW)可按式(6-33)校核计算：

$$P = \frac{kAn}{61200\eta_1\eta_2} \tag{6-33}$$

式中，k 为不均衡系数，取 1.2～1.4；n 为压力机每分钟的滑块行程次数；η_1 为压力机效率，取 0.6～0.8；η_2 为电动机效率，取 0.9～0.95。

6.5　拉深模设计

6.5.1　拉深模分类及典型模具结构

1. 拉深模分类

拉深模的结构一般较简单，但结构类型较多。按使用的压力机类型不同，可分为单动压力机上使用的拉深模与双动压力机上使用的拉深模；按工序的组合程度不同，可分为单工序拉深模、复合工序拉深模与级进工序拉深模；按结构形式与使用要求不同，可分为首次拉深模与以后各次拉深模，有压边装置拉深模与无压边装置拉深模，顺装式拉深模与倒装式拉深模，下出件拉深模与上出件拉深模等。

2. 典型模具结构

1)单动压力机上使用的拉深模

(1) 首次拉深模。

图 6-37(a) 为无压边装置的首次拉深模。拉深件直接从凹模底部落下，为了从凸模上卸下

冲件，在凹模下装有卸件器，当拉深工作行程结束，凸模回程时，卸件器下平面作用于拉深件口部，把冲件卸下。为了便于卸件，凸模上钻有直径为3mm以上的通气孔。如果板料较厚，拉深件深度较小，拉深后有一定回弹量。回弹引起拉深件口部张大，当凸模回程时，凹模下平面挡住拉深件口部而自然卸下拉深件，此时可以不配备卸件器。这种拉深模具结构简单，适用于拉深板料厚度较大而深度不大的拉深件。

图6-37(b)为有压边装置的正装式首次拉深模。拉深模的压边装置在上模，由于弹性元件高度受到模具闭合高度的限制，因而这种结构形式的拉深模只适用于拉深高度不大的零件。

图6-37(c)为倒装式的具有锥形压边圈的拉深模，压边装置的弹性元件在下模底下，工作行程可以较大，可用于拉深高度较大的零件，应用广泛。

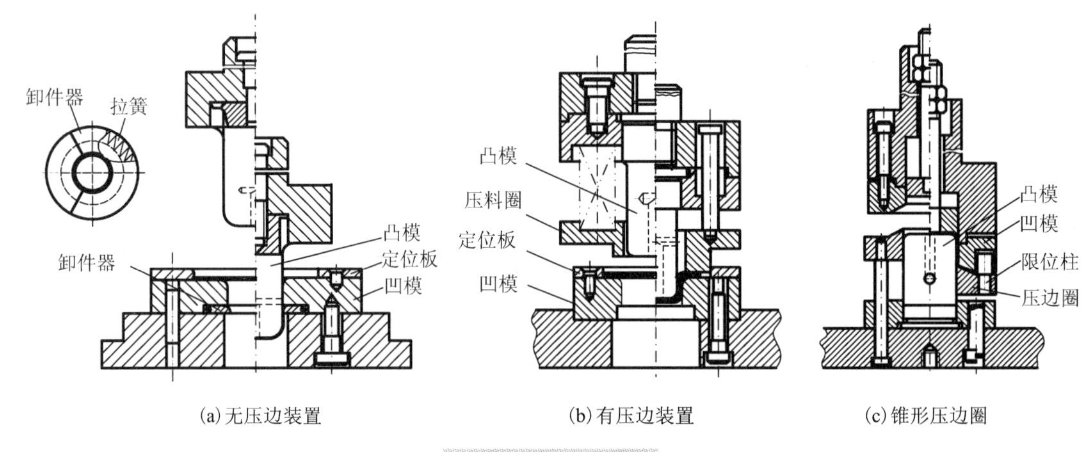

(a)无压边装置　(b)有压边装置　(c)锥形压边圈

图6-37　首次拉深模

(2)以后各次拉深模。

图6-38所示为无压边装置的以后各次拉深模，前次拉深后的工序件由定位板定位，拉深后工件由凹模孔台阶卸下。为了减小工件与凹模间的摩擦，凹模直边高度h取9～13 mm。该模具适用于变形程度不大、拉深件直径和壁厚要求均匀的以后各次拉深。

图6-39所示为有压边倒装式以后各次拉深模，压边圈兼作定位用，前次拉深后的工序件套在压边圈上进行定位。压边圈的高度应大于前次工序件的高度，其外径最好按已拉成的前次工序件的内径配作。拉深完的工件在回程时分别由压边圈顶出和打料块推出。限位杆可控制压边圈与凹模之间的间距，以防止拉深后期由于压边力过大造成工件侧壁底部圆角附近过分减薄或拉裂。

(3)落料拉深复合模。

图6-40所示为落料拉深复合模，条料由两个导料销11进行导向，由挡料销12定距。由于排样图取消了纵搭边，落料后废料中间将自动断开，因此可不设卸料装置。工作时，首先由落料凹模1和凸凹模3完成落料，紧接着由拉深凸模2和凸凹模3进行拉深。压边圈9既起压边作用又起顶件作用。由于有顶件作用，上模回程时，冲件可能留在拉深凹模内，所以设置了推件装置。为了保证先落料、后拉深，模具装配时，应使拉深凸模2比落料凹模1低1～1.5倍料厚的距离。

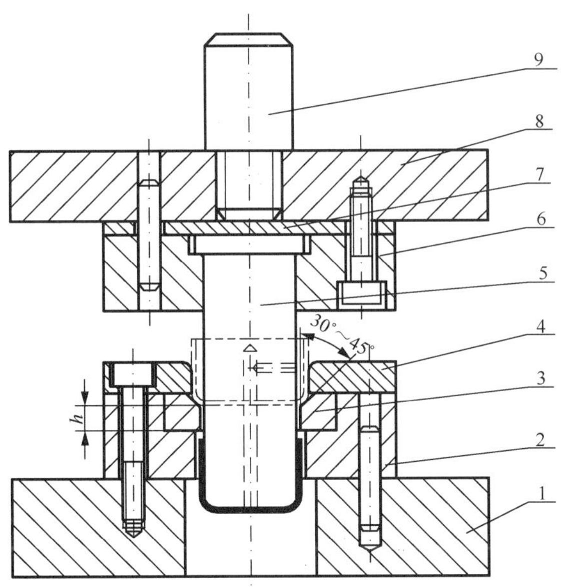

图 6-38　无压边装置的以后各次拉深模

1-下模座；2-凹模固定板；3-凹模；4-定位板；5-凸模；
6-凸模固定板；7-垫板；8-上模板；9-模柄

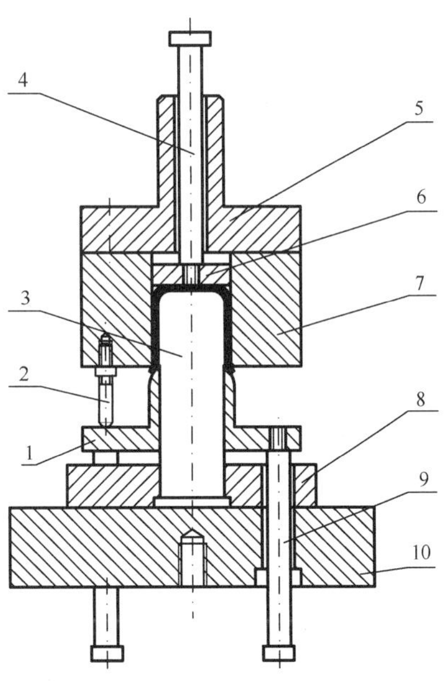

图 6-39　有压边装置的以后各次拉深模

1-定位压边圈；2-限位杆；3-凸模；4-打料杆；5-上模座；
6-打料块；7-凹模；8-凸模固定板；9-顶料杆；10-下模座

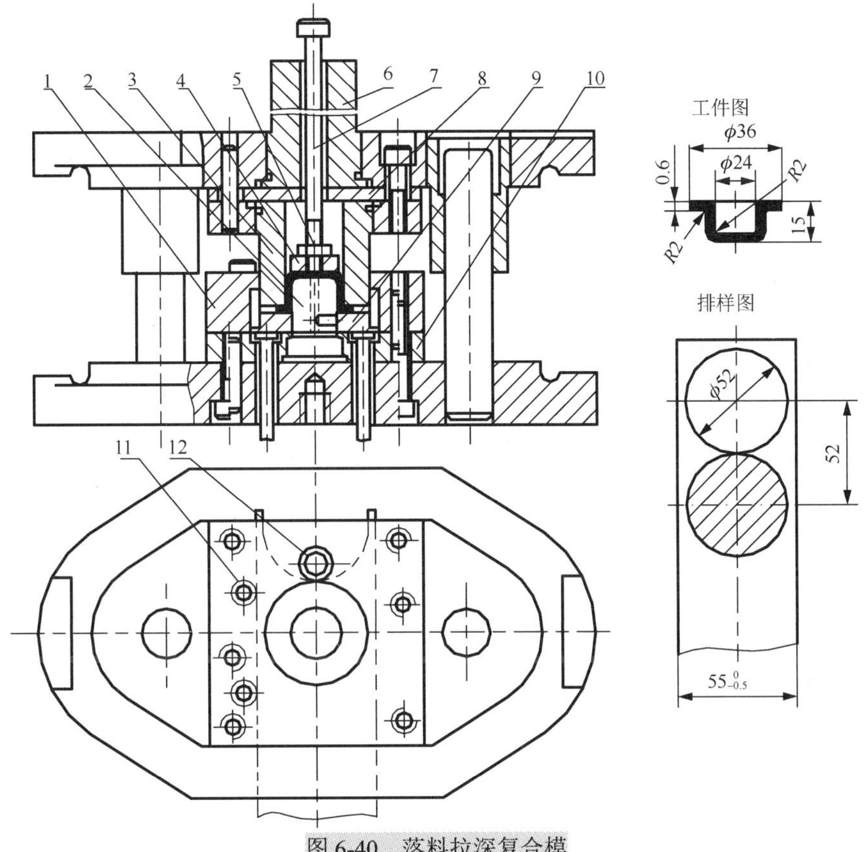

图 6-40　落料拉深复合模

1-落料凹模；2-拉深凸模；3-凸凹模；4-推件块；5-螺母；
6-模柄；7-打杆；8-垫板；9-压边圈；10-固定板；11-导料销；12-挡料销

2) 双动压力机上使用的拉深模

(1) 双动压力机用首次拉深模。

如图 6-41 所示，下模由凹模 2、定位板 3、凹模固定板 8、顶件块 9 和下模座 1 组成，上模的压边圈 5 通过上模座 4 固定在压力机的外滑块上，凸模 7 通过凸模固定杆 6 固定在内滑块上。工作时，板料由定位板 3 定位，外滑块先行下降带动压边圈 5 将板料压紧，接着内滑块下降带动凸模 7 完成对板料的拉深。回程时，内滑块先带动凸模 7 上升将工件卸下，接着外滑块带动压边圈 5 上升，同时顶件块 9 在弹顶器作用下将工件从凹模 2 内顶出。

(2) 双动压力机用落料拉深复合模。

如图 6-42 所示，该模具可同时完成落料、拉深及底部的浅成形，主要工作零件采用组合式结构，压边圈 3 固定在压边圈座 2 上，并兼作落料凸模，拉深凸模 4 固定在凸模座 1 上。这种组合式结构特别适用于大型模具，不仅可以节省模具钢，而且便于板料的制备与热处理。

工作时，外滑块首先带动压边圈 3 下行，在达到下止点前与落料凹模 5 共同完成落料，接着进行压边(如左半视图所示)。然后内滑块带动拉深凸模 4 下行，与拉深凹模 6 一起完成拉深。顶件块 7 兼作拉深凹模的底，在内滑块到达下止点时，可完成对工件的浅成形(如右半视图所示)。回程时，内滑块先上升，然后外滑块上升，最后由顶件块 7 将工件顶出。

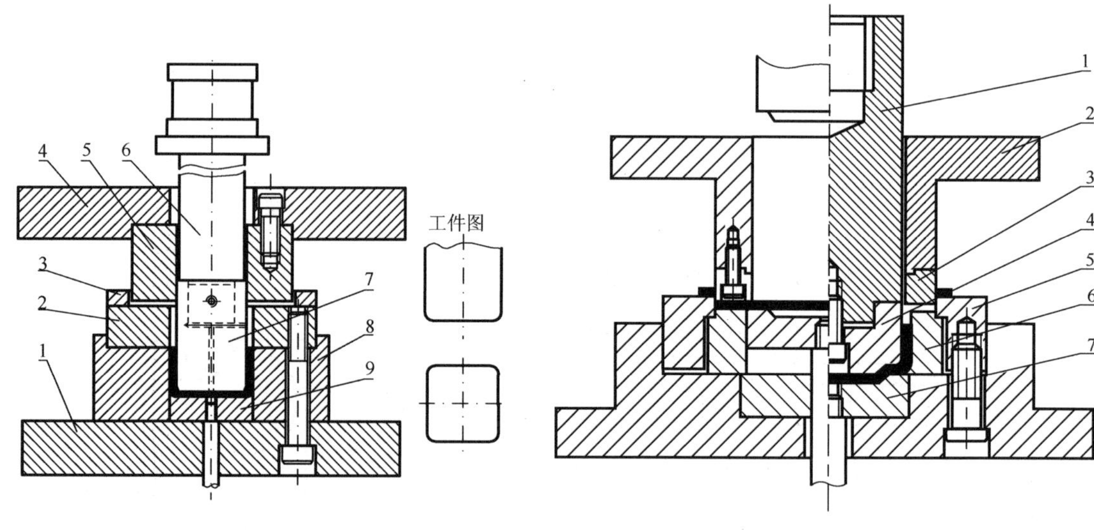

图 6-41　双动压力机用首次拉深模

1-下模座；2-凹模；3-定位板；4-上模座；5-压边圈；6-凸模固定杆；7-凸模；8-凹模固定板；9-顶件块

图 6-42　双动压力机用落料拉深复合模

1-凸模座；2-压边圈座；3-压边圈(兼落料凸模)；4-拉深凸模；5-落料凹模；6-拉深凹模；7-顶件块

6.5.2　拉深模工作零件的设计

1. 凸、凹模的结构

凸、凹模的结构设计是否合理，不但直接影响拉深时的板料变形，而且影响拉深件的质量。凸、凹模常见的结构形式有以下几种。

1）无压料时的凸、凹模

图 6-43 所示为无压料一次拉深成形时所用的凹模结构，其中圆弧形凹模(图 6-43(a))结构简单,加工方便,是常用的拉深凹模结构形式;锥形凹模(图 6-43(b))、渐开线形凹模(图 6-43(c))和等切面形凹模(图 6-43(d))对抗失稳起皱有利，但加工较复杂，主要用于拉深系数较小的拉深件。

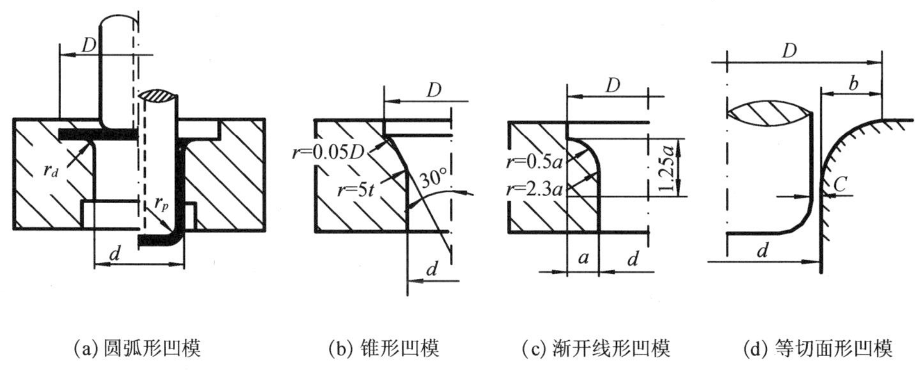

(a) 圆弧形凹模　(b) 锥形凹模　(c) 渐开线形凹模　(d) 等切面形凹模

图 6-43　无压料一次拉深的凹模结构

图 6-44 所示为无压料多次拉深所用的凸、凹模结构，上述凹模结构中：a=5～10mm，b=2～5mm，锥形凹模的锥角一般取 30°。

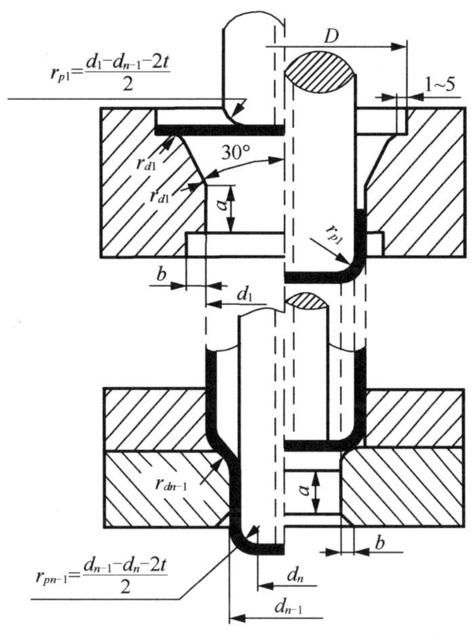

图 6-44　无压料多次拉深的凸、凹模结构

2）有压料时的凸、凹模

有压料时的凸、凹模结构如图 6-45 所示，其中图 6-45(a)用于直径小于 100mm 的拉深件；图 6-45(b)用于直径大于 100mm 的拉深件，这种结构除了具有锥形凹模的特点外，还可减轻板料的反复弯曲变形，以提高工件侧壁质量。

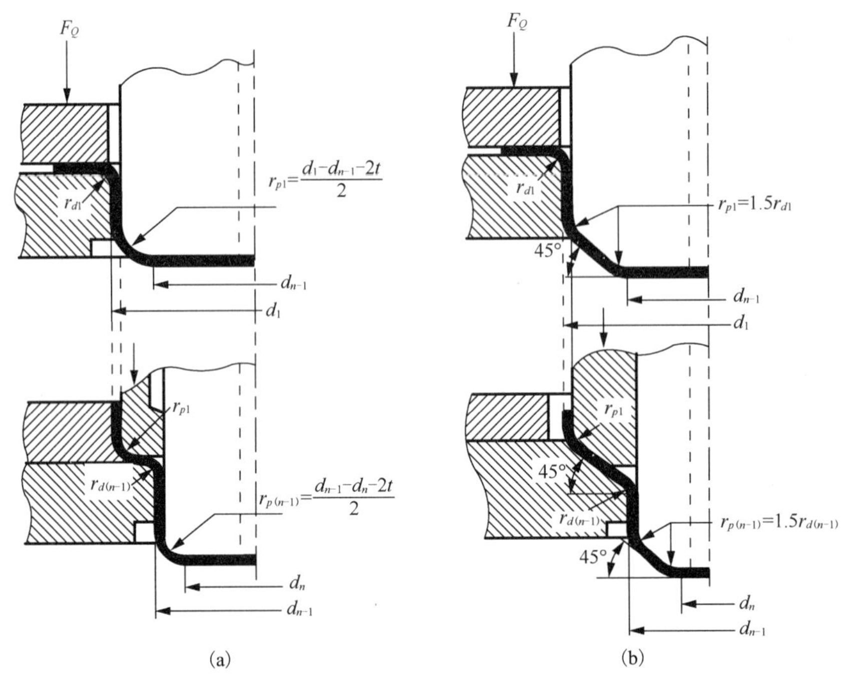

图 6-45　有压料多次拉深的凸、凹模结构

设计多次拉深的凸、凹模结构时，必须十分注意前后两次拉深中凸、凹模的形状尺寸具有恰当的关系，尽量使前次拉深所得工序件形状有利于后次拉深成形，而后一次拉深的凸、凹模及压边圈的形状与前次拉深所得工序件相吻合，以避免板料在成形过程中的反复弯曲。为了保证拉深时工件底部平整，应使前一次拉深所得工序件的平底部分尺寸不小于后一次拉深工件的平底尺寸。

2. 凸、凹模的圆角半径

1）凹模圆角半径

凹模圆角半径 r_d 越大，材料越容易进入凹模，但 r_d 过大，材料易起皱。因此，在材料不起皱的前提下，r_d 宜取大一些。

第一次（包括只有一次）拉深的凹模圆角半径可按以下经验公式计算：

$$r_{d1}=0.8\sqrt{(D-d)t} \tag{6-34}$$

式中，r_{d1} 为凹模圆角半径；D 为板料直径；d 为凹模内径；t 为板料厚度。

以后各次拉深时，凹模圆角半径应逐渐减小，一般可按以下关系确定：

$$r_{di}=(0.6\sim0.8)r_{d(i-1)},\quad i=2,3,\cdots,\ n \tag{6-35}$$

盒形件拉深凹模圆角半径按式（6-36）计算：

$$r_d=(4\sim8)\ t \tag{6-36}$$

以上计算所得凹模圆角半径均应符合 $r_d \geqslant 2t$ 的拉深工艺性要求。对于带凸缘的筒形件，最后一次拉深的凹模圆角半径还应与零件的凸缘圆角半径相等。

2）凸模圆角半径

凸模圆角半径 r_p 过小，会使板料在此受到过大的弯曲变形，导致危险断面材料严重变薄甚至拉裂；r_p 过大，会使板料悬空部分增大，容易产生“内起皱”现象。一般 $r_p < r_d$，单次拉深或多次拉深的第一次拉深可取：

$$r_{p1} = (0.7\sim1.0)\ r_{d1} \tag{6-37}$$

以后各次拉深的凸模圆角半径可按式(6-38)确定：

$$r_{p(i-1)} = (d_{i-1} - d_i - 2t)/2, \quad i = 3, 4, \cdots, n \tag{6-38}$$

式中，d_{i-1}，d_i 为以后各次拉深工序件的直径。

最后一次拉深时，凸模圆角半径 r_{pn} 应与拉深件底部圆角半径 r 相等。但当拉深件底部圆角半径小于拉深工艺性要求时，则凸模圆角半径应按工艺性要求确定（$r_p \geqslant 2t$），然后通过增加整形工序得到拉深件所要求的圆角半径。

3. 凸、凹模间隙

拉深模的凸、凹模间隙对拉深力、拉深件质量、模具寿命等都有较大的影响。间隙小时，拉深力大，模具磨损也大，但拉深件回弹小，精度高。间隙过小，会使拉深件壁部严重变薄甚至拉裂。间隙过大，拉深时板料容易起皱，而且口部的变厚得不到消除，拉深件出现较大的锥度，精度较差。因此，拉深凸、凹模间隙应根据板料厚度及公差、拉深过程中板料的增厚情况、拉深次数、拉深件的形状及精度等要求确定。

(1) 对于无压边装置的拉深模，其凸、凹模单边间隙可按式(6-39)确定：

$$C = (1\sim1.1)t_{\max} \tag{6-39}$$

式中，C 为凸、凹模单边间隙；$t_{\max}$ 为板料厚度的最大极限尺寸。对于系数 1～1.1，小值用于末次拉深或精度要求高的零件拉深，大值用于首次和中间各次拉深或精度要求不高的零件拉深。

(2) 对于有压边装置的拉深模，其凸、凹模单边间隙可根据板料厚度和拉深次数参考表 6-19 确定。

表 6-19　带压边圈拉深时的单边间隙值

总拉深次数											
1	2		3			4			5		
拉深工序											
1	1	2	1	2	3	1、2	3	4	1、2、3	4	5
凸模与凹模的单边间隙 C											
$(1\sim1.1)t$	$1.1t$	$(1\sim1.05)t$	$1.2t$	$1.1t$	$(1\sim1.05)t$	$1.2t$	$1.1t$	$(1\sim1.05)t$	$1.2t$	$1.1t$	$1\sim1.05t$

注：t 为材料厚度，取材料允许偏差的中间值。当拉深精密零件时，最后一次拉深取间隙 $C=t$。

(3) 对于盒形件拉深模，其凸、凹模单边间隙可根据盒形件精度确定，当精度要求较高时，$C = (0.9\sim1.05)t$；当精度要求不高时，$C = (1.1\sim1.3)t$。最后一次拉深取较小值。另外，由于盒形件拉深时板料在角部变厚较多，因此圆角部分的间隙应较直边部分的间隙大 $0.1t$。

4. 凸、凹模工作尺寸及公差

拉深件的尺寸和公差是由最后一次拉深模保证的，考虑拉深模的磨损和拉深件的弹性回复，最后一次拉深模的凸、凹模工作尺寸及公差按如下确定。

当拉深件标注外形尺寸时(图 6-46(a))，则

$$D_d = \left(D - 0.75\varDelta\right)_{0}^{+\delta_d} \tag{6-40}$$

$$d_p = \left(D - 0.75\varDelta - 2C\right)_{-\delta_p}^{0} \tag{6-41}$$

当拉深件标注内形尺寸时(图 6-46(b))，则

$$D_d = \left(d + 0.4\varDelta + 2C\right)_{0}^{+\delta_d} \tag{6-42}$$

$$d_p = \left(d + 0.4\varDelta\right)_{-\delta_p}^{0} \tag{6-43}$$

式中，D_d 为凹模工作尺寸；d_p 为凸模工作尺寸；D、d 为拉深件的最大外形尺寸和最小内形尺寸；C 为凸、凹模单边间隙；$\varDelta$ 为拉深件的公差；δ_p、δ_d 为凸、凹模制造公差，可按 IT6～IT9 级确定。

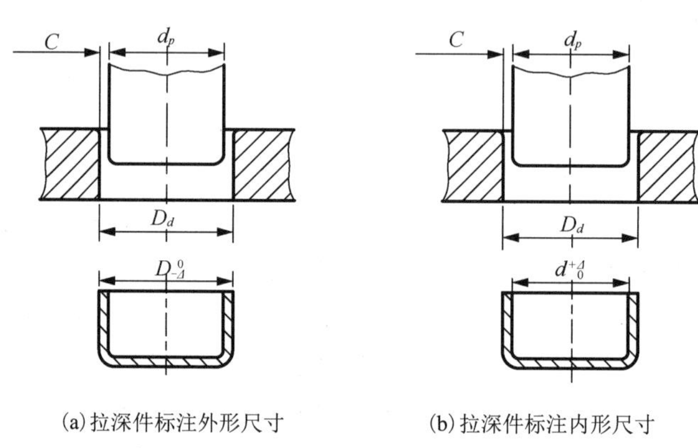

(a) 拉深件标注外形尺寸　(b) 拉深件标注内形尺寸

图 6-46　拉深件尺寸与凸、凹模工作尺寸

对于首次和中间各次拉深模，因工序件尺寸无严格要求，所以其凸、凹模工作尺寸取相应工序的工序件尺寸即可。若以凹模为基准，则

$$D_d = D_{0}^{+\delta_d} \tag{6-44}$$

$$d_p = \left(D - 2C\right)_{-\delta_p}^{0} \tag{6-45}$$

式中，D 为各次拉深工序件的基本尺寸。

练　习　题

6-1　试分析圆筒形件拉深各变形区域的应力、应变状态？

6-2　圆筒形件拉深的本质是什么？主要破坏形式有哪些？

6-3　圆筒形拉深制件起皱的原因是什么？影响起皱的因素有哪些？控制起皱的措施有哪些？

6-4　为什么圆筒形拉深制件的筒底外圆角处容易破裂？影响因素有哪些？

6-5　说明拉裂和起皱发生的时间、位置，并分析原因。

6-6　为何有的圆筒形拉深制件需要压边圈而有的则不需要？如何判定是否需要压边装置？

6-7　压边圈的压边力理想状态的变化规律是什么？

6-8　拉深凹模圆角半径、拉深凸模圆角半径对拉深过程有何影响？

6-9　什么是拉深系数和极限拉深系数？影响极限拉深系数的因素有哪些？

6-10　计算图 6-47 所示拉深件的板料尺寸、拉深次数及各次拉深半成品尺寸，并绘制工序图(工件材料为黄铜)。

6-11 试标注如图 6-48 所示宽凸缘拉深制件的板料尺寸和中间工序尺寸，并画出工序图（材料为 08 钢）。

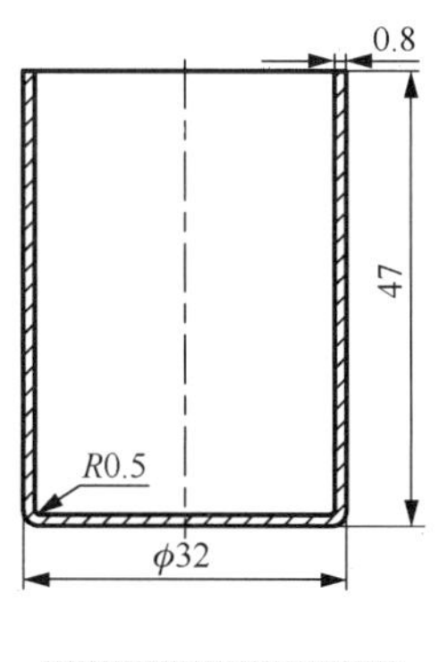

图 6-47 题 6-10 图

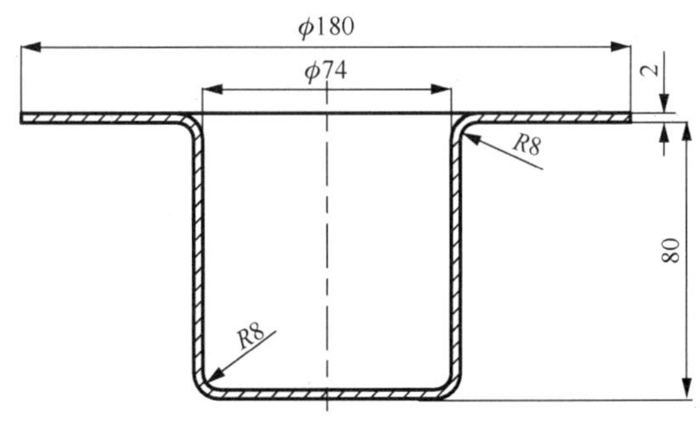

图 6-48 题 6-11 图

6-12 拉深模的作用是什么？有哪几种类型？

6-13 试分析落料拉深复合模为何要设计成先落料后拉深？

6-14 如图 6-49 所示圆筒形拉深件，材料为 10 钢，大批量生产。试完成以下工作：

(1) 分析零件的工艺性。

(2) 计算零件板料尺寸、拉深次数及各次拉深工序件尺寸。

(3) 确定最后一次拉深的凸、凹模工作部分尺寸，绘制凸、凹模零件图。

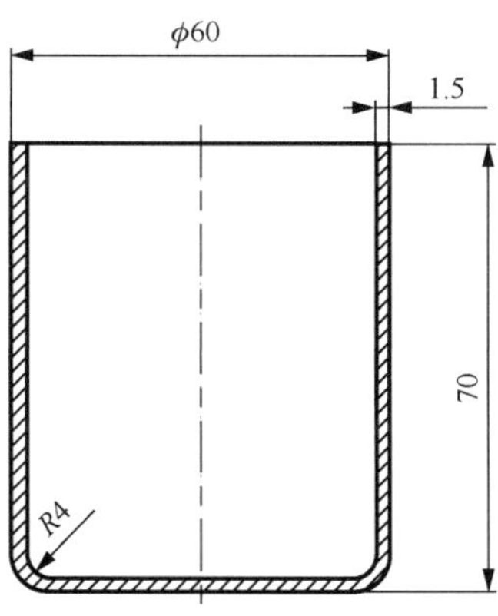

图 6-49 圆筒形拉深件

第 7 章　其他成形工艺与模具设计

在冲压生产中，除常用的冲裁、弯曲和拉深等工序外，还有翻边、缩口、扩口、整形、旋压等工序。每种工序都有各自的变形特点，可以是独立的冲压工序(如钢管缩口、封头旋压等)，但往往还和其他冲压工序组合在一起形成一些复杂形状的冲压零件。本章介绍的翻边、缩口和旋压等成形工序的共同特点是通过材料的局部变形来改变坯料或中间工序件的形状，下面将分别介绍它们的成形工艺、变形特点及其模具设计基本方法。

本章知识要点

(1)了解成形工艺的类型、特点及成形过程。

(2)掌握成形工艺的变形特点和工艺计算。

(3)通过查阅资料能够设计成形模具。

兴趣实践

找一个自行车的链条罩子等壳体零件，观察其外形特征，看看自己能列举出多少种生产这个零件所运用到的成形工艺，分析其变形特点，理解所用成形工艺的工作原理。

探索思考

实际中遇到具体问题时，怎样根据各种成形工艺的力学原理，针对具体情况进行具体分析，合理、灵活地解决实际问题?

预习准备

本章将分别学习翻边、缩口、扩口、整形和旋压的变形特点和工艺计算，几种成形模具的工作原理和结构特点。

7.1 翻边成形

在板料或者制件的平面上沿封闭或者不封闭曲线对板料进行折弯，使折弯部分与未变形部分形成有一定角度的直壁或凸缘，这样的成形工艺就称为翻边。翻边成形主要用于零件的边部强化、改进形貌、增加刚性，去除切边以及在零件上制成与其他零件装配、连接的部位(如铆钉孔，螺纹底孔等)或焊接面等，在汽车、航空航天、电子及家用电器等方面得到十分广泛的应用。

翻边分两种基本形式，即内孔翻边(图 7-1(a))和外缘翻边，外缘翻边有内凹外缘翻边(图 7-1(b))和外凸外缘翻边(图 7-1(c))两种。它们在变形性质、应力状态应用都有所不同。如果模具间隙能保证对材料没有强制性挤压，则为不变薄翻边。如果材料厚度被强制性挤压，则为变薄翻边。

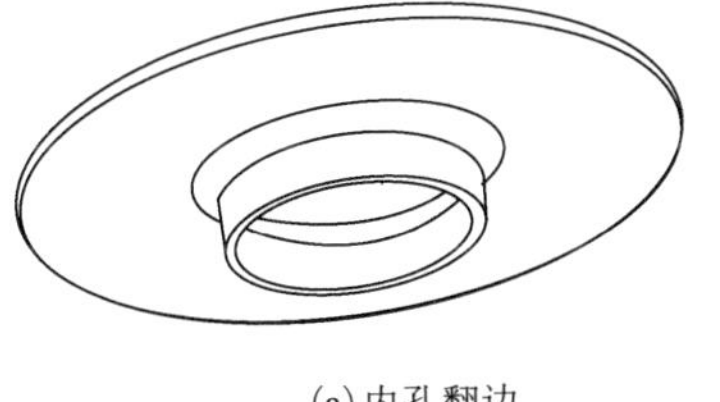

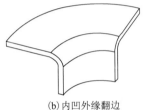

(a) 内孔翻边

(b) 内凹外缘翻边

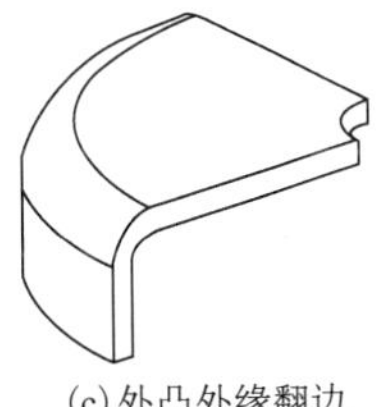

(c) 外凸外缘翻边

图 7-1 内孔翻边和外缘翻边

孔的翻边是在预先打好孔的毛坯上，依靠材料的拉伸，沿一定的曲线翻成竖立凸缘的冲压方法。外缘翻边是沿毛坯的曲边，通过材料的拉伸或压缩，形成高度不大的竖边。

7.1.1 圆孔翻边

1. 变形特点

在平板毛坯或空心半成品上将预先冲好的圆孔弯出竖立的圆筒形周边的工序称为圆孔翻边，如图 7-2 所示。在要进行翻边的平板毛坯上先画出与圆心同心且圆周线等距的若干同心圆，并通过圆心做夹角相等的若干条射线形成扇形网格(图 7-2(a))。翻边后平面凸缘上网格不变，说明平面凸缘处没有变形，而翻边处的网格由扇形网格变成矩形网格，如图 7-2(b)所示。说明坯料变形区受到切向拉应力 σ_3 和径向拉应力 σ_1 作用(图 7-3(a))，并产生切向拉应变 ε_3 和径向拉应变 ε_1，根据同心圆间的距离基本上不变的事实可知：翻边时材料在径向所受的拉应力 σ_1 和产生的变形 ε_1 不大。变形区的应力与应变

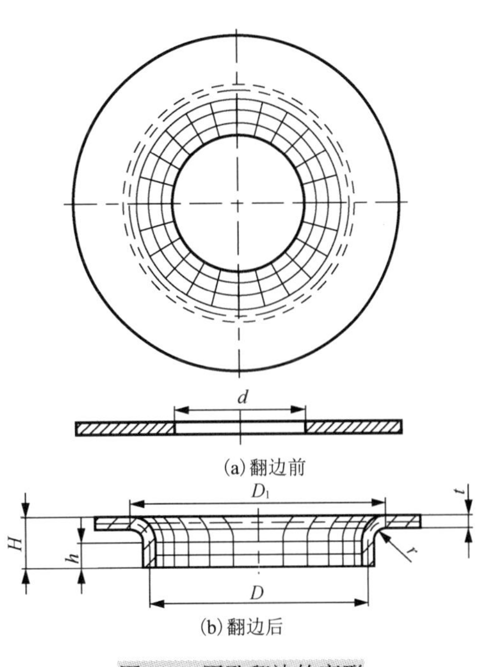

(a) 翻边前

(b) 翻边后

图 7-2 圆孔翻边的变形

分布如图 7-3(b)所示，从图中可知，翻边时筒形边口部处于切向单向受拉(σ_3)的应力状态，而筒形边中间部分则为径向、切向双向受拉(σ_1、σ_3)的应力状态(板厚方向应力σ_2可忽略)。圆孔翻边时切向拉应力σ_3为最大主应力，切向拉应变ε_3为最大主应变。翻边时，变形区内材料厚度变薄，在筒形边口部变薄最严重，最容易产生裂纹。

圆孔翻边变形的特点是：变形区材料处于单向拉伸或双向拉伸的应力状态，在切向方向的伸长变形大于径向方向上的压缩变形，因而材料厚度变薄，这种翻边属于伸长类翻边。

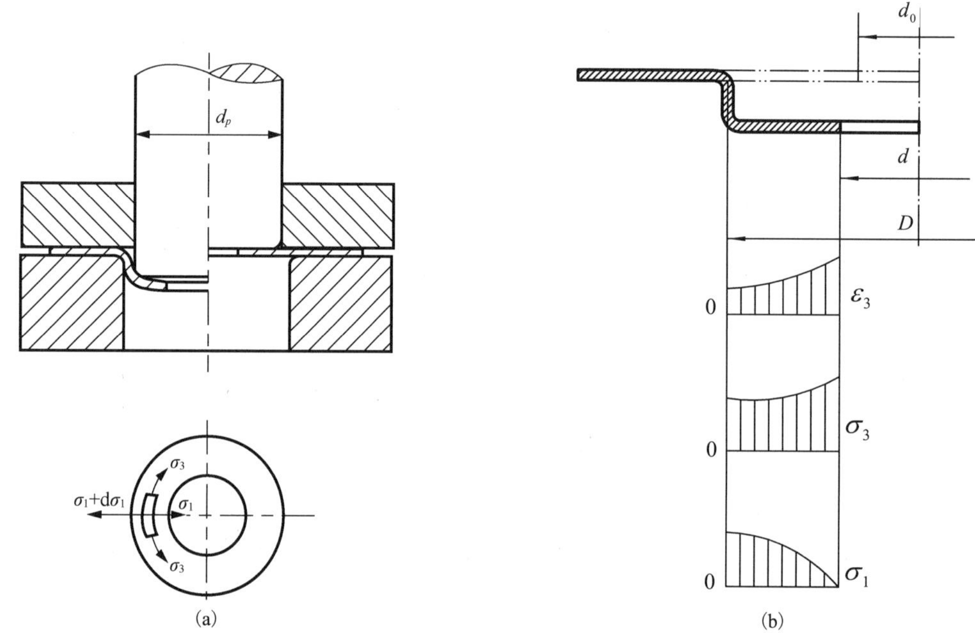

图 7-3 圆孔翻边应力应变

2. 圆孔翻边系数

在圆孔翻边中，变形程度取决于毛坯预制孔直径与翻边直径之比，即翻边系数K，如图 7-4 所示，翻边系数用翻边前孔的直径d与翻边后的孔径D之比表示，即

$$K=\frac{d}{D} \tag{7-1}$$

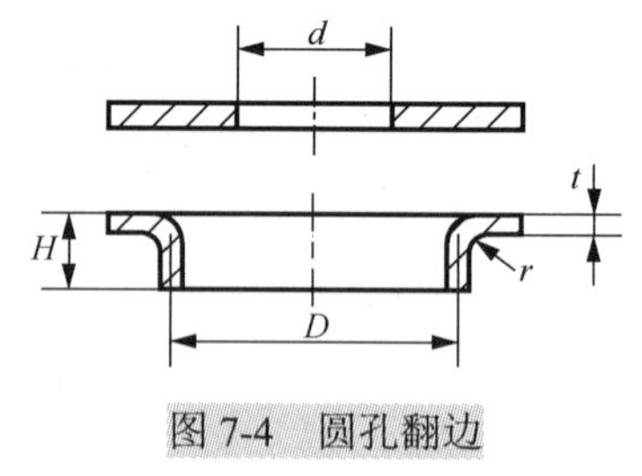

图 7-4 圆孔翻边

显然K值越大，变形程度越小；K值越小，变形程度越大。为了使口部不产生裂纹，翻边系数不能过小。翻边时在孔边缘不破裂的条件下所能达到的最小翻边系数即极限翻边系数。表 7-1 给出了一些常用材料的翻边系数和极限翻边系数，方孔或其他非圆孔翻边时，其值可减少 10%～15%。

表 7-1　常用材料的翻边系数和极限翻边系数

退火材料	翻边系数 K	极限翻边系数 K_{min}
镍铬合金钢	0.65～0.69	0.57～0.61
黄铜 H62（t=0.5～6mm）	0.68	0.62
白铁皮	0.70	0.65
纯铜	0.72	0.63～0.69
软铝（t=0.5～5mm）	0.71～0.83	0.63～0.74
低碳钢（t=0.25～6mm）	0.74～0.87	0.65～0.71
合金结构钢	0.80～0.87	0.70～0.77
硬铝	0.89	0.80

影响圆孔翻边成形极限的因素主要有以下几方面。

(1) 材料的塑性。圆孔翻边时，变形区边缘产生的最大伸长应变为

$$\varepsilon = \frac{D-d}{d} = \frac{1}{K} - 1 \tag{7-2}$$

或

$$K = \frac{1}{1+\varepsilon} \tag{7-3}$$

由式(7-3)可知，当材料的塑性指标越高时，极限翻边系数 K 便可小些，成形极限便大。

(2) 孔的边缘状况。采用钻孔的方法加工翻边前预制孔的表面质量比冲孔的要高，此时可采用较小的极限翻边系数。同时为避免毛刺产生应力集中而降低成形极限，翻边方向应与冲孔方向相反。

(3) 板料相对厚度 t/d。其值越大表明材料相对越厚，材料在断裂前的绝对伸长就越大，成形极限亦越大。

(4) 凸模形状。凸模工作边缘的圆角半径越大（如球形或抛物线形），对翻边变形越有利。因为圆角半径大时，翻边孔是圆滑地逐渐胀开边缘，变形均匀，被撕裂的可能性小。故极限翻边系数相应可取小些。

表 7-2 是不同情况下低碳钢的极限翻边系数。

表 7-2　低碳钢的极限翻边系数 K

翻边方法	孔的加工方法	相对直径 d/t										
		100	50	35	20	15	10	8	6.5	5	3	1
球形凸模	钻后去毛刺	0.70	0.60	0.52	0.45	0.40	0.36	0.33	0.31	0.30	0.25	0.20
	用冲孔模冲孔	0.75	0.65	0.57	0.52	0.48	0.45	0.44	0.43	0.42	0.42	—
圆柱形凸模	钻后去毛刺	0.80	0.70	0.60	0.50	0.45	0.42	0.40	0.37	0.35	0.30	0.25
	用冲孔模冲孔	0.85	0.75	0.65	0.60	0.55	0.52	0.50	0.50	0.48	0.47	—

3. 工艺计算

1) 平板毛坯上的圆孔翻边（图 7-5）

由于翻边时材料主要是切向拉伸，厚度变薄，而径向变形不大，因此，在作毛坯计算时可根据弯曲件中性层长度不变的原则近似地求出预制孔尺寸。

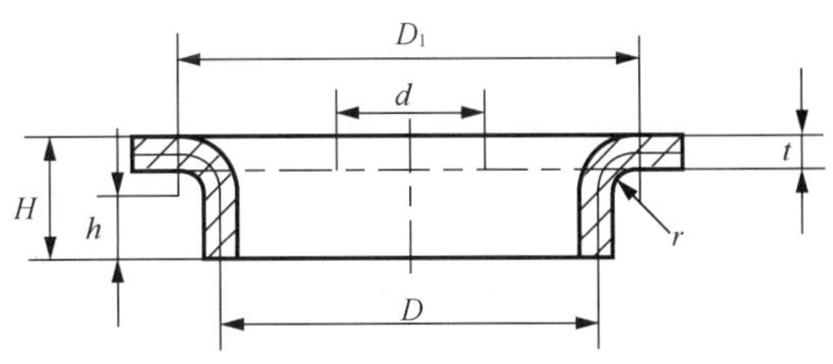

图 7-5　平板毛坯上的圆孔翻边

预制孔直径：

$$d = D_1 - 2\left[\frac{\pi}{2}\left(r + \frac{t}{2}\right) + h\right] \tag{7-4}$$

因为 $D_1 = D + t + 2r$， $h = H - r - t$， 代入式(7-4)化简后得

$$d = D - 2(H - 0.43r - 0.72t) \tag{7-5}$$

翻边高度：

$$H = \frac{D-d}{2} + 0.43r + 0.72t \tag{7-6}$$

由式(7-6)可知，在极限翻边系数 $K_{\min}$ 时的最大翻边高度 $H_{\max}$ 为

$$H_{\max} = \frac{D}{2}\left(1 - K_{\min}\right) + 0.43r + 0.72t \tag{7-7}$$

式中，D 为翻边孔中线直径，mm；h 为翻边的直壁高度，mm；r 为翻边圆角半径，mm；t 为板料厚度，mm。

2) 拉深毛坯圆孔翻边

如果翻边高度较高，不能一次翻边成形，可将平板毛坯采用先拉深、后冲底孔、再翻边的工艺方法。进行工艺计算时先根据极限翻边系数 $K_{\min}$ 算出可翻边高度 $h_{\max}$ 和翻边圆孔的初始直径 d 及拉深高度 h_1 (图 7-6)。

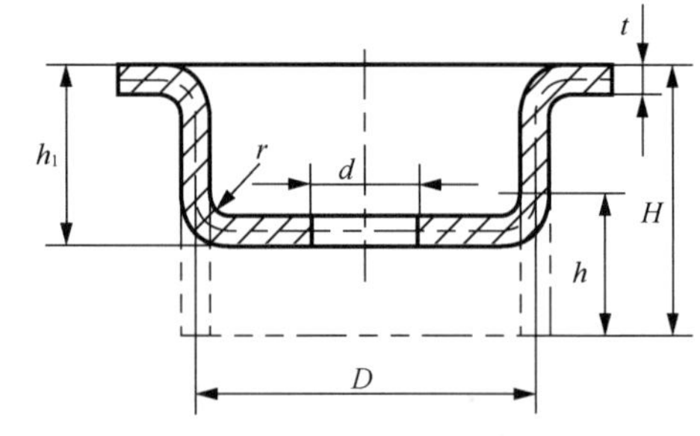

图 7-6　拉深毛坯内孔翻边

翻边高度：

$$h = \frac{D-d}{2} - \left(r + \frac{t}{2}\right) + \frac{\pi}{2}\left(r + \frac{t}{2}\right) \tag{7-8}$$

或

$$h \approx \frac{D}{2}\left(1 - \frac{d}{D}\right) + 0.57r \tag{7-9}$$

若以极限翻边系数 $K_{\min}$ 代入上式，即可求得直壁的极限翻边高度：

$$h_{\max} = \frac{D}{2}(1 - K_{\min}) + 0.57r \tag{7-10}$$

预拉深高度 h_1 为

$$h_1 = H - h + r + t \tag{7-11}$$

预制孔直径为

$$d = K_{\min} D \tag{7-12}$$

由式(7-9)则可推得

$$d = D - 2h + 1.14r \tag{7-13}$$

对于翻边高度较大的制件，除采用先拉深再翻边的方法外，也可采用多次翻边方法成形，但在工序之间需要退火，且每次所用的翻边系数应比前次增大 15%～20%。

采用圆柱形平底凸模时，其翻边力可按式(7-14)计算：

$$F = 1.1\pi\left(D - d\right)t\sigma_s \tag{7-14}$$

式中，σ_s 为材料的屈服强度，MPa；D 为翻边后竖边的中径，mm；d 为毛坯孔直径，mm；

t 为毛坯板材厚度，mm。

翻边凸模的圆角半径 r_p 对翻边有较大影响，增大 r_p 可以降低翻边力。

采用球形凸模，其翻边力可按式(7-15)计算：

$$F = 1.2m\pi Dt\sigma_s \tag{7-15}$$

式中，m 为系数，其值按表 7-3 选用。

表 7-3 球形凸模翻边的相关系数

K	m	K	m
0.5	0.2～0.25	0.7	0.08～0.12
0.6	0.14～0.18	0.8	0.05～0.07

注：表中 K 为翻边系数

3) 翻边间隙和凸、凹模尺寸

由于翻边时直壁厚度有所变薄，因此翻边的单边间隙 C 一般小于材料原有的厚度。如表 7-4 所示。

表 7-4 翻边单边间隙 (mm)

材料厚度	0.3	0.5	0.7	0.8	1.0	1.2	1.5	2.0	2.5
平板翻边	0.25	0.45	0.60	0.70	0.85	1.00	1.30	1.70	2.20
拉深件翻边	—			0.60	0.75	0.90	1.10	1.50	2.10

用平头凸模进行翻边时，侧壁有成为曲面的可能，故圆孔翻边凸凹模之间的间隙 C 可控制在 $(0.75 \sim 0.80)t$，使直壁略微变薄，以保证竖边成为直壁。当间隙 C 增加至 $(4 \sim 5)t$ 时，翻边力可降低 30%～35%。这种翻边的特点是圆角半径大，竖边高度小，尺寸精度低。适用于翻制飞机、汽车、轮船的门窗和某些大中型件上的竖孔。翻边内孔的尺寸精度主要取决于凸模。翻边凸模和凹模的尺寸按式(7-16)和式(7-17)确定：

$$d_p = (D_0 + \Delta)_{-\delta_p}^{\ 0} \tag{7-16}$$

$$D_d = (d_p + 2C)_{\ 0}^{+\delta_d} \tag{7-17}$$

式中，d_p 为翻边凸模直径；D_d 为翻边凹模直径；δ_p 为翻边凸模直径公差；δ_d 为翻边凹模直径公差；D_0 为翻边竖孔最小内径；Δ 为翻边竖孔内径公差。

7.1.2 外缘翻边

根据成形过程材料的长度变化情况，可将外缘翻边分为伸长类翻边和压缩类翻边两种。伸长类翻边时，坯料边缘或预制孔边原始长度比所要求的竖边边缘长度短，需要拉伸变形以增加长度，其成形极限为变形区边缘或靠近边缘处拉伸变形部分材料发生破裂。压缩类翻边时，成形后竖边边缘长度比材料原始长度小，变形区为压缩变形状态，容易出现的缺陷是变形区材料的起皱。从翻边形状上讲，外凸外缘翻边为压缩类翻边，内凹外缘翻边属于伸长类翻边，圆孔翻边也属于伸长类翻边，因此非圆孔翻边通常是伸长类翻边、压缩类翻边和弯曲成形的组合形式。

内凹外缘翻边和外凸外缘翻边如图 7-7 和图 7-8 所示。

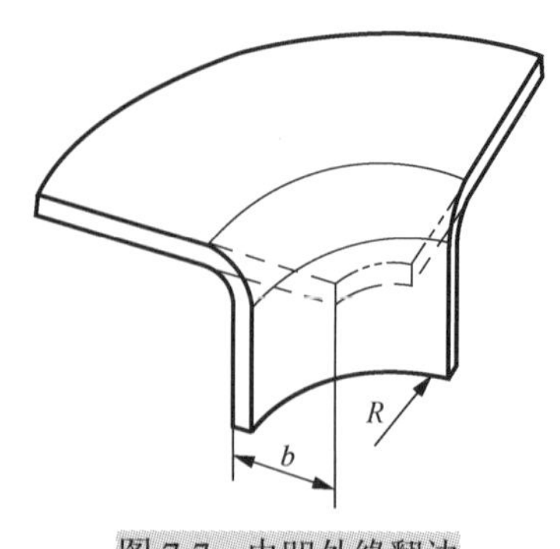

图 7-7　内凹外缘翻边

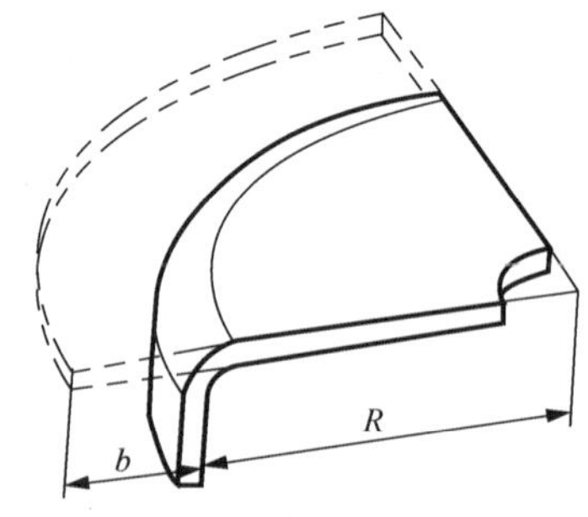

图 7-8　外凸外缘翻边

内凹外缘翻边，凸缘内产生拉应力而易于破裂。外凸外缘翻边，在翻边的凸缘内产生压应力，易于起皱。其应变分布及大小主要取决于工件的形状。变形程度ε用下式表示：

内凹外缘翻边的变形程度表示如下：

$$\varepsilon_d = \frac{b}{R-b} \tag{7-18}$$

外凸外缘翻边的变形程度表示如下：

$$\varepsilon_p = \frac{b}{R+b} \tag{7-19}$$

式中，b为翻边的外缘宽度，mm；R为翻边的内凹或外凸圆弧半径，mm。

各种常用材料在外缘翻边时的允许变形程度ε (%) 见表 7-5。

表 7-5　常用材料外缘翻边的极限变形程度

材料		ε_p /%		ε_d /%	
		橡皮成形	模具成形	橡皮成形	模具成形
铝合金	1035M	25	30	6	40
	1A03	5	8	3	12
	3003	23	30	6	40
	3A21Y	5	8	3	12
	5A01	20	25	6	35
	5A03	5	8	3	12
	LY12M	14	20	6	30
	2A12Y	6	8	0.5	9
	LY11M	14	20	4	30
	2A11Y	5	6	0	0
黄铜	H62(软)	30	40	8	45
	H62(硬)	10	14	4	16
	H68(软)	35	45	8	55
	H68(硬)	10	14	4	16
钢	10		38		10
	20		22		10
	1Cr18Ni9(软)		15		10
	1Cr18Ni9(硬)		40		10
	2Cr18Ni9		40		10

7.1.3　非圆孔翻边

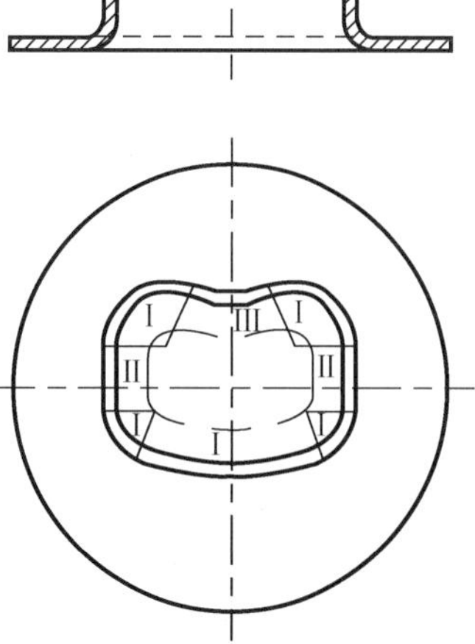

图 7-9　非圆形孔内孔翻边

对于图 7-9 所示的非圆孔翻边，可分圆角区 I 和直边区 II 及外凸区III，分别参照圆孔翻边、弯曲及外凸外缘翻边计算。然后作图将各展开线交接处光滑连接起来。

由于 II 和III区两部分的变形可以减轻区域 I 的变形程度，因此，非圆形孔翻边时的翻边系数 K_u（一般指小圆弧部分的翻孔系数）可以小于圆孔翻边系数 K ，两者的关系为

$$K_u = \left(0.85 \sim 0.95\right)K \tag{7-20}$$

在低碳钢上翻制非圆形孔，其极限翻边系数可以根据各圆弧段所对应圆心角 α 的大小，从表 7-6 中查得。

表 7-6　低碳钢非圆形孔翻边的极限翻边系数

α/(°)	d/t						
	50	33	20	12.5～8.3	6.6	5	3.3
180～360	0.80	0.60	0.52	0.50	0.48	0.46	0.45
165	0.73	0.55	0.48	0.46	0.44	0.42	0.41
150	0.67	0.50	0.43	0.42	0.40	0.38	0.37
135	0.60	0.45	0.39	0.38	0.36	0.35	0.34
120	0.53	0.40	0.35	0.33	0.32	0.31	0.30
105	0.47	0.35	0.30	0.29	0.28	0.27	0.26
90	0.40	0.30	0.26	0.25	0.24	0.23	0.23
75	0.33	0.25	0.22	0.21	0.20	0.19	0.19
60	0.27	0.20	0.17	0.17	0.16	0.15	0.15
45	0.20	0.15	0.13	0.13	0.12	0.12	0.11
30	0.14	0.10	0.09	0.08	0.08	0.08	0.08
15	0.07	0.05	0.04	0.04	0.04	0.04	0.04
0	按弯曲变形处理						

7.1.4　变薄翻边

当翻边零件要求具有较高的竖边高度，而壁部允许略微变薄时，往往采用变薄翻边。既提高了生产效率，又节约了材料。

就金属塑性变形的稳定性及不发生裂纹的观点来说，变薄翻边比普通翻边更为合理，变薄翻边要求材料具有良好的塑性，预冲孔后的坯料最好经过软化退火。在翻边过程中需要强有力的压边，零件单边凸缘宽度 $b \geqslant 2.5t$ ，以防止凸缘的移动和翘起。

在变薄翻边中，变形程度不仅取决于翻边系数，还取决于壁部的变薄系数。在采用相同的极限翻边系数情况下，变薄翻边可以得到更高的竖边高度(试验表明：一次翻边工序中的可能变薄量达到 $t/t_1 = 2 \sim 2.5$)。

变薄翻边的尺寸计算，应按翻边前后体积相等的原则进行：

当$r<3$时，有

$$d_0=\sqrt{\frac{d_3^2t-d_3^2h+d_1^2h}{t}} \tag{7-21}$$

当$r\geqslant3$时，应考虑圆角处的体积，这时d_0可按式(7-22)计算：

$$d_0=\sqrt{\frac{d_1^2h-d_3^2h_1+\pi r^2D_1-D_1^2r}{h-h_1-r}} \tag{7-22}$$

式中符号如图7-10所示。

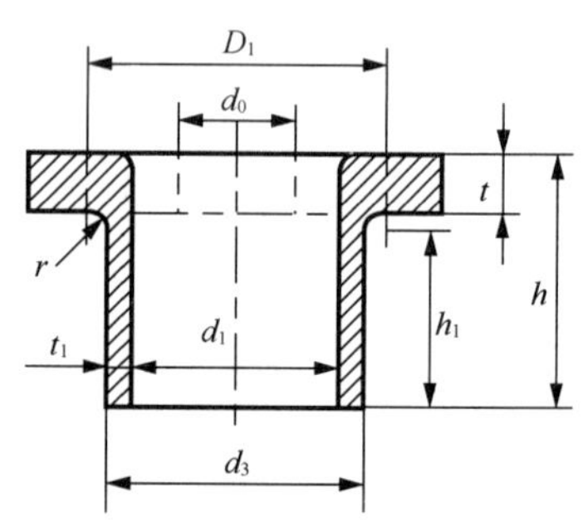

图7-10　变薄翻边尺寸计算

对中型孔的变薄翻边，一般是采用阶梯形环状凸模在一次行程内对坯料作多次变薄加工来达到产品要求的。图7-11所示为对黄铜件用阶梯凸模翻边的例子，按照中径计算得$K=0.44$，变薄程度$t_0/t=2.5$。

变薄翻边力比普通翻边力大得多且与变薄量成正比。由于翻边时凹模受到较大的侧压力，故有时把凹模压入套圈内。为保证产品质量和提高模具寿命，凸、凹模之间应有良好的导向，以保证间隙均匀。

变薄翻边还用于大量生产的，M5以下小螺孔翻边上，如图7-12所示。

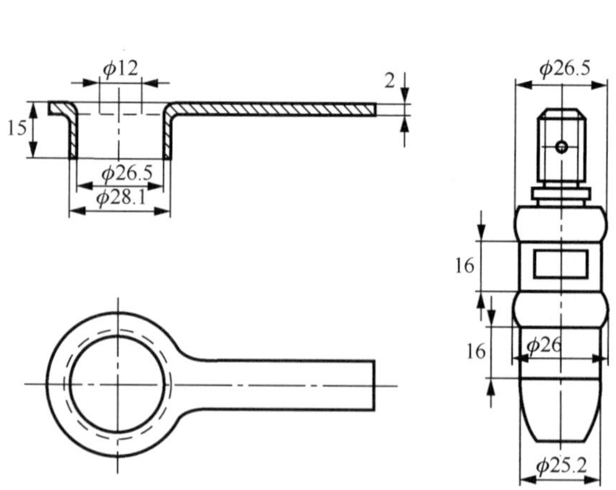

图7-11　用阶梯凸模变薄翻边的凸模和工件

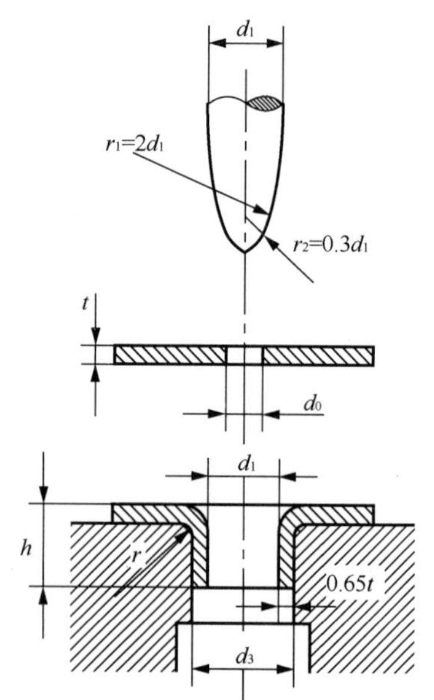

图7-12　小螺孔翻边

在这种情况下，壁部变薄量一般较小。翻边后的壁厚为

$$t_1=\frac{d_3-d_1}{2}=0.65t \tag{7-23}$$

预冲孔直径：　$d_0=0.45d_1$　(7-24)

翻边外径：　$d_3=d_1+1.3t$　(7-25)

翻边一般高度：　$h=(2\sim2.5)t$　(7-26)

7.1.5　翻边模结构

1)小孔翻边模

倒装小孔翻边模的结构如图 7-13 所示,凸模和弹性压料装置装在下模，凹模和顶件装置装在上模。翻孔后的制件由顶杆顶出。

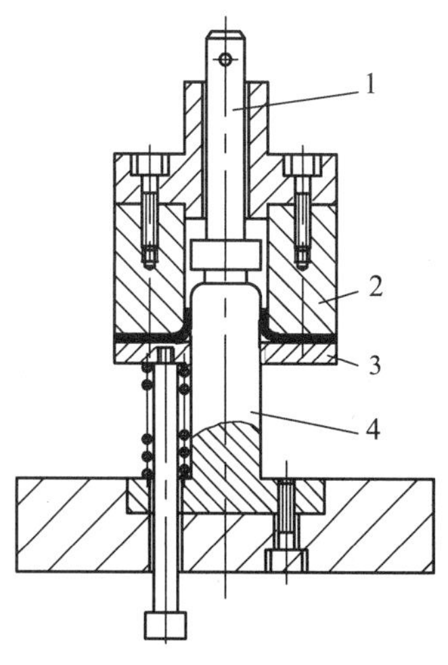

图 7-13　倒装的小孔翻边模

1-顶杆；2-凹模；3-压料板；4-凸模

2)大孔翻边模

大孔翻边模为正装结构，如图 7-14 所示。凸模和弹性压料装置位于上模，凹模和顶件装置则装在下模。当上模下行时，弹性压料板先将毛坯压在凹模上，凸模继续下行从而实现较大直径的圆孔翻边。翻边后的制件被顶件板顶出凹模。顶件板、顶杆和冲床下面的通用弹顶装置构成顶件装置。

3)倒装内孔、外缘翻边模复合模

倒装的内孔、外缘同时翻边复合模如图 7-15 所示。圆孔翻边的凸模和外缘翻边的凹模在上模，外缘翻边的凸模与圆孔翻边的凹模组成一体构成凸凹模，并且装在下模。上模的压料装置由环形压料板、弹簧等组成，用于压紧制件的外缘，以便进行外缘翻边。下模的顶件装置由顶块、顶杆、橡皮等组成，作用是翻边时压紧制件的内孔边缘，翻边后把制件从凸凹模中顶出。

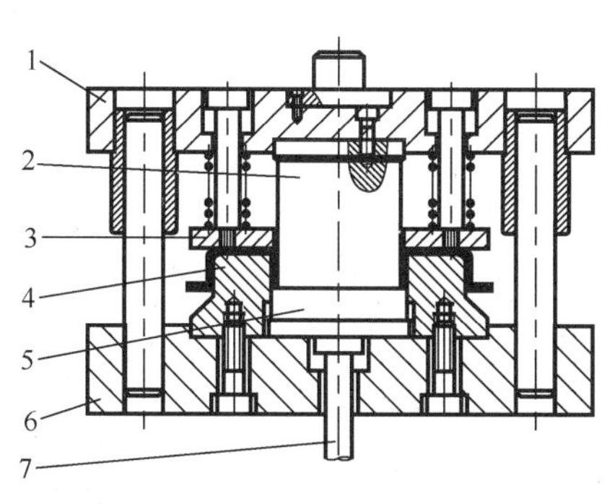

图 7-14　正装的大孔翻边模

1-上模座；2-凸模；3-压料板；4-凹模；5-顶件杆；6-下模座；7-顶杆

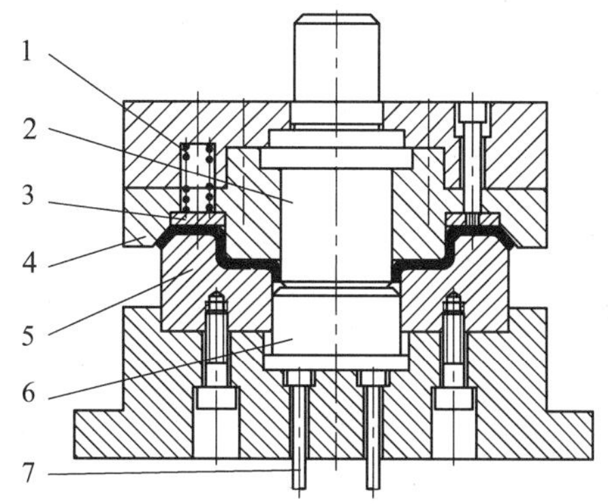

图 7-15　内孔、外缘翻边复合模

1-弹簧；2-凸模；3-压料板；4-凹模；5-凸凹模；6-顶块；7-顶杆

4) 内外缘同时翻边复合模

内外缘同时翻边复合模如图 7-16 所示。上模下行时，内缘翻边使用内缘翻边凹模 3 和对应的翻边凸模 4，外缘翻边则采用外缘翻边凹模 1 及与之相应的翻边凸模 2。在上模回程的过程中，顶件块 6 在弹簧弹力的作用下将制件从内缘翻边凹模中顶起，推件块 5 最终把制件自上模里推出，从而完成出件。这里的压料板 7 与外缘翻边凹模 1、推件块 5 与外缘翻边凸模 2 之间均取 H7/h6 小间隙配合。

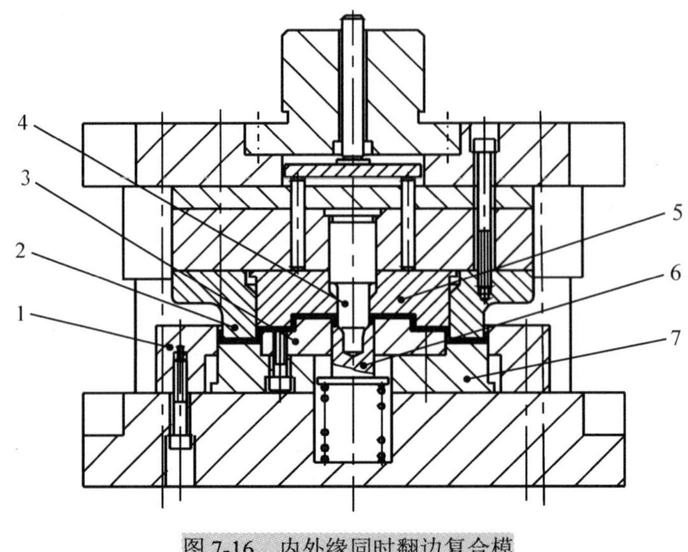

图 7-16 内外缘同时翻边复合模

1-外缘翻边凹模；2-外缘翻边凸模；3-内缘翻边凹模；4-内缘翻边凸模；5-推件块；6-顶件块；7-压料板

7.2 缩 口 成 形

缩口是将管坯或预先拉深好的圆筒形件通过缩口模将其口部直径缩小的一种压缩类成形工艺。缩口在机器制造、日用品生产、国防军工等工业领域中应用较为广泛，如枪炮的弹壳、钢气瓶等。

7.2.1 缩口变形特点

缩口的应力应变特点如图 7-17 所示。在缩口变形过程中，坯料变形区受两向压应力的作用，而切向压应力是最大主应力，使坯料直径减少，壁厚和高度增加，因而切向可能产生失稳起皱。同时在非变形区的筒壁，在缩口压力 F 的作用下，轴向可能产生失稳变形。故防止失稳是缩口工艺要解决的主要问题，缩口的变形程度用缩口系数 m 表示：

$$m=\frac{d}{D} \tag{7-27}$$

式中，d 为缩口后直径，mm；D 为缩口前直径，mm。

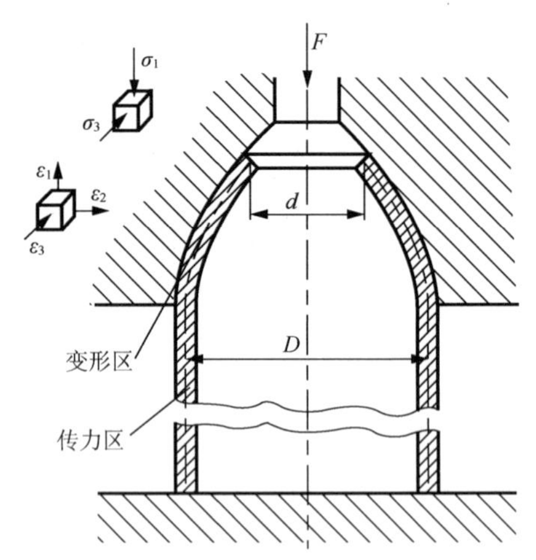

图 7-17 缩口的变形特点和应力应变

由式(7-27)看出：缩口系数 m 越小，变形程度越大。极限缩口系数主要取决于材料塑性、毛坯厚度、模具结构、筒壁支承的刚性等，还与模具工作部分的表面形状、表面粗糙度、缩口毛坯的表面质量、润滑等有关。材料厚度增加，缩口系数可以相应小些，不同材料和厚度的平均缩口系数 m_{av} 见表 7-7。此外模具对筒壁有支撑作用时，极限缩口系数可更小。

表 7-7　不同材料和厚度的平均缩口系数

材料厚度/mm 材料	<0.5	>0.5～1	>1
黄铜	0.85	0.8～0.7	0.7～0.65
钢	0.85	0.75	0.7～0.65

7.2.2　缩口工艺计算

1. 缩口次数

若工件的缩口系数 m 小于许用极限缩口系数 m_{min}，则需进行多次缩口，缩口次数按式(7-28)计算：

$$n=\frac{\lg m}{\lg m_{av}}=\frac{\lg d-\lg D}{\lg m_{av}} \tag{7-28}$$

式中，m 为总缩口系数；m_{av} 为平均缩口系数；D、d 分别为缩口前后的直径。

2. 颈口直径

多次缩口时，各次缩口系数可按下面公式确定。

首次缩口系数：

$$m_1=0.9\,m_{av} \tag{7-29}$$

以后各次缩口系数：

$$m_n=(1.05\sim1.10)\,m_{av} \tag{7-30}$$

各次缩口后直径：

$$d_1=m_1D$$

$$d_2=m_nd_1=m_1m_nD$$

$$d_3=m_nd_2=m_1m_n{}^2D$$

$$\vdots$$

$$d_n=m_nd_{n-1}=m_1m_n{}^{n-1}D$$

式中，d_n 为第 n 次缩口后直径。缩口后由于回弹，制件要比模具尺寸增大 0.5%～0.8%。

3. 壳体毛坯尺寸计算

缩口时，毛坯高度按等体积原则计算。由于在缩口部位料略有增厚，所以缩口后制件的高度可视作毛坯高度。

对于图 7-18(a)所示的制件：

$$H=(1\sim1.05)\left[h_1+\frac{D^2-d^2}{8D\sin\alpha}\left(1+\sqrt{\frac{D}{d}}\right)\right] \tag{7-31}$$

对于图 7-18(b)所示的制件：

$$H=\left(1\sim1.05\right)\left[h_1+h\sqrt{\frac{d}{D}}+\frac{D^2-d^2}{8D\sin\alpha}\left(1+\sqrt{\frac{D}{d}}\right)\right] \tag{7-32}$$

对于图 7-18(c)所示的制件：

$$H=h_1+\frac{1}{4}\left(1+\sqrt{\frac{D}{d}}\right)\sqrt{D^2-d^2} \tag{7-33}$$

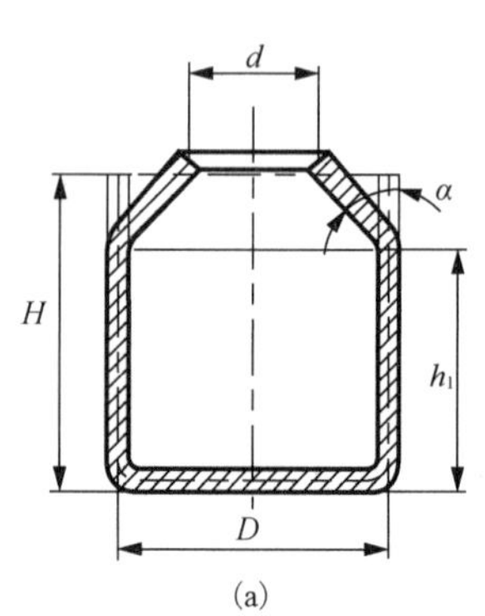

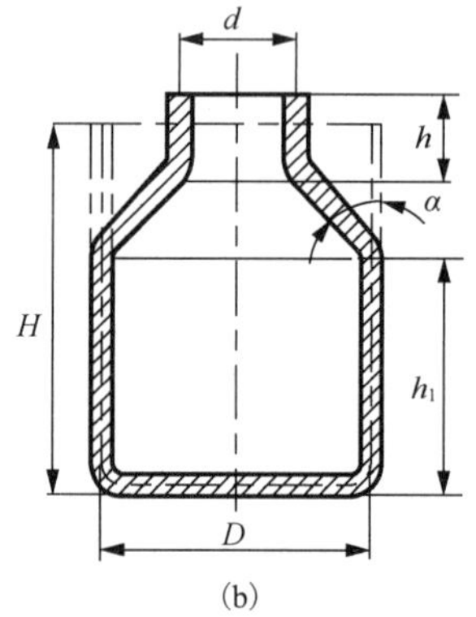

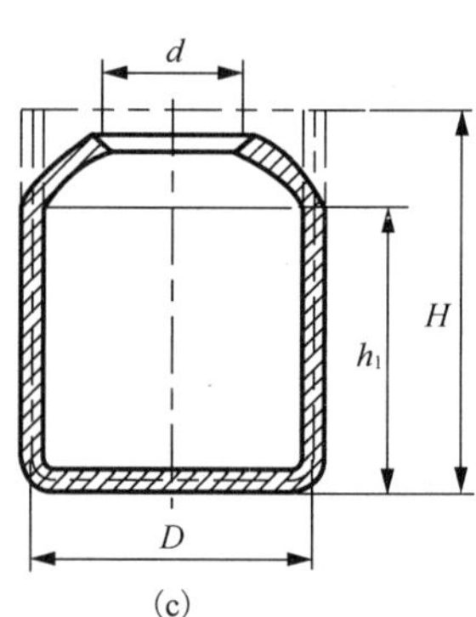

图 7-18　缩口的制件类型

4. 颈部厚度

缩口后颈部厚度略有增厚，一般是不考虑的。但对于有精度要求的制件，颈部厚度可按式(7-34)和式(7-35)计算：

$$t_1=t_0\sqrt{\frac{D}{d_1}} \tag{7-34}$$

$$t_n=t_{n-1}\sqrt{\frac{d_{n-1}}{d_n}} \tag{7-35}$$

式中，t_1 为第一次缩口后制件边缘的壁厚，mm；t_0 为制件毛坯的壁厚，mm；d_1 为第一次缩口后制件的颈部直径，mm；D 为制件毛坯的直径，mm；t_n 为第 n 次缩口后制件的壁厚，mm；d_n 为第 n 次缩口后制件的颈部直径，mm。

5. 缩口力的计算

缩口力可按式(7-36)计算：

$$F=K[1.1\pi Dt\sigma_s\left(1-\frac{d}{D}\right)(1+\mu\cot\alpha)/\cos\alpha] \tag{7-36}$$

式中，F 为缩口力，N；t 为毛坯厚度，mm；D 为毛坯直径，mm；d 为缩口部分直径，mm；μ 为凹模与毛坯接触面的摩擦系数；σ_s 为材料屈服强度，MPa；α 为凹模圆锥角，(°)；K 为速度系数，在曲柄压力机上工作时，K=1.15。

6. 缩口模

缩口模的支承有以下三种方式：图 7-19(a)是无支承缩口模，筒状坯料的内外壁均没有支承结构，这种模具结构简单，但毛坯稳定性较差；图 7-19(b)是外支承缩口模，筒状坯料的外壁有支承结构，这种模具较前者复杂，但毛坯稳定性较好，允许的缩口系数可以取小些；图 7-19(c)是内外支承缩口模，筒状坯料的内、外壁都有支承结构，这种模具较前两种复杂，但稳定性更好，允许缩口系数可以取得更小。

材料厚度不同，缩口系数也不同。材料厚度增加，缩口系数可以相应小些。部分材料采用不同支承方式所允许的第一次缩口的极限缩口系数见表 7-8。

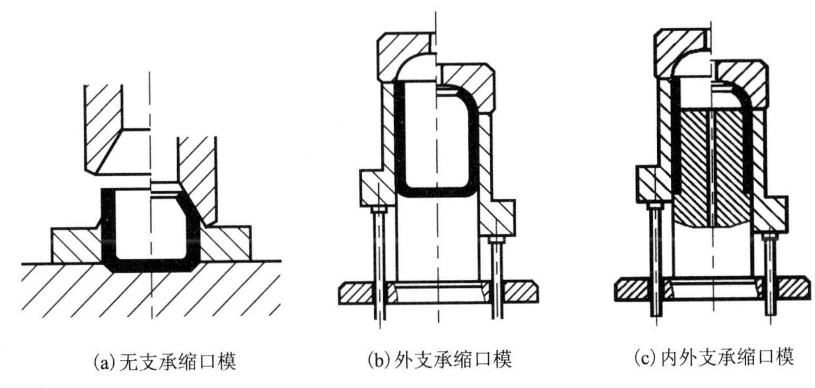

图 7-19　三种支承形式的缩口模

表 7-8　不同支承方式时材料的第一次极限缩口系数

材料 \ 支承方式	无支承	外支承	内外支承
软钢	0.70～0.75	0.55～0.60	0.30～0.35
黄铜(H62、H68)	0.65～0.70	0.50～0.55	0.27～0.32
铝	0.68～0.72	0.53～0.57	0.27～0.32
硬铝(退火)	0.73～0.80	0.60～0.63	0.35～0.40
硬铝(淬火)	0.75～0.80	0.68～0.72	0.40～0.43

缩口模工作部分的尺寸根据制件缩口部分的尺寸来确定。考虑到缩口制件的实际尺寸一般有 0.5%～0.8%的弹性恢复，设计时应以制件尺寸减去弹性恢复量来确定缩口模的尺寸，以减少甚至避免试冲后的修模。

缩口凹模的半锥角对缩口成形很重要，一般来说，角度较小对缩口变形有利，常取半锥角小于 45°，最好是小于 30°。若半锥角大小合适，极限缩口系数可比平均缩口系数小 10%～15%。

7.3　扩 口 成 形

与缩口变形相反，扩口是使管材或冲压空心件口部扩大的一种成形方法，特别在管材加工中应用较多，如图 7-20 所示。

7.3.1 扩口变形程度

扩口变形程度用扩口系数 k_e 来表示，即

$$k_e = \frac{d_p}{d_0} \tag{7-37}$$

式中，d_p 为冲头直径，mm；d_0 为毛坯直径，mm。

材料特性、模具约束条件、管口状态、管口形状及扩口方式、分块模中分块的数目、相对料厚都对极限扩口系数有一定影响。在管的传力区部位增加约束，以提高抗失稳能力以及对管口局部加热等工艺措施均可提高极限缩口系数。粗糙的管口不利于扩口工艺，采用刚性锥形凸模的扩口比分瓣凸模筒形扩口较有利。在钢管扩口时相对料厚越大，则极限扩口系数也越大。极限扩口系数是在传力区不压缩失稳条件下，变形区不开裂时，所能达到的最大扩口系数，一般用 k_{ec} 来表示。图 7-21 给出了扩口角为 20° 时的极限扩口系数。

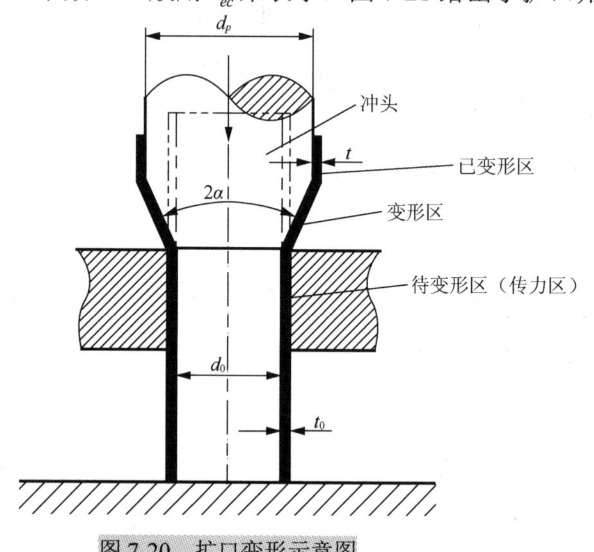

图 7-20 扩口变形示意图

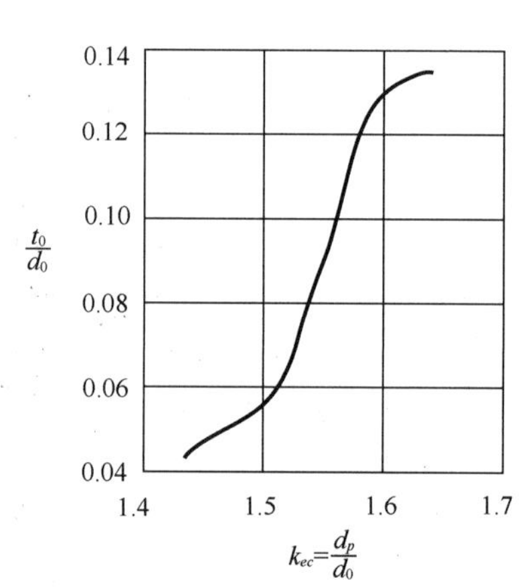

图 7-21 扩口角为 20° 时的极限扩口系数

如果扩口坯料为拉深的空心开口件，那么还应考虑预成形及材料方向性的影响，试验证明：随着预成形量的增加，极限扩口系数减小。

7.3.2 毛坯尺寸的计算

对于图 7-22 所示的锥口形扩口件，有

$$H_0 = (0.97 \sim 1.0)\left[h_1 + \frac{1}{8}\frac{d^2 - d_0^2}{d_0 \sin\alpha}\left(1 + \sqrt{\frac{d_0}{d}}\right)\right] \tag{7-38}$$

对于图 7-23 所示的带圆筒形部分的扩口件，有

$$H_0 = (0.97 \sim 1.0)\left[h_1 + \frac{1}{8}\frac{d^2 - d_0^2}{d_0 \sin\alpha}\left(1 + \sqrt{\frac{d_0}{d}}\right) + h\sqrt{\frac{d_0}{d}}\right] \tag{7-39}$$

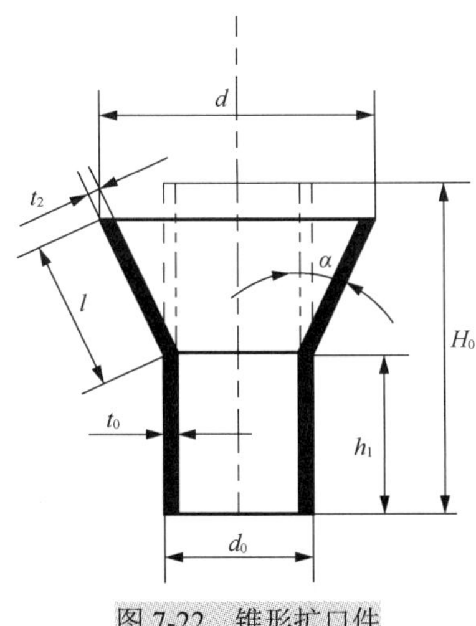

图 7-22　锥形扩口件

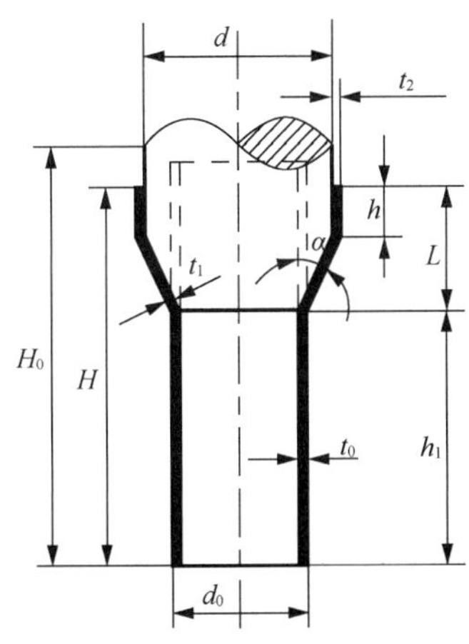

图 7-23　圆筒形扩口件

对于图 7-24 所示的平口形扩口件，有

$$H_0 = (0.97 \sim 1.0)\left[h_1 + \frac{1}{8}\frac{d^2 - d_0^2}{d_0}\left(1 + \sqrt{\frac{d_0}{d}}\right)\right] \tag{7-40}$$

对于图 7-25 所示的整体扩径件，有

$$H_0 = H\sqrt{\frac{d}{d_0}} \tag{7-41}$$

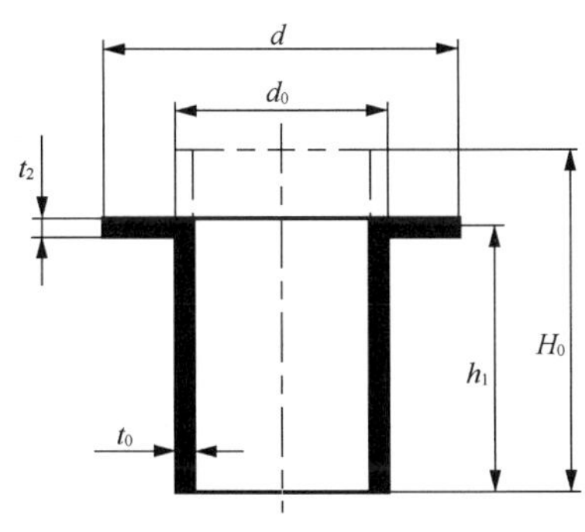

图 7-24　平口形扩口件

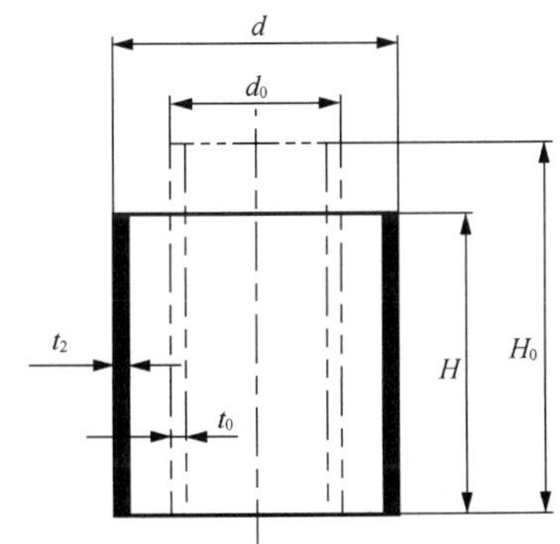

图 7-25　整体扩径件

7.3.3　扩口力的计算

如图 7-26 所示，采用锥形刚性凸模扩口时，单位扩口力可用式(7-42)计算：

$$p = 1.15\sigma\frac{1}{3 - \mu - \cos\alpha} \times \left(\ln k_e + \sqrt{\frac{t_0}{d_p}}\sin\alpha\right) \tag{7-42}$$

式中，σ 为单位变形抗力，N/mm²；μ 为摩擦系数；α 为凸模半锥角，(°)；k_e 为扩口系数，$k_e = \frac{d_p}{d_0}$。

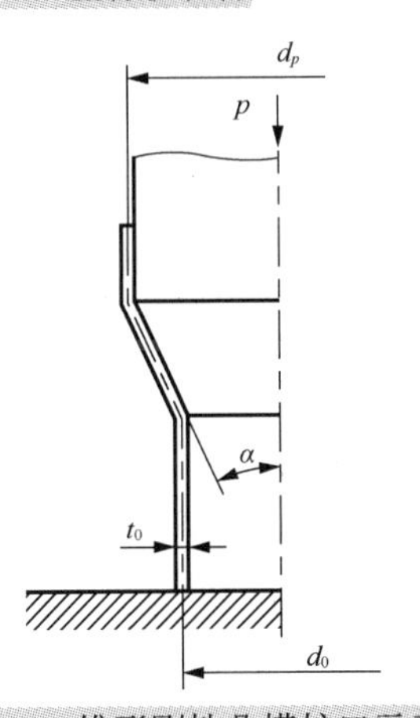

图 7-26　锥形刚性凸模扩口示意图

7.3.4 扩口的主要方式

扩口的主要方式如图 7-27～图 7-29 所示。直径小于 20mm，壁厚小于 1mm 的管材，如果产量不大，可采用图 7-27 所示的简单手工工具来进行扩口。但扩口的精度、粗糙度较低；当产量大，扩口质量要求高时，均需采用模具扩口或用专用机及工具扩口。

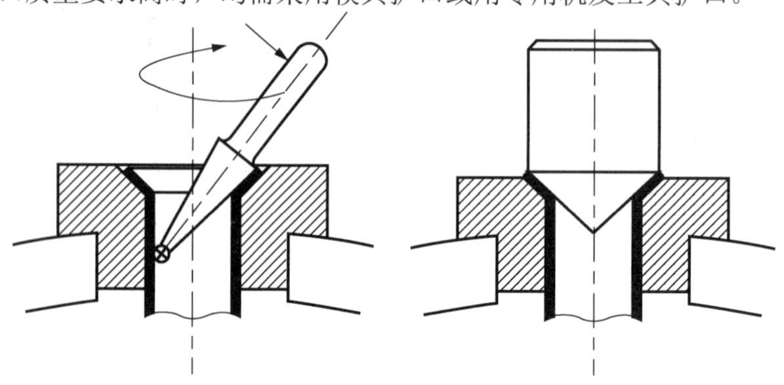

图 7-27　手工工具扩口

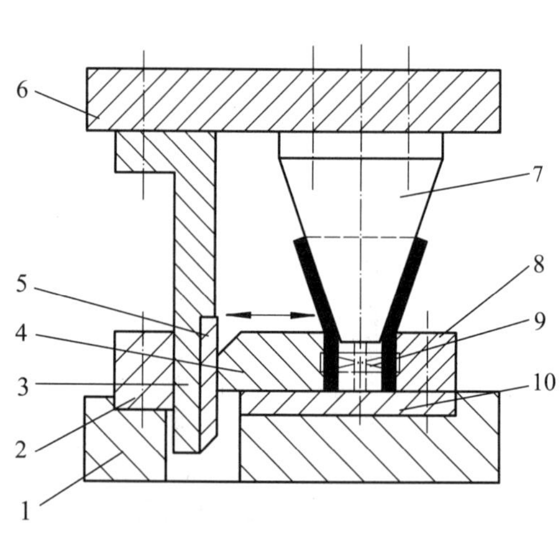

图 7-28　有夹紧装置的扩口模

1-下模板；2-挡块；3-斜楔座；4-活动凹模；
5-斜楔；6-上模板；7-凸模；8-固定凹模；9-弹簧；10-垫板

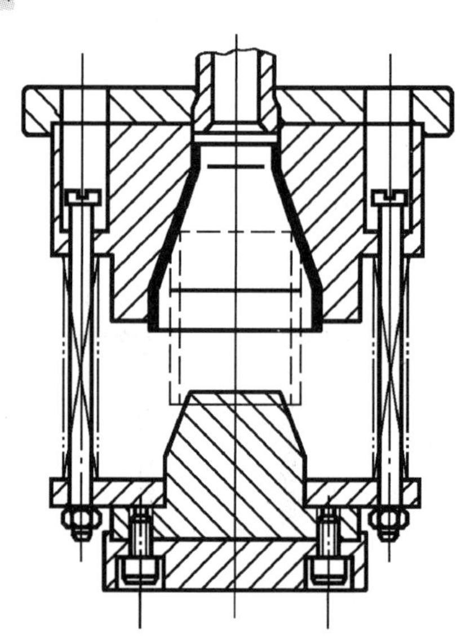

图 7-29　扩口与缩口复合工艺

图 7-28 为有夹紧装置的扩口模。其中凹模做成对开式，固定凹模 8 紧固在下模板 1 上，活动凹模 4 在斜楔 5 作用下做水平运动，以实现夹紧管坯的动作。扩口时，对开式凹模 4、8 将管坯夹紧，提高了传力区管坯的稳定性。扩口完毕后，弹簧 9 起复位作用，使取件、放料方便。适用于生产批量较大扩口件的加工。

当制件两端直径相差较大时，可以采用扩口与缩口复合工艺，如图 7-29 所示。

此外，旋压、爆炸成形、电磁成形等新工艺也都在扩口工艺中有许多成功的应用。

7.4 整形工艺

弯曲回弹会使工件的弯曲角度改变。由于凹模圆角半径的限制，拉深或翻边的工件也不能达到较小的圆角半径，因此利用模具使弯曲或拉深后的冲压件局部或整体产生少量塑性变形以得到较为准确的尺寸和形状，称为整形。由于零件的形状和精度要求各不相同，冲压生产中所用的整形方法有多种形式，下面主要介绍弯曲件和拉深件的整形。

1. 弯曲件整形

弯曲件由于弹复，以及由于拉深或翻边凹模圆角半径不能太小的限制而使工件不能达到较小的圆角半径，往往用整形模具使其达到较准确的尺寸和形状，如图 7-30 所示。

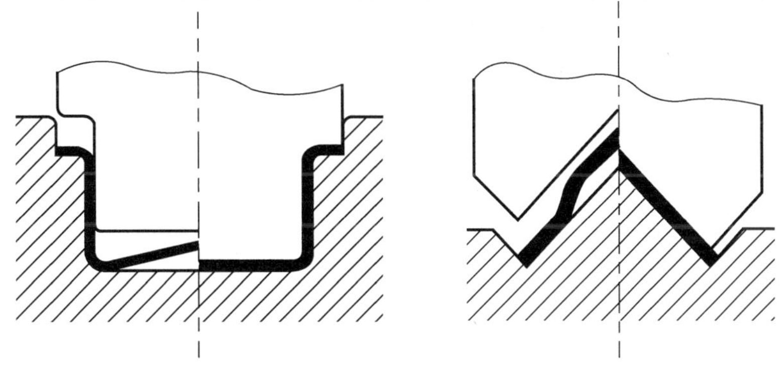

图 7-30　弯曲件的整形

2. 拉深件整形

如图 7-31 所示为拉深件的整形。对不带凸缘的直壁拉深件，通常都是采用变薄拉深的整形方法提高零件侧壁的精度。可以把整形工序和最后一道拉深工序结合在一起，在一道工序中完成。这时应取稍大些的拉深系数，而拉深模的间隙可取为 0.9～0.95 料厚。拉深件带凸缘时，整形内容通常包括校平凸缘平面、校小根部与底部的圆角半径、校直侧壁和校平底部等，如图 7-31 所示。

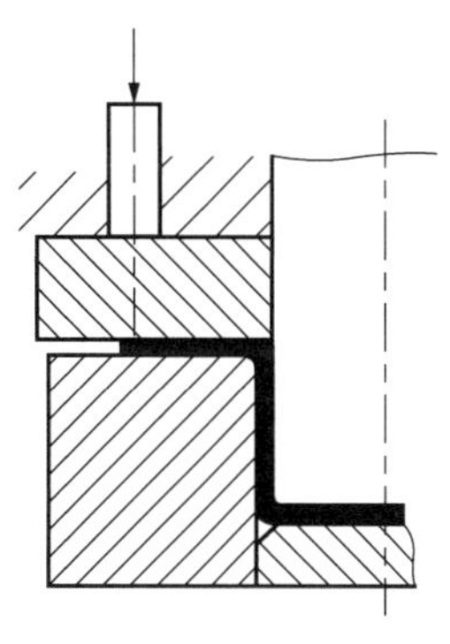

图 7-31　拉深件的整形

7.5 旋压工艺

旋压成形是用于成形薄壁空心回转体零件的一种金属塑性成形方法。旋压成形时，旋轮作进给运动，加压于随模具沿同一轴线旋转的金属坯料，使其产生连续的局部塑性变形而成为所需的空心回转体零件。旋压成形属于局部塑性成形，利用工具连续、逐点对坯料施加压力，使其逐渐成形，可以完成旋转体零件的拉深、缩口、胀形、翻边、卷边、压肋、叠缝等不同工序。在旋压过程中，壁厚不变或有少许变化则称为普通旋压，壁厚有明显变薄则称为变薄旋压。以下仅介绍普通旋压。

1. 普通旋压变形特点

图 7-32 是平板坯料的旋压过程示意图。顶块 1 把坯料压紧在模具 3 上，机床主轴带动模具 3 和坯料一同旋转，赶棒 2 加压于坯料反复赶辗，于是由点到线、由线及面，使坯料逐渐紧贴于模具表面而成形。

为了使平板坯料变为空心的筒形零件，必须使坯料切向收缩、径向延伸，与普通拉深不同，旋压时赶棒与坯料之间基本上是点接触。坯料在赶棒的作用下，产生两种变形：一是与赶棒直接接触的材料产生局部凹陷的塑性变形；二是坯料沿着赶棒加压的方向大片倒伏。前一种现象为旋压成形所必需，因为只有使材料局部塑性变形，螺旋式地由筒底向外展，才有可能引起坯料的切向收缩和径向延伸，最终取得与模具一致的外形。后一种现象则使坯料产生大片皱折，振动摇晃，失稳或撕裂，妨碍旋压过程的进行。因此旋压的基本要点如下。

(1) 合理的转速。如果转速太低，坯料将在赶棒作用下翻腾起伏极不稳定，使旋压工作难以进行，转速太高，则材料与赶棒接触次数太多，容易使材料过度辗薄。一般软钢的合理转速为 400～600r/min，铝的合理转速为 800～1200r/min。当坯料直径较大，厚度较薄时转速取小值，反之则取较大值。

(2) 合理的过渡形状。旋压操作如图 7-32 所示，首先应从坯料靠近模具底部圆角处开始，得出过渡形状。再轻赶坯料的外缘，使之变为浅锥形，得出过渡形状，这样做是因为锥形的抗压稳定性比平板高，材料不易起皱。后续的操作和前述相同，即先赶辗锥形件的内缘，使这部分材料贴模(过渡形状)，然后再轻赶外缘(过渡形状)，这样多次反复赶辗，直到零件完全贴模。

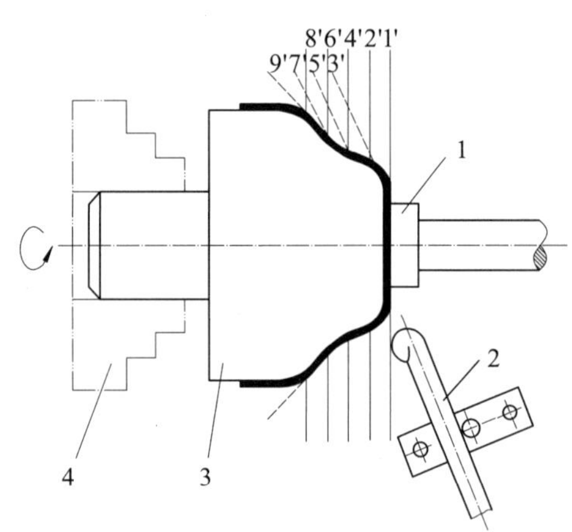

图 7-32　不变薄旋压的成形过程

1-顶块；2-赶棒；3-模具；4-卡盘；1'～9'-坯料的连续位置

(3) 合理加力。赶棒的加力一般凭经验，加力不能太大，否则容易起皱，同时赶棒着力点必须不断转移，使坯料均匀延伸。

2. 普通旋压系数

旋压的变形程度用旋压系数 m 表示，即

$$m = \frac{d}{D} \tag{7-43}$$

式中，D 为板料毛坯直径，mm；d 为制件直径，mm，当制件为锥形件时 d 取圆锥的小端直径。

旋压锥形件的极限旋压系数可取 $m=0.2\sim0.3$；旋压圆筒形件的极限旋压系数可取 $m=0.6\sim0.8$，其取值与相对厚度 t/D 有关，当相对厚度 $t/D=0.5\%$ 左右时取较大值，当 $t/D=2.5\%$ 左右时取较小值。

练　习　题

7-1　什么是翻边成形工艺？翻边成形分为哪两种基本形式？

7-2　圆孔翻边模和外缘翻边模的结构特点分别是什么？它们的工作原理是什么？

7-3　翻边变形程度用什么量来描述？翻边的变形程度与哪些因素有关？

7-4　非圆孔翻边和圆孔翻边的极限翻边系数哪个更小？其原因是什么？

7-5　正装大孔翻边模的工作原理是什么？

7-6　缩口模的支承方式有哪几种？其各自的特点是什么？

7-7　扩口的主要方式有哪些？适用于哪些场合？

7-8　弯曲件的整形方式有哪两种？其工作方式是什么？

7-9　什么是旋压工艺？旋压的基本要点是什么？

7-10　零件如图 7-33 所示，材料为 08F，厚度为 2mm，制定该零件的冲压工序，计算凸凹模工作部分的尺寸。

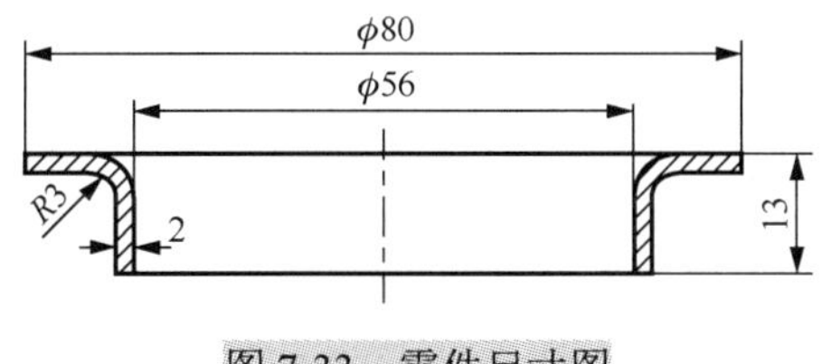

图 7-33　零件尺寸图

第 8 章　大尺寸连续成形工艺与模具设计

与一般冲压件相比，大尺寸冲压件、连续成形冲压件的生产有其自身的特点，学习大尺寸冲压件的冲压成形工艺设计和典型模具结构、连续成形工艺计算及模具设计流程、复合模具工作原理，对大尺寸连续复杂成形工艺与模具设计具有指导意义。

本章知识要点

(1) 大尺寸冲压件(如汽车外覆盖件)的冲压成形特点、工艺设计的主要内容、典型模具结构组成。

(2) 连续冲压成形的特点、排样设计、多工位级进成形模具设计流程。

(3) 复合成形模具的分类、结构组成及工作原理。

兴趣实践

轿车车身外形美观大方、流线型充满动感。汽车车身覆盖件通常是厚度 1mm 左右的钢板冲压而成，请仔细观察轿车车门的形状特点，并考虑车门冲压成形工艺设计有哪些特点？

探索思考

(1) 轿车车身由覆盖件装配而成，轿车车身覆盖件通常由薄钢板冲压成形，覆盖件的成形质量影响车的外观和舒适性，怎样才能保证覆盖件的形状精度、尺寸精度和表面质量？

(2) 连续成形可以将一个零件的多道冲压工序集中到一副级进模具中冲压成形，并且可以在无人操作的情况下进行高速冲压。如何合理地进行工序的分解？如何进一步提高连续成形自动化程度？

预习准备

复习拉深工艺的变形特点，以及冲孔、落料、拉深等单个冲压工艺的计算方法。

8.1　大型覆盖件的成形

8.1.1　大型覆盖件的成形特点和要求

1. 大型覆盖件的成形特点

由于大型覆盖件的结构尺寸和质量要求往往与一般冲压件有所不同，大型覆盖件的成形有其自身的特点。从结构形状及尺寸上看，这类零件的主要特点如下。

(1) 总体结构尺寸大。如驾驶室顶盖的毛坯尺寸可达 2800mm×2500mm。

(2) 相对厚度小。板料的厚度一般为 0.6～1.5mm，相对厚度(板厚与毛坯最大长度之比)最小可达 0.0003。

(3) 形状复杂。空间曲面形状难以用数学方程式来描述。

(4) 轮廓内部带有局部形状。内部形状往往对冲压件的成形工艺有很大影响。

2. 大型覆盖件的质量要求

(1) 尺寸精度高。汽车覆盖件要具有很高的尺寸精度(包括轮廓尺寸、孔位尺寸、局部形状的各种尺寸等)，以保证焊装或组装时的准确性、互换性，便于实现车身焊装的自动化，保证车身外观形状的一致性和美观。

(2) 形状精度高。特别对于外覆盖件，要求具有很高的形状精度，必须与主模型(根据产品定型后的主图板制造的木质或玻璃钢模型)相符合。否则将偏离车身总体设计，不能体现车身的造型风格。

(3) 表面质量高。外覆盖件(特别对于轿车)表面不允许有波纹、皱纹、凹痕、擦伤、压痕等缺陷，棱线应清晰、平直，曲线(面)应圆滑过渡。

(4) 刚性好。覆盖件在成形过程中，材料应有足够的塑性变形，以保证零件具有足够的刚度，使汽车行驶中受振动时，不会产生较大的噪声，以减轻驾驶员的疲劳，更不能因振动而产生早期损坏甚至空洞，影响汽车的噪声、振动、冲击等性能。

(5) 良好的工艺性。覆盖件的工艺性关键在于拉深的工艺性，包括拉深的可能性和可靠性。拉深工艺性的优劣主要取决于覆盖件的形状。良好的工艺性是针对产品的结构设计而言的，即在一定生产规模条件下，能够较容易地安排冲压工艺和冲压模具设计，能够最经济、最安全、最稳定地获得高质量产品。

3. 大型覆盖件相对一般冲压件的成形特点

(1) 一次拉深成形。对于轴对称零件或盒形零件，若拉深系数小于一次拉深的极限拉深系数，则不能一次拉深成形，需要采用多次拉深成形方法，而且可以计算出每次拉深的拉深系数等工艺参数及中间拉深件尺寸等。但对于汽车覆盖件，由于其结构、形状复杂，多次拉深的规律难以把握，难以确定多次拉深工艺参数，而且多次拉深易形成冲击线、弯曲痕迹线，从而会影响油漆后的表面质量。因此，汽车覆盖件通常采用一次拉深成形。

(2) 拉胀复合成形。汽车覆盖件成形过程是毛坯的拉深和胀形变形同时存在的复合成形。一般来说，除了凹形轮廓(如 L 形轮廓)对应的压料面外，压料面上毛坯的变形为拉深变形(径向为拉应力，切向为压应力)，而轮廓内部(特别是中心区域)毛坯的变形为胀形变形(径向和切向均为拉应力)。

(3) 局部成形。轮廓内部有局部形状的零件，冲压时压料面上的毛坯受到压边圈的压力，随着凸模的下行而首先产生变形并向凹模内流动，当凸模下行到一定深度时，局部形状开始成形，并在成形过程的最终时刻全部贴模。所以，局部形状外部的毛坯难以向该部位流动，该部位的成形主要靠毛坯在双向拉应力下的变薄来实现面积的增大，即这种内部局部成形为胀形变形。

(4) 变形路径变化。汽车覆盖件冲压成形时，内部的毛坯不是同时贴模，而是随着冲压过程逐渐贴模。毛坯保持塑性变形所需的成形力不断变化，毛坯各部位板内的主应力方向与大小、板平面内两主应力之比等受力情况不断变化，毛坯(特别是内部毛坯)产生变形的主应变方向与大小、板平面内两主应变之比等变形情况也随之不断地变化，即毛坯在整个冲压过程中的变形路径是变化的。

8.1.2 冲压综合工艺设计

大型覆盖件的冲压综合工艺设计主要包括拉深件的冲压方向选择、压料面设计、工艺补充部分设计、拉深筋设计、覆盖件的展开及修边时的定位等内容。

1. 拉深件的冲压方向

汽车覆盖件的拉深成形一般是以拉深变形性质和胀形变形性质的复合形式来实现的，多数情况下，拉深变形为主要变形方式。确定拉深方向，就是确定零件在模具中位置；拉深方向选择得是否合理，直接影响拉深件的质量和模具结构的复杂程度。有时因拉深方向不合理，甚至会使拉深过程无法进行。因此，确定拉深方向是拉深件设计的一项十分重要的工作。

1) 拉深方向对拉深成形的影响

汽车覆盖件拉深成形时，所选择的拉深冲压方向(以下简称拉探方向)是否合理，将直接影响：凸模是否能进入凹模、毛坯的最大变形程度、是否能最大限度地减小拉深件各部分的深度差、是否能使各部分毛坯之间的流动方向和流动速度差比较小、变形是否均匀、是否能充分发挥材料的塑性变形能力、是否有利于防止破裂和起皱等质量问题的产生等。只有选择合理的拉深方向，才能使拉深成形过程顺利实现。

2) 选择拉深方向的原则

(1) 保证能将拉深件的全部空间形状(包括棱线、筋条和鼓包等)一次拉深出来，不应有凸模接触不到的“死区”，即要保证凸模能全部进入凹模。

这类问题主要出现在覆盖件的某一部位或局部呈凹形或有反方向成形的情况下，为了使凸模能够进入凹模，只有使拉深方向满足凹形或反方向成形的要求。因此，从这一角度来说，覆盖件本身的凹形和反成形的要求决定了拉深方向。如图 8-1(a)所示，若选择冲压方向 A，则凸模不能全部进入凹模，造成零件右下部的 a 区成为“死区”，不能成形出所要求的形状。选择冲压方向 B 后，则可以使凸模全部进入凹模，成形出零件的全部形状。图 8-1(b)表示按拉深件底部的反成形部分最有利于成形来确定拉深方向，若改变拉深方向则不能保证 90°。

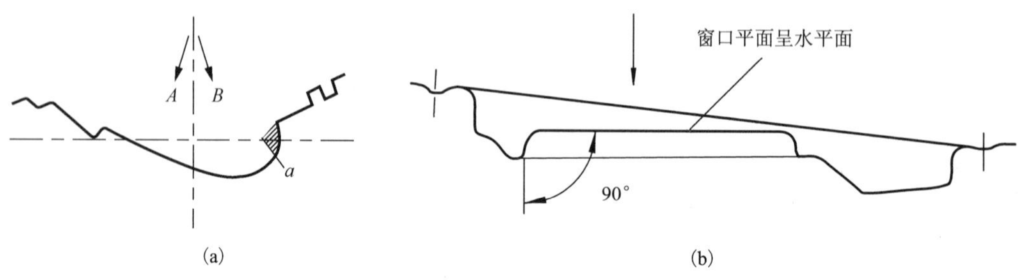

图 8-1 拉深方向确定的实例

(2) 尽量使拉深深度差最小，以减小材料流动和变形分布的不均匀性。

图 8-2(a) 深度差大，材料流动性差；而按图 8-2(a) 中所示的点画线改变拉深方向后成为图 8-2(b)，使两侧的深度相差较小，材料流动和变形差减小，有利于成形。图 8-2(c) 所示是对一些左右件可利用对称拉深一次成形两件，便于确定合理的拉深方向，使进料阻力均匀。

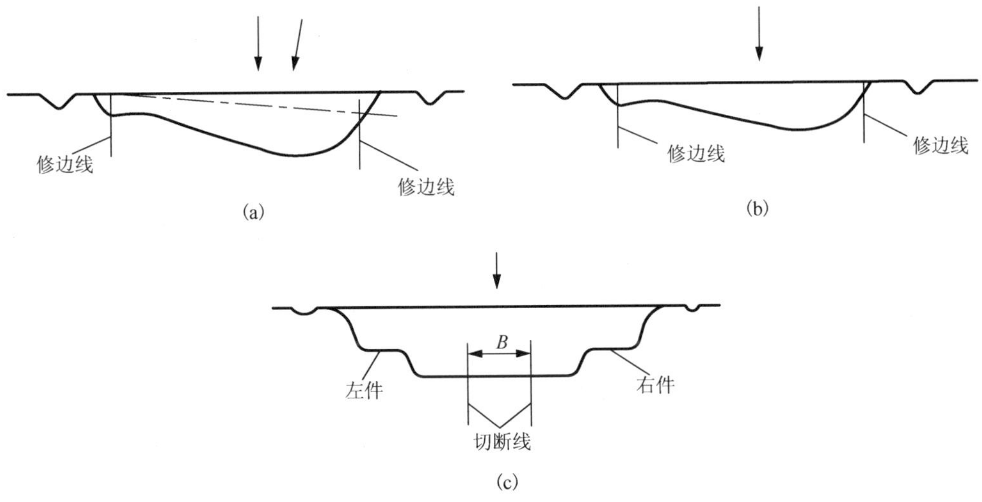

图 8-2　拉深深度与拉深方向

图 8-3 所示是确定某汽车立柱拉深方向的例子。若选择与平向法兰垂直的方向作为拉深方向，则由于毛坯与凸模接触时间的差别大，压料面上的进料阻力不均匀，容易造成毛坯与凸模的相对滑动。而将拉深方向按图中所示旋转 6° 后，使法兰的高度差减小，压料面上的进料阻力分布趋于均匀，拉深开始时凸模与毛坯的接触线靠近中间，拉深的稳定性较好。

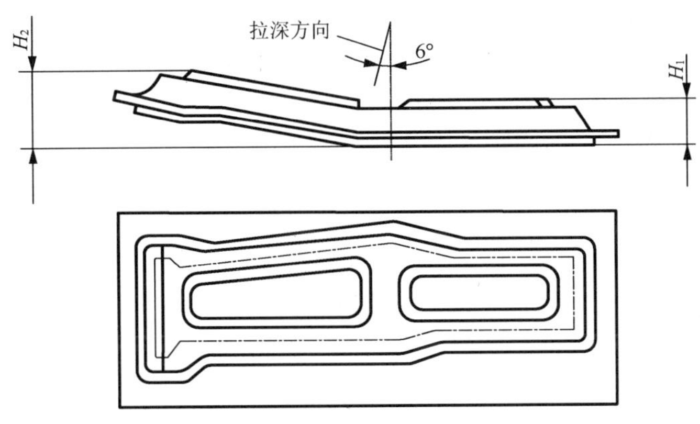

图 8-3　某汽车立柱拉深方向的确定

(3) 保证凸模与毛坯具有良好的初始接触状态，以减少毛坯与凸模的相对滑动，有利于毛坯的变形，并提高冲压件的表面质量。

① 凸模与毛坯的接触面积应尽量大，保证较大的面接触，避免因点接触或线接触造成局部材料胀形变形太大而发生破裂(图 8-4(a))。

② 凸模两侧的包容角尽可能保持一致($\alpha = \beta$)，即凸模的接触点处在冲模的中心附近，

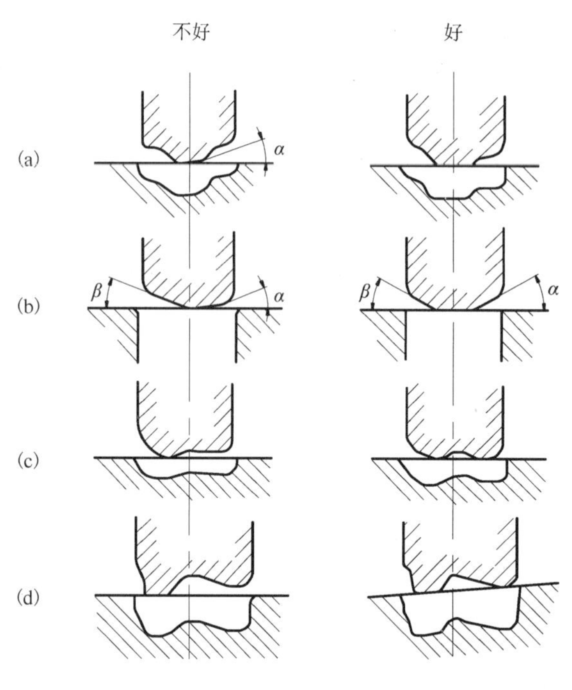

图 8-4 凸模与毛坯的接触状态

而不偏离一侧，有利于拉深过程中法兰上各部位材料较均匀地向凹模内流入(图 8-4(b))。

③ 凸模表面与毛坯的接触点要多而分散，且尽可能均匀分布，以防止局部变形过大，毛坯与凸模表面产生相对滑动(图 8-4(c))。

④ 在拉深方向没有选择余地，而凸模与毛坯的接触状态又不理想时，应通过改变压料面来改善凸模与毛坯的接触状态。如图 8-4(d)所示，通过改变压料面，使凸模与毛坯的接触点增加，接触面积增大，以保证零件的成形质量。

图 8-5 所示为某货车顶盖的拉深方向。若按箭头 1 所示的拉深方向，虽满足了窗口部分的凸模能够进入凹模的要求，但凸模开始拉深时与毛坯接触面积小而且又不在中间，这样在拉深过程中毛坯容易产生开裂和坯料窜动而影响表面质量，因此不能采用。考虑到整个形状的拉深条件，改变为按箭头 2 所示的拉深方向，其优点是凸模顶部是平的，凸模开始拉深时与毛坯接触面积大而且又在中间，有利于拉深，但窗口部分凸模不能进入凹模，则必须改变窗口凹形的形状，即改变成图 8-5 所示。从 A 线向左弯成垂直面，在拉深之后的工序中进行整形，保证零件的形状和尺寸。

(4) 有利于防止表面缺陷。对一些表面件，为了保证其表面质量，在选择拉深方向时，对重要的部分要保证拉深时不产生偏移线、颤动线等表面缺陷。

当冲压方向和覆盖件在汽车上的坐标关系完全一致时，则覆盖件各点的坐标数值可以直接用于模具设计。当冲压方向和覆盖件在汽车上的坐标关系有变化时，则覆盖件各点的坐标数值应该进行转换计算才可用于模具设计。冲压方向和汽车坐标完全一致，能够带来很多方便。

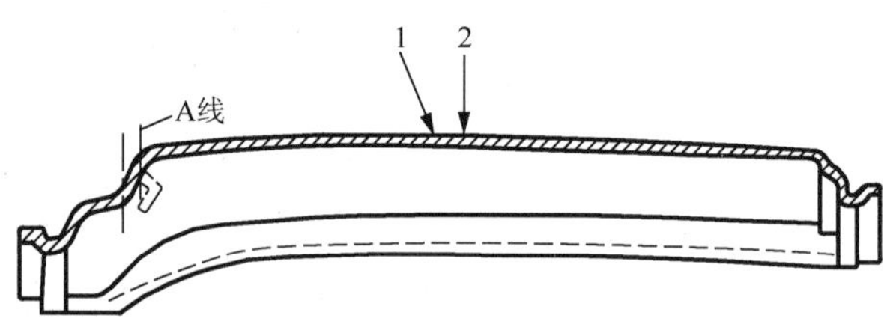

图 8-5 某车顶盖的拉深方向确定

2. 压料面设计

“压料面”原指凹模的上表面与压边圈下表面起压料作用的那部分表面。与“压料面”相对应的拉深件上的该部分应该称为“法兰面”。但人们习惯地将覆盖件上的“法兰面”也称为“压料面”。因此，需要根据具体情况，分辨“压料面”是指模具的“压料面”，还是拉深件上的“法兰面”。

压料面有两种情况，一种是压料面的一部分就是拉深件的法兰面，这种拉深件的压料面形状是已定的，一般不改变其形状，即使为了改善拉深成形条件而作局部修改，也要在后工序中进行整形校正。另一种情况是压料面全部属于工艺补充部分。这种情况下，主要以保证良好的拉深成形条件为主要目的进行压料面的设计。同时要考虑到这部分材料在拉深工序后将在修边工序被切除，就应尽量减少这种压料面的材料消耗。覆盖件拉深成形的压料面形状是保证拉深过程中材料不被拉裂和顺利成形的首要条件，确定压料面形状应满足如下要求。

(1) 压料面形状尽量简单化。以水平压料面为最好。在保证良好的拉深条件的前提下，为减少材料消耗，也可设计斜面、平滑曲面或平面曲面组合等形状。但尽量不要设计成平面大角度交叉，高度变化剧烈的形状，这些形状的压料面会造成材料流动和塑性变形的极不均匀分布，在拉深成形时产生起皱、堆积、破裂等现象。图 8-6 是几种常见的压料面形式。

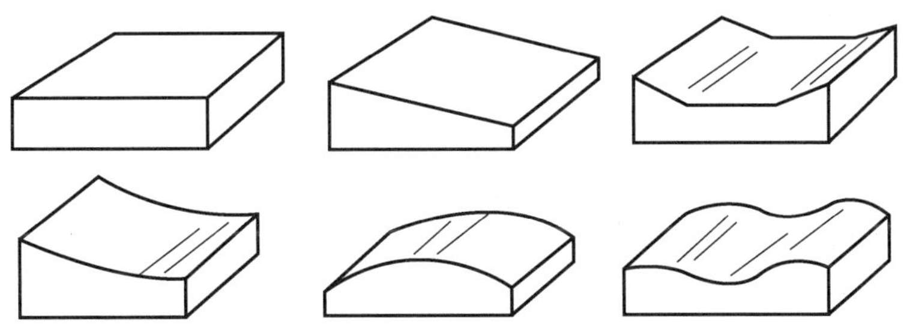

图 8-6　常见的压料面形式

(2) 水平压料面(图 8-7(a)) 应用最多，水平压料面使压边力容易调节和控制。向内倾斜的压料面(图 8-7(b))，对材料流动阻力较小，可在塑性变形较大的深拉深件的拉深时采用。但为保证压边圈强度，一般控制压料面倾斜角 $\alpha=40°\sim50°$。向外倾斜的压料面(图 8-7(c)) 的流动阻力最大，对浅拉深件拉深时可增大毛坯的塑性变形阻力。但倾斜角 β 太大，会使材料流动条件变差，易产生破裂，而且凹模表面磨损严重，影响模具寿命，尽量少选用。

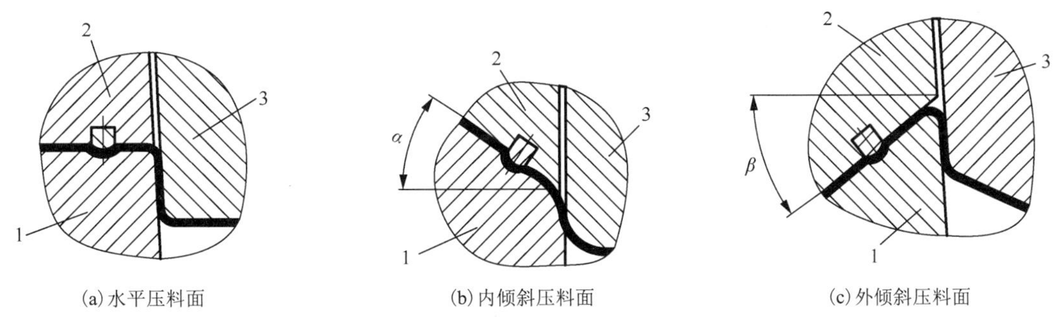

(a) 水平压料面　(b) 内倾斜压料面　(c) 外倾斜压料面

图 8-7　压料面与冲压方向的关系

1-凹模；2-压边圈；3-凸模

(3) 压料面任一断面的曲线长度要小于拉深件内部相应断面的曲线长度。一般认为，汽车覆盖件冲压成形时各断面上的伸长变形量达到 3%～5%时，才有较好的形状冻结性，最小伸长变形量不应小于 2%。因此，合理的压料面要保证拉深件各断面上的伸长变形量达到 3%以上。如果压料面的断面曲线长度 l_0 不小于拉深件内部断面曲线长度 l_1，拉深件上就会出现余料、松弛、皱折等。如图 8-8 所示，要保证 $l_0<0.97l_1$。图 8-9 中要保证压料面的仰角 α 大于凸模仰角 β。若不能满足这一条件，要考虑改变压料面，或在拉深件底部设置筋类或反成形形状吸收余料。

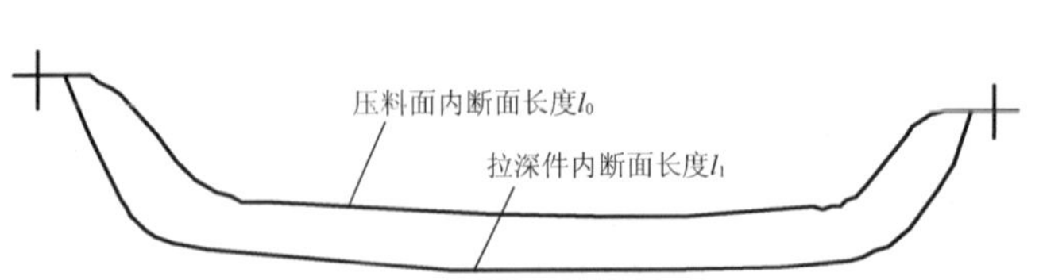

图 8-8 压料面内断面长度 l_0 与拉深件内断面长度 l_1 的关系

图 8-9 压料面仰角 α 大于凸模仰角 β

(4) 压料面应使成形深度小且各部分深度接近一致。这种压料面可使材料流动和塑性变形趋于均匀，减小成形难度。同时，用压边圈压住毛坯后，毛坯不产生皱褶、扭曲等现象。

(5) 压料面应使毛坯在拉深成形和修边工序中都有可靠的定位，并考虑送料和取件的方便。

(6) 当覆盖件的底部有反成形形状时，压料面必须高于反成形形状的最高点(图 8-10)。否则，在拉深时，毛坯首先与反成形形状接触，定位不稳定，压料面不容易起到压料的作用，容易在成形过程中产生破裂、起皱等现象，不能保证得到合格零件。

(7) 不在某一方向产生很大的侧向力。

在实际工作中，若上述各项原则不能同时达到，应根据具体情况决定取舍。

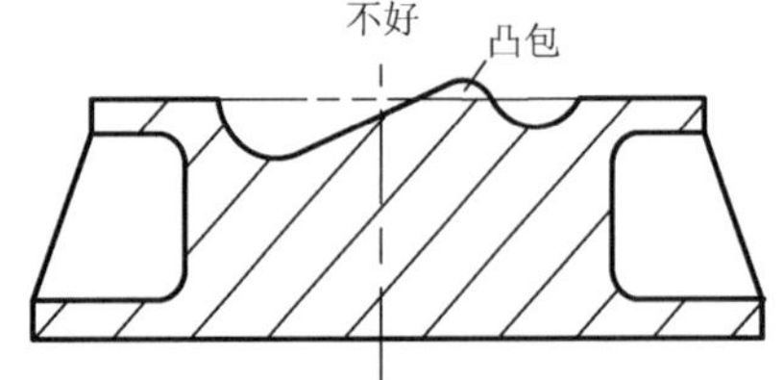

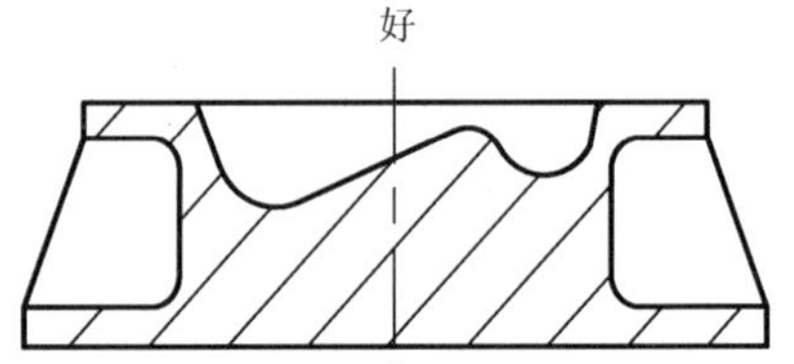

图 8-10 底部反成形形状时的压料面

3. 工艺补充部分设计

为了给覆盖件创造一个良好的拉深条件，需要将覆盖件上的窗口填平，开口部分连接成封闭形状，有凸缘的需要平顺改造使之成为有利成形的压料面，无凸缘的需要增补压料面，这些增添的部分称为工艺补充部分。工艺补充是指为了顺利拉深成形出合格的制件，在冲压件的基础上添加的那部分材料。由于这部分材料是成形需要而不是零件需要，故在拉探成形后的修边工序要将工艺补充部分切除。工艺补充是拉深件设计的主要内容，不仅对拉深成形起着重要影响，而且对后面的修边、整形、翻边等工序的方案也有影响。

1) 工艺补充的作用与对拉深成形的影响

绝大多数汽车覆盖件要经过添加工艺补充部分之后设计出拉深件才能进行冲压成形，工艺补充部分有两大类：一类是零件内部的工艺补充(简称内工艺补充)，即填补内部孔洞，创造适用于拉深成形的良好条件(即使开工艺切口或工艺孔也是设在内部工艺补充部分)，这部分工艺补充不增加材料消耗，而且在冲内孔后，这部分材料仍可适当利用(图 8-11 中的工艺补充部分 1)；另一类工艺补充是在零件沿轮廓边缘展开(包括翻边的展开部分)的基础上添加上去的，包括拉深部分的补充和压料面两部分。由于这种工艺补充是在零件的外部增加上去的，称为外工艺补充，它是为了选择合理的冲压方向、创造良好的拉深成形条件而增加的，它增加了零件的材料消耗(图 8-11 中的工艺补充部分 2)。

工艺补充部分制定得合理与否，是冲压工艺设计先进与否的重要标志，它直接影响拉深成形时工艺参数、毛坯的变形条件、变形量大小、变形分布、表面质量，以及破裂、起皱等质量问题的产生。

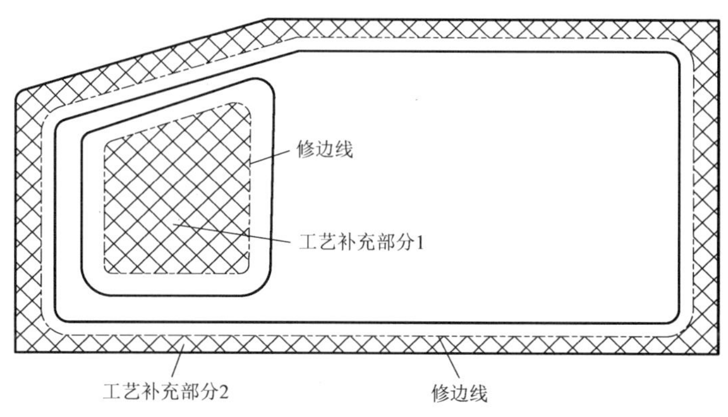

图 8-11　工艺补充部分示意图

2)工艺补充设计原则

(1)内孔封闭补充原则。

对零件内部的孔首先进行封闭补充，使零件成为无内孔的制件。但对内部的局部成形部分，要进行变形分析，一般这部分成形属于胀形变形，若胀形变形超过材料的极限变形，需要在工艺补充部分预冲孔或切口，以减小胀形变形量。如图 8-12(a)中，内部工艺补充部分不开工艺孔时胀形变形量较大，产生破裂。经试验，确定预先冲制的工艺孔形状、尺寸，可以改变拉深成形时变形分布和变形量，使拉深工序顺利成形。图 8-12(b)为工艺切口例子。

图 8-12　工艺补充上预冲孔或工艺切口示意图

(2)简化拉深件结构形状原则。

拉深件的结构形状越复杂，拉深成形过程中的材料流动和塑性变形就越难控制。所以，零件外部的工艺补充要有利于使拉深件的结构、形状简单化。图 8-13(a)中，工艺补充(即图中余料部分)简化了轮廓形状，使压料面的轮廓形状简单，毛坯变形在压料面上的分布比较均匀化，有利于控制毛坯的变形和塑性流动。图 8-13(b)中的工艺补充增加了局部侧壁高度，使拉深件深度变化比较小，大大减小了塑性流动的不均匀性。

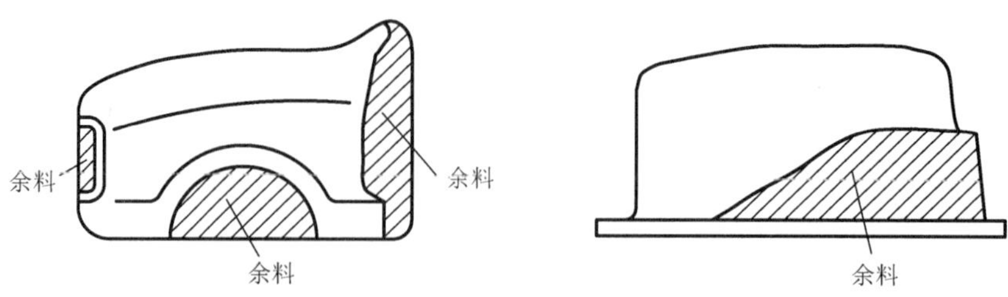

图 8-13　工艺补充简化拉深件结构形状实例

(3) 保证良好的塑性变形条件。

对某些深度较浅、曲率较小的汽车覆盖件来说，必须保证毛坯在成形过程中有足够的塑性变形量，才能保证其能有较好的形状精度和刚度。如图 8-14 所示的斜面较大的拉深件拉深成形时，若选择图 8-14(a) 的工艺补充，因为拉深件没有直壁，凸模上 *A* 点一直到成形结束时才与毛坯接触。如果压料面上阻力小，在拉深过程中斜壁部分已形成的皱纹就难以被压平。但若选择图 8-14(b) 的工艺补充，拉深件有一部分直壁，就可以使凹模内部的毛坯在成形的最后阶段受到较大的拉力，减少起皱的可能性。即使产生了一定的起皱，在拉力作用下也会得到减小甚至消除。同时，拉力的增加使凹模内部的毛坯增加了塑性变形量，拉深件的刚度增加。因此，表面质量要求较高的拉深件最好加一段直壁，*AB* 一般取 10～20mm。

(4) 外工艺补充部分尽量小。

由于外工艺补充不是零件本体，以后将被切掉变成废料，因此在保证拉深件具有良好的拉深条件的前提下，应尽量减小这部分工艺补充，以减少材料浪费，提高材料利用率。

(5) 有利于后面的工序。

设计工艺补充时要考虑对后工序的影响，要有利于后工序的定位稳定性，尽量能够垂直修边等。拉深件在修边时和修边以后的工序的定位必须在确定拉深件工艺补充部分时进行考虑，一定要有可靠的定位，否则会影响修边和翻边的质量。有的拉深件如汽车前围板、左右车门内板、后围内板等均用拉深件侧壁定位；有的拉深件如顶盖、车门外板、地板等用拉深槛定位；而对一些不能用拉深件侧壁和拉深槛定位的拉深件，则要考虑在工艺补充部分穿刺孔或冲工艺孔来作为下面工序的定位(图 8-15)。

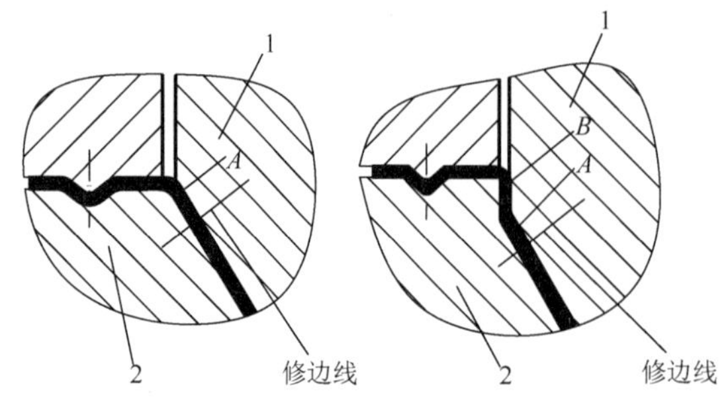

图 8-14　工艺补充对变形的影响示意图

1-凸模；2-凹模

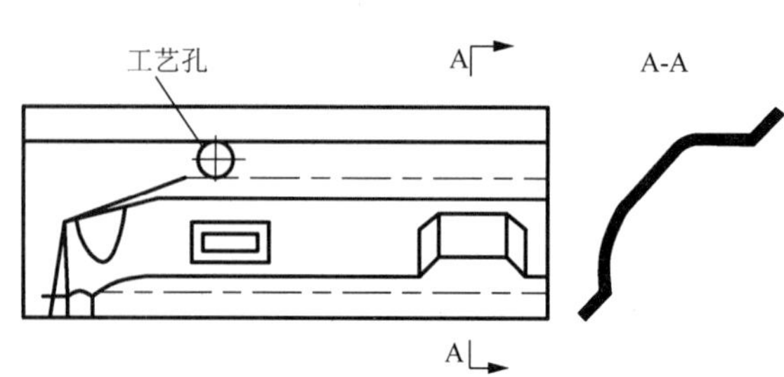

图 8-15　某汽车前窗内侧板拉深时冲工艺孔示意图

(6) 双件拉深工艺补充。

有的零件进行拉深工艺补充时，需要增加很多的材料或冲压方向不好选择或变形条件不容易控制等，但如果这种零件不是太大，可以考虑将两件通过工艺补充设计成一个拉深件，这种方法称为“双件拉深”。在进行双件拉深的工艺补充时，首先要考虑两件中间部分的工艺补充。即先使两件成为一件，然后按上述原则进行周围部分的工艺补充。在进行两件中间部位的工艺补充时，要注意：拉深件的拉深方向能够很容易确定；拉深件的深度尽量浅；中间工艺补充部分要有一定的宽度，才能够保证修边切断模的强度。图8-16是成双拉深工艺补充的一个例子。

4. 工艺孔及工艺切口

覆盖件需要局部反拉深时，如果采用加大该部圆角和使侧壁成斜度的方法，仍然拉不出所需的深度，往往采取冲工艺孔或工艺切口的方法来改善反拉深条件，使反拉深变形区从内部工艺补充部分得到补充材料。工艺孔或工艺切口必须在修边线之外的多余材料上，修边时不影响工件的形状。

1) 工艺孔

工艺孔在拉深前预先冲制，一般和落料工序合并，采取落料冲孔复合模。工艺孔的数量、尺寸大小和位置需要由拉深模试冲确定(图8-17)。

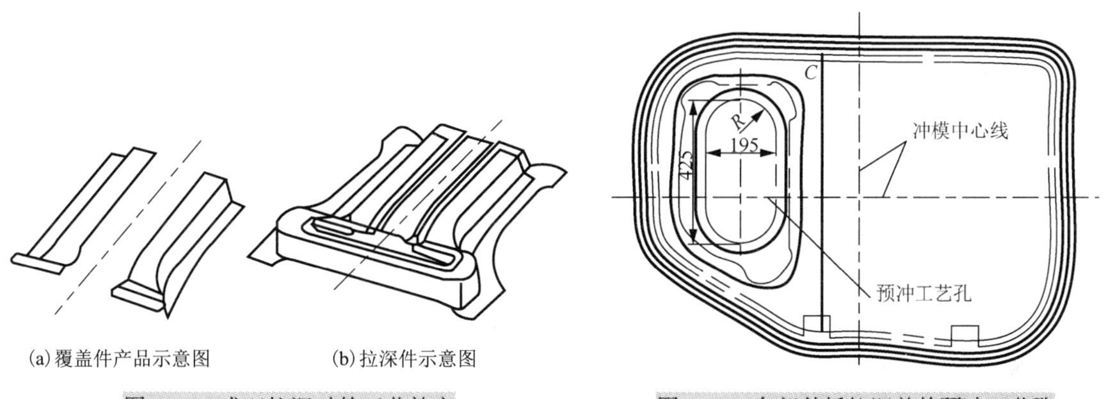

图8-16 成双拉深时的工艺补充

图8-17 车门外板拉深前的预冲工艺孔

2) 工艺切口

工艺切口一般在拉深过程中切出，废料不分离，和拉深件一起退出模具。工艺切口的最佳冲制时间是在反拉深成形到最深，即将产生破裂的时刻。这样可以充分利用材料的塑性，使反拉深成形最需要材料补充时能够获得所需要的材料(图8-18)。工艺切口也要由试冲决定。

5. 拉深筋设计

设置拉深筋的目的是调节和控制压料面作用力，从而起增大进料阻力，调节进料阻力分布的作用。根据拉深筋断面形状分为圆形筋、矩形筋、三角筋和拉深槛等。

1) 拉深筋几何参数的设计

改变拉深筋几何参数，以适应冲压件成形的需要，是模具设计和调试过程中最常用的方法。拉深筋几何参数的设计应从以下几个方面考虑。

(1) 确保冲压件成形所需的拉深阻力。设计时应将拉深筋高度取得大一些，拉深筋和筋槽的半径应取得小一些。实际模具调试时，修正这些参数对改变拉深阻力是最有效的。

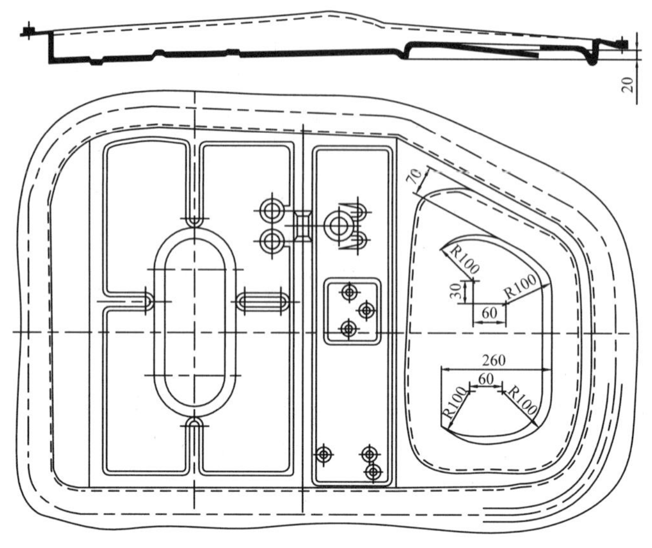

图 8-18 窗口反拉深时的工艺切口

(2) 保证冲压件成形质量和表面质量。从成形质量方面考虑，希望有较大的拉深筋阻力来提高冲压件的形状精度和刚度，此时筋的高度应取得大一些，拉深筋和筋槽半径应取得小一些。但半径过小时，会产生冲压件表面压痕或划伤，影响表面质量。综合考虑，可将拉深筋和筋槽半径值放大。同时，筋的高度也进一步适当加大，以补偿因增大筋和筋槽的圆角半径而引起的拉深筋阻力损失。

(3) 提高拉深筋的使用寿命。在拉深筋设计时应考虑拉深筋的磨损问题，筋和筋槽的圆角半径过小，成形中筋的磨损就会很严重，使拉深筋阻力产生很大变化。因此，应选择适当圆角半径的拉深筋和筋槽，同时相应增大拉深筋的高度。

(4) 有利于拉深筋的加工和修整。在实际模具调试时，需要对拉深筋和筋槽进行修磨，设计时应留出余量，而且应着重考虑拉深筋的高度。

2) 拉深筋的布置

设计拉深筋的数目及位置时，必须根据拉深件形状特点、拉深深度及材料流动特点等情况而定。根据所要达到的目的不同，拉深筋的布置也不同。表 8-1 列出了拉深筋布置的主要原则。以图 8-19 为例说明根据拉深件轮廓形状进行拉深筋布置的方法，如表 8-2 所示。

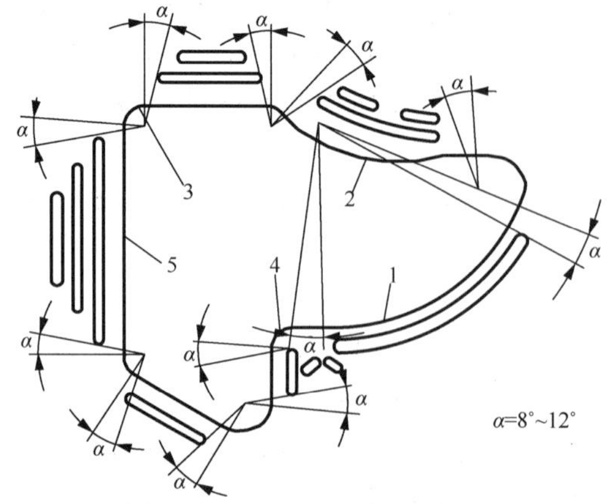

图 8-19 根据拉深件轮廓形状进行拉深筋布置

表 8-1　拉深筋布置的主要原则

序号	作用和要求	布置原则
1	增加进料阻力，提高材料变形程度	放整圈的或间断的 1 条拉深槛或 1~3 条拉深筋
2	增加径向拉应力，降低切向压应力，防止毛坯起皱	在容易起皱的部位设置局部的短筋
3	调整进料阻力和进料量	(1) 拉深深度大的直线部位，放 1~3 条拉深筋 (2) 拉深深度大的圆弧部位，不放拉深筋 (3) 拉深深度相差较大时，在深的部位不设拉深筋，浅的部位设筋

表 8-2　根据拉深件轮廓形状进行拉深筋布置的方法

部位	轮廓形状	要求	布置方法
1	大外凸圆弧	补偿变形阻力不足	设置深长筋
2	大内凹圆弧	补偿变形阻力不足 控制拉深时相邻的外凸圆弧部分的材料向此部分流动的量，避免起皱	设置 1 条长筋和 2 条短筋
3	小外凸圆弧	塑性流动阻力大，应让材料有可能向直线区进行一定的分流	不设拉深筋，相邻筋的位置与凸圆弧保持 8°～12°的夹角关系
4	小内凹圆弧	将两相邻侧面挤过来的多余材料延展开，保证压料面下的毛坯处于良好状态	沿凹模口不设拉深筋，在离凹模口较远的位置设两段短筋
5	直线	补偿变形阻力不足	根据直线长短设置 1～3 条拉深筋(长者多设，并呈塔形分布，短者少设)

布置拉深筋时不仅要考虑到拉深件的轮廓形状，还必须与压料面、深度等多种因素综合考虑。

(1) 凹模内轮廓的曲率变化不大时，冲压成形中压料面上各部位的变形差别也不很大，但为了补偿变形力的不足，提高材料变形程度，可沿凹模口周边设置封闭的拉深筋。

(2) 凹模内轮廓的曲率变化较大时，冲压成形中压料面上各部位的变形差别也会比较大，为了调节压料面上各部位毛坯变形的差异，使之向凹模内流动的速度比较均匀，可沿凹模口周边设置间断式的拉深筋。如图 8-19 所示，拉深筋的布置随凹模轮廓的变化而变化，在较长的直线段部分 5，毛坯产生弯曲变形，压料面作用力最小，布置里长外短的三重筋或两重筋，较短的直线段可设置单筋或两重筋；在外凸形轮廓部分 1 和 3，毛坯变形为拉深变形，有切向压应力存在，压料面作用力较大，可沿轮廓形状设置单筋，曲率大的部分不设筋；在内凹轮廓部分 2 和 4，毛坯在切向有拉应力存在，可设单筋或不设拉深筋。

(3) 若为了增加径向力，减小切向拉应力，防止毛坯起皱，可只在容易起皱的部位设置局部的短拉深筋。

(4) 若为了改善压料面上材料塑性流动的不均匀性，可在材料流动速度快的部位设置拉深筋。

(5) 对于拉深深度相差较大的冲压件，可在深的部位不设拉深筋，浅的部位设拉深筋；并使拉深筋的长度延伸到接近深度大的区域，拉深筋的高度逐渐减小。

(6) 对于拉深深度大的圆弧部位可以不设拉深筋。

6. **覆盖件的展开及修边时的定位**

拉深件设计时要考虑后续修边、翻边工序实施的方便性，这是冲模成套性的关键。其主要内容是在设计拉深件工艺补充部分时，要考虑修边件的修边方向，修边和翻边时的定位等。

1)覆盖件的展开

覆盖件的翻边展开不但要有利于拉深，而且要有利于修边和翻边，即尽量造成垂直修边的条件，并使翻边容易进行。图 8-20(a)、(b)、(c)所示为覆盖件展开后能垂直修边，图 8-20(d)、(e)所示为水平修边，图 8-20(f)为倾斜修边。垂直修边时，翻边展开面与垂直面的夹角应大于 50°，否则会使修边刃口过钝，修边边缘过尖，从而影响覆盖件质量。

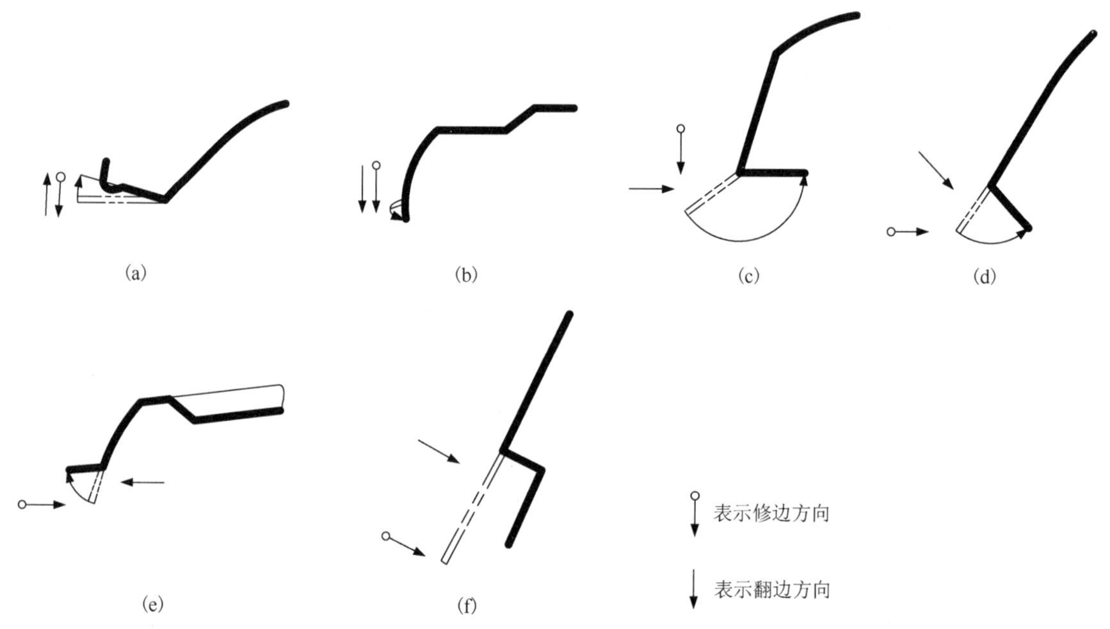

图 8-20 覆盖件翻边展开与修边、翻边方向

2)定位关系

拉深件在修边及其以后各工序的定位，必须在确定拉深件时一起考虑。拉深件在修边时的定位有以下三种情况。

(1)用拉深件侧壁形状定位。空间曲面变化大的覆盖件，其外形可满足定位要求。

(2)用拉深槛形状定位。这多为曲面变化小的浅拉深件。

(3)用工艺孔定位。该工艺孔在拉深成形时冲出，由于操作不便，尽量少用。

修边以后各工序的定位，一般都采用覆盖件本身的孔、侧壁形状或外形定位。

3)冲压方向

各工序冲模的冲压方向尽量一致，不仅能减少工序间的工件翻转次数，而且能减少改制主模型的准备工作，从而提高工件质量和缩短制模周期。

8.1.3 覆盖件模具结构设计

覆盖件模具主要包括拉深模、修边模和翻边模三种。

1. **拉深模设计**

根据拉深模适用的压力机来分，拉深模可以分为双动压力机拉深模和单动压力机拉深模两大类。双动压力机用拉深模(正装)按导向方式，拉深模形式有：凸模和压料圈导向形式、压料圈和凹模导向形式、凸模与压料圈和凹模导向的形式。单动压力机用拉深模(倒装)按导向方式，拉深模形式有：导向板导向形式、导向板导向带剪刃的形式、导向块导向形式、箱式背靠块压料圈导向形式、箱式背靠块上、下模导向形式、带切口的形式。

正装拉深模(图 8-21)的凸模和压料圈在上，凹模在下，它使用双动压力机，凸模安装在内滑块上，压料圈安装在外滑块上，成形时外滑块首先下行，压料圈将毛坯紧紧压在凹模面上，然后内滑块下行，凸模将毛坯引伸到凹模腔内，毛坯在凸模、凹模和压料圈的作用下进行大塑性变形。

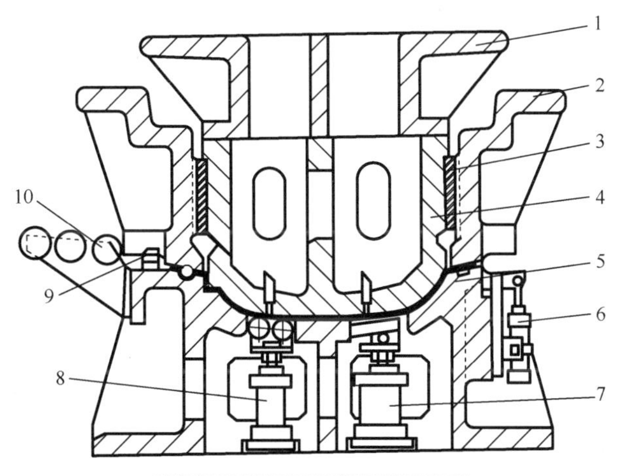

图 8-21　正装式拉深模示意图

1-凸模提升装置；2-压料圈；3-防磨板；4-凸模；5-凹模；
6-反向定位装置；7-毛坯导向装置；8-升降机；9-前定位装置；10-毛坯送进辊道

倒装拉深模(图 8-22)的凸模和压料圈在下，凹模在上，它使用单动压力机，凸模直接装在下工作台上，压料圈则使用压力机下面的顶出缸，通过顶杆获得所需的压料力。倒装形式拉深模只有在顶出缸压力能够满足压料需要的情况下方可采用。

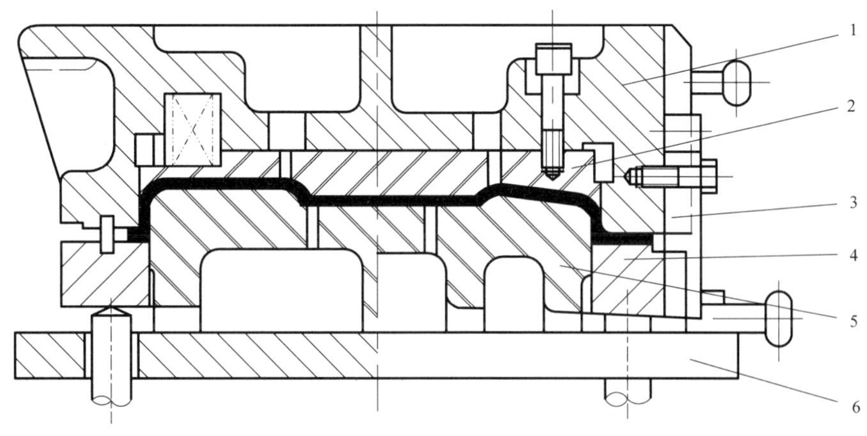

图 8-22　倒装式拉深模示意图

1-凹模；2-顶压板；3-导向板；4-压料圈；5-凸模；6-下模板

2. 修边模设计

修边模是用于将拉深工艺补充部分和压料多余材料切掉的模具。修边模具根据修边镶件的运动方向，可分为垂直修边模、斜楔修边模、垂直斜楔修边模三类。

以斜楔修边模为例，修边镶块作水平或倾斜方向运动的修边模称为斜楔修边模。修边镶块的水平运动或倾斜运动是靠斜楔的驱动而实现的，斜楔安装在上模上，由压力机带动，所以说斜楔是将压力机压力方向改变的机构。这种修边模的工作部分占据较大面积，模具外廓尺寸大，结构复杂，制造比较困难，如图 8-23 所示。

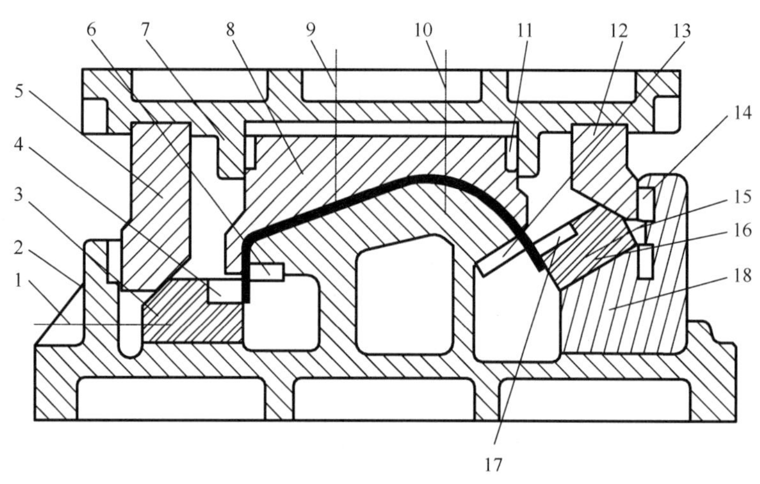

图 8-23　斜楔修边模示意图

1、15-复位弹簧；2-下模；3、16-滑块；4、17-修边凹模镶块；5、12-斜楔；6、13-修边凸模镶块；7-上模座；8-卸件器；9-弹簧；10-螺钉；11、14-防磨板；18-背靠块

3. 翻边模设计

翻边模是覆盖件成形的关键之一。覆盖件的翻边既为了满足装配和焊接需要，也为了使覆盖件边缘光滑、整齐和美观。此外，翻边还可以提高覆盖件的刚性。翻边成形时，覆盖件的一部分材料相对于另一部分材料发生翻转，翻边的准确形状是靠模具保证的。翻边模设计不但要根据翻边的形状特点，还要把修边后的变形和拉深件的回弹消除掉。

覆盖件的翻边一般都是沿轮廓线向内或向外翻边。由于覆盖件平面尺寸很大，翻边时只能水平摆放，其向内向外翻边应采用斜楔结构。覆盖件向内翻边包在翻边凸模上，不易取出，因此必须将翻边凸模做成活动的，此时翻边凸模是扩张结构，翻边凹模是缩小结构。覆盖件向外翻边时，翻边凸模是缩小结构，翻边凹模是扩张结构。

图 8-24 所示为双斜楔窗口插入式翻边凸模扩张结构，利用覆盖件上的窗口，插入斜楔式扩张凸模。其翻边过程是：当压力机滑块行程向下时，固定在上模座的斜楔穿过窗口将翻边凸模扩张到翻边位置停止不动，压力机滑块继续下行时，外斜楔将翻边凹模缩小进行翻边，翻边完成后，压力机滑块行程向上，翻边凹模借弹簧力回复到翻边前的位置，随后翻边凸模也弹回到最小的收缩位置。取件后进行下一个工件的翻边。

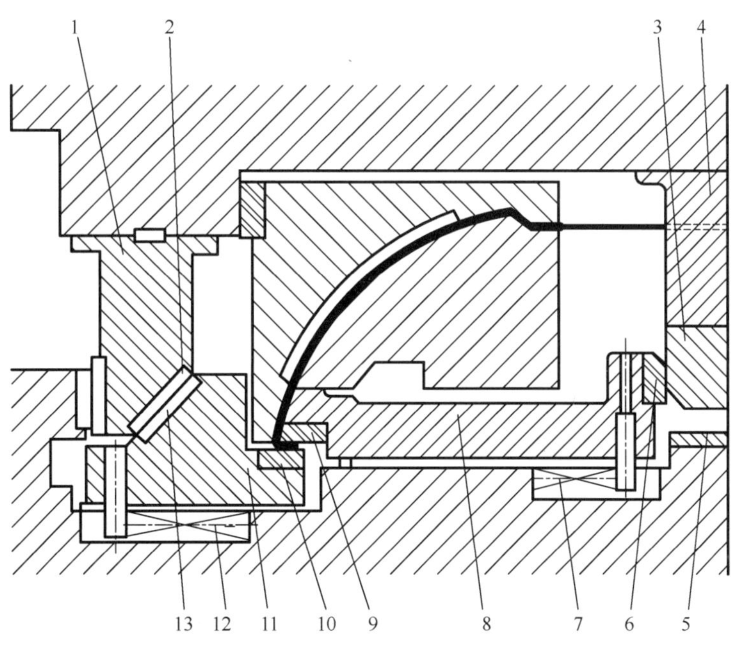

图 8-24　窗口插入式翻边凸模扩张结构示意图

1、4-斜楔座；2、13-滑板；3、6-斜楔块；5-限位板；7、12-复位弹簧；
8、11-滑块；9-翻边凸模镶块；10-翻边凹模镶块

8.2　多工位级进成形

连续冲压是指在压力机的一次行程中，在一副模具的不同工位同时完成多种工序的冲压。所采用的模具称为连续模，又称为级进模、跳步模。在连续冲压中，不同的冲压工序分别按一定的次序排列，坯料按进距间隙移动，在等距离的不同的工位上完成不同的冲压工序，经逐个工位冲制后，就得到一个完整的零件(或半成品)。一般来说，无论冲压零件的形状怎样复杂，冲压工序怎样多，均可用一副多工位连续模冲制完成。对于批量非常大而厚度较薄的中、小型冲压件，特别适宜采用精密多工位连续模加工。在各类冷冲模具中，连续模所占比例约为 27%。

连续冲压模具有以下特点。

(1) 生产率高。连续模属于多工序模，在一副模具中可包括冲裁、弯曲、拉深、成形等多道工序，因而具有高的劳动生产率。

(2) 操作安全。因为手不必进入危险区域，自动送料时，模具内装有安全检测装置可防止加工时发生误送进或意外。

(3) 模具寿命长。由于工序不必集中在一个工位，不存在“最小壁厚”问题，且改变了凸、凹模受力状况，因而模具强度高，寿命较长。

(4) 易于实现自动化。大量生产时，可采用自动送料机构，便于实现冲压过程的机械化和自动化。

(5) 可实现高速冲压。若配合高速冲床(如日本 AIDA200)及各种辅助设备，连续模可进

行高速冲压，目前世界上高速冲床已达 4000 次/min。

(6) 可减少厂房面积，半成品运输及仓库面积。一台冲床可完成从板料到成品的各种冲压过程，并免去用单工序模时制件的周转和储存。

(7) 连续模具的造价高，制造周期长，模具设计和制造难度大，技术含量高。但可省去多台压力机设备。

(8) 材料利用率较其他模具低。特别是某些形状复杂的零件，产生的废料较多。

(9) 较难保持内、外形相对位置的一致性。因为内、外形是逐次冲出的，每次冲压都有定位误差，且连续地进行各种冲压，必然会引起条料载体和工序件的变形。

由于连续模的这些特点，当零件的形状异常复杂时，经过冲制后不便于再单独重新定位的零件，采用多工位连续模在一副模具内较为理想，如椭圆形的零件，小型和超小型零件。对于某些形状特殊的零件，在使用简易冲模或复合模无法设计模具或制造模具的情况下，采用多工位连续模却能解决问题。此外，一些由于使用或装配的需要，零件需规则排列时，也可采用连续模冲制，零件先不切除下来而被卷成盘料，在自动装配过程中才予以分离。同一产品上的两个冲压零件，其某些尺寸间有相互关系，甚至有一定的配合关系，在材质、料厚完全相同的情况下，如果用两套模具分别冲制，不仅浪费原材料，而且不能保证配合精度，若将两个零件合并在一副多工位连续模上同时冲裁，可大大提高材料利用率，并能很好地保证零件的配合精度。

但连续模的造价高，制造周期长，在使用时需要被加工的零件产量和批量足够大，以便能够比较稳定而持久地生产，实现高速连续作业。同时，制件太大，工位数较多时，模具必然比较大，这时必须考虑到模具和压力机工作台的匹配性。

8.2.1 排样设计及要点

1. 排样设计

多工位精密自动级进模排样的设计是多工位自动级进模设计的关键。排样的优化与否，不仅关系到材料的利用率、制件的精度、模具制造的难易程度和使用寿命等，而且直接关系到模具各工位加工的协调与稳定。

冲压件在带料上的排样必须保证冲压件上需加工的部位，能以稳定的自动级进冲压形式在模具的相应部位上加工。在未到达最终冲压工位之前，不能产生任何偏差和障碍。确定排样图时，首先要根据冲压件图纸计算出展开尺寸，然后进行各种方式的排样。在确定排样方式时，还必须对制件的冲压方向、变形次数、变形工艺类型、相应的变形程度及模具结构的可能性、模具加工工艺性等进行综合分析判断。同时在全面考虑工件精度和能否顺利进行自动级进冲压生产后，从几种排样方式中选择一种最佳方案。完整的排样图应包括工位的布置、载体类型的选择和相应尺寸的确定。工位的布置应包括冲裁工位、弯曲工位、拉深工位、空工位等设计内容。

当带料排样图设计完成后，也就确定了以下内容。

(1) 模具的工位数及各工位的内容。

(2) 被冲制工件各工序的安排及先后顺序，工件的排列方式。

(3) 模具的送料进距、条料的宽度和材料的利用率。

(4) 导料方式，弹顶器的设置和导正销的安排。

(5) 模具的基本结构。

2. 排样图中各成形工位的设计要点

在多工位精密级进模的排样设计中，要涉及冲裁、弯曲和拉深等成形工位的设计。各种成形方法都有自身的成形特点，其工位的设计必须与成形特点相适应。

(1) 对复杂形状的凸模，宁可多增加一些冲裁工位，也要使凸模形状简化，以便于凸模、凹模的加工和保证凸模、凹模的强度。

(2) 对于孔边距很小的工件，为防止落料时引起离工件边缘很近的孔产生变形，可将孔旁的外缘以冲孔方式先于内孔冲出，即冲外缘工位在前，冲内孔工位在后。

(3) 对有严格相对位置要求的局部内、外形，应考虑尽可能在同一工位上冲出，以保证工件的位置精度。

(4) 为增加凹模强度，应考虑在模具上适当安排空工位。

(5) 要保证产品零件的精度和使用要求及后续工序冲压的需要。

(6) 工序应尽量分散，以提高模具寿命，简化模具结构。

(7) 要考虑生产能力和生产批量的匹配，当生产能力较生产批量低时，则力求采用双排或多排，使之在模具上提高效率，同时要尽量使模具制造简单，模具寿命长。

(8) 高速冲压的级进模用自动送料机构送料时，用导正销精确定距，手工送料时则多用侧刃粗定位，用导正销精确定距。为保证条料送进的进距精度，第一工位安排冲导正孔，第二工位设置导正销，在其后的各工位上优先在易窜动的工位设置导正销。

(9) 要抓住冲压零件的主要特点，认真分析冲压零件形状，考虑好各工位之间的关系，确保顺利冲压，对形状复杂、精度要求特殊的零件，要采取必要的措施保证。

(10) 尽量提高材料利用率，使废料达到最小限度。对同一零件利用多行排列或双行穿插排列可提高材料利用率。另外，在条件允许的情况下，可把不同形状的零件整合在一幅模具上冲压，更有利于提高材料利用率。

(11) 适当设置空位工位，以保证模具具有足够的强度，并避免凸模安装时相互干涉，同时也便于试模调整工序时利用(图 8-25)。

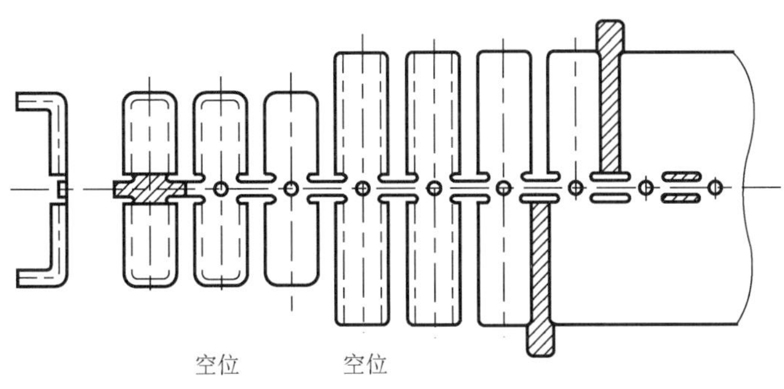

图 8-25　空位示意图

(12) 必须注意各种产生条料送进障碍的可能，确保条料在送进过程中通畅无阻。

(13) 冲压件的毛刺方向：当零件提出毛刺方向要求时，应保证冲出的零件毛刺方向一致；对于带有弯曲加工的冲压零件，应使毛刺面留在弯曲件内侧；在分段切除余料时，不能一部分向下冲，有些位置向上冲，造成冲压件的周边毛刺方向不一致。

(14) 要注意冲压力的平衡。合理安排各工序以保证整个冲压加工的压力中心与模具中心一致，其最大偏移量不能超过 $L/6$ 或 $B/6$ (其中 L、B 分别为模具的长度和宽度)，对冲压过程出现侧向力，要采取措施加以平衡。

(15)级进模最适宜以成卷的带料供料，以保证能进行连续、自动、高速冲压，被加工材料的力学性能要充分满足冲压工艺的要求。

(16)工件和废料应保证能顺利排出，连续的废料需要增加切断工序。

(17)排样方案要考虑模具加工的设备的条件，考虑模具和冲床工作台的匹配性。

8.2.2 工序的确定与排序

在条料排样设计中，首先是要考虑被加工的零件在全部冲压过程中共分为几个加工工序，各工序的加工内容及如何进行工序的优化组合，并对工序组排序。在确定工序数目和顺序时，要针对各冲压工序的特点考虑各有关原则。

在进行多工位级进拉深成形时，不像单工序拉深那样以散件形式单个送进坯料，它是通过带料以组件形式连续送进坯料。由于级进拉深时不能进行中间退火，故要求材料应具有较高的塑性。又由于级进拉深过程中工件间的相互制约，因此，每一工位拉深的变形程度不可能太大，且零件间还留有较多的工艺废料，材料的利用率有所降低。

8.2.3 设计实例

该冷冲模为冲裁、拉深、整形、冲孔、落料连续模，其功能为冲制如图 8-26 所示零件，采用带料连续冲制，模具类型为具有四导向的进距侧刃连续模。

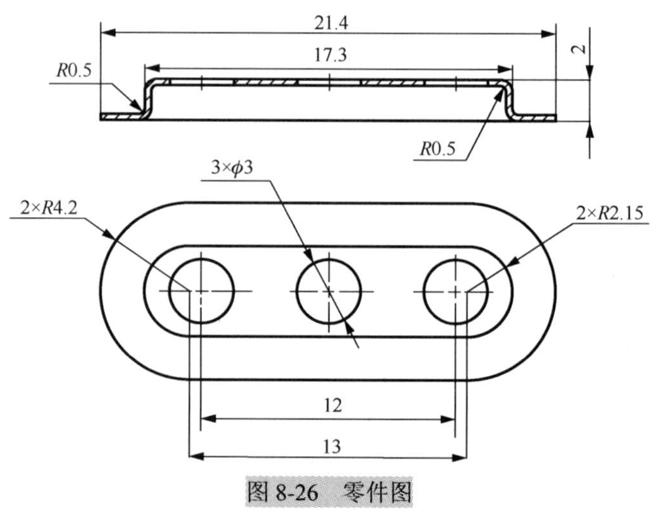

图 8-26 零件图

下面以该级进模为例介绍连续冲压的方法。板料厚度为 0.3mm，材料选用 08 钢(低碳钢)，尺寸 $R2.15$ 为外径。主要冲压工序有冲侧刃、冲孔、切口、拉深、整形和落料。由于生产批量大，工艺比较复杂，所以选用级进模制造。

零件冲压材料选用带料，手工送料，侧刃定距，侧刃定距安排在第 1 工位。零件在拉深过程中，相邻部位的材料会向零件中间流动，且两件相邻的部位为直线，则势必造成由拉深引起的进距变短，将使定位尺寸难以控制，因此确定使用带料切口工艺。切口安排在第 3 工位，采用斜刃切开。

切口的位置通过第 2 工位的工艺孔确定，工艺孔直径 2 mm，这是拉深矩形工件常用的切口形式。第 4 工位安排空工位。通过拉深计算得到工件可以一次拉成，第 5 工位为拉深。由于工件的拉深圆角较小，一次拉深达不到拉深圆角要求，所以，拉深工序后安排一道整形工序，达到拉深圆角半径 0.5mm 的要求，即第 6 工位是整形工位。第 7 工位冲拉深件底部的 3 个孔 $\phi3$ mm，工件的冲孔位置在拉深后的工件底面上，故冲孔平面比凹模平面低一个拉深件的高度。该件是拉深件，不用多设导正销，仅在第 8 工位设置 1 个导正销。第 8 工位空工位、导正。第 9 工位落料。排样如图 8-27 所示。

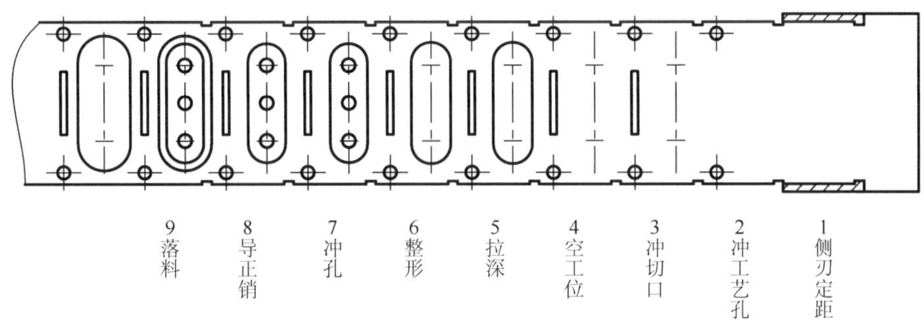

图 8-27　冲裁、拉深、整形级进模排样图

1. 冲压工艺设计

1) 计算毛坯尺寸

毛坯尺寸的确定方法很多，有等重量法、等体积法及等面积法等。在不变薄拉深中，其毛坯尺寸一般按“毛坯的面积等于制件的面积”的等面积法来确定。具体方法是：将制件分解为若干个简单几何体，分别求出各几何体的表面积，对其求和。根据等面积法，求和后的面积应该等于毛坯的表面积。

本零件的加工工艺属于低盒形件拉深，拉深时有微量的材料从圆弧部分转移到直边部分。因此可以将该制件分为圆弧部分和直边部分分别求解。圆弧部分按筒形拉深件计算得 D，直边部分按盒形件拉深计算得 L，比较两者大小，取较大的一个作为毛坯直径。

(1) 零件圆弧部分的毛坯尺寸计算。

首先，将零件圆弧部分按图 8-28 所示分解为 5 个简单几何体，分别求出各几何体的表面积，对其求和。根据等面积法，5 个简单几何体求和后的总面积应该等于零件圆弧部分的表面积(尺寸按料厚中心线计算)。

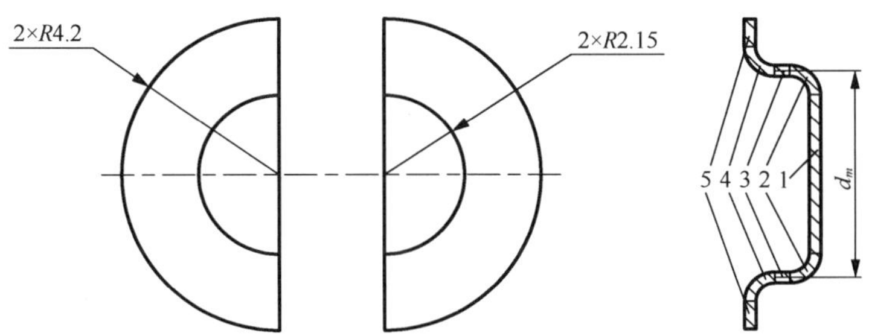

图 8-28　零件圆弧部分的分解

第一部分的面积为

$$
\begin{aligned}
A_1 &= \frac{\pi d^2}{4} \\
&= \frac{\pi}{4}\times\left(2\times 2.15-2\times 0.3-2\times 0.5\right)^2 \\
&= \frac{\pi}{4}\times\left(4.3-0.6-1\right)^2=\frac{\pi}{4}\times 2.7^2=5.72265(\text{mm}^2)
\end{aligned}
$$

第二部分的面积为

$$A_2=\frac{\pi r}{2}(\pi d+4r)=\frac{\pi\times\left(0.5+\frac{0.3}{2}\right)}{2}\times\left[\pi\times(4.3-0.6-1)+4\times\left(0.5+\frac{0.3}{2}\right)\right]$$

$$=\frac{\pi\times0.65}{2}\times(\pi\times2.7+4\times0.65)=11.3051(\text{mm}^2)$$

第三部分的面积为

$$A_3=\pi dh=\pi\times(4.3-0.3)\times(2-2\times0.3-2\times0.5)=\pi\times4\times0.4=5.024(\text{mm}^2)$$

第四部分的面积为

$$A_4=\frac{\pi r}{2}(\pi d-4r)=\frac{\pi\times\left(0.5+\frac{0.3}{2}\right)}{2}\times\left[\pi\times(4.3+2\times0.5)-4\times\left(0.5+\frac{0.3}{2}\right)\right]$$

$$=\frac{\pi\times0.65}{2}\times(\pi\times5.3-4\times0.65)=14.32986(\text{mm}^2)$$

在第五部分，图中表示的只是零件自身的尺寸，在实际冲压中还要考虑零件的修边余量。凸缘相对直径 $\frac{d_p}{d}=\frac{2\times4.2}{4.3}=\frac{8.4}{4.3}=1.9535$，查表 6-3 得，修边余量为 $\delta=1.6\text{mm}$。

所以第五部分的面积为

$$A_5=\frac{\pi}{4}(d_2^2-d_1^2)=\frac{\pi}{4}\times[(8.4+2\delta)^2-(4.3+2\times0.5)^2]$$

$$=\frac{\pi}{4}\times[(8.4+3.2)^2-5.3^2]=83.57895(\text{mm}^2)$$

该零件圆弧部分的总面积为

$$A_{总}=A_1+A_2+A_3+A_4+A_5=119.96056(\text{mm})$$

其毛坯直径为

$$D=\sqrt{\frac{4A_{总}}{\pi}}=\sqrt{\frac{4\times119.96056}{\pi}}=12.36(\text{mm})$$

(2) 零件直边拉深部分的毛坯尺寸计算（图 8-29）。

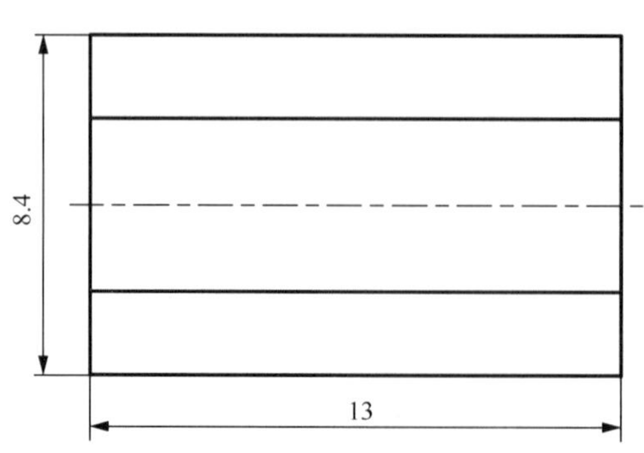

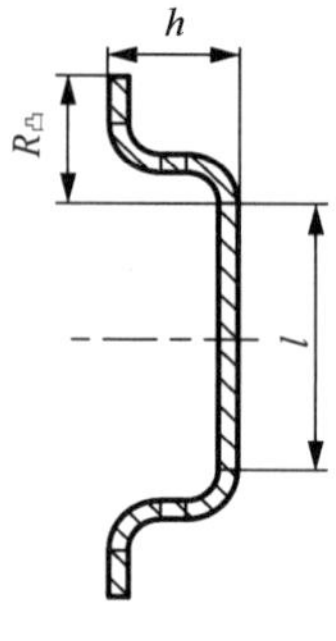

图 8-29　零件直边部分的分解

零件直边拉深部分的总长度为

$$L = l + 2[(h + 0.04h) + R_{凸} - 0.43(r_d + r_p)]$$
$$= 2.7 + 2 \times \left[(2 + 0.04 \times 2) + \left(4.2 - \frac{2.7}{2} \right) - 0.43 \times (0.65 + 0.65) \right] = 11.442(\text{mm})$$

式中，l 为拉深部分内轮廓宽度，mm；h 为零件高度，mm；$0.04h$ 为修边余量(表 6-11)，mm；$R_{凸}$ 为凸缘至内轮廓的长度，mm；r_d 为拉深凹模圆角半径，mm；r_p 为拉深凸模圆角半径，mm。

比较圆筒形部分的直径值与直边部分展开长度，可知应以圆筒形部分为准，取整为 13mm，毛坯尺寸如图 8-30 所示。

2）排样设计

采用制件毛坯长度为垂直方向的直排是有废料的排样方式，排样图如图 8-31 所示。

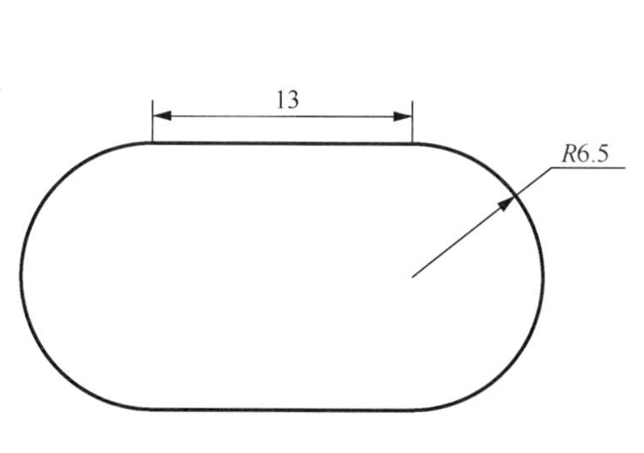

图 8-30　毛坯尺寸图

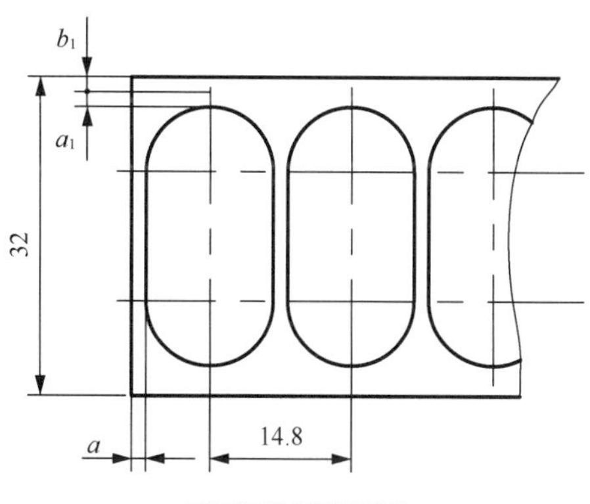

图 8-31　排样图

计算毛坯的面积：

$$A = 13 \times 13 + \pi \times 6.5^2 = 301.665(\text{mm}^2)$$

查表 4-10 得最小搭边值为

$$a = 1.8\text{mm}, \quad a_1 = 1.5\text{mm}$$

条料宽度：

$$B = (13 + 2 \times 6.5) + 2a_1 + nb_1 = 26 + 2 \times 1.5 + 2 \times 1.5 = 32(\text{mm})$$

式中，n 为侧刃数；b_1 为侧刃冲切的料边宽度，mm，见表 4-14。

进距：

$$C = 13 + a = 13 + 1.8 = 14.8(\text{mm})$$

一个进距内的材料利用率：

$$\eta = \frac{A}{B \times C} \times 100\% = \frac{301.665}{32 \times 14.8} \times 100\% = 63.70\%$$

3)冲压力计算

(1)步距侧刃冲裁力 F_1。

冲裁长度 $L_1 = 16.55\text{mm}$，材料强度极限 $\sigma_b = 360\text{MPa}$，厚度 $t = 0.3\text{mm}$，进距侧刃冲裁力 $F_1 = 16.55 \times 0.3 \times 360 \times 2\text{N} = 3574.8\text{N}$，取 3.57kN。

(2)冲工艺孔力 F_2。

周长 $L_2 = 2\pi \times 2\text{mm} = 12.56\text{mm}$，铆钉冲裁力 $F_2 = 12.56 \times 0.3 \times 360\text{N} = 1356.48\text{N}$，取 1.36kN。

(3)切口力 F_3。

周长 $L_3 = 37\text{mm}$，切口冲裁力 $F_3 = 37 \times 0.3 \times 360\text{N} = 3996\text{N}$，取 4.0kN。

(4)拉深力 F_4。

$F_4 = 0.65 \times (13 \times 2 + 4\pi) \times 0.3 \times 360\text{N} = 2706.912\text{N}$，取 2.71kN。

(5)整形力 F_5。

整形面积 $A = 13 \times 8.4 + \pi \times 4.2^2 = 164.5896(\text{mm}^2)$，$F_5 = 175 \times 164.5896\text{N} = 28803.18\text{N}$，取 28.8 kN。

(6)底孔冲孔力 F_6。

周长 $L_6 = 3\pi = 9.42(\text{mm})$，冲裁力 $F_6 = 9.42 \times 0.3 \times 360 \times 3\text{N} = 3052.08\text{N}$，取 3.05kN。

(7)落料力 F_7。

周长 $L_7 = 13 \times 2 + 8.4\pi = 52.376(\text{mm})$，$F_7 = 52.376 \times 0.3 \times 360\text{N} = 5656.608\text{N}$，取 5.66 kN。

(8)卸料力 F_s。

$F_s = 0.05 \times (3.57 + 1.36 + 4.0 + 3.05 + 5.66)\text{kN} = 0.882\text{kN}$，取 0.88 kN。

(9)落料推件力。

$F_e = 0.063 \times 5.66\text{kN} = 0.35658\text{kN}$，取 0.36 kN。

4)压力中心位置

由合力矩定理求得压力中心位置，见表 8-3。

表 8-3　由合力矩定理求得压力中心

力/kN								
侧刃冲裁力	工艺孔冲孔力	切口力	拉深力	整形力	底孔冲孔力	落料力	卸料力	落料推件力
3.57	1.36	4.0	2.71	28.8	3.05	5.66	0.88	0.36
力臂/mm								
115.5	96.2	81.4	59.2	44.4	29.6	0	54.37	0
力矩(kN·mm)								
412.335	130.832	325.6	160.432	1278.72	90.28	0	47.8456	0

合力：$\Sigma F = 50.39\text{kN}$；合力矩：$\Sigma M = 2446.04\text{kN} \cdot \text{mm}$；压力中心位置：$X = 48.54\text{mm}$，$Y = 0$，如图 8-32 所示。

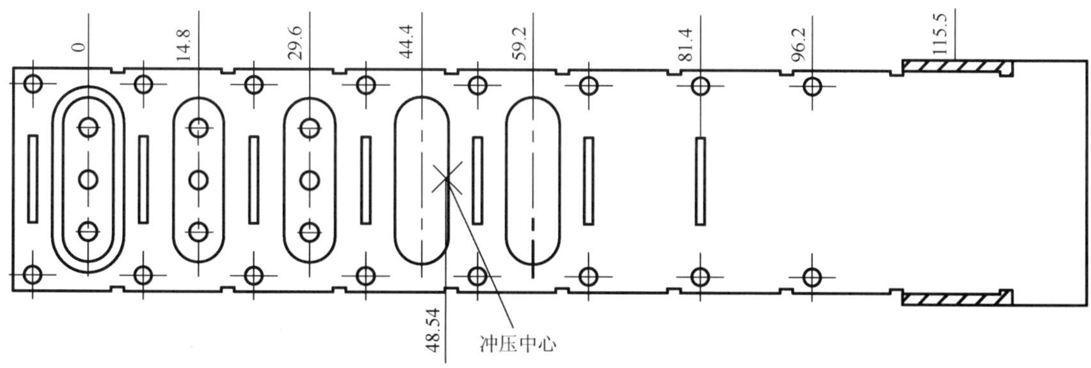

图 8-32　计算合力作用点

2. 模具结构设计及凸、凹模尺寸计算

凸模结构采用常规过盈装配式。凹模结构采用分体式，将侧刃冲裁凹模和切口凹模、拉深凹模、冲孔凹模、落料凹模分开，以便于制造、装配、调整和维修。所有凹模镶嵌在凹模边框中。凸模刃口表面 $Ra0.4\,\mu m$，装配部位 $Ra1.6\,\mu m$，其余 $Ra12.5\,\mu m$。

1) 各凸、凹模尺寸计算

拉深、冲孔和落料凸凹模尺寸计算。

拉深尺寸 $4.3_{-0.48}^{\ 0}$：

凹模制造公差 $\delta_d = 0.020\text{mm}$，　$D_d = (4.3 - 0.75\times 0.48)_{\ 0}^{+0.020}\text{mm} = 3.94_{\ 0}^{+0.020}\text{mm}$

凸模制造公差 $\delta_p = 0.010\text{mm}$，　$d_p = (4.3 - 0.75\times 0.48 - 2\times 0.3)_{-0.010}^{\ 0}\text{mm} = 3.34_{-0.010}^{\ 0}\text{mm}$

拉深尺寸 $17.3_{-0.70}^{\ 0}$：

凹模制造公差 $\delta_d = 0.020\text{mm}$，　$D_d = (17.3 - 0.75\times 0.7)_{\ 0}^{+0.020}\text{mm} = 16.775_{\ 0}^{+0.020}\text{mm}$

凸模制造公差 $\delta_p = 0.010\text{mm}$，　$d_p = (17.3 - 0.75\times 0.7 - 2\times 0.3)_{-0.010}^{\ 0}\text{mm} = 16.175_{-0.010}^{\ 0}\text{mm}$

冲孔 $\phi 3_{\ 0}^{+0.040}$：

凸模制造公差 $\delta_p = 0.020\text{mm}$，　$d_p = (3 + 0.5\times 0.4)_{-0.020}^{\ 0}\text{mm} = 3.2_{-0.020}^{\ 0}\text{mm}$

凹模制造公差 $\delta_d = 0.020\text{mm}$，　$d_d = (3.2 + 0.02)_{\ 0}^{+0.020}\text{mm} = 3.22_{\ 0}^{+0.020}\text{mm}$

落料长度尺寸 $21.4_{-0.084}^{\ 0}$：

凹模制造公差 $\delta_d = 0.025\text{mm}$，　$D_d = (21.4 - 0.5\times 0.84)_{\ 0}^{+0.025}\text{mm} = 20.98_{\ 0}^{+0.025}\text{mm}$

凸模制造公差 $\delta_p = 0.020\text{mm}$，　$D_p = (20.98 - 0.02)_{-0.020}^{\ 0}\text{mm} = 20.96_{-0.020}^{\ 0}\text{mm}$

落料宽度尺寸 $8.4_{-0.058}^{\ 0}$：

凹模制造公差 $\delta_d = 0.020\text{mm}$，　$D_d = (8.4 - 0.5\times 0.58)_{\ 0}^{+0.020}\text{mm} = 8.11_{\ 0}^{+0.020}\text{mm}$

凸模制造公差 $\delta_p = 0.020\text{mm}$，　$D_p = (8.11 - 0.02)_{-0.020}^{\ 0}\text{mm} = 8.09_{-0.020}^{\ 0}\text{mm}$

2) 凸、凹模结构及尺寸

凸模结构尺寸如图 8-33 所示。

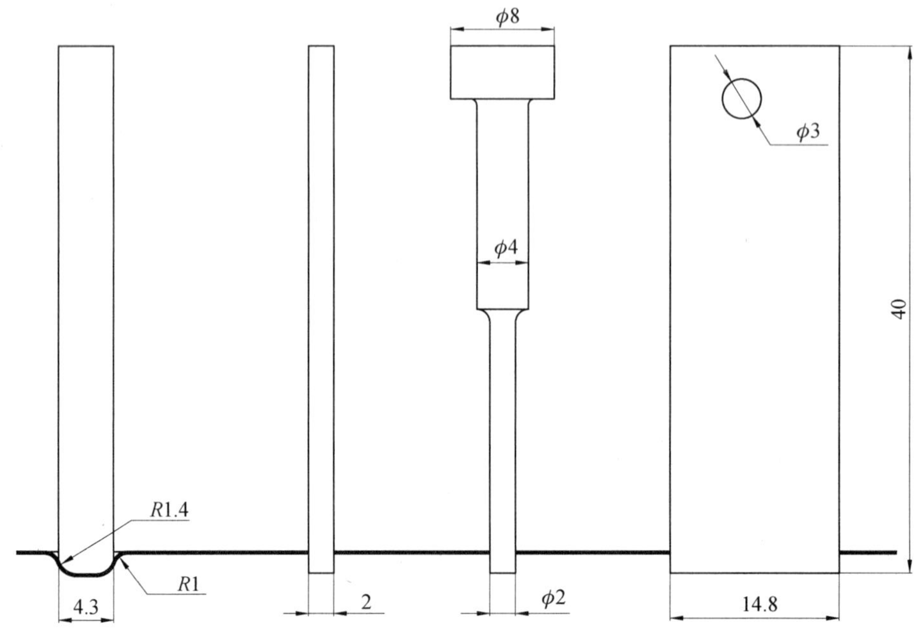

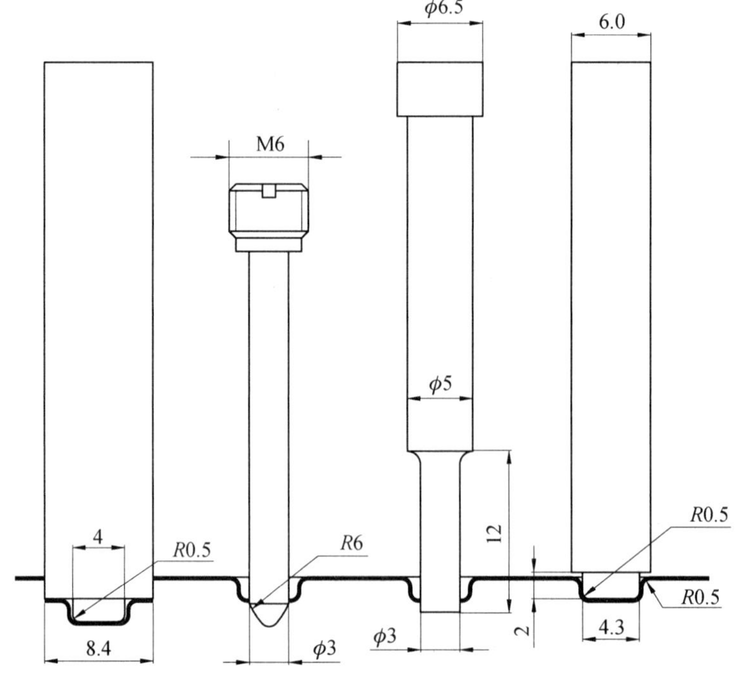

图 8-33　凸模结构及尺寸

凹模结构及尺寸如图 8-34 所示。

3) 凸模固定板尺寸形状

凸模与凸模固定板加工成 H7/m6 配合精度。凸模固定板如图 8-35 和图 8-36 所示。

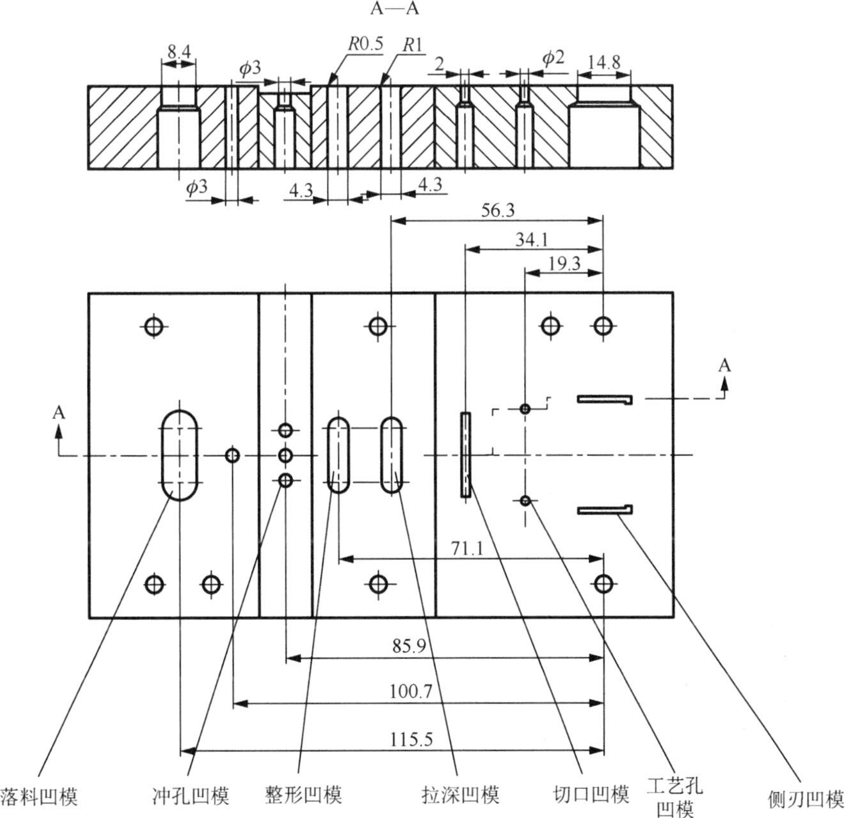

图8-34 凹模结构及尺寸

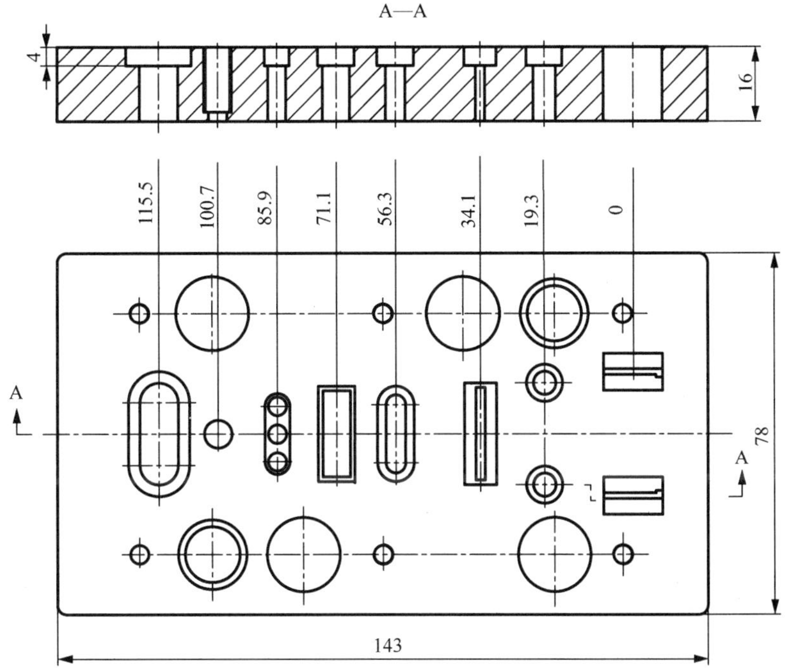

图8-35 凸模固定板

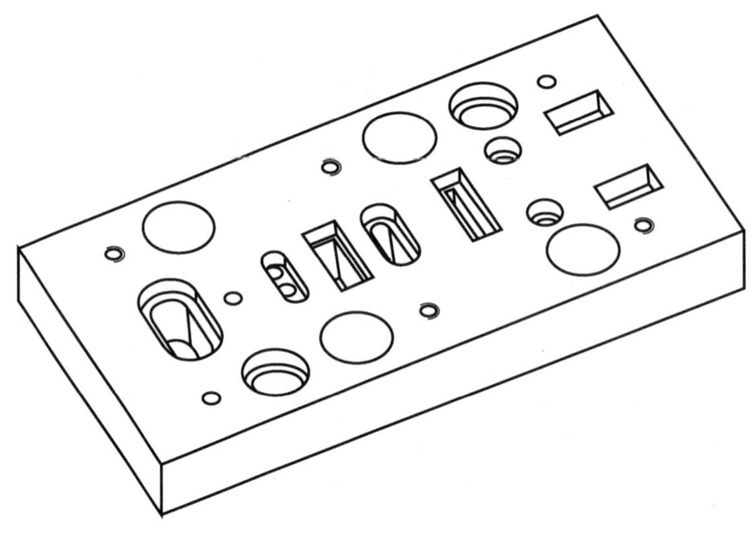

图 8-36　凸模固定板轴测图

3. 设计计算弹性元件

该模具的卸料装置拟采用弹压卸料装置，在卸料板上安装有弹簧和卸料螺钉。下面就对卸料弹簧的相关参数进行设计计算，主要包括弹簧个数、弹簧圈数、簧丝直径以及弹簧直径。

根据模具安装位置，拟选用 4 个弹簧，则每个弹簧的负荷为

$$P_{预} = \frac{P_{卸}}{n} = \frac{880}{4} = 220\text{N}$$

查表可得弹簧外径 D=20mm，簧丝直径 d=3mm，节距 t=5.5mm，最大工作负荷 P_1=330 N，自由高度 H_0=55mm，受最大负荷时的行程 F_1=18.4mm，受最大负荷时的高度 $H_1 = 36.6$ mm，规格标记为

弹簧　　$20 \times 3 \times 55$

弹簧节径 $D_j = D - d = 17\text{mm}$，则弹簧轴向挠度

$$f = \frac{8P_1D_j^3n}{Gd^4} = \frac{8 \times 330 \times 17^3 \times 4}{75000 \times 3^4} = 8.54\,(\text{mm})$$

弹簧工作有效圈数

$$n_0 = \frac{fGd^4}{8PD_j^3} = \frac{8.54 \times 75000 \times 3^4}{8 \times 330 \times 17^3} = 4.0\,(圈)$$

其中 G 为切边模量，MPa。考虑到预紧，最终取弹簧圈数 n_1 为 6 圈（$n_1 = n_0 + 1.5$）。

4. 画出模具装配图

模具装配图如图 8-37 所示。模具结构轴测图如图 8-38 所示。模具结构爆炸图如图 8-39 所示。

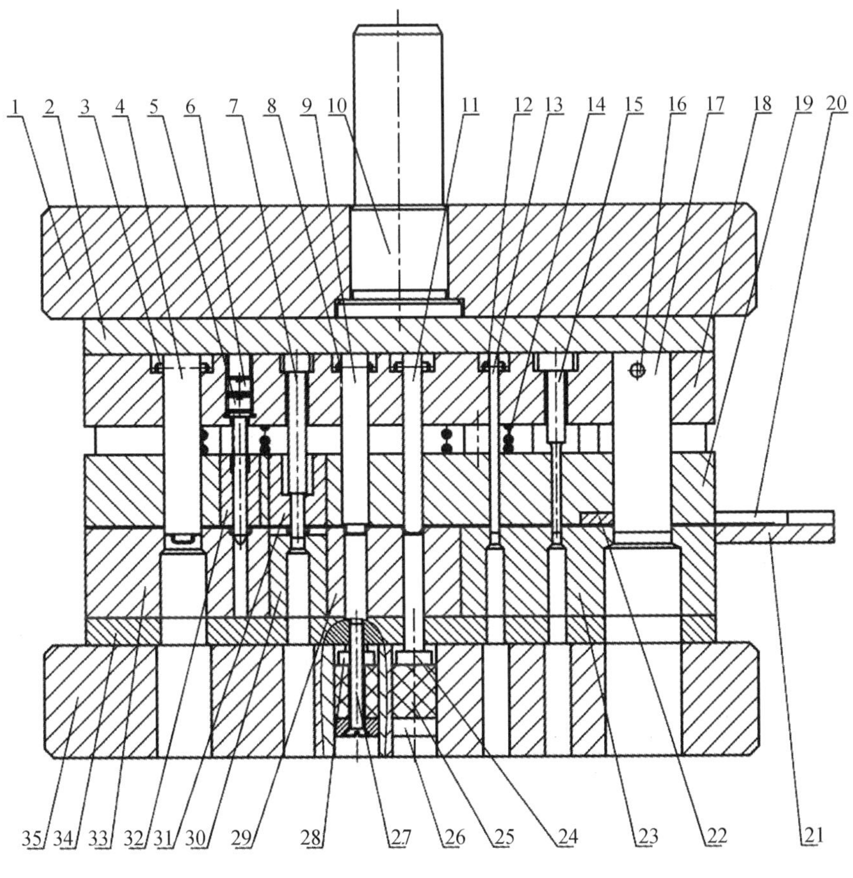

图 8-37 模具装配图

1-上模座；2-凸模垫板；3-落料凸模销；4-落料凸模；5-导正销；6-丝堵；7-冲孔凸模；8-整形凸模销；9-整形凸模；10-模柄；11-拉深凸模；12-切口凸模销；13-切口凸模；14-卸料弹簧；15-冲工艺孔凸模；16-侧刃凸模销；17-侧刃凸模；18-凸模固定板；19-卸料板；20-导料板；21-承料板；22-挡块；23-侧刃冲孔凹模；24-拉深推件杆；25-弹性体；26-压板；27-沉头螺钉；28-整形推件杆；29-拉深整形凹模；30-冲孔凹模；31-凸模保护套；32-导正销套；33-落料凹模；34-凹模垫板；35-下模座

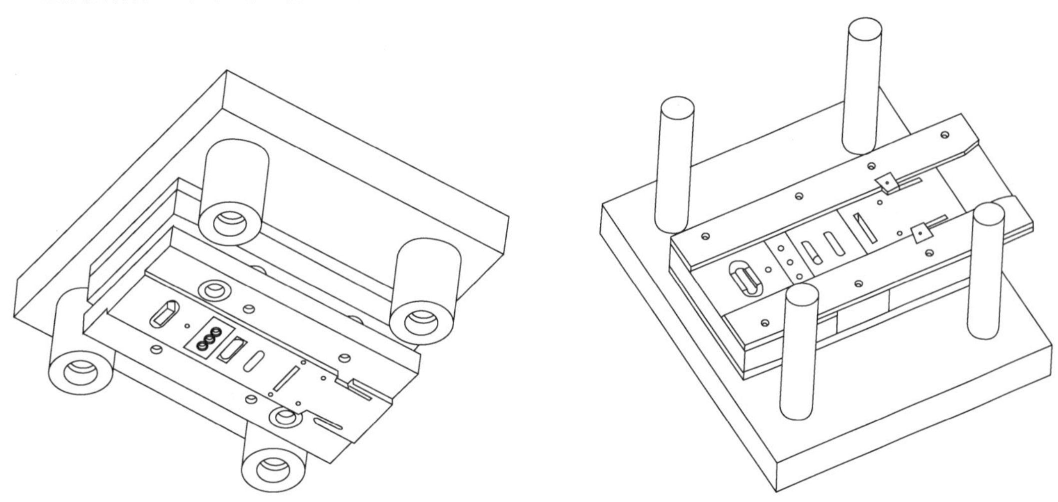

图 8-38 模具结构轴测图

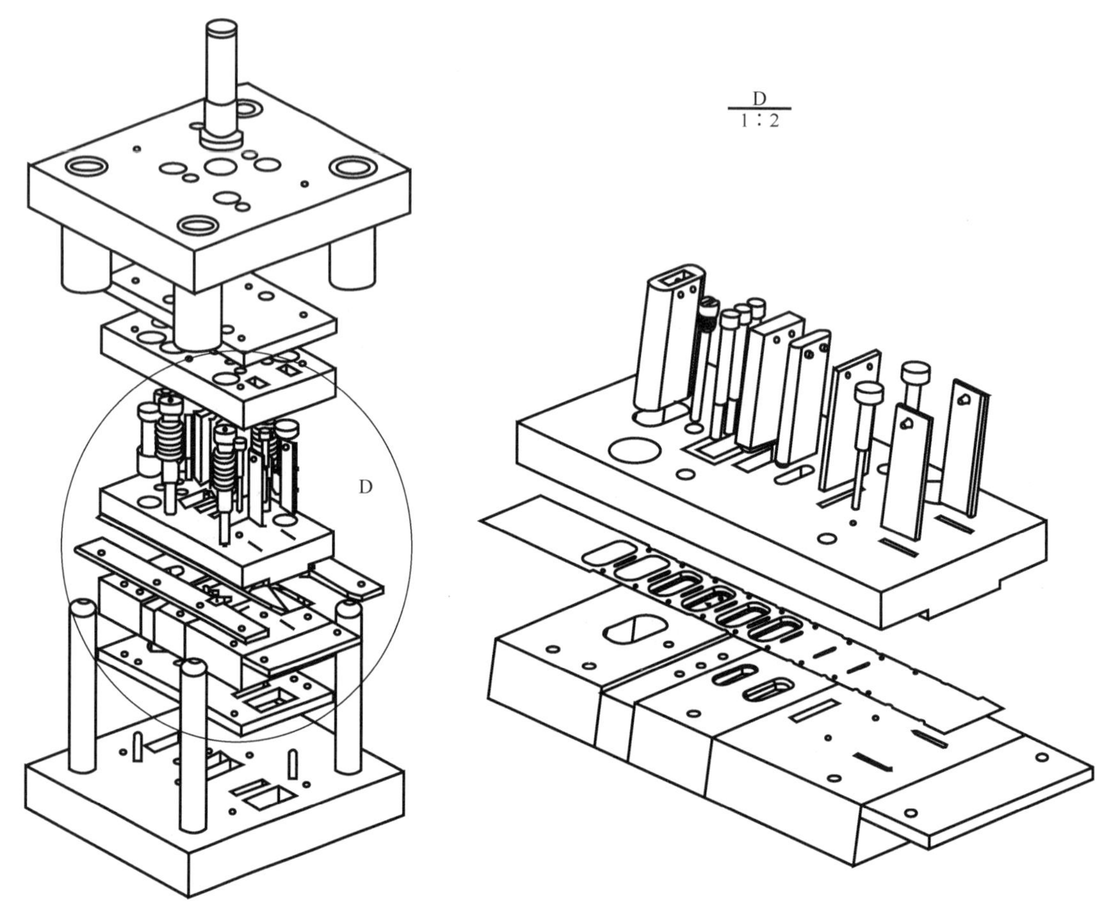

图 8-39　模具结构爆炸图

8.3　复 合 成 形

复合模是指在压力机的一次工作行程中，在模具同一部位同时完成数道分离工序的模具。复合模设计的难点是如何在同一工作位置上合理地布置好多对凸凹模。它在结构上的主要特征是有一个既是落料凸模又是冲孔凹模的凸凹模。按照复合模工作零件的安装位置不同，分为正装复合模和倒装复合模两种。正装复合模的凸凹模装在上模，倒装复合模的凸凹模装在下模。

1. 正装复合模

如图 8-40 所示凸凹模 11 在上模，其外形为落料的凸模，内孔为冲孔的凹模，形状与工件一致，采用等截面结构，与固定板铆接固定。顶件板 7 在弹顶装置的作用下，把卡在凹模 2、3 内的工件顶出，并起压料作用，因此，冲出的零件平整。冲孔废料由打料装置通过推杆 12 从凸凹模 11 孔中推出，冲孔废料应及时用压缩空气吹走，以保证操作安全。凹模 2、3 采用镶拼式，制造容易，修复方便。

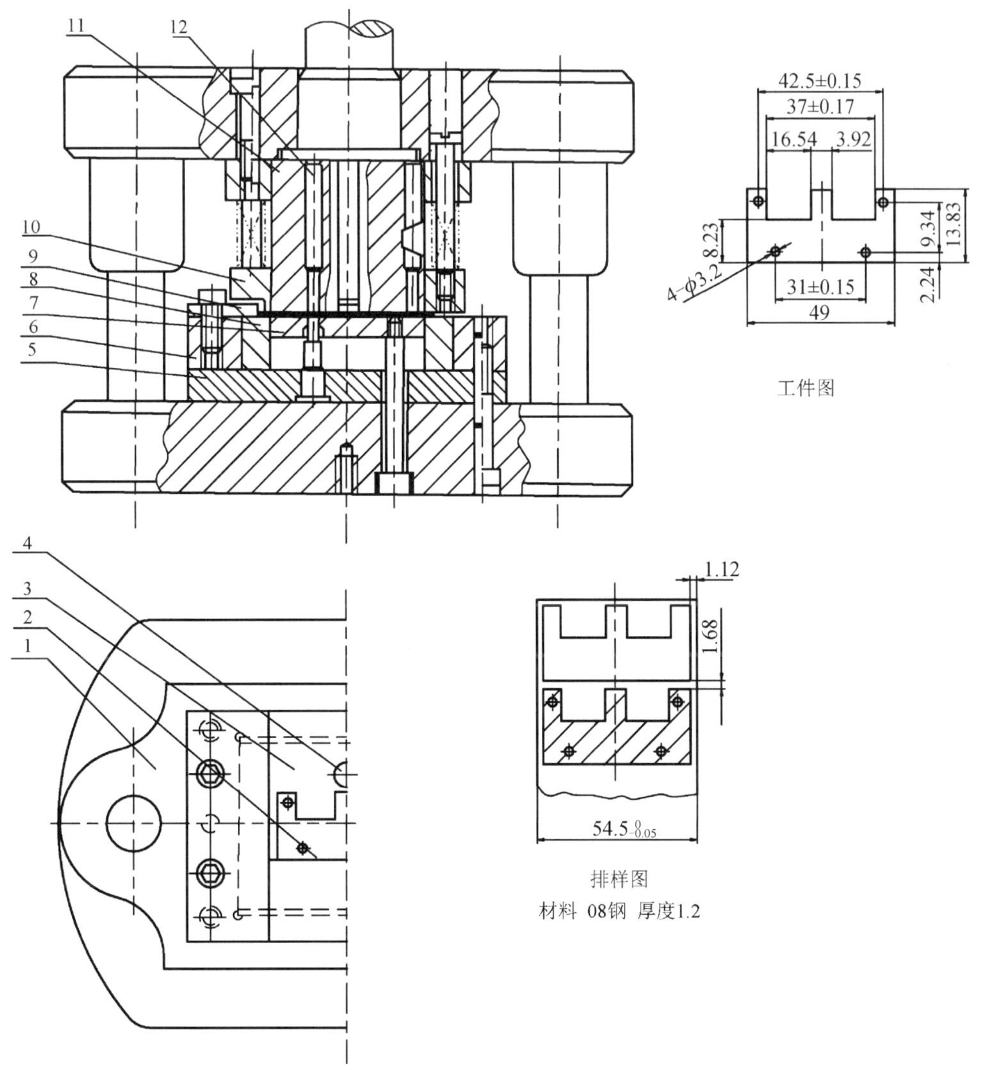

图 8-40　正装复合模

1-下模座；2、3-凹模拼块；4-挡料销；5-凸模固定板；6-凹模板；7-顶件板；8-凹模；9-导料板；10-弹压卸料板；11-凸凹模；12-推杆

2. 倒装复合模

倒装复合模如图 8-41 所示。凸凹模 18 装在下模，落料凹模 17、冲孔凸模 14 和 16 装在上模。倒装式复合模通常采用刚性推件装置把卡在凹模中的冲件推出，刚性推件装置由打料杆 12、推板 11、连接推杆 10 和推件块 9 组成。冲孔废料直接由冲孔凸模从凸凹模内孔推出，无顶件装置，结构简单，操作方便。但如果采用直壁凹模洞口，凸凹模内有积存废料，胀力较大，当凸凹模壁厚较小时，可能导致凸凹模破裂。板料的定位靠导料销 22 和弹簧 3 弹顶的活动挡料销 5 来完成。非工作行程时，挡料销 5 由弹簧 3 顶起，可供定位；工作时，挡料销被压下，上端面与板料平齐。由于采用弹簧弹顶挡料装置，所以，凹模上不必钻相应的让位孔。这种挡料装置的工作可靠性不高。

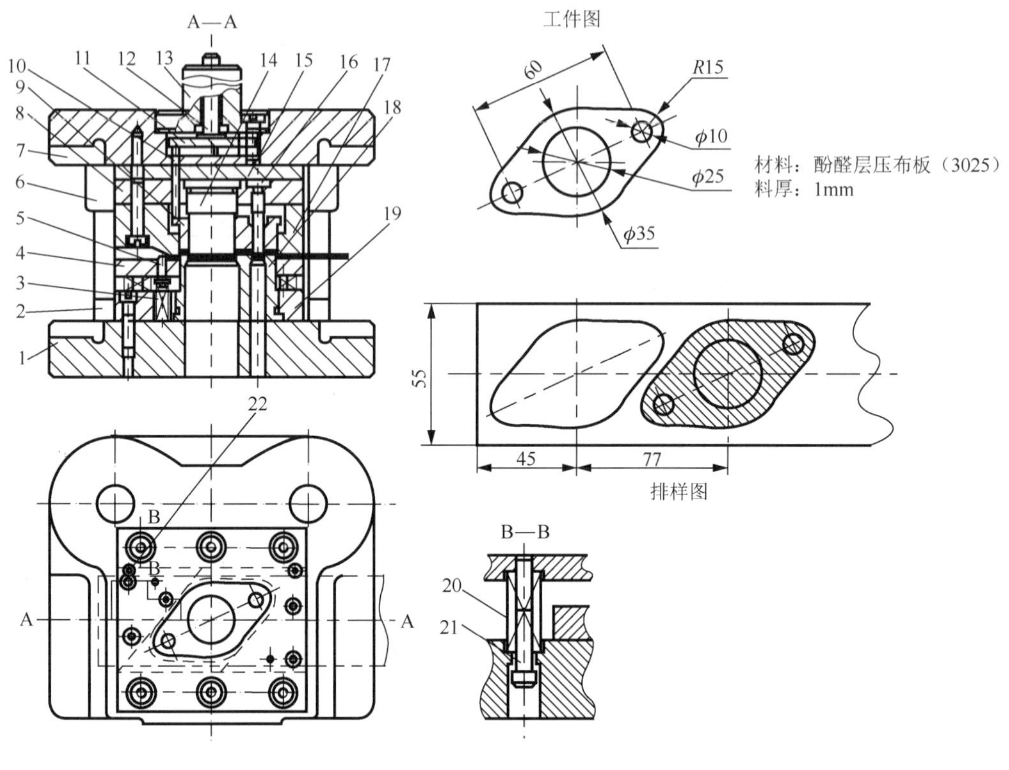

图 8-41 倒装复合模

1-下模座；2-导柱；3、20-弹簧；4-卸料板；5-活动挡料销；6-导套；7-上模座；8-凸模固定板；9-推件块；10-连接推杆；11-推板；12-打料杆；13-模柄；14、16-冲孔凸模；15-垫板；17-落料凹模；18-凸凹模；19-固定板；20-弹簧；21-卸料螺钉；22-导料销

采用刚性推件的倒装复合模，板料不是处于被压紧的状态下冲裁，因而平整度不高。这种结构适用于冲裁较硬的或厚度大于 0.3mm 的板料。如果在上模内设置弹性元件，即采用弹性推件装置，就可以用于冲制材质较软、板料厚度小于 0.3mm 且平整度要求较高的冲裁件。

复合模的主要优点是结构紧凑，冲出的制件精度高、平整。但模具结构复杂、制造难度大、成本高。另外，凸凹模刃口形状与工件完全一致，其壁厚取决于制件相应的尺寸，如果尺寸过小，则凸凹模强度差。倒装式复合模凸凹模内积存废料，材料会对凸凹模产生胀力，允许壁厚值比正装复合模大一些。由于倒装复合模的冲孔废料由凸模直接推出，倒装复合模的结构比正装复合模简单，因此，倒装复合模应用更加广泛。

练 习 题

8-1 说明汽车车身覆盖件的质量要求和成形特点。

8-2 确定拉深方向的原则有哪些？

8-3 简述拉深模压料面的作用。

8-4 拉深模压料面的主要形状有哪些？各有何特点？

8-5　试分析图 8-42 所示车门外板零件图，该覆盖件用厚 0.8mm 的 08Al 冷轧板冲压成形，试设计该覆盖件的拉深成形工艺。

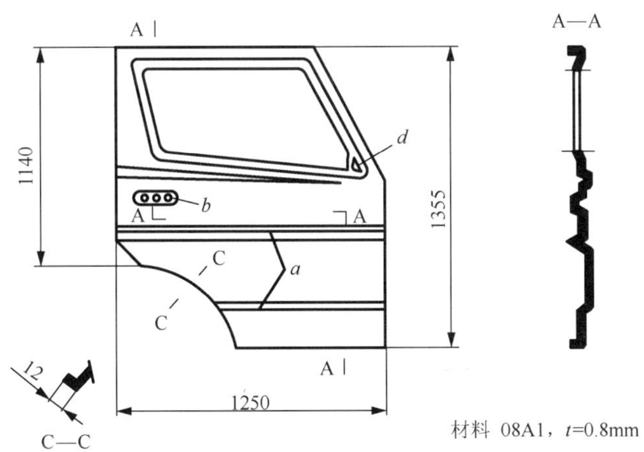

图 8-42　车门外板零件图

8-6　画图说明什么是工艺补充，并说明工艺补充的作用。

8-7　说明拉深筋的作用和布置原则。

8-8　级进模的特点及应用范围是什么？

8-9　多工位级进模排样设计的内容是什么？

8-10　多工位级进模设计空工位的原因有哪些？

8-11　说明不同复合模的结构特点。

第 9 章　冲压工艺过程设计

冲压工艺过程设计是板料成形技术的核心和关键环节。板料成形过程可以看成一个从初始的金属平板到目标形状的变形过程，也是一个同时包含几何非线性、材料非线性和接触非线性的复杂过程，多数情况下，成形工序与工艺参数要通过多次试验才能确定下来。冲压工艺优劣直接影响产品的质量、价格和生产效率。

本章知识要点

(1) 了解分析冲压件工艺性的目的、冲压工艺设计的一般步骤。

(2) 掌握分析冲压件工艺性的方法及冲压工艺方案的拟订。

(3) 了解冲压工艺文件及设计计算说明书的编制。

兴趣实践

找一生活中常见的金属制件，如不锈钢饭盒。体会它是采用了哪几种冲压工序，工序的顺序是如何安排的？能否将其中的几道工序组合在一起，以减少工序的数目？

探索思考

同样的冲压件，为什么不同生产厂家采用不同的冲压工序，这主要与哪些因素有关？

预习准备

请预先复习本书前几章各种基本冲压加工方法的知识、机械设计、机械制造工艺及互换性与测量技术基础，特别是零件的工艺性分析、模具结构的确定及工艺计算方面的知识。

9.1 工艺设计的内容与步骤

冲压工艺设计是冲压生产中非常重要的一项工作，它对产品质量、模具结构、劳动生产率、生产成本、工人的劳动强度和安全生产等诸多方面都有重要影响。因此，进行冲压工艺设计时，要充分考虑模具设计的经济性、模具零部件的机加工工艺性及生产条件的现实性。

如上所述，尽管冲压工艺设计涉及的内容很广，应分步进行，但其内容与步骤现已大体形成规律，设计时可依程序进行。

9.1.1 设计程序

1. 设计的准备工作

在接到冲压件的生产任务之后，首先需要熟悉原始资料，透彻地了解产品的各种要求，为以后的冲压工艺设计掌握充分的依据。在进行冲压工艺设计时，必需的原始资料如下。

(1) 生产任务书或冲压件的图纸和技术要求。这是整个设计工作的基础。通过对其进行冲压工艺性的分析，确定合适的冲压工艺方案，合理地安排冲压工序，设计出模具。

(2) 原材料的尺寸规格、力学性能、工艺性能。这些可以决定排样设计及冲压间隙等主要的模具结构参数。

(3) 生产批量或生产纲领。该内容用于确定模具的结构类型(如单工序模、复合模或连续模)。

(4) 冲压设备的型号、规格、主要技术参数及使用说明书。这关系到冲压力的大小是否能满足模具的需要以及冲压模具的安装等问题。

(5) 模具的制造条件、装配的能力及技术水平。应充分考虑模具零部件的机加工工艺性，选用合适的零部件结构形式。

(6) 有关技术标准、设计手册等技术资料。进行模具设计时，应尽可能选用标准件，以降低模具的制造周期和费用。

2. 设计的主要内容和步骤

冲压工艺过程设计的主要内容如表 9-1 所示，其工艺设计的步骤也可按该表的顺序依次进行。

表 9-1 冲压工艺过程设计的主要内容及步骤

冲压件的分析	产品零件图是制订冲压工艺方案和模具设计的重要依据，制订冲压工艺方案要从分析产品的零件图入手。分析零件图包括经济和技术两个方面： (1) 冲压加工的经济性分析。根据冲压件的生产纲领，分析产品成本，阐明采用冲压生产可以取得的经济效益； (2) 冲压件的工艺性分析。冲压件的工艺性是指该零件冲压加工的难易程度。在技术方面，主要分析该零件的形状特点、尺寸大小、精度要求和材料性能等因素是否符合冲压工艺的要求
原材料的选定与备料	原材料的选定不仅要能满足冲压件的强度与刚度要求，还应该要有良好的冲压性能
制订冲压工艺方案	(1) 在分析了冲压件的工艺性之后，通常在对工序性质、工序数目、工序顺序及组合方式的分析基础上，制定几种不同的冲压工艺方案，其中要考虑需要哪些变形工序、什么辅助工序以及模具的类型； (2) 从产品质量、生产效率、设备占用情况、模具制造的难易程度和模具寿命高低、工艺成本、操作方便和安全程度等方面，进行综合分析、比较，确定适合工厂具体生产条件的最经济合理的工艺方案

续表

确定并设计各工序的工艺方案	1. 依据所确定的零件成形的总体工艺方案，确定并设计各道冲压工序的工艺方案。 2. 确定冲压工序的工艺方案的内容： (1) 确定完成本工序成形的加工方法； (2) 确定本工序的主要工艺参数； (3) 根据各冲压工序的成形极限，进行必要的成形工艺计算； (4) 确定各工序的成形力，计算本工序的材料、能源、工时的消耗定额等； (5) 计算并确定每个工序件的形状和尺寸，绘出各工序图
冲压设备的选择	(1) 冲压设备类型的选择主要依据所要完成的冲压性质、生产批量、冲压件的尺寸及精度要求等； (2) 冲压设备技术参数选择的主要依据是冲压件尺寸、变形力大小及模具尺寸等，在模具设计时，必须进行必要的校核
确定质量检验方法	(1) 根据冲压件的技术要求，确定出该制件的重要尺寸、重要基准，特别是与其他零件有装配关系的尺寸和基准； (2) 针对尺寸精度要求，确定检验工具和检验方法
做出经济分析	(1) 根据材料的利用率确定每一冲压件材料的成本； (2) 根据各工序使用的设备、人工、管理等确定生产工时成本
编制冲压工艺过程	(1) 为了科学地组织和实施生产，在生产中准确地反映工艺过程设计中确定的各项技术要求，保证生产过程的顺利进行，必须根据不同的生产类型，编写详细的工艺文件； (2) 冲压工艺文件，一般以工艺过程卡的形式表示，内容包括：工序名称、工序次数、工序草图(半成品形状和尺寸)、所用模具、所选设备、工序检验要求、板料规格和性能、毛坯形状和尺寸、工时定额等

应该说明的是，上述各项内容难免相互联系、相互制约，因而各设计步骤应前后兼顾、呼应，有时要相互穿插进行。

9.1.2 工艺方案的确定

冲压工艺方案的拟订是指确定零件冲压时所需工序的性质、数量、顺序和组合方式、工序件/半成品件的形状尺寸以及辅助工序等，是在对冲压件进行工艺性分析的基础上进行的。通过对各种方案的综合分析和比较，从企业现有的生产技术条件出发，确定出经济上合理、技术上切实可行的最佳工艺方案。

1. 工序的性质

工序性质是指某种冲压件所需要的冲压工序的种类。工序性质主要根据零件的构造，按照工序变形性质和应用范围，结合现场条件、模具形式及结构、制件定位及加工操作等许多因素综合分析后予以确定。其分析原则如下。

1) 工序的性质应与工艺性状相吻合

所谓工艺性状，是指制件的几何构造和材料性能对某工序成形的适应状态。一定条件下，每种冲压工序都有其变形规律支配下的工艺性状范围。只要冲压件的构造和材质性能与之适应，该制件就可由该工序成形。从坯料向零件成形的多道工序中，这种构造关系和材料性能在每一冲压工序后都会发生变化。因而前道工序的性质应能保证制件的工艺性状变化适用于下道工序的工艺性状范围。依此安排各个工序，使坯料得以顺利地向零件转化。因此，冲压件本身在很大程度上就决定了工序的性质，不过有时并不十分明显，需要通过工艺计算才能确定。例如，图 9-1 所示的冲压件，初看可用落料、冲孔、翻边工序完成，但由于竖边的高度尺寸 18mm 与内孔尺寸 ϕ92mm 的对应关系超出翻边成形的极限系数的范围，翻边时口部破裂。若采用落料、拉深、修边和切底，或落料、拉深、修边、冲底孔和翻边的方法则均能很好成形。

2）工序的性质应保证变形区为弱区

弱区是指板料变形需要变形力较小的区域，强区为产生一点变形都需要很大力的区域。因而应使变形区为弱区，以达到变形容易，并保证不变形区的相对稳定。如图 9-2 所示的起伏件，若外形有效尺寸 D 很大，则平板外圈部分与所要胀出的凸起内圈相比强弱明显，起伏时外缘就不会发生收缩变形。若 D 很小，则不能保证不变形区的稳定，只好改变工序性质。

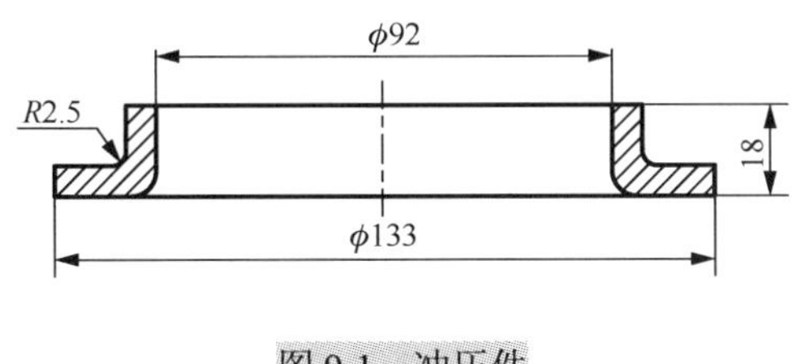

图 9-1　冲压件

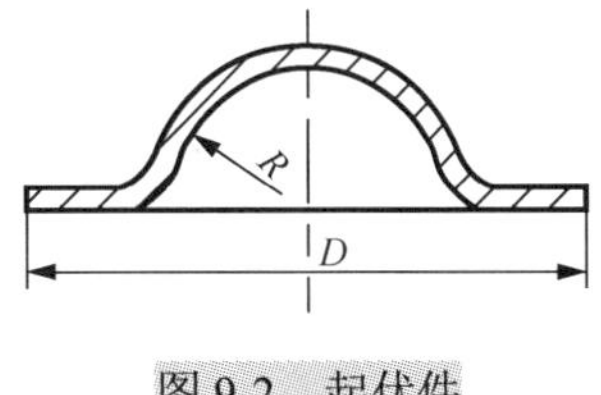

图 9-2　起伏件

3）工序的性质应保证零件的质量

冲压件的几何形状或尺寸精度要求较高时，必须增加校形工序或其他工序。如图 9-3 所示，若竖边的厚度不允许变薄，就不能采用翻边工序。又如图 9-4 所示的平板压筋件，由于筋（$R12$）离平板边缘很近，将使压筋变形不均匀，制件产生较大的翘曲或皱折。因而可通过增加拉深工序来提高板料周边的刚度，然后再进行压筋和修边。此处增加拉深和修边工序的目的在于保证零件的质量。

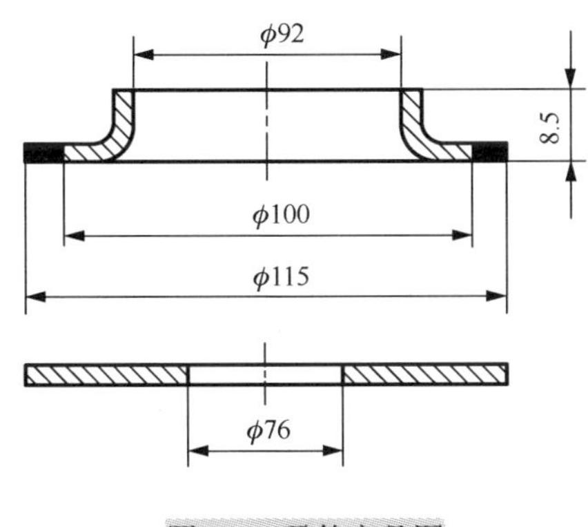

图 9-3　零件产品图

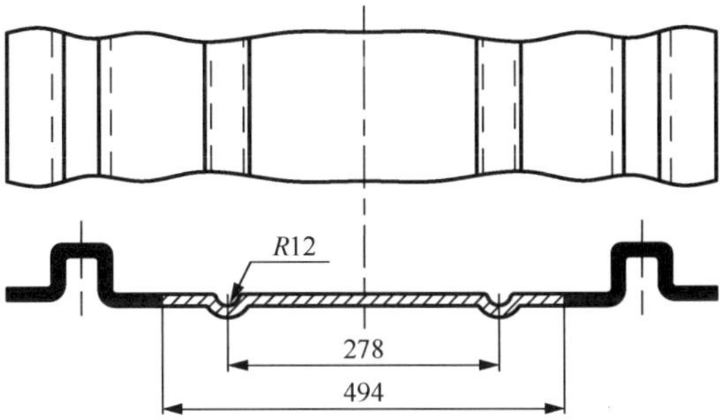

图 9-4　平板压筋件

4）工序的性质应保证变形区不断转移

如图 9-5 所示的冲压件，单纯拉深需四道工序，且必须中间退火，否则高度尺寸难以达到。若采用两次拉深，把变形区转移到底部冲孔翻边，然后对筒部缩口，则不需中间退火，也能达到规定的高度。后一种方案则既转移了变形区又充分利用了材料的性质。

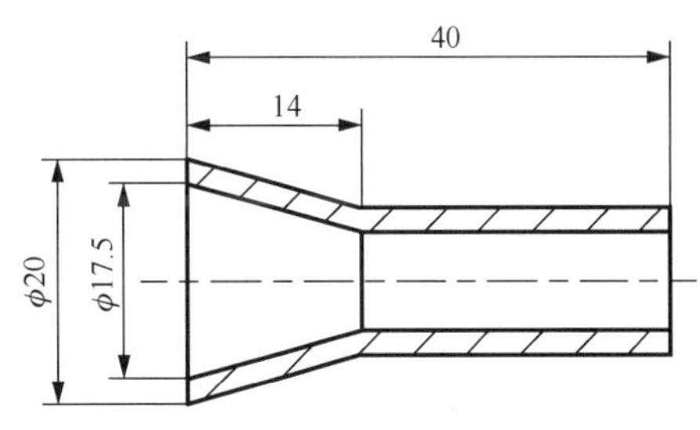

图 9-5　冲压件

2. 工序的数量与顺序

1）工序的数量

工序的数量为冲压加工过程中所需工序数量（包括辅助工序）的总和。冲压工序的数量主要根据工件几何形状的复杂程度(图 9-6)、尺寸精度要求和材料性质确定，在实际生产过程中，还要考虑生产批量、实际制造模具的能力、冲压设备的条件以及工艺稳定性等多种因素的影响。在保证冲压件质量的前提下，为提高经济效益和生产效率，工序数量应尽可能少些。

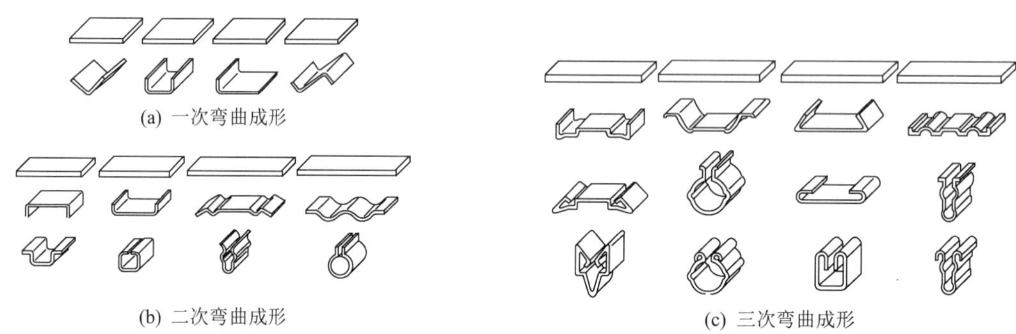

图 9-6 弯曲成形工序

一般工序数量的确定，应遵循以下原则。

(1)冲裁形状简单的工件采用单工序模具完成。冲裁形状复杂的工件，由于模具的结构或强度受到限制，其内外轮廓分成几部分冲裁时，需采用多道冲裁工序。对于平面度要求较高的工件，可在冲裁工序后再增加一道校平工序。

(2)弯曲件的工序数量主要取决于其结构形状的复杂程度，根据弯曲角的数目、相对位置和弯曲方向而定。当弯曲件的弯曲半径小于允许值时，则在弯曲后增加一道整形工序。

(3)拉深件的工序数量与拉深高度、拉深阶梯数以及拉深直径、材料厚度、材料性质等条件有关，需经拉深工艺计算才能确定。当拉深件的圆角半径较小或尺寸精度要求较高时，则需在拉深后增加一道整形工序。

(4)当工件的断面质量和尺寸精度要求较高时，可以考虑在冲裁工序后再增加修整工序，或者直接采用精密冲裁工序。

(5)工序数量的确定应与冲压设备的状况相适应。如果模具是由本企业自制，则工序数量的确定还应考虑本企业现有的制模能力。制模能力应能保证模具加工、装配精度的要求，否则只能增加工序数目。

(6)为了提高冲压工艺的稳定性，有时需要增加工序数目，以保证冲压件的质量。例如，弯曲件的附加定位工艺孔冲制，成形工艺中增加的变形减轻孔冲裁以转移变形区等。

2)工序的顺序

工序的顺序主要取决于冲压变形的规律和零件的质量要求，在安排冲压件工序的顺序时，要充分考虑定位问题，前后工序应尽可能使用同一基准。其安排的一般原则如下。

(1)所有的孔，只要其形状和尺寸不受后续工序变形的影响，都应在平板毛坯上冲出(主要是考虑模具的结构、坯料定位等因素)。当工件上有位置靠近、大小不一的两个孔时，应先冲大孔，后冲小孔，以免冲裁大孔时的材料变形引起小孔的变形。

(2)对于有孔(或切口)的冲裁件，如果采用单工序模具，应先落料，后冲孔(切口)；若采用复合模具，则应同时进行；若采用连续模具，则应先冲孔，后落料。

(3) 带孔的弯曲件一般应先冲孔后弯曲。但是，当孔在弯曲影响区内或孔位尺寸要求严格时，则应先弯曲，后冲孔。

(4) 多角弯曲件应从材料变形和弯曲时材料运动两个方面安排弯曲的顺序。一般应先弯外角，后弯内角。

(5) 带孔的拉深件，应先拉深，后冲孔。当孔在拉深件底部，且孔径尺寸要求不高时，也可以先冲孔，后拉深。

(6) 形状复杂的拉深件，为便于材料的流动和变形，应先拉深成形内部形状，再拉深成形外部形状。

(7) 整形、校正、切口等工序应安排在冲压件基本成形后进行。

3. 工序的组合

工序的组合就是工序的分散与集中，即是采用工序分散的单工序模具还是采用工序集中的复合模具或连续模具。工序的分散与集中是分析和确定工艺方案时所遇到的比较复杂的问题。因为一个冲压件往往需要多道工序才能完成。因此，编制工艺方案时，必须考虑是采用单工序模分散冲压，还是将工序组合起来，选用复合模或连续模生产。

一般来说，工序分散与集中主要取决于冲压件的生产批量、尺寸大小和精度等因素。生产批量大，冲压工序应尽可能地组合在一起，用复合模或连续模冲压；小批量生产，常选用单工序简单模分散冲压为宜。但对于尺寸过小的冲压件，考虑到单工序模上料不方便和生产率低，也常选用复合模或连续模生产。对于精度要求高的零件，为了避免多次冲压的定位误差，也应考虑选用复合模冲压。另外，工序的组合还需考虑模具结构、模具强度、模具制造维修以及现场设备能力等。

常见的工序组合方式主要有两种形式：复合冲压和连续冲压方式，可分别参照表 9-2 和表 9-3 选用。

表 9-2　复合冲压工序组合方式

工序组合方式	简图	工序组合方式	简图
落料、冲孔	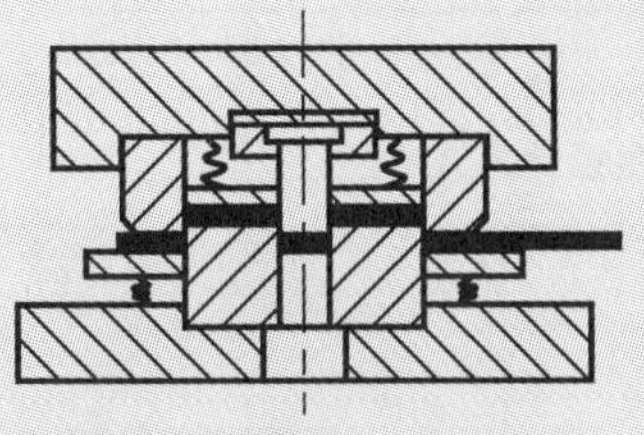	拉深、成形	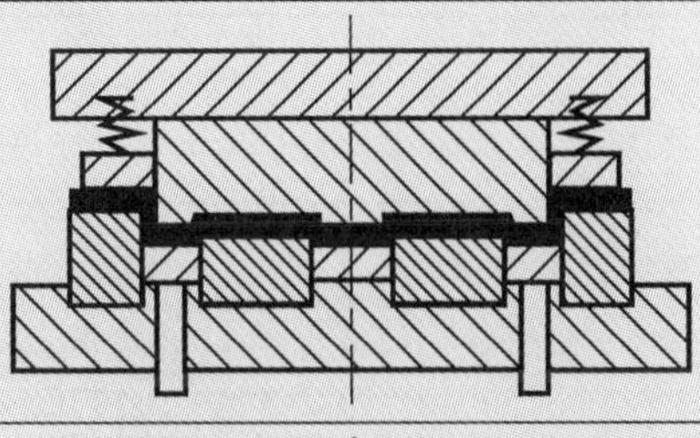
切边、冲孔	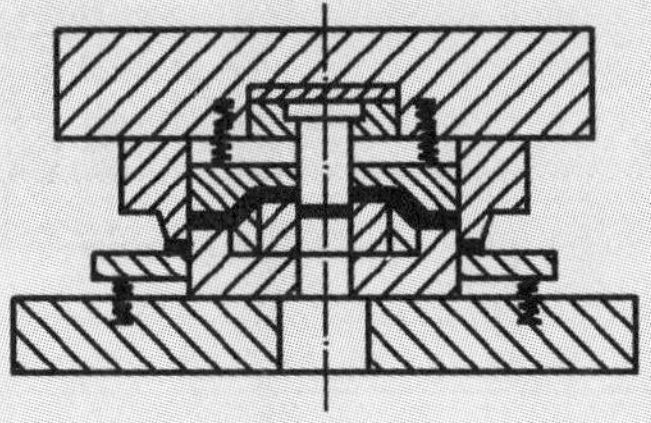	切边、成形	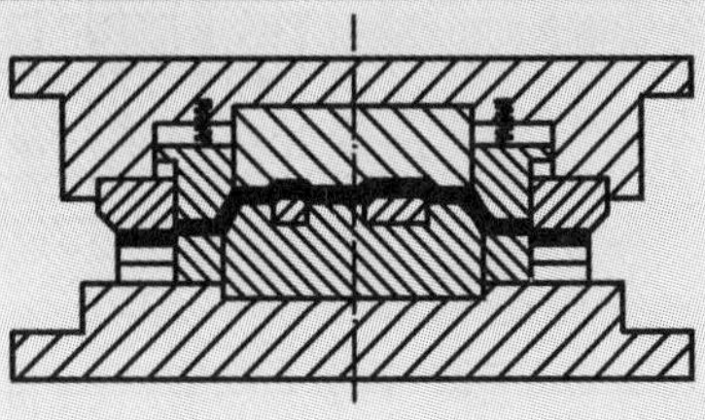

续表

工序组合方式	简图	工序组合方式	简图
落料、压印（成形）	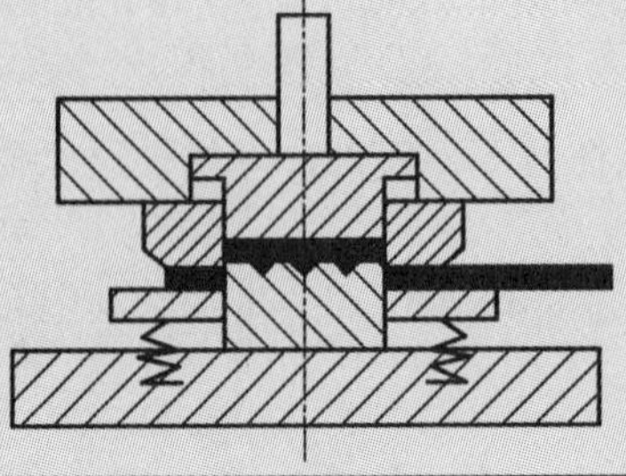	落料、拉深和冲孔	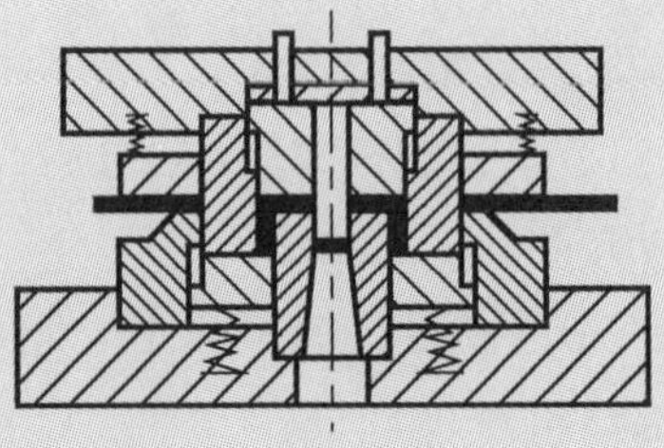
切断、弯曲	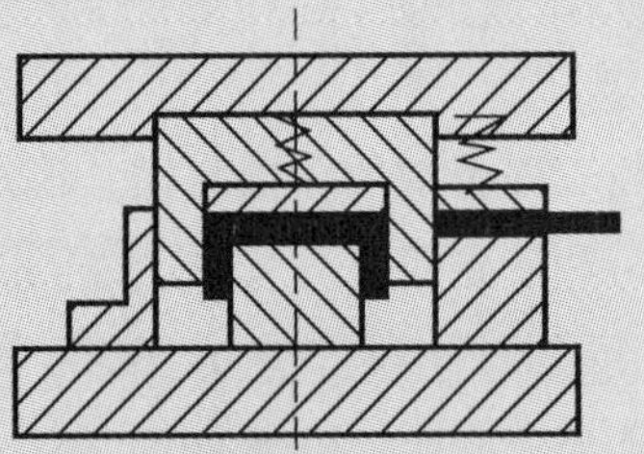	落料、拉深和成形	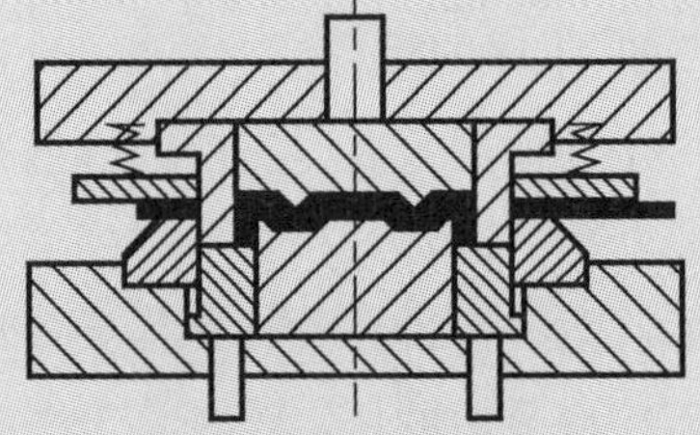
冲孔、翻边	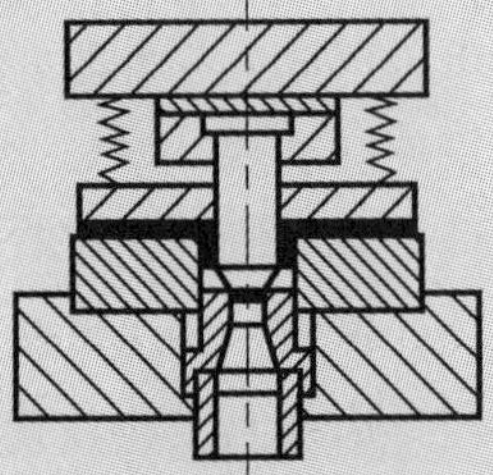	落料、拉深和切边	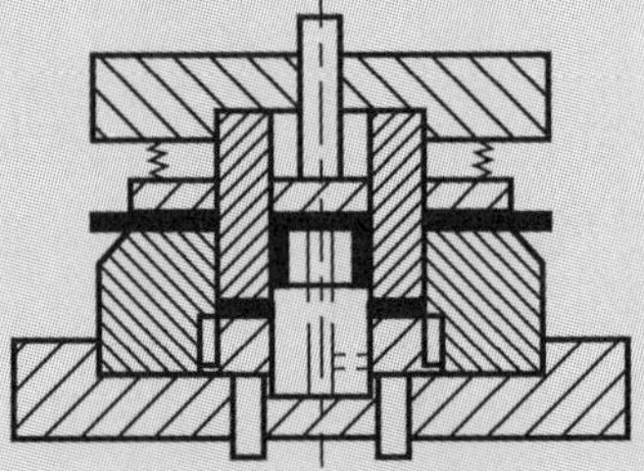
落料、首次拉深	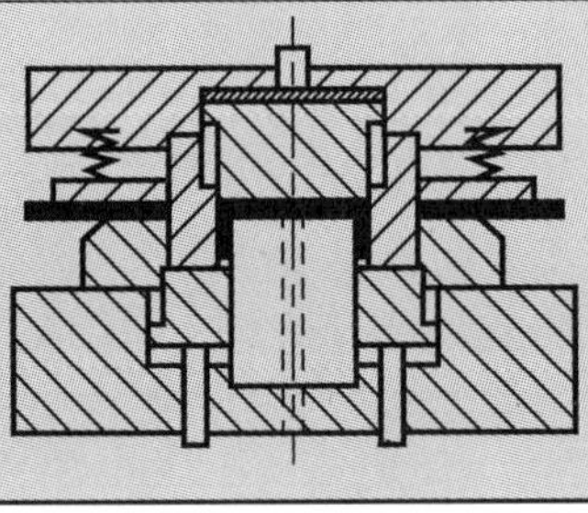	四个或更多的复合工序	

表 9-3 连续冲压工序组合方式

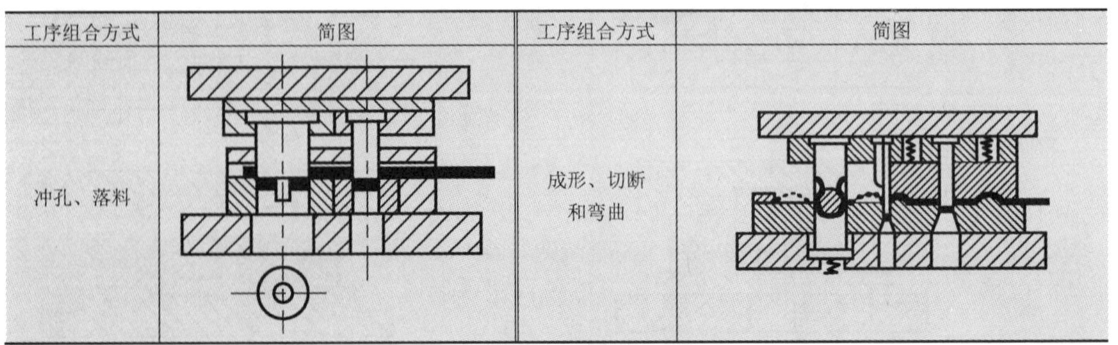

工序组合方式	简图	工序组合方式	简图
冲孔、落料		成形、切断和弯曲	

续表

工序组合方式	简图	工序组合方式	简图
冲孔、切断	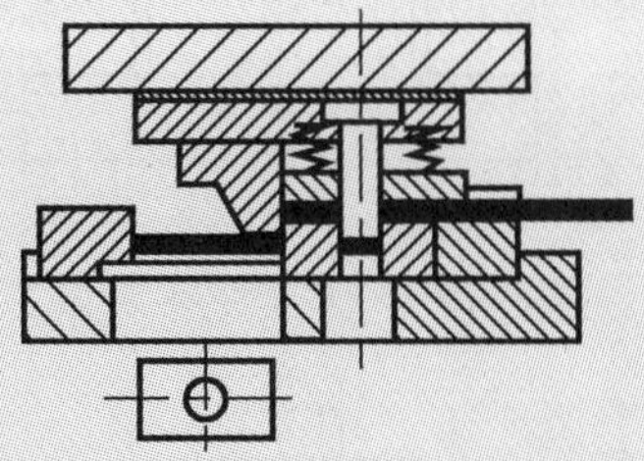	连续拉深和落料	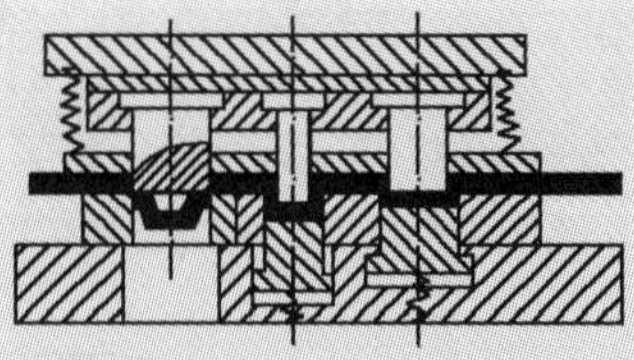
冲孔、剖切	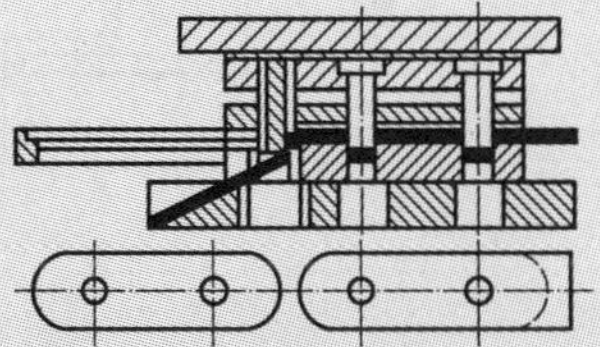	冲孔、翻边和落料	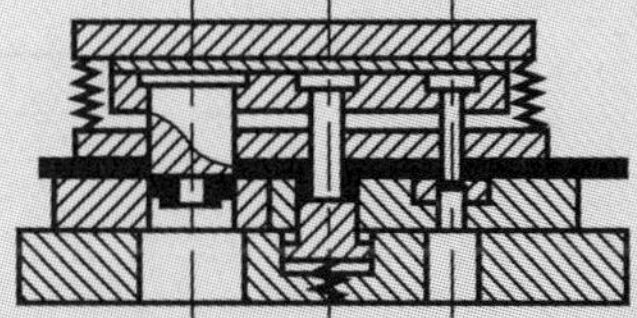
冲孔、压印和落料	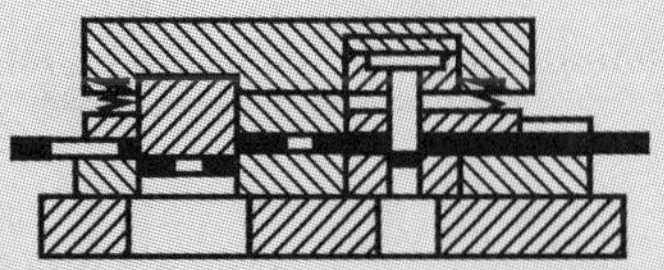	拉深、冲孔、翻边和落料	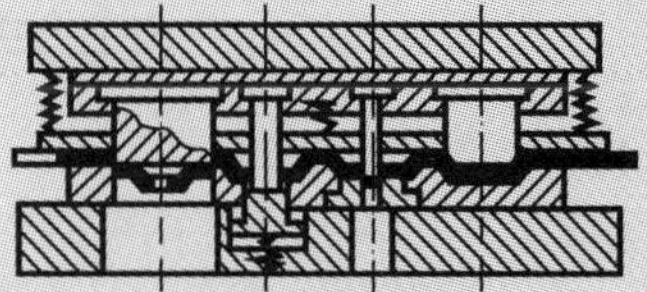
冲孔、切口、弯曲和切断	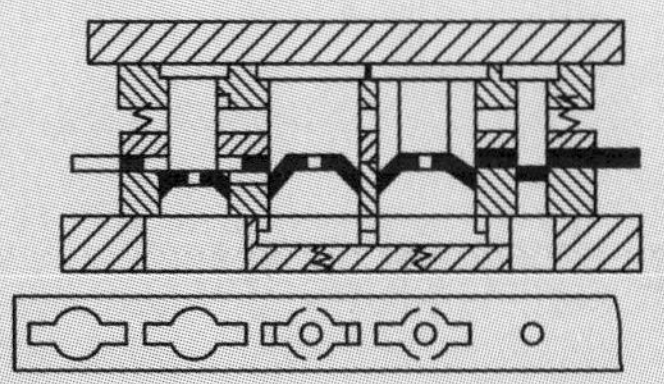	切口、冲孔、弯曲和切断	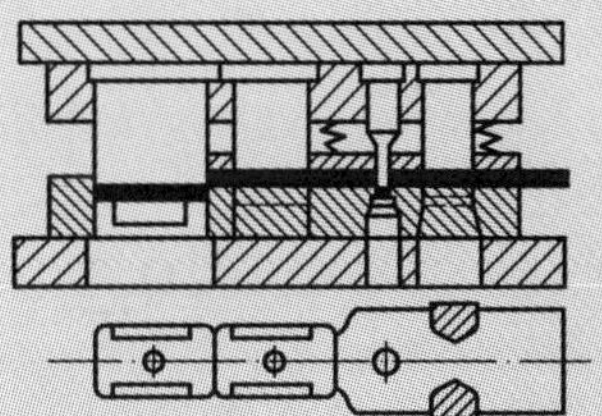

4. 工序件/半成品形状与尺寸

工序件/半成品是坯料和成品制件之间的过渡件。每个工序件/半成品都可分为两个组成部分：已成形部分——形状和尺寸与成品制件相同；待成形部分——形状和尺寸与成品制件不同(是过渡性的)。这些过渡性的尺寸和形状，虽然在冲压加工完成后会完全消失，但对每道工序的形成及整个冲压件的质量却有重要的影响。因此，工序件/半成品形状与尺寸的确定是冲压工艺方案确定的重点内容之一。图 9-7 所示为气阀罩的冲压工艺过程。第二次拉深工序之后，形成了直径为 16.5mm 的圆筒形部分，这部分形状和尺寸在以后的加工过程中不再发生变化。在确定工序件/半成品尺寸时，必须使这部分隔开的两端的材料面积正好等于以后各道工序中形成制件相应部分的面积。为了使第三次反拉深成为可能，将第 2 道工序得到的工序件/半成品底部做成球面，以储存较多的材料。显然如果第二道工序得到的工序件/半成品底部为平面，则需要用胀形方法成形，就可能造成制件底部开裂。

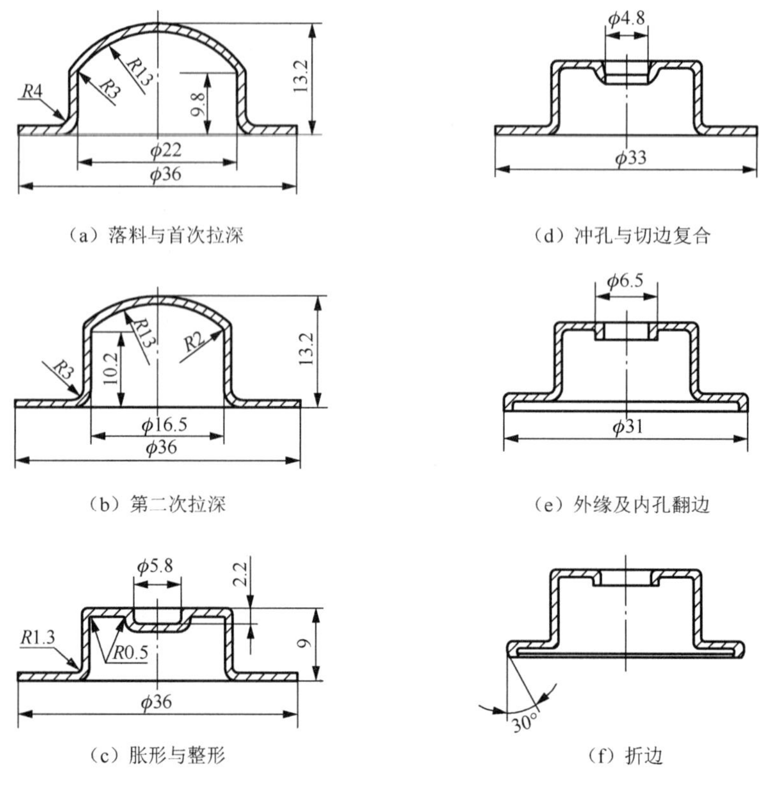

图 9-7 多道工序工序件/半成品设计

9.2 典型冲压件工艺设计实例

汽车玻璃升降器外壳零件的形状、尺寸如图 9-8 所示，零件的材料为 08 钢，板厚为 1.5mm，中批量生产。现采用冲压加工，要求编制该冲压件的冲压工艺。

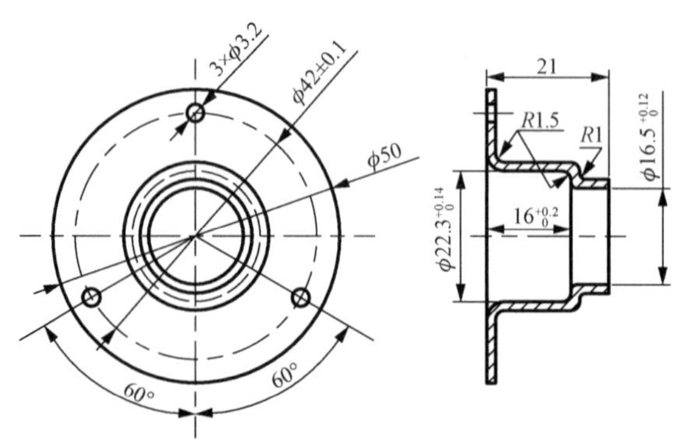

图 9-8 汽车玻璃升降器外壳

9.2.1　冲压件的工艺分析

图 9-9 所示是玻璃升降器外壳装在部件中的位置。从技术要求和使用条件来看，零件具有较高的精度要求、较高的刚度和强度。由零件所标注的尺寸中，其 $\phi22.3^{+0.14}_{0}$ mm、$\phi16.5^{+0.12}_{0}$ mm 及 $16^{+0.2}_{0}$ mm 为 IT11～IT12 级精度，三个小孔 $\phi3.2$ mm 的中心位置精度为 IT10；外形最大尺寸为 $\phi50$ mm，属于小型零件。

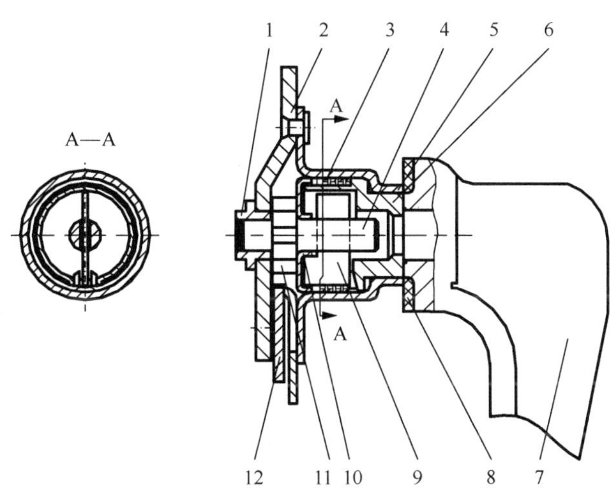

图 9-9　玻璃升降器装配简图

1-轴套；2-座板；3-制动扭簧；4-心轴；5-外壳；6-传动轴；7-手柄；8-油毡；9-联动片；10-挡圈；11-小齿轮；12-大齿轮

因该零件为轴对称旋转体，冲裁工艺性很好，且三个小孔直径为料厚的两倍以上，一般没有问题。零件为带凸缘圆筒形件，且 d_t/d 、h/d 都不太大，拉深工艺性较好；只是圆角半径 $R1$ 及 $R1.5$ 偏小，可安排一道整形工序最后达到零件要求。三个小孔中心距的精度较高，可通过采用 IT6～IT7 级制模精度及以 $\phi22.3$ mm 内孔定位，予以保证。

$\phi16.5$ mm 底部部分有三种成形方法：一是采用阶梯形零件拉深后车削加工；二是拉深后冲切；三是拉深后在底部先冲一小孔，然后翻边，如图 9-10 所示。此三种方案中，车底的方案质量高，但生产效率低，且费料。由于该零件高度尺寸要求不高，一般不宜采用；冲底方案较车底方案效率高，但要求其前道拉深工序的底部圆角半径接近清角，需增加一道整形工序且质量不易保证；翻边方案生产效率高且省料，翻边端部质量虽不如以上两种方案好，但由于该零件对这一部分的高度和孔口端部质量要求不高，而高度尺寸 21 和圆角 $R1$ 两个尺寸正好可以用翻边予以保证。所以，比较起来，采用方案三更合理、经济。

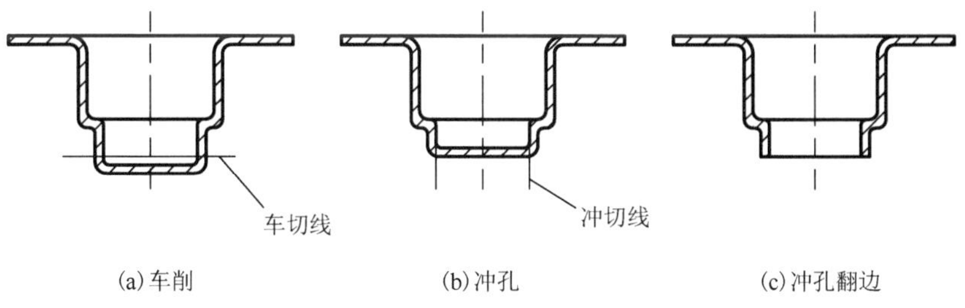

图 9-10　底部成形方案

因此，该外壳零件的冲压生产要用到的冲压加工基本工序有：落料、拉深(可能多次)、冲三小孔、冲底孔、翻边、切边和整形等。用这些工序的组合可以提出多种不同的工艺方案。

9.2.2 工艺方案的分析与确定

1) 毛坯尺寸的计算

毛坯尺寸的计算需要先确定翻边前的半成品尺寸，根据翻边工艺计算规则，计算得翻边系数K为

$$K = 1 - \frac{2(h - 0.43r - 0.72t)}{d_m}$$

参见图 9-8，式中，h为 5mm，r为 1mm，d_m为 18mm，故得$K = 0.61$。由此可知其预加工小孔孔径d为

$$d = d_m K = 11\text{mm}$$

由$d/t = 11/1.5 = 7.3$，查表 7-2，当采用圆柱形凸模，冲制预加工小孔时，其极限翻边系数$K_{\min}$=0.5<K=0.61，即能一次翻边出 5mm 竖边高度。故翻边前，其半成品的形状和尺寸如图 9-11 所示。由d_t'/d =50/23.8=2.1，查表 6-3，得修边余量δ=1.8mm，所以拉深件凸缘直径$d_t = d_t' + 2\delta \approx 54$mm。故该零件的坯料直径$D$为

$$D = \sqrt{d_t^2 + 4dh - 3.44rd} = \sqrt{54^2 + 4\times 23.8\times 16 - 3.44\times 2.25\times 23.8} \approx 65\ (\text{mm})$$

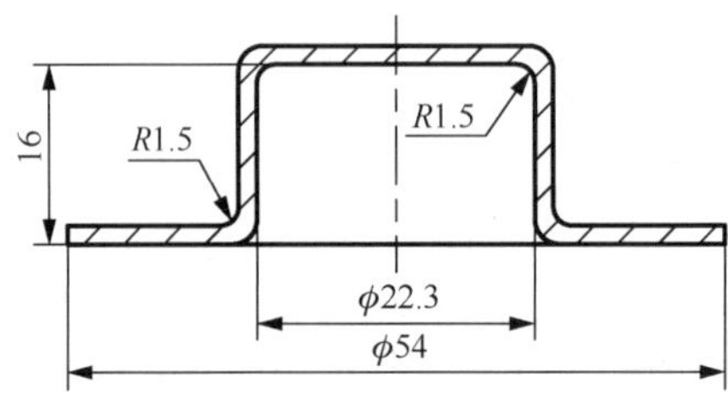

图 9-11 翻边前的半成品形状和尺寸

2) 拉深次数的计算

由$d_t/d = 54/23.8 = 2.27$，可知该零件属于宽凸缘圆筒形件，则此宽凸缘圆筒件的拉深总系数$m_t = d/D = 23.8/65 = 0.366$。可先求得该宽凸缘圆筒形件相对拉深高度$h/d = 16/23.8 = 0.67$，再求其板料相对厚度$t/D = 1.5/65 = 2.3\%$，查表 6-10 知第一次拉深的最大相对高度$h_1/d_1 = 0.35 < h/d = 0.67$，故一次拉深不出来，需要进行多次拉深。查《模具工程大典》第 4 卷《冲压模具设计》(电子工业出版社，2007) 表 2.4-14，得m_c=0.49，若取$m_1 = 0.50$，则有$d_1 = m_1/D = 0.50\times 65 = 32.5$ mm，再求$m_2 = d_2/d_1 = 23.8/32.5 = 0.732$，查表 6-5 知$m_{2c} = 0.73 < m_2$，故用两次拉深就可以成功。

但考虑到采用二次拉深时，均使用接近于极限拉深系数，故需保证较好的拉深条件，而选用大的圆角半径，这对本零件材料厚度t=1.5mm，零件直径又较小时是难以做到的。况且零件所要达到的圆角半径R1.5 偏小，故在第二次拉深后，还要有一道整形工序。在这种情况

下，可考虑采用三次拉深，在第三次拉深中兼整形工序。这样，既不需增加模具数量，又可减少前两次拉深的变形程度，以保证能稳定地生产。于是，将拉深系数可调整为

$$m_1 = 0.56,\quad m_2 = 0.805,\quad m_3 = 0.812$$

$$m_1 \times m_2 \times m_3 = 0.56 \times 0.805 \times 0.812 = 0.366$$

3) 确定工艺方案及模具形式

根据以上分析和计算，可以进一步明确，该零件的冲压加工需包括以下基本工序：落料、首次拉深、二次拉深、三次拉深(兼整形)、冲ϕ11 mm 孔、翻边(兼整形) ϕ16.5 mm、冲三个ϕ3.2 mm 孔和切边ϕ50 mm。根据这些基本工序，可拟出如下五种工艺方案。

方案一：落料与首次拉深复合，其余按基本工序。

方案二：落料与首次拉深复合，冲ϕ11mm 底孔与翻边复合，冲三个小孔ϕ3.2mm 与切边复合，其余按基本工序。

方案三：落料与首次拉深复合，冲ϕ11mm 底孔与冲三个小孔ϕ3.2mm 复合，翻边与切边复合，其余按基本工序。

方案四：落料、首次拉深与冲ϕ11mm 底孔复合，其余按基本工序。

方案五：采用带料连续拉深或在多工位自动压力机上冲压。

分析比较上述五种工艺方案，可以得到以下结论。

方案二中，冲ϕ11mm 底孔与翻边复合，由于模壁厚度($a = (16.5 - 11)/2 = 2.75$ mm)小于要求的凸凹模最小壁厚(≥(1.5～2.0)t=3mm)，模具容易损坏。冲三个小孔ϕ3.2mm 与切边复合，也存在模壁太薄的问题($a = (50 - 42 - 3.2)/2 = 2.4$ mm)，模具也容易损坏。

方案三虽然解决了上述模壁太薄的矛盾，但冲ϕ11mm 底孔与冲三个小孔ϕ3.2mm 复合及翻边与切边复合时，它们的刃口都不在同一平面上，磨损快慢也不一样，这会给修磨带来不便，修磨后要保持相对位置有困难。

方案四中，落料、首次拉深与冲ϕ11mm 底孔复合，冲孔凹模与拉深凸模做成一体，也给修磨造成困难。特别是冲底孔后再经二次和三次拉深，孔径一旦变化，将会影响翻边的高度尺寸和翻边口缘质量。

方案五采用带料连续拉深或多工位自动压力机冲压，可获得高的生产率，而且操作安全，也避免上述方案所指出的缺点，但这一方案需要专用压力机或自动送料装置，而且模具结构复杂，制造周期长，生产成本高，因此，只有在大批量生产中才较适宜。

方案一没有上述的缺点，但其工序复合程度较低，生产率较低。不过单工序模具结构简单，制造费用低，对中小批量生产是合理的，因此决定采用第一方案。本方案在第三次拉深和翻边工序中，可以调整冲床滑块行程，使之在行程临近终了时，模具可对工件起到整形作用，故无须单独的整形工序。

9.2.3 编制工艺卡片

冲压工艺卡片的格式因各生产厂家而异，表 9-4 是某生产厂家使用的工艺卡(工艺卡中的↓表示冲压方向，∨表示定位面)，可供参考。

表 9-4　冲压工艺过程卡

厂名	冲压工艺卡	产品型号		零部件名称	玻璃升降器外壳	共 页
		产品名称		零部件型号		第 页
材料牌号及规格/mm		材料技术要求	毛坯尺寸/mm	每毛坯可制件数	毛坯质量	辅助材料
08 钢 (1.5±0.11)×1800×900			条料 1.5×69×1800	27 件		
工序号	工序名称	工序内容	加工工序简图	设备	工艺装备	备注
01	下料	剪床裁板 69×1800				
02	落料拉深	落料与首次拉深	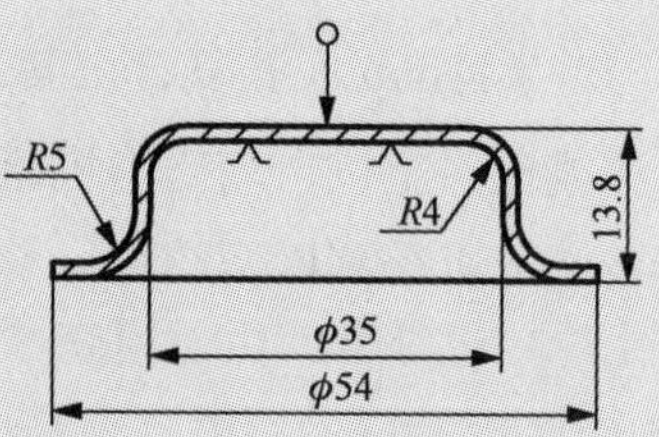 R5　R4　13.8　$\phi35$　$\phi54$	J23-35	落料拉深复合模	
03	拉深	二次拉深	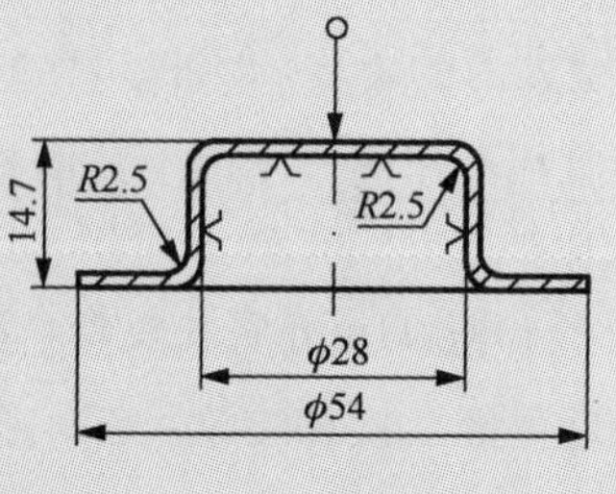 14.7　R2.5　R2.5　$\phi28$　$\phi54$	J23-25	拉深模	
04	拉深	三次拉深 (带整形)	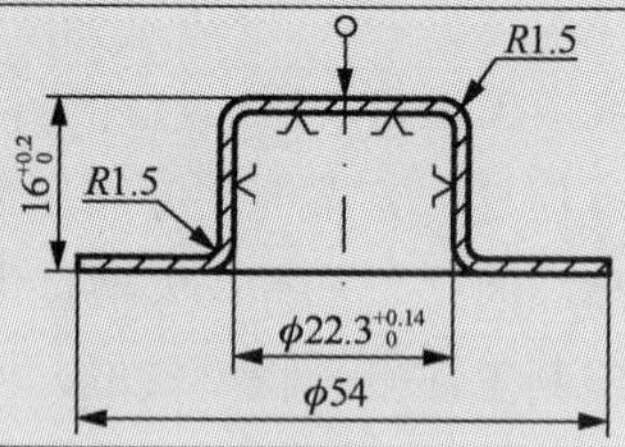 R1.5　$16^{+0.2}_{0}$　R1.5　$\phi22.3^{+0.14}_{0}$　$\phi54$	J23-35	拉深模	
05	冲孔	冲底孔 ϕ 11	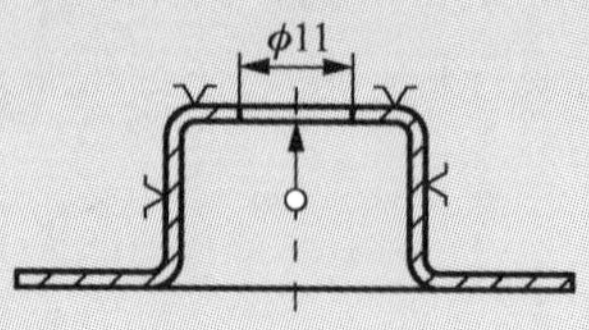 $\phi11$	J23-25	冲孔模	

续表

厂名	冲压工艺卡	产品型号		零部件名称	玻璃升降器外壳	共 页
		产品名称		零部件型号		第 页
材料牌号及规格/mm		材料技术要求	毛坯尺寸/mm	每毛坯可制件数	毛坯质量	辅助材料
08 钢 (1.5±0.11)×1800×900			条料 1.5×69×1800	27 件		
工序号	工序名称	工序内容	加工工序简图	设备	工艺装备	备注
06	翻边	翻底孔 (带整形)	$\phi16.5^{+0.12}_{0}$　R1　R1.5　21　$16^{+0.2}_{0}$	J23-25	翻边模	
07	冲孔	冲 3 个小孔 $\phi3.2$	3×ϕ3.2 均布　ϕ42±0.1	J23-25	冲孔模	
08	切边	切凸缘边达尺寸要求	ϕ50	J23-25	切边模	
09	检验	按产品零件图检验				
				编制 (日期)	审核 (日期)	会签 (日期)
标记	处数	签字	日期			

练　习　题

9-1　简述制订冲压工艺方案的内容及主要步骤。

9-2　简述确定工序数量、顺序应遵循的原则。

9-3　如何确定工序的性质？

9-4　如何确定冲压工艺方案？

9-5　确定半成品尺寸是要解决什么问题？试举例说明。

9-6　图 9-12 所示的零件为连杆油封盖，材料为 08F 冷轧钢板，料厚 1.5mm，小批量生产。试分析其冲压工艺性能，并拟订其冲压工艺方案，并画出模具结构图。

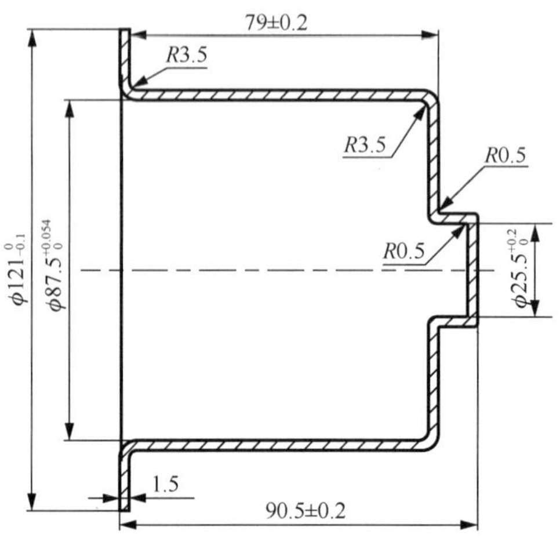

图 9-12　连杆油封盖

第 10 章　冲模结构设计

冷冲模是冲压生产所用的主要工艺装备。由于冷冲压主要是利用模具完成各种形式的加工，从而才决定这种加工方法所具有的一切特点，如生产率高，零件尺寸稳定，操作简单，成本低廉等。因此，研究与提高模具技术对发展冷冲压生产，具有十分重要的意义。

本章知识要点

(1)掌握冲模的分类及模具材料的选用。

(2)掌握冲模工艺零件、结构零件的设计与选用。

(3)从工业实际角度出发，掌握一般复杂程度冲模的设计。

兴趣实践

找一生活中最常见的冲压件，如易拉罐，结合前几章所学的冲压工序知识，体会易拉罐成形过程，思考使用怎样的模具结构才能使易拉罐由坯料变成成品件。

探索思考

面对各种冲压模具典型结构，如何正确选择确定模具结构？比较不同模具的结构特点，思索各种模具设计的侧重点？

预习准备

请先预习本书前几章所介绍的几种基本冲压加工方法，同时也应提前复习机械制造工艺、机械设计等方面的知识。

10.1　冲模及冲模零件的分类

10.1.1　冲模的分类

冲压件的品种极其繁多，因而冲模的类型也是多种多样的。为了便于研究和工作，将冲模按不同的特征分为以下几类。

(1) 按工序的性质可分为落料模、冲孔模、切断模、切口模、拉深模、弯曲模、剖切模和切边模等。

(2) 按工序的组合方式可分为单工序的简单模和多工序的连续模、复合模以及连续复合模。

(3) 按模具上、下模的导向方式可分为无导向的开式模和有导向的导板模、导柱模、滚珠导柱模、导筒模等。

(4) 按控制送料进距的方法可分为固定挡料销式、活动挡料销式、自动挡料销式、导正销式和侧刃式等。

(5) 按凸、凹模的材料可分为钢质冲模、硬质合金冲模、锌基合金冲模、橡皮冲模和聚氨酯橡胶冲模等。

(6) 按凸、凹模的结构可分为整体模和拼块模。

(7) 按凸、凹模的布置方法可分为正装模和倒装模。

(8) 按模具的卸料方法可分为刚性卸料模和弹性卸料模。

此外，还有按送料、出件及排除废料的方法可分为手动模、半自动模和自动模，按冲模的大小可分为小型冲模、中型冲模和大型冲模，按模具的专业化程度可分为专用模、通用模、组合冲模和简易冲模等。

上述各种不同的分类方法从不同的角度反映了模具结构的不同特点。一套完整的模具总是由大小不同的各种模具零件装配组合而成的，因此模具零件的合理设计与选择显得非常重要。

10.1.2　冲模零件的分类

一般来说，冲模都是由固定部分和活动部分组成的，固定部分用压板、螺栓紧固在压力机的工作台上；活动部分固定在压力机的滑块上。通常紧固部分为下模，活动部分为上模。上模随着滑块做上下往复运动，从而进行冲压工作。

任何一副冲模都是由各种不同的零件组成的，也可以由几十个甚至由上百个零件组成。但无论它们的复杂程度如何，冲模上的零件都可以根据其作用分为以下五种类型。

1. 工作零件

工作零件是直接使被加工材料变形、分离，从而加工成工件，如凸模、凹模、凸凹模等。

2. 定位零件

定位零件的作用是控制条料的送进方向和送进距离，确保条料在冲模中的正确位置。定位零件有挡料销、导正销、导尺、定位销、定位板、侧压板和侧刃等。

3. 压料、卸料和顶料零件

压料、卸料与顶料零件包括冲裁模的卸料板、顶出器、废料切刀、拉深模中的压边圈等。

这类零件的作用是保证在冲压完毕后，将工件或废料从模具中排出，以便下次冲压顺利进行。而拉深模中的压边圈主要作用是防止板料毛坯发生失稳起皱。

4. 导向零件

导向零件的作用是保证上模对下模相对运动精确导向，使凸模和凹模之间保持均匀的间隙，提高冲压件的品质。如导柱、导套、导筒即属于这类零件。

5. 固定和紧固零件

固定零件包括上模座、下模座、模柄、凸模固定板和凹模固定板、垫板、限位器、弹性元件、螺钉、销钉等。这类零件的作用是使上述四类零件连接和固定在一起，构成整体，保证各零件的相互位置，并使冲模能安装在压力机上。

当然，并非所有的冲模都具备上述的五种零件。在试制或小批量生产时，为了缩短试制周期和降低成本，可以把冲模简化成只有工作零件、卸料零件和几个固定零件的简易模具；而在大批量生产时，为了确保工件品质和模具寿命及提高劳动生产率，冲模上除了包括上述五类零件外还附加自动送、出料装置。

10.2　模具零件材料和制件材料及性能

10.2.1　模具零件材料

制造冲压模具的材料有钢材、硬质合金、钢结硬质合金、锌基合金、低熔点合金、铝青铜、高分子材料等。目前制造冲压模具的材料绝大部分以钢材为主，常用的模具工作部件材料的种类有碳素工具钢、低合金工具钢、高碳高铬工具钢、高碳中铬工具钢、高速钢、基体钢以及硬质合金、钢结硬质合金等。

1. 碳素工具钢

在模具中应用较多的碳素工具钢为 T8A、T10A 等，优点为加工性能好，价格便宜。但淬透性和红硬性差，热处理变形大，承载能力较低。

2. 低合金工具钢

低合金工具钢是在碳素工具钢的基础上加入了适量的合金元素。与碳素工具钢相比，减少了淬火变形和开裂倾向，提高了钢的淬透性，耐磨性亦较好。用于制造模具的低合金工具钢有 CrWMn、9Mn2V、7CrSiMnMoV(代号 CH-1)、6CrNiSiMnMoV(代号 GD)等。

3. 高碳高铬工具钢

常用的高碳高铬工具钢有 Cr12 和 Cr12MoV、Cr12Mo1V1(代号 D2)，它们具有较好的淬透性、淬硬性和耐磨性，热处理变形很小，为高耐磨微变形模具钢，承载能力仅次于高速钢。但碳化物偏析严重，必须进行反复镦拔(轴向镦、径向拔)、改锻，以降低碳化物的不均匀性，提高使用性能。

4. 高碳中铬工具钢

用于模具的高碳中铬工具钢有 Cr4W2MoV、Cr6WV、Cr5MoV 等，它们的含铬量较低，共晶碳化物少，碳化物分布均匀，热处理变形小，具有良好的淬透性和尺寸稳定性。与碳化物偏析相对较严重的高碳高铬钢相比，性能有所改善。

5. 高速钢

高速钢具有模具钢中最高的硬度、耐磨性和抗压强度，承载能力很高。模具中常用的有W18Cr4V(代号18-4-1)和含钨量较少的W6Mo5Cr4V2(代号6-5-4-2，美国牌号为M2)以及为提高韧性开发的降碳降钒高速钢6W6Mo5Cr4V(代号6W6或称低碳M2)。高速钢也需要改锻，以改善其碳化物分布。

6. 基体钢

在高速钢的基本成分上添加少量的其他元素，适当增减含碳量，以改善钢的性能。这样的钢种统称基体钢。它们不仅有高速钢的特点，具有一定的耐磨性和硬度，而且抗疲劳强度和韧性均优于高速钢，为高强韧性冷作模具钢，材料成本却比高速钢低。模具中常用的基体钢有65Cr4W3Mo2VNb(代号65Nb)、7Cr7Mo2V2Si(代号LD)、5Cr4Mo3SiMnVAl(代号012Al)等。

7. 硬质合金和钢结硬质合金

硬质合金的硬度和耐磨性高于其他任何种类的模具钢，但抗弯强度和韧性差。用作模具的硬质合金是钨钴类，对冲击性小而耐磨性要求高的模具，可选用含钴量较低的硬质合金。对冲击性大的模具，可选用含钴量较高的硬质合金。

钢结硬质合金是以铁粉加入少量的合金元素粉末(如铬、钼、钨、钒等)做黏合剂，以碳化钛或碳化钨为硬质相，用粉末冶金方法烧结而成。钢结硬质合金的基体是钢，克服了硬质合金韧性较差、加工困难的缺点，可以切削、焊接、锻造和热处理。钢结硬质合金含有大量的碳化物，虽然硬度和耐磨性低于硬质合金，但仍高于其他钢种，经淬火、回火后硬度可达68～73HRC。

冲模零件的材料和热处理要求见表10-1。

表10-1 冲模零件的材料及其热处理硬度

<table>
<tr><th colspan="2" rowspan="2">零件名称及种类</th><th rowspan="2">材料</th><th colspan="2">热处理硬度/HRC</th></tr>
<tr><th>凸模</th><th>凹模</th></tr>
<tr><td rowspan="10">冲裁模的凸模、凹模、凸凹模及其镶块</td><td>t≤3mm，形状简单</td><td>T10A、9Mn2V</td><td>58～60</td><td>60～62</td></tr>
<tr><td>t≤3mm，形状复杂</td><td>CrWMn、Cr12、Cr12MoV、Cr6WV</td><td>58～60</td><td>60～62</td></tr>
<tr><td>t>3mm，高强度材料冲裁</td><td>Cr6WV、CrWMn、9CrSi
65Cr4W3Mo2VNb(65Nb)</td><td>54～56
56～58</td><td>56～58
58～60</td></tr>
<tr><td>硅钢板冲裁</td><td>Cr12MoV、Cr4W2MoV、GT35、GT33
TLMW50、YG15、YG20</td><td>60～62
66～68</td><td>61～63
66～68</td></tr>
<tr><td>特大批量(t≤2mm)</td><td>CT35、CT33、TLMW50、YG15、YG20</td><td>66～68</td><td>66～68</td></tr>
<tr><td>细长凸模</td><td>T10A、Cr6WV
9Mn2V、Cr12、Cr12MoV</td><td colspan="2">56～60，尾部回火40～50
59～62，尾部回火40～50</td></tr>
<tr><td>精密冲裁</td><td>Cr12MoV、W18Cr4V</td><td>58～60</td><td>62～64</td></tr>
<tr><td>大型模镶块</td><td>T10A、9Mn2V、Cr12MoV</td><td>58～60</td><td>60～62</td></tr>
<tr><td>加热冲裁</td><td>3Cr2W8、5CrNiMo
6Cr4Mo3Ni2WV(CG-2)</td><td colspan="2">48～52
51～53</td></tr>
<tr><td>棒料高速剪切</td><td>6CrW2Si</td><td colspan="2">55～58</td></tr>
<tr><td colspan="2">上下模座</td><td>HT200、ZG310-570、Q235-A、Q275、45</td><td colspan="2">(45)调质28～32</td></tr>
</table>

续表

零件名称及种类	材料	热处理硬度/HRC
普通模柄 浮动模柄	Q235-A、Q275 45	43～48
导柱、导套（滑动） 导柱、导套（滚动）	20 GCr15	(渗碳) 56～62 62～66
固定板、卸料板、推件板、 顶板、侧压板、始用挡块	45	43～48
承料板	Q235-A	
导料板	Q235-A、45	(45) 调质 28～32
垫板(一般) 垫板(重载)	45 T7A、9Mn2V CrWMn、Cr6WV、Cr12MoV	43～48 52～55 60～62
顶杆、推杆、拉杆(一般) 顶杆、推杆、拉杆(重载)	45 Cr6WV、CrWMn	43～48 56～60
挡料销、导料销	45	43～48
导正销	T10A 9Mn2V、Cr12	50～54 52～56
侧刃	T10A、Cr6WV 9Mn2V、Cr12	58～60 58～62
废料切刀	T8A、T10A、9Mn2V	58～60
侧刃挡块	45 T8A、T10A、9Mn2V	43～48 58～60
斜楔、滑块、导向块	T8A、T10A、Cr6WV、CrWMn	58～62
限位块(圈)	45	43～48
锥面压圈，凸球面垫块	45	43～48
支承块，支承圈	Q235-A、Q275	
钢球保持圈	2A11、H62	
弹簧、簧片	65Mn、60Si2MnA	42～46
扭簧	65Mn	44～50
销钉	45 T7A	43～48 50～55
螺钉、卸料螺钉	45	35～40
螺母、垫圈、压圈	Q235-A、45	(45) 43～48

10.2.2　制件材料及性能

常用冷冲压材料主要有两类：金属材料和非金属材料。金属材料包括黑色金属和有色金属。黑色金属包括普通非合金结构钢、优质非合金结构钢、合金结构钢、弹簧钢、非合金工具钢、不锈钢、硅钢、电工纯铁等；有色金属包括纯铜、黄铜、青铜、白铜、铝合金等。

表 10-2 列出了部分黑色金属的力学性能，表 10-3 列出了部分有色金属的力学性能。板料的化学成分可查阅相关手册。

表 10-2 部分黑色金属的力学性能

材料名称	牌号	状态	τ / MPa	σ_b / MPa	σ_s / MPa	δ_{10} / %	$E/10^3$ MPa
电工纯铁	DT1～DT3	已退火	177	225	—	26	—
电工硅钢	D11 等	已退火	190	230	—	26	—
普通非合金钢	Q195	未退火	255～314	314～392	195	28～33	—
	Q235		304～373	432～461	235	21～25	
	Q275		400～500	569～608	275	15～19	
非合金结构钢	08F	已退火	216～304	275～383	177	32	186
	08		255～353	324～441	196	32	
	10F		216～333	275～412	186	30	
	10		255～333	294～432	206	29	194
	15F		245～363	314～451		28	
	15		265～373	333～471	225	26	198
	20F		275～383	333～471	225	26	196
	20	已退火	275～392	353～500	245	25	206
	25		314～432	392～539	275	24	198
	30		353～471	441～588	294	22	197
	35		392～511	490～637	314	20	197
	40		412～530	511～657	333	18	209
	45		432～549	539～686	353	16	200
	50		432～569	539～716	373	14	216
	60	已正火	539	≥686	402	13	204
	70	已正火	588	≥745	422	11	206
	10Mn2	已退火	314～451	392～569	225	22	207
	65Mn		588	736	392	12	207
非合金工具钢	T7～T12A	已退火	588	736	—	≤10	—
合金结构钢	25CrMnSiA	已低温退火	392～549	490～686	—	18	—
	30CrMnSiA		432～588	539～736		16	
弹簧钢	60Si2Mn	已低温退火	706	883	—	10	196
	65Si2WA						
不锈钢	2Cr13	已退火	314～392	392～490	441	20	206
	4Cr13		392～471	490～588	490	15	206
	1Cr18Ni9Ti	热处理	451～511	569～628	196	35	196

表 10-3 部分有色金属的力学性能

材料名称	牌号	状态	τ / MPa	σ_b / MPa	σ_s / MPa	δ_{10} / %	$E/10^3$ MPa
铝	1060、1200、1050A	已退火	78	74～108	49～78	25	71
		冷作硬化	98	118～147	—	4	
防锈铝	3A21	已退火	69～98	108～142	49	19	70
		半硬化	98～137	152～196	127	13	70
	3A02	已退火	127～158	177～225	98	—	69
		半硬化	158～196	225～275	206		69

续表

材料名称	牌号	状态	τ / MPa	σ_b / MPa	σ_s / MPa	δ_{10} /%	E /10³ MPa
硬铝(杜拉铝)	2A12	已退火	103～147	147～211	—	12	—
		淬硬＋自然时效	275～304	392～432	361	15	71
		淬硬＋冷作硬化	275～314	392～451	333	10	71
纯铜	T1～T3	软	157	196	69	30	106
		硬	235	294	—	3	127
黄铜	H62	软	255	294	196	35	98
		半硬	294	373	—	20	—
		硬	412	412	—	10	—
	H68	软	235	294	98	40	108
		半硬	275	343	—	25	108
		硬	392	392	245	15	113
铅黄铜	HPb59-1	软	294	343	142	25	91
		硬	392	441	412	4	103
铍青铜	QBe2	软	235～471	294～588	245~343	30	115
		硬	511	647	—	2	129~138
白铜	B19	软	235	392	—	35	
		硬	353	784	—	5	140
钛合金	TA2	退火	353～471	441～588	—	25~30	—
	TA3		432～588	539～736	—	20~25	—
	TA5		628～667	785～834	—	15	102

10.3　冲模主要零件的设计

10.3.1　工作零件

1. 凸模组件及其结构设计

1) 凸模组件

一般的凸模组件结构如图 10-1 所示。其中包括凸模 3 和 4、凸模固定板 2、垫板 1 和防转销 5 等，并用螺钉、销钉固定在上模座 6 上。

(1) 凸模形式的两种基本类型。

一种是直通式凸模，其工作部分和固定部分的形状与尺寸做成一样，如图 10-1 中的凸模 3。这类凸模可以采用成形磨削、线切割等方法进行加工，加工容易，但固定板型孔的加工较复杂。这种凸模的工作端应进行淬火，淬火长度约为全长的 1/3。另一端处于软状态，便于与固定板铆接。为了铆接，其总长度应增加 1mm。直通式凸模常用于非圆形断面的凸模。

另一种是台阶式凸模，如图 10-1 中凸模 4。工作部分和固定部分的形状与尺寸不同。固定部分多做成圆形或矩形(图 10-2)。这时凸模固定板的型孔为标准尺寸孔，加工容易。工作部分可采用车削、磨削(对于圆形)或采用仿形刨加工，最后用钳工进行精修(对于非圆形)，加工较难。对于圆形凸模，广泛采用这种台阶式结构，冷冲模标准中制订了这类凸模的标准结构形式与尺寸规格。对于非圆形凸模，若其固定部分采用了圆形结构(图 10-2(a))，则其与固定板配合时必须采用防转的结构，使其在圆周方向有可靠定位。

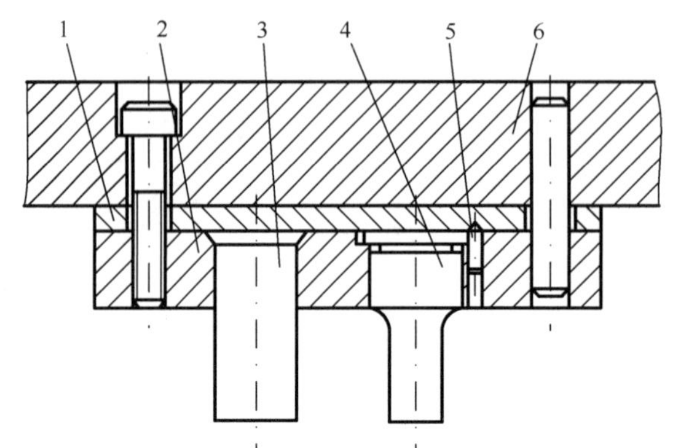

图 10-1　凸模组件结构

1-垫板；2-凸模固定板；3、4-凸模；5-防转销；6-上模座

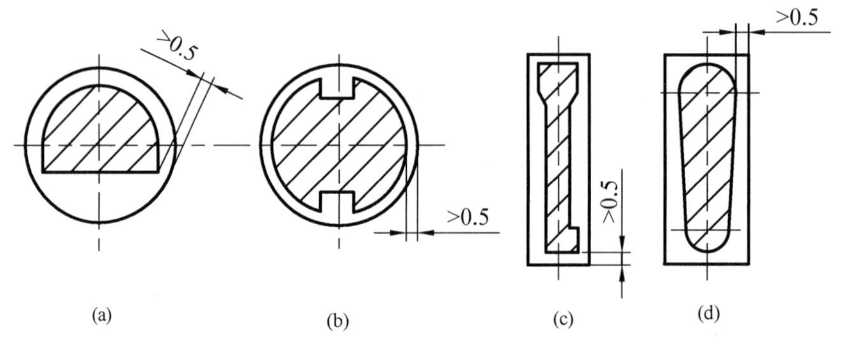

图 10-2　非圆形凸模的台阶式结构

(2) 凸模长度。

凸模长度的计算，一般是按模具结构来确定的。

① 使用刚性卸料装置，如图 10-3(a)所示，凸模的长度用式(10-1)计算：

$$L = h_1 + h_2 + h_3 + A \tag{10-1}$$

式中，h_1 为凸模固定板的厚度，mm；h_2 为固定卸料板的厚度，mm；h_3 为导料板的厚度，mm；A 为自由尺寸，包括凸模的修磨量、凸模进入凹模的深度(0.5～1mm)、闭合状态时固定板和卸料板之间的距离。

② 使用弹性卸料装置，如图 10-3(b)所示，导料板的厚度对凸模的长度没有影响，则凸模的长度应按式(10-2)计算：

$$L = h_1 + h_2 + t + A \tag{10-2}$$

式中，h_1 为凸模固定板的厚度，mm；h_2 为弹性卸料板的厚度，mm；t 为板料厚度，mm；A 为自由尺寸，mm，包括凸模的修磨量、凸模进入凹模的深度(0.5～1mm)、闭合状态时固定板和卸料板之间的距离。考虑到弹性元件的压缩量，A 要相对长一些。

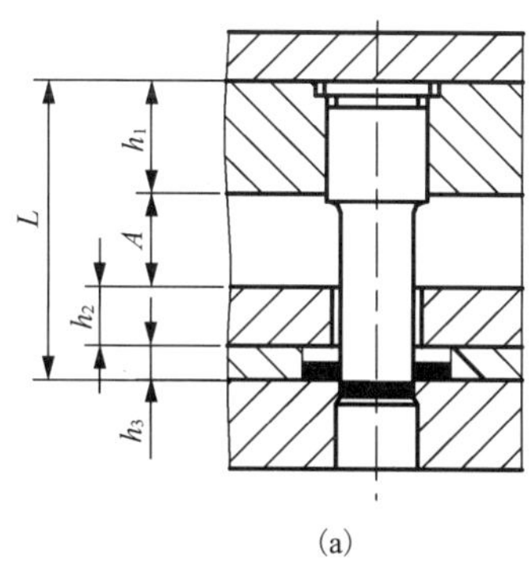

(a)

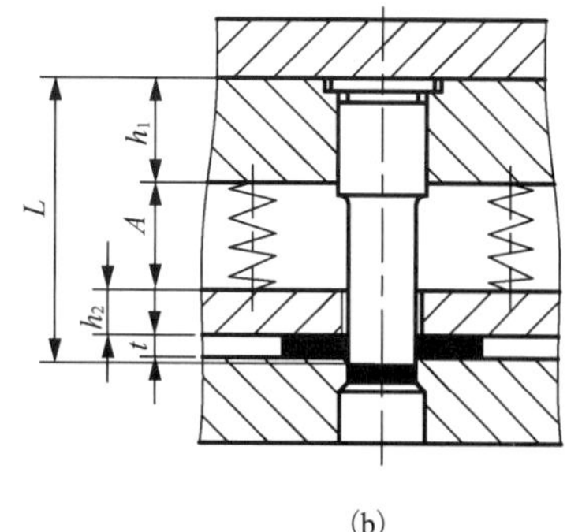

(b)

图 10-3 凸模长度计算

(3) 凸模材料。

模具刃口要有高的耐磨性，并能承受冲裁时的冲击力。因此应有高的硬度与适当的韧性。形状简单的凸模常选用 T8A、T10A 等制造。形状复杂、淬火变形大，特别是用线切割方法加工时，应选用合金工具钢，如 Cr12、9Mn2V、CrWMn、Cr6WV 等制造。其热处理硬度取 58～62HRC。

(4) 其他要求。

凸模工作部分的表面粗糙度 Ra=0.8～0.4 μm，固定部分为 Ra=1.6～0.8 μm。

凸模一般不必进行强度核算。只有当板料很厚、强度很大、凸模很小、细长比大时才进行核算。核算内容为根据凸模承受的压力(即冲裁力)核算凸模最小断面尺寸和凸模因失稳产生纵向弯曲时最小直径处允许的最大长度。

2) 凸模固定板

凸模固定板(简称固定板)，用于固定凸模。固定板的外形尺寸一般与凹模大小一样，可由标准中查得。固定凸模用的型孔与凸模固定部分相适应。型孔位置应与凹模型孔位置协调一致。

凸模固定板内凸模的固定方法通常是将凸模压入固定板内，其配合用 H7/m6，直通式凸模用 N7/h6、P7/h6。对于大尺寸的凸模，也可直接用螺钉、销钉固定到模座上而不用固定板，如图 10-4 所示。对于小凸模还可以采用黏结固定，如图 10-5 所示。黏结固定时，固定板上的型孔要留出间隙，以减少配合加工面，简化孔的加工。黏结固定的方法常采用有机黏结剂(环氧树脂)(图 10-5(a))、无机黏结剂(氧化铜粉末+磷酸溶液)(图 10-5(c))。也可采用由 Bi、Pb、Sn、Sb 按一定比例组成的低熔点合金固定(图 10-5(b))。这种合金不但熔点低(120℃左右)，而且具有冷胀热缩的特征。

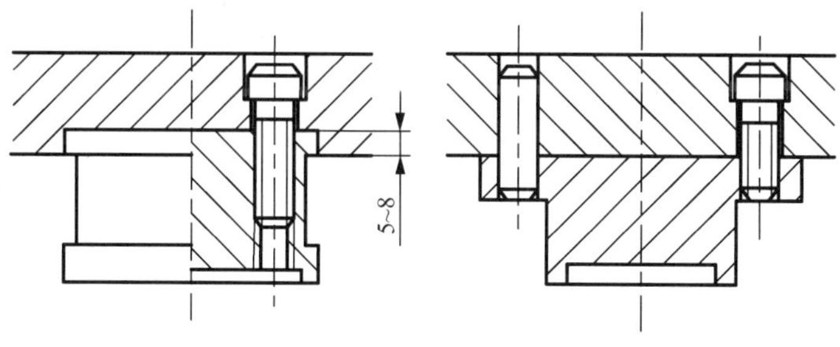

图 10-4 大凸模的固定

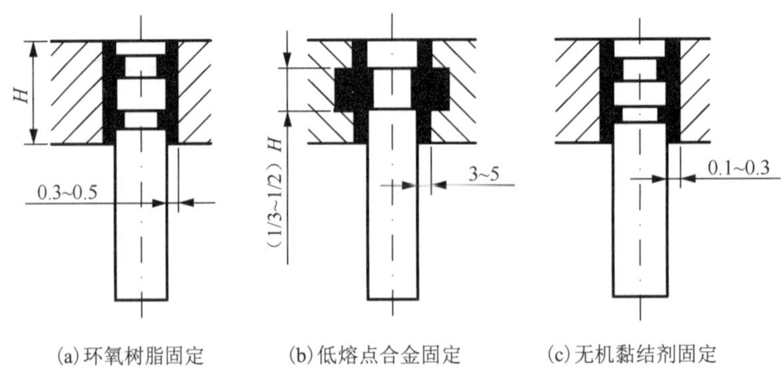

图 10-5　凸模的黏结固定

对于大型冲模中冲小孔的易损凸模还可采用快换凸模的固定方法，以便于修理与更换，如图 10-6 所示。

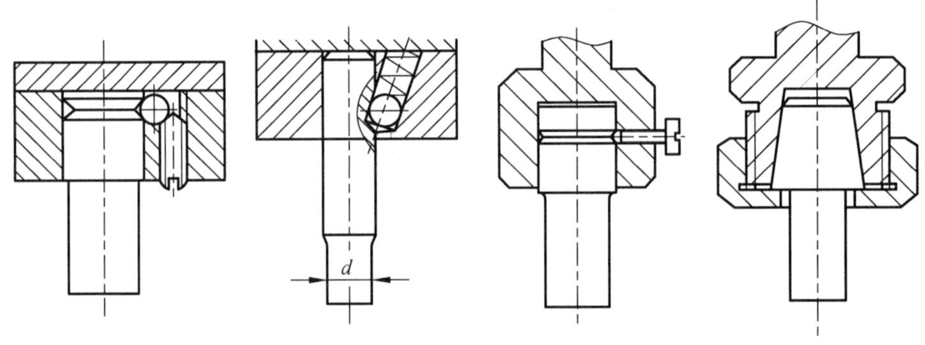

图 10-6　快换式凸模固定方法

3) 垫板

垫板装在固定板与上模座或下模座之间，如图 10-1 中的件 1。它的作用是防止冲裁时凸模压坏上模座。垫板的尺寸可在标准中查得。垫板材料一般可选用 45 钢，热处理硬度取 43～48HRC。对单位压力特大的则选用 T8A，热处理硬度取 52～55HRC。对于大型凸模则可省略垫板。

2. 凹模设计

1) 凹模洞口形状的选择

凹模洞口形状是指凹模型孔的轴剖面形状，如图 10-7 所示，其基本形式有如下几种。

(1) 直壁式：如图 10-7(a)、(b)、(c) 所示。其孔壁垂直于顶面，刃口尺寸不随修磨刃口增大。故冲裁件精度较高，刃口强度也较好。直壁式刃口冲裁时磨损大，洞口磨损后会形成倒锥形，因此每次修磨的刃磨量大，总寿命低。冲裁时，工件易在孔内积聚，严重时使凹模胀裂。图 10-7(a) 适用于冲裁件形状简单、材料较薄的复合模；图 10-7(b) 适用于精密冲裁模；图 10-7(c) 适用于冲裁件或废料逆冲压方向推出的冲裁模。

(2) 斜壁式：如图 10-7(d)、(e)、(f) 所示。其特点与直壁式相反，在一般的工件或废料方向下落的模具中应用广泛。图 10-7(d) 适用于冲裁件形状简单材料较薄的冲裁模；图 10-7(e) 适用于冲裁件为任何形状的各种板厚的冲裁模；图 10-7(f) 适用于凹模较薄的小型薄料冲裁模。上述两种凹模洞口形式的主要参数可查表 10-4。

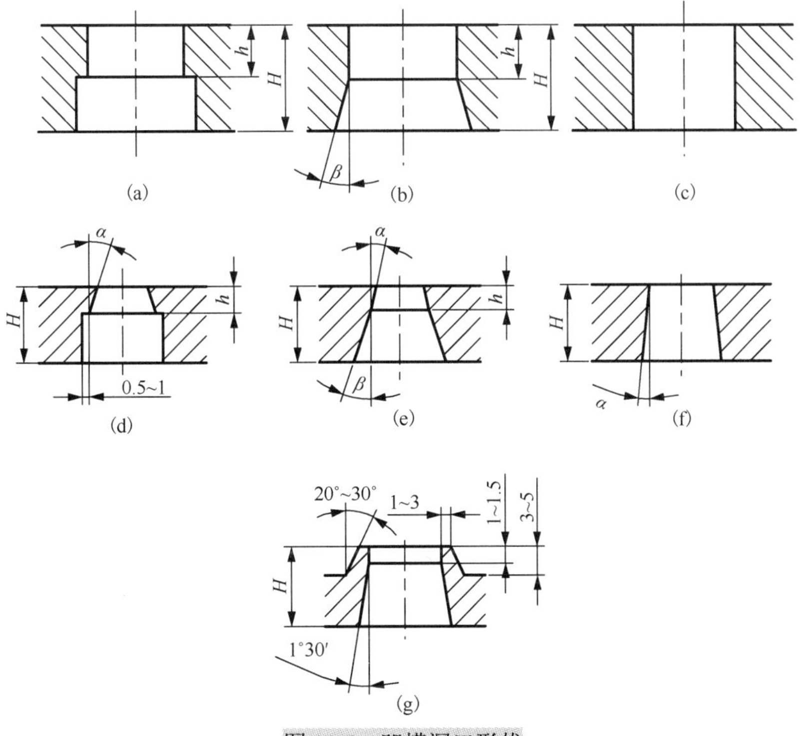

图 10-7　凹模洞口形状

(3) 凸台式：如图 10-7(g) 所示。其淬火硬度为 35～40HRC，是一种低硬度的凹模刃口。可用捶打斜面的方法来调整冲裁间隙，直到试出合格的冲裁件，所以这种形式又称铆刀口凹模，主要用于冲裁板料厚度 0.3mm 以下的小间隙、无间隙模具。

表 10-4　凹模洞口的主要参数

板料厚度/mm	α	β	h/mm
≤0.5	15′	2°	≥4
>0.5～1	15′	2°	≥5
>1～2.5	15′	2°	≥6
>2.5	30′	3°	≥8

2) 整体式凹模的外形尺寸

冲裁时凹模的外形一般有矩形与圆形两种。凹模的外形尺寸应保证凹模有足够的强度与刚度。凹模的厚度还应考虑修磨量。凹模的外形尺寸一般是根据被冲材料的厚度和冲裁件的最大外形尺寸来确定的，如图 10-8 所示。

凹模厚度：

$$H=Kb(\geqslant 15\text{mm}) \qquad (10\text{-}3)$$

凹模壁厚：

$$c=(1.5\sim 2)H(\geqslant 30\sim 40\text{mm}) \qquad (10\text{-}4)$$

式中，b 为冲裁件的最大外形尺寸，mm；K 为系数，考虑板料厚度影响，可查表 10-5 确定。

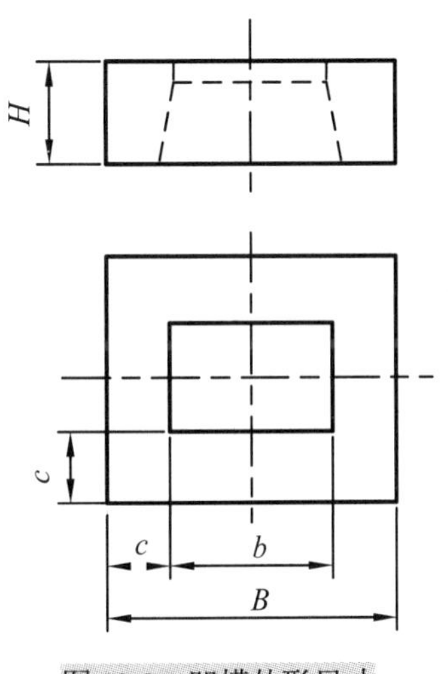

图 10-8　凹模外形尺寸

表 10-5　系数 *K* 值

b/mm	料厚 *t* /mm				
	0.5	1	2	3	>3
≤50	0.3	0.35	0.42	0.5	0.6
>50～100	0.2	0.22	0.28	0.35	0.42
>100～200	0.15	0.18	0.2	0.24	0.3
>200	0.1	0.12	0.15	0.18	0.22

根据凹模壁厚即可算出其相应凹模外形尺寸的长与宽，然后可在冷冲模标准中选取标准值。

3) 凹模的固定方法

凹模一般采用螺钉和销钉固定在下模板座上。螺钉与销钉的数量、规格和它们的位置尺寸均可在标准中查得。也可根据结构需要作适当调整。

4) 凹模的主要技术要求

凹模的型孔轴线与顶面应保持垂直，凹模的底面与顶面应保持平行。

为了提高模具寿命与冲裁件精度，凹模的顶面和型孔的孔壁应光滑，表面粗糙度为 Ra=0.8～0.4 μm 。底面与销孔的 Ra=0.6～0.8 μm 。

凹模的材料与凸模一样，其热处理硬度应略高于凸模，达到 60～64HRC。

3. 凸凹模设计

在复合模中最具特点的模具零件就是凸凹模。凸凹模的内外缘均为刃口，内外缘之间的壁厚取决于冲裁件的尺寸。从强度考虑，壁厚受最小值限制。凸凹模的最小壁厚与冲模结构有关，对于正装复合模，由于凸凹模装于上模，孔内不会积存废料，胀力小，最小壁厚可以小些；对于倒装复合模，因为凸凹模孔内会积存废料，所以最小壁厚要大些。

不积聚废料的凸凹模的最小壁厚：对于黑色金属和硬材料约为工件料厚的 1.5 倍，但不小于 0.7mm；对于有色金属和软材料约等于工件料厚，但不小于 0.5mm。积聚废料的凸凹模的最小壁厚可参考表 10-6 选用。

表 10-6　凸凹模最小壁厚 *a*　(mm)

料厚 *t*	0.4	0.5	0.6	0.7	0.8	0.9	1.0	1.2	1.5	1.75
最小壁厚 *a*	1.4	1.6	1.8	2.0	2.3	2.5	2.7	3.2	3.8	4.0
最小直径 *D*	15					18			21	
料厚 *t*	2.0	2.1	2.5	2.75	3.0	3.5	4.0	4.5	5.0	5.5
最小壁厚 *a*	4.9	5.0	5.8	6.3	6.7	7.8	8.5	9.3	10.0	12.0
最小直径 *D*	21	25		28		32		35	40	45

10.3.2　定位零件

冲模的定位零件用于控制条料的正确送进以及单个毛坯的正确位置。对于条料，所谓控制正确送进就是要控制送料方向及送料进距。

1. 送料方向的控制

条料的送料方向一般都是靠着导料板或导料销一侧导向送进的，以免送偏。用导料销控制送料方向时，一般要用两个，导料销的结构与挡料销相同。

标准导料板结构如图 10-9 所示。从右向左送料时，与条料相靠的基准导料板(销)装在后侧，从前向后送料时，基准导料板装在左侧。

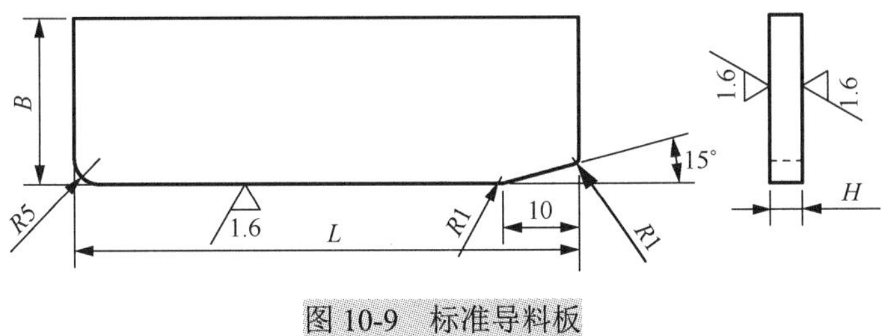

图 10-9　标准导料板

为保证条料紧靠基准导料板一侧正确送进，可采用侧压装置。其结构形式如图 10-10 所示。弹簧压块式(图 10-10(a))的侧压力较大，可用于冲裁厚料。簧片式(图 10-10(b))与簧片压块式(图 10-10(c))的侧压力较小，常用于料厚小于 1mm 的薄料冲裁，一般设置 2～3 个。弹簧压板式(图 10-10(d))的侧压力大而且均匀，使用可靠。一般装于进料口，常用于用侧刃定距的连续模中。

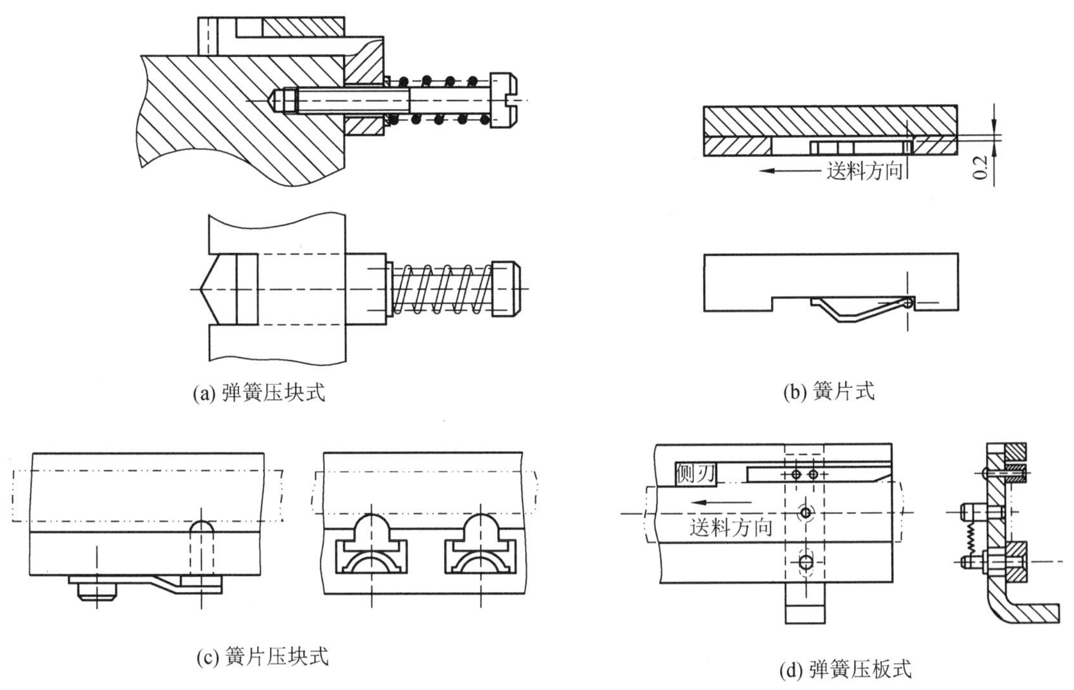

(a) 弹簧压块式　(b) 簧片式　(c) 簧片压块式　(d) 弹簧压板式

图 10-10　侧压装置

2. 送料进距的控制

1) 挡料销

(1) 固定挡料销：固定挡料销分圆形与钩形两种，一般装在凹模上。圆形挡料销结构简单，制造容易，但销孔离凹模刃口较近会削弱凹模强度。钩形挡料销则可离凹模刃口远一些。固定挡料销的标准结构如图 10-11 所示。

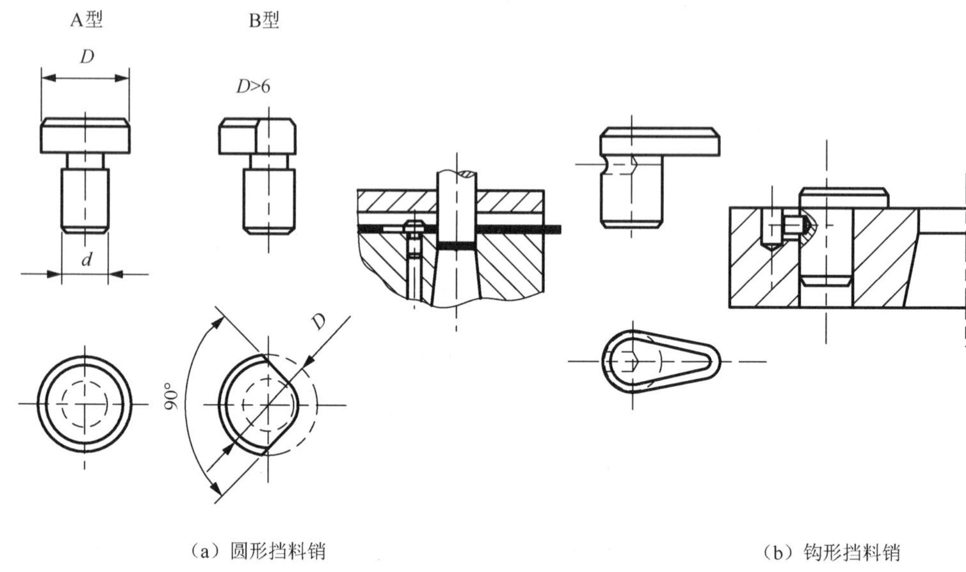

图 10-11　固定挡料销

(2)活动挡料销：活动挡料销的标准结构如图 10-12 所示。常用于倒装复合模中，装于卸料板上可以伸缩。其中图 10-12(d)为回带式挡料销，送料、定位需要两个动作，即先送后拉，常用于刚性卸料板的冲裁模中。

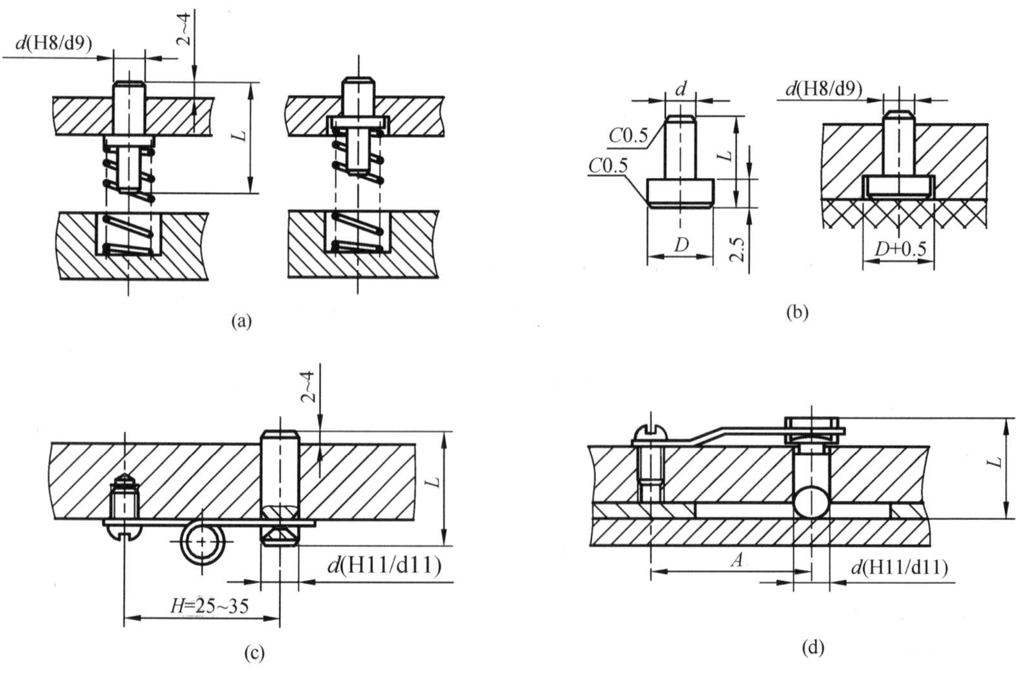

图 10-12　活动挡料销

(3) 始用挡料销：始用挡料销在连续模首次冲压条料时使用。其标准结构如图 10-13 所示。用时往里压，挡住条料而定位，第一次冲裁后不再使用。

2) 侧刃

侧刃常用于连续模中控制送料进距。其标准结构如图 10-14 (a) 所示，按侧刃的断面形状分为矩形侧刃与成形侧刃两类。图 10-14 中 A 型为矩形侧刃，其结构与制造较简单，但当刃口尖角磨损后，在条料被冲去的一边会产生毛刺(图 10-14 (b))，影响正常送进。B、C 型为成形侧刃，产生的毛刺位于条料侧边凹进处(图 10-14 (c))，所以不会影响送料。但制造难度增加，冲裁废料也增多。图 10-14 中 B 型为单角成形侧刃，C 型为双角成形侧刃。采用 C 型侧刃时，冲裁受力均匀，且在两侧使用时，可减少侧刃受力。

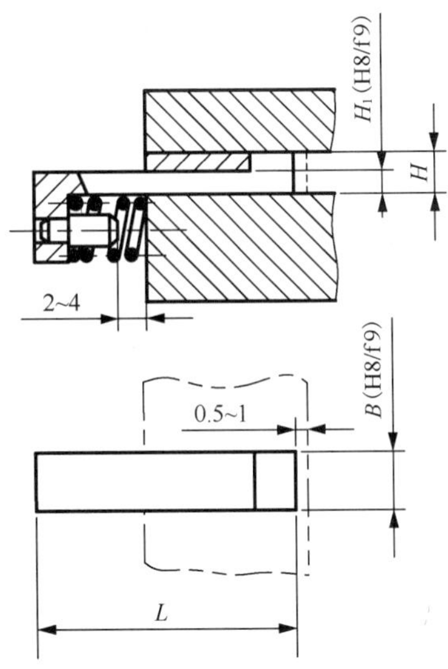

图 10-13　始用挡料销

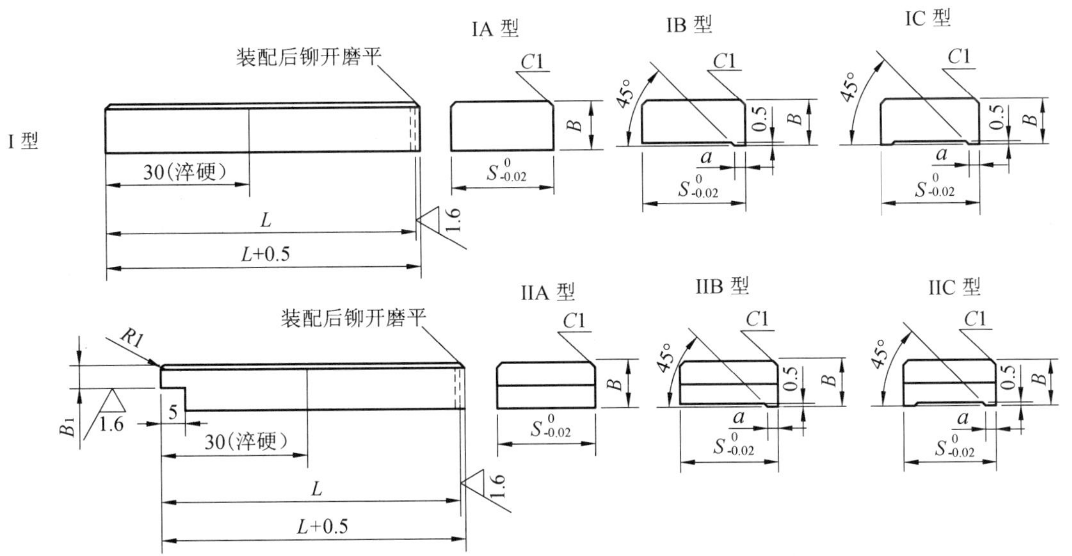

(a)

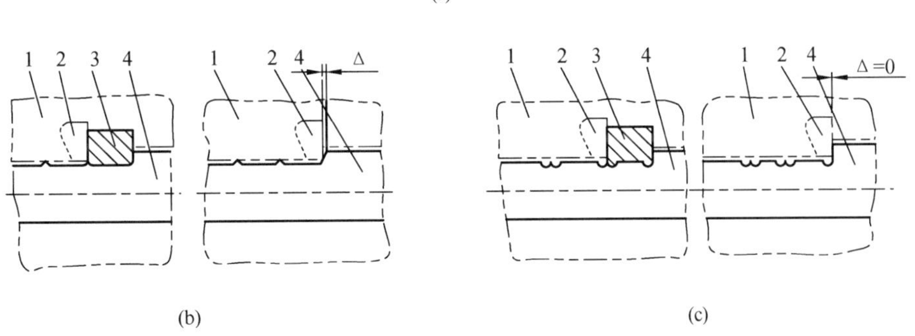

(b)　　(c)

图 10-14　侧刃结构

1-导料板；2-侧刃挡块；3-侧刃；4-条料

按侧刃的工作端面的形状可分为平的(I 型)和台阶的(II 型)两种。II 型多用于冲裁 1mm 以上较厚的料，冲裁前凸出部分先进入凹模导向，以改善侧刃在单边受力时的工作条件。

另外，侧刃的数量可以是一个，也可以是两个。两个侧刃可以有两侧对称或两侧对角两种布置，前者用于提高冲裁件的精度或直接形成冲裁件的外形，后者可以保证料尾的充分利用。

3) 导正销

导正销用于连续模起精定位作用。导正销的结构形式如图 10-15 所示。根据孔的尺寸选用。导正销由导入和定位两部分组成，导入部分一般用圆弧或圆锥过渡，定位部分为圆柱面。为保证导正销能顺利地插入孔中，应保持导正销直径与孔之间有一定间隙。导正销的直径按基孔制间隙配合 h9 确定，但考虑到冲孔后弹性变形收缩，因此导正销直径的基本尺寸应比冲孔凸模直径小，其值可在有关设计手册查取。

图 10-15 中 A 型用于导正ϕ3～ϕ12mm 的孔。B 型用于导正≤ϕ10mm 的孔，既可用于工件孔的导正，也可用于工艺孔导正(B 型的右图)。采用弹簧压紧结构可避免误送料时损坏模具。C 型用于导正ϕ4～ϕ12mm 的孔，D 型用于导正ϕ12～ϕ50mm 的孔。这两种结构装拆方便，模具刃磨后导正销长度仍能适应导正需要。

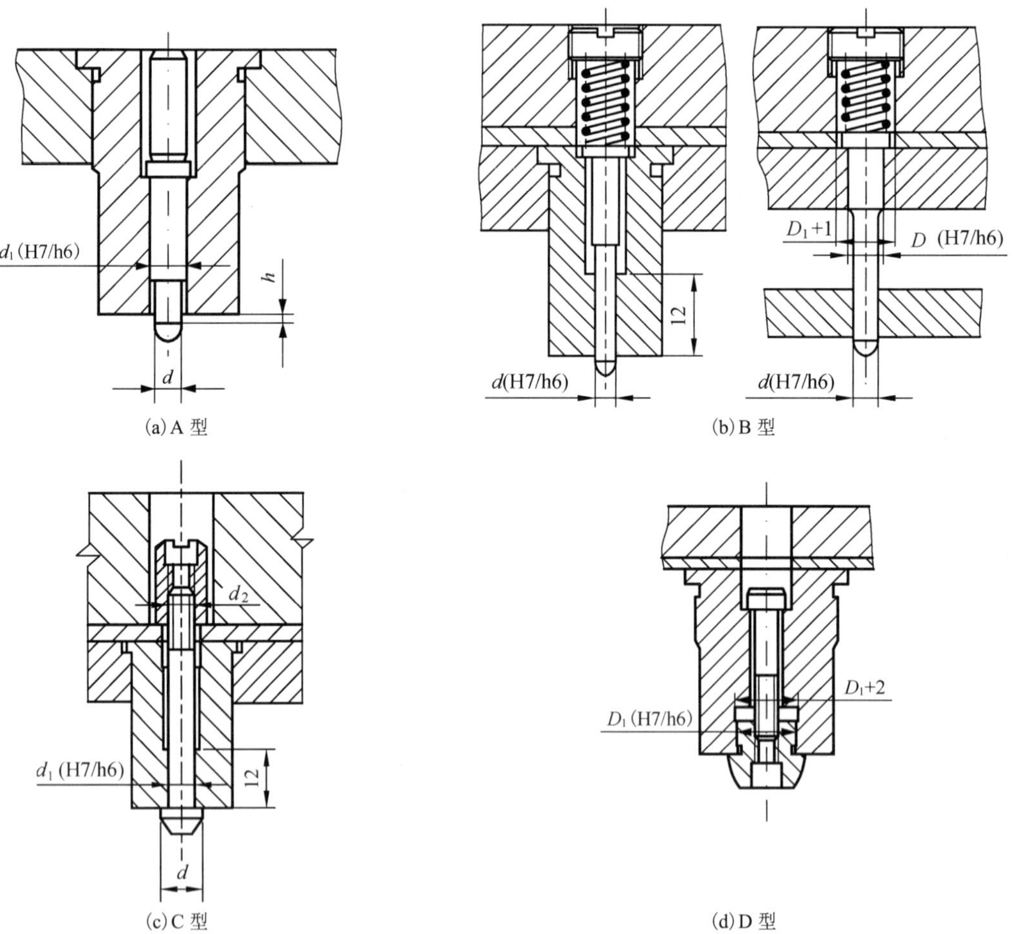

图 10-15 导正销结构

连续模采用挡料销初定位，用导正销精定位时，挡料销的安装位置应保证导正销在导正条料的过程中有移动的余地。其相互位置关系(图 10-16)如下。

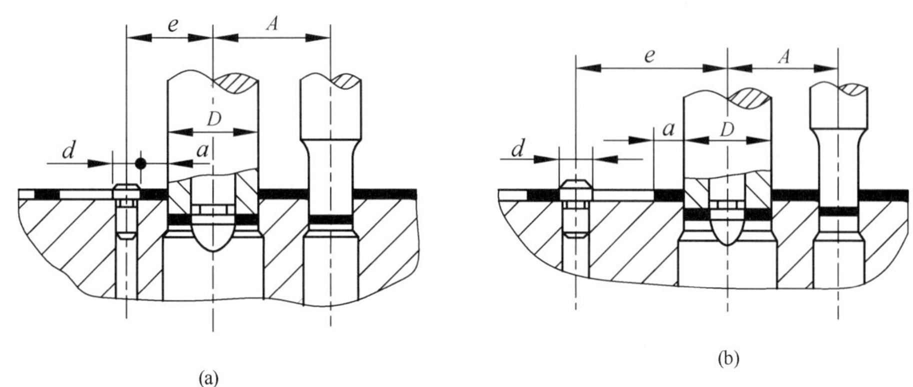

图 10-16　挡料销的位置

按图 10-16(a)方式定位时：

$$e = A - D/2 + d/2 + 0.1 \tag{10-5}$$

按图 10-16(b)方式定位时：

$$e = A + D/2 - d/2 - 0.1 \tag{10-6}$$

式中，A 为进距；D 为落料凸模直径；d 为挡料销柱形部分直径；e 为挡料销与凸模的间距；式中 0.1mm 为导正的余地。

3. 定位板和定位钉

定位板或定位钉是用作单个毛坯的定位装置，以保证前后工序相对位置精度或对工件内孔与外缘的位置精度要求。

图 10-17 所示为以毛坯外缘定位用的定位板和定位钉。图 10-17(a)为矩形毛坯定位用，图 10-17(b)为圆形毛坯定位用，图 10-17(c)用定位钉定位。

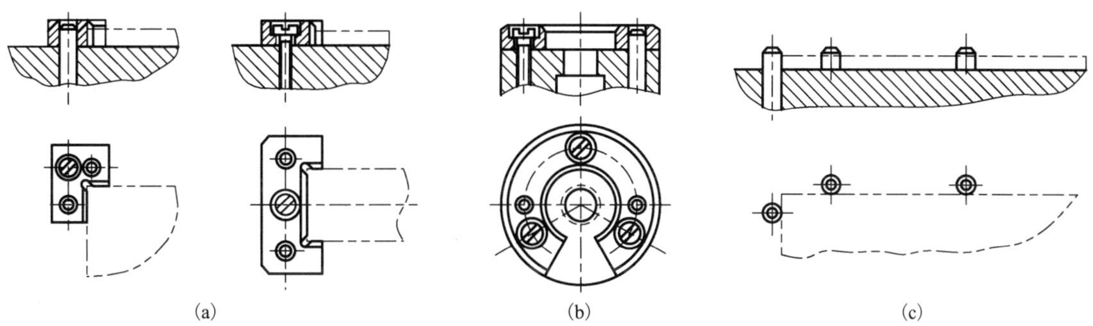

图 10-17　定位板与定位钉(以毛坯外缘定位)

图 10-18 所示为以毛坯内孔定位用的定位板和定位钉。图 10-18(a)为 D<10mm 用的定位钉，图 10-18(b)为 D=10～30mm 用的定位钉，图 10-18(c)为 D>30mm 用的定位板，图 10-18(d)为大型非圆孔用的定位板。

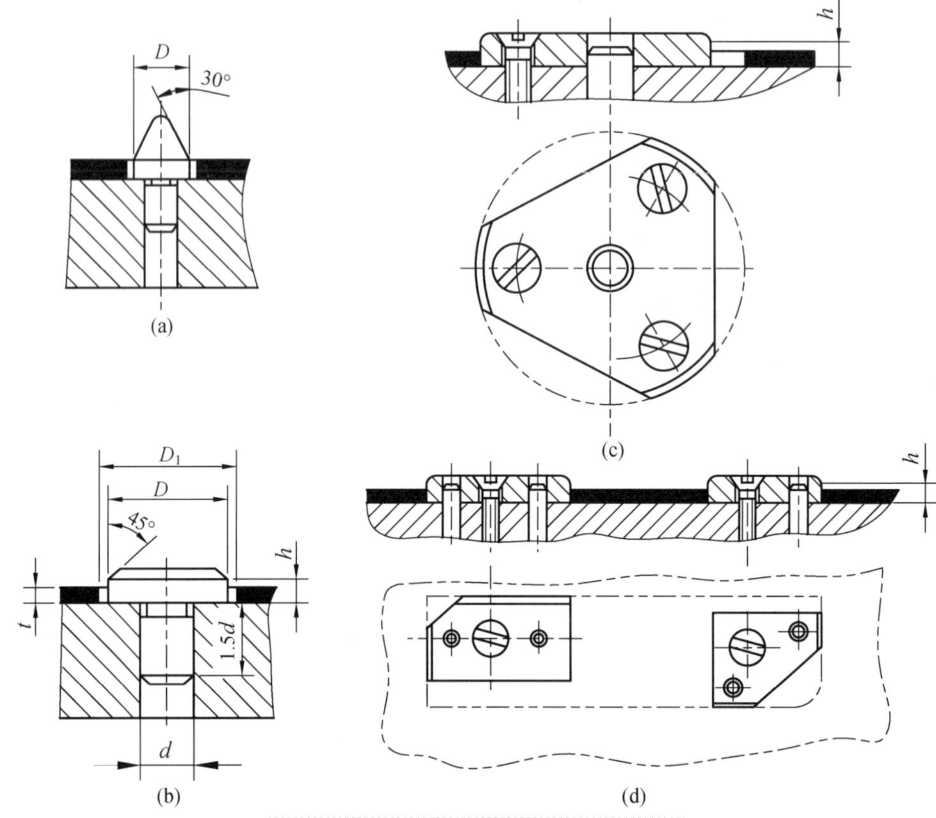

图 10-18　定位板与定位钉(以内孔定位)

10.3.3　压料及卸料零件

1. 卸料装置

(1)刚性卸料装置：刚性卸料装置如图 10-19 所示。常用于较硬、较厚且精度要求不太高的工件冲裁。结构简单，卸料力大。卸料板与凸模之间的单边间隙取(0.1～0.5)t。

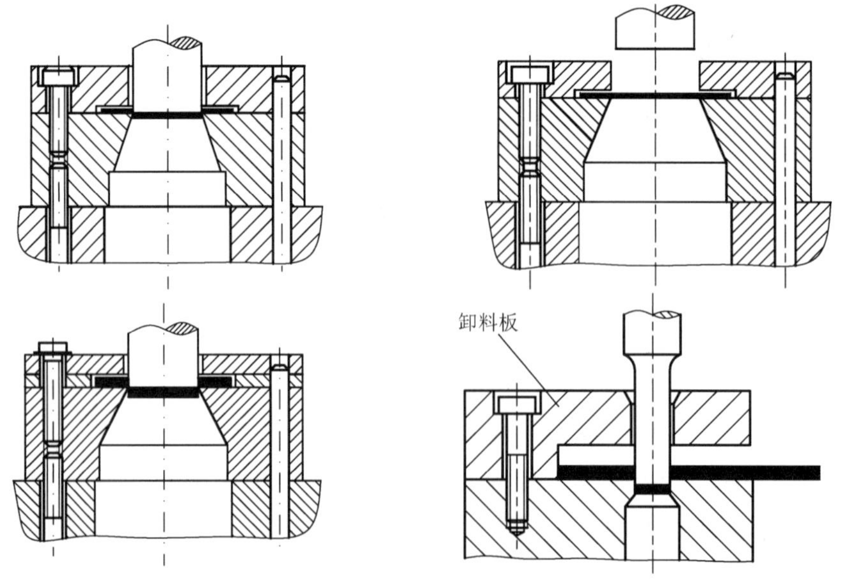

图 10-19　刚性卸料装置

(2) 弹性卸料装置：弹性卸料装置一般由卸料板、弹性元件(弹簧或橡皮)和卸料螺钉组成(图 10-20)。常用于冲裁厚度小于 1.5mm 的板料，由于有压料作用，冲裁件平整。广泛用于复合模中。卸料板与凸模之间的单边间隙取(0.1～0.2)t，t 为板料厚度。

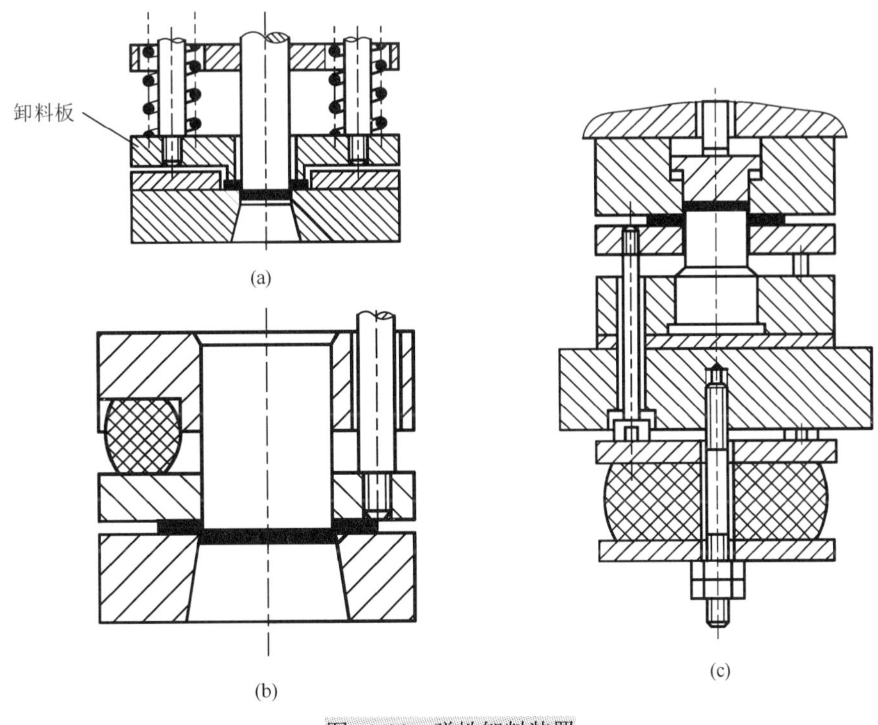

图 10-20　弹性卸料装置

(3) 废料切刀卸料：对于大、中型零件冲裁或成形件切边时，还常采用废料切刀的形式，将废边切断，达到卸料目的，如图 10-21 所示。

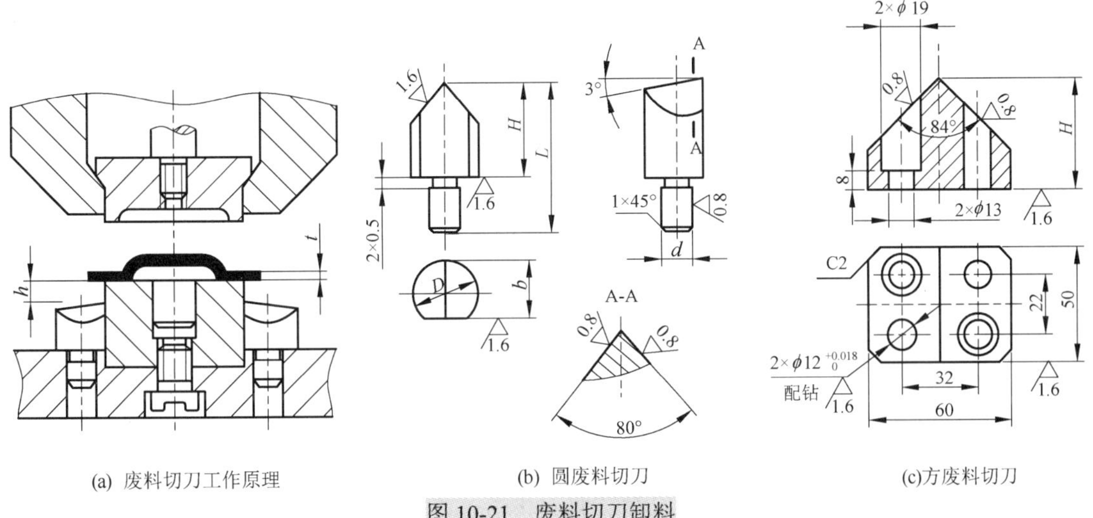

图 10-21　废料切刀卸料

2. 压料装置

用来压住坯料或坯件以保证在冲压时，使材料能顺利地进行变形的装置称为压料装置。它主要包括压料板、压边圈等，主要用于拉深模结构。

10.3.4 导向零件

1) 导柱和导套导向装置

导柱结构和导套结构与上下模座一起构成标准部件。一般导柱导套的配合精度为 H6 / h5 或 H7 / h6。后侧式：导向精度较差，但送料和操作可三向进行。中间式和对角式：导向精度较好，但送料和操作只能两向进行。四导柱式：导向精度最好，但结构复杂，装配较难。

2) 导板导向装置

导板导向时凸模不脱离导板，导板兼起卸料板作用。导板与凸模采用 H7 / h6 配合。导板平面尺寸一般与凹模相同。细长凸模需增加凸模保护套。

3) 套筒导向装置

导向十分精确，适用于精密小零件的模具。

10.3.5 固定与紧固零件

1. 固定板(或称夹板)

固定板用于固定小型的凸模和凹模，以节约模具钢材料。凸模固定板与凸模采用间隙配合 H7/h6 或过渡配合 H7/m6、H7/n6，压装后磨平；厚度一般取凸模直径的 1～1.5 倍。凹模固定板厚度一般取凹模厚度的 0.6～0.8。平面尺寸除能保证安装凸模和凹模外，还应能正确安放定位销钉和紧固螺钉。

2. 模架

无导向装置的一套上下模板称为模座；上下模板中间联以导向装置的总体称为模架。

1) 导柱模模架

按导向结构形式，导柱模模架分为滑动导向模架和滚动导向模架。

2) 导板模模架

作为凸模导向用的弹压导板与下模座以导柱导套为导向构成整体结构。凸模与固定板是间隙配合，因而凸模在固定板中有一定的浮动量。

在模架选用和设计时应注意如下几点。

(1) 尽量选用国家标准模架，而标准模架的形式和规格决定了上、下模座的形式和规格，可查阅相关设计资料。选用非国标模架时，圆形模座的直径比凹模板直径大 30～70mm；矩形模座的长度应比凹模板长度大 40～70mm，宽度可以略大或等于凹模板的宽度；厚度为凹模板厚度的 1.0～1.5 倍。

(2) 所选用或设计的模座必须与所选压力机的工作台和滑块的有关尺寸相适应，并进行必要的校核。

(3) 模座材料：HT200、HT250、Q235、Q255、ZG35 等。

(4) 模座的上、下表面的平行度公差一般为 4 级。

(5) 上、下模座的导套、导柱安装孔中心距精度在±0.02mm 以下；安装滑动式导柱和导套时，其轴线与模座的上、下平面垂直度公差为 4 级。

(6) 模座的上、下表面粗糙度为 $Ra3.2$～0.8 μm 。

3. 垫板

垫板的作用是直接承受和扩散凸模传递的压力，以降低模座所受的单位压力，防止模座被局部压陷，从而影响凸模的正常工作。模具中最常见的是凸模垫板，它被装于凸模固定板与模座之间。模具是否加装垫板，要根据模座所受压力的大小进行判断，可以按式(10-7)校核：

$$p = \frac{F_z}{A} \tag{10-7}$$

式中，p 为凸模头部端面对模座的单位压力，MPa；F_z 为凸模承受的总压力，N；A 为凸模头部端面支承面积，mm^2。

若凸模头部端面上的单位压力 p 大于模座材料的许用压应力，就需要加垫板；反之则不需要加垫板。一般垫板厚度取为 4～8mm，若采用刚性推件装置，应加厚。

4. 模柄

模柄的基本要求：①与压力机滑块上的模柄孔正确配合，安装可靠；②与上模正确且可靠连接。模柄分为：①旋入式模柄(图 10-22(a))，适用于中小型模具，日渐少见。②压入式模柄(图 10-22(b))，适用于模座较厚的中小型模具。通常还需止动销钉。③凸缘式模柄(图 10-22(c))，适用于大型模具。④槽型模柄和通用模柄(图 10-22(d)、(e))，适于上模座较小的模具，便于更换。⑤浮动模柄(图 10-22(f))，适用于导向精度较高的模具。⑥推入式活动模柄(图 10-22(g))，适用于模具的快换结构。

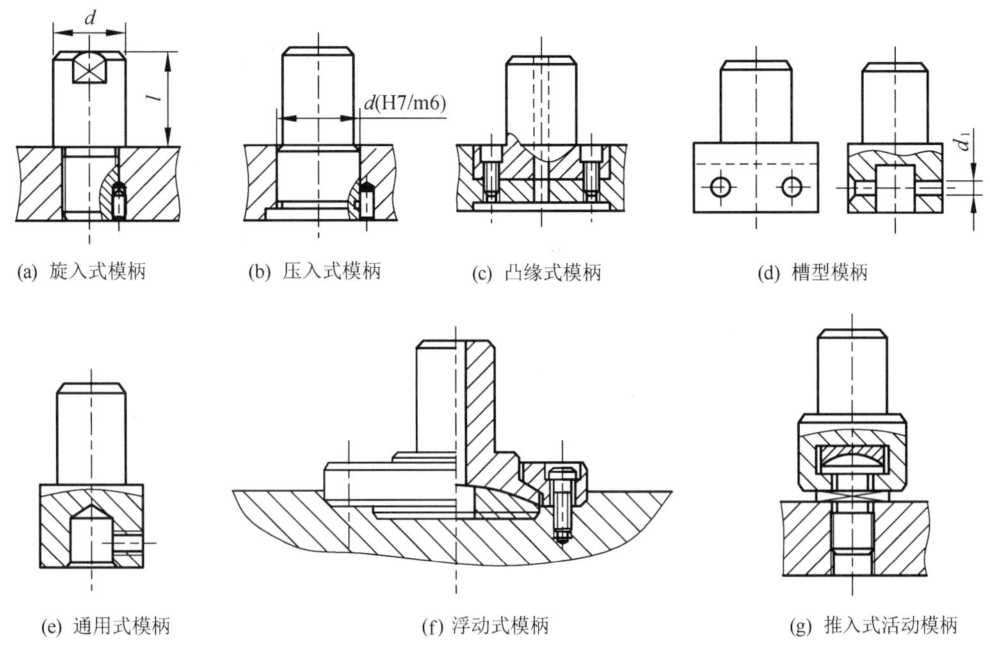

图 10-22　模柄的结构形式

5. 螺钉与销钉

螺钉：内六角头或圆头螺钉。固定作用，选用 4～6 个。

销钉：圆柱销，$\phi 6$～$\phi 12$mm。定位作用，选用 2 个以上。

10.3.6 冲模零件的材料选用

冲模工作零件主要长期承受冲击和摩擦等。

1. 冲模材料的选用原则

(1) 根据模具种类及其工作条件，选用材料要满足使用要求，应具有较高的强度、硬度、耐磨性、耐冲击、耐疲劳性等。

(2) 根据冲压材料和冲压件生产批量选用材料。

(3) 满足加工要求，应具有良好的加工工艺性能，便于切削加工，淬透性好、热处理变形小。

(4) 满足经济性要求。

2. 冲模常见材料及热处理要求

冲压模具所用材料主要有碳钢、合金钢、铸铁、铸钢、硬质合金、钢结硬质合金以及锌基合金、低熔点合金、环氧树脂、聚氨酯橡胶等。凸、凹模等工作零件所用的材料主要是冷作模具钢，常用的模具钢包括碳素工具钢、合金工具钢、轴承钢、高速工具钢、基体钢、硬质合金和钢结硬质合金等。工作零件根据不同应用场合材料及热处理要求查表 10-1。

10.4 冲模结构设计要点

10.4.1 模具结构形式的确定

冲压工艺方案确定之后，就要确定模具各个部分的具体结构，包括上、下模的导向方式及其模架的确定；毛坯定位方式的确定；卸料、压料与出件方式的确定；主要零部件的定位与固定方式以及其他特殊结构的设计等。

在进行上述模具结构设计时，还应该考虑凸模和凹模刃口磨损后修磨方便，易损坏与易磨损的零件拆换方便，重量较大的模具应有方便的起运孔或钩环，模具结构要在各个细小的环节尽可能考虑到操作者的安全等。

10.4.2 压力中心的计算

冲压力合力的作用点称为模具的压力中心。模具的压力中心必须通过模柄轴线而和压力机滑块的中心线重合。否则滑块就会受到偏心载荷而导致滑块导轨和模具的不正常磨损，降低模具寿命甚至损坏模具。

压力中心的计算是采用空间平行力系的合力作用线的求解方法。下面分别说明不同工作情况下的计算法。

1. 开式冲裁(如少、无废料排样时出现的工作情况)的压力中心(图 10-23)

(1) 如图 10-23(a)所示，工件为一任意直线段，则

$$x_0 = 0.5a$$

(2) 如图 10-23(b)所示，工件为任意角 α 的折线，则

$$x_0 = \frac{bl}{a+b}$$

(3) 如图 10-23 (c) 所示，工件为一不封闭的矩形，则

$$x_0 = \frac{ab + a^2}{2a + b}$$

(4) 如图 10-23 (d) 所示，工件为一半径为 R、夹角为 2α 的弧线段，则

$$x_0 = R\frac{180°}{a \times \pi}\sin a$$

当 $\alpha = 90°$ 时，$x_0 = 0.6366R$。

当 $\alpha = 45°$ 时，$x_0 = 0.9003R$。

当 $\alpha = 30°$ 时，$x_0 = 0.9549R$。

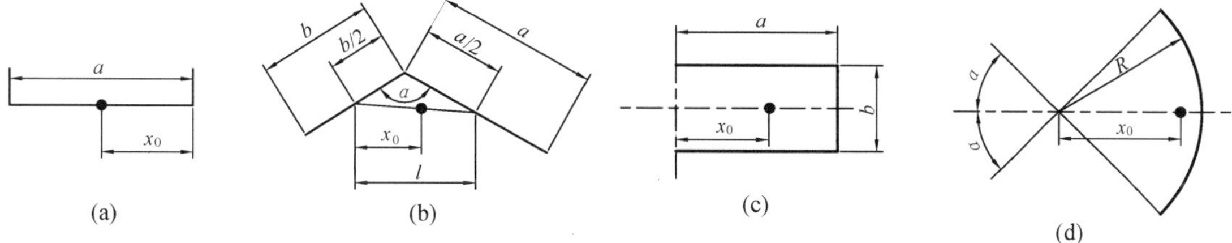

图 10-23　开式冲裁的压力中心

2. 闭式冲裁的压力中心(图 10-24)

(1) 如图 10-24 (a) 所示，当工件为任意三角形时，则

$$x_0 = \frac{(a+c)a + (b+c)e}{2(a+b+c)}; \qquad y_0 = \frac{(b+c)h}{2(a+b+c)}$$

(2) 如图 10-24 (b) 所示，当工件为任意梯形时，则

$$x_0 = \frac{a(a+d) + b(b+d) + e(c+d) + 2ae}{2(a+b+c+d)}; \qquad y_0 = \frac{(2a+c+d)h}{2(a+b+c+d)}$$

(3) 如图 10-24 (c) 所示，当工件为一半径为 R、夹角为 2α 的扇形时，则

$$x_0 = \frac{2\sin\alpha + \cos\alpha}{2(1 + \pi\alpha / 180^{\circ})}R$$

当 $\alpha = 90°$ 时，$x_0 = 0.3890R$；

当 $\alpha = 45°$ 时，$x_0 = 0.5941R$；

当 $\alpha = 30°$ 时，$x_0 = 0.6124R$。

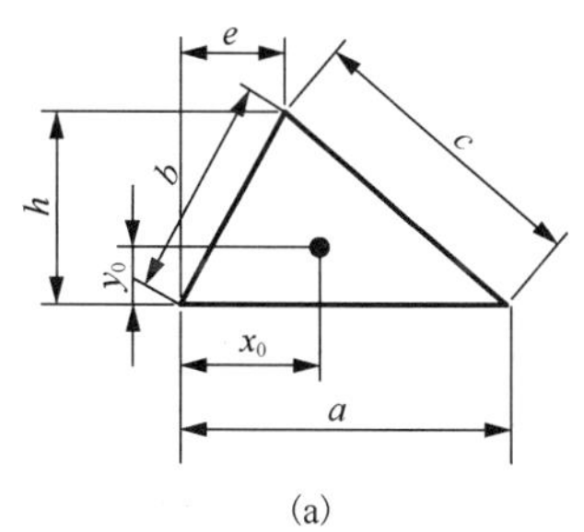

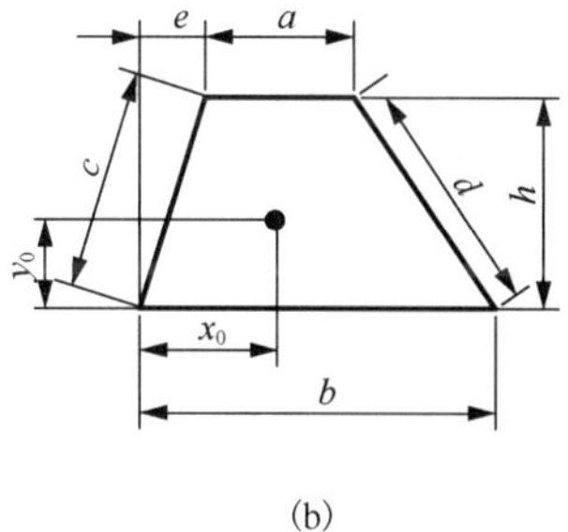

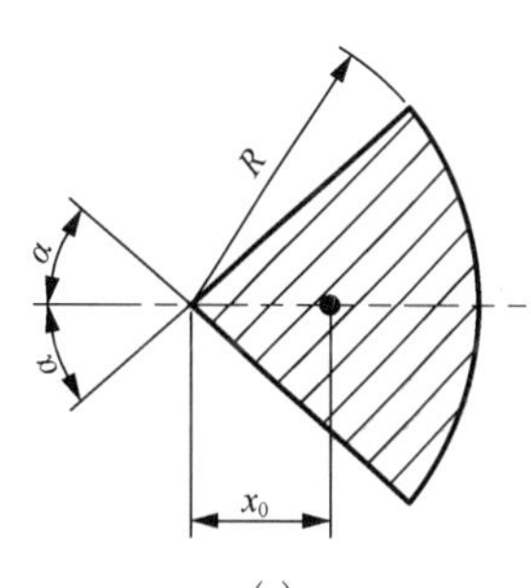

图 10-24　闭式冲裁的压力中心

对于冲裁如图 10-25 所示对称形状的工件时，其压力中心就是工件的几何中心。

3. 其他复杂形状冲裁的压力中心

可根据合力对某轴的力矩等于各分力对同轴的力矩之和的力学原理求得。现以图 10-26 为例，说明压力中心的计算方法。

(1) 先选定坐标轴 x 和 y。

(2) 将工件周边分成若干段简单的直线和圆弧段，求出各段长度及压力中心的坐标尺寸。

$$l_1, l_2, \cdots, l_n$$

$$x_1, x_2, \cdots, x_n$$

$$y_1, y_2, \cdots, y_n$$

(3) 计算压力中心 A 的坐标位置。

对于 y 轴，各分力矩为

$$\begin{matrix} K & l_1 & t & \tau & x_1 \\ K & l_2 & t & \tau & x_2 \\ \vdots & \vdots & \vdots & \vdots & \vdots \\ K & l_n & t & \tau & x_n \end{matrix}$$

合力矩为

$$K(l_1 + l_2 + \cdots + l_n)t\tau x_0$$

式中，K 为系数；τ 为材料抗剪强度；t 为板料厚度。

由各分力矩之和等于合力矩，即可解得

$$x_0 = \frac{l_1x_1 + l_2x_2 + \cdots + l_nx_n}{l_1 + l_2 + \cdots + l_n} \tag{10-8}$$

对于 x 轴，同理可解得

$$y_0 = \frac{l_1y_1 + l_2y_2 + \cdots + l_ny_n}{l_1 + l_2 + \cdots + l_n} \tag{10-9}$$

对于多凸模冲裁求压力中心方法同上。此时，l_1、l_2、…、l_n 应为各凸模的周长，而 x_1、x_2、…、x_n 与 y_1、y_2、…、y_n 则分别为各凸模压力中心的坐标位置。

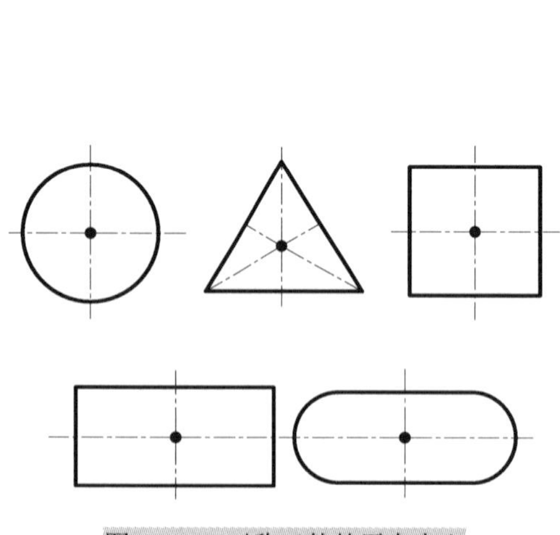
图 10-25　对称工件的压力中心

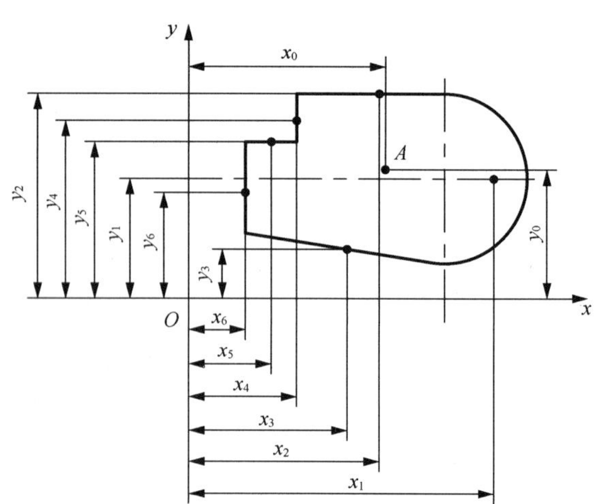

图 10-26　复杂形状工件的压力中心

10.4.3　冲压设备的选用

1. 压力机的主要技术参数

(1) 公称压力及公称压力行程。

(2) 滑块行程。

(3) 滑块行程次数。

(4) 最大装模高度及装模高度调节量。

(5) 工作台板及滑块底面尺寸。

(6) 工作台孔尺寸。

(7) 立柱间距和喉深。

(8) 模柄孔尺寸。

(9) 电动机功率。

(10) 活动横梁的浮动量。

(11) 气垫托杆的尺寸。

2. 冲压设备选用原则

1) 压力机类型选择

(1) 中小型冲裁模、拉深模、弯曲模应选用单柱、双柱开式压力机。

(2) 大中型冲模应选用双柱或四柱压力机。

(3) 批量生产及大的自动冲模应选用高速压力机或多工位自动压力机。批量小但材料较厚的大型冲件的冲压，应选用液压机。

(4) 对于校平、校形模应选用大吨位双柱或四柱压力机。

(5) 大中型拉深模应选用双动或三动压力机；冷挤压模或精冲模应选用专用冷挤压机及专用精冲机。

(6) 多孔电子仪器板件冲裁，最好采用冲模回转头压力机。

2) 压力机规格选择

(1) 压力机的公称压力应大于计算压力（模具冲压力）的 1.2～1.3 倍。

(2) 压力机的行程应满足制品高度尺寸要求，并保证冲压后制品能顺利地从模具中取出，尤其是弯曲、拉深件。

(3) 压力机的装模高度应大于冲模的闭合高度 H_0，即 $H_{max}-5mm \geqslant H_0 \geqslant H_{min}+10mm$。此处，$H_{max}$ 为压力机最大装模高度，H_{min} 为压力机最小装模高度，H_0 为模具的实际闭合高度。

(4) 压力机的工作台尺寸、滑块底面尺寸应满足模具的正确安装。漏料孔的尺寸应大于制品及废料尺寸。

(5) 压力机的行程次数（滑块每分钟冲压次数）应符合生产率和材料变形速度的要求。

(6) 压力机的结构需根据工作类别及零件冲压性质，应备有特殊装置和夹具，如缓冲器、顶出装置、送料和卸料装置。

(7) 压力机的电动机功率应大于冲压需要的功率。

(8) 压力机应保证使用的方便和安全性。

10.4.4　冲模零部件的技术要求

冲模零件的主要技术要求如下。

(1) 零件的材料除按有关零件标准规定使用外，可以允许代用,但代用材料的力学性能不得低于原规定的材料。

(2) 零件图上未注公差的极限偏差按 GB 1804—79 相关规定的 IT14 级精度。

(3) 零件上未注倒角，除刃口外所有锐边和锐角均应倒角 C0.5～C2 或倒圆 R0.5～R1。

(4) 零件图上未注钻孔深度的极限偏差取+0.5/−0.25mm。

(5) 螺纹长度表示完整螺纹长度，其极限偏差取+1.0/−0.5mm。

(6) 中心孔的加工按 GB 145-85 中相应规定。

(7) 所有光板材料，平面度要求为+0.02mm，长宽公差为+0.50～0.8mm。300mm×300mm 以内的光板、45 钢及其他软料厚度公差为+0.20mm，热处理板厚度公差为+0.30～0.50mm；300mm×300mm 以外的光板、45 钢及其他软料厚度公差为+0.20mm，热处理板厚度公差为+0.50～0.60mm。

(8) 所有模座、凹模、凸模、垫板、夹板等上下表面的平行度公差要求应控制在 0.008～0.06mm。

(9) 矩形凹、凸模等零件图上标明的垂直度公差要求应控制在 0.012～0.025mm。

(10) 上下模座的导柱、导套安装孔的轴心线应与基准面垂直，其垂直度公差规定为：安装滑动导向的导柱导套的模座为 100mm：0.01mm，安装滚动导向的导柱导套的模座为 100mm：0.005mm。

10.4.5　冲模设计中应采用的安全措施

冲压模具是冲压加工的主要工艺装备，冲压制件就是靠上、下模具的相对运动来完成的。加工时由于上、下模具之间不断地分合，如果操作工人的手指不断进入或停留在模具闭合区，便会对其人身安全带来严重威胁。

1. 模具的主要零件、作用及安全要求

(1) 工作零件：凸、凹模是直接使坯料成形的工作零件，因此，它是模具上的关键零件。凸、凹模不但精密而且复杂，它应满足如下要求：①应有足够的强度，不能在冲压过程中断裂或破坏；②对其材料及热处理应有适当要求，防止硬度太高而脆裂。

(2) 定位零件：定位零件是确定坯件安装位置的零件，有定位销(板)、挡料销(板)、导正销、导料板、定距侧刃、侧压器等。设计定位零件时应考虑操作方便，不应有过定位，位置要便于观察，最好采用前推定位、外廓定位和导正销定位等。

(3) 压料、卸料及出料零件：压料零件有压边圈、压料板等。压边圈可对拉深坯料施加压边力，从而防止坯料在切向压力的作用下拱起而形成皱折。压料板的作用是防止坯料移动和弹跳。顶出器、卸料板的作用是便于出件和清理废料。它们由弹簧、橡胶和设备上的气垫推杆支撑，可上下运动。顶出件设计时应具有足够的顶出力，运动时要有限位。卸料板应尽量缩小闭合区域或在操作位置上铣出空手槽。暴露的卸料板的四周应设有防护板，防止手指伸入或异物进入，外露表面棱角应倒钝。

(4) 导向零件：导柱和导套是应用最广泛的一种导向零件。其作用是保证凸、凹模在冲压工作时有精确的配合间隙。因此，导柱、导套的间隙应小于冲裁间隙。导柱设在下模座，要保证在冲程下死点时，导柱的上端面在上模板顶面以下最少 5～10mm。导柱应安排在远离模块和压料板的部位，使操作者的手臂不用越过导柱送取料。

(5) 支承及夹持零件：包括上下模座、模柄、凸模固定板、凹模固定板、垫板、限位器等。上下模座是冲模的基础零件，其他各种零件都分别安装固定在上面。模座的平面尺寸，尤其是前后方向应与制件相适应，过大或过小均不利于操作。

有些模具(落料、冲孔类模具)为了出件方便，需在模座下设垫板。这时垫板最好与模座之间用螺钉连接在一起，两垫板的厚度应绝对相等。垫板的间距以能出件为准，不要太大，以免模板断裂。

(6) 固定零件：包括螺钉、螺母、弹簧、柱销、垫圈等，一般都采用标准件。冲压模具的标准件用量较多，设计选用时应保证紧固和弹性顶出的需要，避免紧固件暴露在表面操作位置上，防止碰伤人手和妨碍操作。

2. 模具设计的安全要点

在结构上应尽量保证进料、定料、出件、清理废料的方便。对于小型零件的加工要严禁操作者的手指、手腕或身体的其他部位伸入模内作业；对于大型零件的加工，若操作者的手必须入模内作业，要尽可能减少入模的范围，尽可能缩短身体某部位在模内停留的时间，并应明确模具危险区范围，配备必要的防护措施和装置。

模具上的各种零件应有足够的强度及刚度，防止使用过程中损坏和变形，紧固零件要有防松动措施，避免意外伤害操作者。

不允许在加工过程中发生废料或工件飞弹现象，影响操作者的注意力，甚至击伤操作者。另外要避免冲裁件毛刺割伤人手。不允许操作者在进行冲压操作时有过大的动作幅度，避免出现使身体失去稳定的姿势；不允许在作业时有过多和过难的动作。应尽量避免冲压加工时有强烈的噪声和振动。模具设计应在总图上标明模具重量，便于安装，保障安全。20kg 以上的零件加工应有起重搬运措施，减轻劳动强度。装拆模具零件时应方便安全，避免有夹手、割手的可能；模具要便于解体存放。总之，模具中的细微的问题都会影响安全，只有对每种作业中的具体问题进行分析，才能提出模具中的安全注意事项。

10.5　工程实践案例：托板零件冲模结构设计

如图 10-27 所示的托板零件，生产性质属于大批量生产，采用厚度 t=2mm 的 08F 板材。

1. 冲裁件工艺分析

(1) 材料：08F 钢板是优质碳素结构钢，具有良好的可冲压性能。

(2) 工件结构形状：冲裁件内、外形应尽量避免有尖锐清角，为提高模具寿命，建议将所有 90° 清角改为 $R1$ 的圆角。

(3) 尺寸精度：零件图上所有尺寸均未标注公差，属于自由尺寸，可按 IT14 级确定工件尺寸的公差。查标准公差表(GB/T 1800.3—1998)，标注偏差后各尺寸为

$$58_{-0.74}^{\ 0};\quad 38_{-0.62}^{\ 0};\quad 30_{-0.52}^{\ 0};\quad 16_{-0.43}^{\ 0};\quad 14\pm0.215;\quad 17\pm0.215;\quad \phi3.5_{\ 0}^{+0.3}$$

结论：可以冲裁。

2. 确定工艺方案及模具结构形式

经上述分析，工件尺寸精度要求不高，形状不大，但工件生产批量较大，根据材料较厚(t=2mm)的特点，为保证孔位精度，冲模有较高的生产率，通过比较，决定实行工序集中的工艺方案，即采用无侧压的两导料板间送料、挡料销和导正销进行定位、刚性卸料装置、自然漏料方式的连续冲裁模结构形式。

3. 模具设计计算

1) 排样——计算条料宽度及确定进距

确定搭边值。根据零件形状，查表 4-10，两工件间按矩形取搭边值 a=2，侧边按圆形初取搭边值 a_1=1.5mm。因此连续模送料进距为

$$A = L + a = 30 + 2 = 32\ (\text{mm})$$

条料宽度按式(4-37)计算：

$$B = \left[D + 2(a_1 + \varDelta) + c_1\right]_{-\varDelta}^{\ 0}$$

式中，c_1 为条料与导料板的间隙；$\varDelta$ 为条料宽度偏差。

查公差表 4-12 和表 4-13 得，$\varDelta = 0.6$ mm，$c_1 = 0.5$ mm，则

$$B = \left[58 + 2\times(1.5 + 0.6) + 0.5\right]_{-0.6}^{\ 0} = 62.7_{-0.6}^{\ 0} \approx 63_{-0.6}^{\ 0}\ (\text{mm})$$

故取侧搭边为 2.5，画出排样，如图 10-28 所示。

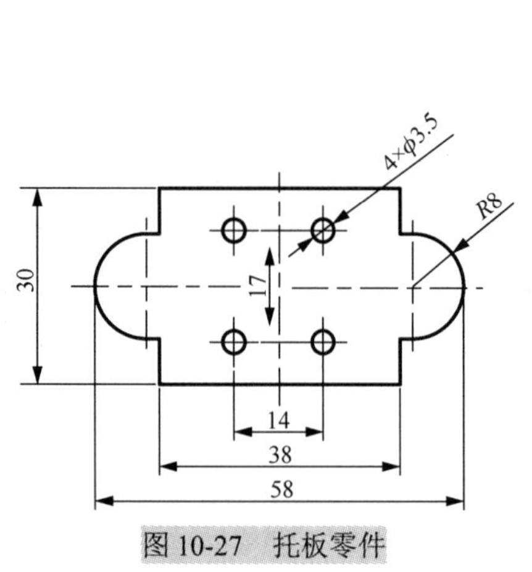

图 10-27 托板零件

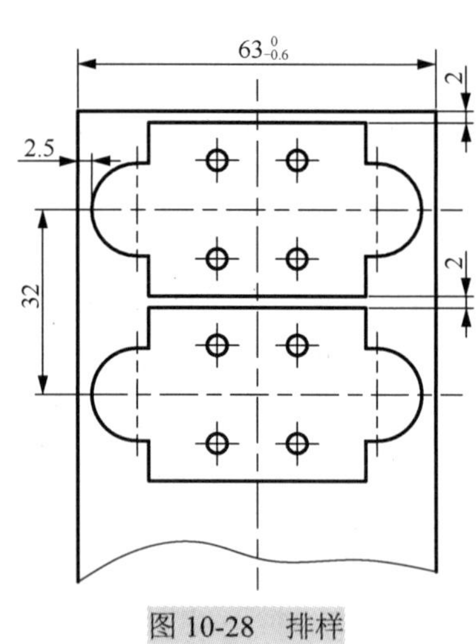

图 10-28 排样

2) 计算总冲压力

由于冲模采用刚性卸料装置和自然漏料方式，故总的冲压力为

$$F_{总} = F_{冲} + F_{推}$$

其中

$$F_{冲} = F_{冲1} + F_{冲2}$$

式中，$F_{冲1}$ 为落料时的冲裁力；$F_{冲2}$ 为冲孔时的冲裁力；$F_{推}$ 为推料力。

按冲裁力公式计算冲裁力：

$$F = KLt\tau$$

查表 10-2 得 $\tau = 300\text{MPa}$，其中取 $K = 1.3$，则

$$F_{冲1} = 1.3\times[2\times(58-16)+2\times(30-16)+16\pi]\times2\times300\div10000\times10 = 126.5\ (\text{kN})$$

$$F_{冲2} = 1.3\times4\pi\times3.5\times2\times300\div10000\times10 = 34.3\ (\text{kN})$$

按推料力公式计算推料力 $F_{推}$：

$$F_{推} = nK_{推}F_{冲}$$

取 $n=3$，查表 4-6 可得 $K_{推} = 0.055$，则

$$F_{推} = 3\times0.055\times(12.65+3.43)\times10 = 26.5\ (\text{kN})$$

计算总冲压力 $F_{总}$：

$$F_{总} = F_{冲1}+F_{冲2}+F_{推} = 126.5+34.3+26.5 = 187.3\ (\text{kN})$$

3) 确定压力中心

根据图 10-29 所示，因为工件图形对称，故落料时 $F_{冲1}$ 的压力中心在 O_1 处；冲孔时 $F_{冲2}$ 的压力中心在 O_2 处。

设冲模压力中心离 O_1 点的距离为 X，根据力矩平衡原理得

$$F_{冲1}X = (32-X)F_{冲2}$$

由此算得 $X \approx 6.8\text{mm}$，所以压力中心如图 10-29 中 O 点所示。

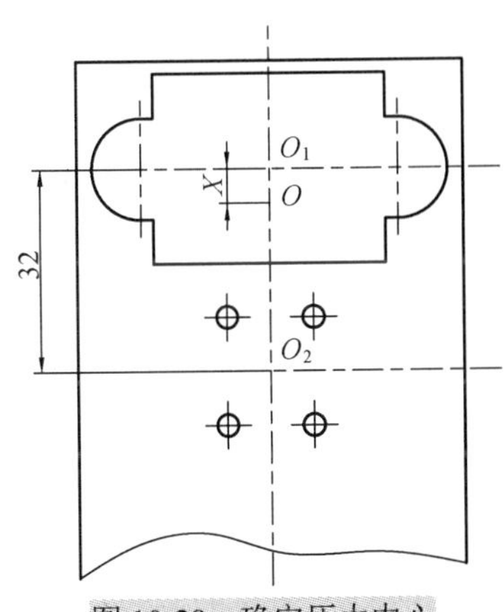

图 10-29　确定压力中心

4) 冲模刃口尺寸及公差的计算

刃口尺寸详细计算方法见本书第 4 章，这里仅将计算结果列于表 10-7 中。在冲模刃口尺寸计算时需要注意：在计算工件外形落料时，应以凹模为基准，凸模尺寸按相应的凹模实际尺寸配制，保证双面间隙(查表 4-1 为 0.22～0.26mm)。为了保证 *R*8 与尺寸为 16 的轮廓线相切，*R*8 的凹模公称尺寸取 16 的凹模公称尺寸的一半，公差也取一半。

表 10-7　冲模刃口尺寸　(mm)

冲裁性质	工作尺寸	计算公式	凹模尺寸标注	凸模尺寸标注
落料	$58_{-0.74}^{0}$	$D_d = (D - x\Delta)_{0}^{+\delta_d}$	$57.6_{0}^{+0.19}$	凸模尺寸按凹模实际尺寸配制，保证双边间隙 0.22～0.26mm
	$38_{-0.62}^{0}$		$37.7_{0}^{+0.16}$	
	$30_{-0.52}^{0}$		$29.7_{0}^{+0.13}$	
	$16_{-0.43}^{0}$		$15.8_{0}^{+0.11}$	
	*R*8		$R7.9_{0}^{+0.06}$	
冲孔	$\phi3.5_{0}^{+0.3}$	$d_p = (d + x\Delta)_{-\delta_p}^{0}$	凹模尺寸按凸模实际尺寸配制，保证双边间隙 0.22～0.26mm	$\phi3.65_{-0.08}^{0}$

在计算冲孔刃口尺寸时，应以凸模为基准，凹模尺寸按凸模实际尺寸配制，保证双面间隙为 0.22～0.26mm。

在计算模具中心距尺寸时，模具制造公差取工件偏差的 1/8。据此，冲孔凹模和凸模固定板孔中心距的制造尺寸为

$$L_{14} = 14 \pm 0.43/8 = 14 \pm 0.054$$

$$L_{17} = 17 \pm 0.43/8 = 17 \pm 0.054$$

5) 确定各主要零件结构尺寸

(1) 凹模外形尺寸的确定。

凹模厚度 H 的确定：

$$H = Kb = 0.28 \times 58 = 16.24 \approx 17(\text{mm})$$

式中，K 为考虑板料厚度影响系数；b 为冲裁件的最大外形尺寸。

凹模长度 L 的确定：

$$W_1 = 2H = 34\text{ mm，工件 } b = 58\text{ mm}$$

$$L = b + 2W_1 = 58 + 2 \times 34 = 126(\text{mm})$$

凹模宽度 B 的确定：

$$B\text{=进距+工件宽+}2W_2$$

取：进距=32mm，工件宽=30mm，$W_2 = 2H = 34$ mm，则

$$B = 32 + 30 + 2 \times 34 = 130(\text{mm})$$

查矩形凹模板尺寸表，取凹模板规格为 125mm×125mm×18mm。

(2) 凸模长度 L 的确定。

凸模长度 L 的计算公式为

$$L = h_1 + h_2 + h_3 + A$$

式中，导料板厚 $h_1 = 8$ mm，卸料板厚 $h_2 = 12$ mm，凸模固定板厚 $h_3 = 18$ mm，凸模的自由尺寸 $A = 18$ mm，则

$$L = 8 + 12 + 18 + 18 = 56(\text{mm})$$

选用冲床的公称压力，应大于计算出的总冲压力 $F_{总}$=187.3kN。

冲床的最大装模高度应比冲模闭合高度大 5mm。

冲床的工作台台面尺寸应能满足模具的正确安装。

按上述要求，结合工厂实际，可选用 J23-25 开式双柱可倾压力机，并在工作台面上配备垫块，垫块可根据实际尺寸配制。

(3) 设计并绘制总图、选取标准件。

按已确定的模具形式及参数，从冷冲模标准中选取标准模架。

绘制模具总装图。如图 10-30 所示为单排冲孔落料连续模。

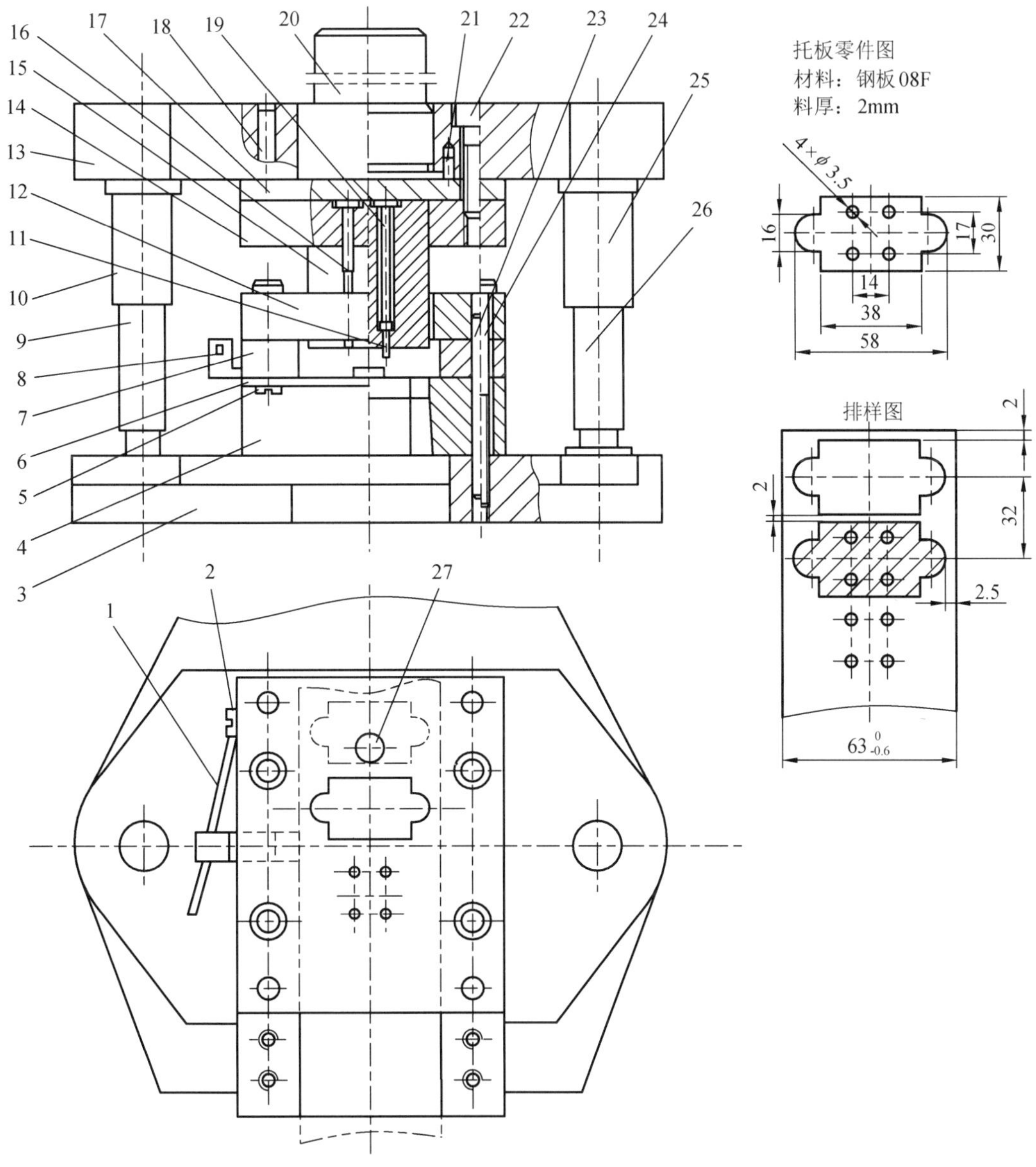

图 10-30　单排冲孔落料连续模

1-弹簧片；2-螺钉；3-下模座；4-凹模；5-螺钉；6-承料板；7-导料板；8-始用挡料销；9、26-导柱；10、25-导套；11-导正销；12-卸料板；13-上模座；14-凸模固定板；15-落料凸模；16-冲孔凸模；17-垫板；18-圆柱销；19-顶柱；20-模柄；21-防转销；22-内六角螺钉；23-圆柱销；24-螺钉；27-挡料销

4. 绘制非标准零件图

本实例只绘制落料凸模、凹模两个零件图样，提供参考，如图 10-31 和图 10-32 所示。

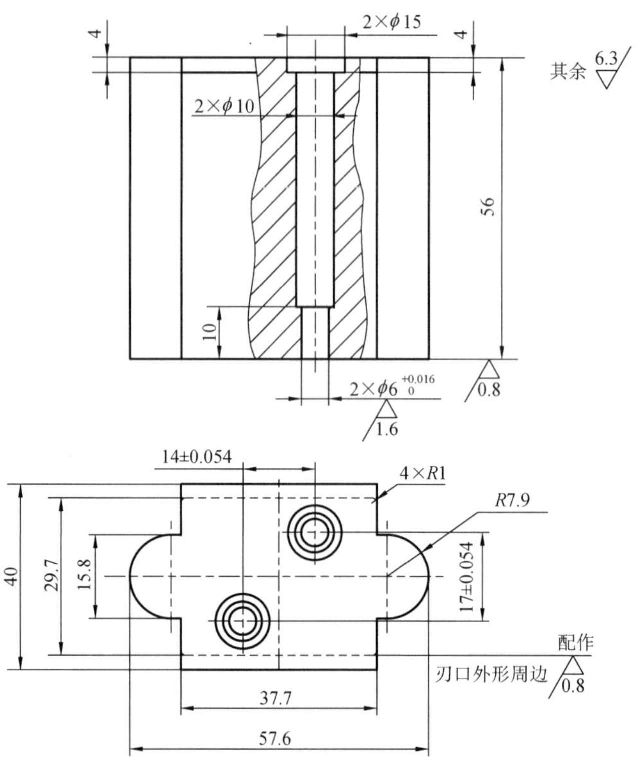

注：落料凸模刃口外形尺寸按凹模刃口实际尺寸配作，保证双面间隙 0.22 mm~0.26mm

图 10-31　落料凸模

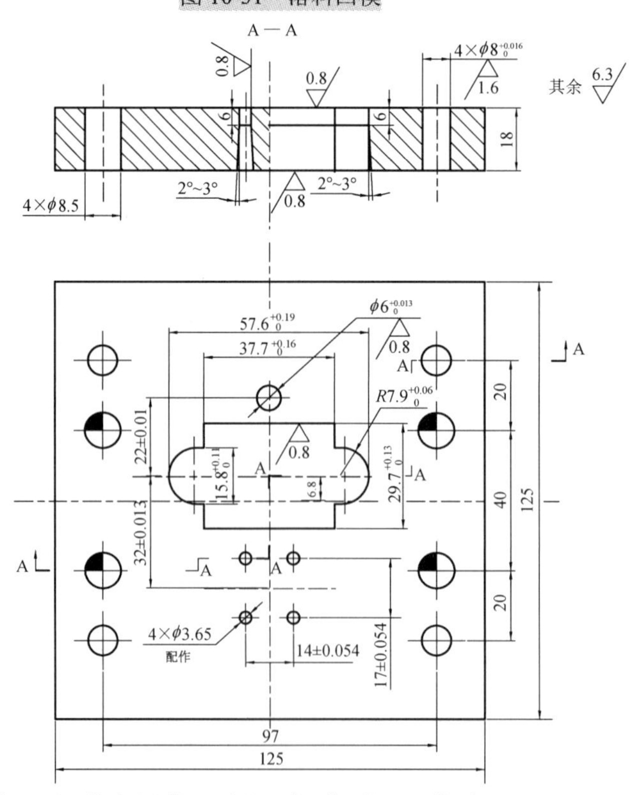

注：图上4×ϕ3.65按冲孔凸模刃口实际尺寸配作，保证双面间隙0.22mm～0.26mm

图 10-32　落料凹模

练　习　题

10-1　冲模是如何分类的?

10-2　冲模主要由哪几类零件构成?

10-3　如何确定凸模的长度?

10-4　如何校核垫板的强度?

10-5　模具材料的选用原则是什么?

10-6　冲压设备的选用原则是什么?

10-7　计算如图 10-33 所示的挡板零件的压力中心。

10-8　设计如图 10-34 所示零件的冲裁模，材料 Q235，板厚 t=2mm。

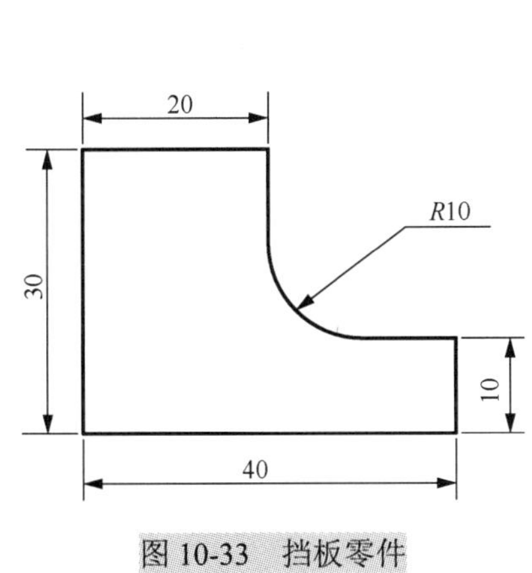

图 10-33　挡板零件

材料：10；料厚：1.5mm

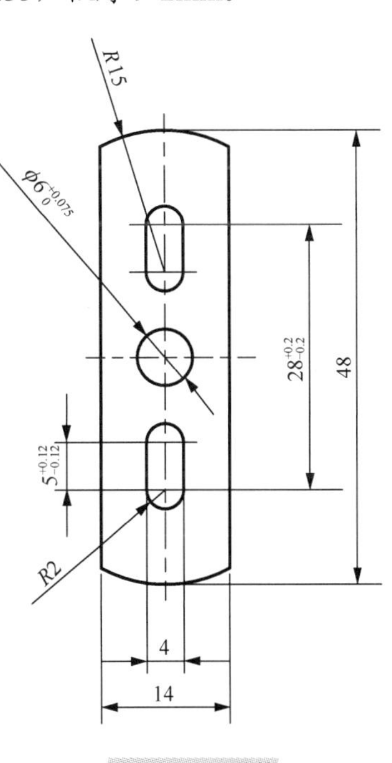

图 10-34　零件

第 11 章　先进成形技术

先进成形技术代表着成形加工业的未来，是一个国家制造水平的体现，一直得到各国的高度关注。近几十年来先进成形技术在国内外得到了快速发展，促进了成形生产的优质、高效、低耗、清洁和灵活。本章主要对具有代表性的液压成形、热冲压成形、拼焊板成形、超塑性成形技术的基本概念、成形原理、成形方法及应用进行简要介绍。

本章知识要点

(1) 掌握先进成形技术的基本概念、基本原理和基本方法。

(2) 掌握液压成形技术、热冲压成形技术、拼焊板成形技术和超塑性成形技术的概念、原理和方法。

(3) 了解各种成形技术的种类、特点和应用。

兴趣实践

找一个气球和一个形状比较特殊的透明塑料瓶，将气球放入瓶中，然后对气球进行吹气，随着气压的增大，观察气球慢慢贴合塑料瓶内壁的过程，最终气球会在气压的作用下，成形为与塑料瓶具有相同形状的气球。在整个过程中体会液压胀形成形的基本原理。

探索思考

能否将内高压成形技术和热冲压成形技术复合应用，如果能，如何实现复合应用？

预习准备

(1) 查询和复习液压技术、激光加工技术等基础知识。

(2) 查询和预习相关金属塑性成形领域的前沿和热门知识，做到对该领域前沿科学有一定认识和了解。

11.1 液压成形

液压成形(Hydroforming)是指利用液体作为传力介质或模具使工件成形的一种塑性加工技术，也称液力成形。

按使用的液体介质不同，可将液压成形分为水压成形和油压成形。水压成形使用的介质为纯水或由水添加一定比例乳化油组成的乳化液；油压成形使用的介质为液压传动油或机油。按使用的坯料不同，液压成形可以分为三种类型：管材液压成形(Tube Hydroforming)、板料液压成形(Sheet Hydroforming)和壳体液压成形(Shell Hydroforming)。

板料和壳体液压成形使用的成形压力较低，而管材液压成形使用的压力较高，又称内高压成形(Internal High Pressure Forming)，本书中称管材液压成形为内高压成形。

现代液压成形技术的主要特点表现在两个方面：一是仅需要凹模或凸模，液体介质相应地作为凸模或凹模，省去一半模具费用和加工时间，而且液体作为凸模可以成形很多刚性凸模无法成形的复杂零件。而壳体液压成形不使用任何模具，因此又称无模液压成形。二是液体作为传力介质具有实时可控性，通过液压闭环伺服系统和计算机控制系统可以按给定的曲线精确控制压力，确保工艺参数在设定的数值内，并且随时间可变可调，大大提高了工艺柔性。在上述三种液压成形方式中，内高压成形技术和板料液压成形，应用比较广泛，下面对二者进行重点介绍。

11.1.1 内高压成形技术

1. 内高压成形技术的基本原理

管件内高压成形技术是用管材作为坯料，借助专用设备向密封的管坯内注入液体介质，使其产生高压，同时还在管坯的两端施加轴向推力，进行补料，在两种外力的作用下，使管坯在给定的模具型腔内发生塑性变形，管壁与模具内表面贴合，从而得到所需形状零件的成形技术。这种成形方式一般包括以下几个步骤，见图 11-1。

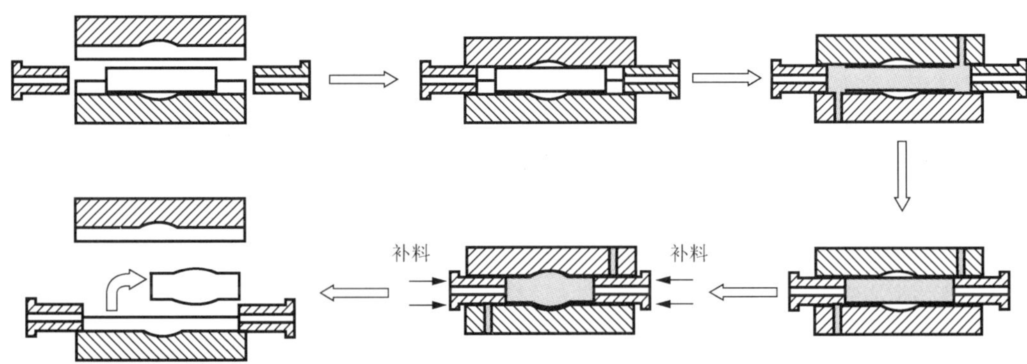

图 11-1　管材内高压成形原理图

(1)先将金属管材坯料置于模具中，该模具的型腔内部形状是所需异形截面管状零件的外表面形状，合模后由压头、模具型腔及其坯料本身的管腔形成一个密封空腔。

(2)在密封空腔中注满液体介质。

(3) 两压头向内挤压，同时向管坯内注入高压液体介质，在液体压力和轴向补料推力的共同作用下，金属管材坯料发生塑性变形并最终与模具型腔内壁贴合。

(4) 保压一定时间后卸去压力。

(5) 分模后得到所需的异形截面管状零件。

管件内高压成形技术根据板料塑性变形的特点可分为变径管内高压成形、弯曲轴线管内高压成形和多通管内高压成形。变径管是指中间一处或几处的管径或周长大于两端管径或周长的管件，其主要的几何特点是管件直径或周长沿轴线变化，轴线为直线或弯曲程度很小的二维曲线。弯曲轴线管是指其轴线是二维或三维曲线，其截面形状包括矩形、梯形、椭圆形以及这些形状之间的过渡形状。多通管件的种类很多，按照多通数量可以分为直三通管（T 形管）、斜三通管（Y 形管）、U 形三通管、X 形四通管和五通以上的多通管，如图 11-2 所示；按主管、支管直径大小，分为等径和异径多通管；按照轴线形状，分为直线和曲线多通管；按对称性，分为对称和非对称三通管；按照壁厚大小，分为厚壁和薄壁多通管，薄壁多通管一般指壁厚 0.5～2mm 的管件。其中 T 形和 Y 形三通管件是多通管中应用最多的结构形式。

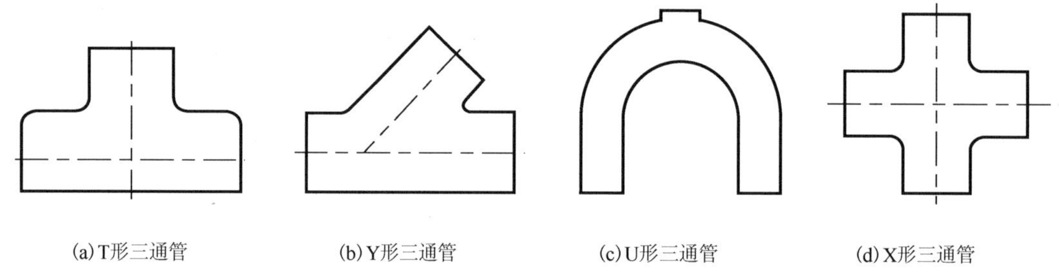

(a) T形三通管　(b) Y形三通管　(c) U形三通管　(d) X形三通管

图 11-2　典型的多通管件

2. 内高压成形技术的特点

1) 内高压成形技术的优点

从工艺技术角度看，内高压成形与冲压焊接工艺相比的主要优点如下。

(1) 减轻质量，节约材料。对于汽车上副车架散热器支架等典型产品，内高压成形件比冲压件减轻 20%～40%；对于空心阶梯轴类可以减轻 40%～50%。

(2) 减少零件和模具数量，降低模具费用。内高压件通常仅需要 1 套模具，而冲压件大多需要多套模具。副车架零件由 6 个减少到 1 个，散热器支架零件由 17 个减少到 10 个。

(3) 可减少后续机械加工和组装焊接量。以散热器支架为例，散热面积增加 43%，焊点由 174 个减少到 20 个，工序由 13 道减少到 6 道，生产率提高 66%。

(4) 提高强度与刚度，尤其是疲劳强度。散热器支架刚度垂直方向提高 39%，水平方向提高 50%。

(5) 材料利用率高。一般内高压成形件的材料利用率为 90%～95%，而冲压件材料利用率仅为 60%～70%。

(6) 降低生产成本。根据德国某公司对已应用零件统计分析，内高压件成本比冲压件平均降低 15%～20%，模具费用降低 20%～30%。

2) 内高压形成技术的缺点

当然，内高压成形技术也有不足之处，其主要缺点如下。

(1) 由于内压高，需要大吨位液压机作为合模压力机。

(2) 高压源及闭环实时控制系统复杂，造价高。

(3) 由于成形缺陷和壁厚分布与加载路径密切相关，零件试制研发费用高，必须充分利用数值模拟进行工艺参数分析。

3. **内高压成形技术的应用**

变径管内高压成形技术适用于制造汽车进、排气系统，以及飞机管路系统、火箭动力系统、自行车和空调中使用的异形管件和复杂截面管件，主要用于管路系统中的功能元件或连接不同直径的管件。

弯曲轴线内高压成形件在汽车上的主要应用有：①排气系统异型管件；②副车架总成；③底盘构件、车身框架、座椅框架及散热器支架；④前轴、后轴及驱动轴；⑤安全构件。内高压成形件在车体结构中的主要应用如图 11-3 所示。

采用内高压技术成形的多通管插头是各种管路系统中不可缺少的管件之一，广泛应用于电力、化工、石油、船舶、机械等行业。在汽车发动机排气系统、自行车车架、卫生洁具制造等领域运用得比较多。图 11-4 所示为用 Y 形三通管制造的汽车发动机排气歧管。

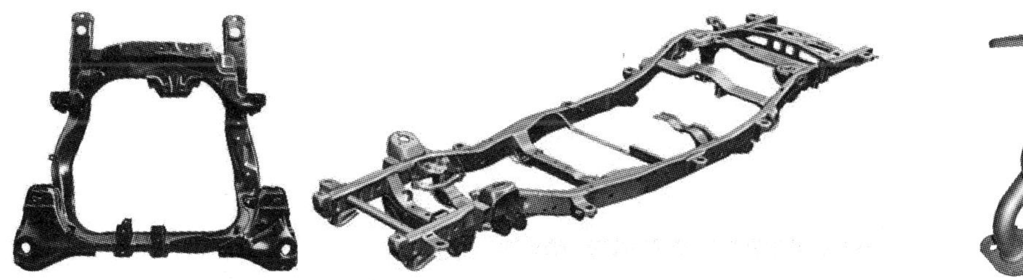

图 11-3　内高压成形件在车体结构中的应用

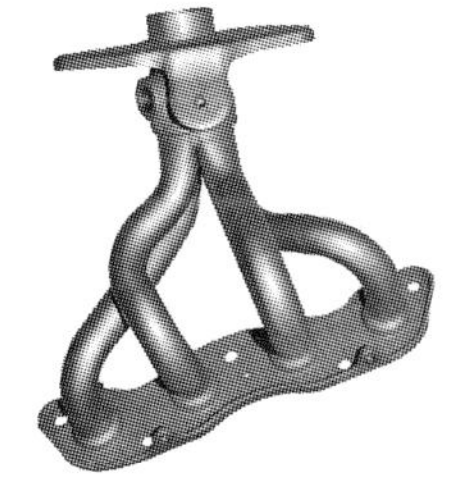

图 11-4　Y 形三通管制造的发动机排气歧管

11.1.2　板料液压成形技术

板料液压成形分为充液拉深成形和液体凸模拉深。充液拉深是用液体介质代替凹模，如图 11-5 所示，而液体凸模拉深是以液体介质作为凸模，如图 11-6 所示。下面以充压拉深成形技术为主要对象，进行具体介绍。

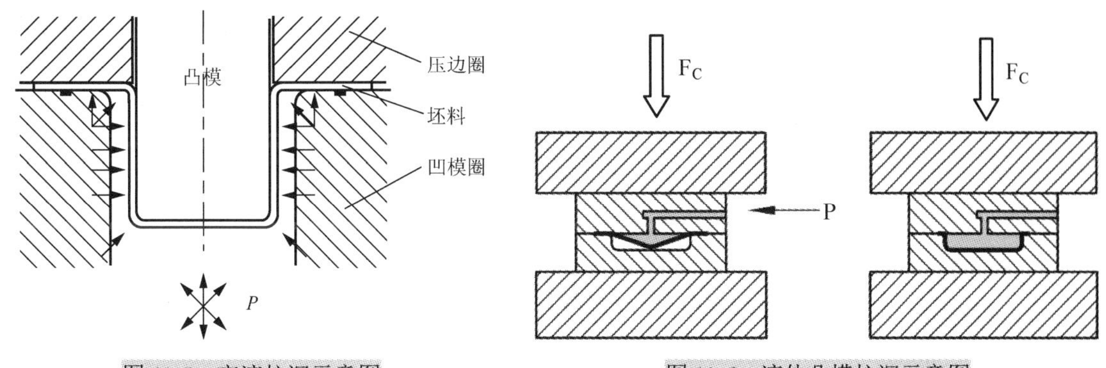

图 11-5　充液拉深示意图　　图 11-6　液体凸模拉深示意图

1. **充液拉深成形基本原理**

板材充液拉深成形模具主要由凸模、压边圈、凹模圈、液室等组成，如图 11-7 所示。首先在液室中充满液体，放置坯料(图 11-7(a))，压边圈以初始压边力将坯料压在凹模圈上(图 11-7(b))，必要时可使液室内液体建立一定的预压；凸模下行将板材拉入液压室(图 11-7(c)，(d))，由于凸模下行将板材压入使液室中的液体建立起压力，液压力由溢流阀调整后将板材紧紧压在凸模上，从而使板材与凸模间产生很大的摩擦力，该摩擦力使危险断面不断转移，传力区的承载能力提高；采用液体凹模，降低了材料在凹模圆角等处的摩擦阻力，提高了板材的成形极限。

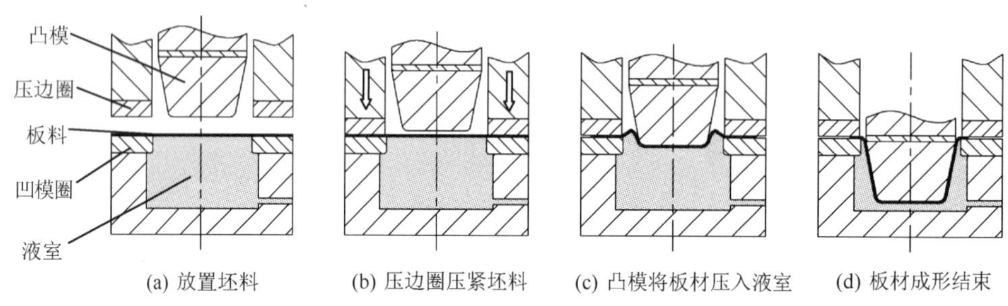

图 11-7　板材充液拉深成形示意图

2. 充液拉深成形的特点

1) 充液拉深成形的优点

由于液体的作用，使得板材充液成形具有摩擦保持、溢流润滑等特点，与普通板材拉深成形相比，充液拉深成形技术具有以下优点。

(1) 成形极限高。由于充液室压力的作用，使坯料与凸模紧紧贴合，产生有益摩擦。在凹模圆角处及法兰区形成流体润滑，降低不利摩擦，提高凸模圆角区、传力区的承载能力，提高零件成形极限，减少拉深次数。对于 0Cr18Ni9 不锈钢，厚度为 0.7mm，直径为 50mm 的深筒件，充液室压力为 86.5MPa 时，采用充液拉深一次成形出合格零件，其拉深比达到 3.36；如果充液室压力为 0MPa，即普通拉深，其拉深比仅为 2.31。对于 SPCC 深拉深板材，圆角为零的筒形件，当充液室压力为 49.5MPa 时，拉深比也可在 2.4 左右；普通拉深的拉深比则在 1.3 左右。

(2) 尺寸精度高、表面质量好。液体从坯料与凹模上表面间溢出形成流体润滑，利于坯料进入凹模，减少零件表面划伤，成形零件外表面可以保持原始板材的表面质量，尤其适合表面质量要求高的板材零件的成形。

(3) 道次少。由于成形极限高，一般只需一个拉深道次，减少中间成形工序及退火等耗能工序。

(4) 成本低。复杂零件可在一道工序内完成，减少多工序成形所需的模具。对于尺寸接近或者厚度相当的零件，可用一套模具成形。复杂零件只需加工出与零件尺寸相当的凸模，无须与凸模配合的复杂凹模型腔，降低生产成本。

2) 充液拉深成形主要缺点

(1) 设备复杂，除液压机外，还需要一套独立的控制系统，使用、维护和保养也比较困难。

(2) 由于凹模内充液及初始反胀需要时间，生产率较低。

(3) 由于充液室压力形成的反作用力，使得拉深力大于普通拉深工艺的拉深力，需要的设备吨位大。

3. 充液拉深成形技术的应用

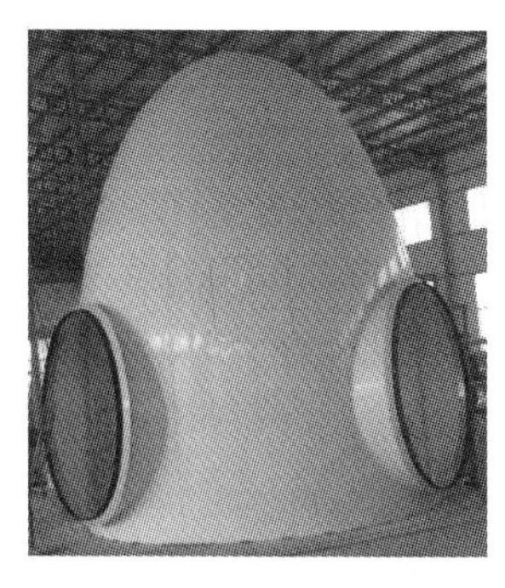
图 11-8 某用途整流罩

充液拉深成形技术适用于筒形、锥形、抛物线形、盒形等变形程度超过普通拉深成形极限的板材零件，带有冲压负角的板材零件以及普通拉深模具型腔结构复杂、难于成形的板材零件，主要用于航天领域满足气动力学性能的整流罩、头罩以及汽车领域的发动机盖等覆盖件。如图 11-8 所示，为利用充液拉深技术成形的某用途整流罩。

充液拉深成形适合的材料包括低碳钢、深冲钢、不锈钢等，一次拉深成形可获得超深筒形件，尤其适合低塑性的高强钢、铝合金，如 5A06、2024 等航天领域应用较多的铝合金。在板材厚度方面，主要适合 3mm 以下的薄板。

由于充液拉深具有成形极限高和效率相对较低的特点，一般适用于生产批量不大的板材零件的成形。

11.2 热冲压成形

近年来，随着人们对汽车安全性要求的日益提高和环保意识的加强，世界各国对汽车安全和环保法规的控制变得越来越严格，汽车公司纷纷通过轻量化技术在不牺牲安全性的前提下改善燃料的消耗，降低废气排放。因此，高强度钢和超高强度钢具有的轻质和高强度的优点在车身制造中应用比例越来越大，并已成为轻量化技术实现车身减重和增强整体碰撞强度、提高汽车安全性能的重要方法，所以高强度钢和超高强度钢在车身零件上的应用越来越多。但是，由于高强度钢和超高强度钢板料强度的增加，冲压加工变得越发困难，成形性显著降低。传统的冷冲压方式很难成形这种板料，常常会产生以下成形缺陷。

(1) 因为高强度钢板的屈服强度很高，成形时变形抗力很大，所以需要的成形力也很大，这样会导致板料与模具之间的压力增大，摩擦严重，很容易产生卡模现象，时间久了就需要进行修模工作，为了避免这种情况的发生，需要对模具进行适当的表面处理工艺，这样会增加模具制造和维修的费用。

(2) 在常温下成形时，变形抗力很大，使得冲压设备的吨位较大，这就需要企业购买要求更高的设备。

(3) 因为高强度钢板的强度高，成形后导致残余应力大大增加，容易使零件成形后回弹量增大，降低了零件的尺寸和形状精度，影响后续的装配性能。

(4) 因为高强度钢板强度的提高，其常温下的塑性成形性能大大下降，另外胀形断裂极限和拉深翻边极限大大下降，易导致成形时开裂。

为了解决上述高强度钢在常温下不易成形的难题，一种新型的高强度钢板冲压成形技术得到了广泛应用和推广，即热冲压成形技术。热冲压成形技术是将传统的热处理技术(淬火)与冷冲压技术相结合的最新制造工艺，它的优势是：能够冲压成形强度高达 1500MPa 的复杂承载零部件；高温下，材料塑性、冲压成形性好，能一次冲压成形复杂的冲压件；高温下冲压成形能很大程度上消除回弹影响，提高零件精度和成形质量。

11.2.1 热冲压成形基本原理

热冲压成形工艺与传统的冷冲压成形工艺相比更加的复杂，其主要原理(图 11-9)是先将钢板在专门的加热装置中加热到奥氏体再结晶温度以上，并且保温一段时间，使板料完全奥氏体化，然后将高温下的板料通过机械手等装置迅速转移到自带冷却系统的热冲压模具中快速成形，并保压淬火使钢板的显微结构由奥氏体组织转变为均匀的马氏体组织，成形件因而得到强化硬化，强度大幅度提高。例如，经过模具内的冷却淬火，冲压件强度可以达到1500MPa，强度提高了 250%以上，因此该项技术又称为“冲压硬化”技术。

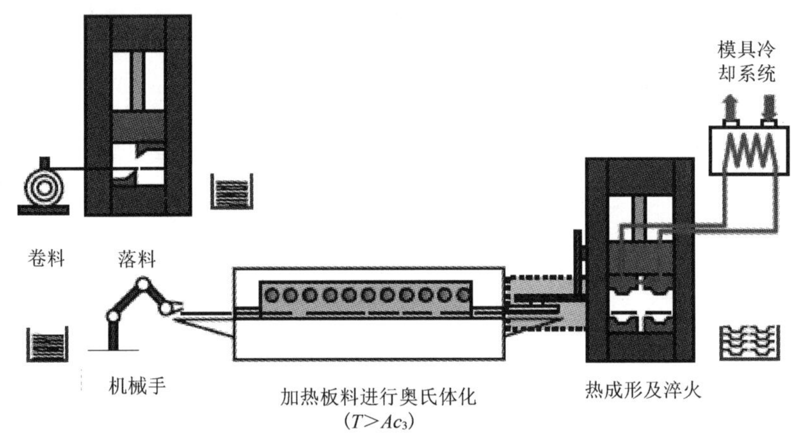

图 11-9　热冲压成形原理示意图

热冲压成形一般由以下几个工序组成：落料、加热、转移、冲压成形及淬火、后续处理。下面对各个工序进行简要的描述。

(1) 落料：热冲压成形工艺中的第一道工序，是把板材冲压出所需外轮廓坯料的过程。所使用的设备为冷成形用的落料模具和落料压机。

(2) 加热：更准确地说应该称为奥氏体化工序，包括加热和保温两个阶段。这一工序的目的在于将钢板加热到一个合适的温度，使钢板完全奥氏体化，并且具有良好的塑性。加热所使用的设备为专用的连续加热炉，钢板在加热到再结晶温度以上之后，表面很容易氧化，生成氧化皮，这层氧化皮会对后续的加工造成不利的影响。为了避免或减少钢板在加热炉中的氧化，一般在加热炉内设置有惰性气体保护机制，或者对板料进行表面防氧化处理。在这一工序中比较重要的工艺参数是加热温度和保温时间。在热冲压成形中要通过控制这两个参数来控制板料的奥氏体化质量。

(3) 转移：转移指的是将加热后的钢板从加热炉中取出放进热成形模具中的过程。在这一道工序中，必须保证钢板被尽可能快地转移到模具中，一方面是为了防止高温下的钢板在空气中氧化，另一方面是为了确保钢板在成形时仍然在较高的温度下，以具有良好的塑性。

(4) 冲压和淬火：在将钢板放进模具之后，要立即对钢板进行冲压成形，以免温度下降过多影响钢板的成形性能。成形以后模具要合模保压一段时间，一方面是为了控制零件的形状，另一方面是利用模具中设置的冷却装置对钢板进行淬火，使零件得到均匀的马氏体组织，获得良好的尺寸精度和力学性能。

(5) 后续处理：在成形件从模具中取出以后，还需要对其进行一些后续的处理，如利用酸洗或喷丸的方式去除零件表面的氧化皮，以及对零件进行切边和切孔。值得一提的是，热冲压件由于强度太高，不能够用传统的模具对其进行切边及冲孔加工，而必须用激光技术切割完成。

11.2.2 热冲压成形的特点

1）热冲压成形的特点

和一般热处理不同，热冲压具有如下显著的特点。

（1）通过保压淬火以得到较高尺寸精度的零件（一般车身零件装配面的公差要求在±0.5mm 之内）。对薄板零件而言，热处理强化并不难，难的是热处理强化的同时保证零件的尺寸精度；热冲压过程存在热胀冷缩的现象，因此在模具型面设计时需要进行一定的补偿。

（2）热冲压对冷却速度有要求。一般热冲压的冷却速度大于 27℃/s，否则在保压淬火过程中容易产生马氏体、铁素体、贝氏体的混合组织，从而影响零件的使用性能。图 11-10 所示是典型热冲压钢板的 CCT 曲线，模具设计和保压淬火数值模拟需要参考该曲线。当然冷却速度也不能太快，否则零件虽然强度很高，但脆性会很大，同样不能满足零件的使用性能要求。

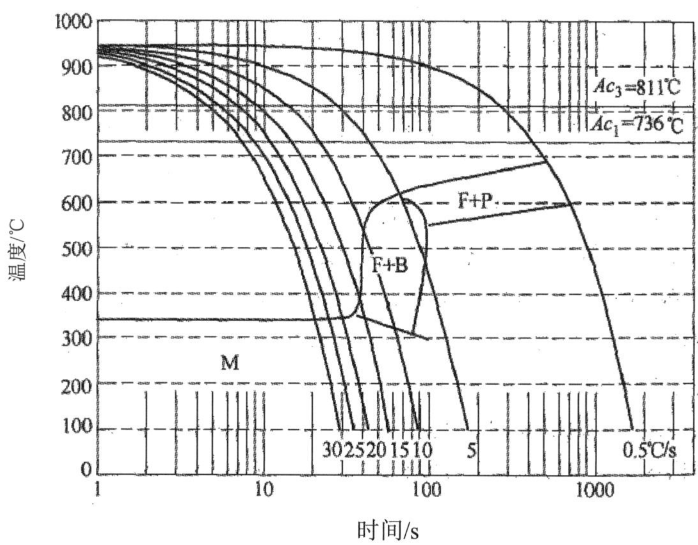

图 11-10 典型热冲压钢板的 CCT 曲线

（3）需要相对均匀的冷却速度，以获得相对均匀一致的金相组织和应力场分布，确保零件出模以后有较好的形状稳定性，装配以后有较好的使用性能。

2）热冲压成形技术优势

就零件成形而言，热冲压具有明显的技术优势，主要表现在以下几个方面。

（1）显著降低成形设备所需的吨位。以超高强度车门防撞梁为例，一套三工序的冷冲压级进模，需要 2000～3000 吨的成形压力机。对于钢板热冲压，一台 800 吨的高速压力机就能满足 90%以上典型车身热冲压零件的成形，而 1200 吨的高速压力机就能满足所有典型车身热冲压零件的成形。

（2）提高零件的冲压成形性。超高强钢冷冲压的瓶颈问题之一是冲压成形性差，容易开裂和起皱，而热冲压基本上是钢板在 800℃左右的温度下冲压成形，钢板屈服强度较低，因此具有较好的成形性。

(3) 提高零件的尺寸精度。超高强钢冷冲压的另一瓶颈问题是回弹大，零件尺寸精度差。在超高强钢冷冲压模具开发过程中，经常需要首先创作样模(选用相对便宜的模具钢材料)，对样模进行反复修改以补充控制回弹，直至零件尺寸精度达到要求，然后再根据样模型面选用优质的模具钢材料制作正式模。钢板性能一旦波动，就会对零件尺寸精度产生影响。对于热冲压，基本不存在回弹。对于 A、B、C 柱类零件，尽管热冲压也会产生一定的扭曲回弹，但相对比较容易调整和控制。一旦调整好以后，原板性能的波动对最终零件尺寸精度的影响就不敏感了。

3) 热冲压零件优势

热冲压零件在使用性能上也具有其优势，主要有以下几方面。

(1) 提高零件的碰撞性能。

(2) 实现最大程度的减薄。

(3) 提高零件的硬度和耐磨性。

(4) 借助车身结构的优化，可以有效控制(乃至降低)综合制造成本。

4) 热冲压成形技术劣势

(1) 热冲压生产节拍较慢。车身零件冷冲压的生产节拍一般在每分钟 6 个冲程以上，而热冲压受制于保压淬火，另外包括加热、夹持的时间，常见的生产节拍在每分钟 3 个冲程之内。

(2) 热冲压能耗较大。热冲压需要对钢板从室温加热到 900℃左右，并支持连续生产，因此需要大功率的加热炉(装机功率通常在数百千瓦以上)。

(3) 热冲压质量影响因素多。热冲压零件成形质量的影响因素较一般冷冲压要多得多，如加热温度、保温时间、保压力、保压时间、外部冷却水入口温度、水压等。要得到高质量的热冲压零件，必须对这些因素进行优化，并通过长期生产积累技术诀窍。

(4) 需要激光切割进行切边切孔。热冲压以后的零件其抗拉强度一般在 1500MPa 以上，依靠传统的利用压力机和模具进行切边冲孔已经很难奏效，往往需要用激光切割来离散地进行切边切孔，生产效率低，成本高。

11.2.3 热冲压成形钢板材料

热冲压钢板是一种含有淬火强化硼元素的特殊钢板，一般其原始强度在 500MPa 左右，通过淬火强化，强度可以上升到 1500MPa，甚至达 1800～2000MPa。一般的高强钢，如 DP 钢具有一定的淬火强化功能，但强度无法上升到这么高。从化学成分来分，热冲压钢板可以分为：Mn-B 系，如宝钢热冲压用钢；Mn-Mo-B 系，如北美、欧洲等的热冲压用钢；Mn-Cr-B 系，是一类高淬透性的热冲压用钢；Mn-Cr 系，即部分马氏体的热冲压用钢；Mn-W-Cr-B 系，POSCO 开发的高烘烤硬化的细晶粒热冲压用钢；从表面特性来分，热冲压钢板可以分为无镀层热冲压钢板和带镀层热冲压钢板。

11.2.4 热冲压成形技术的应用

热冲压成形技术在欧美得到了广泛应用，其应用现状如图 11-11 所示。由于热冲压成形技术是一种减小车身重量、提升碰撞性能和降低汽车制造成本的有效手段，因此在多款汽车中得以采用。大众汽车使用热冲压成形技术制造的零件占车身重量 10%以上；菲亚特汽车公司准备在未来的新车型中提高热冲压零件的使用率，拟将 16%以上的零件采用热冲压成形技术，而沃尔沃汽车公司则准备将 35%以上的零件采用热冲压成形技术。其中典型的热冲压车身零件有前、后门左右防撞杆(梁)、前、后保险杠、A 柱加强板、B 柱加强板、C 柱加强板、地板中通道、车顶加强梁等，如图 11-12 所示为车身中典型的热冲压零件的应用。

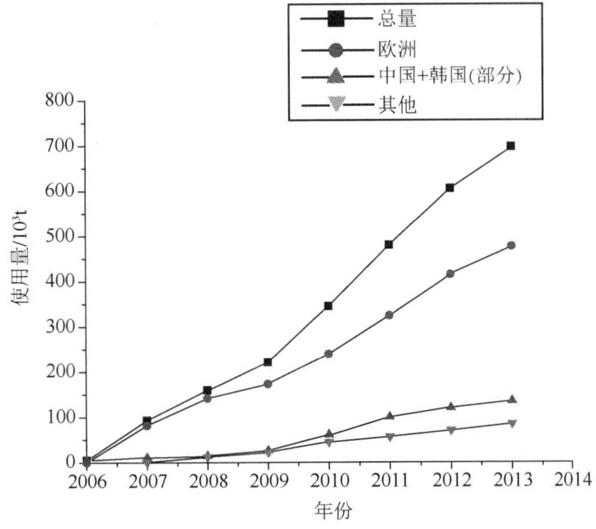

图 11-11　热冲压成形技术应用现状

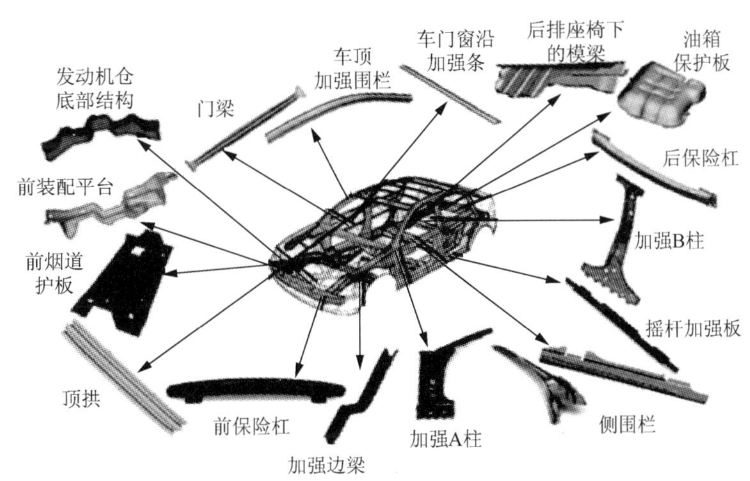

图 11-12　车身中典型的热冲压零件的应用

11.2.5　热冲压成形模具设计

热冲压模具不但用于成形，还要用于给零件冷却淬火，因此其模具设计相比传统的冷冲压模具设计更加复杂，对模具材料选择、模具结构设计等方面提出了更加严格的要求。在设计热冲压模具结构过程中，设计方法上与冷冲压模具有一定的相似之处，可以借鉴冷冲压模具的设计经验，但是又由于模具功能的不同，二者又存在明显的区别。在热冲压成形过程中，模具与板料始终发生热量的传递和温度变化，板料温度场的控制对制件的力学性能具有重要的影响。因此热冲压成形模具具有其特殊性，核心技术主要体现在以下几方面。

(1) 由于车身冲压件装配精度要求较高，模具型面设计时需要考虑钢板的热胀冷缩效应，并采取有效补偿方案。

(2) 模具制造精度。钢板加热后虽然其延展性有所提高，但是其强度也随之降低，为了防止板料出现拉裂、起皱等现象，必须合理安排模具的间隙及制造精度等。

(3) 对于有、无氧化保护涂层的钢板热冲压成形，均需要考虑模具的加速磨损，因为模具会在带有氧化层或涂层的环境下工作。

(4) 热冲压成形模具在高低温连续变化的环境下工作，这就需要考虑模具自身的膨胀性及使用寿命选择模具材料及加工工艺。

(5) 模具内部冷却系统的设计，主要包括冷却孔径的大小、冷却孔的间距、冷却孔中心离模具型面的距离、冷却回路布置方式和冷却水的流动方式等。冷却系统设计的根本要求是为了满足板料马氏体转变及组织分布的均匀性，因此模具冷却管路需要进行优化设计，以保证板料在设定的冷却速率下均匀冷却冲压成形。

(6) 基于加工工艺性，特别是钻孔工艺性的模具镶块分块及其精密装配技术。

(7) 模具冷却水泄漏的有效解决方案。

热冲压模具的设计包括模具型面设计、模具本体的合理分块、冷却回路设计、整体结构设计等环节。热冲压模具型面和一般冷冲压模具不同，一般不设计拉深筋和压边圈。只有对于容易起皱的零件，才会设计局部压边圈。设计整体压边圈，会造成先接触的区域产生淬火强化，从而影响零件的整体成形性。

热冲压模具内部需要布置冷却水路，因此内部需要钻孔，从钻孔的工艺性出发，势必要对模具本体合理分块，形成各种不同大小的镶块。镶块的合理分块对热冲压模具的设计质量有重要影响。镶块分块有以下几个总体原则。

(1) 尽可能使所钻的孔均匀逼近模具型面。

(2) 单个镶块起吊、安装方便。

(3) 模具钢加工量尽可能少。

(4) 便于局部调整。

(5) 对于易磨损镶块，其尺寸尽可能小。

对于冷却回路设计有三个关键因素，即冷却孔的直径、冷却孔中心距模具型面的距离、冷却回路总体走向。

对于冷却孔的直径，既要考虑均匀足够的冷却效果，又要考虑钻孔的可行性，一般为6～20mm。

对于冷却孔中心距模具型面的距离，理论上说，冷却孔越靠近模具型面，冷却效果就越好，但模具的强度就变差。可以通过模具强度CAE分析和保压淬火CAE分析对冷却孔的直径和模具型面的距离这两个关键要素进行相应优化，获得冷却效果和模具强度的最佳匹配，图11-13所示是典型热冲压模具镶块的冷却孔布置。

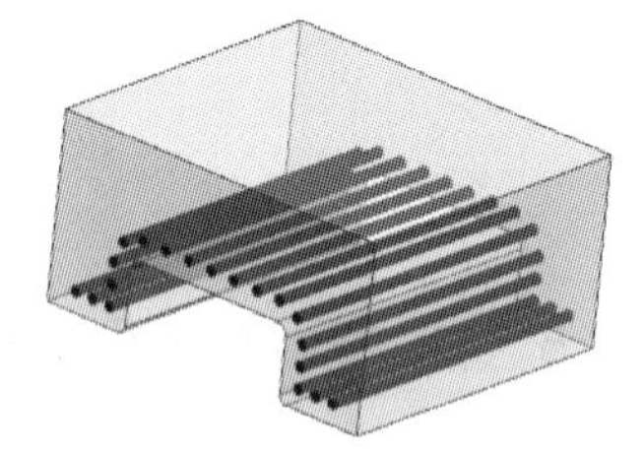

图 11-13　典型热冲压模具镶块的冷却孔布置

对于冷却回路的总体走向，要综合考虑均匀、足够的冷却效果和有效防止冷却水泄漏这两方面的需求。图11-14是常用的冷却回路的总体走向，这种冷却回路设计对防止冷却水泄漏比较有效，但在均匀、足够的冷却效果方面，效果差。镶块交界处，有40mm左右的区域模具型面没有冷却水通过。

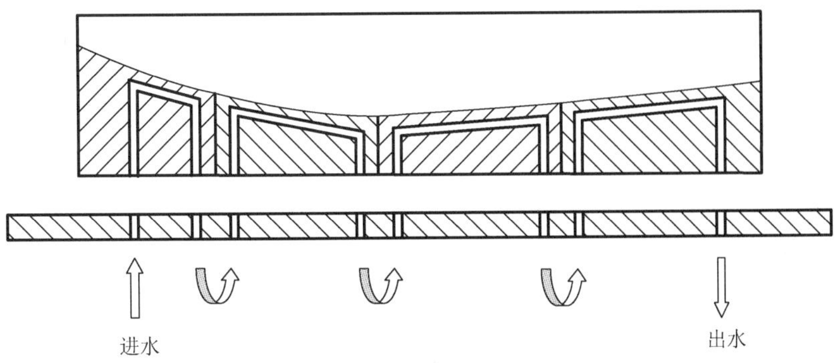

图 11-14　常用的冷却回路的总体走向

综合以上环节，就能完成完整的热冲压模具设计。值得注意的是，热冲压由于存在保压淬火环节，所以生产节拍相对较慢。为了最大限度提高热冲压生产效率，对于左右对称的零件如 A 柱、B 柱类零件，通常采用一模两腔的设计方法，对于车门防撞梁类零件，通常采用一模四腔的设计方法。

11.2.6　高强度钢板热冲压关键装备

热冲压的稳定量产，一方面要依靠热冲压模具及其工艺，另一方面要依靠成熟可靠的生产线装备。典型的热冲压生产线由拆跺系统和打标站、加热炉、上料自动化设备、压力机、下料自动化设备、零件堆垛系统、外部冷却系统和整线控制组成。

1. 加热炉

加热炉是热冲压生产线的核心部件之一，其加热能力在一定程度上影响生产节拍。热冲压生产线的加热炉具备以下功能。

(1) 能加热到 950℃左右。

(2) 炉内有保护气体。

(3) 电或气加热。

(4) 可靠的进给。

(5) 快速出炉和定位。

(6) 炉内分区域，各区域温度能分别控制。

(7) 紧凑的结构设计(节省场地)。

(8) 具有备用发动机，以备断电时保护陶瓷辊，让其继续旋转防止翘曲变形。

(9) 具有强大的自动化功能，能充分考虑到实际生产过程中非正常停机，并有相应对策。

常用的辊底式加热炉，炉子长度一般在 30m 左右，满足 1 分钟 3 个行程的生产节拍。其主要参数如下。

(1) 入口站，钢辊传送带用于上料和对手动操作进行预对中。

(2) 电炉外部尺寸：长 28000mm，宽 2900 mm，高 2200 mm。

(3) 电炉内部加热尺寸：长 24000 mm，宽 2300 mm，高 100 mm。

(4) 炉内采用陶瓷辊。

(5) 电加热，最高温度为 1000℃，公差为±10℃。

(6) 装机功率为 840kW。

(7) 每小时传送材料 3600 kg。

(8) 工作周期最大 20s。

(9) 出口站，板料自动对中装置，误差不超过 2 mm。

2. 压力机

热冲压压力机具有以下基本功能要求。

(1) 快速合模、成形。

(2) 保压淬火。

(3) 备有过程控制(特别是温度)。

(4) 自润滑材料。

(5) 高速液压机(兼顾一般液压机和机械液压机的优点)。

(6) 吨位相对较小，常用吨位为 800～1200t。

图 11-15 所示为常用的热冲压压力机，其典型参数指标如下。

(1) 滑块公称力，最大 8000kN。

(2) 最大回程力 630kN。

(3) 滑块行程 900mm。

(4) 闭合速度 600mm/s。

(5) 公称力时的工作速度 21mm/s。

(6) 回程速度 420mm/s。

(7) 立柱间距 2200mm。

(8) 装模高度 800～1700mm。

(9) 压力机床身尺寸 2200mm×2000mm。

(10) 滑块尺寸 2200mm×2000mm。

(11) 可承受最大模具质量 20t。

(12) 可承受最大上模质量 12t。

图 11-15　常用热冲压压力机

3. 上下料装置

对于连续自动化冷冲压生产，可以采用机器人带吸盘的方式，抓取钢板，并将钢板放置于模具上。而对于连续热冲压生产，由于出炉后的钢板处于高温状态，无法采用吸盘，其上料装置只能采用针对特定毛坯形状设计的夹持器，并依靠机器人或机械手的动作，将高温状态的钢板送到模具上。夹持器的设计必须考虑钢板在高温状态下的膨胀效应，同时既要考虑平稳地抓取钢板，又要尽可能地减小夹持点处钢板的局部温降。为了尽量减少钢板表面的氧化皮，并减小钢板热冲压之前的温降，上料时间必须尽可能地短，采用高速机械手是最佳的选择。

在热冲压下料时，由于保压淬火后的零件尚有 200℃左右的温度，也无法采用吸盘，同样只能采用针对特定零件设计的夹持器，并依靠机器人或机械手的动作，将热态的零件放到输送平台或料箱。

4. 自动化系统

热冲压生产线整线自动化控制需要实现对温度、冷却水(压强、入口温度)、质量、产品转换、安全系统等方面的控制。在质量控制方面主要是安装红外摄像系统，检测零件保压淬火结束后全域范围的温度场分布，借此间接检测零件质量(零件中的马氏体含量)，必要时优化热冲压模具及其工艺。

11.3 拼焊板成形

11.3.1 拼焊板的概念

在生产汽车车身零件的过程中，一般有两种传统成形方法：分离成形和整体成形。分离成形方法利用不同的压机分别成形单个零件，然后将各个零件焊接起来组成目标部件。这种方法虽然提高了材料选择的灵活性，但同时也增加了冲压和加工成本(需要更多的模具和压机)、装配成本(需要将各零件组装起来)以及形状配合问题(零件之间的装配)，并且由于点焊时材料的重叠额外增加了车身的重量。整体成形方法则采用一块整体板在一台压机上同时成形几个零件。从车身结构设计的观点来看，每个车身零件具有不同的厚度和抗腐蚀性能要求，如果采用单一板成形，必须对所有零部件的材料采用相同的等级、电镀类型和材料厚度，导致对某些零件的选材裕度过大，从而增加了车身的重量，提高了成本，并且还可能增大成形难度。这是整体成形方法与分离成形方法相比的一大缺点。为了降低车身重量、提高车身的装配精度、增加车身的刚度、降低汽车车身制造过程中的冲压和装配成本，减少车身零件的数目并将其整体化是非常必要的。因而，一种同时克服了传统分离成形方法和整体成形方法的缺点的生产形式——拼焊板(Tailor Welded Blanks，TWBs)冲压成形发展起来了。图 11-16 为分别采用三种成形方法成形轿车侧围外板的示意图。

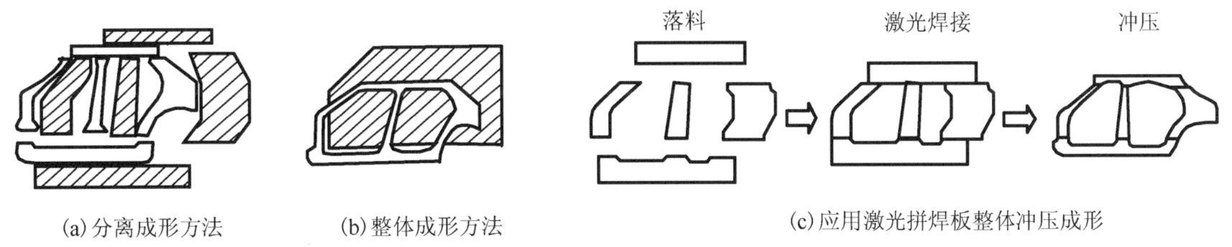

(a) 分离成形方法 (b) 整体成形方法 (c) 应用激光拼焊板整体冲压成形

图 11-16 轿车侧围外板三种成形方法的示意图

拼焊板是将两块或两块以上具有不同力学性能、镀层和厚度的板料焊接在一起所得到的具有理想强度和刚度的轻型板料。拼焊板焊接方式主要有激光焊、滚压电阻缝焊、电子束焊接、感应焊、等离子焊和气体保护钨极弧焊等。其中激光焊适用于钢板和铝板，滚压电阻缝焊适用于钢板，而气体保护钨极弧焊适用于铝板。拼焊板冲压成形同时克服了传统分离成形方法和整体成形方法的缺点，具有经济、减轻车重、安全、美观等多方面的优势。以激光拼焊板为例，图 11-17 为激光拼焊板的组织结构示意图，包括焊缝、热影响区和母材。随着汽车行业的飞速发展，拼焊板的应用越来越普遍，本节将重点介绍现今应用较热的激光拼焊板冲压成形技术。

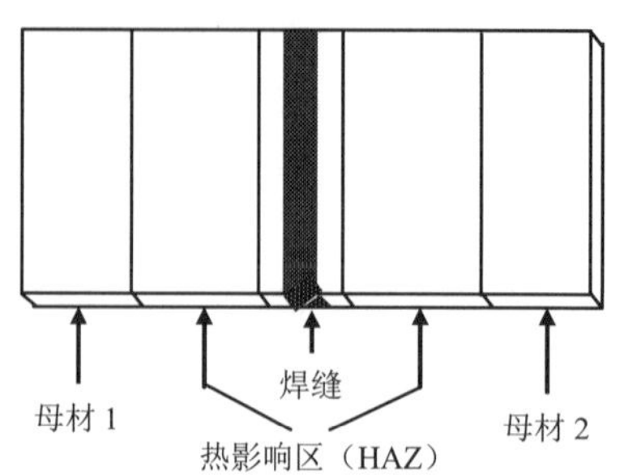

图 11-17　激光拼焊板组织结构

11.3.2　激光拼焊板冲压成形基本原理

激光焊是利用高能量密度的激光束作为热源的一种高效精密的焊接方法。这种焊接方法无须填料，因而不会改变焊缝处厚度。这一点在选择焊接方法时是一个需要考虑的重要因素。同时随着汽车工业的快速发展，传统的焊接方法有很多方面难以满足要求，激光焊得到日益广泛的应用。激光焊具有高能量密度、深穿透、高精度、适应性强、抗热裂能力和抗冷裂能力优于传统焊接方法、残余应力及变形小于传统焊接方法等显著特点。另外，激光焊易于实现自动化，因而受到汽车行业的青睐和重视。如图 11-18 为激光焊接示意图。

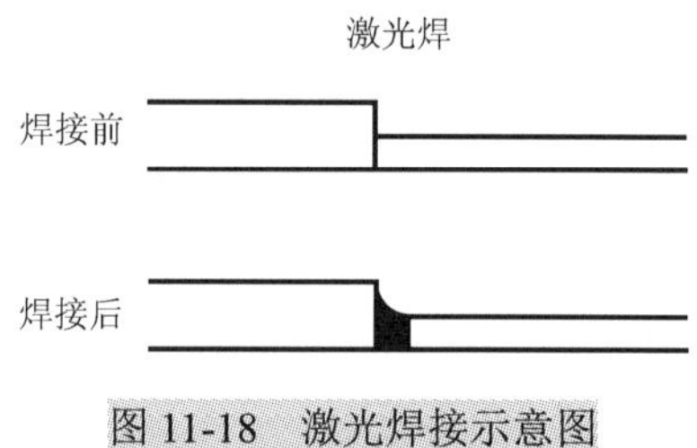

图 11-18　激光焊接示意图

激光拼焊板技术，作为一种相对新型的技术，一般可以分为等厚激光拼焊板和不等厚激光拼焊板。等厚激光拼焊板主要应用在超宽汽车冲压件上，如货车、客车等的大顶盖、侧围、前围板等零件。激光拼焊板应用中绝大部分都是不等厚激光拼焊板，其中既有同材不等厚，也有不同材不等厚，其相应的应用技术是当前激光拼焊板应用技术的主要部分。

目前，激光拼焊板大量应用的是薄板，这里介绍薄板激光拼焊板冲压，其冲压成形原理基本是一般冲压成形的扩展，其主要冲压工艺、模具、设备等与传统的冲压相似，都利用模具冲压板料使板料产生塑性变形，从而成形出符合形状尺寸的钣金零件。其主要的冲压工序也是落料、拉深、冲孔、切边、整形、翻边等，只是多了激光拼焊工序，并且其成形、模具、工艺等又有一些特征与一般冲压显著不同。

激光拼焊板冲压与传统非拼焊板冲压的主要不同之处如下。

(1) 不等厚拼焊板一般是一面为平齐，另一面在厚板与薄板连接处有高度差台阶。这样拼焊板模具型面也相应在一面具有高度差台阶。

(2) 厚板薄板两边受载变形的能力也不一样，往往是薄板承受更多的变形，因而造成焊缝横向不均匀移动。

(3) 激光拼焊板冲压还需要考虑焊缝脆性，冲压时焊缝是其薄弱区，相对容易出现开裂。

(4) 激光拼焊板焊缝较硬，冲压时容易刮伤拉毛模具和零件。

(5) 一般激光拼焊板要求在激光拼焊之前分别将每块母板切料或落料，而且每块母板需激光拼焊的切边具有高精度，一般需要高精剪或高精落料或激光切割才能满足。

11.3.3　激光拼焊板冲压成形的优势

传统工艺条件下，汽车各种部件的制造是由各种小的冲压零部件点焊制成的。而采用了激光拼焊新技术后，则改成先将不同强度和不同厚度的板材冲裁、焊接成整体毛坯，然后进行整体冲压成形。激光拼焊产品的经济技术优势表现在能显著降低汽车产品的制造成本，并有效提高轿车产品的各项性能，为新型汽车设计及制造工艺的发展指明了方向。在轿车市场占主导车型的紧凑型轿车和中型轿车的设计上，激光拼焊制造工艺的优越性体现得更加突出，采用的激光拼焊加工部件越来越多。

利用激光焊接技术生产的拼焊板具有巨大的优势，主要体现在以下六个方面。

(1) 减轻车身重量。在汽车结构件的应用中，使用激光拼焊板，就不必使用多余加强件，从而降低了整体车身重量。在一块钢板中，不同材料和厚度的组合可以大大简化整体车身的结构。

(2) 减少汽车零部件数量。提高轿车车体结构精度，可以缩减许多冲压设备和加工工序。通过使用激光拼焊技术，将材料的强度、厚度进行合理组合，可大大改善结构刚度。

(3) 原材料利用率提高。通过在结构件的特定部位有选择性地使用高强、厚材料，使材料的利用率大大提高。通过在落料工序中采用排样技术，将各种各样的钢板得到合理组合，从而降低材料工程的废料率。

(4) 结构功能提高。通过使用激光拼焊技术，将材料强度、厚度进行合理组合，使结构刚度和耐腐蚀性能得到提高。同时，在有碰撞要求的部位使用高强度钢或厚板，而在要求低的部位使用低强度钢或薄板，大大提高了汽车零部件的抗碰撞能力。与传统点焊工艺相比，使用激光拼焊板的冲压件，其尺寸和形状精度得以提高，使车身的装配精度得到改善，这将降低汽车噪声和整体装配的缺陷。

(5) 为生产宽体车提供可能。由于受钢厂轧机宽度的限制，钢厂提供的板宽有限。随着汽车工业的发展，汽车对宽板的需求日趋紧迫，采用激光拼焊不失为一种有效而经济的工艺方法。

(6) 增加产品设计灵活性。一个零件，如果某一部分需要提高强度，则这部分的厚度也要相应增加。对产品的设计者而言，在设计时只需提高某个部分的强度和厚度即可，而不需要增加整个零件的强度和厚度。

激光拼焊板工艺与传统点焊搭接工艺的产品相比有诸多优势：减重轻量化、提高安全性及寿命等性能、降低成本、减少零件和工序、提高制造装配精度、使优化设计更灵活等；不仅降低了整车的制造成本、物流成本、整车重量、装配公差、油耗和废品率，而且减少了外围加强件的数量，简化了装配步骤及工艺，同时使车辆的碰撞能力增强，冲压成形率及抗蚀能力提高。此外，由于避免使用密封胶，也为环保带来利益。

11.3.4　激光拼焊板冲压件在车身中的应用

激光拼焊板冲压件目前主要应用于汽车工业中，包括轿车、客车、货车等都有应用，其中以轿车和接近轿车的 MPV、SUV 等车型应用更多。而整车中又以车身冲压件应用激光拼焊板为最多，涵盖了很多大型覆盖件和结构件，如车门内板、纵梁、B 柱、地板、轮罩、侧围内板、行李厢内板、前挡板等，此外，底盘零件中也有应用，如副车架拼焊板设计。图 11-19 所示是激光拼焊板零件在轿车车身上的典型应用。

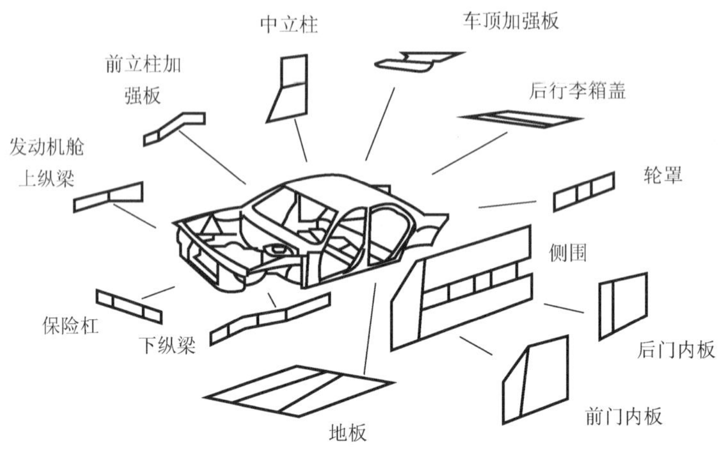

图 11-19　激光拼焊板零件在轿车车身上的典型应用

11.3.5　激光拼焊板模具设计

由于激光拼焊板往往是由两块以上不同厚度、不同材料的钢板拼焊成一整块板，再加之需要考虑不同材料的成形差异性以及激光焊缝的特性，因而，激光拼焊板冲压模具具有与传统冲压模具明显的区别。拼焊板是一面为平齐，另一面厚板与薄板连接处有高度差台阶。这样，拼焊板模具型面也相应在另一面具有高度差台阶，另外，厚板薄板两边受载变形的能力也不一样，往往是薄板承受更多的变形，因而造成焊缝横向不均匀移动。模具设计时模具焊缝台阶设计位置与零件焊缝设计台阶位置一般不在同一位置，需要考虑实际零件成形时焊缝的移动方向及移动量，同时还需考虑实际冲压定位及冲压波动的窜动间隙。

激光拼焊板冲压还要考虑焊缝脆性，冲压焊缝是其薄弱区，相对较易出现开裂。所以焊缝区域模具设计要尽量控制焊缝区域的剧烈变形。拉深筋设计时，激光拼焊板模具应考虑厚板或强板在成形过程中变形不充分的特点，将其对应部分的拉深筋尽量设计为相对较弱的拉深筋，以利厚板或强板的充分流动。在焊缝压边部位适当设计拉深筋(尤其是成形中边部横向伸长变形时)，以便控制焊缝低的伸长率引起的开裂。

此外，激光拼焊板坯料形状尺寸的确定需考虑激光拼焊加工特点的可行性，激光拼焊板一般是先剪切或落料出每块母板，然后再激光拼焊。激光拼焊时需要有合适的定位和夹持。另外，焊缝形式只能是直线、折线、曲线，实际上折线、曲线都有一些特殊要求，如大于 90℃的折线。

模具材料方面，焊缝较硬，容易刮伤拉毛模具和零件，较好的措施是在压边入模区域采用镶块结构。尤其是高强度激光拼焊板零件，型面整体考虑用模具钢更好。同时，也结合模具合适的热处理工艺。

激光拼焊板模具设计除了上述主要与传统设计的不同特点外，其他设计方面与传统冷冲压相同，主要过程为：根据产品数模确定工艺工序，如主要的拉深、冲孔、切边、整形、翻边；根据分析及产品数模确定坯料形状尺寸、回弹控制及补偿、工艺补充、压边面、拉深筋等设计，设计模具形式、型面、结构、模具材料等；制定技术要求，如模具硬度、尺寸及表面精度等；配件明细、装配要求等。

11.3.6 应用实例

1. 汽车门内板拼焊板成形

图 11-20 为门内板零件的凹模模型，其主要特征分为以下几个部分。

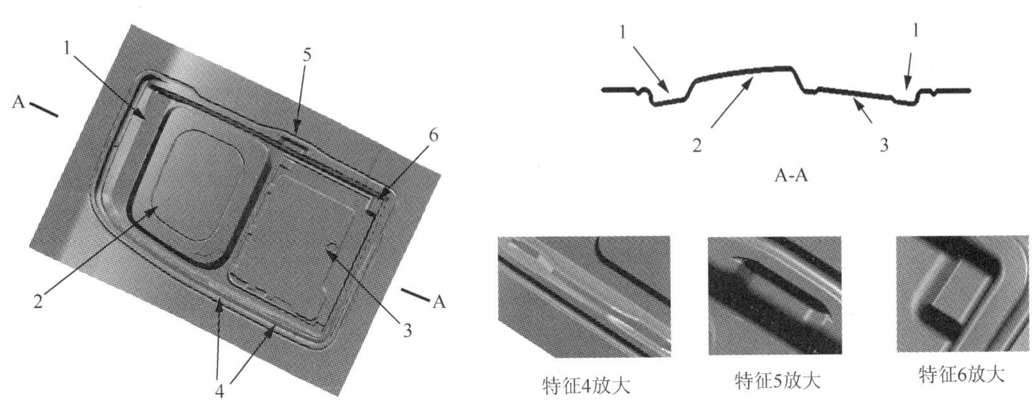

图 11-20 门内板凹模模型

(1) 压料面部分为曲面。

(2) 图中 1、2、3 三个特征为拉深件的主要特征(见 A—A 向截面)，具体为正拉深特征 1、深反鼓包特征 2 和浅反鼓包特征 3。

(3) 图中 4、5 两个特征为门把手和铰链部位，在实际生产中，由于该两部分需要承受绝大部分门的重量以及经常转动和撞击的缘故，在门总成中该两位置需要添加加强板结构。

(4) 图中 6 为拐角部位的台阶，也是门内板的主要形状特征，且有助于降低局部拉深深度。

图 11-21 显示的是用激光拼焊板冲压成形的试件。

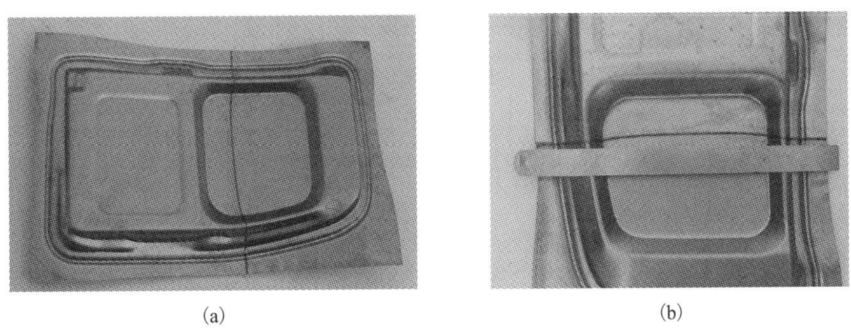

图 11-21 激光拼焊板成形的门内板零件

2. 盒形件曲线焊缝拼焊板成形

激光拼焊板由厚度为 0.7mm 和 1.0mm 的钢板组成，曲线焊缝布置如图 11-22(a)所示，同时为了确保曲线焊缝在成形中安全可靠，在靠近焊缝交点的地方设计一个工艺孔，这样也有利于厚板发生变形。

曲线焊缝主要由三个部分组成，一条是与长轴成 50°的斜线段焊缝，一条是垂直的直线段焊缝，在这两段焊缝之间采用半径 100mm 的圆弧焊缝过渡。曲线焊缝激光拼焊板成形盒形件的零件见图 11-22(b)。

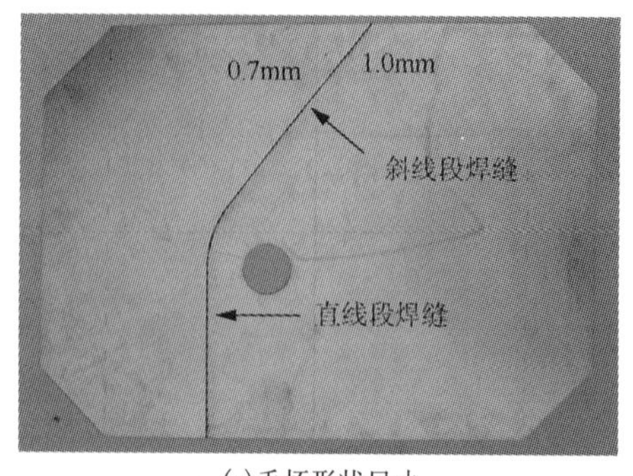

(a)毛坯形状尺寸

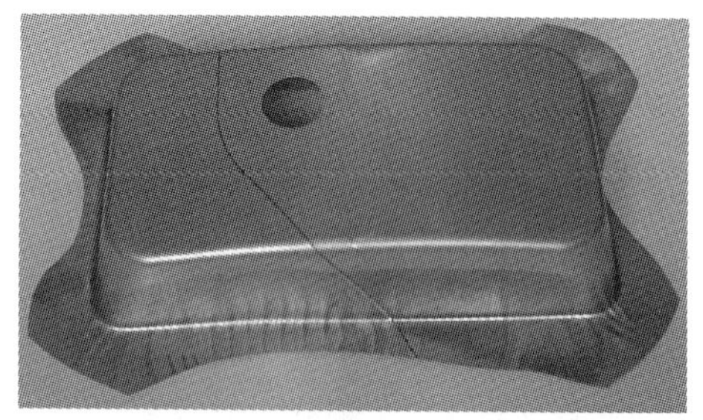

(b)冲压件

图 11-22　曲线焊缝激光拼焊板成形盒形件

11.4　超塑性成形

塑性是金属及合金的一种重要状态属性，其影响因素相当复杂。若综合考虑变形时金属的内外部因素，使其处于特定的条件下，如一定的化学成分、特定的显微组织及转变能力、特定的变形温度和应变速率等，则金属会表现出异乎寻常的高塑性状态，即所谓超塑性变形状态。

超塑性变形状态的主要优越性在于它能极大地发挥材料塑性潜力和大大降低变形抗力，从而有利于复杂零件的精确成形。这对于如钛合金、铝合金、镁合金、合金钢和高混合金等较难成形的金属材料的成形，尤其具有重要意义。

近几十年来，对有关超塑性的本质特性、变形机理及应用技术等进行了广泛而深入的研究。在各种金属材料中(包括有色金属、钢铁、合金材料等)，具备超塑性的组织状态和控制条件正越来越多地被开发出来，甚至在一些非金属材料，如陶瓷、有机材料等，亦发现具有超塑性。

在超塑性应用方面，不仅超塑性体积成形和超塑性板料成形的应用日益增多，而且在焊接和热处理(如改善材质、细化晶粒和表面处理等)的广泛领域内也有应用。此外，还开辟了各种组合的加工方法，例如，用超塑性气压胀形与扩散连接复合工艺(简称 SPF/DB)，制造航空航天器上的一些钛合金和铝合金的复杂板结构件，这种复合工艺被认为是超塑性研究领域中最具发展前途的工艺之一。

11.4.1　超塑性的概念和种类

1. 超塑性的概念

工程用的金属材料，其室温的伸长率δ，对于黑色金属一般不超过 40%，对于有色金属一般也不超过 60%；即使在高温状态下也难以达到 100%。虽然曾从冶炼、热处理等各个方面努力采取措施，但均未能大幅度提高其塑性。

所谓超塑性，可以理解为金属和合金具有超常的均匀变形能力，伸长率达到百分之几百、甚至百分之几千。但从物理本质上确切定义，至今还没有。有的以拉伸试验的伸长率来定义，认为$\delta > 200\%$即超塑性；有的以应变速率敏感性指数 m 来定义，认为$m>0.3$，即超塑性；还有的认为抗缩颈能力大，即超塑性。但不管如何，与一般变形情况相比，超塑性效应表现有以下的特点：大伸长率，甚至可高达百分之几千；无缩颈，拉伸时表现均匀的截面缩小，断面收缩率甚至可接近 100%；低流动应力，对于几乎所有合金，其流动应力仅为每平方毫米几个到几十个牛顿(例如，Zn-22Al 合金只有 2MPa，GCrl5 只有 30MPa)，且非常敏感地依赖应变速率；易成形。由于上述原因，且变形过程中基本上无加工硬化，因此，超塑性成形时，具有极好的流动性和充填性，能加工出复杂精确的零件。

2. 超塑性的种类

对目前已被观察到的超塑性现象，可将超塑性分为细晶超塑性、相变超塑性和其他超塑性三大类。

1) 细晶超塑性

它是在一定的恒温下，在应变速率和晶粒度都满足要求的条件下所呈现的超塑性。具体地说，材料的晶粒必须超细化和等轴化，并在成形期间保持稳定，晶粒细化的程度要求小于 10μm，越小越好；恒温条件的下限温度约为 $0.5T_m$(T_m为绝对熔化温度)，一般为 $0.5\sim0.7T_m$；应变速率为 $10^{-1}\sim10^{-5}s^{-1}$。由于这种超塑性的特点是先使金属经过必要的组织结构准备，又是在特定的恒温条件下出现的，故又称为结构超塑性或恒温超塑性。

细晶超塑性是目前研究和应用较多的一种，其优点是恒温下易于操作，故大量用于超塑性成形；但也有其缺点，因为晶粒的超细化、等轴化及稳定化要受到材料的限制，并非所有合金都达到。

2) 相变超塑性

相变超塑性，又称变温超塑性、动态超塑性。基本原理是：材料在外载荷作用下，在相变温度附近循环加热与冷却，诱发材料的组织结构反复变化而获得大的延伸率。例如，对于碳素钢和低合金钢，在一定载荷作用下，同时于 A_1 温度上下进行反复的加热和冷却，每循环一次，则发生$\alpha \leftrightarrow \gamma$的两次转变，可以得到二次跳跃式的均匀延伸，这样多次循环即可得到累积的大延伸率。又如，共析钢在温度为 538～815℃时，经过 21 次热循环，可得到约 490%的延伸率。

出现相变超塑性不要求材料有超细等轴晶粒组织，但要求材料应具有固态相变。由于要求变形温度频繁变化，给实际应用带来困难。

3) 其他超塑性

普通非超塑性材料在一定条件下快速变形时，也能显示出超塑性。这种短时间内的超塑性也称为短暂超塑性。短暂超塑性是在再结晶或组织转变时，显微组织极不稳定的状态下生成等轴超细晶粒，并且在短暂时间内快速施加外力才能显示出的超塑性。另外，某些材料在消除应力退火过程中，在应力作用下可以得到超塑性。此外，还有在大电流作用下发生的“电致超塑性”等。

3. 超塑性材料

目前已知的超塑性金属及合金已有数百种，按其基体区分，有 Zn、Al、Ti、Mg、Ni、Pb、Sn、Zr、Fe 基等合金。其中包括共析合金、共晶、多元合金等类型的合金。某些超塑性合金及其特性见表 11-1。

表 11-1 几种超塑性的金属和合金

名称	化学成分	伸长率/%	超塑性温度/℃
铝合金	Al-33Cu	500	445～530
	Al-5.9Mg	460	430～530
镁合金	Mg-33.5Al	2000	350～400
	Mg-30.7Cu	250	450
	Mg-6Zn-0.5Zr	1000	270～320
钛合金	Ti-6Al-4V	1000	900～980
	Ti-5Al-2.5Sn	500	1000
	Ti-11Sn-2.25Al-1Mo-50Zr-0.25Si	600	800
	Ti-6Al-5Zr-4Mo-1Cu-0.25Si	600	800
钢	低碳钢	350	725～900
	不锈钢	500～1000	980

11.4.2 超塑性成形的特点

根据超塑性的变形特性，可用大变形、小应力、无缩颈、易成形来描述超塑性特点。

1. 大变形

超塑性材料在单向拉伸时δ值极高。很多超塑性材料在单向拉伸条件下伸长率可以达到1000%以上，Pb-Sn 共晶合金的伸长率最高可达 5500%，铝青铜的伸长率最高可达 8000%以上，代表了金属材料的最高伸长率。超塑性材料变形的稳定性、均匀性要比普通材料好得多，这就使材料成形性能大为改善，许多形状复杂、难成形构件的一次成形成为可能。

2. 小应力

超塑性材料在变形过程中，变形抗力可以很小，因为它具有黏性或半黏性流动的特点。变形抗力可以低到 10MPa 的量级，便于实现甚至像吹塑这样的低压力成形，而且基本上没有加工硬化行为。超塑性成形中通常用流动应力来表示变形抗力的大小，在最佳变形条件下，流动应力要比常规变形小到几分之一乃至几十分之一。例如，Zn-22Al 的流动应力仅为 2MPa 或更低，即使超塑性钛合金板料，其流动应力也只有十到几十兆帕。这样，压力加工的设备吨位可大大减小。

3. 无缩颈

一般具有一定塑性变形能力的材料在拉伸变形过程中，当出现早期缩颈后，应力集中效应使缩颈继续发展，导致提前断裂。

超塑性材料的塑性流变类似于黏性流动，没有(或很小)应变硬化效应，但对变形速度比较敏感，当变形速度增加时，材料的变形抗力增大(强化)，有所谓的“应变速率硬化效应”。

超塑材料变形时也会有缩颈形成，但由于缩颈部位变形速度增加而发生强化，变形转移到其余未强化部分继续进行，这样能获得巨大的宏观均匀变形而不发生断裂。

超塑性无缩颈是指宏观的变形结果，最终断裂时断口部位的截面尺寸与均匀变形部位相差很小。例如，Zn-22Al 合金超塑拉伸试验时，最终断口部位可细如发丝，即断面收缩率ψ几乎达到 100%。拉伸变形时，一般脆性材料$\psi \approx 0$，塑性材料$\psi < 60\%$。

4. **易成形**

由于超塑性具有以上特点，而且变形过程基本上没有或只有很小的应变硬化现象，所以超塑性合金易于压力加工，流动性和填充性极好，可用多种方式进行成形，而且产品质量可大大提高，如体积成形、板料与管料的气压成形、无模拉拔等。铁板的超塑性成形正是利用这些特点，可成形出弯曲半径 r 小到材料厚度 t 的零件，如用冷成形或普通热成形方法是无法实现的。所以说超塑性成形为金属压力加工技术开辟了一条新的途径。

11.4.3　超塑性的成形方法

超塑性成形的基本方法有：超塑性挤压成形、超塑性真空成形、超塑性气胀成形、超塑性拉深成形和超塑性模锻成形。

1. **超塑性挤压成形**

超塑性挤压成形可用于型腔模制造，先用预先制造的凸模将超塑性的模块型腔反挤压出来，然后将压形后的半成品进行机械加工。该法可用于冲模、塑料注射模、锻模等的型腔制造。由于超塑性合金变形抗力小，塑性好，所以能制造出形状复杂的型腔。

2. **超塑性真空成形**

超塑性真空成形法是在模具的成形腔内抽真空，使处于超塑性状态下的毛坯成形。该法又分为凸模真空成形法和凹模真空成形法，见图 11-23。

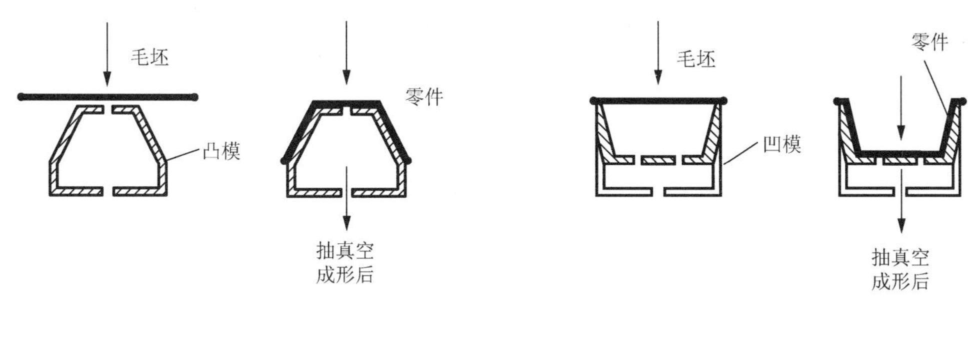

图 11-23　真空成形法

凸模真空成形，是将模具(凸模)成形内腔抽真空，加热到超塑性成形温度的毛坯即被吸附在具有零件内形的凸模上。该法用来成形要求内侧尺寸准确、形状简单的零件。

凹模真空成形用来成形要求外形尺寸准确、形状简单的零件。真空成形由于压力小于 0.1MPa ，所以不宜成形厚料和形状复杂的零件。

3. **超塑性气胀成形**

超塑性气胀成形类似于塑料的吹塑成形，其基本原理是：将被加热至超塑温度的金属板材夹紧在模具上，并在其一侧形成一个封闭的空间，在气体压力下使板材产生超塑性变形，并逐步贴合在模具型腔表面，形成与模具型面相同的零件。此法较之传统的胀形工艺，有低能、低压即可成形出大变形量的复杂零件的优点。图 11-24 为超塑性气胀成形示意图。

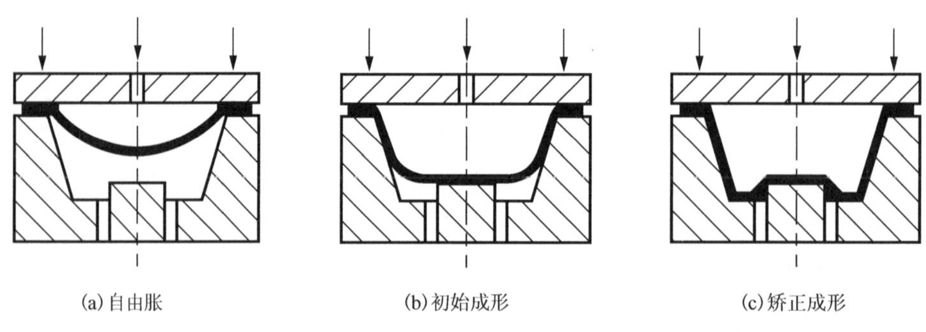

图 11-24 超塑性气胀成形示意图

4. 超塑性拉深成形

超塑性拉深的成形方式与冷拉深基本相同，区别是超塑性拉深时坯料处于超塑性状态，坯料塑性提高，抗力下降，法兰圈起皱的情况得到很大改善。实现超塑性拉深的方法以差温拉深为主。差温拉深的原理是使毛坯的凸缘部分处在超塑性温度下变形，而对与凸模接触部分(筒壁部分)的材料进行冷却，使其接近于常温状态，强度较高，从而大大改善超塑性材料的拉深性能。由于拉深过程中凸缘与筒壁间有巨大的温度差，所以称为“差温拉深”。

5. 超塑性模锻成形

超塑性模锻成形是将合金在接近再结晶温度下进行热变形(挤压、轧制或锻造)以获得超细的晶粒组织；然后在超塑性温度下，在预热的模具中模锻成所需的形状；最后对锻件进行热处理，以恢复合金的高强度状态。需注意，与常规模锻相比，超塑性模锻成形速度较低，温度较高，在 800℃以上，最好采用可调速慢速液压机和耐高温模具材料。

练　习　题

11-1　什么是液压成形？有哪些种类？

11-2　内高压成形和板材液压成形各有什么优缺点？各自应用于什么场合？二者之间有什么区别？

11-3　热冲压成形相比传统冷冲压成形之间有什么区别？有什么优缺点？

11-4　热冲压成形与一般热处理技术之间有什么不同之处？

11-5　什么是拼焊板成形？它具有什么特点？

11-6　简述拼焊板成形的基本原理。

11-7　什么是超塑性成形？有哪些种类？

11-8　超塑性的成形方法有哪些？具体是什么？

第 12 章　冲模 CAD/CAE/CAM 一体化技术

应用 CAD/CAE/CAM 一体化技术是解决模具设计与制造薄弱环节的有效手段，可大幅度提高模具质量，缩短开发周期，降低制造成本。更主要的是：CAD/CAE/CAM 一体化技术是当代最杰出的工程技术成就之一。它从根本上改变了过去用手工绘图、依靠图纸组织整个生产过程的技术管理模式。因此，它对传统产业的改造、新兴技术和产业的兴起和发展、我国模具产业国际竞争力的增强等方面，均能产生巨大的推动作用。

本章知识要点

(1) 了解冲模 CAD/CAE/CAM 一体化技术的基本概念。

(2) 掌握至少一种有关冲模 CAD、CAE、CAM 的软件操作。

(3) 了解高速加工、特种加工在模具制造中的应用。

兴趣实践

(1) 使用冲模 CAD/CAE/CAM 一体化技术，设计并制作一套简单的冲裁模。

(2) 使用快速成形技术，设计并制作一套有趣的冲压模具。

探索思考

(1) 我国经济发展模式正处于转型阶段，这对于模具行业的发展有什么重大的契机？

(2) 应当怎样依托冲模 CAD/CAE/CAM 一体化技术，促进模具产业发展？

预习准备

了解冲压模具行业的发展现状和对冲模 CAD/CAE/CAM 一体化技术的要求。

12.1 概　　述

1. 冲模 CAD/CAE/CAM 一体化技术的基本概念

随着冲模制造技术、信息技术、数字技术的发展，模具计算机辅助设计(CAD)、计算机辅助仿真分析技术(CAE)和计算机辅助制造(CAM)已得到广泛的应用。由于现在模具 80%的成形面制造是依赖数字传递的，采用数控加工技术进行模具设计、制造、检测是最有效、最可靠、最简便的方法。传统的仿形加工、模拟量传递的加工方法已逐渐被数控加工方法所代替。CAD/CAE/CAM 技术集成是指把 CAD、CAE、CAM、CAPP(计算机辅助工艺过程设计，Computer Aided Process Planning)以至 PPC(生产计划与控制，Production Planning and Control)等各种功能不同的软件有机地结合起来，用统一的执行控制程序来组织各种信息的提取、交换、共享和处理，保证系统内部信息流的畅通并协调各个系统有效地运行。

采用 CAD/CAE/CAM 一体化技术是冲模行业的一项革命性措施。CAD/CAE/CAM 一体化技术的广泛应用，促使冲模行业产生了深刻的变化并产生深远的影响，劳动生产率大幅度提高，生产周期大幅度缩减，产品质量大幅度升级，劳动生产环境大幅度改善。这些“提高”、“改善”将使冲模行业获得显著的经济效益和社会效益，保证企业产品的升级和可持续发展。CAD/CAE/CAM 一体化是 CAD、CAE、CAM 技术应用向深度发展的一个最为显著的趋势，其可将各系统有机地、统一地集成在一起，从而消除“自动化孤岛”，取得最佳的效益。

2. 模具 CAD/CAE/CAM 技术的应用特点

(1) 与传统的模拟量加工相比，冲模 CAD/CAE/CAM 一体化技术的应用，提高了生产自动化程度、缩短了生产周期，并且产品的加工精度高、质量稳定。

(2) 必须有完善的软硬件支持，才能充分发挥 CAD/CAE/CAM 一体化技术的优势，这一点至关重要。

(3) 适应性强，最适于新产品的研制和方案的频繁更改。

(4) 由于冲模 CAD/CAE/CAM 系统具有储存、检索、积累、反馈模具设计制造过程中各种信息的功能，所以加工过程可追踪性强。

(5) 用数字传递协调方法取代模拟协调传递方法，可以减少中间环节，协调工装的制造，从而节约产品研发成本和工装制造费用。

(6) 对技术人员的技术水平要求较高，要求其具备的专业知识更为广泛。而对操作人员(如钳工、焊工)的技术、技巧水平要求较低，因为模具的制造精度基本上是靠程序和机床来保证的。

以覆盖件模具为例，CAD/CAE/CAM 一体化经过以下几个过程：覆盖件产品数模→工艺数模设计→成形性数值模拟→模具结构设计→模具数控加工→模具装配调试。

图 12-1 是门内板拉延模 CAD/CAE/CAM 一体化流程图。在模具 CAD/CAE/CAM 系统中，门内板的几何模型是产品的最基本的核心数据，并作为模具设计、分析、编程中最原始的依据。通过模具 CAD/CAE/CAM 系统的计算、设计、分析、编程等大量的信息，应用数据库将其储存和直接传送到生产制造环节的各个方面，从而实现设计制造一体化。

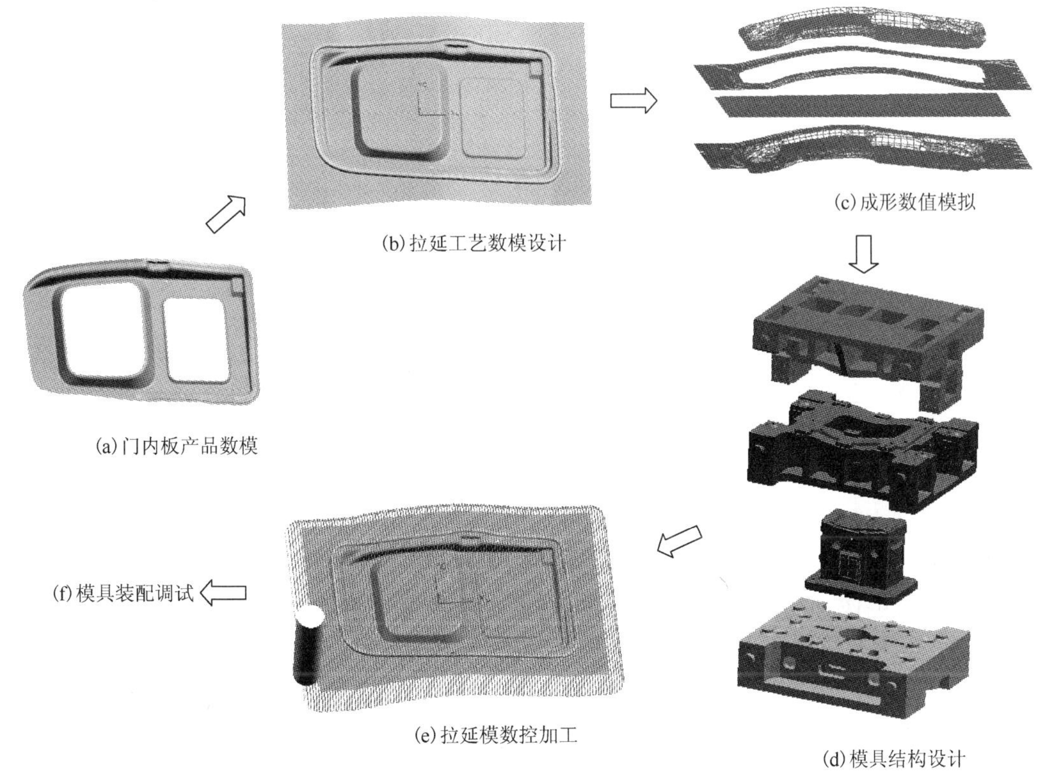

图 12-1　覆盖件拉延模 CAD/CAE/CAM 过程

3. CAD/CAE/CAM 一体化技术的发展

当前在我国的模具行业，数字化信息化水平还较低。国内多数企业数字化信息化都停留在 CAD/CAM 一体化技术的应用上，CAE 尚未普及，许多企业数据库尚未建立或正在建立；企业标准化生产水平和软件应用水平都低，软件应用开发跟不上生产需要。故而，CAD/CAE/CAM 一体化技术应在以下几方面作较深入的发展。

1) 集成化技术

在过去制造系统中仅强调信息的集成，而现在更强调技术、人和管理的集成。在开发制造系统时强调“多集成”的概念，即信息集成、智能集成、串并行工作机制集成、资源集成、过程集成、技术集成及人员集成。

2) 智能化技术

应用人工智能技术实现产品生命周期(包括产品设计、制造、发货、支持用户服务到产品报废等)各个环节的智能化，实现生产过程(包括组织、管理、计划、调度、控制等)各个环节的智能化，也要实现人与制造系统的融合并充分发挥人的监控作用。

3) 信息技术

运用现代信息技术(IT)和制造业信息化工程(MIE)改造和提升制造业，实现跨越式发展，已成为我国的重要发展方针。我国必须坚持以信息化带动工业化，以工业化促进信息化，走出一条科技含量高、经济效益好、资源消耗低、环境污染少、人力资源优势得到充分发挥的新型工业化路子。制造业信息化是将信息技术、自动化技术、网络技术、现代物流管理技术、知识管理技术等与制造技术相结合，带动产品设计制造方法和工具的创新、企业管理模式的创新、企业间协作关系的创新，实现产品设计制造和企业管理的信息化、生产过程控制的智能化、制造装备的数字化、社会服务和咨询网络化，帮助制造企业全面提升核心竞争能力。

4）分布式并行处理智能协同求解技术

该技术实现制造系统中各种问题的协同求解，获得系统的全局最优解，实现系统的最优决策。

5）多学科多功能综合产品设计技术

机械产品的开发设计不仅用到机械科学的理论与知识(力学、材料、工艺等)，而且用到电磁学、光学、控制理论等。不仅要考虑技术因素，还必须考虑经济、心理、环境、卫生及社会等方面因素。机电产品的开发要进行多目标全性能的优化设计，以追求机电产品动静热特性、效率、精度、使用寿命、可靠性、制造成本与制造周期的最佳组合。

6）虚拟现实技术

利用虚拟现实技术、多媒体技术及计算机仿真技术来实现产品设计制造过程中的几何仿真、物理仿真、制造过程仿真及使用过程仿真，采用多种介质来存储、表达、处理多种信息，融文字、语音、图像、动画于一体，给人一种真实感及身临其境感。

7）人-机-环境系统技术

将人、机器和环境作为一个系统来研究，发挥系统的最佳效益。研究的重点是：人机环境的体系结构及集成技术，人在系统中的作用及发挥，人机柔性交互技术，人机智能接口技术，清洁制造等。

这些技术主要体现了 21 世纪制造技术对 CAD/CAM/CAE 集成系统的要求，也表达了 CAD/CAM/CAE 一体化技术发展的方向。

12.2 冲模 CAD

12.2.1 冲模 CAD 技术的介绍

1. 冲模 CAD 系统的功能

CAD 系统主要实现实体造型、优化设计、综合评价和信息交换等方面的功能。其中，造型功能运用最为广泛。常用的 CAD 软件有 AutoCAD、Pro/Engineer、SolidWorks、NX、CATIA 等。

1）造型功能

CAD 主要通过各种数字化的图形信息来表达设计方案，因此图形处理和表达是 CAD 技术的基础与关键。人们在解决了二维图形的计算机处理之后，把目光主要集中在三维图形处理技术上，CAD 系统的曲面造型、实体造型、特征化造型、参数化设计等功能不断完善和提高，很好地满足了产品设计要求。

2）优化功能

CAD 是辅助设计，而不是辅助绘图。因此，现代 CAD 系统应具备优化功能，使其充分利用计算机的高速运算、存储、记忆和判断能力，发挥人和计算机协同设计的优势，进行产品设计参数和方案的优化分析与设计，从而达到最佳设计效果。

3) 综合评价功能

利用 CAD 系统中提供的分块、分层或剖切功能，三维 CAD 系统具备的实时旋转、缩放等功能，设计者可以通过视点的变化对设计对象进行平滑的、逼真的、动态的观察，剖视它们的内部结构，以便于对包括尺寸校核、外观分析、内部结构剖析、碰撞检验以及材料加工中的各种缺陷预测等各类参数进行各种校验和评价，通过改进设计，从而获得更合理的设计方案。

4) 信息交换功能

CAD 系统的信息交换是根据各种不同的数据交换标准(如 IGES、STEP、SET 等)进行的，以实现 CAD 与 CAD/CAE/CAM 系统之间的信息交换和资源共享。目前，实时准确地实现系统间的信息交换仍是研究的热点之一。

2. 建立冲模 CAD 系统的步骤

(1) 明确建立系统的目标与要求，确定合适的 CAD 系统类型。由于冲模类型较多，一个冲模 CAD 系统不可能包罗万象，必须首先明确系统的用途和使用要求，然后确定 CAD 系统类型。若是要求建立一个标准化和系列化产品，可以建立以信息检索为主，辅之以交互设计的系统；若是要求建立一个通用冲裁模 CAD 系统，由于其产品形状、工艺、模具结构千变万化，不可能建立一个统一的数学模型，故只能采用交互式设计方法，以增加系统的适应能力。这样，由于目标与要求明确，不仅可以减少开发量，还可以提高系统的运行效率。

(2) 根据对 CAD 系统的要求，选择合适的硬件配置和软件配置。对于冲模 CAD 系统，主机可选用 PC，便可构成一个冲模 CAD 系统的硬件环境。同时，采用目前主流的三维 CAD 软件(如 NX、Solidworks、Pro/Engineer 等)，便构成了一个冲模 CAD 的软件环境。

(3) 确定模具的标准结构，整理工艺设计和模具设计资料。在冲模 CAD 系统中，模具标准结构按一定的方式预先存放在计算机中，供设计时调用。因此必须建立模具结构标准。建立模具标准时，不仅应满足模具设计的要求，还应考虑到 CAD 系统的特点，便于查询和调用。模具标准包括典型结构组合以及模具标准零件两大类。

(4) 制定系统程序流程图和数据流程图。系统程序流程图不仅说明系统的基本构成与内容，还用箭头标明了各程序模块间的联系与走向，为各模块的程序设计和联机调试运行带来极大的方便。数据流程图能够有助于说明系统中各程序模块数据的流向和相互关系。

(5) 建立模具专用图形库和数据库，编制分析计算程序。最后，将各程序模块联机调试，对系统进行运行测试。

(6) 交付使用。收集系统在使用过程中存在的各种问题，进行软件维护，使系统进一步完善和成熟。

12.2.2 冲模 CAD 的建模技术

建模就是建立模型，就是为了理解事物而对事物做出的一种抽象，是对事物的一种无歧义的书面描述。建立系统模型的过程，又称模型化。建模是研究系统的重要手段和前提，凡是应用模型来描述系统的因果关系或相互关系的过程都属于建模。

因此，冲模 CAD 技术可以利用建模技术在屏幕上生成物体，使用方程式产生直线和形状，能够逼真地描述产品。

1. 基于特征建模技术的工程设计

早期的 CAD 系统中采用基本体素的布尔运算以及倒圆等编辑方式形成零件外形的设计方法过于抽象，其模型无法映射到下游的工程实际中，即设计与制造之间缺乏对应性，这必然造成信息共享的困难。

特征建模技术针对这种情况应运而生，它采用具有工程意义的拉伸、制孔、倒圆、倒角等作为建模的基本单元，在设计与制造之间建立一种共同的信息规范和交流的桥梁。

特征建模技术是当今三维 CAD 的主流技术，利用特征建模建立模型既具有工程意义，又便于后期的调整。由于冲压模具的结构非常复杂，所以特征建模技术对于冲模 CAD 是意义非凡的！

在基于特征的建模器中，通过一套特征来浏览零件，而这些特征最适合用较高级别的实体描述，此级别的实体能够将工程意义传递给零件的几何体或它的装配中。如图 12-2 所示，可以将基于特征的模型看成由两个有内部联系的部件组成。

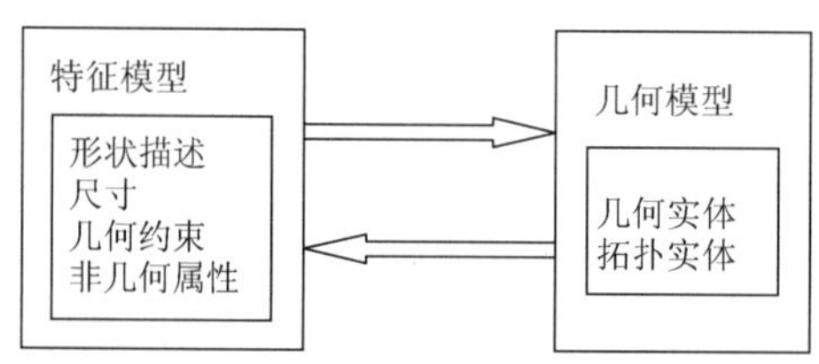

图 12-2　特征模型及其关联的几何模型

特征建模是几何造型技术的延伸，它是从工程的角度，对形体的各个组成部分及其特征进行定义，使所描述的形体信息更具工程意义。目前，特征建模的实现主要采用交互特征定义、基于特征设计、自动特征识别三种途径。交互特征定义是最简单的特征建模方法，需要预先定义零件的几何模型，然后由设计者交互选取某一形状特征所包含的拓扑实体(面、边等)。该方法需要设计者输入大量的信息，自动化程度较低。基于特征设计是由设计者根据事先定义好的特征库，调用其中的特征，建立产品特征模型的造型方法，产品设计过程即特征库中特征的实例化过程。由于设计者直接面向特征进行零件的造型，因此操作方便并能较好地表达设计意图。用这种方法建立的特征模型，具有丰富的工程语义信息，为后续过程的信息共享和集成提供了方便。自动特征识别的基本思想是通过将几何模型中的数据与一些预先定义好的样板特征(General Feature)进行匹配，标识出零件特征，建立特征模型。在采用这种建模方法构建的系统中，设计人员首先通过传统实体建模构造出零件的几何模型，然后通过一个针对特定领域的特征自动识别系统从几何模型中将所需的特征识别出来。

三种建模方法各有优势。交互特征定义灵活，能处理已存在的几何实体，但设计者的工作量比较大，智能化程度较低。自动特征识别方法的自动化程度较高，但其识别复杂特征的稳定性还有待提高。基于特征设计的方法对于已经存在大量预定义特征的领域，自动化程度较高。特征建模常采用具有一定工程语义的特征作为基本构造单元来建立产品的信息模型，强调的是产品整体的信息表达，使以往被分离的几何拓扑信息和加工信息有机地结合在一起。

2. 基于参数化建模技术的工程设计

参数化设计(Parametric)(也称尺寸驱动 Dimension-Driven)是 CAD 技术在实际应用中提出的课题，它不仅可使 CAD 系统具有交互式绘图功能，还具有自动绘图的功能。目前它是

CAD 技术应用领域内的一个重要的、且待进一步研究的课题。利用参数化设计手段开发的专用产品设计系统，可使设计人员从大量繁重而琐碎的绘图工作中解脱出来，可以大大提高设计速度，并减少信息的存储量。

在参数化设计系统中，设计人员根据工程关系和几何关系来指定设计要求。要满足这些设计要求，不仅需要考虑尺寸或工程参数的初值，而且要在每次改变这些设计参数时来维护这些基本关系，即将参数分为两类：其一为各种尺寸值，称为可变参数；其二为几何元素间的各种连续几何信息，称为不变参数。参数化设计的本质是在可变参数的作用下，系统能够自动维护所有的不变参数。因此，参数化模型中建立的各种约束关系，正是体现了设计人员的设计意图。

参数化设计可以大大提高模型的生成和修改的速度，在产品的系列设计、相似设计及专用 CAD 系统开发方面都具有较大的应用价值。参数化设计中的参数化建模方法主要有变量几何法和基于结构生成历程的方法，前者主要用于平面模型的建立，而后者更适合三维实体或曲面模型的建立。

3. 基于知识的工程设计

众所周知，模具设计是一个知识驱动的创造性过程，它包含了对知识的继承、集成、创新和管理。随着世界制造业竞争的日趋激烈，创新产品的开发已成为竞争的关键，而创新产品的竞争优势在于其所拥有的知识含量。随着智能技术的发展与完善，如何将人类知识作为改造传统产业的原动力已成为重要的研究课题。基于知识的工程(Knowledge-Based Engineering，KBE)正是面向现代设计要求而产生、发展的新型智能设计方法和设计决策自动化的重要工具，已成为促进工程设计智能化的重要途径。近年来，美国、日本和欧洲各国政府在 KBE 技术的开发与应用方面给予了有力的支持，许多跨国公司和著名大学纷纷开展研究，以提高产品开发的创新能力。

12.3　冲模 CAE

12.3.1　冲压成形仿真分析的介绍

1. 冲模 CAE 的功能

CAE(Computer Aided Engineering)通常指有关产品设计、制造、工程分析、仿真、试验等的信息处理，以及包括相应数据库和数据库管理系统(DBMS)在内的计算机辅助设计和生产的综合系统。CAD/CAM 技术水平的迅速提高是 CAE 发展的动力，计算力学的兴起是 CAE 发展的理论基础，高性能的计算机和图形显示设备不断推出是 CAE 发展的条件。CAE 是用计算机辅助求解复杂工程和产品结构强度、刚度、屈曲稳定性、动力响应、热传导、三维多体接触、弹塑性等力学性能的分析计算以及结构性能的优化设计等问题的一种近似数值分析方法。冲模 CAE 技术的功能主要是指对冲压模具工作过程中工件的成形过程的工程分析和仿真。

与 CAD、CAM 相比，CAE 不仅是一种软件，还是一门综合技术。因为 CAE 最重要的功能是在冲模设计中协助 CAD 对冲压件的成形性进行分析，保证产品质量，将调模、修模中可能遇到的问题解决于冲模制造之前。这项技术的研制工作难度很大，但对推动汽车和模具工业的发展具有关键作用。因为对一个已掌握 CAD、CAM 技术的冲压企业来说，更加关心的则是冲压件能否正确成形及产品质量能否合格，但这对于复杂的冲压件来说往往是难以预知的。许多工业发达国家一直非常重视汽车覆盖件冲压成形与模具设计 CAE 技术。

在冲模技术中 CAE 的主要功能是对冲压成形的数值模拟。由于汽车覆盖件几何形状的复杂性，对冲压成形过程中的板材成形性预先难以估计，既不能用常规的计算分析方法进行简单判定，也很难利用原有的类似模具设计经验进行模拟，致使此类模具设计的正确性也难以评价，只有在生产调试时才能暴露出模具设计的失误，甚至使整个设计报废，这将造成整个冲模设计、制造周期的加长。所幸的是，现在有可能通过冲压成形过程模拟技术及早地发现问题，并改进模具设计，从而缩短模具调试周期，降低模具制造成本。

冲模 CAE 是当前冲压设计中进行工艺设计和模具设计的重要工具，表 12-1 为目前国际上常用的代表性软件。

表 12-1 国际上有代表性的软件

求解格式	软件名称	开发者
静力隐式	ABAQUS	美国达索 SIMULIA 公司
	Autoform	瑞士苏黎世 ETH
	MARC	美国 MSC 公司
	ROBUST	日本大阪大学
	ITAS-3D	日本 ITAS-2D RIKEN
动力显式	LS-DYNA3D	美国 LSTC 公司
	PAM-Stamp	法国 ESI 集团
	DYNAFORM	美国 ETA 公司
	RADIOSS	法国 MECALOG
	ABAQUS-EXPLICIT	美国达索 SIMULIA 公司
	STAMPACK	西班牙 Quantech
	Fastform	德国 FTJ 公司

2. 板料多步冲压成形数值模拟的一般过程

由于板料多步冲压成形过程通常包括拉延、再拉延、翻边、修边、冲孔和整形等多种成形工序，从而使得其数值模拟过程同单步冲压成形过程相比有很大的不同。多步冲压成形的数值模拟除了同单步成形一样需要考虑几何模型的建立、网格的划分、有限元前处理、有限元计算和有限元后处理之外，还需要考虑模拟过程中各工步间变形历史信息的传递问题。

1) 几何模型的建立

板料成形数值模拟的关键任务就是要保证一定设计形状的零件产品能被安全地生产出来。而这前提就需要建立产品的成形工具表面模型。对于大多数 CAE 软件，造型功能比较简单，只能胜任一些简单的造型工作，对于复杂的模型一般都要借助于大型 CAD 软件，如 Pro/Engineer、NX、CATIA 等。这样可以保证模拟计算的准确性、真实性，同时也避免了在模拟过程中重复建立相似几何模型，大大提高了模拟分析的效率。在进行 CAD 几何建模时，可根据实际情况，去除复杂几何模型中的一些细节部分。这样在满足研究质量的前提下，既排除了一些干扰因素又大大提高了模拟计算的效率。

2) 网格的划分

板料多步冲压成形过程有限元分析模型中网格技术是分析结果准确与否的关键问题之一。对于形状复杂的零件，模具表示的网格必须达到一定的精度；其次由于板料在多步成形过程中变形较大，如果网格过于稀疏，接触搜索与处理就会出现问题，接触力的传递就会受到影响。然而模具与板料网格的加密又会导致计算时间的增加，二者之间的矛盾应酌情解决。目前在板料成形有限元数值模拟分析方法中的两种网格技术是网格重划分和网格自适应技术。网格重划分是指在增量步计算结束后根据需要对成形中的板料进行网格重新划分，并把原网格模型上的数据更新到新的网格模型上。而网格自适应技术是指在原有网格构形的基础上对满足一定条件的网格单元进行加密。网格自适应技术特别适合动力显式算法。

3) 有限元处理过程

目前国际上绝大多数商品化板料成形数值模拟软件，如 Dyna3D、PAM-STAMP、OPTRIS、ABAQUS/Explicit 等都是基于动力显式算法的。以 DynaForm 为例，它为板料成形模具设计提供了压边预压、拉延、回弹和多步冲压成形等方面的模拟，有限元处理过程主要包括三个方面：有限元前处理、有限元求解计算和有限元后处理。

(1) 有限元前处理。

① 选择合适的壳单元(shell)类型，利用凸模、凹模、压边圈及板料之间的几何拓扑关系生成相应的有限元网格。

② 检查生成的凸、凹模以及压边圈网格的法矢量、边界、重复单元，修改网格直到没有错误；待划分的网格前期检查工作结束后，随后设置好模具和坯料的相对位置；定义模具和坯料、压边圈和凸模之间的接触类型和运动参数。

③ 输出用于模拟计算的输入文件(.dyn)和有限元模型文件(.mod)。

(2) 有限元求解计算。

板料成形过程的数值模拟主要采用弹塑性有限元法进行分析，该方法包括静力隐式和动力显式两种算法。对于简单的二维问题的分析，前者比后者具有更高的精度。而对于三维问题的分析，采用前者会由于模具和板料间复杂的接触条件而使刚度矩阵方程求解迭代难以收敛，求解的稳定性也难以保证；而后者无须构建求解刚度矩阵，使得接触处理简单，不会引起数值计算困难，求解结果也比较稳定。因此，在板料成形数值模拟中主要采用显式算法进行有限元求解计算。

(3) 有限元后处理。

有限元分析计算过程结束后，首先动态显式各部件(凸模、压边圈、板料、凹模等)的运动情况，以检查计算的合理性。三维成形过程中的各参数及物理量的变化情况可以用等色图或等值线图来动态显示，包括各时刻的板料变形、材料流动、应力应变分布情况、板料厚度变化以及起皱、破裂等情况，可以获取板料成形后每组参数的 FLD 图、材料流动图、应力应变图、厚度分布图等进行详细研究分析。

4) 工步间变形历史信息的传递

板料多步冲压成形数值模拟过程中，最重要的是各工步间变形历史信息的传递问题。由于多步冲压成形的模拟是将第一步变形后的半成品作为第二步成形的坯料继续进行变形，其关键在于要将坯料在第一步变形后发生的几何形状的变化、厚度变化及残余应力传递到下一步的计算中去，也就是要使第二步以及后面的计算中坯料的各种信息必须继承前一步成形后的坯料的信息。

12.3.2　冲模 CAE 在汽车覆盖件冲压成形中的应用

1. 概述

图 12-3 所示为面罩骨架上横梁的拉延件，所用钢材为 ST14O5，采用修正库仑摩擦定律。根据板成形数值模拟的网格划分原则划分有限元单元，用四边形和少量三角形单元对几何模型进行离散化。

如图 12-4 为该零件的冲压关系 CAD 模型。由于它具有对称性，为节约计算时间,在对称面上采用横向约束，取凹模的二分之一进行计算。利用有限元分析网格划分工具 HyperMesh，根据板成形数值模拟的网格划分原则划分有限元单元，用四边形和少量三角形单元对几何模型进行离散化，凹模含 21211 个单元，凸模有 16040 个单元，压边圈有 3827 个单元。有限元网格模型如图 12-5 所示。在 HyperMesh 内的 HM 格式的网格模型导出为 DynaForm 能接受的 Nas 文件格式。

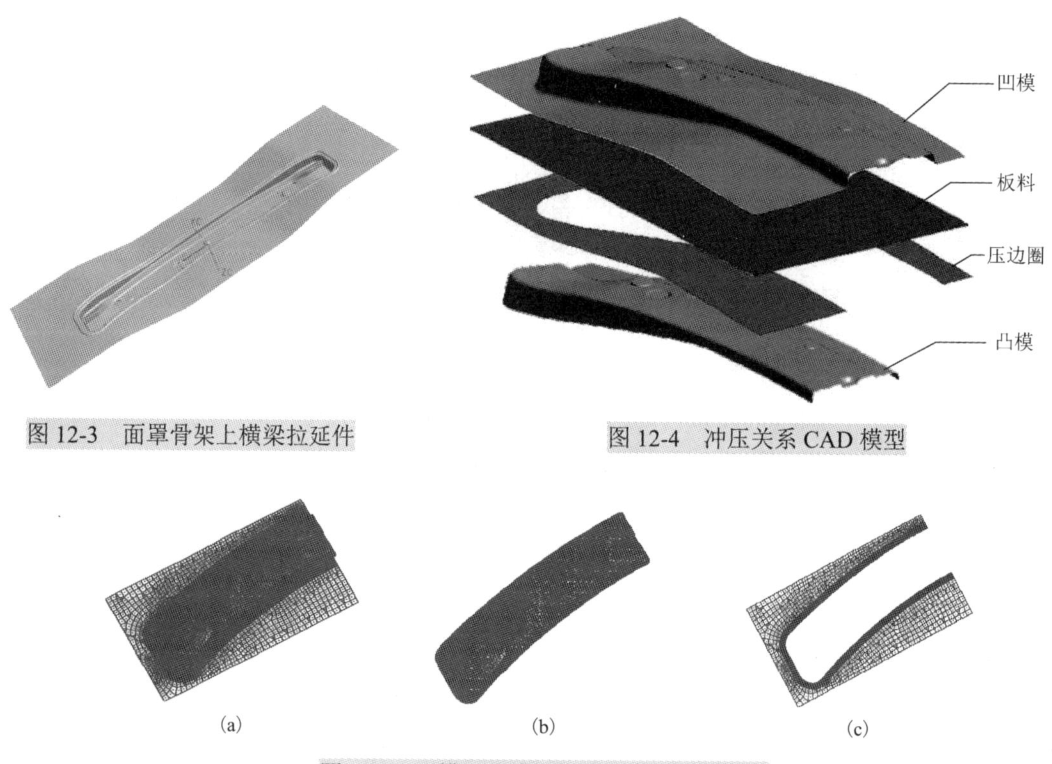

图 12-3　面罩骨架上横梁拉延件

图 12-4　冲压关系 CAD 模型

图 12-5　凹模、凸模、压边圈的网格化模型

所用材料力学性能如表 12-2 所示，采用修正库仑摩擦定律，模具间隙为 0.9mm，冲压速度为 1m/s，冲压方向由上向下。

表 12-2　ST14O5 的材料性能参数

厚度 t/mm	弹性模量 E/MPa	泊松比 v	屈服极限 σ_s/MPa	强度系数 K	应变强化指数 n	各向异性指数		
						r_0	r_{45}	r_{90}
1	206000	0.28	170	570	`0.18	1.8	1.5	1.8

2. DynaForm 数值模拟

(1) 工艺方案 1：模拟采用原始模型，坯料为尺寸 840mm×430mm 的矩形板，如图 12-6 所示。

模拟结果如图 12-7 和图 12-8 所示，板料在部位 A 处过度减薄，导致板料严重破裂。

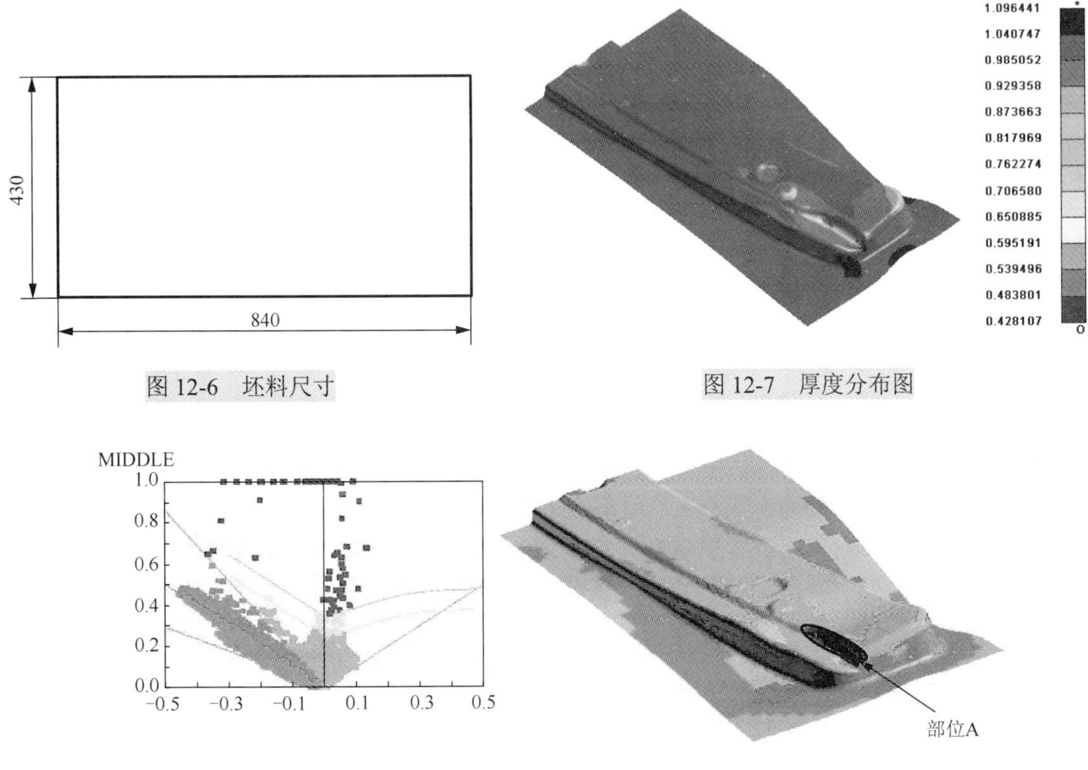

图 12-6　坯料尺寸

图 12-7　厚度分布图

图 12-8　成形极限图

(2) 工艺方案 2：针对工艺方案 1 的模拟结果，在原方案基础上对坯料尺寸、模具圆角进行优化。修改后的坯料尺寸如图 12-9 所示。

模拟结果如图 12-10 和图 12-11 所示，拉延件的破裂现象消失，成形质量良好。

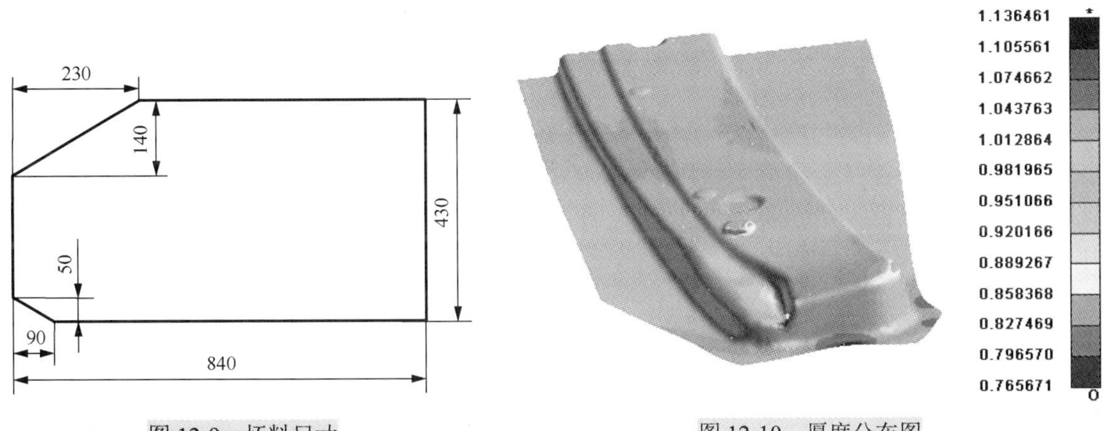

图 12-9　坯料尺寸

图 12-10　厚度分布图

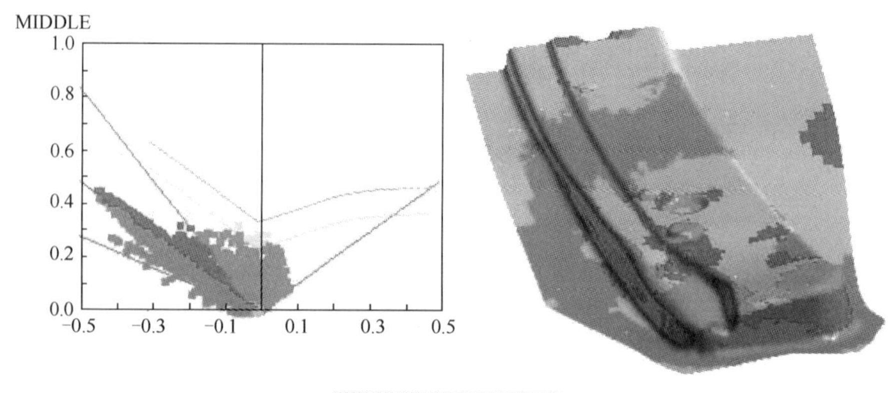

图 12-11 成形极限图

12.4 冲模 CAM

12.4.1 冲模 CAM 的介绍

1. 冲模 CAM 的功能

随着冲压产品形状的日益复杂，CAD 所得的冲模设计结果也越来越复杂、尺寸越来越精密，传统的冲模制造技术很难实现复杂冲模的加工。冲模 CAM（Computer Aided Manufacture）是指利用计算机辅助进行冲模的制造。CAM 可生成冲模零件加工的数控代码，还可以进行加工过程的动态模拟、干涉和碰撞检查等。利用冲模 CAM 技术，可以加工出用传统加工方法很难或根本无法加工出来的冲模，这大大扩大了冲压技术的应用范围。

冲模 CAM 技术主要用于以下几方面。

(1) 复杂、异形冲裁模具型腔的加工，如精冲模具等。

(2) 高精度冲压模具的制造，如精密电子产品冲压模具等。

(3) 复杂成形模具的制造，这是冲模 CAM 技术最大的用武之地，如汽车、飞机等覆盖件模具。

2. 计算机辅助编程的步骤

自 1950 年以来，CNC 系统已经成为机械制造装备的核心技术。随着信息技术的发展，CNC 系统也得到了极大的发展。为了适应复杂形状零件的加工、多轴加工、高速加工，一般计算机辅助编程的步骤如下。

1) 零件的几何建模

对于基于图样以及型面特征点测量数据的复杂形状零件数控编程，其首要环节是建立被加工零件的几何模型。

2) 加工方案与加工参数的合理选择

数控加工的效率与质量有赖于加工方案与加工参数的合理选择，其中刀具、刀轴控制方式、走刀路线和进给速度的优化选择是满足加工要求、机床正常运行和提高刀具寿命的前提。

3) 刀具轨迹生成

刀具轨迹生成是复杂形状零件数控加工中最重要的内容，能否生成有效的刀具轨迹直接决定了加工的可能性、质量与效率。刀具轨迹生成的首要目标是使所生成的刀具轨迹能满足无干涉、无碰撞、轨迹光滑、切削负荷平稳的要求，并且代码质量高。同时，刀具轨迹生成还应满足通用性好、稳定性好、编程效率高、代码量小等要求。

4) 数控加工仿真

由于零件形状的复杂多变以及加工环境的复杂性，要确保所生成的加工程序不存在任何问题十分困难，其中最主要的是加工过程中的过切与欠切、机床各部件之间的干涉碰撞等。对于高速加工，这些问题常常是致命的。因此实际加工前采取一定的措施对加工程序进行检验并修正是十分必要的。数控加工仿真通过软件模拟加工环境、刀具路径与材料切除过程来检验并优化加工程序，具有柔性好、成本低、效率高且安全可靠等特点，是提高编程效率与质量的重要措施。

5) 后置处理

后置处理是数控加工编程技术的一个重要内容，它将通过前置处理所生成的刀位数据转换成适用于具体机床数据的数控加工程序。其技术内容包括机床运动学建模与求解、机床结构误差补偿、机床运动非线性误差校核修正、机床运动的平稳性校核修正、进给速度校核修正及代码转换等。因此后置处理对于保证加工质量、效率与机床可靠运行具有重要作用。

12.4.2　凹模加工实例

目前一般认为 NX 是业界中最具代表性的数控软件之一。其最具特点的是功能强大的刀具轨迹生成方法，包括车削、钻削、铣削、线切割等完善的切削方法。NX CAM 数控加工编程的流程如图 12-12 所示。

下面以面罩骨架上横梁拉延模的凹模加工为例，说明覆盖件模具数控加工编程的过程，并对数控加工中的若干关键技术进行研究。

1. 面罩骨架上横梁零件说明

如图 12-13 所示是面罩骨架上横梁零件图。

2. 凹模说明

图 12-14 为拉延模的凹模加工模型。

3. 建立凹模毛坯

在模具生产中，坯料的加工与制造，是由原材料转变成品的第一步。图 12-15 为凹模的毛坯，拉延模的材料为 MoCr 铸铁，坯料由铸造而成。同时铸件加工时，铸件表面的加工表面应留出机械加工余量。参考有关标准，铸件最大尺寸在小于 500mm 时其表面应留机械加工余量为 3～4mm。所以零件的毛坯通过零件的轮廓向外拉伸 3mm 得到。

4. 工艺确定

1) 工艺分析

凹模型面为复杂自由曲面，且精度要求较高。首先需要进行粗加工，铣出零件的大概形状，因为型腔铣通过平面刀轨逐层切除材料，同时刀具侧面的刀刃也可以实现对垂直面的切削，所以粗加工选用型腔铣。其次进行半精加工和精加工，主要任务是铣出复杂的自由曲面，并且保证精度。所以选用曲面铣作为半精加工和精加工的加工方式，它可以加工形状为曲面的表面，刀具可以跟随表面的形状进行加工，刀轴方向固定。最后进行清根，铣削那些大刀具加工不到的沟槽。

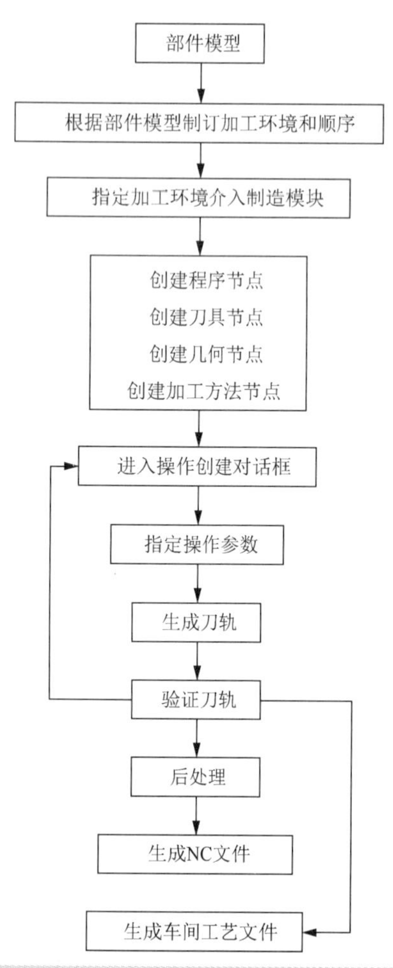

图 12-12 NX 数控加工编程的流程示意图

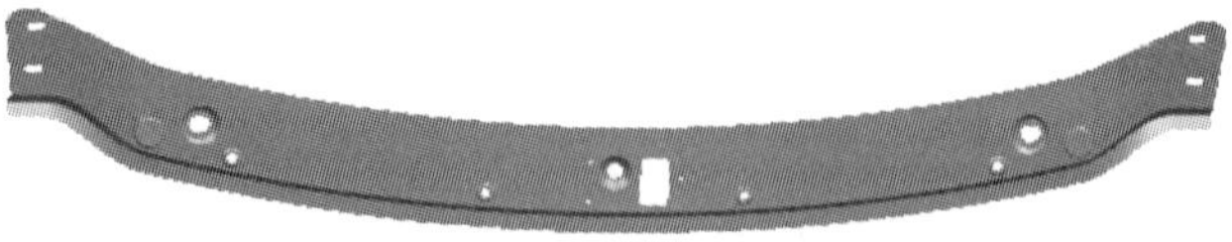

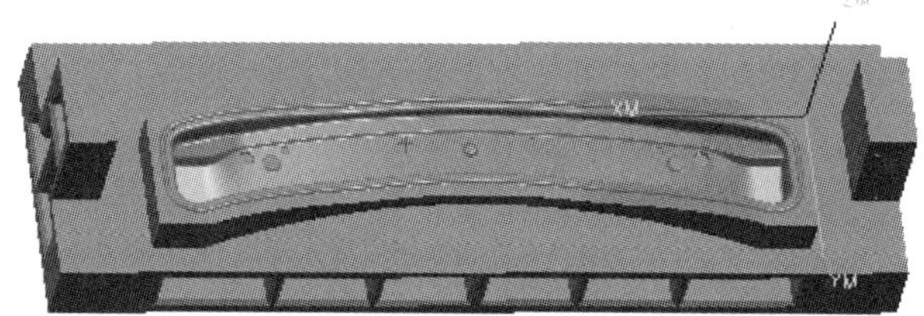

图 12-13 面罩骨架上横梁零件图

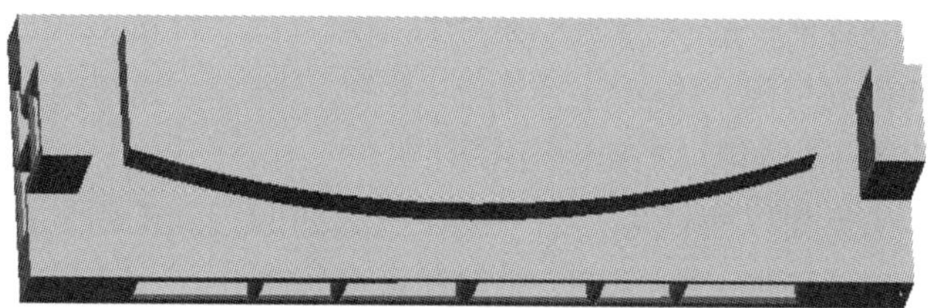

图 12-14 拉延模凹模

图 12-15 面罩骨架上横梁凹模的毛坯

2)工艺规程

经过反复分析和讨论，最终确定凹模的加工工艺规程如表 12-3 所示。

表 12-3 凹模的加工工艺规程

工序号	工序名	工序内容	加工方式	刀具描述
10	粗加工	粗加工留 1.5mm 余量	CAVITY_MILL	ϕ30 端铣刀
20	清根	清铣沟槽，留余量 1.5mm	FLOWCUT_SINGLE	ϕ25 球头刀
30	半精工	半精铣整个型面，留余量 0.2mm	CONTOUR_AREA	
40	清根	清铣沟槽，留余量 0.2mm	FLOWCUT_SINGLE	ϕ20 球头刀
50	精加工	精铣型面，留余量 0	CONTOUR_AREA	
60	清根	清铣未加工的沟槽，留余量 0	FLOWCUT_SINGLE	ϕ18 球头刀
70	清根	清铣未加工的沟槽，留余量 0	FLOWCUT_SINGLE	ϕ16 球头刀
80	清根	清铣未加工的沟槽，留余量 0	FLOWCUT_SINGLE	ϕ12 球头刀
90	清根	清铣未加工的沟槽，留余量 0	FLOWCUT_SINGLE	ϕ10 球头刀
100	清根	清铣未加工的沟槽，留余量 0	FLOWCUT_SINGLE	ϕ8 球头刀
110	清根	清铣未加工的沟槽，留余量 0	FLOWCUT_SINGLE	ϕ6 球头刀

5. 设置加工环境

加工环境是进入 UG 的制造模块后进行的编程作业的软件环境。NX CAM 可以为数控铣、数控车、数控电火花线切割机编制加工程序，其中数控铣可以实现平面铣(Planar Mill)、型腔铣(Cavity Mill)、固定轴曲面轮廓铣(Fixed Contour)等不同的加工类型。由于覆盖件模具属复杂自由曲面，这里选用的是型腔铣模块。

NX CAM 中包含了一个功能强大的切削数据库，通过数据库的查询，可以定义工件材料、刀具材料、刀具尺寸参数以及切削方法等，并自动通过数据库的运算，获得主轴转速和进给速度的数据。

6. 创建刀具

创建数控加工所需要的刀具，设置刀具参数，包括刀具种类、刀具的直径 D、刀刃圆角半径 $R1$、切刃长度 FL、刀具长度 L 等。刀具的参数如图 12-16 所示。

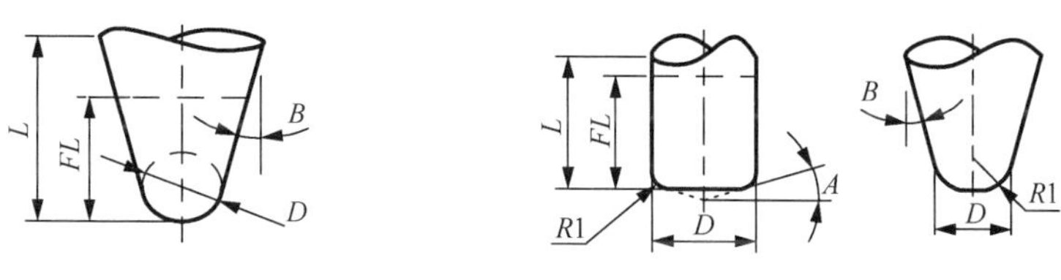

(a) 球头刀的参数示意　　(b) 端铣刀的参数示意图

图 12-16　刀具的参数示意图

粗加工工序以尽快铣出零件大致形状，尽快铣去大部分多余的材料为目的，而端铣刀铣削材料的效率高，所以选择直径较大的端铣刀。后面的清根、半精加工和精加工工序，以满足零件的精度要求为主要目的。由于球头刀切刃是球形的，可以尽量贴近零件的形状，达到很好的加工精度，所以清根、半精加工和精加工都选择球头铣刀。

7. 创建加工几何体

1) 创建加工坐标系

加工坐标系(MCS)是刀轨的参考坐标，也就是机床上面刀具的对刀点。所谓对刀点就是在数控编程时的刀具相对工件运动的起点。其选择原则是：选择对刀的位置应方便编程、便于测量检查、便于毛坯在机床上的装夹操作、同时考虑引起的加工误差比较小。

2) 定义毛坯几何体

毛坯几何体(Blank Geometry)表示被加工零件毛坯的几何形状，是系统计算刀轨的重要依据。数控加工所用的毛坯几何体如图 12-15 所示。

3) 定义零件几何体

所谓零件几何体(PartGeometry)就是用于表示被加工零件的几何对象。零件几何也是系统计算刀轨的重要依据。不同的加工环境对零件几何体的定义方式不同，通常直接选择零件被加工后的实体或表面，零件几何体可以是实体或片体、实体表面或表面区域均可，平面铣的零件几何是由边界定义的岛屿构成的。型腔铣也是可以通过岛屿来定义零件几何的，但是它较多的是通过直接指定零件实体就可以保持刀轨与这些加工面之间的相关性，满足计算型腔刀轨对加工几何的要求。

本实例数控加工的零件几何即凹模实体，如图 12-14 所示。

8. 创建操作

从参数角度看，操作是一个数据集，包含一个单一的刀轨以及生成这个刀轨所需的所有信息。创建操作过程中为生成刀轨所指定的被加工零件的几何模型、毛坯模型、刀具、进给量、主轴转速等都是操作参数所包含的。用 NX 编程的过程主要工作就是创建一系列的加工操作。例如，用于平面铣的平面铣操作、用于实现粗加工的型腔铣操作、用于曲面精加工的曲面轮廓铣操作、钻加工操作和电火花加工操作等。下面以凹模为例说明创建操作的过程，以及切削参数设置等问题。

1) 粗加工

粗加工是以快速切除毛坯余量为目的，在粗加工时应选用大的进给量和尽可能大的切削深度，以便在较短的时间内切除尽可能多的切屑。因此，粗加工的刀距间距较大，如图 12-17 所示。

2) 半精加工和精加工

半精加工的刀具轨迹与精加工类似，不同的是刀距间距更大一些，刀具轨迹更疏一些，可参考图 12-18 所示精加工的刀具轨迹。

精加工刀具轨迹如图 12-18 所示。

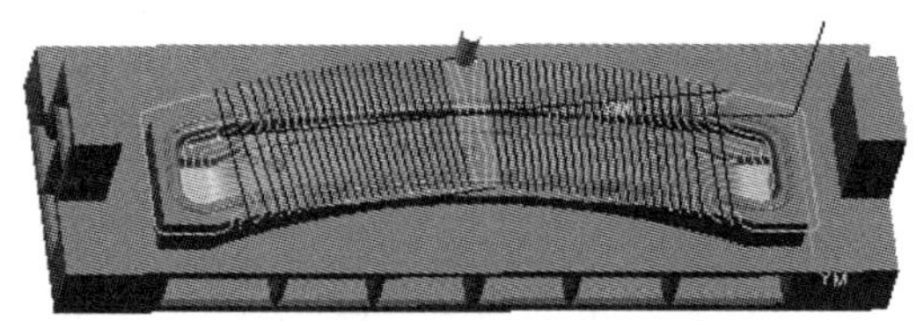

图 12-17　模具粗加工刀位轨迹

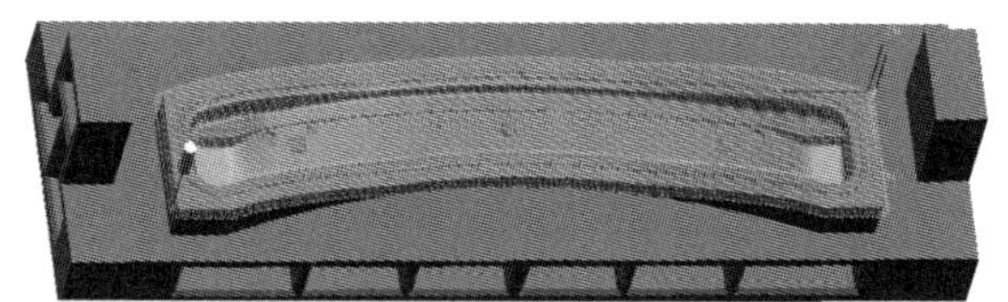

图 12-18　凹模精加工的刀具轨迹

9. 刀轨验证

刀轨验证的目的是检查刀轨有无干涉、是否有过切和欠切、加工工艺参数是否合理，切削结果是否正确。所谓干涉就是刀具轨迹与零件几何体相交，刀具和刀柄与夹具发生碰撞和刀柄与零件几何体发生碰撞等现象。这些现象对数控加工是极其不利的，造成刀具断裂、铣坏工件、甚至铣坏机床的严重后果。过切是指刀具铣去了原本不该铣的材料。欠切是指有些毛坯材料本该铣去却尚未切除的现象。

现代数控编程系统还可以通过加工仿真 “真实地”反映刀具切除毛坯的过程和结果，使得刀轨验证工作一目了然。NX 提供了可视化的仿真手段。仿真时，用不同颜色表示各个工序的切削效果，能够“真实地”观察到刀具的整个切削过程，同时显示干涉现象、过切现象和过切区域，包括对工件的过切和对夹具的过切等。如果发现切削效果不好、加工参数不合理或者有干涉现象，可以对加工参数进行优化，对刀具路径进行编辑。

凹模的加工仿真结果如图 12-19 所示。通过分析与比较，模拟加工过程显示所编的加工轨迹走刀方式合理，各个工序的切削用量均匀，无过切和碰撞现象，模拟结果与设计的凹模零件相当吻合。

10. 后置处理

由于不同的数控机床的特性和控制器不同，因而对于特定的机床，往往需要自己开发出后置处理器。UGⅡ CAM 提供了 UG/Post Building 来创建后置处理器，后置处理器一般需要设置机床类型、轴的最大位移、圆周迭代参数、预备功能(G 功能)、辅助功能(M 功能)、刀具/主轴头参数、主轴参数、进给速度参数和各种杂项默认值。

11. 加工的实物

根据以上的工艺路线，加工的实物如图 12-20 所示。

图 12-19　凹模数控加工的仿真结果

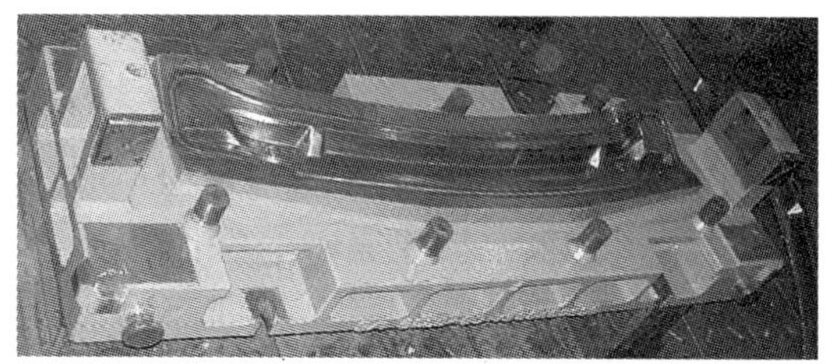

图 12-20　面罩骨架上横梁内板拉延凹模

12.4.3　高速加工

1. 高速加工的简介

在现代模具的制造中，由于模具材料一般采用高硬度、高强度的淬硬钢等材料，且模具的型面设计日趋复杂，自由曲面所占比例不断增加，因此对模具加工技术提出更高要求，即不仅应保证高的制造精度和表面质量，而且要追求加工表面的美观，更重要的是模具制造的效率直接影响产品走向市场的时间并进而影响企业的经济效益。

然而，高速切削技术作为先进制造技术的核心技术之一，已逐渐成为加工技术的发展方向，相对于传统加工技术，高速切削不仅大大提高了加工质量、加工效率和加工经济性，而且为面向绿色生态的可持续制造提供了先进的技术基础。开展高速加工理论研究，开发高速加工工艺，推广应用高速加工技术，是发展先进制造技术的重要任务，对于推动我国冲压模具行业的发展具有重要意义。

1929 年德国 Salomon 博士提出有关高速的两个假设，即在高速区，当切削速度超过切削温度最高的“死谷”区域时，继续提高切削速度将会使切削温度明显下降，单位切削力也随之降低。此后，高速切削技术的发展经历了高速切削的理论探索阶段、高速切削应用探索阶段、高速切削的初步应用阶段、高速切削的较成熟阶段等四个阶段，现已在生产中得到推广应用。

传统模具制造工序复杂，如图 12-21 所示。高速模具加工工序较为简单，如图 12-22 所示。

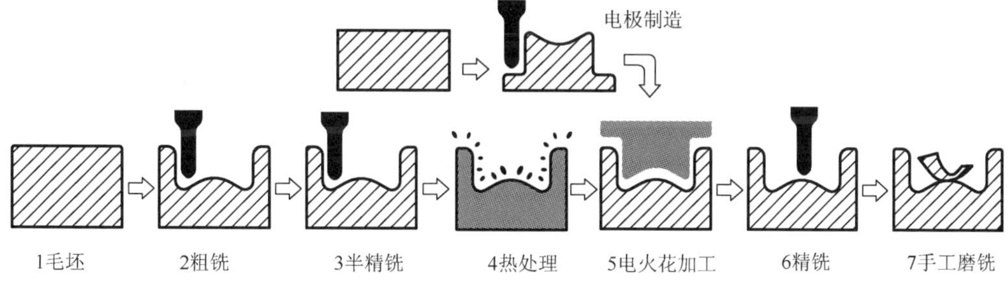

图 12-21　传统模具加工的过程

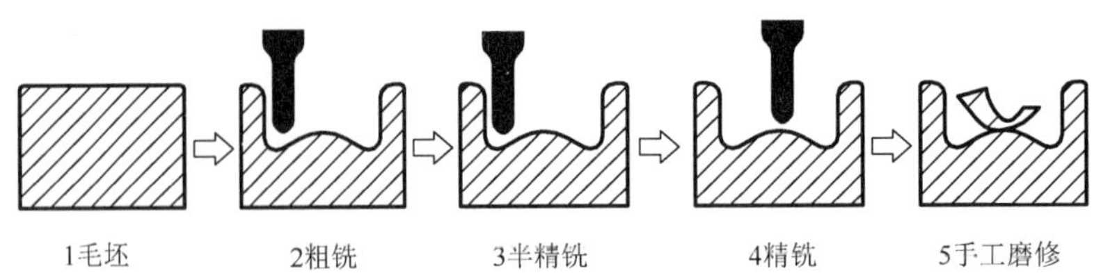

图 12-22　高速模具加工的过程

应用高速切削技术，不仅仅是简单的高速、高进给，而是将高的进给速度与高的切削速度有机结合起来，形成完善的整体加工工艺。只有在产品研发的各个阶段中，整体考虑CAD/CAE/CAM、数字指令、加工策略、参数以及切削刀具等因素，高速加工技术的优势才能完全发挥出来。然而，这种整体的优化只有在对影响加工过程诸多因素充分认识的基础上才能实现，其中某些因素在以往常规切削速度下可以被忽略不计，而在应用高速切削技术时却有着重要的影响，有的甚至成为应用高速切削技术的关键制约因素。

普通切削加工采用低的进给速度和大的切削参数，而高速切削加工则采用高的进给速度和小的切削参数，高速铣削加工相对于普通铣削加工具有以下特点。

1) 高效

高速切削的主轴转速一般为15000～40000r/min，最高可达100000r/min。在切削钢时，其切削速度约为400m/min，比传统的切削加工高5～10倍。

2) 高精度

高速切削加工精度一般为10 μm，有的精度还要高。

3) 高的表面质量

由于高速切削时工件温升小(约为 3℃)，故表面没有变质层及微裂纹，热变形也小。最好的表面粗糙度 *Ra* 小于 1 μm，减少了后续磨削及抛光工作量。

4) 可加工高硬材料

可切削 50～54HRC 的钢材，切削的最高硬度可达 60HRC。

5) 刀具切削状况好

加工中的切削力小，主轴轴承、刀具和工件受力均小。切削速度高，吃刀量很小，剪切变形区窄，变形系数 ξ 减小，切削力降低 30%～90%。

6) 刀具和工件受热影响小

切削产生的热量大部分被高速流出的切屑所带走，故工件和刀具热变形小，有效地提高了加工精度。

7) 适合细筋和薄壁加工

横向切削力很小，有利于加工细筋和薄壁，壁厚甚至可小于 1mm。

8) 易于实现绿色加工

高速切削刀具热硬性好，且切削热大部分被切屑带走，可进行高速干切削，实现绿色加工。在高速、大进给和小切削量的条件下，完成高硬度材料和淬硬钢的加工，不仅效率高出电加工(EDM)的 3~6 倍，而且获得十分高的表面质量(*Ra*0.4)，基本上可以不用钳工抛光。

9) 刀具寿命长

适合高速切削的刀具，因刀具受力小，受热影响小，所以破损的概率很小，磨损也慢。

鉴于高速加工具备上述优点，所以高速加工在模具制造中正得到广泛应用，并逐步替代部分磨削加工和电加工。 但是，高速铣削在加工过程中应满足无干涉、无碰撞、光滑、切削负荷平滑等条件。而这些条件造成高速切削在对刀具材料、刀具结构、刀具装夹以及机床的主轴、机床结构、进给驱动和 CNC 系统上提出了特殊的要求；并且主轴在加工过程中易磨损且成本高。

2. 模具高速加工工艺及策略

1) 粗加工

模具粗加工的主要目标是追求单位时间内的材料去除量，并为半精加工准备工件的几何轮廓。切削过程中如果切削层金属面积不断大幅度变化，会导致刀具承受的载荷发生变化，使切削过程不稳定，刀具磨损速度不均匀，加工表面质量下降。目前开发的许多冲模 CAM 软件都可以通过以下措施保持切削条件恒定，从而获得良好的加工质量。

(1) 恒定的切削载荷。通过优化计算获得恒定的切削层面积和材料去除率，使切削载荷与刀具磨损速率保持均衡，以提高刀具寿命和加工质量。

(2) 避免突然改变刀具进给方向。

(3) 刀具切入、切出工件时应尽可能采用倾斜式(或圆弧式)切入、切出，避免垂直切入、切出。例如，加工模具型腔时，应避免刀具垂直插入工件，而应采用倾斜下刀方式，或采用螺旋下刀以降低刀具载荷；加工模具型芯时，应尽量先从工件外部下刀然后水平切入工件。

(4) 采用顺铣削方式可降低切削热，减少刀具受力和加工硬化程度，提高加工质量。

2) 半精加工

模具半精加工的主要目标是使工件轮廓形状平整，表面精加工余量均匀，这对于淬硬钢模具尤其重要，因为它将影响精加工时刀具切削层面积的变化及刀具载荷的变化，从而影响切削过程的稳定性及精加工表面质量。

粗加工是基于体积模型，精加工则是基于面模型。而以前开发的 CAD/CAE/CAM 系统对于零件的几何描述是不连续的，由于没有描述粗加工后、精加工前加工模型的中间信息，故粗加工表面的剩余加工余量分布及最大剩余加工余量均是未知的。因此应对半精加工策略进行优化以保证半精加工后工件表面具有均匀的剩余加工余量。优化过程包括粗加工后轮廓的计算、最大剩余加工余量的计算、最大允许加工余量的确定、对剩余加工余量大于最大允许加工余量的型面分区(如凹槽、拐角等过渡半径小于粗加工刀具半径的区域)以及半精加工时刀心轨迹的计算等。

现代模具高速加工 CAD/CAE/CAM 软件大都具备剩余加工余量分析功能，并能根据剩余加工余量的大小及分布情况采用合理的半精加工策略。

3) 精加工

模具的高速精加工策略取决于刀具与工件的接触点，而刀具与工件的接触点随着加工表面的曲面斜率和刀具有效半径的变化而变化。对于由多个曲面组合而成的复杂曲面加工，应尽可能在一个工序中进行连续加工，而不是对各个曲面分别进行加工，以减少抬刀、下刀的次数。然而由于加工中表面斜率的变化，如果只定义加工的侧吃刀量，就可能造成在斜率不同的表面上实际步距不均匀，从而影响加工质量。

一般情况下，精加工曲面的曲率半径应大于刀具半径的 1.5 倍，以避免进给方向的突然转变。在模具的高速精加工中，在每次切入切出工件时，进给方向的改变应尽量采用圆弧或曲线转接，避免采用直线转接，以保证切削过程的平稳性。

4)进给速度的优化

目前，很多 CAM 软件都具有进给速度的优化调整功能：在半精加工过程中，当切削层面积大时降低进给速度，而切削层面积小时增大进给速度。应用进给速度的优化调整可使切削过程平稳，提高加工表面质量。切削层面积的大小完全由 CAM 软件自动计算，进给速度的调整可由用户根据加工要求来设置。

在精密模具零件加工中，应用高速加工技术，可以取代电火花加工和磨削抛光工序，避免电极制造；可以加工高淬硬模具钢件、大型覆盖件、复杂曲面和系统刚性要求高的零件，大幅度减少钳工的打磨与抛光量。汽车车门外覆盖件拉延模具高速加工对机床的要求如表 12-4 所示。

表 12-4　高速加工参数表

加工工艺参数	数值	加工工艺参数	数值	加工工艺参数	数值
快速移动速度 v /(m/min)	90	主轴转速 n /(r/min)	12000~40000	进给速度 v_f /(m/min)	40~60

12.4.4　特种加工

特种加工亦称“非传统加工”或“现代加工方法”，泛指用电能、热能、光能、电化学能、化学能、声能及特殊机械能等能量达到去除或增加材料的加工方法。特种加工主要有电火花加工、电化学加工、激光加工、电子束加工技术、离子束加工、超声加工、化学加工及快速成形等技术，在模具制造中得到越来越广泛的应用。

1. 线切割

线切割加工(Wire Cut EDM，WEDM)是用线状电极(钼丝或铜丝)靠火花放电对工件进行切割，故称为电火花线切割，有时简称线切割。

线切割适用于加工各种形状的冲模，调整不同的间隙补偿值，只需一次编程就可以切割凸模、凸模固定板、凹模及卸料版等。

1)线切割加工的原理

线切割加工的基本原理是利用移动的细金属导线(钼丝或铜丝)作电极，利用数控技术对工件进行脉冲火花放电、“以不变应万变”切割成形，可切割成形各种二维、三维表面。

根据电极丝的运行方向和速度，线切割机床通常分为三大类：一类是往复高速走丝(或称快走丝)线切割机床，一般走丝速度为 8~12m/s，切割精度较差，这是我国独创的线切割加工模式；一类是单向低速走丝(或称慢走丝)电火花切割机床，一般走丝速度低于 0.2m/s，切割精度很高；一类是中走丝线切割机床，是在快走丝线切割的基础上实现变频多次切割功能，是近几年发展的线切割机床。需要指出的是这里所说的“中走丝”并非指走丝速度介于高速与低速之间，而是指复合走丝线切割工艺，即走丝原理是在粗加工时采用高速(8~12m/s)走丝，精加工时采用低速(1~3m/s)走丝，这样工作相对平稳、抖动小，并通过多次切割减少材料变形及钼丝损耗带来的误差，使加工质量也相对提高，加工质量可介于高速走丝机与低速走丝机之间。

图 12-23 为往复高速走丝线切割工艺及机床的示意图。利用钼丝 4 作为工具电极进行切割，贮丝筒 7 使钼丝作正反向交替移动。在电极丝和工件之间浇注工作液介质，工作台在水平面两个坐标方向各自按预定的控制程序，根据火花间隙状态作伺服进给移动，从而合成各种曲线轨迹，把工件切割成形。

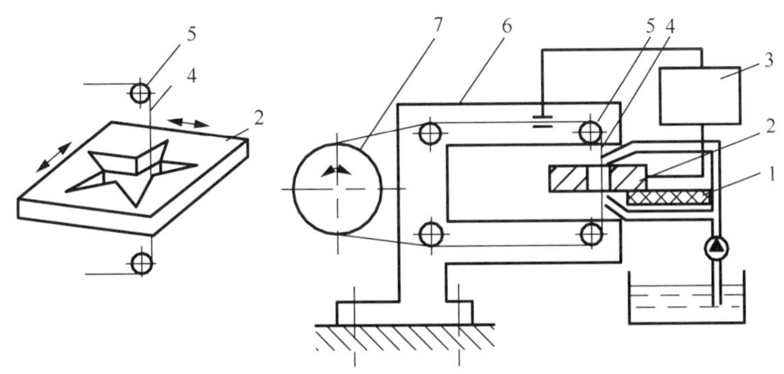

图 12-23 电火花线切割原理示意图

1-绝缘地板；2-工件；3-脉冲电源；4-钼丝；5-导向轮；6-支架；7-贮丝筒

2) 线切割的编程技术

数控线切割编程是根据图样提供的数据，经过分析和计算，编写出线切割机床能接受的程序单。数控编程可分为人工编程和自动编程两类。然而，当零件的形状复杂或具有非圆曲线时，人工编程的工作量大，容易出错。为了简化编程工作，利用 CAM 技术进行自动编程是必然趋势。

此前已有两种格式(ISO 和 3B)的自动编程机，但为了使编程人员避免记忆枯燥烦琐的编程语言,我国科研人员采用 CAM 技术开发出 YH 型绘图式编程技术，即只需根据代加工的零件图形,按照机械作图的步骤,在计算机屏幕上绘出零件图形,计算机内部的软件即可自动转换成 3B 或 ISO 代码线切割程序。

2. 电火花加工

电火花加工(Electrospark Machining)在日本和欧美又称放电加工(Electrical Discharge Machining，EDM)，在 20 世纪 40 年代开始研究并逐步应用于生产。它是在加工过程中，使工具和工件之间不断产生脉冲性的火花放电，靠放电时局部、瞬时产生的高温把金属蚀除下来。因放电过程中可见到火花，故俄罗斯称之为电蚀加工(Electroerosion Maching)。

1) 电火花加工发展历史

起初，电腐蚀被认为是有害的，为减少和避免这种有害的电腐蚀，人们一直在研究电腐蚀产生的原因和防止的办法。当人们掌握了它的规律之后，便创造条件，转害为益，把电腐蚀用于生产中。研究结果表明，当两极产生放电的过程中，放电通道瞬时产生大量的热，足以使电极材料表面局部熔化或气化，并在一定条件下，熔化或气化的部分能抛离电极表面，形成放电腐蚀的坑穴。20 世纪 40 年代初，人们进一步认识到，在液体介质中进行重复性脉冲放电时，能够对导电材料进行尺寸加工，因此，创立了“电火花加工法”。

电火花加工技术创新方法较多，主要有：模糊加工技术，放电位置在线监测，多轴联动数控电火花加工，节能型电火花脉冲电源，电火花铣削加工等。

2) 电火花加工原理

电火花加工的原理是基于工具和工件(正、负电极)之间脉冲性火花放电时的电腐蚀现象来蚀除多余的金属，以达到对零件的尺寸、形状及表面质量预定的加工要求。研究结果表明，电火花放电时火花通道中瞬时产生大量的热，达到很高的温度，足以使任何金属材料局部熔化、气化而被蚀除，形成放电凹坑，如图 12-24 所示。

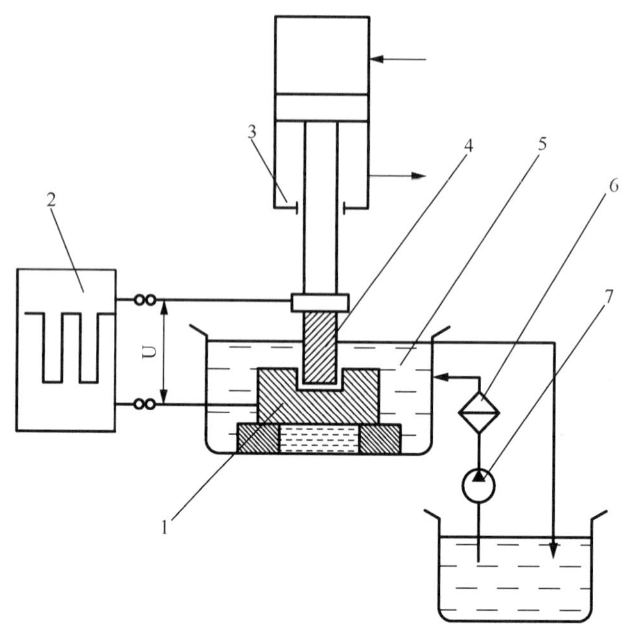

图 12-24　电火花加工原理图

1-工件；2-脉冲电源；3-自动进给调节装置；4-工具；5-工作液；6-过滤器；7-工作液泵

3）电火花加工过程及参数选择

一般认为，电火花加工可分为以下四个连续过程：极间介质的电离、击穿，形成放电通道；介质热分解、电极材料熔化、气化热膨胀；电极材料的抛出；极间介质的消电离。

电火花加工时，脉冲电源的一极接工具电极，另一极接工件电极，两极均浸入具有一定绝缘度的液体介质(常用煤油或矿物油或去离子水)中。工具电极由自动进给调节装置控制，以保证工具与工件在正常加工时维持一很小的放电间隙(0.01～0.05mm)。当脉冲电压加到两极之间时，便将当时条件下极间最近点的液体介质击穿，形成放电通道。由于通道的截面积很小，放电时间极短，致使能量高度集中(10～107W/mm)，放电区域产生的瞬时高温足以使材料熔化甚至蒸发，以致形成一个小凹坑。第一次脉冲放电结束之后，经过很短的间隔时间，第二个脉冲又在另一极间最近点击穿放电。如此周而复始高频率地循环下去，工具电极不断地向工件进给，它的形状最终就复制在工件上，形成所需要的加工表面。与此同时，总能量的一小部分也释放到工具电极上，从而造成工具损耗。

3. 快速成形制造技术

快速成形是 20 世纪 80 年代末期开始商业化的一种高新制造技术，它有不同的英文名称，如 Rapid Prototyping(快速原型制造、快速成形、快速成形)、Freeform Manufacturing(自由形式制造)、Additive Fabrication(添加式制造)等，常常简称为 RP。

目前将传统的制模方法与快速成形制造技术相结合发展出了快速制模技术(Rapid Tooling，RT 技术)，这将缩短模具制造周期、降低成本、提高综合效益。总之，快速成形技术将极大地促进模具行业的发展。

1）快速成形原理

如图 12-25 所示，快速成形技术可依据计算机上构成的工件三维设计模型，对其进行分层切片，得到各层截面的二维轮廓。按照这些轮廓，成形头选择性地固化一层层的液态树脂(或切割一层层的纸，烧结一层层的粉末材料，喷涂一层层的热熔材料或黏结剂等)，形成各个截面轮廓并逐步顺序叠加成三维工件。

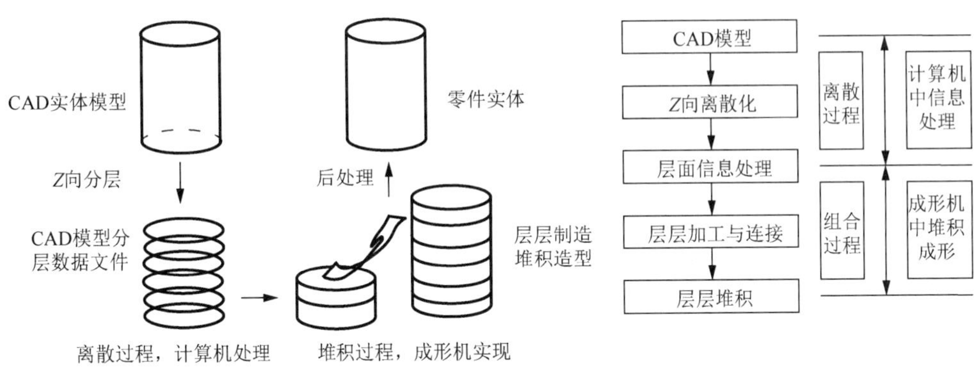

图 12-25 快速成形原理图

2) 快速成形系统的构建

产品设计实施数字化并且与成形工艺仿真及优化技术集成，可以快速地完成产品设计，并有效地确保所设计的产品具有最优的结构和可行的工艺性，显著降低产品开发与制造的周期和成本。图 12-26 为产品快速设计、工艺仿真优化与快速制造技术集成系统。对于某种新产品，可以从概念设计或根据某个类似样品经反求工程，通过 CAD 软件或数据采集系统与拟合软件进行产品外观、结构及其零部件的三维造型设计；将优化过的产品的三维数据传输到快速成形设备，制作原型；再次进行外观评估、设计检验、装配检验等；如果检验后发现需要修改，则返回 CAD 三维设计，修正设计方案；同时还应当考虑材料成形的工艺性，从成形工艺的难度、模具形状的复杂程度及其工序数目等多方面综合考虑，从而在外观、结构、运动或受力状态、成形工艺、模具开发成本等多方面达到综合平衡；随后，进行成形过程工艺和模具设计，并建立过程模拟模型，进行成形过程数值模拟，验证成形工艺和模具设计方案的可行性。总之，在整个开发过程中，CAD/CAE/CAM 一体化技术贯彻于整个环节之中，有效地提高了产品的开发速度、开发质量，减少了开发成本和风险。

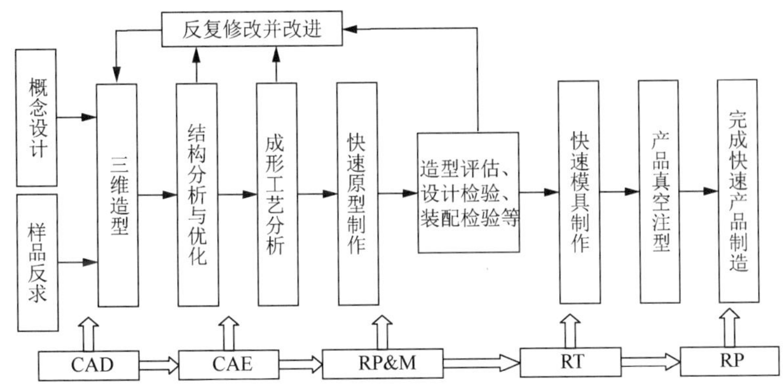

图 12-26 产品快速设计、工艺仿真优化与快速制造技术集成系统

练 习 题

12-1 简述冲模 CAD/CAE/CAM 一体化技术的基本概念。

12-2 简述冲模 CAD/CAE/CAM 一体化技术的发展趋势。

12-3 简述建立冲模 CAD 系统的步骤。

12-4 简述板料多步冲压成形数值模拟的一般过程。

12-5 简述计算机辅助编程的步骤。

12-6 简述特种加工技术在冲模制造中的应用。

附录　冲压中常见术语的中英文对照

冷冲压	Stamping	板料冲压	Sheet Metal Forming
板料	Sheet	分离工序	Separating Processes
变形工序	Deforming Processes	冲裁	Blanking
弯曲	Bending	拉深	Drawing
成形	Forming	冲孔	Punching
切断	Cutting off	切边	Shaving
剖切	Slicing	切舌	Lancing
卷边	Curling	翻边	Flanging
缩口	Necking	胀形	Bulging
起伏	Embossing	压力机	Press
机械压力机	Mechanical Press	液压压力机	Hydraulic Press
曲柄压力机	Crank Press	摩擦压力机	Friction Press
偏心压力机	Eccentric Press	运动系统	Motion System
公称压力	Nominal Load	滑块行程	Slider Stroke
压力机装模高度	Height to Install Die	床身	Press Frame
凸模	Punch	凹模	Die
压边圈	Hold Blank	晶体	Crystal
滑移	Slip	孪生	Twin Crystal
滑移系	Slip System	位错	Dislocation
螺型位错	Screw Dislocation	柏氏矢量	Burgers Vector
应力	Stress	切应力	Shear Stress
应力莫尔圆	Stress Moire Circle	线应变	Line Strain
工程应变	Engineering Strain	对数应变	Logarithmic Strain
等效应变	Equivalent Strain	弹性变形	Elastic Deformation
塑性变形	Plastic Deformation	加载准则	Load Criteria
增量理论	Incremental Theory	全量理论	Total Quantity Theory
屈服准则	Yield Criterion	各向异性指数	Anisotropy Index
面内异性系数	Planeanisotropy Coefficient	屈服面	Yield Surface
多晶塑性模型	Polycrystal Plasticity Model	屈服函数指数	Yield Function Index
摩擦系数	Friction Coefficient	滑移线	Slip Line
单轴向拉伸	Uniaxially Stretched	双向拉伸	Biaxially Stretched
单轴向压缩	Uniaxially Compression	双轴向压缩	Biaxial Compression

续表

成形极限曲线	Forming Limit Curve	成形极限曲图	Forming Limit Diagram
单向拉伸试验	Uniaxial Tensile Test	埃里克森试验	Erichsen Test
最小弯曲半径试验	Minimum Bending Radius Test	瑞典纯拉胀试验	Sweden Pure Stretching Test
斯威弗特拉深试验	Swift Drawing Test	恩格哈梯试验	Engelhardt Test
福井锥杯试验	Fukui Conical Cuptest	高妻试验	Nakazima Test
凸耳试验	Earing Test	下陷成形试验	Joggle Test
方板对角拉伸试验	Yoshida Buckling Test	抗拉强度	Tensile Strength
极限拉深比	Limiting Drawing Ratio	翻边系数	Flanging Coefficient
屈服强度	Yield Strength	起皱	Wrinkle
拉深系数	Drawing Coefficient	单面间隙	Clearance Per Side
残余应力	Residual Stress	精冲	Fine Blanking
毛刺	Burr	单工序模	Single-Operation Die
搭边	Bridge	连续模	Progressive Die
光洁冲裁	Finish Blanking	翻边模	Flanging Die
排样	Layout	整形	Sizing
复合模	Compound Die	汽车覆盖件	Automobile Panel
落料模	Punching Die	半成品	Semi-Finished Product
变薄翻边	Thinning Flanging	模架	Die Sets
扩口	Flaring	定位销	Locating Pin
旋压	Spinning	挡料销	Stop Pin
成品	Finished Product	导料板	Stock Guide Rail
弹簧	Spring	始用挡料销	Block
定位板	Locating Plate	卸料板	Stripper
导正销	Pilot Pin	导套	Guide Bushes
定距侧刃	Pitch Punch	上模座	Punch Holder
侧压板	Side-Punch Plate	凸模固定板	Punch Plate
推件块	Ejector	垫板	Backing Plate
导柱	Guide Pillars	滑块	Slide Block
固定零件	Retaining Elements	管材液压成形	Tube Hydroforming
下模座	Die Holder	壳体液压成形	Shell Hydroforming
凹模固定板	Matrix Plate	热冲压成形	Hot-Forming
模柄	Shank	淬火	Quenching
液压成形	Hydroforming	热量	Thermal
板料液压成形	Sheet Hydroforming	热处理	Heat Treatment
内高压成形	Internal High Pressure Forming	奥氏体	Austenite
奥氏体化	Austenitization	加热炉	Furnace
镀层材料	Material and Coating	激光	Laser
硼钢	Boron Steel	超塑性	Superplasticity
超高强钢	Ultra High Strength Steel	计算机辅助工程	Computer Aided Engineering

续表

马氏体	Martensite	计算机辅助工艺过程设计	Computer Aided Process Planning
拼焊板	Tailor Welded Blanks	基于知识的工程	Knowledge-Based Engineering
焊缝	Weld Seam	电火花加工	Electrical Discharge Machining
计算机辅助设计	Computer Aided Design	数据库管理系统	Database Management System
计算机辅助制造	Computer Aided Manufacturing	快速原型制造	Rapid Prototyping
生产计划与控制	Production Planning and Control		

参考文献

陈剑鹤，于云程. 2011. 冷冲压工艺与模具设计[M]. 北京：机械工业出版社.

陈炜. 2001. 汽车覆盖件拉延模设计关键技术研究[D]. 上海：上海交通大学博士学位论文，14-56.

陈炜. 2003. 冲压成形数值模拟在车身制造中的应用研究[R]. 博士后出站报告.

陈炜. 2013. 拼焊板在车身覆盖件制造中的应用[J]. 汽车工程，1: 82-83.

陈文琳. 2012. 金属板料成形工艺与模具设计[M]. 北京：机械工业出版社.

成虹. 2013. 冲压工艺与模具设计[M]. 北京：高等教育出版社.

崔令江. 2013. 汽车覆盖件冲压成形技术[M]. 北京：机械工业出版社.

戴枝荣，张远明. 2006. 工程材料及机械制造基础(I)工程材料[M]. 北京：高等教育出版社.

丁松聚. 2004. 冷冲模设计[M]. 北京：机械工业出版社.

杜平安，范树迁. 2010. CAD/CAE/CAM 方法与技术[M]. 北京：清华大学出版社.

鄂大辛. 2014. 成形工艺与模具设计[M]. 北京：机械工业出版社.

范建蓓. 2013. 冲压模具设计与实践[M]. 北京：机械工业出版社.

高锦张. 2011. 塑性成形工艺与模具设计[M]. 北京：机械工业出版社.

高琦樑. 2013. 数控折弯机油缸活塞组件可靠性分析与控制[D]. 重庆：重庆大学硕士学位论文，7-8.

郭成，储家佑. 2005. 现代冲压技术手册[M]. 北京：中国标准出版社.

侯波. 2007. 差厚高强度钢激光拼焊板成形极限图理论与应用研究[D]. 镇江：江苏大学硕士学位论文，10-27.

胡成武，胡泽豪. 2012. 冲压工艺与模具设计[M]. 长沙：中南大学出版社.

胡平，马宁，郭威，等. 2010. 超高强度汽车结构件热冲压技术研究进展[C]. 2010 力学与工程应用学术研讨会论文集，上海.

姜奎华. 1998. 冲压工艺与模具设计[M]. 北京：机械工业出版社.

李亨. 2012. 提高大型数控折弯成形精度的关键技术研究[D]. 合肥：合肥工业大学博士学位论文，9-10.

李名望. 2009. 冲压工艺与模具设计[M]. 北京：人民邮电出版社.

李奇涵. 2012. 冲压成形工艺与模具设计[M]. 北京：科学出版社.

李艳华，林建平. 2014. 汽车车身激光拼焊板国内外研究进展[J]. 汽车工程，36(6): 763-767.

李尧. 2004. 金属塑性成形原理[M]. 北京：机械工业出版社.

梁炳文. 1999. 钣金成形性能[M]. 北京：机械工业出版社.

林忠钦. 2005. 车身覆盖件冲压成形仿真[M]. 北京：机械工业出版社.

林忠钦. 2009. 汽车板精益成形技术[M]. 北京：机械工业出版社.

刘永长. 2011. 材料成形物理基础[M]. 北京：机械工业出版社.

马宁. 2011. 高强度钢板热成形技术若干研究[D]. 大连：大连理工大学博士学位论文，1-31.

牟林，胡建华. 2010. 冲压工艺与模具设计[M]. 北京：北京大学出版社.

宁汝新，赵汝嘉. 2005. CAD/CAM 技术[M]. 北京：机械工业出版社.

施于庆. 2012. 冲压工艺及模具设计[M]. 杭州：浙江大学出版社.

宋玉泉. 2003. 铝系结构金属间化合物及其塑性和超塑性[J]. 航空制造技术，7: 19-22.

田光辉，林红旗. 2009. 模具设计与制造[M]. 北京：北京大学出版社.

涂光祺，赵彦启. 2010. 冲模技术[M]. 北京：机械工业出版社.

王鹏驹，成虹. 2008. 冲压模具设计师手册[M]. 北京：机械工业出版社.

王先逵. 2008. 计算机辅助制造[M]. 北京：清华大学出版社.

王晓路. 2005. 板料多步冲压回弹预测与控制研究[D]. 镇江：江苏大学硕士学位论文，15-18.

王秀凤，张永春. 2012. 冷冲压模具设计与制造[M]. 北京：北京航空航天大学出版社.

魏春雷，徐慧民. 2009. 冲压工艺与模具设计[M]. 北京：北京理工大学出版社.

吴伯杰. 2004. 冲压工艺与模具[M]. 北京：电子工业出版社.

吴建军. 2004. 板料成形性基础[M]. 西安：西北工业大学出版社.

吴诗惇，李淼泉. 2012. 冲压成形理论及技术[M]. 西安：西北工业大学出版社.

夏巨谌. 2007. 金属塑性成形工艺及模具设计[M]. 北京：机械工业出版社.

肖兵. 2013. 金属塑性成形理论与技术基础[M]. 成都：西南交通大学出版社.

肖祥芷，王孝培. 2007. 中国模具工程大典：第 4 卷 冲压模具设计[M]. 北京：电子工业出版社.

熊志卿. 2011. 冲压工艺与模具设计[M]. 北京：高等教育出版社.

徐伟力. 2009. 钢板热冲压新技术介绍[J]. 塑性工程学报，16(4): 40-43.

薛啟翔. 2008. 冲压工艺与模具设计实例分析[M]. 北京：机械工业出版社.

杨玉英. 2004. 实用冲压工艺及模具设计手册[M]. 北京：机械工业出版社.

杨占尧. 2012. 冲压成形工艺与模具设计[M]. 北京：航空工业出版社.

叶青花，俞俊. 2013. 冲压模具与制造技术[M]. 北京：化学工业出版社.

俞汉清. 1998. 金属塑性成形原理[M]. 北京：机械工业出版社.

苑世剑，王仲仁. 2002. 内高压成形的应用进展[J]. 中国机械工程，13(9): 783-786.

苑世剑. 2005. 现代液压成形技术[M]. 北京：国防工业出版社.

苑世剑. 2014. 大型内高压成形设备及批量生产[J]. 汽车工艺与材料，9: 47-51.

运新兵. 2012. 金属塑性成形原理[M]. 北京：冶金工业出版社.

张凯峰. 2012. 先进材料超塑成形技术[M]. 北京：科学出版社.

张庆芳. 2014. 板料多点成形回弹补偿方法及其数值模拟与实验研究[D]. 长春：吉林大学博士学位论文，13-33.

张士宏. 2012. 塑性加工先进技术[M]. 北京：科学出版社.

郑展，等. 2013. 冲压工艺与冲模设计手册[M]. 北京：化学工业出版社.

中国锻压协会. 2013. 冲压技术基础[M]. 北京：机械工业出版社.

中国锻压协会. 2013. 航空航天钣金冲压件制造技术[M]. 北京：机械工业出版社.

中国锻压协会. 2013. 汽车冲压件制造技术[M]. 北京：机械工业出版社.

中国机械工程学会，中国模具设计大典编委会. 2002. 中国模具设计大典：第 3 卷 冲压模具设计[M]. 南昌：江西科学技术出版社.

中国机械工程学会塑性工程分会. 2007. 锻压手册：第 2 卷 冲压[M]. 北京：机械工业出版社.

钟诗清. 2011. 汽车制造工艺学[M]. 广州：华南理工大学出版社.

周斌兴. 2006. 冲压模具设计与制造实训教程[M]. 北京：国防工业出版社.

Abdulhay B, Bourouga B, Dessain C. 2011. Experimental and theoretical study of thermal aspects of the hot stamping process[J]. Applied Thermal Engineering, 31(5): 674-685.

Anggono A D, Siswanto W A, Omar B.2011. Finite element simulation for springback prediction compensation[J]. Proceeding of the international conference on advanced science,Engineering and information technology 2011, Hotel Equatorial Bangi-Putrajaya, Malaysia,1: 14-15 .

Banabic D. 2010. Sheet Metal Forming Processes[M]. Berlin. Springer-Verlag Berlin Heidelberg.

Choi H S, Kim B M, Nam K J, et al. 2011. Development of hot stamped center pillar using form die with channel type indirect blank holder[J]. International Journal of Automotive Technology, 12:887-894.

Choudhury I A, Lai O H, Wong L T. 2006. PAM-STAMP in the simulation of stamping process of an automotive component[J]. Simulation Modelling Practice and Theory, 14, 1: 71-81.

EunHee K, Jinsang H, et al. 2015. 3D CAD model visualization on a website using the X3D standard[J]. Computers in Industry, 70: 116-126.

Herbert S, Eberhard A, 何宁. 2010. 高速加工理论与应用[M]. 北京：科学出版社.

Hoffmann H, So H, Steinbeiss H. 2007. Design of hot stamping tools with cooling system[J]. CIRP

Annals-Manufacturing Technology, 56(1): 269-272.

Holmberg S, Enquist B, Thilderkvist P. 2004. Evaluation of sheet metal formability by tensile tests[J]. Journal of Materials Processing Technology, 145:72-83.

Hu P, Ma N, Liu L Z, Zhu Y G. 2013. Theories, Methods and Numerical Technology of Sheet Metal Cold and Hot Forming[M]. London: Springer-Verlag London.

Isik K, Silva M B, Telclcaya A E, et al. 2014. Formability limits by fracture in sheet metal forming[J]. Journal of Materials Processing Technology, 214:1557-1565.

Kalpakjian S, Schmid S R, Musab H. 2012. 制造工程与技术[M]. 北京: 机械工业出版社.

Karbasian H, Tekkaya A E. 2010. A review on hot stamping[J]. Journal of Materials Processing Technology, 210:2103-2118.

Laurent H, Coer J, Manach P Y. 2015. Experimental and numerical studies on the warm deep drawing of an Al-Mg alloy [J]. International Journal of Mechanical Sciences, 93: 59-72.

Lembit M K, Jerrell A N, Patricial O, et al. 1999. Non-linear finite element analysis of Springback[J]. Commun Numer Meth Engng ,15:33-42.

Mahmoodi M J, Aghdam M M, Shakeri M. 2010. Micromechanical modeling of interface damage of metal matrix composites subjected to off-axis loading[J]. Materials and Design, 31:829-836.

Masters I G, Williams D K, Roy R. 2013. Friction behaviour in strip draw test of pre-stretched high strength automotive aluminium alloys[J]. International Journal of Machine Tools and Manufacture, 73: 17-24.

Michael P P, Matthias W, Bernard F R, et al. 2013. The effect of the die radius profile accuracy on wear in sheet metal stamping[J]. International Journal of Machine Tools & Manufacture, 66:44-53.

Naderi M, Ketabchi M, Abbasi M, et al. 2011. Analysis of microstructure and mechanical properties of different high strength carbon steels after hot stamping[J]. Journal of Materials Processing Technology, 211(6): 1117-1125.

Netoa DM, Oliveiraa MC, Alvesb JL, et al. 2014. Influence of the plastic anisotropy modelling in the reverse deep drawing process simulation[J]. Materials and Design, 368-379.

Nilsson A, Kirkhorn L，Andersson M, et al. 2011. Improved tool wear properties in sheet metal forming using Carbide Steel[J]. A novel Abrasion Resistant Cast Material, 271:1280-1287.

Rajabi, Kadkhodayan M, Manoochehri M. 2015.Deep-drawing of thermoplastic metal-composite structures: experimental investigations, statistical analyses and finiteelement modeling [J]. Journal of Materials Processing Technology, 215: 159-170.

Srinivas N B, Janaki R P, Ganesh N R, et al. 2010. Application of a few necking criteria in predicting the forming limit of unwelded and tailor-welded blanks[J]. The Journal of Strain Analysis for Engineering Design, 2010, 45(2): 79-96.

Tsai H K, Liao C C, Chen F K. 2008. Die design for stamping a notebook case with magnesium alloy sheets[J]. Journal of Material Processing Technology, 201: 247-251.

Wilko C F. 2011. Formability[M]. London: Springer Heidelberg Dordrecht London .

Xiao W L, Zheng L Y, Huan J, etc. 2015. A complete CAD/CAM/CNC solution for STEP-compliant manufacturing[J]. Robotics and Computer-Integrated Manufacturing, 31: 1-10.

Yoshihara S, Manabe K, Nishimura H. 2005. Effect of blank holder force control in deep-drawing process of magnesium alloy sheet[J]. Journal of Materials Processing Technology, 170:579-585.